Р. А. Лидин, Л. Ю. Аликберова

ХИМИЯ

СПРАВОЧНИК

для старшеклассников и поступающих в вузы

Полный курс подготовки
к выпускным и вступительным
экзаменам

Москва
«АСТ-ПРЕСС КНИГА»
2011

УДК 54
ББК 24я729
Л55

Лидин Ростислав Александрович,
профессор кафедры неорганической химии
МИТХТ им. М. В. Ломоносова

Аликберова Людмила Юрьевна,
профессор кафедры неорганической химии
МИТХТ им. М.В. Ломоносова

Лидин Р. А., Аликберова Л. Ю.

Л55 Химия: Справочник для старшеклассников и поступающих в вузы / Р. А. Лидин, Л. Ю. Аликберова. — М.: АСТ-ПРЕСС КНИГА, 2011. — 512 с.: с ил.

ISBN 978-5-462-01097-2

Книга представляет собой оригинальное по структуре справочное руководство по химии и совмещает достоинства учебной, справочной и дидактической литературы. Справочник составлен в соответствии с примерной программой по химии для вступительных экзаменов в вузы, разработанной Министерством образования РФ, систематизирует и расширяет материал школьных учебников по химии 8–11 классов, содержит многочисленные справочные таблицы, 300 экзаменационных задач прошлых лет, более 500 тестовых заданий для систематизации и повторения учебного материала.

Справочник, в первую очередь, адресован старшеклассникам средней школы, обучающимся в профильных естественнонаучных и химических классах, а также всем абитуриентам, выбравшим для обучения в вузах химические, химико-технологические и инженерно-технические специальности.

УДК 54
ББК 24я729

ISBN 978-5-462-01097-2

Глава 1

ТЕОРЕТИЧЕСКИЕ ОСНОВЫ ХИМИИ

- Химические элементы
- Атомы
- Молекулы
- Химические формулы. Расчеты по формулам веществ
- Химические реакции
- Расчеты по уравнениям реакций
- Состав и приготовление водных растворов
- Растворимость веществ в воде
- Электролиты в водном растворе
- Гидролиз солей
- Окислительно-восстановительные реакции. Электролиз
- Химическая кинетика и катализ

Химия — одна из важнейших и обширных областей естествознания.

Химия — наука о веществах, их свойствах и превращениях. Предмет химии — химические элементы и их соединения, а также закономерности, которым подчиняются химические реакции.

Вещества в химии — **это формы существования материальных объектов.** По признаку изучаемых объектов (веществ) химию принято делить на *неорганическую* и *органическую*. Кислород, вода, кремнезём, аммиак и сода — *неорганические вещества*, метан, ацетилен, этанол, уксусная кислота и сахароза — *органические вещества*.

Все вещества состоят из частиц и характеризуются определенным набором **химических свойств** — способностью веществ участвовать в химических реакциях.

Химические реакции — это процессы образования сложных по составу веществ из более простых, переход одних сложных веществ в другие, разложение сложных веществ на несколько более простых по составу веществ; иными словами, **химические реакции — превращения одних веществ в другие**.

В настоящее время известно много миллионов веществ, к ним постоянно добавляются новые вещества как открываемые в природе, так и синтезируемые искусственно. Число химических реакций, в принципе, неограниченно велико.

1. ХИМИЧЕСКИЕ ЭЛЕМЕНТЫ

1.1. Распространенные элементы и их характеристики

Химический элемент — определенный вид атомов, обозначаемый названием и символом и характеризуемый порядковым номером и относительной атомной массой.

В табл. 1 перечислены распространенные химические элементы, приведены символы, которыми они обозначаются (в скобках — произношение), порядковые номера, относительные атомные массы, характерные степени окисления и химическая распространенность в природе.

Порядковый номер (Z) элемента в Периодической системе — фундаментальная константа элемента, равная числу протонов в ядре и числу электронов в оболочке его нейтрального атома.

Относительная атомная масса ($A_г$) элемента — отношение абсолютной (физической) массы атома ($m_а$) элемента к атомной единице массы (m_u):

$$A_г = m_а / m_u \tag{1}$$

Значение константы m_u равно $\approx$ **1,66054·10^{-24}** г.

Степень окисления элемента — формальный заряд атома элемента. Определяется как относительный электрический заряд, который возник бы на связанном атоме, если электронная плотность всех связей этого атома с другими в химической частице полностью сместилась бы в сторону атомов более электроотрицательных элементов (см. 2.3), а при равенстве их электроотрицательности была бы разделена пополам.

Характерные степени окисления элемента — типичные (из всех возможных) степени окисления элемента в сложных веществах, широко используемых в химической практике. Нулевая степень окисления элемента в его простом веществе (веществах) в таблице не указана.

Химическая распространенность элемента — отношение числа атомов данного элемента к общему числу атомов всех элементов в земной коре (литосфера + гидросфера + атмосфера), т. е. атомная доля данного элемента на Земле. Доля элемента, выраженная в процентах (%), называется *химическим кларком*.

Таблица 1

Название	Символ	Z	A_r	Степень окисления	Химический кларк, %
Азот	N (эн)	7	14,007	–III, +II, III, IV, V	0,025
Алюминий	Al (алюминий)	13	26,982	+III	4,99
Аргон	Ar (аргон)	18	39,948	–	*
Барий	Ba (барий)	56	137,327	+II	0,0034
Бериллий	Be (бериллий)	4	9,012	+II	0,0011
Бор	B (бор)	5	10,811	+III	0,0006
Бром	Br (бром)	35	79,904	–I, +I, V, VII	*
Ванадий	V (ванадий)	23	50,942	+III, IV, V	0,0049
Висмут	Bi (висмут)	83	208,980	+III, V	*
Водород	H (аш)	1	1,008	–I, +I	15,52
Вольфрам	W (вольфрам)	74	183,84	+IV, VI	*
Галлий	Ga (галлий)	31	69,723	+III	*
Гафний	Hf (гафний)	72	178,49	+IV	*
Гелий	He (гелий)	2	4,003	—	*
Германий	Ge (германий)	32	72,61	+IV	*
Железо	Fe (феррум)	26	55,847	+II, III, VI, VIII	1,49
Золото	Au (аурум)	79	196,967	+I, III	*
Индий	In (индий)	49	114,818	+III	*
Иод	I (иод)	53	126,904	–I, +I, V, VII	*
Иридий	Ir (иридий)	77	192,217	+III, IV	*
Иттрий	Y (иттрий)	39	88,906	+III	*
Кадмий	Cd (кадмий)	48	112,411	+II	*
Калий	K (калий)	19	39,098	+I	1,10
Кальций	Ca (кальций)	20	40,078	+II	1,50
Кислород	O (о)	8	15,999	–II, —I, +II	55,00
Кобальт	Co (кобальт)	27	58,933	+II, III	0,0012
Кремний	Si (силициум)	14	28,086	–IV, +IV	16,35
Криптон	Kr (криптон)	36	83,80	+II	*
Ксенон	Xe (ксенон)	54	131,29	+II, IV, VI, VIII	*
Лантан	La (лантан)	57	138,906	+III	*
Литий	Li (литий)	3	6,941	+I	0,016
Магний	Mg (магний)	12	24,305	+II	1,42
Марганец	Mn (марганец)	25	54,938	+II, IV, VI, VII	0,028
Медь	Cu (купрум)	29	63,546	+I, II	0,0028

Окончание табл. 1

Название	Символ	Z	A_r	Степень окисления	Химический кларк, %
Молибден	Mo (молибден)	42	95,94	+IV, VI	*
Мышьяк	As (арсеникум)	33	74,922	+III, V	*
Натрий	Na (натрий)	11	22,990	+I	2,03
Неон	Ne (неон)	10	20,180	—	*
Никель	Ni (никель)	28	58,693	+II	0,0032
Ниобий	Nb (ниобий)	41	92,906	+IV, V	*
Олово	Sn (станнум)	50	118,710	+II, IV	*
Осмий	Os (осмий)	76	190,23	+IV, VI, VIII	*
Палладий	Pd (палладий)	46	106,42	+II, IV	*
Платина	Pt (платина)	78	195,08	+II, IV	*
Рений	Re (рений)	75	186,207	+IV, VII	*
Родий	Rh (родий)	45	102,906	+III, IV	*
Ртуть	Hg (гидраргирум)	80	200,59	+I, II	*
Рубидий	Rb (рубидий)	37	85,468	+I	0,006
Рутений	Ru (рутений)	44	101,07	+II, IV, VI, VIII	*
Свинец	Pb (плюмбум)	82	207,2	+II, IV	*
Селен	Se (селен)	34	78,96	−II, +IV, VI	*
Сера	S (эс)	16	32,066	−II, +IV, VI	0,027
Серебро	Ag (аргентум)	47	107,868	+I	*
Скандий	Sc (скандий)	21	44,956	+III	*
Стронций	Sr (стронций)	38	87,62	+II	0,0029
Сурьма	Sb (стибиум)	51	121,760	+III, V	*
Таллий	Tl (таллий)	81	204,383	+I, III	*
Тантал	Ta (тантал)	73	180,948	+IV, V	*
Теллур	Te (теллур)	52	127,60	−II, +IV, VI	*
Титан	Ti (титан)	22	47,867	+III, IV	0,152
Торий	Th (торий)	90	232,038	+IV	*
Углерод	C (цэ)	6	12,011	−IV, +II, IV	0,129
Уран	U (уран)	92	238,029	+III, IV, VI	*
Фосфор	P (пэ)	15	30,974	−III, +I, III, V	0,052
Фтор	F (фтор)	9	18,998	−I	0,026
Хлор	Cl (хлор)	17	35,453	−I, +I, V, VII	0,095
Хром	Cr (хром)	24	51,996	+II, III, VI	0,0064
Цезий	Cs (цезий)	55	132,905	+I	*
Цинк	Zn (цинк)	30	65,39	+II	0,0015
Цирконий	Zr (цирконий)	40	91,224	+IV	0,004

* Менее 0,0002%. Все эти элементы (в сумме) составляют 0,01%.

1.2. Периодическое изменение свойств элементов

Современная формулировка Периодического закона, открытого Д. И. Менделеевым в 1869 г.:

> *Свойства элементов находятся в периодической зависимости от порядкового номера.*

Периодически повторяющийся характер изменения состава электронной оболочки атомов элементов (см. 2.1) объясняет периодическое изменение свойств элементов при движении по периодам и группам Периодической системы.

Проследим, например, изменение высших и низших *степеней окисления* у элементов IA–VIIA-групп во втором — четвертом периодах по табл. 2:

Таблица 2

Период	Группы						
	IA	IIA	IIIA	IVA	VA	VIA	VIIA
2	$_{3}$Li +I	$_{4}$Be +II	$_{5}$B +III	$_{6}$C +IV −IV	$_{7}$N +V −III	$_{8}$O (+II со фтором) −II	$_{9}$F — −I
3	$_{11}$Na +I	$_{12}$Mg +II	$_{13}$Al +III	$_{14}$Si +IV −IV	$_{15}$P +V −III	$_{16}$S +VI −II	$_{17}$Cl +VII −I
4	$_{19}$K +I	$_{20}$Ca +II	$_{31}$Ga +III	$_{32}$Ge +IV −IV	$_{33}$As +V −III	$_{34}$Se +VI −II	$_{35}$Br +VII −I

Положительные степени окисления проявляют все элементы, за исключением фтора. Их значения увеличиваются с ростом заряда ядер и совпадают с числом электронов на последнем энергетическом уровне (за исключением кислорода). Эти степени окисления называют *высшими* степенями окисления. Например, высшая степень окисления фосфора P равна +V.

Отрицательные степени окисления проявляют элементы, начиная с углерода C, кремния Si и германия Ge. Значения их равны числу электронов, недостающих до восьми. Эти степени окисления называют *низшими* степенями окисления. Например, у атома фосфора P на последнем энергетическом уровне недостает трех электронов до восьми, значит низшая степень окисления фосфора P равна –III.

Значения высших и низших степеней окисления повторяются периодически, совпадая по группам; например, в IVA-группе углерод C, кремний Si и германий Ge имеют высшую степень окисления +IV, а низшую степень окисления –IV. Эта периодичность изменения степеней окисления отражается на периодическом изменении состава и свойств химических соединений элементов.

Аналогично прослеживается периодическое изменение электроотрицательности элементов (см. 2.3) в 1–6-м периодах IA—VIIA-групп:

Таблица 3

Период	Группы						
	IA	IIA	IIIA	IVA	VA	VIA	VIIA
1	H 2,10						
2	Li 0,97	Be 1,47	B 2,01	C 2,50	N 3,07	O 3,50	F 4,10
3	Na 1,01	Mg 1,23	Al 1,47	Si 2,25	P 2,32	S 2,60	Cl 2,83
4	K 0,91	Ca 1,04	Ga 1,82	Ge 2,02	As 2,10	Se 2,48	Br 2,74
5	Rb 0,89	Sr 0,99	In 1,49	Sn 1,72	Sb 1,82	Te 2,01	I 2,21
6	Cs 0,86	Ba 0,97	Tl 1,44	Pb 1,55	Bi 1,67	Po 1,76	At 1,90

В каждом п е р и о д е Периодической системы (табл. 27) электроотрицательность элементов у в е л и ч и в а е т с я при возрастании порядкового номера (слева направо).

В каждой г р у п п е Периодической системы электроотрицательность уменьшается при возрастании порядкового номера (сверху вниз). Фтор F обладает наивысшей, а цезий Cs — наинизшей электроотрицательностью среди элементов 1–6-го периодов.

У типичных неметаллов — высокая электроотрицательность, у типичных металлов — низкая.

1.3. Происхождение русских и латинских названий и символов распространенных элементов

Далее перечислены распространенные элементы, объяснено происхождение названия каждого элемента, приведено латинское название и в скобках дан его символ.

Принятые сокращения

арабск. — арабский
ассир. — ассирийский
греч. — греческий
исп. — испанский
лат. — латинский
нем. — немецкий
русск. — русский
санскр. — санскритский (древнеиндийский)
тур. — турецкий
франц. — французский
шведск. — шведский

Азот — от греч. *азотикос* (безжизненный, *а* — отрицание и *зое* — жизнь). Лат. Nitrogenium (N) — *рождающий селитру*, от греч. *нитрон* (селитра) и *генес* (род, происхождение).

Алюминий — от лат. *алуминис* (род. падеж лат. *алумен* — квасцы); по содержанию в квасцах. Лат. Aluminium (Al).

Аргон — от греч. *аргос* (бездеятельный, инертный); по химической инертности элемента. Лат. Argon (Ar).

Барий — от греч. *барис* (тяжелый); по большой плотности минерала *барит*. Лат. Barium (Ba).

Бериллий — от греч. *бериллос* (зеленый драгоценный камень); по окраске минерала *изумруд*. Лат. Beryllium (Be).

Бор — от лат. *боракс* (бура, белый минерал), восходит к арабск. *бoурак*, или *баврак* (белый цвет минеральных веществ). Лат. Borum (B).

Бром — от греч. *бромос* (зловонный); по запаху жидкого брома. Лат. Bromum (Br).

Ванадий — от шведск. *Ванадис* (имя древнескандинавской богини красоты); по красивому цвету соединений. Лат. Vanadium (V).

Висмут — от нем. *вайсмуттер* (белое вещество); по окраске многих солей. Лат. Bismuthum (Bi) — от *бисмут* (латинизированный алхимический вариант нем. *вайсмуттер*).

Водород — перевод с лат. Hydrogenium (H), от греч. *хидор* (вода) и *генес* (род, происхождение).

Вольфрам — от нем. *вольф* (волк) и *рам* (взбитые сливки, пена). При выплавке олова примесь вольфрама дает много шлака и понижает выход олова; по выражению Агриколы, «вольфрам поедает олово, как волк овцу». Лат. Wolframium (W).

Галлий — от лат. *галлус* (галльский петух, символ Франции); по названию страны и фамилии первооткрывателя [первая часть фамилии — *Лекок* (в переводе с франц. петух)]. Лат. Gallium (Ga).

Гафний — от лат. *Гафниа* (древнее название Копенгагена); по месту работы первооткрывателей. Лат. Hafnium (Hf).

Гелий — от греч. *Гелиос* (Солнце); по открытию в солнечном спектре. Лат. Helium (He).

Германий — от *Германия* (страна); по месту работы первооткрывателя. Лат. Germanium (Ge).

Железо — возможно, восходит к санскр. *гала* (металл, руда). Лат. Ferrum (Fe) — от *ферро* (меч).

Золото — одного корня с русск. *желтый*; по цвету металла. Лат. Aurum (Au) — от *аурора* (утренняя заря); по блеску металла.

Индий — от исп. *индиго* (ярко-синяя краска); по характерной линии в спектре. Лат. Indium (In).

Иод — от греч. *иодес* (фиолетовый); по цвету парообразного иода. Лат. Iodum (I).

Иридий — от лат. *иридис* (радуга); по разнообразию окраски соединений. Лат. Iridium (Ir).

Иттрий — от шведск. *Иттербю* (название селения); по месту обнаружения минерала *гадолинит*, содержащего скандий, иттрий, лантаноиды. Лат. Yttrium (Y).

Кадмий — от греч. *Кадмея* (древняя крепость города Фивы); по месту нахождения цинковой руды, содержащей кадмий (смесь минералов *сфалерит* и *смитсонит*). Лат. Cadmium (Cd).

Калий — от арабск. *аль-кали* (едкое начало золы морских растений); по свойствам поташа и едкого кали. Лат. Kalium (K).

Кальций — от лат. *калцис* (род. падеж лат. *калкс* — камень, известняк); по содержанию в известняке. Лат. Calcium (Ca).

Кислород — перевод лат. Oxygenium (O), от греч. *оксис* (кислый, кислотный) и *генес* (род, происхождение).

Кобальт — от нем. *кобольд* (домовой, гном); по трудности переработки (якобы из-за шалости гномов) руд этого металла. Лат. Cobaltum (Co).

Кремний — от русск. *кремень* (твердый камень для высекания огня, кремнезём). Лат. Silicium (Si) — от *силицис* (род. падеж *силекс* — кремнезём).

Криптон — от греч. *криптос* (тайный, скрытый); по трудности выделения из воздуха. Лат. Krypton (Kr).

Ксенон — от греч. *то ксенон* (нечто странное); по неожиданному открытию как примеси к криптону. Лат. Xenon (Xe).

Лантан — от греч. *лантано* (скрываюсь, прячусь); по трудности обнаружения. Лат. Lanthanum (La).

Литий — от греч. *литос* (камень); по открытию в ничем не примечательном, похожем на обычный камень минерале *петалит* (алюмосиликат). Лат. Lithium (Li).

Магний — от лат. *магнесиа альба* (белая магнезия); по минералу *гидромагнезит*, содержащему этот металл и найденному древними греками около города Магнесиа в Малой Азии (ныне город Маниса в Турции). Лат. Magnesium (Mg).

Марганец — от греч. *манганес* (очищающий); по осветляющему действию (в процессе варки стекла) минерала *пиролюзит*. Лат. Manganum (Mn).

Медь — происхождение русского названия не установлено. Лат. Cuprum (Cu) — от греч. *купрос* (название острова Кипр); по месту добычи медных руд.

Молибден — от греч. *молибдос* (любой материал, оставляющий черную черту на бумаге, в частности и минерал *молибденит*). Лат. Molybdaenum (Mo).

Мышьяк — от русск. *мышь* и *яд*; по применению препаратов мышьяка для истребления грызунов. Лат. Arsenicum (As) — от греч. *арсеникон* (золотисто-желтый); по цвету содержащего мышьяк минерала *аурипигмент*.

Натрий — от арабск. *натрон* или *натрун* (моющее средство); по применению природной соды и едкого натра для изготовления мыла. Лат. Natrium (Na).

Неон — от греч. *то неон* (нечто новое); по неожиданной окраске спектра, удивившей сына одного из первооткрывателей (У. Рамзая). Лат. Neon (Ne).

Никель — от нем. *никкель* (сокращение бранного слова рудокопов *никколаус*); рабочие в XVIII в. принимали за медную руду красный минерал *никелин* («фальшивая медь»), из которого, однако, медь не выплавлялась. Лат. Niccolum (Ni).

Ниобий — от греч. Ниобея (имя дочери Тантала); по близости свойств ниобия и тантала (см. Тантал). Лат. Niobium (Nb).

Олово — происхождение русского названия не установлено. Лат. Stannum (Sn) — от лат. *стагнанс* (стоящий на месте; восходит к санскр. *стагс* — твердый, стойкий); по большей твердости этого металла в сравнении со свинцом.

Осмий — от греч. *осме* (запах); по своеобразному сильному запаху летучего высшего оксида. Лат. Osmium (Os).

Палладий — от *Паллада* (название малой планеты Солнечной системы или астероида); по времени открытия элемента вскоре после обнаружения этого астероида. Лат. Palladium (Pd).

Платина — исп. *платина* (серебрецо); пренебрежительное название металла, похожего по внешнему виду на серебро, но не имеющего полезных свойств последнего — легкоплавкости и ковкости. Лат. Platinum (Pt).

Рений — от лат. *Ренус* (Рейн); по названию главной реки Германии, где работали первооткрыватели. Лат. Rhenium (Re).

Родий — от греч. *родон* (розовый цвет); по окраске соединений. Лат. Rhodium (Rh).

Ртуть — вероятно, тюркского происхождения. Лат. Mercurius — Меркурий (в древнеримской мифологии имя бога — покровителя подвижной деятельности человека, торговли и путешествий); по подвижности жидкой ртути; символ Hg — от устаревшего латинского алхимического названия Hydrargyrum (греч.*хидраргирос* — жидкое, как вода, серебро, где *хидор* — вода и *аргирос* — серебро); по серебристому цвету жидкой ртути.

Рубидий — от лат. *рубидус* (красно-коричневый цвет); по характерным линиям в спектре. Лат. Rubidium (Rb).

Рутений — от лат. *Рутениа* (Россия); по названию родины первооткрывателя. Лат. Ruthenium (Ru).

Свинец — происхождение русского названия не установлено. Лат. Plumbum (Pb) — от лат. *плумбум* (у древних римлян названия сплавов свинца с оловом; *плумбум нигрум* — черный свинец, т. е. сплав, содержащий больше свинца, и *плумбум альбум* — белый свинец, т. е. сплав, содержащий больше олова).

Селен — от греч. *Селене* (Луна); по сопутствованию селена теллуру в его рудах (как Луна — спутник Земли; см. Теллур). Лат. Selenium (Se).

Сера — от санскр. *сира* (светло-желтый); по цвету природной серы. Лат. Sulfur (S) — от санскр. *сулвери* (горючий порошок); по горючести серы.

Серебро — возможно, от ассир. *сарпу* (светлый); по цвету металла. Лат. Argentum (Ag) — от греч. *аргос* (белый, восходит к санскр. *арганта* — светлый).

Скандий — от лат. *Скандиа* (полуостров Скандинавия); по месту работы первооткрывателя. Лат. Scandium (Sc).

Стронций — от англ. *Строншиан* (название деревни в шотландском графстве Аргайлл); по месту обнаружения минерала, содержащего стронций — *стронцианита*. Лат. Strontium (Sr).

Сурьма — от тур. *сюрме* (черная краска для бровей и ресниц); по применению на Древнем Востоке минерала *стибнит* в косметике. Лат. Stibium (Sb) — от греч. *стиби* (черная метка). Устаревшее латинское название сурьмы Antimonium — от *антимоний* (алхимическое название минерала *стибнит*).

Таллий — от греч. *таллос* (ярко-зеленый цвет стеблей травянистых растений); по характерной линии такого цвета в спектре. Лат. Thallium (Tl).

Тантал — от греч. *Танталос* (имя героя древнегреческой мифологии); по словам первооткрывателя, «как Тантал испытывал муки жажды, стоя по горло в воде, так оксид данного элемента не способен реагировать с избытком распространенных кислот». Лат. Tantalum (Ta).

Теллур — от лат. *теллурис* (род. падеж лат. *теллус* — мать-земля); по открытию элемента в золотоносной «земле» (смеси соединений золота и серебра с теллуром). Лат. Tellurium (Te).

Титан — от греч. *Титанес* (Титаны в древнегреческой мифологии — боги, отличавшиеся гордым и стойким нравом); по химической устойчивости минерала *рутил*. Лат. Titanium (Ti).

Торий — от шведск. *торйорд* (камень, горная порода; восходит к имени *Тор*, в древнескандинавской мифологии — бог грома и бури, изображавшийся с каменным молотом); по открытию элемента в обычном камне — минерале *торит*. Лат. Thorium (Th).

Углерод — от русск. *рождающий уголь*. Лат. Carboneum (C) — от *карбонис* (род. падеж лат. *карбо* — древесный уголь, восходит к санскр. *кра* — гореть).

Уран — от названия планеты Солнечной системы; по времени открытия элемента (вскоре после обнаружения планеты Уран). Лат. Uranium (U).

Фосфор — от греч. *фосфорос* (светящийся в темноте: *фос* — свет и *форос* — несущий); по свечению белого фосфора. Лат. Phosphorus (P).

Фтор — от греч. *фторос* (разрушающий); по разъедающему действию фтора на стекло. Лат. Fluorum (F) — от *флуор* (текучесть); по использованию в металлургии минерала *флюорит* в качестве плавня (флюса), понижающего температуру плавки.

Хлор — от греч. *клорос* (желто-зеленый цвет увядающей листвы); по окраске газообразного хлора. Лат. Chlorum (Cl).

Хром — от греч. *крома* (цвет, краска); по яркой разнообразной окраске соединений. Лат. Chromium (Cr).

Цезий — от лат. *цесиус* (серо-синий или голубой цвет неба); по окраске характерных линий в спектре. Лат. Caesium (Cs).

Цинк — нем. *цинк* (белый металл, восходит к арабск. *харасин* — металл из Китая); по месту выработки металла, завезенного в средние века в Европу. Лат. Zincum (Zn).

Цирконий — от *циркон* (название минерала, от арабск. *заркун* — золотисто-желтый цвет); по окраске драгоценных разновидностей этого минерала. Лат. Zirconium (Zr).

1.4. История открытия некоторых элементов

Историю развития химии и открытия химических элементов условно можно разделить на периоды, которые перечислены в табл. 4.

Авторы и даты открытия распространенных элементов приведены в табл. 5.

Таблица 4

Исторический период	Элементы	
	Число	Символы
1. Предалхимический до IV в.	11	Ag, Au, C, Cu, Fe, Hg, Pb, S, Sb, Sn, Zn
2. Алхимический IV–сер. XVI в.	13	Указанные выше и As, Bi
3. Классический		
1551–1750 гг.	16	Указанные выше и Co, P, Pt
1751–1800 гг.	34	Указанные выше и Ba, Be, Cl, Cr, F, H, Mn, Mo, N, Ni, O, Sr, Te, Ti, U, W, Y, Zr
4. Количественный 1801–1869 гг.	63	Указанные выше и Al, B, Br, Ca, Cd, Ce, Cs, Er, I, In, Ir, K, La, Li, Mg, Na, Nb, Os, Pd, Rb, Rh, Ru, Se, Si, Ta, Tb, Th, Tl, V
5. Современный		
1870–1900 гг.	83	Указанные выше и Ac, Ar, Dy, Ga, Gd, Ge, He, Ho, Kr, Nd, Ne, Po, Pr, Ra, Rn, Sc, Sm, Tm, Xe, Yb
1901–1925 гг.	88	Указанные выше и Eu, Hf, Lu, Pa, Re
1926–2001 гг.	114	Указанные выше и Am, At, Bh, Bk, Cf, Cm, Db, Es, Fm, Fr, Hs, Lr, Md, Mt, No, Np, Pm, Pu, Rf, Sg, Tc, 110, 111, 112, 114, 116

Таблица 5

Распространенный элемент, символ	Дата открытия	Авторы открытия
Азот, N	1772 г.	Д. Резерфорд (Шотландия)
Алюминий, Al	1825 г.	Х.-Х. Эрстед (Дания)
Аргон, Ar	1894 г.	Д.-У. Рэлей, У. Рамзай (Англия)
Барий, Ba	1774 г.	К.-В. Шееле, Ю.-Г. Ган (Швеция)
Бериллий, Be	1798 г.	Н.-Л. Воклен (Франция)
Бор, B	1808 г.	Л.-Ж. Гей-Люссак, Л.-Ж. Тенар (Франция)
Бром, Br	1826 г.	А.-Ж. Балар (Франция)
Ванадий, V	1830 г.	Н.-Г. Сефстрём (Швеция)
Висмут, Bi	XV–XVI вв.	—
Водород, H	1766 г.	Х. Кавендиш (Англия)
Вольфрам, W	1781г.	К.-В. Шееле (Швеция)
Галлий, Ga	1875 г.	Ф. Лекок-де-Буабодран (Франция)
Гафний, Hf	1923 г.	Д. Костер (Голландия), Й.-Д. Хевеши (Венгрия)
Гелий, He	1868–1871 гг.	П.-Ж.-С. Жанссен (Франция), Н. Локьер, Э. Франкленд (Англия)
Германий, Ge	1886 г.	К.-А. Винклер (Германия)
Железо, Fe	XXX–XXV вв. до н. э.	—
Золото, Au	L в. до н. э.	—
Индий, In	1863 г.	Ф. Райх, Х.-Т. Рихтер (Германия)
Иод, I	1811 г.	Б. Куртуа (Франция)
Иридий, Ir	1804 г.	С. Теннант (Англия)
Иттрий, Y	1794 г.	Ю. Гадолин (Финляндия)
Кадмий, Ca	1817 г.	Ф. Штромейер (Германия)
Калий, K	1807 г.	Х. Дэви (Англия)
Кальций, Ca	1808 г.	Х. Дэви (Англия)
Кислород, O	1769–1774 гг.	К.-В. Шееле (Швеция), Д. Пристли (Англия)
Кобальт, Co	1735 г.	Г. Брандт (Швеция)
Кремний, Si	1823 г.	Й.-Я. Берцелиус (Швеция)
Криптон, Kr	1898 г.	У. Рамзай, М.-У. Траверс (Англия)
Ксенон, Xe	1898 г.	У. Рамзай, М.-У. Траверс (Англия)
Лантан, La	1839 г.	К.-Г. Мосандер (Швеция)
Литий, Li	1817 г.	Ю.-А. Арведсон (Швеция)
Магний, Mg	1808 г.	Х. Дэви (Англия)
Марганец, Mn	1774 г.	К.-В. Шееле, Т.-У. Бергман, Ю.-Г. Ган (Швеция)
Медь, Cu	L–XXXV вв.до н. э.	—
Молибден, Mo	1778 г.	К.-В. Шееле (Швеция)
Мышьяк, As	IV в.до н. э.	—
Натрий, Na	1807 г.	Х. Дэви (Англия)
Неон, Ne	1898 г.	У. Рамзай, М.-У. Траверс (Англия)

Окончание табл. 5

Распространенный элемент, символ	Дата открытия	Авторы открытия
Никель, Ni	1751 г.	А.-Ф. Кронстедт (Дания)
Ниобий, Nb	1801 г.	Ч. Хатчетт (Англия
Олово, Sn	XL в. до н. э.	—
Осмий, Os	1804 г.	С. Теннант (Англия)
Палладий, Pd	1803 г.	У.-Х. Вулластон (Англия)
Платина, Pt	В Европе — после 1738 г.	А. де-Ульоа (Испания)
Рений, Re	1925–1928 гг.	В.-К.-Ф. Ноддак, И. Такке-Ноддак (Германия)
Родий, Rh	1804 г.	У.-Х. Вулластон (Англия)
Ртуть, Hg	XX в. до н. э.	—
Рубидий, Rb	1861 г.	Р.-В. Бунзен, Г.-Р. Кирхгофф (Германия)
Рутений, Ru	1844 г.	К. К. Клаус (Россия)
Свинец, Pb	L–XXXIV вв.до н. э.	—
Селен, Se	1817 г.	Й.-Я. Берцелиус, Ю.-Г. Ган (Швеция)
Сера, S	L в.до н. э	—
Серебро, Ag	L–VL вв.до н. э.	—
Скандий, Sc	1879 г.	Л.-Ф. Нильсон (Швеция)
Стронций, Sr	1787 г.	А. Крофорд, У. Крукшанк (Англия)
Сурьма, Sb	XXX в. до н. э.	—
Таллий, Tl	1861 г.	У. Крукс (Англия)
Тантал, Ta	1802 г.	А.-Г. Экеберг (Швеция)
Теллур, Te	1782 г.	Ф.-Й. Мюллер-фон-Райхенштайн (Венгрия)
Титан, Ti	1795–1797 г.	М.-Г. Клапрот (Германия)
Торий, Th	1828 г.	Й.-Я. Берцелиус (Швеция)
Углерод, C	D в. до н. э.	—
Уран, U	1789 г.	М.-Г. Клапрот (Германия)
Фосфор, P	1669 г.	Х. Бранд (Германия)
Фтор, F	1771 г.	К.-В. Шееле (Швеция)
Хлор, Cl	1774 г.	К.-В. Шееле (Швеция)
Хром, Cr	1797 г.	Л.-Н. Воклен (Франция)
Цезий, Cs	1861 г.	Р.-В. Бунзен, Г.-Р. Кирхгофф (Германия)
Цинк, Zn	L–XXX вв.до н. э.	—
Цирконий, Zr	1789 г.	М.-Г. Клапрот (Германия)

Примечание. Соответствие римских цифр и арабских чисел:

IV — 4	XX — 20	XXXIV — 34	VL — 45
XV — 15	XXV — 25	XXXV — 35	L — 50
XVI — 16	XXX — 30	XL — 40	D — 500

Далее приведены исторические сведения о том, как были открыты и получены в свободном виде некоторые химические элементы:

Азот. Открыт Д. Резерфордом в 1772 г. Он сжигал на воздухе уголь и серу ($C + S + 2O_2 = CO_2 + SO_2$). Образующуюся смесь газов пропускал через известковую воду:

$$2Ca(OH)_2 + CO_2 + SO_2 = CaCO_3\downarrow + CaSO_3\downarrow + 2H_2O$$

и в остатке получал газ, не поглощаемый раствором щелочи. Этот газ гасил пламя свечи (не поддерживал горение) и вызывал удушье подопытных животных (не поддерживал дыхание). А.-Л. де-Лавуазье доказал в 1775–1777 гг., что газ Резерфорда входит в состав воздуха наряду с кислородом, и назвал его азотом (латинское название элемента введено в 1790 г. Ж.-А.-К. Шапталем). Соединения азота — аммиак NH_3 и соли аммония (NH_4Cl, NH_4HCO_3 и др.), азотная кислота HNO_3 и ее соли (нитраты $NaNO_3$, KNO_3, $AgNO_3$ и др.) — были известны еще западным алхимикам (XI–XIII вв.).

Алюминий. Открыт Х.-Х. Эрстедом в 1825 г. Он восстановил хлорид этого элемента амальгамой калия при нагревании ($AlCl_3 + 3K = 3KCl + Al$) и выделил металл. Позже способ Эрстеда был улучшен Ф. Вёлером (он брал для реакции чистый калий), ему же принадлежит описание химических свойств алюминия. Впервые алюминий промышленным способом получил в 1854 г. А.-Э. Сент-Клер-Девилль по способу Вёлера (с заменой калия на более безопасный натрий). Год спустя на Парижской выставке он продемонстрировал первый слиток металла, а в 1856 г. выделил алюминий электролизом расплава хлорида в присутствии поваренной соли:

$$2AlCl_3 = 2Al\text{ (катод)} + 3Cl_2\uparrow\text{ (анод)}$$

В России алюминий называли в то время «серебром из глины», так как главной составной частью глины является глинозём Al_2O_3. Промышленный способ получения металла электролизом расплава Al_2O_3 в криолите:

$$2Al_2O_3 = 2Al\text{ (катод)} + 3O_2\uparrow\text{ (анод)}$$

разработан независимо друг от друга Ч.-М. Холлом и П.-Л.-Т. Эру в 1886 г. Двойная соль алюминия и калия — квасцы $KAl(SO_4)_2\cdot12H_2O$ — известна с глубокой древности (VII–V вв. до н. э.).

Аргон. Открыт Д.-У. Рэлеем и У. Рамзаем в 1894 г. по характерному спектру. Рэлей заметил, что химически чистый азот (полученный, например, в результате реакции $NH_4NO_2 = N_2 + 2H_2O$) и атмосферный азот (выделенный из жидкого воздуха) имеют различную плотность: первый всегда несколько легче, чем второй.

Рамзай, приглашенный Рэлеем объяснить эту загадку природы, доказал, что различие в плотности возникает из-за присутствия в воздухе более тяжелых примесей, главным образом аргона. Различие в плотности незначительно (1,251 г/л для чистого N_2 и 1,257 г/л для атмосферного N_2), поэтому открытие аргона образно назвали «торжеством третьего знака (после запятой)». Рамзай описал свойства аргона и установил его место в Периодической системе элементов (3-й период, VIIIA-группа). Затем были открыты все остальные элементы VIIIA-группы — благородные газы.

Бром. Открыт А.-Ж. Баларом в 1826 г. Он действовал хлором на рассол морских соляных промыслов, содержащий бромиды ($2Br^- + Cl_2 = Br_2 + 2Cl^-$). Важнейшим источником брома служат природные воды нефтяных и газовых скважин, морей и некоторых минеральных источников, а также рассолы калийного производства.

Висмут. Известен со средних веков. О выделении этого металла в свободном виде сообщают в своих сочинениях Агрикола, Василий Валентин и Т.-У. Бергман. Химическую индивидуальность висмута установил И.-Г. Потт в 1739 г. Оксид Bi_2O_3 уже в XVI в. использовали как желто-коричневую краску, а нитрат $Bi(NO_3)O$ — как косметическое средство (испанские белила).

Водород. Открыт. Х. Кавендишем в 1766 г. При действии разбавленной серной кислоты на цинк он наблюдал выделение газа — «горючего воздуха» ($Zn + H_2SO_4 = ZnSO_4 + H_2\uparrow$). Кавендиш обстоятельно исследовал физико-химические свойства этого газа: он обнаружил, что водород очень легкий (значительно легче воздуха) и продуктом его сгорания на воздухе является вода. В 1783–1785 гг. А.-Л. де-Лавуазье и Ж.-Б. Мёнье-де-ла-Плас осуществили опыты по синтезу воды при сгорании водорода в кислороде над ртутью ($2H_2 + O_2 = 2H_2O$) и восстановлению раскаленного оксида железа(III) водородом ($Fe_2O_3 + 3H_2O = 2Fe + 3H_2O$), а также опыт по разложению водяного пара нагретым железом ($2Fe + 3H_2O = Fe_2O_3 + 3H_2$). Позже Дэви провел разложение жидкой воды электролизом:

$$2H_2O = 2H_2\uparrow \text{ (катод)} + O_2\uparrow \text{ (анод)}$$

Галлий. Существование и свойства неизвестного элемента — эка-алюминия (который должен занять место в Периодической системе под алюминием) были очень точно предсказаны Д. И. Менделеевым в 1871 г. на основе Периодического закона. Открыт галлий Ф. Лекок-де-Буабодраном в 1875 г. и выделен им в чистом виде из цинковой обманки (минерал *сфалерит*). За это ученый удостоился похвалы Менделеева, назвавшего Лекока «истинным укрепителем Периодического закона».

Сравнение свойств эка-алюминия и галлия проведено в табл. 6.

Таблица 6

Характеристика	Химический элемент	
	Эка-алюминий R	Галлий Ga
Элемент		
Положение в Периодической системе	В периоде — после цинка, в группе — под алюминием	4-й период, IIIA-группа
Порядковый номер	31	31
Атомная масса	69	69,72
Степень окисления	+III	+III
Металл		
Плотность (г/см^3)	5,9	5,904
Температура плавления	Легкоплавкий	29,78 °C
Метод получения	Восстановление из соединений	Восстановление оксида водородом или электролиз раствора хлорида
Отношение к воде	Будет реагировать при нагревании	Реагирует с кипящей водой и перегретым паром
Отношение к кислотам	Будет легко реагировать	Легко реагирует с HCl (выделение H_2)
Отношение к щелочам	Будет реагировать	Реагирует (выделение H_2)
Оксид	R_2O_3	Ga_2O_3
Плотность (г/см^3)	5,5	5,88
Гидроксид	$R(OH)_3$	$Ga(OH)_3$
Химические свойства	Слабооснóвные	Амфотерные
Отношение к щелочам и гидрату аммиака	Будет растворяться	Растворяется, образует $[Ga(OH)_4]^-$
Сульфат	$R_2(SO_4)_3$	$Ga_2(SO_4)_3$
Отношение к кипящей воде	Будет давать осадок оснóвной соли	Дает осадок соли $Ga(SO_4)OH$
Отношение к растворам карбонатов	Будет давать осадок	Дает осадок $Ga(OH)_3$ (выделение CO_2)
Квасцы	Образует	Образует
Формула	$KR(SO_4)_2$	$KGa(SO_4)_2$
Хлорид	RCl_3	$GaCl_3$
Летучесть	Высокая	Высокая
Температура кипения	Низкая	201,3 °C
Сульфид	R_2S_3	Ga_2S_3
Осаждение из раствора	Не будет	Не осаждается

Германий. Существование и свойства неизвестного элемента — эка-силиция (который должен занять место в Периодической системе под кремнием) были очень точно предсказаны Д. И. Менделеевым в 1871 г. на основе Периодического закона. Открыт германий К.-А. Винклером в 1886 г. при исследовании минерала *аргиродит*, им выделены GeS_2 и GeO_2. После опубликования сообщения об открытии германия Менделеев и одновременно с ним В. Ю. Рихтер и Л.-Ю. Мейер указали Винклеру на совпадение свойств германия со свойствами эка-силиция. Винклер подтвердил это дальнейшими исследованиями. Он удостоился похвалы Менделеева, назвавшего Винклера «истинным укрепителем Периодического закона».

Сравнение свойств эка-силиция и германия проведено в табл. 7.

Таблица 7

Характеристика	Химический элемент	
	Эка-силиций R	Германий Ge
Элемент		
Положение в Периодической системе	В периоде — после эка-алюминия (галлия), в группе — под кремнием	4-й период, IVA-группа
Порядковый номер	32	32
Атомная масса	72	72,61
Степень окисления	+II, +IV	+II, +IV
Металл		
Плотность (г/см^3)	5,5	5,35
Метод получения	Восстановление из соединений	Восстановление GeO_2 или $K_2[GeF_6]$ водородом
Отношение к кислотам	Не будет вытеснять H_2	Не реагирует с HCl и H_2SO_4 (разб.)
Оксиды	RO, RO_2	GeO, GeO_2
Плотность высшего оксида (г/см^3)	4,7	4,703
Гидроксид	$R(OH)_4$	$GeO_2 \cdot nH_2O$
Химические свойства	Слабоосно́вные	Амфотерные
Хлориды	RCl_2, RCl_4	$GeCl_2$, $GeCl_4$
Высший хлорид		
Агрегатное состояние при 20 °C	Жидкость	Жидкость
Летучесть	Высокая	Высокая
Температура кипения	90 °C	83,1°C
Плотность при 20 °C	1,9	1,880
Отношение к воде	Будет легко разлагаться	Легко гидролизуется до GeO_2 и HCl
Сульфид	RS_2	GeS_2
Отношение к раствору NH_4HS	Будет растворяться	Растворяется, образует $[GeS_3]^{2-}$

Железо. Известно с глубокой древности (Древний Египет, Индия, Персия); железный век — эпоха в развитии человечества, наступившая в начале 1-го тысячелетия до н. э. в связи с распространением выплавки железа и изготовления железных орудий труда и оружия; железный век пришел на смену бронзовому веку (см. Медь). Сталь впервые появилась в Индии (X в. до н. э.), чугун — только в средние века. Восточные мастера (в Сирии) умели выплавлять особо стойкую литую сталь (булат), упоминаемую еще Аристотелем (IV в. до н. э.). Указание на железо как на определенный металл имеется в Ветхом Завете и у Гомера. Первое железо, использованное человеком, имело метеоритное происхождение. По-видимому, в Древнем Египте (VI в. до н. э.) появились первые горны (обычные ямы) для выплавки стали, лишь во II в. они были заменены шахтными печами. Доменные печи для выплавки чугуна известны с XVI в. во Франции и Фландрии. Тогда же возникли способы передела чугуна в сталь сильным продуванием воздуха. Современные методы выплавки стали из чугуна (процессы Бессемера, Мартена и Томаса) изобретены во 2-й половине XIX в. Секрет булата, утерянный в XIII–XIV вв., раскрыл в середине XIX в. П. П. Аносов.

Золото. Известно с глубокой древности у всех культурных народов; первый металл, нашедший применение в доисторическую эпоху. В Древнем Египте широко употреблялся сплав золота с серебром (самородное золото) — *асем*, в Древней Греции — *электрон*. Добывался металл из золотоносных россыпей (самый крупный из найденных самородков весил 112 кг), из него чеканили монету, делали ювелирные украшения. Древние греки и римляне знали свойства золотой амальгамы — сплава золота со ртутью. Указание на золото как на определенный металл имеется в Ветхом Завете и у Гомера. Средневековые алхимики (вплоть до XV в.) безуспешно пытались найти некий «философский камень», который позволил бы превратить неблагородные металлы в золото; они же одновременно разработали методы выделения и очистки металла, наблюдали растворение золота в «царской водке» (смеси концентрированных HNO_3 и HCl) и изучали свойства сплавов, о чем свидетельствуют сочинения В. Бирингуччо. Способ извлечения золота из руд (цианирование) открыл П. Р. Багратион в 1843 г. Этот способ используется и сегодня:

$$\text{Au (в руде)} + 8CN^- + 2H_2O + O_2 = 4[Au(CN)_2]^- + 4OH^-$$

$$2[Au(CN)_2]^- + Zn = [Zn(CN)_4]^{2-} + 2Au\downarrow \text{ (чистое)}$$

Иод. Открыт Б. Куртуа в 1811 г. При кипячении серной кислоты с рассолом золы морских водорослей он наблюдал выделение фиолетового пара, при охлаждении превращающегося в темные кристаллы с ярким блеском:

$$2NaI + 2H_2SO_4 = I_2 + SO_2 + 2H_2O + Na_2SO_4$$

Элементарная природа иода установлена в 1811–1813 гг. Л.Ж. Гей-Люссаком (а чуть позже и Х. Дэви). Гей-Люссак получил также многие производные (HI, HIO_3, I_2O_5, ICl и др.). Важнейшим природным источником иода служат буровые воды нефтяных и газовых скважин.

Калий. Открыт Х. Дэви в 1807 г. При электролизе влажного едкого кали KOH на ртутном катоде он получил амальгаму калия, а после отгонки ртути — чистый металл:

$$4KOH = 4K\ (Hg\text{-катод}) + O_2\uparrow\ (\text{анод}) + 2H_2O$$

Дэви определил его плотность, изучил химические свойства, в том числе разложение воды ($2K + 2H_2O = 2KOH + H_2\uparrow$) и поглощение водорода ($2K + H_2 = 2KH$). В 1808 г. Гей-Люссак и Л.-Ж. Тенар выделили калий химическим путем — прокаливанием KOH с углем ($4KOH + C = 4K + CO_2 + 2H_2O$). Соединения калия (KOH, K_3CO_3 и др.) были известны еще арабским и западным алхимикам: они получали KOH (в смеси с NaOH) сильным нагреванием негашёной извести CaO с влажной золой морских растений, содержащей K_3CO_3 и Na_3CO_3:

$$K_2CO_3 + CaO + H_2O = 2KOH + CaCO_3$$

Производство поташа K_2CO_3 выщелачиванием древесной золы было одним из развитых промыслов Древней Руси. Отличие K_2CO_3 от Na_2CO_3 доказал А.-Л. Дюамель-де-Монсо в 1736 г., различие соединений калия и натрия в окрашивании пламени обнаружил А.-С. Маргграф в 1758 г. Как установил в 1797 г. М.-Г. Клапрот, калий содержится не только в растениях, но и в минералах (алюмосиликатных породах). Соли калия прочнее удерживаются землей, чем соли натрия; поэтому натрий концентрируется в морях, а калий рассеян в почве, откуда он усваивается растениями.

Кальций. Открыт Х. Дэви в 1808 г. При электролизе на ртутном катоде влажной гашёной извести $Ca(OH)_2$ он получил амальгаму, а после отгонки ртути — чистый кальций:

$$2Ca(OH)_2 = 2Ca\ (Hg\text{-катод}) + O_2\uparrow\ (\text{анод}) + 2H_2O$$

Позже Р.-В. Бунзен выделил металл электролизом расплава хлорида:

$$CaCl_2 = Ca\ (\text{катод}) + Cl_2\uparrow\ (\text{анод})$$

Природное соединение кальция — известняк (мрамор, мел) $CaCO_3$ применялся с древних времен (VI–V вв. до н. э.) как строительный материал, удобрение и нейтрализатор уксуса, а известь CaO и гипс $CaSO_4 \cdot 2H_2O$ использовались для приготовления строительных растворов. Кальций — наиболее распространенный металл в живых организмах.

Кислород. Открыт К.-В. Шееле в 1769–1771 гг. и независимо от него Д. Пристли в 1774 г. Газ, который собирал Шееле при прокаливании HgO ($2HgO = 2Hg + O_2$), Ag_2CO_3 ($2Ag_2CO_3 = 4Ag + 2CO_2 + O_2$), KNO_3 ($2KNO_3 = 2KNO_2 + O_2$) и смеси MnO_2 с H_2SO_4 ($2MnO_2 + 2H_2SO_4 = 2MnSO_4 + 2H_2O + O_2$), поддерживал горение и дыхание; к тем же выводам пришел и Пристли. Большой вклад в определение состава воздуха и химическую идентификацию кислорода внесли А.-Л. де-Лавуазье и Х. Дэви (см. Азот, Водород). При обжиге металлов в кислороде был открыт закон сохранения массы (М. В. Ломоносов, Лавуазье). Указание на то, что воздух является смесью газов, впервые встречается у Леонардо да-Винчи (конец XV в.) — выдающегося художника эпохи Возрождения, талантливого ученого и инженера.

Кремний. Предсказан в 1810 г. Й.-Я. Берцелиусом. Позже (в 1823 г.) он выделил аморфный кремний путем восстановления фторида SiF_4 калием ($SiF_4 + 4K = 4KF + Si$), подробно описал его химические свойства. Кремень (кремнезёмный камень) был основным материалом для изготовления орудий труда и высекания огня у первобытных людей (эпоха каменного века, 2 млн. — 6 тыс. лет до н. э.). Минерал *горный хрусталь* (прозрачный *кварц*) SiO_2 знали еще древние греки в I в. Самый крупный из найденных до сих пор кристаллов кварца весил 1,5 т. Свойство цемента затвердевать в воде открыли в Древнем Риме (I в. до н. э.). Стеклоделие возникло в Месопотамии (III в. до н. э.). Секретное изготовление фарфора в Китае известно с IV в., в Европе (Саксония) раскрыл (но держал в тайне) секрет фарфоровой массы И.-Ф. Бёттгер в начале XVIII в. В России развитием производства стекла, фарфора и пигментов для них мы обязаны М. В. Ломоносову и Д. И. Виноградову; последний раскрыл древний секрет белого фарфора.

Магний. Открыт Х. Дэви в 1808 г. При электролизе влажного оксида MgO на ртутном катоде он получил амальгаму этого металла:

$$2MgO = 2Mg\ (Hg\text{-катод}) + O_2\uparrow\ (\text{анод})$$

Чистый магний химическим путем выделил А. Бюсси в 1830 г. ($MgCl_2 + 2K = 2KCl + MgO$). Р.-В. Бунзен несколько позже провел электролиз расплава:

$$MgCl_2 = Mg\ (\text{катод}) + Cl_2\ (\text{анод})$$

Оксид MgO (жжёная магнезия) известен с начала XVIII в., а горькая (английская) соль $MgSO_4 \cdot 7H_2O$ уже в XVIII в. применялась в Англии как лечебное средство, добываемое из воды минеральных источников.

Марганец. Открыт К.-В. Шееле, Т.-У. Бергманом и Ю.-Г. Ганом в 1774 г. При прокаливании смеси MnO_2 с углем они выделили металл ($MnO_2 + C = CO_2 + Mn$) и изучили его химические свойства. Стекловары еще в древние времена использовали природный MnO_2 (минерал *пиролюзит*) для обесцвечивания зеленого железосодержащего стекла и называли минерал «стекольным мылом». Такой способ применяется и сегодня.

Медь. Известна с глубокой древности в чистом виде и как сплав с оловом — *бронза*. Бронзовый век — эпоха в развитии человечества, характеризующаяся применением бронзы для изготовления домашней утвари, орудий труда и оружия. По-видимому, в доисторическое время человеку случайно удалось получить этот сплав (прокаливанием меди с минералами олова), более легкоплавкий и лучше поддающийся обработке, чем сама медь. Указание на медь имеется в Ветхом Завете и у Гомера. Медь изредка встречается в самородном виде, самый крупный из найденных самородков весил 420 т. Зеленый *малахит* $Cu_2CO_3(OH)_2$ умели разлагать на CuO, CO_2 и H_2O еще древние римляне. Многовековой опыт извлечения меди из руд описан Агриколой (середина XVI в.), а в сочинениях Василия Валентина приведен способ выделения меди из раствора медного купороса (вытеснение железом: $CuSO_4 + Fe = FeSO_4 + Cu\downarrow$).

Мышьяк. Известен в виде соединений с глубокой древности. Аристотель (IV в. до н. э.) упоминает золотисто-желтый As_2S_3 и ядовитый белый As_2O_3. В 1250 г. Альберт Великий описал свойства мышьяка придавать желтый цвет белым металлам и отбеливать медь (наивное алхимическое желание перевести все неблагородные металлы в желтое золото и белое серебро). Парацельс в начале XVI в. открыл мышьяковую кислоту H_3AsO_4. В 1733 г. Г. Брандт впервые показал, что «белый мышьяк» As_2O_3 является оксидом, и выделил из него элементарный серый мышьяк, а также описал его химические свойства.

Натрий. Открыт Х. Дэви в 1807 г. При электролизе влажного едкого натра NaOH на ртутном катоде он выделил амальгаму, а после отгонки ртути — чистый натрий:

$$4NaOH = 4Na\ (Hg\text{-катод}) + O_2\uparrow(\text{анод}) + 2H_2O$$

Дэви отметил легкую окисляемость натрия на воздухе, изучил его действие на воду ($2Na + 2H_2O = 2NaOH + H_2\uparrow$). В 1808 г. Л.-Ж. Гей-Люссак и Л.-Ж. Тенар получили металл химическим путем — прокаливанием щелочи с железом ($6NaOH + 2Fe = 6Na + Fe_2O_3 + 3H_2O$). Большой вклад в идентификацию натрия внесли А.-Л. Дюамель-де-Монсо, А.-С. Маргграф и М.-Г. Клапрот (см. Калий). Издревле человек употреблял в пищу поваренную соль NaCl, она высоко ценилась из-за трудности солеварения — выпаривания природных соленых вод. В Ветхом Завете упоминается природная сода Na_2CO_3, добывавшаяся из египетских содовых озер и употреблявшаяся для приготовления мыла и варки стекла. Открытие сульфата Na_2SO_4 и его лечебных свойств приписывается И.-Р. Глауберу (1648). Промышленное получение соды по способу Сольве ведется с 1863 г. в Бельгии (в России — с 1869 г.).

Олово. Известно с глубокой древности в виде бронзы (см. Медь). Указание на олово как на определенный металл имеется в Ветхом Завете и у Гомера. Чистое олово получено не ранее XII в., о нем упоминает в своих трудах Р. Бэкон. До этого олово всегда содержало переменное количество свинца (сплав олова со свинцом — припой). У древних греков и римлян особенно ценился «белый свинец» (т. е. почти чистое олово) из-за своей большей твердости по сравнению с «черным свинцом» (почти чистым свинцом). Металлургия олова описана в сочинениях псевдо-Гебера (прокаливание *касситерита* SnO_2 с углем: $SnO_2 + C = CO_2 + Sn$). Хлорид $SnCl_4$ впервые получил А. Либавий в 1597 г. Аллотропию олова и явление «оловянной чумы» (рассыпание олова в порошок при низких температурах) объяснил Э.-Ю. Кохен в 1899 г. (белое олово при охлаждении переходит в порошок серого олова). Из-за разрушения паянных оловом канистр с керосином и банок с продуктами погибла в 1912 г. экспедиция Р.-Ф. Скотта — английского исследователя Антарктиды.

Платина. Самородки платины — «белого золота» (вернее, сплавов с другими металлами семейства платины, а также с медью, железом и золотом) находили еще в древние времена в Египте, Испании, Абиссинии, на острове Борнео. Первые достоверные сведения о существовании в природе этого элемента относятся к началу XVIII в., когда платина была обнаружена в золотоносных песках Колумбии. В Европе платина стала известна после 1738 г., когда А. де-Ульоа привез ее образцы и подробный отчет об этом металле из Южной Америки во Францию и Испанию. Химические свойства платины изучил Ф.-К. Ахард, в чистом виде металл получил У.-Х. Вулластон в 1804 г.

Ртуть. Известна с древних времен. Нередко ее находили в самородном виде (жидкие капли в горных породах), но чаще получали обжигом природной *киновари* HgS ($HgS + O_2 = Hg + SO_2$). Древние греки и римляне использовали ртуть для очистки золота (амальгамирование и отгонка ртути), знали о ядовитости самой ртути и ее соединений, в частности сулемы $HgCl_2$. Много веков алхимики считали ртуть главной составной частью всех металлов и полагали, что если жидкой ртути возвратить твердость (с помощью серы и мышьяка), то получится золото. Однако, проводя такие наивные и безнадежные опыты по трансформации неблагородных металлов в золото, алхимики параллельно накопили много данных о способах получения ртути и ее химических свойствах. Выделение ртути в чистом виде описано Г. Брандтом в 1735 г.

Свинец. Известен с глубокой древности. Изделия из этого металла (монеты, медальоны) использовались в Древнем Египте, свинцовые водопроводные трубы — в Древнем Риме. Указание на свинец как на определенный металл имеется в Ветхом Завете. Выплавка свинца была, по-видимому, первым из известных человеку металлургических процессов ($2PbS + 3O_2 = 2PbO + 2SO_2$, $2PbO + C = 2Pb + CO_2$). Природные соединения свинца — минералы *глёт* PbO (красный), *су́рик* $(Pb^{II}_2Pb^{IV})O_4$, *галенит* PbS и *церуссит* $PbCO_3$ также были известны древним грекам и римлянам; гидроксокарбонат $Pb_3(CO_3)_2(OH)_2$ широко применялся как краска и косметическое средство (см. Олово). До 1990 г. большое количество свинца использовалось (вместе с сурьмой и оловом) для отливки типографских шрифтов, а также в виде тетраэтилсвинца $Pb(C_2H_5)_4$ — для повышения октанового числа моторных топлив.

Сера. Известна с глубокой древности (о ней есть упоминание у Гомера). Серу находили в самородном виде, использовали для приготовления красок и уничтожения вредных насекомых, из нее готовили косметические и медицинские препараты, сернистый газ SO_2 применяли для беления тканей. У алхимиков сера считалась одним из «начал» всех металлов (признак горючести и желтой окраски), что подробно описано в трудах Р. Бэкона (XIII в.) В средние века (после XI в.) алхимики научились готовить купоросное масло — серную кислоту H_2SO_4 при нагревании серы с селитрой KNO_3 (Василий Валентин) или железного купороса $FeSO_4 \cdot 7H_2O$ с квасцами $KAl(SO_4)_2 \cdot 12H_2O$ (псевдо-Гебер). Фабричным способом серная кислота получена впервые в Англии и Шотландии в середине XVIII в. Современный (контактный) способ получения серной кислоты разработан в XIX в. Исходным сырьем служили пирит FeS_2 и другие сульфидные руды (сегодня чаще используют серу); их обжигали, получали SO_2, который затем при контакте с катализатором и O_2 переводили в SO_3 и далее водой — в H_2SO_4. В России серная кислота приготовлялась вначале в аптеках (по указу 1663 г.), заводское производство было организовано в 1718 г. по прямому указанию царя Петра I Великого.

Серебро. Известно с глубокой древности у всех культурных народов (египтяне, индусы, вавилоняне и др.). Указание на серебро как на определенный металл имеется в Ветхом Завете и у Гомера. Серебро находили в самородном виде, самый крупный из найденных до сих пор самородков весил 13,5 т. Из этого металла чеканили монету, делали ювелирные украшения, бытовую и культовую посуду, столовые приборы, украшения для мебели, одежды и др. Использовались природные соединения серебра — минералы *аргентит* Ag_2S и *хлораргирит* $AgCl$; выплавлялось и серебро, содержащееся как примесь в свинцово-цинковых рудах. Древние греки и римляне знали свойства амальгамы (сплава серебра со ртутью). В сочинениях В. Бирингуччо и Агриколы (XVI в.) подробно изложены способы добычи серебра, техника амальгамирования.

Сурьма. Известна с глубокой древности. Свободную сурьму выделили в XIV–XV вв. западные алхимики при нагревании Sb_2S_3 с железом ($Sb_2S_3 + 3Fe = 3FeS + 2Sb$) и признали ее разновидностью металлов (Василий Валентин, Парацельс). Использовали сурьму для отливки типографского шрифта (вместе со свинцом и оловом), для изготовления медицинских препаратов (например, алгаротов порошок $Sb_4Cl_2O_5$). Минерал *стибнит* Sb_2S_3 использовался как косметическое средство — черная краска для бровей и ресниц. Обзор методов выделения сурьмы в чистом виде принадлежит Г. Брандту (1735).

Углерод. Известен с глубокой древности в виде сажи, каменного и древесного угля. Последний применялся для обогрева жилищ и выплавки металлов. Издавна известны природные аллотропные модификации углерода — *алмаз* (самый твердый и прозрачный драгоценный камень) и *графит* (мягкий, черный; уже в средние века служил для изготовления карандашей). Индивидуальность этого химического элемента утвердил А.-Л. де-Лавуазье в 1789 г., он же ранее установил природу алмаза и углекислого газа, а К.-В. Шееле в 1779 г. — тождество графита и минерального угля. С. Теннант и У.-Х. Вулластон в 1796 г. провели дорогостоящий опыт — сжигание алмаза ($C + O_2 = CO_2$), тем самым доказав чисто углеродную природу алмаза и отсутствие в нем примесей.

Фосфор. Открыт Х. Брандом в 1669 г. (первое в истории химии датированное открытие элемента). Прокаливая остаток от выпаривания мочи с углем и песком, Бранд получил белую пыль, которая светилась в темноте (явление фосфоресценции). Это был белый фосфор P_4. Индивидуальность фосфора как элемента утвердил А.-Л. де Лавуазье, который использовал фосфор для изучения реакций сгорания и в результате этого открыл (независимо от М. В. Ломоносова) закон сохранения массы. Существенно улучшили способ получения фосфора И. Кункель и Р. Бойль (конец XVII в.), А.-С. Маргграф (середина XVIII в.) и Ф. Вёлер (начало XIX в.). До сих пор фосфор в промышленности получают по способу Вёлера — прокаливанием фосфатной руды с углем и песком:

$$Ca_3(PO_4)_2 + 5C + 3SiO_2 = 3CaSiO_3 + 5CO + 2P$$

Аморфную аллотропную модификацию фосфора — красный фосфор P_n — выделил, нагревая белый фосфор без доступа воздуха, А. Шрёттер в середине XIX в. Использование красного фосфора для изготовления современных спичек начато в Швеции в 1855 г. (безопасные, или шведские, спички). Залежи *апатитов* $Ca_5(PO_4)_3(Cl, OH, F)$, имеющие мировое значение, обнаружены в России А. Е. Ферсманом в 1926 г. (Хибинские горы Кольского полуострова).

Фтор. Открыт К.-В. Шееле в 1771 г. При обработке минерала *флюорит* CaF_2 серной кислотой ($CaF_2 + H_2SO_4 = CaSO_4\downarrow + 2HF$) он выделил HF в виде водного раствора (плавиковая кислота). Это событие рассматривается в истории химии как открытие фтора. Аналогию с хлором предложил в 1810 г. А.-М. Ампер, его поддержал Х. Дэви. Последний изучил разъедающее действие плавиковой кислоты по отношению к стеклу:

$$SiO_2 + 6HF = H_2[SiF_6] + 2H_2O$$

В свободном виде фтор получили ввиду его агрессивности (например, $F_2 + H_2O = 2HF + O^0$) лишь сто лет спустя (А. Муассан,

1886); таким же в общих чертах остается и современный способ получения F_2 — электролиз жидкого безводного HF:

$$2HF = H_2\uparrow(\text{катод}) + F_2\uparrow(\text{анод})$$

Наличие фтора в зубной эмали установлено в конце XVIII в. Промышленная химия фтора (особенно его органических соединений и полимеров) получила развитие только во 2-й половине XX в.

Хлор. Открыт К.-В. Шееле в 1774 г. При обработке *пиролюзита* MnO_2 соляной кислотой он выделил газ ($MnO_2 + 4HCl = MnCl_2 + 2H_2O + Cl_2\uparrow$) и изучил его химические свойства. Х. Дэви (1810) первым обосновал элементарную природу хлора. Подробное описание получения «соляного спирта HCl действием купоросного масла на морскую соль» дал И.-Р. Глаубер в 1648 г. ($NaCl + H_2SO_4 = NaHSO_4 + HCl$). Аналогия между хлором и иодом установлена Л.-Ж. Гей-Люссаком в 1811–1813 гг. Исторически первые белильные растворы приготовлены по инициативе К.-Л. Бертолле в 1792 г. (жавелевая вода, содержащая KClO) и А.-Ж. Лабаррака в 1820 г. (лабарракова вода, содержащая NaClO). Производство белильной (хлорной) извести — смеси $Ca(ClO)_2$ с $CaCl_2$ и $Ca(OH)_2$ — было налажено в Англии в середине XIX в., впервые ее получил С. Теннант в 1799 г. С конца XIX в. осуществляется современный способ получения Cl_2 — электролиз расплавов и растворов хлоридов:

$$2NaCl = 2Na(\text{катод}) + Cl_2\uparrow(\text{анод})$$

$$2NaCl + 2H_2O = H_2\uparrow(\text{катод}) + Cl_2\uparrow(\text{анод}) + 2NaOH$$

Хром. Открыт Н.-Л. Вокленом в 1797 г. Он прокалил зеленый оксид Cr_2O_3 с углем ($Cr_2O_3 + 3C = 3CO + 2Cr$) и выделил тугоплавкий металл (с примесью карбидов). Сам оксид Cr_2O_3 Воклен получил разложением «сибирского красного свинца» — минерала *крокоит* $PbCrO_4$, найденного за 30 лет до этого близ Екатеринбурга. Современный способ получения чистого хрома (с 1894 г.) отличается от способа Воклена только видом восстановителя (алюминий или кремний вместо угля). Большой вклад в изучение соединений хрома внесли М.-Г. Клапрот и Р.-В. Бунзен в конце XVIII — начале XIX в. Процесс электролитического покрытия железа хромом (хромирование) разработан в 20-х годах XX в.

Цинк. Известен с глубокой древности (Индия, Китай) в виде сплава с медью — *латуни*, упоминаемой Гомером, а также Аристотелем (IV в. до н. э.). Этот важный сплав древние греки приготовили, по-видимому, случайно, сплавляя медь с цинковыми рудами, вероятнее всего, с благородным галмеем $ZnCO_3$ (минерал *смитсонит*) — исторически первым известным в Древней Греции минералом. Арабские алхимики (X в.) были знакомы с оксидом цинка ZnO — белым рыхлым порошком, которому они дали образное название «философская шерсть»; ZnO использовали (и применяют до сих пор) как косметическую пудру и медицинскую присыпку. Западные алхимики отличали цинк от других металлов (с XIV в.) и пытались превратить его, как и другие неблагородные металлы, в золото (Василий Валентин). Способ получения цинка (ZnO + C = CO + Zn) описан И.-Ф. Генкелем (1721) и Г. Брандтом (1735). А.-С. Маргграф впервые выделил цинк из карбоната $ZnCO_3$ — так родилось производство этого металла. Широко используется сульфид ZnS — первый известный люминофор (при наличии примеси меди он светится в темноте после облучения).

1.5. Элементный состав земной коры

Литосфера

Химические элементы расположены в порядке убывания их массовой доли (%) в литосфере — твердой оболочке на глубину до 17 км (93,06% массы Земли).

1. O	46,60	**10. H**	0,140	**19. Cr**	0,0200	**28. Y**	0,0040
2. Si	27,72	**11. P**	0,118	**20. Zr**	0,0160	**29. Li**	0,0030
3. Al	8,13	**12. Mn**	0,100	**21. Rb**	0,0120	**30. Nd**	0,0024
4. Fe	5,00	**13. F**	0,070	**22. V**	0,0110	**31. Nb**	0,0024
5. Ca	3,63	**14. S**	0,052	**23. Ni**	0,0080	**32. Co**	0,0023
6. Na	2,83	**15. Sr**	0,045	**24. Zn**	0,0065	**33. La**	0,0018
7. K	2,59	**16. Ba**	0,040	**25. N**	0,0046	**34. Ga**	0,0015
8. Mg	2,09	**17. C**	0,032	**26. Ce**	0,0046	**35. Pb**	0,0015
9. Ti	0,44	**18. Cl**	0,020	**27. Cu**	0,0045	**Итого:**	99,75%

Остальные элементы (в сумме) — 0,25%

Гидросфера

Химические элементы расположены в порядке убывания их массовой доли (%) в гидросфере — воде морей и океанов (6,91% массы Земли).

1. O	85,600	**4. Na**	1,1050	**7. K**	0,0416	**10. Sr**	0,0009
2. H	10,780	**5. Mg**	0,1326	**8. Br**	0,0068	**11. B**	0,0005
3. Cl	1,987	**6. S**	0,0928	**9. C**	0,0028	**Итого:**	99,75%

Остальные элементы (в сумме) — 0,25%

Атмосфера

Содержание газов в сухом воздухе (вблизи поверхности Земли) в объемных и массовых долях (%) можно определить по табл. 8.

Таблица 8

Газ	Объемная доля	Массовая доля	Газ	Объемная доля	Массовая доля
N_2	78,09	75,52	Kr	$1{,}1 \cdot 10^{-4}$	$3{,}2 \cdot 10^{-4}$
O_2	20,94	23,13	H_2	$5{,}0 \cdot 10^{-5}$	$3{,}5 \cdot 10^{-6}$
Ar	0,932	1,2853	N_2O	$2{,}5 \cdot 10^{-5}$	$3{,}8 \cdot 10^{-5}$
CO_2	0,0318	0,0483	CO	$1{,}0 \cdot 10^{-5}$	$9{,}7 \cdot 10^{-6}$
Ne	0,0018	0,0013	Xe	$8{,}5 \cdot 10^{-6}$	$3{,}9 \cdot 10^{-5}$
He	$4{,}6 \cdot 10^{-4}$	$7{,}2 \cdot 10^{-5}$	O_3	$2{,}0 \cdot 10^{-7}$	$3{,}3 \cdot 10^{-7}$
CH_4	$1{,}5 \cdot 10^{-4}$	$8{,}3 \cdot 10^{-5}$	*	*	*

* Другие газы (H_2O, SO_2, NH_3, HCl, HF, Pb, Hg, I_2, NO, Rn): в сумме $\leqslant$ 0,0036 объемн.% $\leqslant$ 0,0145 масс.%

1.6. Жизненно важные элементы

Люди

Химические элементы расположены по убыванию их массовой доли (%) в организме взрослого человека.

1. O	65,04	**5. Ca**	1,40	**9. Cl**	0,250	**13. Si**	0,010
2. C	18,25	**6. P**	0,80	**10. S**	0,210	**14. Zn**	0,010
3. H	10,05	**7. K**	0,27	**11. Mg**	0,100	**15. Al**	0,001
4. N	2,65	**8. Na**	0,26	**12. Fe**	0,010	**Итого:**	99,311%

Остальные элементы (в сумме) — 0,689%

Содержание воды в организме взрослого человека:

26,5% — внутриклеточная вода

46,0% — внеклеточная вода

Растения

Элементы, необходимые для жизни растений и обязательные к присутствию в почве (Ю. фон-Либих, 1840 г.):

C, O, H, N, P, S, K, Ca, Mg, Fe.

Микроэлементы

Микроэлементы, существенные для жизни человека, животных и растений:

$1 \cdot 10^{-3}$% — F, Mn, Cu, Br, I

$1 \cdot 10^{-4}$% — B, Ti, As, Pb

$1 \cdot 10^{-5}$% — V, Cr, Co, Se, Mo, Sn

2. АТОМЫ

2.1. Электронное строение атомов

Электронную формулу атома любого химического элемента в соответствии с его расположением в Периодической системе элементов Д.И. Менделеева можно определить по табл. 9.

Таблица 9

Период	Элемент	Электронная формула атома
1	$_{1}H$	$1s^1$
	$_{2}He$	$1s^2$
2	$_{3}Li$	$1s^22s^1$
	$_{4}Be$	$1s^22s^2$
	$_{5}B$	$1s^22s^22p^1$
	$_{6}C$	$1s^22s^22p^2$
	$_{7}N$	$1s^22s^22p^3$
	$_{8}O$	$1s^22s^22p^4$
	$_{9}F$	$1s^22s^22p^5$
	$_{10}Ne$	$1s^22s^22p^6$
3	$_{11}Na$	[Ne] $3s^1$
	$_{12}Mg$	[Ne] $3s^2$
	$_{13}Al$	[Ne] $3s^23p^1$
	$_{14}Si$	[Ne] $3s^23p^2$
	$_{15}P$	[Ne] $3s^23p^3$
	$_{16}S$	[Ne] $3s^23p^4$
	$_{17}Cl$	[Ne] $3s^23p^5$
	$_{18}Ar$	[Ne] $3s^23p^6$
4	$_{19}K$	[Ar] $4s^1$
	$_{20}Ca$	[Ar] $4s^2$
	$_{21}Sc$	[Ar] $3d^14s^2$
	$_{22}Ti$	[Ar] $3d^24s^2$
	$_{23}V$	[Ar] $3d^34s^2$
	$_{24}Cr$	[Ar] $3d^54s^1$
	$_{25}Mn$	[Ar] $3d^54s^2$
	$_{26}Fe$	[Ar] $3d^64s^2$

Период	Элемент	Электронна формула атома
4	$_{27}Co$	[Ar] $3d^74s^2$
	$_{28}Ni$	[Ar] $3d^84s^2$
	$_{29}Cu$	[Ar] $3d^{10}4s^1$
	$_{30}Zn$	[Ar, $3d^{10}$] $4s^2$
	$_{31}Ga$	[Ar, $3d^{10}$] $4s^24p^1$
	$_{32}Ge$	[Ar, $3d^{10}$] $4s^24p^2$
	$_{33}As$	[Ar, $3d^{10}$] $4s^24p^3$
	$_{34}Se$	[Ar, $3d^{10}$] $4s^24p^4$
	$_{35}Br$	[Ar, $3d^{10}$] $4s^24p^5$
	$_{36}Kr$	[Ar, $3d^{10}$] $4s^24p^6$
5	$_{37}Rb$	[Kr] $5s^1$
	$_{38}Sr$	[Kr] $5s^2$
	$_{39}Y$	[Kr] $4d^15s^2$
	$_{40}Zr$	[Kr] $4d^25s^2$
	$_{41}Nb$	[Kr] $4d^45s^1$
	$_{42}Mo$	[Kr] $4d^55s^1$
	$_{43}Tc$	[Kr] $4d^55s^2$
	$_{44}Ru$	[Kr] $4d^75s^1$
	$_{45}Rh$	[Kr] $4d^85s^1$
	$_{46}Pd$	[Kr] $4d^{10}$
	$_{47}Ag$	[Kr] $4d^{10}5s^1$
	$_{48}Cd$	[Kr, $4d^{10}$] $5s^2$
	$_{49}In$	[Kr, $4d^{10}$] $5s^25p^1$
	$_{50}Sn$	[Kr, $4d^{10}$] $5s^25p^2$
	$_{51}Sb$	[Kr, $4d^{10}$] $5s^25p^3$
	$_{52}Te$	[Kr, $4d^{10}$] $5s^25p^4$
	$_{53}I$	[Kr, $4d^{10}$] $5s^25p^5$
	$_{54}Xe$	[Kr, $4d^{10}$] $5s^25p^6$

Окончание табл. 9

Период	Элемент	Электронная формула атома	Период	Элемент	Электронна формула атома
6	$_{55}Cs$	$[Xe]\,6s^1$	7	$_{87}Fr$	$[Rn]\,7s^1$
	$_{56}Ba$	$[Xe]\,6s^2$		$_{88}Ra$	$[Rn]\,7s^2$
	$_{57}La$	$[Xe]\,5d^16s^2$		$_{89}Ac$	$[Rn]\,6d^17s^2$
	$_{58}Ce$	$[Xe]\,4f^{1-2}5d^{1-0}6s^2$		$_{90}Th$	$[Rn]\,6d^27s^2$
	$_{59}Pr$	$[Xe]\,4f^36s^2$		$_{91}Pa$	$[Rn]\,5f^{1-2}6d^{2-1}7s^2$
	$_{60}Nd$	$[Xe]\,4f^46s^2$		$_{92}U$	$[Rn]\,5f^36d^17s^2$
	$_{61}Pm$	$[Xe]\,4f^56s^2$		$_{93}Np$	$[Rn]\,5f^{4-5}6d^{1-0}7s^2$
	$_{62}Sm$	$[Xe]\,4f^66s^2$		$_{94}Pu$	$[Rn]\,5f^67s^2$
	$_{63}Eu$	$[Xe]\,4f^76s^2$		$_{95}Am$	$[Rn]\,5f^77s^2$
	$_{64}Gd$	$[Xe]\,4f^75d^16s^2$		$_{96}Cm$	$[Rn]\,5f^76d^17s^2$
	$_{65}Tb$	$[Xe]\,4f^{8-9}5d^{1-0}6s^2$		$_{97}Bk$	$[Rn]\,5f^{8-9}6d^{1-0}7s^2$
	$_{66}Dy$	$[Xe]\,4f^{10}6s^2$		$_{98}Cf$	$[Rn]\,5f^{10}7s^2$
	$_{67}Ho$	$[Xe]\,4f^{11}6s^2$		$_{99}Es$	$[Rn]\,5f^{11}7s^2$
	$_{68}Er$	$[Xe]\,4f^{12}6s^2$		$_{100}Fm$	$[Rn]\,5f^{12}7s^2$
	$_{69}Tm$	$[Xe]\,4f^{13}6s^2$		$_{101}Md$	$[Rn]\,5f^{13}7s^2$
	$_{70}Yb$	$[Xe]\,4f^{14}6s^2$		$_{102}No$	$[Rn]\,5f^{14}7s^2$
	$_{71}Lu$	$[Xe, 4f^{14}]\,5d^16s^2$		$_{103}Lr$	$[Rn, 5f^{14}]\,6d^17s^2$
	$_{72}Hf$	$[Xe, 4f^{14}]\,5d^26s^2$		$_{104}Rf$	$[Rn, 5f^{14}]\,6d^27s^2$
	$_{73}Ta$	$[Xe, 4f^{14}]\,5d^36s^2$		$_{105}Db$	$[Rn, 5f^{14}]\,6d^37s^2$
	$_{74}W$	$[Xe, 4f^{14}]\,5d^46s^2$		$_{106}Sg$	$[Rn, 5f^{14}]\,6d^47s^2$
	$_{75}Re$	$[Xe, 4f^{14}]\,5d^56s^2$		$_{107}Bh$	$[Rn, 5f^{14}]\,6d^57s^2$
	$_{76}Os$	$[Xe, 4f^{14}]\,5d^66s^2$		$_{108}Hs$	$[Rn, 5f^{14}]\,6d^67s^2$
	$_{77}Ir$	$[Xe, 4f^{14}]\,5d^76s^2$		$_{109}Mt$	$[Rn, 5f^{14}]\,6d^77s^2$
	$_{78}Pt$	$[Xe, 4f^{14}]\,5d^96s^1$		110	$[Rn, 5f^{14}]\,6d^{8-9}7s^{2-1}$
	$_{79}Au$	$[Xe, 4f^{14}]\,5d^{10}6s^1$		111	$[Rn, 5f^{14}]\,6d^{10}7s^1$
	$_{80}Hg$	$[Xe, 4f^{14}5d^{10}]\,6s^2$		112	$[Rn, 5f^{14}6d^{10}]\,7s^2$
	$_{81}Tl$	$[Xe, 4f^{14}5d^{10}]\,6s^26p^1$		113	— (не получен)
	$_{82}Pb$	$[Xe, 4f^{14}5d^{10}]\,6s^26p^2$		114	$[Rn, 5f^{14}6d^{10}]\,7s^27p^2$
	$_{83}Bi$	$[Xe, 4f^{14}5d^{10}]\,6s^26p^3$		115	— (не получен)
	$_{84}Po$	$[Xe, 4f^{14}5d^{10}]\,6s^26p^4$		116	$[Rn, 5f^{14}6d^{10}]\,7s^27p^4$
	$_{85}At$	$[Xe, 4f^{14}5d^{10}]\,6s^26p^5$			
	$_{86}Rn$	$[Xe, 4f^{14}5d^{10}]\,6s^26p^6$			

2.2. Заполнение электронами атомных орбиталей

Электронная оболочка любого атома делится на *энергетические уровни* (1, 2, 3-й и т. д.), уровни делятся на *подуровни* (обозначаются буквами *s*, *p*, *d*, *f*). Подуровни состоят из *атомных орбиталей* — областей пространства, где вероятно пребывание электронов. Орбитали обозначаются как 1s (орбиталь 1-го уровня, s-подуровня), 2*s*, 2*p*, 3*s*, 3*p*, 3*d*, 4*s*... Число орбиталей в подуровнях:

Подуровень	*s*	*p*	*d*	*f*
Число орбиталей	1	3	5	7

Заполнение атомных орбиталей электронами происходит в соответствии с тремя условиями:

1) *принцип минимума энергии:*

> *Электроны заполняют орбитали, начиная с подуровня с* ***меньшей*** *энергией.*

Последовательность нарастания энергии подуровней:

$$1s < 2s < 2p < 3s < 3p < 4s \leqslant 3d < 4p < 5s \leqslant 4d < 5p < 6s\ldots$$

2) *правило запрета (принцип Паули):*

> *В каждой орбитали может разместиться не более двух электронов.*

Один электрон на орбитали называется *неспаренным*, два электрона — *электронной парой*:

пустая орбиталь	орбитали с неспаренными электронами	орбиталь с электронной парой
[ ]	[↑] или [↓]	[↑↓]

3) *принцип максимальной мультиплетности (правило Хунда):*

> *В пределах подуровня электроны сначала заполняют все орбитали наполовину, а затем — полностью.*

Каждый электрон имеет свою собственную характеристику — *спин* (условно изображается стрелкой вверх или вниз). Спины электронов складываются как вектора́, сумма спинов данного числа электронов на подуровне должна быть **максимальной** (мультиплетность):

Число электронов	Правильно			Неправильно		
2	↑	↑		↑↓		
3	↑	↑	↑	↑↓	↑	
4	↑↓	↑	↑	↑↓	↑↓	

Заполнение электронами уровней, подуровней и орбиталей атомов элементов от H (Z=1) до Kr (Z=36) показано на *энергетической диаграмме* (номера отвечают последовательности заполнения и совпадают с порядковыми номерами элементов):

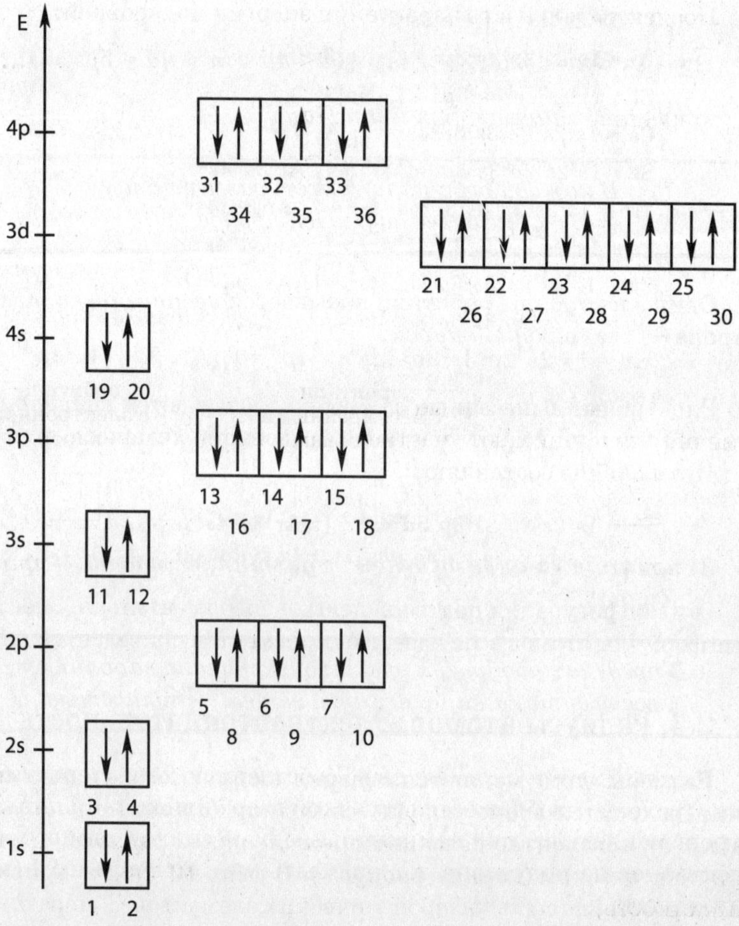

Из заполненных энергетических диаграмм выводятся *электронные формулы* атомов элементов. Число электронов на орбиталях данного подуровня указывается в верхнем индексе справа от буквы (например, $3d^5$ — это 5 электронов на $3d$-подуровне); вначале идут электроны 1-го уровня, затем 2-го, 3-го и т. д. Формулы могут быть полными и краткими, последние содержат в скобках символ соответствующего благородного газа, чем передается его формула, и, сверх того, начиная с Zn, заполненный внутренний d-подуровень. Примеры:

$_1H = 1s^1$

$_2He = 1s^2$

$_3Li = 1s^2 2s^1 = [_2He]2s^1$

$_8O = 1s^2\mathbf{2s^2 2p^4} = [_2He]\mathbf{2s^2 2p^4}$

$_{13}Al = 1s^2 2s^2 2p^6 \mathbf{3s^2 3p^1} = [_{10}Ne]\mathbf{3s^2 3p^1}$

$_{17}Cl = 1s^2 2s^2 2p^6 \mathbf{3s^2 3p^5} = [_{10}Ne]\mathbf{3s^2 3p^5}$

$_{20}Ca = 1s^2 2s^2 2p^6 3s^2 3p^6 \mathbf{4s^2} = [_{18}Ar]\mathbf{4s^2}$

$_{21}Sc = 1s^2 2s^2 2p^6 3s^2 3p^6 \mathbf{3d^1 4s^2} = [_{18}Ar]\mathbf{3d^1 4s^2}$

$_{25}Mn = 1s^2 2s^2 2p^6 3s^2 3p^6 \mathbf{3d^5 4s^2} = [_{18}Ar]\mathbf{3d^5 4s^2}$

$_{26}Fe = 1s^2 2s^2 2p^6 3s^2 3p^6 \mathbf{3d^6 4s^2} = [_{18}Ar]\mathbf{3d^6 4s^2}$

$_{30}Zn = 1s^2 2s^2 2p^6 3s^2 3p^6 3d^{10} \mathbf{4s^2} = [_{18}Ar, 3d^{10}]\mathbf{4s^2}$

$_{33}As = 1s^2 2s^2 2p^6 3s^2 3p^6 3d^{10} \mathbf{4s^2 4p^3} = [_{18}Ar, 3d^{10}]\mathbf{4s^2 4p^3}$

$_{36}Kr = 1s^2 2s^2 2p^6 3s^2 3p^6 3d^{10} \mathbf{4s^2 4p^6} = [_{18}Ar, 3d^{10}]\mathbf{4s^2 4p^6}$

Электроны, вынесенные за скобки, называются *валентными*. Именно они принимают участие в образовании химических связей.

Исключение составляют:

$_{24}Cr = 1s^2 2s^2 2p^6 3s^2 3p^6 \mathbf{3d^5 4s^1} = [_{18}Ar]\mathbf{3d^5 4s^1}$ (а не $3d^4 4s^2$!),

$_{29}Cu = 1s^2 2s^2 2p^6 3s^2 3p^6 \mathbf{3d^{10} 4s^1} = [_{18}Ar]\mathbf{3d^{10} 4s^1}$ (а не $3d^9 4s^2$!).

Эти конфигурации подтверждены экспериментально. Электронные формулы атомов всех известных элементов приведены в табл. 9.

2.3. Радиусы атомов. Электроотрицательность

Размеры атома меняются в зависимости от того, в каком состоянии находится атом: условно свободном (*атомные радиусы* — табл. 10), ковалентно-связанном (*ковалентные радиусы*) и ионно-кристаллическом (*ионные радиусы*). В табл. 10 также приведена *электроотрицательность* химических элементов — мера способности их атомов к поляризации химической связи, т. е. способности удерживать около себя электроны.

Шкала электроотрицательности неметаллов (по уменьшению):

F, O, N, Kr, Cl, Br, S, C, Xe, Se, P, Si, I, As, H, Rn, Te, B, At

Таблица 10

Период	Элемент	Радиус, пм			Электроотрицательность
		атомный	ковалентный	ионный	
1	$_{1}H$	46	37	$H^{-}136$, $H^{+}-24$	2,10
	$_{2}He$	90	32	—	5,50
2	$_{3}Li$	151	134	$Li^{+}90$	0,97
	$_{4}Be$	112	107	$Be^{2+}59$	1,47
	$_{5}B$	98	89	—	2,01
	$_{6}C$	92	77	$C^{4-}246$	2,50
	$_{7}N$	—	75	$N^{3-}132$	3,07
	$_{8}O$	—	73	$O^{2-}126$	3,50
	$_{9}F$	—	71	$F^{-}119$	4,10
	$_{10}Ne$	160	69	—	4,84
3	$_{11}Na$	187	154	$Na^{+}116$	0,93
	$_{12}Mg$	160	145	$Mg^{2+}86$	1,23
	$_{13}Al$	143	118	$Al^{3+}68$	1,47
	$_{14}Si$	132	114	$Si^{4-}257$	2,25
	$_{15}P$	120	110	$P^{3-}186$	2,32
	$_{16}S$	—	103	$S^{2-}170$	2,60
	$_{17}Cl$	—	99	$Cl^{-}167$	2,83
	$_{18}Ar$	195	97	—	3,20
4	$_{19}K$	228	195	$K^{+}152$	0,91
	$_{20}Ca$	197	174	$Ca^{2+}114$	1,04
	$_{21}Sc$	161	144	$Sc^{3+}89$	1,20
	$_{22}Ti$	145	133	$Ti^{3+}81$, $Ti^{4+}75$	1,32
	$_{23}V$	131	123	$V^{4+}72$	1,45
	$_{24}Cr$	126	118	$Cr^{3+}76$	1,56
	$_{25}Mn$	126	117	$Mn^{2+}89$	1,60
	$_{26}Fe$	124	117	$Fe^{2+}84$, $Fe^{3+}74$	1,64
	$_{27}Co$	125	116	$Co^{2+}84$, $Co^{3+}72$	1,70
	$_{28}Ni$	125	115	$Ni^{2+}83$	1,75
	$_{29}Cu$	128	120	$Cu^{+}91$, $Cu^{2+}87$	1,75
	$_{30}Zn$	138	127	$Zn^{2+}88$	1,66
	$_{31}Ga$	148	126	$Ga^{3+}76$	1,82
	$_{32}Ge$	137	122	$Ge^{4+}67$	2,02
	$_{33}As$	130	121	$As^{3-}208$	2,11
	$_{34}Se$	119	117	$Se^{2-}184$	2,48
	$_{35}Br$	—	114	$Br^{-}182$	2,74
	$_{36}Kr$	212	110	—	2,94

Окончание табл. 10

Период	Элемент	Радиус, пм			Электро-отрица-тельность
		атомный	ковалент-ный	ионный	
5	$_{37}Rb$	247	211	Rb^{+}166	0,89
	$_{38}Sr$	215	191	Sr^{2+}132	0,99
	$_{39}Y$	180	162	Y^{3+}104	1,11
	$_{40}Zr$	159	147	Zr^{4+}86	1,22
	$_{41}Nb$	144	134	Nb^{4+}82	1,23
	$_{42}Mo$	136	130	Mo^{4+}79	1,30
	$_{43}Tc$	135	127	Tc^{4+}79	1,36
	$_{44}Ru$	132	125	Ru^{4+}76	1,42
	$_{45}Rh$	135	125	Rh^{3+}81, Rh^{4+}74	1,45
	$_{46}Pd$	138	128	Pd^{2+}100, Pd^{4+}76	1,35
	$_{47}Ag$	145	134	Ag^{+}114	1,42
	$_{48}Cd$	156	148	Cd^{2+}109	1,46
	$_{49}In$	162	144	In^{3+}94	1,49
	$_{50}Sn$	158	140	Sn^{2+}102, Sn^{4+}83	1,72
	$_{51}Sb$	150	141	Sb^{3+}90	1,82
	$_{52}Te$	143	136	Te^{2-}207	2,02
	$_{53}I$	137	133	I^{-}206	2,21
	$_{54}Xe$	220	130	—	2,40
6	$_{55}Cs$	266	225	Cs^{+}181	0,86
	$_{56}Ba$	218	198	Ba^{2+}149	0,97
	$_{57}La$	187	169	La^{3+}117	1,08
	$_{72}Hf$	159	147	Hf^{4+}85	1,23
	$_{73}Ta$	144	134	Ta^{4+}82	1,33
	$_{74}W$	137	130	W^{4+}80	1,40
	$_{75}Re$	137	128	Re^{4+}77	1,46
	$_{76}Os$	134	126	Os^{4+}77	1,52
	$_{77}Ir$	136	127	Ir^{3+}82, Ir^{4+}77	1,55
	$_{78}Pt$	139	130	Pt^{2+}94, Pt^{4+}77	1,44
	$_{79}Au$	144	136	Au^{+}151, Au^{3+}99	1,42
	$_{80}Hg$	157	151	Hg^{+}133, Hg^{2+}116	1,44
	$_{81}Tl$	176	148	Tl^{+}164, Tl^{3+}103	1,44
	$_{82}Pb$	175	147	Pb^{2+}133, Pb^{4+}92	1,55
	$_{83}Bi$	170	147	Bi^{3+}117	1,67
	$_{84}Po$	167	—	Po^{4+}108	1,76
	$_{85}At$	—	—	—	1,90
	$_{86}Rn$	—	145	—	2,06
7	$_{87}Fr$	280	—	Fr^{+}194	0,86
	$_{88}Ra$	235	—	Ra^{2+}162	0,97
	$_{89}Ac$	203	171	Ac^{3+}126	1,00
	$_{90}Th$	180	165	Th^{4+}108	1,11
	$_{91}Pa$	162	158	Pa^{4+}104	1,14
	$_{92}U$	153	142	U^{3+}117, U^{4+}103	1,22

3. МОЛЕКУЛЫ. ХИМИЧЕСКАЯ СВЯЗЬ

3.1. Типы и физические характеристики химических связей

Химические частицы, образованные из двух или нескольких атомов, называются *молекулами* (реальными или условными *формульными единицами* многоатомных веществ). Атомы в молекулах химически связаны.

Под химической связью понимают электрические силы притяжения, удерживающие частицы друг около друга. Каждая химическая связь в *структурных формулах* представляется *валентной чертой*, например:

H—H	(связь между двумя атомами водорода);
$H_3N—H^+$	(связь между атомом азота молекулы аммиака и катионом водорода);
$(K^+)—(I^-)$	(связь между катионом калия и иодид-ионом).

Химическая связь образуется парой электронов (••), которая в электронных формулах сложных частиц (молекул, сложных ионов) обычно заменяется валентной чертой, в отличие от собственных, неподеленных электронных пар атомов, например:

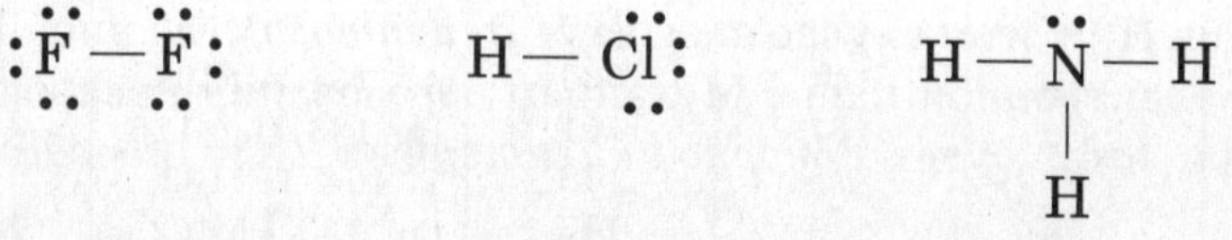

F_2 HCl NH_3

Химическая связь называется *ковалентной,* если она образована путем обобществления пары электронов обоими атомами.

В молекуле F_2 оба атома фтора имеют одинаковую электроотрицательность, следовательно, обладание электронной парой для них о д и н а к о в о. Такую химическую связь называют неполярной, так как у каждого атома фтора *электронная плотность* одинакова и в *электронной формуле* молекулы может быть условно разделена между ними поровну:

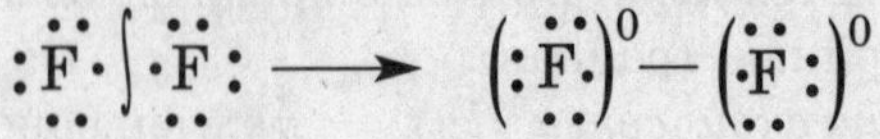

В молекуле хлороводорода HCl химическая связь уже *полярная*, так как электронная плотность на атоме хлора (элемента с большей электроотрицательностью) значительно выше, чем на атоме водорода:

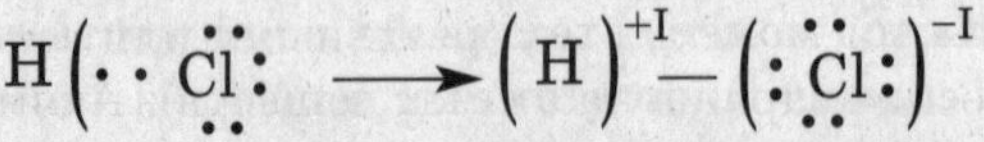

Ковалентная связь, например H—H, может быть образована путем обобществления электронов двух нейтральных атомов:

$$H\cdot + \cdot H \longrightarrow H - H \text{ или } H{:}H$$

Такой механизм образования связи называется *обменным* или *равноценным*.

По другому механизму та же ковалентная связь H—H возникает при обобществлении электронной пары гидрид-иона H^- катионом водорода H^+:

$$H + (:H) \longrightarrow H - H \text{ или } H{:}H$$

Катион H^+ в этом случае называют *акцептором*, а анион H^- — *донором* электронной пары. Механизм образования ковалентной связи при этом будет *донорно-акцепторным*, или *координационным*.

Одинарные связи (H—H, F—F, H—Cl, H—N) называются *σ-связями*, они определяют геометрическую форму молекул (см. 3.4).

Двойные и тройные связи ($O = O$, $>C = O$, $N \equiv N$, $-C \equiv$ $\equiv C-$) содержат одну σ-составляющую и одну или две π-составляющих; σ-составляющая, являющаяся основной и условно образующаяся первой, всегда прочнее π-составляющих.

Физическими (реально измеряемыми) характеристиками химической связи являются ее энергия, длина и полярность, а также валентный угол (о нем см. 3.3, 3.4).

Энергия химической связи ($E_{св}$) — это теплота, которая выделяется при образовании данной связи и затрачивается на ее разрыв. Для одних и тех же атомов одинарная связь всегда слабее, чем кратная (двойная, тройная).

Длина химической связи ($l_{св}$) — межъядерное расстояние. Для одних и тех же атомов одинарная связь всегда длиннее, чем кратная.

Полярность связи измеряется *электрическим дипольным моментом p* — произведением реального электрического заряда (на атомах данной связи) на длину диполя (т. е. длину связи). Чем больше дипольный момент, тем выше полярность связи. Реальные электрические заряды на атомах в ковалентной связи всегда меньше по значению, чем степени окисления элементов, но совпадают по знаку; например, для связи H^{+I}—Cl^{-I} реальные заряды равны $H^{+0,17}$—$Cl^{-0,17}$ (двухполюсная частица, или *диполь*).

Полярность молекул определяется их составом и геометрической формой.

Неполярными ($p = 0$) будут:

а) молекулы простых веществ, так как они содержат только неполярные ковалентные связи (примеры см. 3.2); исключение: O_3 (3.3);

б) многоатомные молекулы сложных веществ, если их геометрическая форма *симметрична* (подробнее см. 3.4).

Например, молекулы CO_2, BF_3 и CH_4 имеют следующие направления равных (по длине) векторов связей:

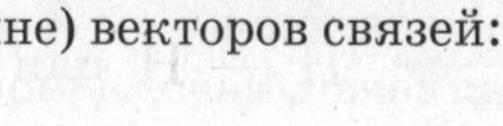

Линейная форма

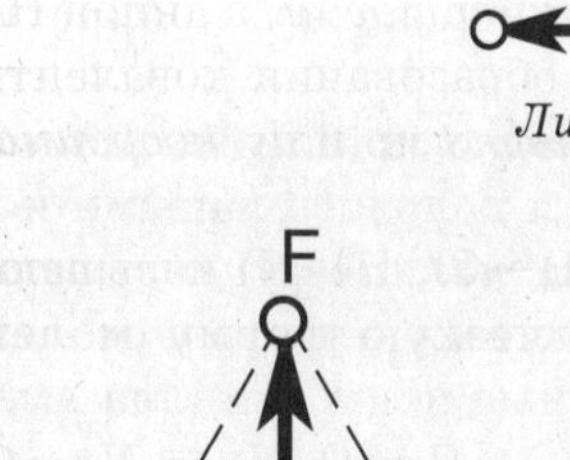

Правильная треугольная форма

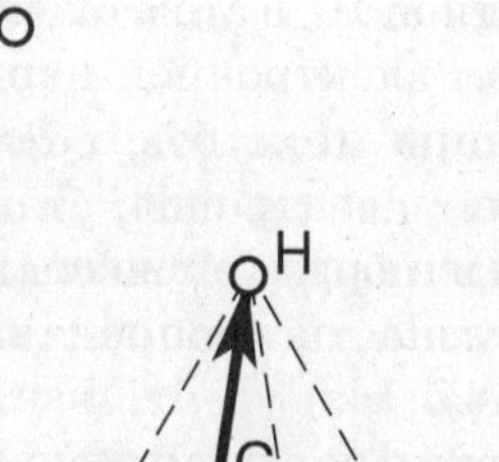

Правильная тетраэдрическавя форма

При сложении векторов связей их сумма всегда обращается в нуль, и молекулы в целом неполярны, хотя и содержат полярные связи (другие примеры см. 3.3).

Полярными ($p > 0$) будут:

а) двухатомные молекулы сложных веществ, так как они содержат только полярные связи (примеры см. 3.2);

б) многоатомные молекулы сложных веществ, если их строение *асимметрично*, т. е. их геометрическая форма либо незавершенная, либо искаженная (подробнее см. 3.4), что приводит к появлению суммарного электрического диполя; например, у молекул NH_3, H_2O, HNO_3 и HCN (другие примеры см. 3.3).

Сложные ионы, например NH_4^+, SO_4^{2-} и NO_3^-, не могут быть диполями в принципе, они несут только один (положительный или отрицательный) заряд.

Ионная связь возникает при электростатическом притяжении катионов и анионов без (почти) обобществления пары электронов, например между K^+ и I^-. У атома калия — недостаток электронной плотности, у атома иода — избыток. Такую связь считают предельным случаем ковалентной связи, поскольку пара электронов находится практически во владении у аниона. Такая связь наиболее характерна для соединений типичных металлов и неметаллов (CsF, NaBr, CaO, K_2S, Li_3N) и веществ класса солей ($NaNO_3$, K_2SO_4, $CaCO_3$). Все эти соединения при комнатных условиях представляют собой кристаллические вещества, которые объединяют общим названием *ионные кристаллы* (кристаллы, построенные из катионов и анионов).

Известен еще один вид связи, называемой *металлической связью*, в которой валентные электроны так непрочно удерживаются атомами металлов, что фактически не принадлежат конкретным атомам.

Атомы металлов, оставшиеся без четко принадлежащих им внешних электронов, становятся как бы положительными ионами. Они образуют *металлическую кристаллическую решетку*. Совокупность обобществленных валентных электронов (*электронный газ*) удерживает положительные ионы металла вместе и в определенных узлах решетки.

Помимо ионных и металлических кристаллов существуют еще *атомные* и *молекулярные* кристаллические вещества, в узлах решеток которых находятся атомы или молекулы соответственно. Примеры: алмаз и графит — кристаллы с атомной решеткой, иод I_2 и диоксид углерода CO_2 (сухой лед) — кристаллы с молекулярной решеткой.

Химические связи существуют не только внутри молекул веществ, но могут образовываться и между молекулами, например для жидкого HF, воды H_2O и смеси $H_2O + NH_3$:

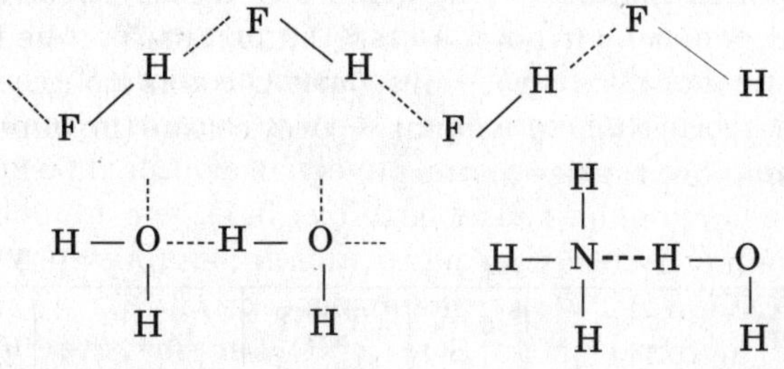

(гидрат аммиака $NH_3 \cdot H_2O$)

Водородная связь образуется за счет сил электростатического притяжения полярных молекул, содержащих атомы самых электроотрицательных элементов — F, O, N. Например, водородные связи имеются в HF, H_2O и NH_3, но их нет в HCl, H_2S и PH_3.

Водородные связи малоустойчивы и разрываются довольно легко, например, при плавлении льда и кипении воды. Однако на разрыв этих связей затрачивается некоторая дополнительная энергия, и поэтому температуры плавления (табл. 11) и кипения веществ с водородными связями (например, HF и H_2O) оказываются значительно выше, чем у подобных веществ, но без водородных связей (например, HCl и H_2O соответственно):

Таблица 11

Вещество	Водородные связи	$t_{пл}$, °C	$t_{кип}$, °C
HF	Есть	−83,4	+19,5
HCl	Нет	−114,0	−85,1
H_2O	Есть	±0	+100
H_2S	Нет	−85,5	−60,4

Многие органические соединения также образуют водородные связи; важную роль водородная связь играет в биологических процессах.

3.2. Двухатомные частицы

Двухатомные химические частицы — молекулы, радикалы и ионы — в табл. 12 расположены по алфавиту химических формул. Строение частиц представлено их структурными формулами. Для радикала NO и ион-радикала O_2^- точкой (·) указан неспаренный электрон. Возможные собственные (неподеленные) электронные пары атомов опущены.

Экспериментальные данные — энергия химической связи $E_{св}$, длина химической связи $l_{св}$ и постоянный дипольный момент p (только для молекул и радикалов) — отвечают состоянию идеального газа. Прочерк в графе «p» для ионов — отсутствие (по определению) у них дипольного момента.

Таблица 12

Частица	Структурная формула	$E_{св}$, кДж/моль	$l_{св}$, пм	p, Д	Частица	Структурная формула	$E_{св}$, кДж/моль	$l_{св}$, пм	p, Д
Al_2	Al — Al	175	247	0	^2HF	^2H — F	572	92	1,95
Br_2	Br — Br	194	228	0	$^1H^2H$	^1H — ^2H	439	74	0
BrCl	Br — Cl	219	214	0,57	$^1H^3H$	^1H — ^3H	442	74	0
BrF	Br — F	233	176	1,29	^1HI	^1H — I	298	161	0,42
C_2	C = C	605	134	0	^2HI	^2H — I	299	161	0,45
CN^-	$(C\equiv N)^-$	1004	111	—	$^1HO^-$	$(^1H — O)^-$	463	96	—
CO	$(C\equiv O)$	1076	113	0,11	I_2	I — I	153	267	0
Cl_2	Cl — Cl	243	199	0	IBr	I — Br	179	247	1,21
ClF	Cl — F	251	163	0,65	ICl	I — Cl	212	232	0,65
F_2	F — F	159	141	0	K_2	K — K	57	392	0
$^1H_2$	^1H — ^1H	436	74	0	N_2	$N\equiv N$	945	110	0
$^2H_2$	^2H — ^2H	440	74	0	NO	·N = O	632	115	0,16
$^3H_2$	^3H — ^3H	443	74	0	Na_2	Na — Na	73	308	0
^1HBr	^1H — Br	366	141	0,79	O_2	O = O	498	121	0
^2HBr	^2H — Br	367	141	0,83	O_2^-	$(·O — O)^-$	397	134	—
^1HCl	^1H — Cl	432	128	1,08	O_2^{2-}	$(O — O)^{2-}$	207	150	—
^2HCl	^2H — Cl	433	128	1,12	P_2	$P\equiv P$	489	189	0
^1HF	^1H — F	566	92	1,91	S_2	S = S	426	189	0

3.3. Многоатомные частицы *sp*-элементов

Многоатомные частицы AB_n — молекулы, радикалы и ионы — расположены в табл. 13 по алфавиту химических формул. Представлены типы гибридизации орбиталей центрального атома А и геометрические формы частиц. В графе «Форма» указаны номера пространственных изображений (см. 3.4). В формулах частиц неподеленные пары электронов показаны двумя точками (:), неспаренные электроны — точкой (·). В графе «Связь» первым указан символ центрального атома, многоточие над валентной чертой σ-связи (···) отвечает наличию π-составляющей.

Представлены энергии химических связей $E_{св}$, длины связей $l_{св}$, валентные углы (обозначения углов см. на пространственных изображениях) и постоянные дипольные моменты молекул p. Экспериментальные данные для молекул и радикалов отвечают состоянию идеального газа, данные для ионов — состоянию водного раствора или ионного кристалла. Многоточие в графах «$E_{св}$», «Валентный угол», «p» означает отсутствие данных, прочерк в графе «p» — отсутствие (по определению) постоянного дипольного момента у ионов.

Таблица 13

Частица	Тип	Форма	Связь	$E_{св}$, кДж/моль	$l_{св}$, пм	Валентный угол	p, Д
$AlCl_3$	sp^2	*2*	Al — Cl	421	206	120°	0
$[Al(OH)_4]^-$	sp^3	*4*	Al — O	...	175	109,5°	—
BCl_3	sp^2	*2*	B — Cl	456	174	120°	0
BF_3	sp^2	*2*	B — F	613	131	120°	0
$B(OH)_3$	sp^2	*2*	B — O	536	136	120°	0
$BeCl_2$	sp	*1*	Be — Cl	461	175	180°	0
BeF_2	sp	*1*	Be — F	632	140	180°	0
$:BrO_3^-$	sp^3	*5*	Br $\overset{\cdots}{-}$ O	...	178	112°	—
BrO_4^-	sp^3	*4*	Br $\overset{\cdots}{-}$ O	...	161	109,5°	—
CCl_4	sp^3	*4*	C — Cl	327	177	109,5°	0
CF_4	sp^3	*4*	C — F	485	132	109,5°	0
C^1H_4	sp^3	*4*	C — ^1H	411	109	109,5°	0
C^2H_4	sp^3	*4*	C — ^2H	...	110	109,5°	0
CO_2	sp	*1*	C $\overset{\cdots}{-}$ O	803	117	180°	0
CO_3^{2-}	sp^2	*2*	C $\overset{\cdots}{-}$ O	...	129	120°	—
CS_2	sp	*1*	C $\overset{\cdots}{-}$ S	573	155	180°	0
$Cl_3N:$	sp^3	*5*	N — Cl	313	176	108°	...
$\cdot{:}ClO_2$	sp^3	*6*	Cl $\overset{\cdots}{-}$ O	258	147	118°	0,78
$::ClO_2^-$	sp^3	*6*	Cl $\overset{\cdots}{-}$ O	...	157	111°	—
$:ClO_3^-$	sp^3	*5*	Cl $\overset{\cdots}{-}$ O	...	145	106°	—
ClO_4^-	sp^3	*4*	Cl $\overset{\cdots}{-}$ O	...	148	109,5°	—
$Cl_2O::$	sp^3	*6*	O — Cl	209	170	111°	1,69
HCN	sp	*1*	C — H	531	107	180°	2,96
			C $\overset{\cdots}{-}$ N	887	115		
$HClO::$	sp^3	*6*	O — Cl	218	169	103°	...
$HClO_4$	sp^3	*4*	Cl — OH	...	164	106°	...
			Cl $\overset{\cdots}{-}$ O	...	141	113°	
$H(:N)O_2$	sp^2	*3*	N — OH	...	144	111°	...
			N $\overset{\cdots}{-}$ O	...	117		

Продолжение табл. 13

Частица	Тип	Форма	Связь	$E_{св}$, кДж/моль	$l_{св}$, пм	Валентный угол	*p*, Д
HNO_3	sp^2	*2*	N — OH	...	141	115°	2,16
			N $\overset{\cdots}{-}$ O	...	121	130°	
^1H_2O::	sp^3	*6*	O — ^{1}H	459	96	105°	1,86
^2H_2O::	sp^3	*6*	O — ^{2}H	472	97	105°	1,87
$(H_3O:)^+$	sp^3	*5*	O — H	...	95	109°	—
H_3PO_4	sp^3	*4*	P — OH	...	157	112°	...
			P $\overset{\cdots}{-}$ O	...	152	106°	
^1H_2S::	sp^3?	*6*	S — ^{1}H	363	134	92°	0,93
^2H_2S::	sp^3?	*6*	S — ^{2}H	373	135	92°	0,94
H_2SO_4	sp^3	*4*	S — OH	...	153	100°	...
			S $\overset{\cdots}{-}$ O	...	142	125°	
:IO_3^-	sp^3	*5*	I $\overset{\cdots}{-}$ O	...	182	97°	—
IO_4^-	sp^3	*4*	I $\overset{\cdots}{-}$ O	...	178	109,5°	—
IO_6^{5-}	sp^3d^2	*8*	I $\overset{\cdots}{-}$ O	...	185	90°	—
:NF_3	sp^3	*5*	N — F	281	137	102°	0,24
::NH_2^-	sp^3	*6*	N — H	...	103	104°	—
:N^1H_3	sp^3	*5*	N — ^{1}H	386	103	107°	1,46
:N^2H_3	sp^3	*5*	N — ^{2}H	399	103	107°	1,50
NH_4^+	sp^3	*4*	N — H	...	104	109,5°	—
·NO_2	sp^2	*3*	N $\overset{\cdots}{-}$ O	607	120	134°	0,32
:NO_2^-	sp^2	*3*	N $\overset{\cdots}{-}$ O	...	124	115°	—
NO_3^-	sp^2	*2*	N $\overset{\cdots}{-}$ O	...	124	120°	—
N_2O	sp^2	*1*	N $\overset{\cdots}{-}$ N	678	113	180°	0,17
			N $\overset{\cdots}{-}$ O	435	118		
:O_3	sp^2	*3*	O $\overset{\cdots}{-}$ O	201	127	117°	0,53
·:O_3^-	sp^3	*6*	O — O	...	138	108°	—
::OF_2	sp^3	*6*	O — F	190	141	103°	0,30
:PCl_3	sp^3	*5*	P — Cl	326	204	100°	0,78
PCl_5	sp^3d	*7*	P — Cl*	260	212	α 90°	0
			P — Cl		202	β 120°	
:PF_3	sp^3	*5*	P — F	490	156	97°	1,03
PF_5	sp^3d	*7*	P — F*	461	158	α 90°	0
			P — F		153	β 120°	
:PH_3	sp^3	*5*	P — H	322	141	94°	0,58
PH_4^+	sp^3	*4*	P — H	...	142	109,5°	—
PO_4^{3-}	sp^3	*4*	P $\overset{\cdots}{-}$ O	...	156	109,5°	—
:SCl_2O	sp^3	*5*	S — Cl	226	208	96°	1,44
			S $\overset{\cdots}{-}$ O	532	144	106°	
SCl_2O_2	sp^3	*4*	S — Cl	...	201	100°	1,80
			S $\overset{\cdots}{-}$ O	...	140	124°	
SF_6	sp^3d^2	*8*	S — F	329	156	90°	0
:SO_2	sp^2	*3*	S $\overset{\cdots}{-}$ O	537	143	119°	1,67
SO_3	sp^2	*2*	S $\overset{\cdots}{-}$ O	471	142	120°	0

Окончание табл. 13

Частица	Тип	Форма	Связь	$E_{св}$, кДж/моль	$l_{св}$, пм	Валентный угол	p, Д
$:SO_3^{2-}$	sp^3	*5*	S $\overset{\cdots}{—}$ O	...	152	105°	—
SO_4^{2-}	sp^3	*4*	S $\overset{\cdots}{—}$ O	...	147	109,5°	—
$SiCl_4$	sp^3	*4*	Si — Cl	381	202	109,5°	0
SiF_4	sp^3	*4*	Si — F	565	156	109,5°	0
$[SiF_6]^{2-}$	sp^3d^2	*8*	Si — F	...	170	90°	—
SiH_4	sp^3	*4*	Si — H	318	148	109,5°	0
SiO_2	sp	*1*	Si $\overset{\cdots}{—}$ O	452	155	180°	0
SiO_4^{4-}	sp^3	*4*	Si $\overset{\cdots}{—}$ O	...	157	109,5°	—
$:SnCl_2$	sp^2	*3*	Sn — Cl	386	242	100°	...
$SnCl_4$	sp^3	*4*	Sn — Cl	323	228	109,5°	0
$[:Sn(OH)_3]^-$	sp^3	*5*	Sn — O	...	207	...	—
$[Sn(OH)_6]^{2-}$	sp^3d^2	*8*	Sn — O	...	206	90°	—

3.4. Гибридизация и определение геометрической формы многоатомных частиц

Понятие о гибридизации атомных орбиталей (Л.-К. Полинг, 1931) позволяет определить (предсказать) геометрическую форму частиц AB_n (молекулы, радикалы, ионы), где А — центральный атом *sp*-элемента, В — концевые атомы (связанные с атомом А каждый по отдельности) или группы атомов (в этом случае символ В относится к атому группы, непосредственно связанному с атомом А (табл. 14), например к атому О в группах H_2O и OH^-).

Геометрическая форма частиц AB_n определяется стереохимическим (пространственным) расположением осей валентных гибридных орбиталей атома А, т. е. расположением в пространстве σ-связей А — В, что, в свою очередь, зависит от типа гибридизации орбиталей атома А.

Таблица 14

Тип гибридизации	Геометрическая форма	Частицы AB_n (номер иззображения)
sp	Линейная (дигональная)	AB_2 (1)
sp^2	Треугольная (тригональная)	AB_3 (2)
	Та же, незавершенная	$:AB_2$, $\cdot AB_2$ (3)
sp^3	Тетраэдрическая	AB_4 (4)
	Та же, незавершенная	$:AB_3$ (5)
	Та же, дважды незавершенная	$::AB_2$, $\cdot{:}AB_2$ (6)
sp^3d	Тригонально-бипирамидальная	AB_5 (7)
sp^3d^2	Октаэдрическая	AB_6 (8)

Пространственные изображения геометрических форм частиц AB_n (номера *1–8*) показаны на рисунках:

1

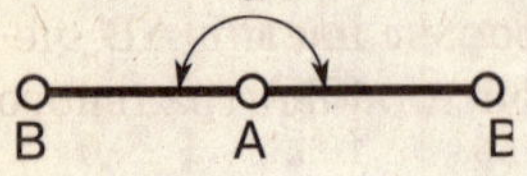

AB_2 (*sp*)

2

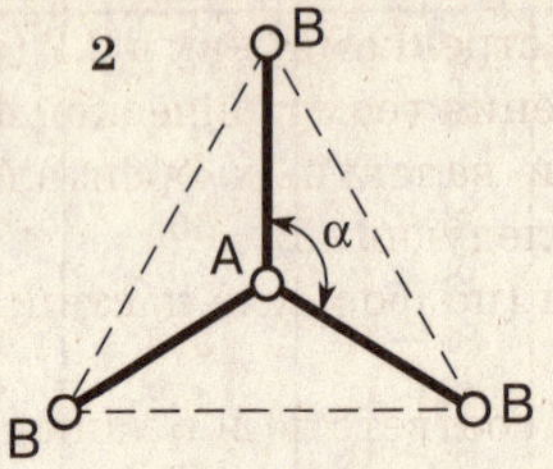

AB_3 (sp^2)

3

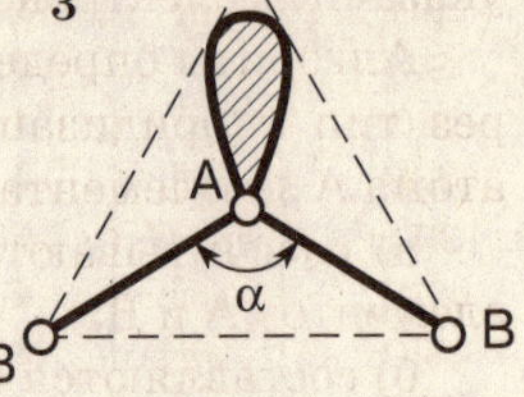

$:AB_2$, $\cdot AB_2$ (sp^2)

4

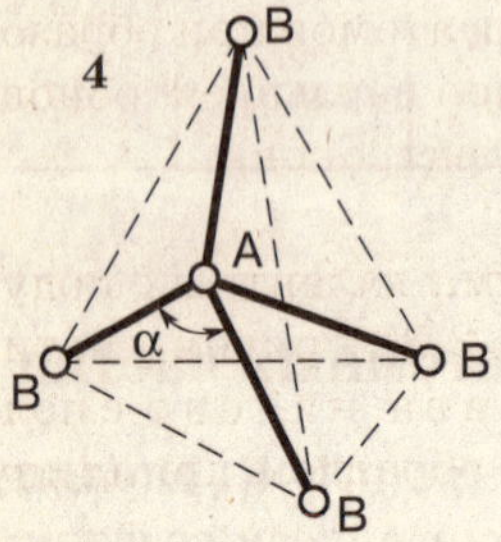

AB_4 (sp^3)

5

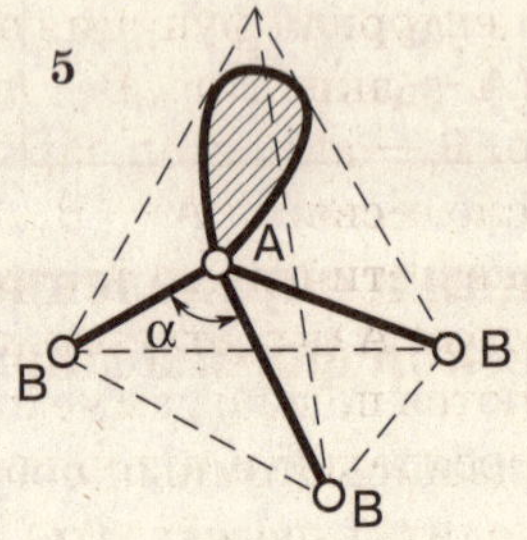

$:AB_3$ (sp^3)

6

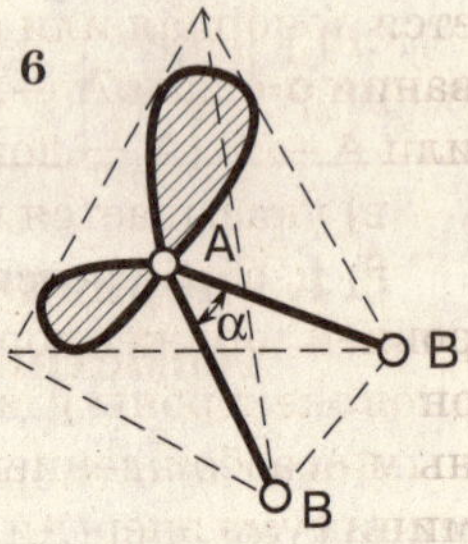

$::AB_2$ (sp^3)

7

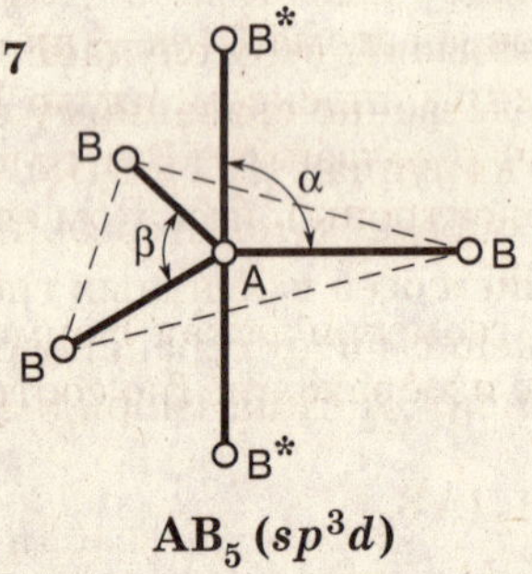

AB_5 (sp^3d)

8

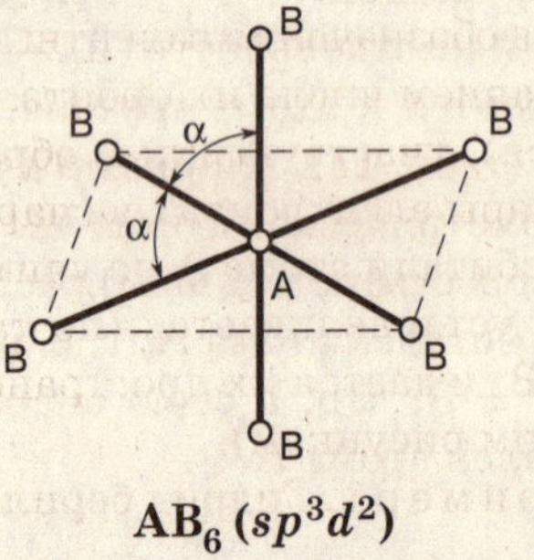

AB_6 (sp^3d^2)

В записи типов гибридизации соблюдается обычный энергетический порядок указания подуровней *ns* — *np* — *nd* (см. 2.2).

В число гибридных орбиталей включаются валентные орбитали атома А, участвующие в образовании σ-связей А—В и содержащие неподеленную пару валентных электронов (в формулах частиц обозначена двумя точками) или неспаренный электрон (обозначен точкой). При наличии гибридной орбитали (орбиталей) с парой электронов или с неспаренным электроном геометрическая форма называется незавершенной. На рисунках геометрических форм частиц AB_n орбитали с неподеленными парами (неспаренными электронами) изображены заштрихованными «лепестками», а на рисунках конкретных частиц — «лепестками» с обычным указанием электронов стрелками, как в 2.2 (см. примеры далее).

Алгоритм определения геометрической формы частиц AB_n через тип гибридизации валентных орбиталей для центрального атома А *sp*-элемента следующий:

а) рассчитываются (по формуле частицы) степени окисления элементов А и В;

б) составляются (в соответствии с данными табл. 9) электронные формулы валентных подуровней заряженных атомов А и В (заряды считаются равными степеням окисления) и устанавливается донорная или акцепторная функция этих атомов при образовании σ-связи $A \leftarrow B$ (А — акцептор, В — донор пары электронов) или $A \rightarrow B$ (А — донор, В — акцептор пары электронов);

в) указывается число σ-связей А — В;

г) изображается энергетическая диаграмма валентных подуровней заряженного атома А (в соответствии с 2.2), причем у катионов электроны удаляются по диаграмме с п р а в а н а л е в о с полным освобождением орбиталей и в порядке, обратном принципу минимума энергии;

д) изображаются σ-связи $A \leftarrow B$ или $A \rightarrow B$;

е) фиксируется тип гибридизации на диаграмме, т. е. перечисляются обозначения валентных подуровней атома А (*ns* — *np* — *nd*) с указанием числа их орбиталей (верхним индексом, число 1 опускается), участвующих в образовании σ-связей А—В и содержащих пары электронов (неспаренные электроны), при этом свободные орбитали атома А не учитываются;

ж) устанавливается (по табл. 14) геометрическая форма частиц AB_n и дается их пространственное изображение (по соответствующим рисункам).

П р и м е р 1. Гидрид бериллия BeH_2 (**AB_2**)

$Be^{II}H_2^{-I}$
Be^{II} $2s^0 2p^0$ (акцептор)
H^{-I} $1s^2$ (донор)

2 σ-связи Be—H

sp-гибридизация,
линейная форма

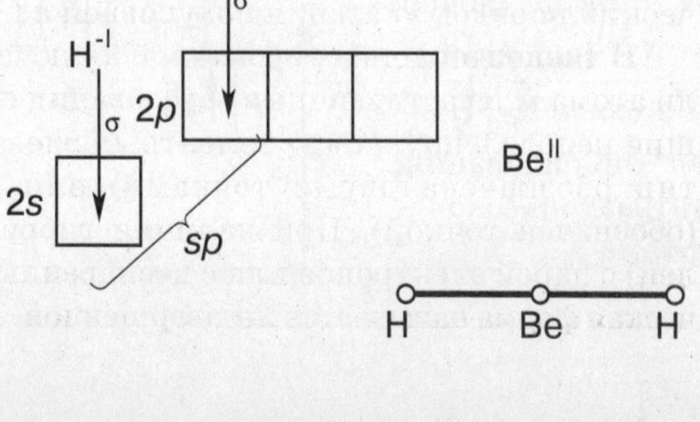

П р и м е р 2. Хлорид алюминия $AlCl_3$ (**AB_3**)

$Al^{III}Cl_3^{-I}$

Al^{III} $3s^0 3p^0$ (акцептор)

Cl^{-1} $3s^2 3p^6$ (донор)

3 σ-связи Al—Cl

sp^2-гибридизация,
треугольная форма

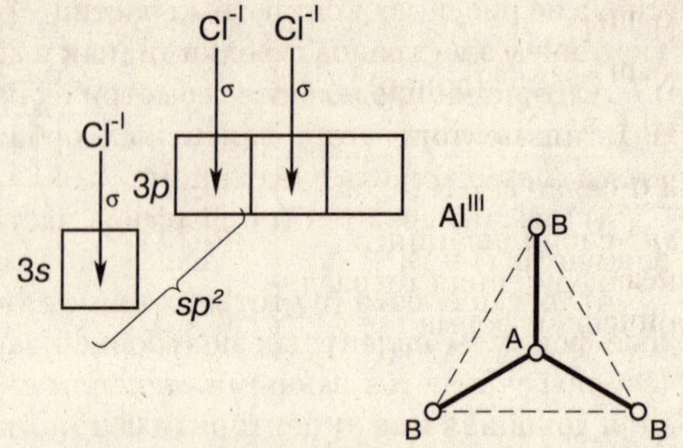

П р и м е р 3. Хлорид олова(II) $SnCl_2$ (**$:AB_2$**)

$Sn^{II}Cl_2^{-I}$

Sn^{II} $5s^2 5p^0$ (акцептор)

Cl^{-I} $3s^2 3p^6$ (донор)

2 σ-связи Sn—Cl

sp^2-гибридизация,
незавершенная
треугольная форма

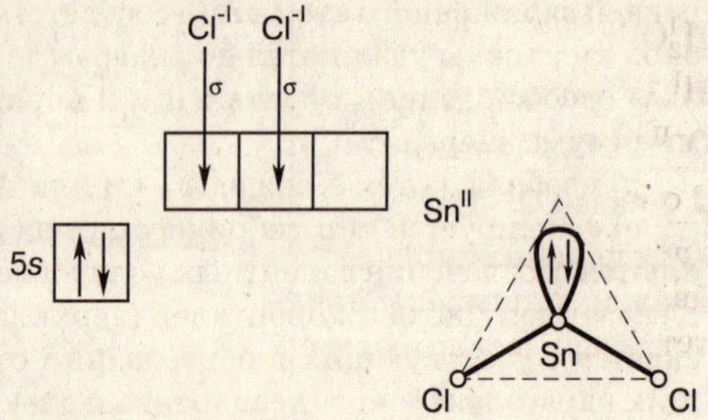

П р и м е р 4. Катион аммония NH_4^+ (**AB_4**)

$(N^{-III}H_4^I)^+$

N^{-III} $2s^2 2p^6$ (донор)

H^I $1s^0$ (акцептор)

4 σ-связи N—H

sp^3-гибридизация,
тетраэдрическая
форма

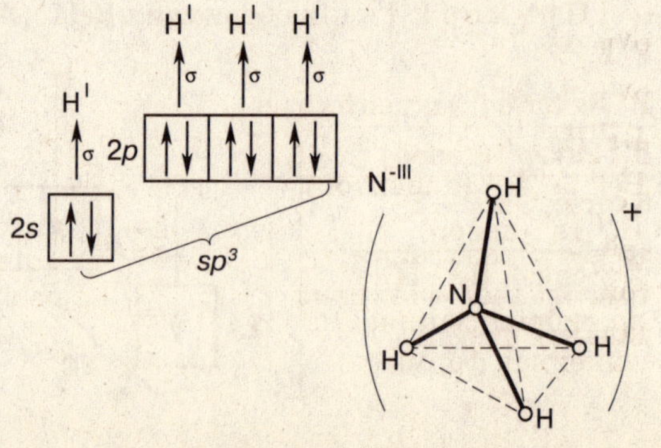

П р и м е р 5. Аммиак NH_3 (**:AB_3**)

$N^{-III}H^{I}_{3}$

N^{-III} $2s^2 2p^6$ (донор)

H^I $1s^0$ (акцептор)

3 σ-связи N—H

sp^3-гибридизация, незавершенная тетраэдрическая форма

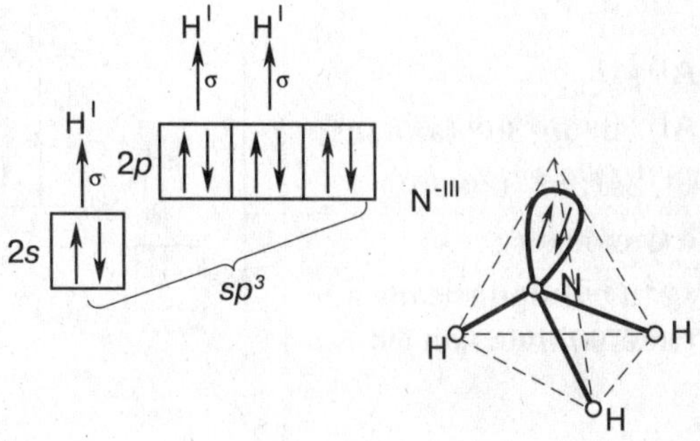

П р и м е р 6. Вода H_2O (**::AB_2**)

$H^{I}_{2}O^{-II}$

H^I $1s^0$ (акцептор)

O^{-II} $2s^2 2p^6$ (донор)

2 σ-связи O—H

sp^3-гибридизация, дважды незавершенная тетраэдрическая форма

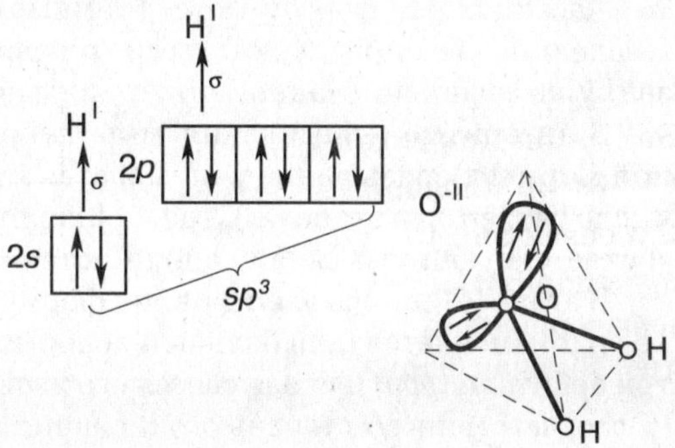

П р и м е р 7. Фторид фосфора(V) PF_5 (**AB_5**)

$P^{V}F^{-I}_{5}$

P^V $3s^0 3p^0 3d^0$ (акцептор)

F^{-I} $2s^2 2p^6$ (донор)

5 σ-связей P—F

sp^3d-гибридизация, тригонально-бипирамидальная форма

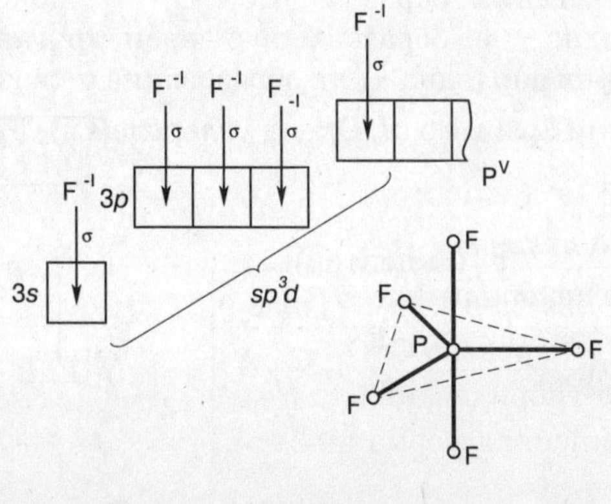

П р и м е р 8. Фторид серы(VI) SF_6 (**AB_6**)

$S^{VI}F_6^{-I}$
$S^{VI}\ 3s^0 3p^0 3d^0$ (акцептор)
$F^{-I} 2s^2 2p^6$ (донор)

6 σ-связей S—F

sp^3d^2-гибридизация,
октаэдрическая форма

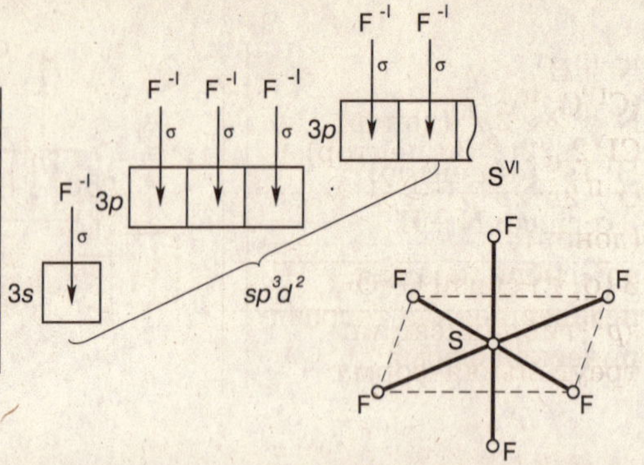

Если атомы B — это атомы кислорода или (реже) атомы других элементов (концевые атомы, не связанные в группы), каждый из которых способен быть донором двух (реже — трех) пар электронов, то в частицах AB_n формируются (помимо σ-связей) также и π-связи. Последние не определяют геометрической направленности связей, уже зафиксированной при σ-связывании, но упрочняют их.

В алгоритме определения типа гибридизации и геометрической формы π-связывание учитывается в этапе (в), где указывается число связей, и в этапе (ж), где на рисунке геометрической формы соответствующие σ-связи дополняются π-составляющими.

В этапе (б) запись электронной формулы атома-донора несколько видоизменяется (для большей ясности): *p*-подуровень делится на три орбитали (*ppp*) и указывается его насыщение дополнительными (в соответствии со степенью окисления) электронами, например, двумя — для кислорода и тремя — для азота:

$$O^0\ 2p^2p^1p^1 \xrightarrow{+2e^-} O^{-II}\ 2p^2p^{1+①}p^{1+①}$$

$$N^0\ 2p^1p^1p^1 \xrightarrow{+3e^-} N^{-III}\ 2p^{1+①}p^{1+①}p^{1+①}$$

Таким образом, атом O^{-II} — донор двух электронных пар (одна — на образование σ-связи, другая — π-связи), а атом N^{-III} — трех пар (одна — на образование σ-связи, две другие — π-связи).

П р и м е р 9. Оксид углерода(IV) CO_2 (**AB_2**)

$C^{IV}O_2^{-II}$
$C^{IV} 2s^0 2p^0$ (акцептор)
$O^{-II} 2s^2 2p^2 p^{1+①} p^{1+①}$ (донор)

2 (σ, π)-связи C=O

sp-гибридизация,
линейная форма

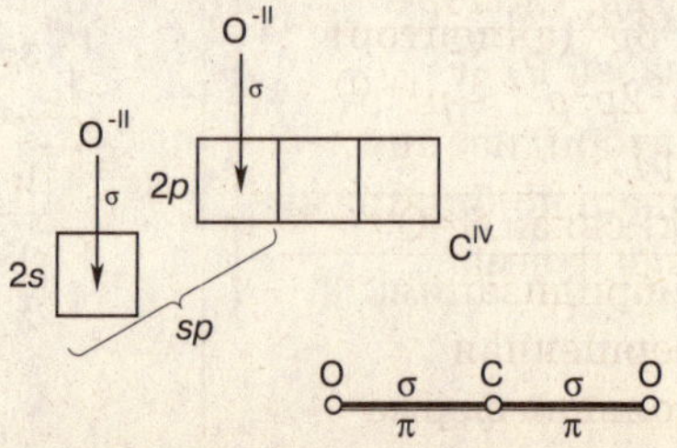

П р и м е р 10. Карбонат-ион CO_3^{2-} **(AB_3)**

$(C^{IV}O_3^{-II})^{2-}$
$C^{IV}2s^02p^0$ (акцептор)
$O^{-II}2s^22p^2p^{1+①}p^{1+①}$
(донор)

3 (σ, π)-связи C=O

sp^2-гибридизация,
треугольная форма

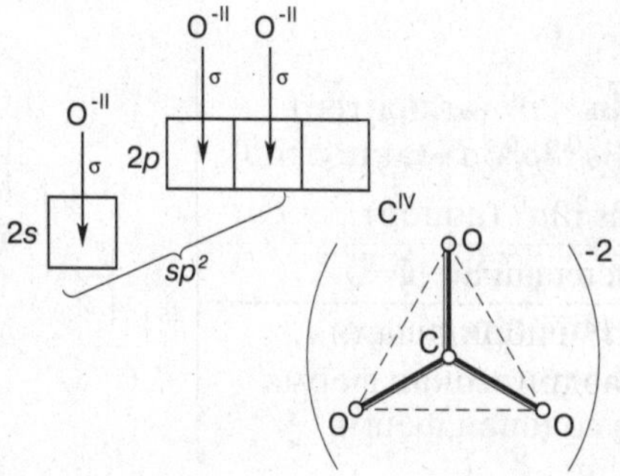

П р и м е р 11. Азотная кислота HNO_3 **(AB_3)**

$(H)O^{-II}N^VO_2^{-II}$
$N^V2s^02p^0$ (акцептор)
$O^{-II}(H)\ 2s^22p^4$ (донор)
$O^{-II}\ 2s^22p2p^{1+①}p^{1+①}$
(донор)

1 σ-связь N—O(H)
2 (σ, π)-связи N=O

sp^2-гибридизация,
треугольная форма

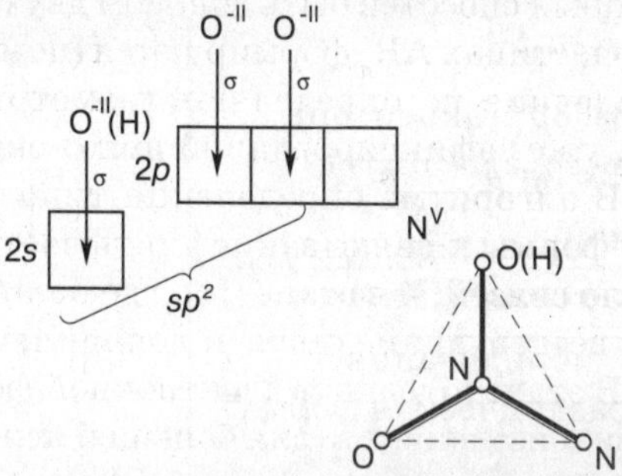

П р и м е ч а н и е. Один из атомов кислорода, входящий в гидроксогруппу и уже связанный с водородом (—O—H), является донором одной электронной пары по отношению к атому азота и образует только σ-связь N—O(H), а два других атома кислорода — доноры двух пар и образуют двойные (σ, π)-связи N=O. Структурная формула: $H—O—N(=O)_2$.

П р и м е р 12. Оксид серы(IV) SO_2 **($:AB_2$)**

$S^{IV}O_2^{-II}$
$S^{IV}3s^23p^0$ (акцептор)
$O^{-II}2s^22p^2p^{1+①}p^{1+①}$
(донор)

2 (σ, π)-связи S=O

sp^2-гибридизация,
незавершенная
треугольная форма

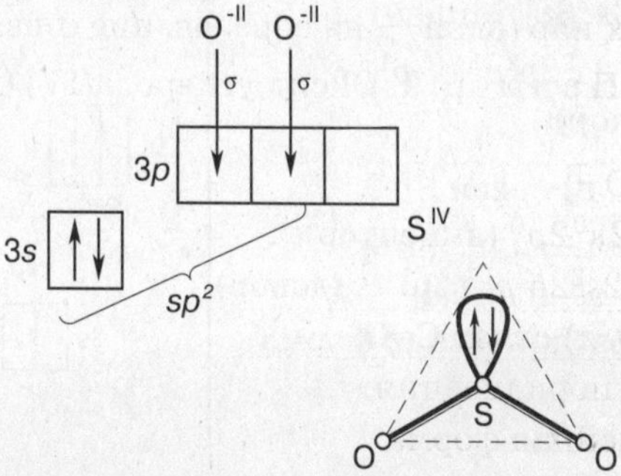

П р и м е р 13. Оксид азота(IV) NO_2 (**·AB$_2$**)

$N^{IV}O_2^{-II}$

$N^{IV}2s^12p^0$ (акцептор)

$O^{-II}2s^22p^2p^{1+\text{①}}p^{1+\text{①}}$ (донор)

2 (σ, π)-связи N=O

sp^2-гибридизация, незавершенная треугольная форма

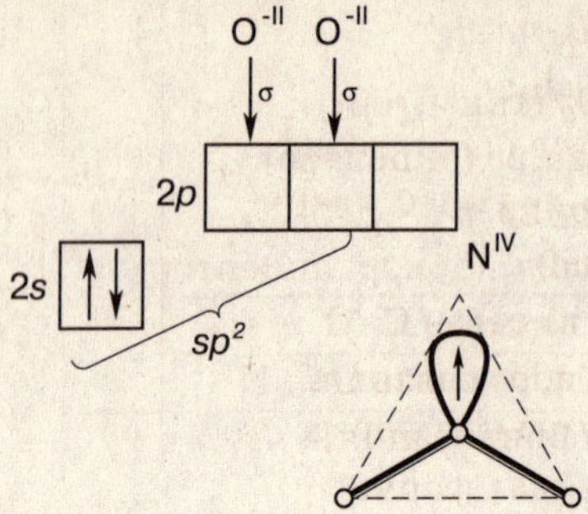

П р и м е р 14. Сульфат-ион SO_4^{2-} (**AB$_4$**)

$(S^{VI}O_4^{-II})^{2-}$

$S^{VI}3s^03p^0$ (акцептор)

$O^{-II}2s^22p^2p^{1+\text{①}}\ p^{1+\text{①}}$ (донор)

4 (σ, π)-связи S=O

sp^3-гибридизация, тетраэдрическая форма

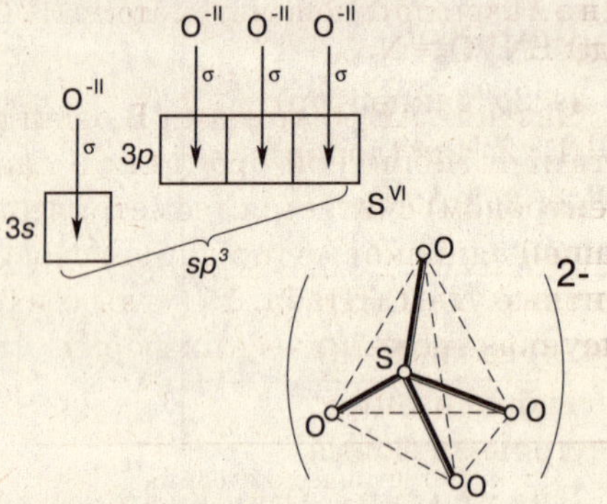

П р и м е р 15. Сульфит-ион SO_3^{2-} (**:AB$_3$**)

$(S^{IV}O_3^{-II})^{2-}$

$S^{IV}3s^23p^0$ (акцептор)

$O^{-II}\,2s^22p^2p^{1+\text{①}}p^{1+\text{①}}$ (донор)

3 (σ, π)-связи S=O

sp^3-гибридизация, незавершенная тетраэдрическая форма

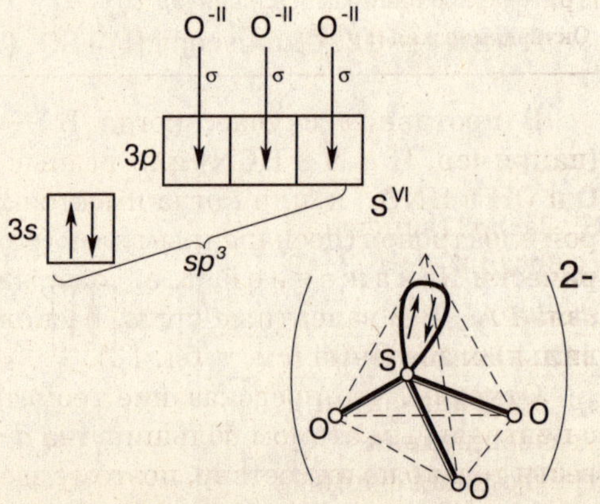

П р и м е р 16. Циановодород HCN **(AB_2)**

$H^IC^{II}N^{-III}$

H^I $1s^0$ (акцептор)

$N^{-III}2s^22p^{1+①}p^{1+①}p^{1+①}$

(донор)

$C^{II}2s^22p^0$ (донор, акцептор)

1 σ-связь C—H

1 (σ, π, π)-связь C ≡ N

sp-гибридизация,

линейная форма

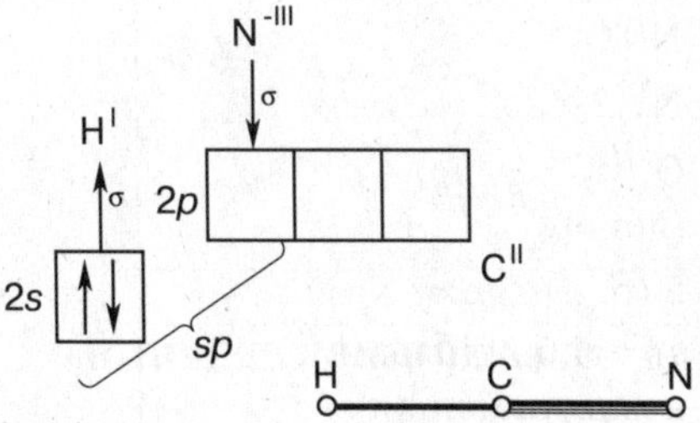

П р и м е ч а н и е. Здесь атом N^{-III} является донором т р е х электронных пар по отношению к центральному атому C^{II}, который проявляет двойственную функцию — акцептор по отношению к атому N^{-III} и донор о д н о й пары по отношению к атому H^I. Структурная формула циановодорода: H— C ≡ N.

Частица AB_n с атомами B одного и того же элемента и при отсутствии гибридной орбитали с парой электронов (неспаренным электроном) считается геометрически п р а в и л ь н о й, т. е. содержащей одинаковые (по длине) связи A—B и соответствующие валентные углы — табл. 15 (углы α и β между связями, отмечены на рисунках геометрических форм).

Т а б л и ц а 15

Геометрическая форма	Валентный угол
Линейная (*sp*)	α = 180°
Треугольная (sp^2)	α = 120°
Тетраэдрическая (sp^3)	α = 109,5°
Тригонально-бипирамидальная (sp^3d)	α = 90°, β = 120°
Октаэдрическая (sp^3d^2)	α = 90°

В противном случае, когда B — атомы разных элементов (например, H и N в HCN) или разные группы атомов (например, O и OH в HNO_3) и/или когда имеется хотя бы одна орбиталь с парой электронов (неспаренным электроном), частица будет геометрически и с к а ж е н н о й, т. е. содержащей различные (по длине) связи A—B и валентные углы, несколько отличающиеся от правильных значений (см. табл. 13).

Отметим, что предсказание геометрического строения частиц с центральным атомом большинства *d*-элементов невозможно провести только по их составу, поэтому здесь оно не рассматривается.

4. ХИМИЧЕСКИЕ ФОРМУЛЫ. РАСЧЕТЫ ПО ФОРМУЛАМ ВЕЩЕСТВ

4.1. Общие сведения

Каждому веществу присущ набор специфических свойств — *физических признаков*, определяющих индивидуальность конкретного вещества, например плотность, цвет, вязкость, летучесть, температуры плавления и кипения.

Все вещества могут существовать в трех агрегатных состояниях — твердом (т), жидком (ж) и газообразном (г), зависящих от внешних физических условий. Лед, жидкая вода и водяной пар — это твердое, жидкое и газообразное состояние одного вещества — воды H_2O.

Химические свойства вещества не зависят от агрегатного состояния, а физические свойства зависят. Так, сера в любом агрегатном состоянии при сгорании образует сернистый газ, т. е проявляет одно и то же химическое свойство, но физические свойства серы в разных агрегатных состояниях весьма различны; например, плотность твердой серы равна 2,1 г/см^3, жидкой серы 1,8 г/см^3 и газообразной серы 0,004 г/см^3.

Состав молекулы передается молекулярной формулой, которая отражает, во-первых, качественный состав вещества (символы химических элементов, входящих в его состав), во-вторых, количественный состав (нижние числовые индексы, отвечающие числу атомов каждого элемента в молекуле).

Вещества, состоящие из *реальных* молекул, называются **ковалентными веществами**, например вода H_2O, аммиак NH_3, азот N_2, серная кислота H_2SO_4, этанол C_2H_5OH, сахароза $C_{12}H_{22}O_{11}$.

Большинство неорганических веществ — **ионные**, они не содержат молекул, а состоят из электронейтральных сочетаний положительных ионов (*катионов*) и отрицательных ионов (*анионов*). Их состав передается также молекулярными формулами (*условные молекулы*), причем сами ионы могут быть одно- и многоэлементными. Так, Mg_3N_2 (нитрид магния) — сочетание трех катионов Mg^{2+} и двух анионов N^{3-}, а $Ca(OH)_2$ (гидроксид кальция) — сочетание одного катиона Ca^{2+} и двух анионов OH^-.

Условные и реальные молекулы в целом называют **формульными единицами** веществ (вне зависимости от их ковалентного или ионного строения).

Некоторые вещества в жидком и газообразном состояниях могут образовывать *ассоциаты* молекул — реальные частицы вещества в конкретных физических условиях; например, оксид P_2O_5 может существовать в виде димера $(P_2O_5)_2$ или P_4O_{10}, оксид NO_2 — в виде $(NO_2)_2$ или N_2O_4. Тогда для ассоциатов P_4O_{10} и N_2O_4, формулы P_2O_5 и NO_2 — молекулярные, а формулы P_4O_{10} и N_2O_4 — истинные.

Современная формулировка *закона постоянства состава вещества*:

> *Каким бы способом ни было получено вещество, его химический состав и свойства остаются постоянными.*

Закон был установлен французским химиком Ж.-Л. Прустом в 1799 г. на основании анализа многих химических соединений, для которых состав и свойства оставались постоянными независимо от времени, места и способа их получения.

4.2. Относительная молекулярная масса

В соответствии с законом постоянства состава каждое вещество имеет постоянную химическую характеристику, называемую *относительной молекулярной массой* (M_r). Значение M_r любого многоатомного вещества с общей формульной единицей $A_aB_bC_c$ рассчитывается по выражению:

$$M_r(A_aB_bC_c) = aA_r(A) + bA_r(B) + cA_r(C) \quad (2)$$

В обычных химических расчетах вместо точных значений атомной массы используют округленные значения A_r (примеры приведены в табл. 16).

Таблица 16

Элемент	Значение A_r		Элемент	Значение A_r	
	точное	округленное		точное	округленное
Азот N	14,007	14	Фосфор P	30,974	31
Водород H	1,008	1	Хлор Cl	35,453	35,5
Кислород O	15,999	16	Цинк Zn	65,39	65
Сера S	32,066	32			

Примеры расчета значений M_r:

$M_r(H_2) = 2A_r(H) = 2 \cdot 1 = 2$

$M_r(N_2) = 2A_r(N) = 2 \cdot 14 = 28$

$M_r(H_2O) = 2A_r(H) + A_r(O) = (2 \cdot 1) + (1 \cdot 16) = 18$

$M_r(PCl_5) = A_r(P) + 5A_r(Cl) = 31 + (5 \cdot 35{,}5) = 208{,}5$

$M_r(H_2SO_4) = 2A_r(H) + A_r(S) + 4A_r(O) = (2 \cdot 1) + 32 + (4 \cdot 16) = 98$

$M_r[Zn(NO_3)_2] = A_r(Zn) + 2A_r(N) + 6A_r(O) = 65 + (2 \cdot 14) + (6 \cdot 16) = 189$

4.3. Количество вещества. Число Авогадро

Атомы и молекулы — частицы чрезвычайно малые, поэтому порции веществ, которые берутся для химических реакций, характеризуются физическими величинами, отвечающими большому числу частиц.

Установлено, что 2 г H_2 ($M_r = 2$), 18 г H_2O ($M_r = 18$) и 98 г H_2SO_4 ($M_r = 98$) содержат $6{,}02 \cdot 10^{23}$ молекул вещества.

Количество вещества n (H_2, H_2O, H_2SO_4) с этим числом молекул составляет 1 моль:

$$n(H_2) = n(H_2O) = n(H_2SO_4) = 1 \text{ моль}$$

Порция вещества, например воды, массой 36 г будет содержать удвоенное число молекул, т. е. $2(6{,}02 \cdot 10^{23})$, массой 45 г — $2{,}5(6{,}02 \cdot 10^{23})$ молекул, массой 1,8 г — $0{,}1(6{,}02 \cdot 10^{23})$ молекул. Другими словами, количество воды в этих порциях равно 2 моль, 2,5 моль и 0,1 моль.

Таким образом, **количество вещества** — это **физическая величина, прямо пропорциональная числу частиц, составляющих данное вещество и входящих во взятую порцию этого вещества**.

Если вещество построено из атомов, то счет ведут на атомы (C, Na, Fe), если вещество молекулярное — на реальные молекулы (N_2, H_2O), если вещество ионное — на условные молекулы (формульные единицы KBr, Na_2SO_4, Mg_3N_2).

Единица количества вещества — *моль* — отвечает такому количеству вещества, которое содержит $6{,}02 \cdot 10^{23}$ частиц этого вещества.

Число частиц $6{,}02 \cdot 10^{23}$ называется *числом Авогадро*. Если числу Авогадро приписать единицу моль$^{-1}$, то получится физическая константа — *постоянная Авогадро* N_A:

$$N_A = 6{,}02 \cdot 10^{23} \text{ моль}^{-1}$$

Число Авогадро необходимо запомнить.

Определить количество вещества *n* с общей формулой B во взятой порции — это значит установить, во сколько раз число частиц в данной порции N_B отличается от числа Авогадро N_A:

$$n_B = \frac{N_B}{N_A} \qquad (3)$$

Примеры:

1) $N_B = 1{,}505 \cdot 10^{24}$ частиц

$$n_B = \frac{1{,}505 \cdot 10^{24}}{6{,}02 \cdot 10^{23}} = 2{,}5 \text{ моль вещества B}$$

2) $N_B = 6{,}02 \cdot 10^{22}$ частиц

$$n_B = \frac{6{,}02 \cdot 10^{22}}{6{,}02 \cdot 10^{23}} = 0{,}1 \text{ моль вещества B}$$

Число входящих в порцию вещества атомов (или ионов) легко определить по формуле вещества и количеству этого вещества в порции.

Пример 1. Дано: вещество H_2SO_4, $n(H_2SO_4) = 1$ моль

Решение: из формулы H_2SO_4 следует, что

$$N(H) = 2N(H_2SO_4),\ N(S) = 1N(H_2SO_4),\ N(O) = 4N(H_2SO_4)$$

Из уравнения (3) выводим:

$$N(H_2SO_4) = n(H_2SO_4) \cdot N_A$$

В найденные выражения для N(H), N(S) и N(O) подставляем вывод из уравнения (3) и получаем расчетные формулы:

$$N(H) = 2N(H_2SO_4) = 2n(H_2SO_4) \cdot N_A = 2 \cdot 1 \cdot (6{,}02 \cdot 10^{23}) = 1{,}2 \cdot 10^{24} \text{ (атомов H)}$$

$$N(S) = 1N(H_2SO_4) = 1n(H_2SO_4) \cdot N_A = 1 \cdot 1 \cdot (6{,}02 \cdot 10^{23}) = 6{,}02 \cdot 10^{23} \text{ (атомов S)}$$

$$N(O) = 4N(H_2SO_4) = 4n(H_2SO_4) \cdot N_A = 4 \cdot 1 \cdot (6{,}02 \cdot 10^{23}) = 2{,}4 \cdot 10^{24} \text{ (атомов O)}$$

Пример 2. Дано: 0,1 моль ионного вещества Mg_3N_2 (в формульной единице вещества 3 иона Mg^{2+} и 2 иона N^{3-}).

Аналогично выводим расчетные формулы:

$$N(Mg^{2+}) = 3N(Mg_3N_2) = 3n(Mg_3N_2) \cdot N_A =$$
$$= 3 \cdot 0{,}1 \cdot (6{,}02 \cdot 10^{23}) = 1{,}8 \cdot 10^{23} \quad \text{(ионов } Mg^{2+}\text{)}$$

$$N(N^{3-}) = 2N(Mg_3N_2) = 2n(Mg_3N_2) \cdot N_A =$$
$$= 2 \cdot 0{,}1 \cdot (6{,}02 \cdot 10^{23}) = 1{,}2 \cdot 10^{23} \quad \text{(ионов } N^{3-}\text{)}$$

4.4. Молярная масса

Количество вещества 1 моль, т. е. порция, обязательно содержащая $6{,}02 \cdot 10^{23}$ частиц, обладает массой, характерной именно для данного вещества. Так, 1 моль графита отвечает массе 12 г, 1 моль воды H_2O — массе 18 г. Эту характеристику вещества — *массу одного моля данного вещества* — называют *молярной массой* и обозначают M. Очевидно, если порция вещества будет 2 моль, то масса этой порции окажется в 2 раза больше значения M для данного вещества.

Молярная масса вещества В — это отношение массы данной порции вещества m_B к количеству вещества n_B в этой порции:

$$M_B = \frac{m_B}{n_B} \qquad \textbf{(4)}$$

Единица молярной массы: **г/моль.**

Примеры:

$M_C = 12$ г/моль, $M(H_2O) = 18$ г/моль.

Отметим тот важный факт, что молярная масса данного вещества M всегда численно равна его относительной молекулярной массе M_r (для атомного вещества — фактически относительной атомной массе A_r). Другими словами, для расчета M надо вычислить значение M_r данного вещества по формуле **(2)** и приписать ему единицу измерения г/моль:

H_2	$M_r = 2$	$M = 2$ г/моль
HF	$M_r = 20$	$M = 20$ г/моль
H_2SO_4	$M_r = 98$	$M = 98$ г/моль
Ca	$A_r = 40$	$M = 40$ г/моль
$CaCO_3$	$M_r = 100$	$M = 100$ г/моль

Все указанные массовые порции веществ содержат 1 моль этих веществ или $6{,}02 \cdot 10^{23}$ их формульных единиц.

По уравнению (4), зная формулу вещества (для предварительного определения M), а также массу порции этого вещества, легко вычислить количество вещества в его порции.

Пример. Дано: 12 г вещества CH_3COOH (уксусная кислота).

$$M_r(CH_3COOH) = 2A_r(C) + 4A_r(H) + 2A_r(O) = 2 \cdot 12 \cdot + 4 \cdot 1 + 2 \cdot 16 = 60$$

$$M(CH_3COOH) = 60 \text{ г/моль}$$

Обозначим длинную (по записи) формулу CH_3COOH буквой В и проведем расчет значения n_B:

$$n_B = \frac{m_B}{M_B} = \frac{12}{60}\left[\frac{\text{г}}{\text{г/моль}} = \text{моль}\right] = 0{,}2 \text{ моль}$$

Следовательно, в порции уксусной кислоты массой 12 г содержится 0,2 моль вещества CH_3COOH.

4.5. Молярный объем газа. Относительная плотность газа

В химических расчетах массу газообразных веществ часто заменяют их объемами. Основной газовый закон — *закон Авогадро:*

В равных объемах различных газов при одинаковых температуре и давлении содержится одно и то же число молекул.

Закон был высказан как гипотеза в 1811 г. итальянским физикохимиком А. Авогадро и интерпретирован с позиции атомно-молекулярного учения в 1858 г. итальянским химиком С. Канниццаро.

Первое следствие из закона Авогадро:

При одинаковых условиях равные количества различных газов занимают равные объемы.

В частности, при нормальных условиях (н. у.) — температуре $T_0 = 273{,}15$ К (0 °С), давлении $p_0 = 1{,}01325 \cdot 10^5$ Па (1атм, 760 мм рт. ст.) — любой газ, близкий по свойствам к идеальному газу и количество которого равно 1 моль, занимает объем 22,4 л. Эта физическая постоянная называется *молярным объемом газа при нормальных условиях.*

Молярный объем газа $V_М$ при некоторых условиях равен отношению объема $V_В$ порции газа В к количеству вещества в этой порции $n_В$:

$$V_М = \frac{V_В}{n_В} \qquad (5)$$

Единица молярного объема газа: **л/моль.**

При нормальных условиях $\boldsymbol{V_М}$ **= 22,4 л/моль.** Эту константу следует запомнить.

Из уравнения (5) вытекает способ расчета количества газообразного вещества по известному объему этого газа.

Пример. Дано: 112 л (н. у.) этилена C_2H_4 (В).

Расчет:

$$n_В = \frac{V_В}{V_М} = \frac{112}{22{,}4}\left[\frac{л}{л/моль} = моль\right] = 5 \text{ моль}$$

Если объем газа В задан при других условиях ($T \neq 273{,}15$ К и/или $p \neq 1$ атм), его следует привести к нормальным условиям по выражению

$$V_0(В) = \frac{V_1(В) \cdot p_1 \cdot T_0}{T_1 \cdot p_0}$$

Здесь V_0, p_0 и T_0 — значения при н. у., V_1, p_1 и T_1 — при заданных условиях (расчетное выражение выведено из уравнения состояния идеального газа $pV = nRT$ при двух разных условиях, подробнее см. школьный курс физики).

Примеры:

1) для $p_1 = 1$ атм ($=p_0$), $T_1 = 298{,}15$ К (25 °С) и $V_1 = 24{,}45$ л имеем

$$V_0 = \frac{24{,}45 \cdot 1 \cdot 273{,}15}{298{,}15 \cdot 1}\left[\frac{л \cdot атм \cdot К}{К \cdot атм} = л\right] = 22{,}4 \text{ л}$$

(другими словами, молярный объем газа при 25 °С и давлении 1 атм равен ≈ 24,45 л/моль);

2) для $p_1 = 0{,}8$ атм ($\neq p_0$), $T_1 = 298{,}15$ К (25 °С) и $V_1 = 61{,}13$ л получаем

$$V_0 = \frac{61{,}13 \cdot 0{,}8 \cdot 273{,}15}{298{,}15 \cdot 1} \left[\frac{\text{л} \cdot \text{атм} \cdot \text{К}}{\text{К} \cdot \text{атм}} = \text{л} \right] = 44{,}8 \text{ л}$$

(т. е. 2 моль газа, занимавшие при н. у. объем $2 \cdot 22{,}4 = 44{,}8$ л, в заданных условиях занимают объем 61,13 л, откуда молярный объем газа при 25 °С и давлении 0,8 атм равен ≈ 30,6 л).

Из определений для $V_М$ и $M_В$ следует, что

$$V_В = V_М n_В = V_М \frac{m_В}{M_В}$$

Эти выражения позволяют пересчитывать количества и массы газов в их объемы.

Пример 1. Дано: 0,6 моль углекислого газа CO_2. Отсюда при н. у. объем порции CO_2 равен:

$$V(CO_2) = n(CO_2) \cdot V_М = 0{,}6 \cdot 22{,}4 \left[\frac{\text{моль} \cdot \text{л}}{\text{моль}} = \text{л} \right] = 13{,}44 \text{ л}$$

Пример 2. Дано: 140 г этилена C_2H_4 (В). Предварительно находим значение $M_В = 28$ г/моль и рассчитываем объем порции газа:

$$V_В = n_В V_М \frac{m_В}{M_В} V_М = \frac{140}{28} 22{,}4 \left[\frac{\text{г} \cdot (\text{л/моль})}{\text{г/моль}} = \text{л} \right] = 112 \text{ л}$$

Второе следствие из закона Авогадро:

Молярная масса вещества В в газообразном состоянии равна его удвоенной плотности по водороду

$$M_В = M(H_2) \cdot D(H_2) = 2D(H_2) \qquad \textbf{(6а)}$$

Аналогично для воздуха $M_{возд} = 29$ г/моль имеем:

$$M_В = M_{возд} D_{возд} = 29 D_{возд} \qquad \textbf{(6б)}$$

Относительная плотность по водороду $D(H_2)$, по воздуху $D_{возд}$ и по любому другому газу определяется экспериментально, а затем рассчитывается молекулярная масса газа.

Примеры:

1) молярная масса неизвестного газа, имеющего плотность по водороду 14, равна

$$M_В = 2D(H_2) = 2 \cdot 14 = 28 \text{ г/моль}$$

2) молярная масса неизвестного газа, имеющего плотность по воздуху 1,517, равна

$$M_В = 29D_{возд} = 29 \cdot 1{,}517 = 44 \text{ г/моль}$$

4.6. Массовая доля элемента

По известной химической формуле сложного вещества определяют *массовые доли элементов*, входящих в это вещество.

Массовая доля элемента Э ($w_Э$) **в общей массе сложного вещества — это отношение массы, приходящейся на этот элемент** $m_Э$ (т. е. массы части), **к массе всего вещества** (т. е. к массе целого):

$$w_Э = \frac{m_Э}{m_{вещ}}$$

Массовая доля элемента — это доля от единицы или от 100%.

Массовая доля элемента в сложном веществе всегда меньше единицы ($m_Э < 1$, или 100%), например для воды H_2O:

$$w(\mathrm{H}) = 0{,}11\ (11\%) \text{ и } w(\mathrm{O}) = 0{,}89\ (89\%)$$

Таким образом констатируется, что в 1 г воды содержится 0,11 г водорода и 0,89 г кислорода, а в 100 г воды содержится 11 г H и 89 г O.

Сумма массовых долей всех элементов, входящих в сложное вещество, равна 1 (или 100%). Например для воды:

$$w(\mathrm{H}) + w(\mathrm{O}) = 0{,}11 + 0{,}89 = 1\ (100\%)$$

Обычно для расчета $m_Э$ порцию вещества берут равной молярной массе; масса данного элемента в этой порции равна его молярной массе, умноженной на число атомов данного элемента в молекуле. Для двухэлементного вещества A_aB_b:

$$w_A = \frac{m_A}{m_{вещ}} = \frac{aM_A}{M_{вещ}} \qquad \textbf{(7а)}$$

$$w_B = \frac{m_B}{m_{вещ}} = \frac{bM_B}{M_{вещ}}$$

причем рассчитывают по этим уравнениям одно из значений (например w_A), а другое — по выражению

$$w_B = 1\ (100\%) - w_A \qquad \textbf{(7б)}$$

Аналогичные уравнения используют для многоэлементных веществ.

Примеры:

1) массовые доли водорода и кислорода в воде H_2O (M = = 18 г/моль) равны

$$w(\mathrm{H}) = \frac{aM(\mathrm{H})}{M(\mathrm{H_2O})} = \frac{2 \cdot 1}{18} = 0{,}11\ (11\%)$$

$$w(\mathrm{O}) = 1 - w(\mathrm{H}) = 1 - 0{,}11 = 0{,}89$$

или

$$w(\mathrm{O}) = 100\% - 11\% = 89\%$$

2) массовые доли элементов в соединении $NaHCO_3$ (M = = 84 г/моль) равны

$$w(\mathrm{Na}) = \frac{aM(\mathrm{Na})}{M_{\text{вещ}}} = \frac{1 \cdot 23}{84} = 0{,}274\ (27{,}4\%)$$

$$w(\mathrm{H}) = \frac{bM(\mathrm{H})}{M_{\text{вещ}}} = \frac{1 \cdot 1}{84} = 0{,}012\ (12\%)$$

$$w(\mathrm{C}) = \frac{cM(\mathrm{C})}{M_{\text{вещ}}} = \frac{1 \cdot 12}{84} = 0{,}143\ (14{,}3\%)$$

$$w(\mathrm{O}) = 1 - [w(\mathrm{Na}) + w(\mathrm{H}) + w(\mathrm{C})] = \\ = 1 - (0{,}274 + 0{,}012 + 0{,}143) = 0{,}571\ (57{,}1\%)$$

Расчет массы элемента в некоторой порции вещества проводят также по уравнению **(7а)**:

1) если известна (задана) массовая доля элемента — по выражению $m_э = w_э m_{вещ}$ (причем значение $w_э$ берется только как доля от единицы);

2) если задана только масса вещества — по выражению

$$m_э = m_{\text{вещ}} \frac{aM_э}{M_{\text{вещ}}}$$

Примеры:

1) масса фосфора, содержащегося в 213 г его оксида с массовой долей фосфора 43,7%, равна

$$m(\mathrm{P}) = w(\mathrm{P}) \cdot m_{\text{вещ}} = 0{,}437 \cdot 213 = 93\ \text{г}$$

2) масса фосфора, содержащегося в 213 г оксида P_2O_5 (M = = 142 г/моль), равна

$$m(\text{P}) = m_{\text{вещ}} \frac{aM(\text{P})}{M_{\text{вещ}}} = \frac{213 \cdot 2 \cdot 31}{142} = 93 \text{ г}$$

Очевидно, что масса второго элемента в двухэлементном веществе (здесь — кислорода в P_2O_5) равна

$$m(\text{O}) = m_{\text{вещ}} - m(\text{P}) = 231 - 93 = 120 \text{ г}$$

Когда требуется найти *массовое отношение* элементов в веществе A_aB_b, следует руководствоваться выражением, выведенным из уравнения **(7а)**:

$$m(\text{A}) : m(\text{B}) = aM(\text{A}) : bM(\text{B}) \qquad \textbf{(8)}$$

Например, массовое отношение элементов в соединении Cu_2O равно

$$m(\text{Cu}) : m(\text{O}) = aM(\text{Cu}) : bM(\text{O}) = (2 \cdot 64) : (1 \cdot 16) = \\ = 128 : 16 = 8 : 1$$

Для нахождения *состава* вещества A_xB_y, т. е. значений x и y, пользуются выражением, выведенным из уравнения **(7а)** для w_A при $a = x$ и соответствующего уравнения для w_B при $b = y$:

$$\frac{x}{y} = \frac{m_A M_B}{M_A m_B} \qquad \textbf{(9)}$$

Следует помнить, что значения x и y — всегда наименьшие ц е л ы е числа (в H_2O $x = 2$ и $y = 1$, в Mg_3N_2 $x = 3$ и $y = 2$).

П р и м е р. Оксид Al_xO_y массой 153 г содержит 81 г алюминия, следовательно

$$\frac{x}{y} = \frac{m(\text{Al}) \cdot M(\text{O})}{M(\text{Al}) \cdot m(\text{O})} = \frac{m(\text{Al}) \cdot M(\text{O})}{M(\text{Al}) \cdot [m_{\text{вещ}} - m(\text{Al})]} =$$

$$= \frac{81 \cdot 16}{27 \cdot (153 - 81)} = \frac{1296}{1944} = \frac{2}{3}$$

и точная формула оксида — Al_2O_3.

Для многоэлементного вещества $A_xB_yC_z$ соотношение аналогично:

$$x : y : z = \frac{m_A}{M_A} : \frac{m_B}{M_B} : \frac{m_C}{M_C} \qquad (10)$$

Пример. Для порции соединения $H_xS_yO_z$ массой 147 г, содержащего 3 г водорода и 48 г серы, имеем:

$$x : y : z = \frac{m(H)}{M(H)} : \frac{m(S)}{M(S)} : \frac{m(O)}{M(O)} =$$

$$= \frac{3}{1} : \frac{48}{32} : \frac{(147 - 3 - 48)}{16} = 2 : 1 : 4$$

Следовательно, формула соединения — H_2SO_4 (серная кислота).

Встречаются формулы веществ (особенно в органической химии), имеющие значения x и y, кратные найденным простейшим числам. Так, для некоторого вещества, состоящего из углерода и водорода, найдены значения $x = 1$ и $y = 3$, т. е. формула вещества CH_3 (такой углеводород неизвестен). Следовательно, в задаче должно быть задано значение M данного вещества, и, если оно равно 30 г/моль, то отношение $M/M(CH_3)$ равно 2 и истинная формула вещества C_2H_6 (этан).

5. ХИМИЧЕСКИЕ РЕАКЦИИ

5.1. Общие сведения

Химические свойства веществ выявляются и характеризуются *химическими реакциями*. Реакции могут протекать как внутри одного вещества, так и в смесях различных веществ. **При протекании химических реакций всегда образуются новые вещества.**

Химическая реакция изображается в общем виде *уравнением реакции*

$$\text{Реагенты} \longrightarrow \text{Продукты},$$

где *реагенты* — исходные вещества, взятые для проведения реакции; *продукты* — новые вещества, образовавшиеся в результате протекания реакции.

П р и м е р:

$$\underbrace{CaO + 2HCl}_{\text{реагенты}} = \underbrace{CaCl_2 + H_2O}_{\text{продукты}}$$

Химические реакции всегда сопровождаются физическими эффектами — поглощением или выделением теплоты, изменениями агрегатного состояния и окраски веществ; по наличию этих эффектов часто судят о протекании реакций. Так, разложение зеленого минерала *малахит* сопровождается поглощением теплоты (именно поэтому реакция идет при нагревании), а в результате разложения образуются черный твердый оксид меди(II) и бесцветные вещества — углекислый газ и жидкая вода.

Химические реакции следует отличать от *физических процессов*, изменяющих только внешнюю форму или агрегатное состояние вещества (но не его состав), наиболее распространены такие физические процессы, как прессование, дробление, смешивание, совместное сплавление, растворение, фильтрование осадка, перегонка.

С помощью химических реакций можно получать практически важные вещества, которые в природе находятся в ограниченных количествах (например, азотные удобрения) либо вообще не встречаются (синтетические лекарственные препараты, химические волокна, пластмассы и т. д.). Химия позволяет синтезировать новые, неизвестные природе вещества, необходимые для жизнедеятельности человека. Вместе с тем интенсивное химическое воздействие на окружающую среду может привести к нарушению установившихся природных экологических циклов, вызывает загрязнение окружающей среды, усложняет рациональное использование природных ресурсов и ставит под вопрос сохранение естественной среды обитания человека на Земле.

5.2. Уравнения реакций. Формы записи

Химическая реакция изображается уравнением

$$aA + bB + \ldots = cC + dD + \ldots$$

где A, B... — реагенты, вещества;

C, D... — продукты (конечные вещества);

целочисленные параметры *a, в, c, d*... — стехиометрические коэффициенты.

Знак равенства означает полное (необратимое) протекание реакции. При необходимости указать что-либо над знаком равенства он заменяется стрелкой ($\longrightarrow$).

Например, записи

$$H_2 + 2Na = 2NaH \text{ и } H_2 + 2Na \xrightarrow{300\ ^\circ C} 2NaH$$

изображают уравнение полностью протекающей реакции получения гидрида натрия NaH из водорода H_2 и натрия Na, причем во второй записи указана температура проведения этой реакции. Часто вместо полного уравнения записывают только *схему реакции* (без коэффициентов). В ней могут быть даны либо основные реагент и продукт

$$NaOH \longrightarrow NaNO_3$$

(такая запись не указывает точного способа получения продукта), либо все реагенты и продукты в виде

$$NaOH \xrightarrow[-H_2O]{NO_2, O_2} NaNO_3$$

(такая запись указывает точный способ получения продукта, дополнительные реагенты показаны над стрелкой, дополнительный продукт — под стрелкой со знаком «минус»).

Полное уравнение этой реакции:

$$4NaOH + 4NO_2 + O_2 = 4NaNO_3 + 2H_2O$$

Любая химическая реакция вне зависимости от агрегатного состояния веществ (реагентов, продуктов), вида химической среды и условий проведения изображается молекулярным уравнением, например:

$$Fe_2O_{3(т)} + 3H_{2(г)} = 2Fe_{(ж)} + 3H_2O_{(г)} \quad (1050–1100\ °C)$$

$$NaOH(разб.) + H_3PO_4(конц.) = NaH_2PO_4 + H_2O$$

Химическая реакция, протекающая в водном растворе при участии ионов, изображается молекулярным и ионным уравнениями. В ионном уравнении все сильные электролиты записываются в виде формул их ионов, а твердые и газообразные вещества и слабые электролиты (включая воду) — в виде изображений их формульных единиц — формул реальных или условных молекул. Справа от формулы осадка продукта ставится стрелка, направленная вниз (↓), а справа от формулы газа — стрелка, направленная вверх (↑).

В полном ионном уравнении указываются формулы всех ионов, а в кратком ионном уравнении одинаковые по химическому составу и числу ионы справа и слева опускаются:

молекулярное уравнение

$$MgSO_4 + 2(NH_3 \cdot H_2O) = Mg(OH)_2\downarrow + (NH_4)_2SO_4$$

полное ионное уравнение

$$Mg^{2+} + SO_4^{2-} + 2(NH_3 \cdot H_2O) = Mg(OH)_2\downarrow + 2NH_4^+ + SO_4^{2-}$$

краткое ионное уравнение

$$Mg^{2+} + 2(NH_3 \cdot H_2O) = Mg(OH)_2\downarrow + 2NH_4^+$$

При известном навыке полное ионное уравнение может быть опущено и после молекулярного уравнения сразу записывается краткое ионное уравнение, например:

а) $Be(OH)_{2(т)} + 2NaOH\ (конц.) = Na_2[Be(OH)_4]$

$Be(OH)_{2(т)} + 2OH^-(конц.) = [Be(OH)_4]^{2-}$

б) $Ca(OH)_2 + K_2CO_3 = CaCO_3\downarrow + 2KOH$

$Ca^{2+} + CO_3^{2-} = CaCO_3\downarrow$

в) $Zn_{(т)} + 2HCl = ZnCl_2 + H_2\uparrow$

$Zn_{(т)} + 2H^+ = Zn^{2+} + H_2\uparrow$

г) $PbO_{2(т)} + 2HNO_3 + H_2O_2$(конц.) $= Pb(NO_3)_2 + O_2\uparrow + 2H_2O$

$PbO_{2(т)} + 2H+ + H_2O_2$(конц.) $= Pb^{2+} + O_2\uparrow + 2H_2O$

Встречаются уравнения реакций, имеющие один ионный вид (полный) при отсутствии одинаковых ионов слева и справа:

а) $Ca(OH)_2 + 2HF = CaF_2\downarrow + 2H_2O$

$Ca^{2+} + 2OH^- + 2HF = CaF_2\downarrow + 2H_2O$

б) $BaS + H_2SO_4 = BaSO_4\downarrow + H_2S\uparrow$

$Ba^{2+} + S^{2-} + 2H^+ + SO_4^{2-} = BaSO_4\downarrow + H_2S\uparrow$

При записи уравнений полной *электролитической диссоциации* сильных электролитов используется смешанный молекулярно-ионный вид со знаком равенства:

$$HNO_3 = H^+ + NO_3^-$$

$$Al_2(SO_4)_3 = 2Al^{3+} + 3SO_4^{2-}$$

Агрегатное состояние веществ указывается при необходимости (для правильного понимания химизма процесса), а в термохимических уравнениях указание на агрегатное состояние обязательно:

реакция с эндо-эффектом (–Q)

$$2NaNO_{3(т)} = 2NaNO_{2(т)} + O_{2(г)} - 220 \text{ кДж}$$

реакция с экзо-эффектом (+Q)

$$4FeS_{2(т)} + 11O_{2(г)} = 2Fe_2O_{3(т)} + 8SO_{2(г)} + 3328 \text{ кДж}$$

Обратимые (частично протекающие) реакции изображаются аналогично, но знак равенства заменяется знаком обратимости «$\leftrightarrows$», например:

$$Cl_2 + H_2O \leftrightarrows HCl + HClO$$

$$Cl_2 + H_2O \leftrightarrows H+ + Cl- + HClO$$

Гидролиз солей представляется в виде системы двух уравнений — электролитической диссоциации (необратимый процесс) и собственно гидролиза (обратимый процесс):

а) гидролиз соли по катиону

уравнение диссоциации соли $ZnSO_4 = Zn^{2+} + SO_4^{2-}$

уравнение гидролиза катиона $Zn^{2+} + H_2O \leftrightarrows ZnOH^+ + H^+$
или более точно $Zn^{2+} \cdot H_2O + H_2O \leftrightarrows ZnOH^+ + H_3O^+$

б) гидролиз соли по а н и о н у

уравнение диссоциации соли $K_2CO_3 = 2K^+ + CO_3^{2-}$

уравнение гидролиза аниона $CO_3^{2-} + H_2O \rightleftarrows HCO_3^- + OH^-$

П р и м е ч а н и я:

1. **Не рекомендуется** составлять молекулярные уравнения гидролиза солей (еще встречаются в устаревшей литературе), например:

а) $2ZnSO_4 + 2H_2O \rightleftarrows (ZnOH)_2SO_4 + H_2SO_4$

б) $K_2CO_3 + H_2O \rightleftarrows KHCO_3 + KOH$

так как они не отражают механизма гидролиза — п о л н о е протекание диссоциации соли и ч а с т и ч н о е протекание гидролиза катиона или аниона.

2. **Не следует** применять систему двух уравнений (диссоциации и гидролиза) для изображения реакций между водой и другими типами веществ (отличными от солей). Такие реакции не являются гидролизом, их уравнения составляются по общим правилам для реакций в растворе (см. ранее), например:

а) $2Na + 2H_2O = 2NaOH + H_2\uparrow$

$2Na + 2H_2O = 2Na^+ + 2OH^- + H_2$

б) $SO_3 + H_2O = H_2SO_4$

$SO_3 + H_2O = 2H^+ + SO_4^{2-}$

в) $PCl_5 + 4H_2O = H_3PO_4 + 5HCl$

$PCl_5 + 4H_2O = H_3PO_4 + 5H^+ + 5Cl^-$

Реакцию, изображенную уравнением (в) по традиции называют н е о б р а т и м ы м *гидролизом бинарного соединения* (PCl_5).

Составление уравнений *окислительно-восстановительных реакций* сопряжено со специальными методами подбора коэффициентов, в которых используются особые (электронные, электронно-ионные) уравнения полуреакций (подробнее см. 11.5, 11.6). То же относится и к электрохимическим реакциям (процессам *электролиза*), которые всегда сопровождаются указанием на этот вид процессов:

$$4NaOH(\text{расплав}) \xrightarrow{\text{электролиз}} 4Na + O_2 + 2H_2O$$

5.3. Подбор коэффициентов в уравнениях обменных реакций

Все химические реакции можно разделить на два типа — обменные и окислительно-восстановительные.

Обменные реакции протекают б е з и з м е н е н и я степеней окисления элементов:

$$K^{I}O^{-II}H^{I} + H^{I}Br^{-I} = K^{I}Br^{-I} + H_2^{I}O^{-II}$$

$$Na_2^{I}O^{-II} + Si^{IV}O_2^{-II} = Na_2^{I}Si^{IV}O_3^{-II}$$

$$N^{-III}H_4^{I}Cl^{-I} = N^{-III}H_3^{I} + H^{I}Cl^{-I}$$

$$Cu_2^{II}C^{IV}O_3^{-II}(O^{-II}H^{I})_2 = 2Cu^{II}O^{-II} + C^{IV}O_2^{-II} + H_2^{I}O^{-II}$$

Окислительно-восстановительные реакции сопровождаются изменением степеней окисления элементов (всех или некоторых):

$$C^0 + O_2^0 = C^{IV}O_2^{-II}$$

$$Fe_2^{III}O_3 + 3H_2^0 = 2Fe^0 + 3H_2^{I}O$$

(в этом примере степень окисления кислорода O^{-II} не изменяется),

$$H_2S^{-II} + 4H_2O_2^{-I} = H_2S^{VI}O_4^{-II} + 4H_2O^{-II}$$

(в этом примере степень окисления водорода H^{I} не изменяется).

Подбор коэффициентов в уравнениях обменных реакций проводится поэлементно.

Пример:

$$?Ba(OH)_2 + ?H_3PO_4 = ?Ba_3(PO_4)_2\downarrow + ?H_2O$$

Для сохранения числа атомов каждого элемента до и после реакции подбирают дополнительные множители, начиная с самого сложного по составу вещества — $Ba_3(PO_4)_2$ (коэффициент 1):

слева 1 атом P $\longleftarrow$ справа 2 атома P
(множитель 2)

слева 1 атом Ba $\longleftarrow$ справа 3 атома Ba
(множитель 3)

В уравнение реакции перед формулой $Ba_3(PO_4)_2$ следует поставить коэффициент 1 (обычно опускается, но подразумевается), перед формулой H_3PO_4 — коэффициент 2 и перед формулой $Ba(OH)_2$ — коэффициент 3:

$$3Ba(OH)_2 + 2H_3PO_4 = (1)Ba_3(PO_4)_2\downarrow + ?H_2O$$

Затем подбирается коэффициент для H_2O:

слева 12 атомов H $\longrightarrow$ справа 2 атома H
(множитель 6)

Следовательно, перед формулой H_2O ставится коэффициент 6:

$$3Ba(OH)_2 + 2H_3PO_4 = Ba_3(PO_4)_2\downarrow + 6H_2O$$

Теперь следует провести проверку по тому элементу, число атомов которого не сравнивалось (кислород):

слева 14 атомов O $\longrightarrow$ справа 14 атомов O

Подбор коэффициентов проведен правильно.

Аналогично подбирают коэффициенты в относительно простых уравнениях окислительно-восстановительных реакций, например:

а) $2CO + O_2 = 2CO$

б) $4Al + 3O_2 = 2Al_2O_3$

в) $Cu + 2AgNO_3 = Cu(NO_3)_2 + 2Ag\downarrow$

$Cu + 2Ag^+ = Cu^{2+} + 2Ag\downarrow$

(читателю рекомендуется провести поэлементный подбор коэффициентов самостоятельно по вышеуказанному алгоритму действия).

Однако большинство окислительно-восстановительных реакций изображается более сложными уравнениями, для подбора коэффициентов в которых применяют специальные методы (подробнее см. 11.5, 11.6).

6. РАСЧЕТЫ ПО УРАВНЕНИЯМ РЕАКЦИЙ

6.1. Общие сведения

Количественные расчеты по уравнениям реакций заключаются в том, что по правильно составленным уравнениям определяют мольные, массовые и объемные отношения между реагентами и продуктами. Такие расчеты являются предметом раздела химии, называемого *стехиометрией*.

Стехиометрические расчеты проводятся на основе *закона сохранения массы*:

> ***Масса реагентов равна массе продуктов реакции.***

Этот закон установлен в 1748–1756 гг. русским ученым М. В. Ломоносовым в результате проведения опытов по обжигу свинца и других металлов в запаянных сосудах. Независимо от Ломоносова тот же закон был открыт французским ученым А.-Л. де-Лавуазье, который в 1785 г. подтвердил сохранение массы веществ экспериментально в синтезе воды из водорода и кислорода ($2H_2 + O_2 = 2H_2O$).

На атомно-молекулярном уровне закон сохранения массы объясняется тем, что при течении химической реакции происходит только перегруппировка атомов реагентов в молекулы продуктов. Число же атомов каждого элемента и масса каждого атома остаются неизменными до и после реакции.

Например, уравнение химической реакции

$$(1)Al(OH)_3 + 3HCl = (1)AlCl_3 + 3H_2O$$

показывает не только качественный аспект этой реакции (т.е. химическую природу реагентов и продуктов), но и количественное отношение между прореагировавшими без остатка исходными веществами и образовавшимися из них конечными веществами, а именно:

а) 1 моль гидроксида алюминия $Al(OH)_3$ реагирует полностью с 3 моль хлороводорода HCl;

б) из 1 моль $Al(OH)_3$ и 3 моль HCl образуется 1 моль хлорида алюминия $AlCl_3$ и 3 моль воды H_2O.

Очевидно, если в реакцию вступит другое количество $Al(OH)_3$, например 0,5 моль, то с ним прореагирует 1,5 моль HCl и при этом получится 0,5 моль $AlCl_3$ и 1,5 моль H_2O.

На основе правильно составленных уравнений реакций можно проводить количественный расчет — определять количества, массы или объемы реагентов и продуктов, если задано количество (масса или объем) одного из веществ в реакции.

6.2. Количество реагента (продукта)

Для некоторой химической реакции

$$aA + bB + \ldots = cC + dD + \ldots$$

выполняется соотношение

$$\frac{n_A}{a} = \frac{n_B}{b} = \ldots = \frac{n_C}{c} = \frac{n_D}{d} = \ldots \qquad (11)$$

где n_A, n_B, n_C, n_D ... — количества вступивших в реакцию реагентов и теоретически возможные количества образовавшихся продуктов.

Если количество одного из веществ (например n_C) известно (задано), то можно рассчитать количества остальных веществ (n_A, n_B, n_D...).

Пример. Если в реакцию

$$\underset{(A)}{2Al(OH)_3} + \underset{(B)}{3H_2SO_4} = \underset{(C)}{Al_2(SO_4)_3} + \underset{(D)}{6H_2O}$$

вступило 1,25 моль (n_B) серной кислоты H_2SO_4, то количества остальных веществ, участвующих в реакции, равны:

$$n_A = \frac{an_B}{b} = \frac{2 \cdot 1{,}25}{3} = 0{,}83 \text{ моль } Al(OH)_3$$

$$n_C = \frac{cn_B}{b} = \frac{1 \cdot 1{,}25}{3} = 0{,}42 \text{ моль } Al_2(SO_4)_3$$

$$n_D = \frac{dn_B}{b} = \frac{6 \cdot 1{,}25}{3} = 2{,}5 \text{ моль } H_2O$$

6.3. Масса реагента (продукта)

От соотношения **(11)** для количеств реагентов и продуктов с помощью уравнения **(4)** можно перейти к соотношению их масс:

$$\frac{m_A}{aM_A} = \frac{m_B}{bM_B} = \ldots = \frac{m_C}{cM_C} = \frac{m_D}{dM_D} = \ldots \qquad \textbf{(12)}$$

Если масса одного из веществ (например m_C) задана, то можно определить массы остальных веществ (m_A, m_B, m_D...).

Пример. Если в реакции

$$\underset{(A)}{3CaO} + \underset{(B)}{2P_2O_5} = \underset{(C)}{Ca_3(PO_4)_2}$$

получено 77,5 г (m_C) продукта $Ca_3(PO_4)_2$, то массы затраченных реагентов равны:

$$m_A = \frac{aM_Am_C}{cM_C} = \frac{3 \cdot 56 \cdot 77{,}5}{1 \cdot 310}\left[\frac{(\text{г/моль}) \cdot \text{г}}{\text{г/моль}} = \text{г}\right] = 42 \text{ г } CaO$$

$$m_B = \frac{bM_Bm_C}{cM_C} = \frac{2 \cdot 142 \cdot 77{,}5}{1 \cdot 310} = 71 \text{ г } P_2O_5$$

Помимо алгебраического способа решения задач (выведение расчетной формулы и подстановка числовых значений величин) можно пользоваться способом решения по расчетной схеме, вычлененной из уравнения реакции.

Пусть для реакции

$$aA + bB = cC + dD$$

задана масса продукта С (m_C) и требуется рассчитать количество затраченного реагента А (n_A = ?).

Записываем расчетную схему

$$\begin{matrix} a & & cM_C \\ aA & \longrightarrow & cC \\ n_A = ? & & m_C \text{ (задано)} \end{matrix}$$

составляем пропорцию

$$\frac{a}{n_A} = \frac{cM_C}{m_C}$$

и выводим по свойству пропорций

$$\frac{a}{b} = \frac{c}{d} \Longrightarrow ad = bc$$

расчетную формулу:

$$n_A = \frac{am_C}{cM_C}$$

Пример. Для 77,5 г продукта реакции

$$3CaO + 2P_2O_5 = Ca_3(PO_4)_2$$

количество первого реагента равно:

$$\begin{array}{ccc} 3 & & 1 \cdot M_A(= 310\ г/моль) \\ 3CaO & \longrightarrow & Ca_3(PO_4)_2 \\ n = ? & & 77{,}5\ г \end{array}$$

$$n(CaO) = \frac{3 \cdot 77{,}5}{1 \cdot 310} \left[\frac{г}{г/моль} = моль \right] = 0{,}75\ моль$$

6.4. Объем газообразного реагента (продукта)

При участии в реакции газообразных веществ чаще задают и определяют их объемы (а не массы).

Для некоторой реакции

$$aA + bB(г) = cC + dD(г)$$

в которой участвуют газообразные вещества B (реагент) и D (продукт) выражение **(12)** преобразуется с помощью уравнения **(5)** в вид (новые соотношения обведены рамкой):

$$\frac{m_A}{aM_A} = \boxed{\frac{V_B}{bV_M}} = \ldots = \frac{m_C}{cM_C} = \boxed{\frac{V_D}{dV_M}} = \ldots \qquad \textbf{(13)}$$

Зная одно из значений (для m_A, V_B, m_C или V_D), можно определить значения всех остальных величин.

Пример. Для реакции

$$\underset{(A)}{Al_2S_3} + \underset{(B)}{6HCl_{(г)}} = \underset{(C)}{2AlCl_3} + \underset{(D)}{2H_2S_{(г)}} \ldots$$

по заданной массе реагента Al_2S_3 (m_A = 97,5 г) рассчитайте затраченный на реакцию объем HCl (V_B) и образовавшиеся в результате реакции массу $AlCl_3$ (m_C) и объем H_2S (V_D); объемы найти при н. у.

Решение:

$$V_B = \frac{m_A b V_M}{a M_A} = \frac{97{,}5 \cdot 6 \cdot 22{,}4}{1 \cdot 150}\left[\frac{г \cdot (л/моль)}{г/моль} = л\right] = 87{,}4 \text{ л } HCl$$

$$m_C = \frac{m_A b V_M}{a M_A} = \frac{97{,}5 \cdot 2 \cdot 133{,}5}{1 \cdot 150} = 173{,}6 \text{ г } AlCl_3$$

$$V_D = \frac{m_A d V_M}{a M_A} = \frac{97{,}5 \cdot 3 \cdot 22{,}4}{1 \cdot 150} = 43{,}7 \text{ л } H_2S$$

6.5. Избыток и недостаток реагентов

Далеко не всегда для проведения реакций берут стехиометрические (рассчитанные по уравнениям реакции) количества и массы реагирующих веществ. Часто один из реагентов берется в избытке, а другой — в недостатке.

Очевидно, если в реакции

$$2H_2 + O_2 = 2H_2O$$

взять не 2 моль H_2 и 1 моль O_2 для получения 2 моль H_2O, а 2 моль H_2 и 2 моль O_2, то 1 моль O_2 реагировать не будет и останется в избытке.

Определение реагента, который взят в избытке (например B), проводят по неравенствам:

$$\frac{n_A}{a} < \frac{n_{общ.B}}{b} = \frac{n_B + n_{изб.B}}{b} \quad \textbf{(14а)}$$

где $n_{общ.B}$ — общее (взятое в избытке) количество вещества;

n_B — стехиометрическое (необходимое для реакции) количество вещества;

$n_{изб.B}$ — избыточное (не реагирующее) количество вещества B, причем

$$n_{общ.B} = n_B + n_{изб.B} \quad \textbf{(14б)}$$

Избыточное количество реагента B реагировать не будет, поэтому расчет получаемых количеств продуктов необходимо вести т о л ь к о по количеству реагента, который взят в н е д о с т а т к е.

П р и м е р 1. Для проведения реакции

$$\underset{(A)}{2Cu} + \underset{(B)}{S} = \underset{(C)}{Cu_2S}$$

взято по 0,25 моль Cu и S. Определите количество образовавшегося продукта Cu_2S.

Решение:

$$\frac{n_A}{a} = \frac{0{,}25}{2} = 0{,}125 \text{ моль} < \frac{n_B}{b} = \frac{0{,}25}{1} = 0{,}25 \text{ моль}$$

Реагент сера (B) — в избытке, расчет ведут по реагенту медь (A):

$$n_C = \frac{n_A c}{a} = \frac{0{,}25 \cdot 1}{2} = 0{,}125 \text{ моль } Cu_2S$$

Следовательно, после израсходования меди полностью образуется 0,125 моль Cu_2S, а сера останется в избытке, который равен

$$n_{\text{изб.B}} = n_{\text{общ.B}} - n_B = n_{\text{общ.B}} - n_A b/a =$$

$$= 0{,}25 - 0{,}25 \cdot 1/2 = 0{,}125 \text{ моль S}$$

П р и м е р 2. Для проведения реакции

$$\underset{(A)}{2Fe} + \underset{(B)}{3Cl_{2(г)}} = \underset{(C)}{2FeCl_3}$$

взято 13,44 г Fe и 5,4 л Cl_2 (при н. у.). Установите массу образовавшегося продукта.

Решение:

$$\frac{n_A}{a} = \frac{m_A}{aM_A} = \frac{13{,}44}{2 \cdot 56} = 0{,}12 \text{ моль Fe}$$

$$\frac{n_B}{b} = \frac{V_B}{bV_M} = \frac{5{,}4}{3 \cdot 22{,}4} = 0{,}08 \text{ моль } Cl_2$$

$\frac{n_A}{a} > \frac{n_B}{b}$, реагент Fe (A) в избытке, расчет ведут по реагенту Cl_2 (B).

$$m_C = \frac{V_B c M_C}{bV_M} = \frac{5{,}4 \cdot 2 \cdot 162{,}5}{3 \cdot 22{,}4} \left[\frac{\text{л} \cdot (\text{г/моль})}{\text{л/моль}} = \text{г}\right] = 26{,}1 \text{ г } FeCl_3$$

6.6. Практический выход продукта

Количество продукта реакции, которое получается в соответствии с расчетом по уравнению реакции, называется *теоретическим количеством* $n_{теор}$. Однако в конкретных условиях проведения реакции может случиться так, что продукта образуется меньше, чем ожидалось в соответствии с уравнением реакции; назовем это *практическим количеством* $n_{пр}$.

Отношение практического количества продукта В (полученного реально) **к теоретическому** (рассчитанному по уравнению реакции) **называется** ***практическим выходом продукта*** и обозначается η_B:

$$\eta_B = \frac{n_{пр.B}}{n_{теор.B}} \qquad (15)$$

Аналогичный вид имеют выражения для массы любого продукта и объема газообразного продукта. Практический выход продукта — это доля от единицы или от 100%.

На практике обычно $\eta_B < 1$ (100%) из-за $n_{пр} < n_{теор}$.

Если в идеальных условиях $n_{пр} = n_{теор}$, то выход становится полным, т. е. $\eta_B = 1$ (100%); его часто называют *теоретическим выходом.*

Пример 1. Рассчитайте практический выход серы в реакции

$$\underset{(A)}{2H_2S} + \underset{(B)}{SO_2} = \underset{(C)}{3S} + 2H_2O$$

если смешано по 11,2 л (н. у.) каждого из реагентов и получено 18 г серы.

Решение.

$$\frac{n_A}{a} = \frac{V_A}{aV_M} = \frac{11{,}2}{2 \cdot 22{,}4} = 0{,}25 \text{ моль } H_2S$$

$$\frac{n_B}{b} = \frac{V_B}{bV_M} = \frac{11{,}2}{1 \cdot 22{,}4} = 0{,}5 \text{ моль } SO_2$$

$\frac{n_A}{a} < \frac{n_B}{b}$, в избытке — реагент SO_2 (B), расчет ведут по реагенту H_2S(A).

$$\eta_C = \frac{n_{пр.C}}{n_{теор.C}} \quad \Bigg| \quad n_{пр.C} = \frac{m_{пр.C}}{M_C}, \; n_{теор.C} = \frac{cn_A}{a} = \frac{cV_A}{aV_M}$$

Подстановкой выражений для $n_{пр.C}$ и $n_{теор.C}$ в выражение для η_C получаем расчетную формулу:

$$\eta_C = \frac{m_{пр.C}aV_M}{M_C cV_A} \left[\frac{г \cdot (л/моль)}{(г/моль) \cdot л} = 1 \right] = \frac{18 \cdot 2 \cdot 22{,}4}{32 \cdot 3 \cdot 11{,}2} = 0{,}75\ (75\%)$$

Пример 2. Определите объем метана CH_4 (при н. у.), затраченный в многостадийном процессе

$$CH_4 \longrightarrow CH_3Cl \longrightarrow C_2H_6 \longrightarrow C_2H_4 \longrightarrow C_2H_5OH$$

если получено 23 г спирта C_2H_5OH с практическим выходом 40%.

Решение. Из схемы процесса выделяем ее расчетную часть (обратите внимание на коэффициент «2» перед формулой CH_4, уравнивающий число атомов C слева и справа):

$$\underset{(A)}{2CH_4} \longrightarrow \underset{(B)}{C_2H_5OH}$$

$$V_A = n_A V_M = \frac{an_{теор.B}V_M}{b} = \frac{an_{пр.B}V_M}{\eta_B b} =$$

$$= \frac{am_{пр.B}V_M}{M_B \eta_B b} \left[\frac{г \cdot (л/моль)}{г/моль} = л \right] = \frac{2 \cdot 23 \cdot 22{,}4}{46 \cdot 0{,}4 \cdot 1} = 56 \text{ л } CH_4$$

6.7. Массовая доля вещества в смеси. Степень чистоты вещества

Для проведения реакций чаще берут не индивидуальные вещества, а их смеси, в том числе и природные — минералы и руды. Содержание каждого вещества в смеси передается его массовой долей.

Массовая доля вещества B (w_B) в смеси — отношение массы этого вещества (m_B) к массе смеси ($m_{см}$):

$$w_B = \frac{m_B}{m_{см}} \qquad \textbf{(16a)}$$

Массовая доля вещества в смеси — это доля от единицы или от 100%.

Сумма массовых долей всех веществ смеси равна 1 (100%); следовательно, для смеси веществ B + A:

$$w_A = 1(100\%) - w_B \qquad \textbf{(16б)}$$

Если одно вещество (B) смеси находится в преобладающем количестве, его называют основным веществом, остальные вещества — примесями, а величину w_B — *степенью чистоты основного вещества*.

Например, известняк (природный карбонат кальция) может содержать 82% $CaCO_3$. Другими словами, степень чистоты известняка по $CaCO_3$ равна 82%. Остаток в 18% приходится на различные примеси (песок, силикаты и др.).

Примеси всегда содержатся в природных соединениях (полезные ископаемые, руды, минералы, горные породы) и в продуктах промышленного производства.

Степень очистки химических реагентов может быть разной, качественно (по уменьшению процентного содержания примесей) различают реактивы «технические», «чистые», «чистые для анализа», «химически чистые» и «особо чистые». Так, «химически чистая» серная кислота содержит 99,999% основного вещества (H_2SO_4) и только 0,001% примесей.

Пример 1. Найдите массовую долю меди в ее смеси с цинком (масса смеси 10 г), если после обработки смеси избытком соляной кислоты собрано 1,21 л (н.у.) водорода.

Решение:

$$Cu + HCl \neq \text{(не реагируют)}$$

$$\underset{(A)}{Zn} + 2HCl = ZnCl_2 + \underset{(B)}{H_2}\uparrow$$

$$w(Cu) = 1 - w_A = 1 - \frac{m_A}{m_{см}} = 1 - \frac{aM_AV_B}{m_{см}bV_M} =$$

$$= 1 - \frac{1 \cdot 65 \cdot 1{,}21}{10 \cdot 1 \cdot 22{,}4} = 0{,}65\ (65\%)$$

Пример 2. Определите степень чистоты фосфоритной руды с основным веществом $Ca_3(PO_4)_2$, если в процессе

$$\underset{(A)}{Ca_3(PO_4)_2} + 5C\ (\text{кокс}) + 3SiO_2 = 3CaSiO_3 + \underset{(B)}{2P} + 5CO$$

из навески руды массой 100 г получено 15,2 г фосфора.

Решение.

$$w_A = \frac{m_A}{m_{см}} = \frac{aM_A m_B}{m_{см}\, b\, M_B} = \frac{1 \cdot 310 \cdot 15{,}2}{100 \cdot 2 \cdot 31} =$$

$$= 0{,}76\ (76\%)$$

---

7. СОСТАВ И ПРИГОТОВЛЕНИЕ ВОДНЫХ РАСТВОРОВ

7.1. Общие сведения

Раствор — это гомогенная система, состоящая из двух или более веществ, содержание которых можно изменять в определенных пределах без нарушения однородности.

Водные растворы состоят из *воды* (растворителя) и *растворенного вещества*. Состояние веществ в водном растворе при необходимости обозначается нижним индексом (р), например KNO_3 в растворе — $KNO_{3(р)}$.

Растворы, которые содержат малое количество растворенного вещества, часто называют *разбавленными*, а растворы с высоким содержанием растворенного вещества — *концентрированными*. Раствор, в котором возможно дальнейшее растворение вещества, называется *ненасыщенным*, а раствор, в котором вещество перестает растворяться при обычных условиях, — *насыщенным*. Последний раствор всегда находится в контакте (в гетерогенном равновесии) с нерастворившимся веществом (один кристалл или более).

В особых условиях, например при осторожном (без перемешивания) охлаждении горячего ненасыщенного раствора твердого вещества, может образоваться *пересыщенный* раствор. При введении кристалла вещества такой раствор разделяется на насыщенный раствор и осадок вещества.

В соответствии с *химической теорией растворов* Д. И. Менделеева растворение вещества в воде сопровождается, во-первых, разрушением химических связей между молекулами (межмолекулярные связи в ковалентных веществах) или между ионами (в ионных веществах), и, таким образом, частицы вещества смешиваются с водой (в которой также разрушается часть водородных связей между молекулами). Разрыв химических связей совершается за счет тепловой энергии движения молекул воды, при этом происходит затрата энергии в форме теплоты.

Во-вторых, попав в воду, частицы (молекулы или ионы) вещества подвергаются *гидратации*. В результате образуются г и д р а т ы — соединения неопределенного состава между частицами вещества и молекулами воды (внутренний состав самих частиц вещества при растворении не изменяется). Такой процесс сопровождается в ы д е л е н и е м энергии в форме теплоты за счет образования новых химических связей в гидратах.

В целом раствор либо о х л а ж д а е т с я (если затрата теплоты превосходит ее выделение), либо н а г р е в а е т с я (в противном случае); иногда — при равенстве затраты теплоты и ее выделения — температура раствора остается неизменной.

Многие гидраты оказываются настолько устойчивыми, что не разрушаются и при полном выпаривании раствора. Так, известны твердые кристаллогидраты солей $CuSO_4 \cdot 5H_2O$, $Na_2CO_3 \cdot 10H_2O$, $KAl(SO_4)_2 \cdot 12H_2O$ и др.

Состав растворов обычно передается содержанием в нем растворенного вещества в виде массовой доли или молярной концентрации.

7.2. Массовая доля растворенного вещества

Массовая доля w_B растворенного вещества B — это отношение его массы m_B к массе раствора $m_{(p)}$:

$$w_B = \frac{m_{(B)}}{m_{(p)}} \qquad \textbf{(17а)}$$

причем

$$m_{(p)} = m_B + m(H_2O) \qquad \textbf{(17б)}$$

Массовая доля вещества в растворе — доля от единицы или от 100%.

Пусть в 100 г раствора находится 1 г KBr, тогда w(KBr) = 0,01 (1%). Такой раствор называют о д н о п р о ц е н т н ы м (1%-ный раствор KBr). Следовательно, для приготовления 100 г 1%-ного раствора KBr надо взять 1 г этой соли и 99 г воды.

Плотность раствора — это отношение массы раствора $m_{(p)}$ к его объему $V_{(p)}$:

$$\rho_{(p)} = \frac{m_{(p)}}{V_{(p)}} \qquad \textbf{(18)}$$

Единицы плотности раствора: **г/мл, г/л, кг/м^3.**

П р и м е р. Плотность раствора, имеющего массу 100 г и объем 93,1 мл, равна:

$$\rho_{(р)} = \frac{m_{(р)}}{V_{(р)}} = \frac{100}{93{,}1} = 1{,}074 \text{ г/мл, или } 1074 \text{ г/л (кг/м}^3)$$

Для приготовления раствора, состав которого задан массовой долей растворенного вещества В ($w_В$), используется расчетная формула

$$w_В = \frac{m_В}{m_В + \rho(H_2O) \cdot V(H_2O)}$$

Рассчитывают навеску — массу вещества $m_В$, если взят определенный объем воды $V(H_2O)$, или, наоборот, рассчитывают объем воды, если взята определенная навеска вещества $m_В$; *плотность воды* $\rho(H_2O)$ считают равной 1 г/мл (1000 г/л) при комнатной температуре.

В стеклянный стакан вливают отмеренный объем воды, вносят установленную навеску вещества и перемешивают стеклянной палочкой (магнитной мешалкой) до полного растворения вещества.

Способы изменения состава раствора:

1) разбавление водой концентрированного раствора (величины с верхним индексом ″) вещества В для приготовления разбавленного раствора (индекс ′).

При этом масса растворенного вещества $m_В$ не изменяется:

$$m_В = w'_В \, m'_{(р)} = w''_В \, m''_{(р)} = \text{const} \quad \textbf{(19а)}$$

Расчет массы добавляемой воды:

$$m\,(\text{доб. } H_2O) = m'_{(р)} - m''_{(р)} \quad \textbf{(19б)}$$

Для приготовления заданного разбавленного раствора берут отмеренный объем имеющегося концентрированного раствора, предварительно рассчитанный по уравнению **(18)**, и добавляют отмеренный объем воды, предварительно рассчитанный по $m(H_2O)$ при $\rho(H_2O) = 1$ г/мл.

Обратный процесс — упаривание разбавленного раствора (выпаривание из него части воды) в приготовлении концентрированного раствора редко применяется в лаборатории, но часто — в производственной практике. Расчетные соотношения аналогичны выражениям **(19 а, б)**;

2) концентрирование раствора путем добавления растворенного вещества В в разбавленный раствор. Расчетные соотношения:

$$m''_{(р)} = m'_{(р)} + m\,(\text{доб. В}) \quad \textbf{(20а)}$$

$$m''_B = m'_B + m(\text{доб. B}) \qquad (20б)$$

Для приготовления концентрированного раствора берут отмеренный объем имеющегося разбавленного раствора, предварительно рассчитанный по уравнению **(18)**, и добавляют точно взвешенную массу вещества m(доб. B). Смесь перемешивают до образования прозрачного раствора;

3) с м е ш и в а н и е разбавленного и концентрированного растворов вещества B для приготовления раствора промежуточного состава (величины без индексов). Расчетные соотношения:

$$m_{(р)} = m'_{(р)} + m''_{(р)} \qquad (21а)$$

$$m_B = m'_B + m''_B \qquad (21б)$$

В соответствии с уравнениями **(4)** и **(18)** вариантами соотношений **(21 а, б)** будут:

$$n_B = n'_B + n''_B$$

$$V_{(р)} = V'_{(р)} + V''_{(р)}$$

Для приготовления растворов часто используют не безводные вещества B, а их к р и с т а л л о г и д р а т ы с известным составом, в общем виде $x\text{B} \cdot y\text{H}_2\text{O}$, например:

(I)	$Al_2(SO_4)_3 \cdot 18H_2O$	$x = 1$	$y = 8$
(II)	$3CdSO_4 \cdot 8H_2O$	$x = 3$	$y = 18$

Следовательно, в 1 моль кристаллогидрата (I) содержится 1 моль безводной соли $Al_2(SO_4)_3$ и 18 моль H_2O, а в 1 моль кристаллогидрата (II) — 3 моль $CdSO_4$ и 8 моль H_2O.

По заданному составу раствора (w_B, $m_{(р)}$) находят требуемую массу безводного вещества m_B, а затем пересчитывают ее на массу кристаллогидрата (кр) $m_{кр}$ по выражению

$$\frac{m_{кр}}{M_{кр}} = \frac{m_B}{xM_B} \qquad (22а)$$

Массу воды m(доб. H_2O), которую следует добавить к рассчитанной массе кристаллогидрата и приготовить заданный раствор, находят по формуле:

$$m(\text{доб. } H_2O) = m_{(р)} - m_{кр} \qquad (22б)$$

При других расчетах следует учитывать воду, которая входит в состав кристаллогидрата и попадет в раствор при его приготовлении; масса такой воды m(кр. H_2O) вычисляется по выражению:

$$\frac{m_{кр}}{M_{кр}} = \frac{m(\text{кр. } H_2O)}{yM(H_2O)} \qquad (22в)$$

Общая масса воды $m(H_2O)$ в растворе кристаллогидрата определяется так:

$$m(H_2O) = m(\text{кр. } H_2O) + m(\text{доб. } H_2O) \qquad (22г)$$

Пример 1. Массовая доля вещества В в растворе, приготовленном из 27,24 г В и 450 г H_2O равна:

$$w_B = \frac{m_B}{m_B + m(H_2O)} = \frac{27{,}24}{27{,}24 + 450} = 0{,}057\ (5{,}7\%)$$

Пример 2. Массовая доля вещества В в растворе, приготовленном из 14,5 г В и 280 мл H_2O, равна:

$$w_B = \frac{m_B}{m_B + \rho(H_2O) \cdot V(H_2O)} = \frac{14{,}5}{14{,}5\ + 1 \cdot 280} = 0{,}05\ (5\%)$$

Пример 3. Массовая доля вещества $AgNO_3$ (обозначение В) в 644 г раствора, содержащего 0,08 моль $AgNO_3$, равна:

$$w_B = \frac{m_B}{m_{(р)}} = \frac{n_B M_B}{m_{(р)}} = \frac{0{,}08 \cdot 170}{644} = 0{,}021\ (2{,}1\%)$$

Пример 4. Масса вещества В, необходимая для приготовления 100 мл 5%-ного раствора с плотностью 1,047 г/мл, равна:

$$m_B = w_B m_{(р)} = w_B\, \rho_{(р)} V_{(р)} = 0{,}05 \cdot 1{,}047 \cdot 100 = 5{,}24 \text{ г}$$

Пример 5. К 327,5 г 50%-ного раствора вещества В добавили 140 г воды. Массовая доля В в конечном растворе равна:

$$w'_B = \frac{w''_B\, m''_{(р)}}{m'_{(р)}} = \frac{w''_B\, m''_{(р)}}{m''_{(р)} + m(\text{доб. } H_2O)} =$$

$$= \frac{0{,}5 \cdot 327{,}5}{327{,}5 + 140} = 0{,}35\ (35\%)$$

Пример 6. К 450 г 15%-ного раствора вещества В добавили 60 г того же вещества. Массовая доля в конечном растворе равна:

$$w''_B = \frac{m''_B}{m''_{(p)}} = \frac{m'_B + m(\text{доб. В})}{m'_{(p)} + m(\text{доб. В})} = \frac{w'_B m'_{(p)} + m(\text{доб. В})}{m'_{(p)} + m(\text{доб. В})} =$$

$$= \frac{0{,}15 \cdot 450 + 60}{450 + 60} = 0{,}25\ (25\%)$$

Пример 7. Смешали 120 г 62%-ного раствора и 90 г 18%-го раствора вещества В. Массовая доля В в конечном растворе равна:

$$w_B = \frac{m_B}{m_{(p)}} = \frac{m'_B + m''_B}{m'_{(p)} + m''_{(p)}} = \frac{w'_B m'_{(p)} + w''_B m''_{(p)}}{m'_{(p)} + m''_{(p)}} =$$

$$= \frac{0{,}18 \cdot 90 + 0{,}62 \cdot 120}{90 + 120} = 0{,}43\ (43\%)$$

Пример 8. Масса кристаллогирата $ZnSO_4 \cdot 7\,H_2O$, взятого для приготовления 250 мл 4%-ного раствора $ZnSO_4$ (плотность раствора 1,04 г/мл), равна:

$$m_{кр} = \frac{m_B M_{кр}}{x M_B} = \frac{w_B m_{(p)} M_{кр}}{x M_B} = \frac{w_B\, \rho_{(p)} V_{(p)} M_{кр}}{x M_B} =$$

$$= \frac{0{,}04 \cdot 1{,}04 \cdot 250 \cdot 187}{1 \cdot 161} = 18{,}5\ \text{г}$$

7.3. Молярная концентрация растворенного вещества

Молярная концентрация c_B растворенного вещества В — это отношение количества этого вещества n_B к объему раствора $V_{(p)}$:

$$c_B = \frac{n_B}{V_{(p)}} \qquad (23)$$

Единица молярной концентрации вещества в растворе: **моль/л.**

Пусть в 1 л раствора содержится 1 моль KBr, тогда $c(\mathrm{KBr})$ = = 1 моль/л. Такой раствор называют одномолярным и обозначают 1M. Аналогично записи 0,1M, 0,01M и 0,001M означают деци-, санти- и миллимолярный растворы. Другими словами, *молярность раствора*, отвечающего молярной концентрации вещества в нем (обязательно выраженной в моль/л), численно равна величине c_B:

c_B	Молярность раствора
1 моль/л	1M
0,1 моль/л	0,1M
0,01 моль/л	0,01M
$1\ \dfrac{\text{моль}}{\text{м}^3} = \dfrac{1\ \text{моль}}{1000\ \text{л}} = 0{,}001$ моль/л	0,001M

Для приготовления раствора, состав которого задан молярной концентрацией растворенного вещества B(c_B), используется расчетная формула:

$$c_B = \frac{m_B}{M_B}\ V_{(p)}$$

Рассчитывают навеску — массу вещества m_B, предварительно выбрав мерную колбу с фиксированным объемом $V_{(p)}$.

Вносят установленную навеску вещества в мерную колбу, постепенно приливают воду и перемешивают (закрывают колбу пробкой, берут колбу руками за верх и низ, осторожно переворачивают ее вверх-вниз до растворения вещества). После этого доводят объем до «метки» водой, тем самым получая точный объем раствора.

Взаимосвязь между массовой долей вещества B(w_B) и его молярной концентрацией (c_B) в растворе:

$$w_B = c_B\ \frac{M_B}{\rho_{(p)}} \quad \text{или} \quad c_B = w_B\ \frac{\rho_{(p)}}{M_B} \qquad \textbf{(24)}$$

Вывод этих расчетных формул:

1) из уравнений **(17а)**, **(4)**, **(18)** и **(23)**

$$w_B = \frac{m_B}{m_{(p)}} = \frac{n_B M_B}{V_{(p)}\rho_{(p)}} = \frac{c_B\, M_B}{\rho_{(p)}}$$

2) из уравнений **(23)**, **(4)**, **(18)** и **(17a)**

$$c_B = \frac{n_B}{V_{(p)}} = \frac{m_B}{V_{(p)}M_B} = \frac{w_B\, m_{(p)}\rho_{(p)}}{m_{(p)}M_B} = \frac{w_B\, \rho_{(p)}}{M_B}$$

П р и м е р 1. Молярная концентрация вещества В в 1,4 л раствора, содержащего 0,07 моль В, равна:

$$c_B = \frac{n_B}{V_{(p)}} = \frac{0{,}07}{1{,}4} = 0{,}05 \text{ моль/л}$$

П р и м е р 2. Молярная концентрация вещества В в 515 г раствора с плотностью 1114 г/л, приготовленного из 0,06 моль В, равна:

$$c_B = \frac{n_B}{V_{(p)}} = n_B \frac{\rho_{(p)}}{m_{(p)}} \left[\frac{\text{моль} \cdot (\text{г/л})}{\text{г}} = \text{моль/л} \right] = 0{,}06 \frac{1114}{515} =$$

$$= 0{,}13 \text{ моль/л}$$

П р и м е р 3. Вычислите молярность раствора, приготовленного в мерной колбе на 500 мл из 4,98 г KI (В).

Решение:

$$c_B = \frac{n_B}{V_{(p)}} = \frac{m_B}{M_B V_{(p)}} \left[\frac{\text{г}}{(\text{г/моль}) \cdot \text{л}} = \frac{\text{моль}}{\text{л}} \right] = \frac{4{,}98}{166 \cdot 0{,}5} =$$

$$= 0{,}06 \text{ моль/л; } 0{,}06\text{М раствор}$$

П р и м е р 4. Рассчитайте массу вещества Na_2CO_3 (В), содержащегося в 200 мл 0,24М раствора.

Решение:

$$m_B = n_B M_B = c_B V_{(p)} M_B \, [(\text{моль/л}) \cdot \text{л} \cdot (\text{г/моль}) = \text{г}] =$$

$$= 0{,}24 \cdot 0{,}2 \cdot 106 = 5{,}1 \text{ г}$$

П р и м е р 5. Определите молярную концентрацию вещества в растворе $CuSO_4$ (В), приготовленном в мерной колбе на 500 мл из 11,25 г кристаллогидрата $CuSO_4 \cdot 5H_2O$.

Решение:

$$c_B = \frac{n_B}{V_{(p)}} = \frac{m_B}{V_{(p)} M_B} = \frac{m_{кр} x \cancel{M}_B}{V_{(p)} \cancel{M}_B M_{кр}} \left[\frac{г}{л \cdot (г/моль)} = \frac{моль}{л} \right] =$$

$$= \frac{11{,}25 \cdot 1}{0{,}5 \cdot 250} = 0{,}09 \text{ моль/л}$$

Пример 6. Найдите молярную концентрацию вещества Na_2SO_4 (B) в 12%-ном растворе с плотностью 1,11 г/мл.

Решение (вывод расчетной формулы, связывающей величины c_B и w_B, см. выше).

$$c_B = w_B \frac{\rho_{(p)}}{M_B} = 0{,}12 \frac{1110}{142} = 0{,}94 \text{ моль/л}$$

7.4. Плотность воды при различных температурах

Изменение плотности воды в зависимости от температуры можно проследить по табл. 17.

Таблица 17

t, °C	ρ, г/л	t, °C	ρ, г/л	t, °C	ρ, г/л
0	999,841	18	998,595	60	983,21
2	999,941	20	998,203	65	980,56
4	999,973	25	997,044	70	977,78
6	999,941	30	995,646	75	974,86
8	999,849	35	994,03	80	971,80
10	999,700	40	992,21	85	968,62
12	999,498	45	990,22	90	965,31
14	999,244	50	988,04	95	961,89
16	998,943	55	985,70	100	958,35

7.5. Плотность растворов кислот и щелочей

В табл. 18 приведена плотность ρ растворов в зависимости от содержания растворенного вещества (массовая доля w, молярная концентрация c) при комнатной температуре для следующих реактивов:

CH_3COOH	H_2O_2	$NaOH$
HCl	H_3PO_4	HBr
$HClO_4$	H_2SO_4	HI
HF	KOH	H_2SeO_4
HNO_3	NH_3	$LiOH$

Таблица 18

ρ, г/л	*w*, %	*c*, моль/л
	CH_3COOH	
999,7	1	0,167
1001,2	2	0,333
1002,6	3	0,501
1004,1	4	0,669
1005,5	5	0,837
1006,9	6	1,006
1008,4	7	1,175
1009,8	8	1,345
1011,2	9	1,516
1012,6	10	1,686
1020	15	2,54
1026	20	3,41
1032	25	4,30
1038	30	5,19
1044	35	6,08
1049	40	6,99
1053	45	7,89
1058	50	8,80
1061	55	9,72
1064	60	10,63
1067	65	11,54
1069	70	12,45
	HCl	
1000	0,36	0,10
1005	1,36	0,38
1010	2,36	0,66
1015	3,37	0,94
1020	4,39	1,23
1025	5,41	1,52
1030	6,43	1,82
1035	7,46	2,12
1040	8,49	2,42
1045	9,51	2,73
1050	10,52	3,03
1075	15,49	4,57
1100	20,39	6,15
1125	25,22	7,78
1150	30,14	9,51
1160	32,14	10,23
1170	34,18	10,97
1180	36,23	11,73
1190	38,32	12,50
	$HClO_4$	
1005	1,00	0,10
1030	5,25	0,54
1060	10,06	1,06
1095	15,28	1,67
1130	20,26	2,28
1165	24,94	2,89
1205	29,86	3,58
1250	34,95	4,35
1300	40,10	5,19
1355	45,26	6,10
1410	50,10	7,03
1475	55,17	8,10
1540	60,04	9,20
1605	64,88	10,37
1675	70,15	11,70
	HF	
1005	2	1,01
1021	6	3,06
1036	10	5,18
1050	14	7,35
1070	20	10,69
1096	28	15,33
1118	36	20,11
1123	40	22,40

Продолжение табл. 18

ρ, г/л	*w*, %	c, моль/л
	HNO_3	
1000	0,33	0,05
1005	1,26	0,20
1010	2,16	0,35
1015	3,07	0,50
1020	3,98	0,65
1025	4,88	0,80
1030	5,78	0,95
1035	6,66	1,09
1040	7,53	1,24
1045	8,40	1,39
1050	9,26	1,54
1055	10,12	1,69
1085	15,13	2,61
1115	20,00	3,54
1150	25,48	4,65
1180	30,00	5,62
1280	45,27	9,20
1365	59,69	12,93
1380	62,70	13,73
1385	63,72	14,01
1390	64,74	14,29
1395	65,84	14,57
	H_2O_2	
1002	1	0,30
1006	2	0,89
1013	4	1,19
1020	6	1,80
1028	8	2,42
1035	10	3,04
1043	12	3,68
1050	14	4,32
1057	16	4,97
1065	18	5,64
1073	20	6,31
1080	22	6,99
1088	24	7,35
1096	26	8,38
1104	28	9,09
1112	30	9,81

ρ, г/л	*w*, %	c, моль/л
	H_3PO_4	
1003	1	0,10
1009	2	0,21
1020	4	0,42
1036	6	0,63
1042	8	0,85
1053	10	1,07
1065	12	1,30
1076	14	1,54
1088	16	1,78
1101	18	2,02
1113	20	2,27
1140	24	2,79
1167	28	3,33
1181	30	3,61
	H_2SO_4	
1000	0,26	0,03
1005	0,99	0,10
1010	1,73	0,18
1015	2,49	0,26
1020	3,24	0,34
1025	4,00	0,42
1030	4,75	0,50
1035	5,49	0,58
1040	6,24	0,66
1045	6,96	0,74
1050	7,70	0,83
1055	8,42	0,91
1060	9,13	0,99
1065	9,84	1,07
1070	10,56	1,15
1180	25,21	3,03
1305	40,25	5,36
1500	60,17	9,20
1730	80,25	14,16
1815	90,12	16,68
1824	92,00	17,11
1831	93,94	17,54
1834	95,12	17,79
1835	95,72	17,91

Продолжение табл. 18

ρ, г/л	w, %	c, моль/л
	KOH	
1000	0,20	0,04
1005	0,74	0,13
1010	1,30	0,23
1015	1,84	0,33
1020	2,38	0,43
1025	2,93	0,54
1030	3,48	0,64
1035	4,03	0,75
1040	4,58	0,85
1045	5,12	0,95
1050	5,66	1,06
1055	6,20	1,17
1060	6,74	1,27
1065	7,28	1,38
1070	7,82	1,49
1075	8,36	1,60
1080	8,89	1,71
1085	9,43	1,82
1090	9,96	1,94
1095	10,49	2,05
1190	20,37	4,32
1290	30,21	6,95
1395	39,92	9,93
1510	49,95	13,45
1535	52,05	14,24
	NH_3	
998	0,05	0,03
996	0,51	0,30
994	0,98	0,57
992	1,43	0,83
990	1,89	1,10
988	2,35	1,36
986	2,82	1,63
984	3,30	1,91
982	3,78	2,18
980	4,27	2,46
978	4,76	2,73
976	5,25	3,01
974	5,75	3,29
972	6,25	3,57
970	6,75	3,84
968	7,26	4,12
966	7,77	4,41
964	8,29	4,69
962	8,82	4,98
960	9,34	5,27
958	9,87	5,55
956	10,40	5,84
922	20,27	10,97
914	22,75	12,21
908	24,68	13,16
904	26,00	13,80
902	26,67	14,12
900	27,33	14,44
898	28,00	14,76
	NaOH	
1000	0,16	0,04
1005	0,60	0,15
1010	1,04	0,26
1015	1,49	0,38
1020	1,94	0,49
1025	2,39	0,61
1030	2,84	0,73
1035	3,29	0,85
1040	3,74	0,97
1045	4,20	1,10
1050	4,65	1,22
1055	5,11	1,35
1060	5,56	1,47
1065	6,02	1,60
1070	6,47	1,73
1075	6,93	1,86
1080	7,38	1,99
1085	7,83	2,12
1090	8,28	2,26
1095	8,74	2,39
1100	9,19	2,53
1105	9,64	2,66
1110	10,10	2,80
1165	15,09	4,40
1220	20,07	6,12
1330	30,20	10,04
1430	40,00	14,30
1500	47,33	17,75
1510	48,38	18,26
1520	49,44	18,78
1530	50,50	19,31

Окончание табл. 18

ρ, г/л	*w*, %	ρ, г/л	*w*, %
HBr		**H_2SeO_4**	
1034	5	1006	1
1072	10	1014	2
1113	15	1029	4
1157	20	1045	6
1206	25	1061	8
1258	30	1077	10
1315	35	1110	14
1377	40	1146	18
1445	45	1164	20
1517	50	1206	24
1595	55	1287	32
HI		1382	40
1035	5	1489	48
1074	10	1614	56
1118	15	1685	60
1165	20	1844	68
1217	25	1932	72
1274	30	2122	80
1336	35	**LiOH**	
1403	40	1010	1
1476	45	1022	2
1560	50	1044	4
1655	55	1065	6
1770	60	1086	8
1901	65	1107	10

7.6. Плотность растворов солей

В табл. 19 приведена плотность разбавленных (1—15%-ных) растворов при комнатной температуре для распространенных солей.

Прочерк (—) означает, что данная массовая доля превышает растворимость соли, многоточие (...) — отсутствие данных.

Таблица 19

Соль	Плотность раствора (г/л) при массовой доле							
	1%	2%	4%	6%	8%	10%	12%	15%
$AgNO_3$	1007	1015	1033	1051	1069	1088	1108	1139
$AlBr_3$	1006	1013	1029	1045	1062	1079	1097	1124
$AlCl_3$	1008	1016	1034	1053	1071	1090	1109	1139

Продолжение табл. 19

Соль	Плотность раствора (г/л) при массовой доле							
	1%	2%	4%	6%	8%	10%	12%	15%
$Al(NO_3)_3$	1007	1014	1031	1047	1064	1081	1099	1126
$Al_2(SO_4)_3$	1009	1019	1040	1061	1083	1105	1129	1164
$BaCl_2$	...	1016	1034	1053	1072	1092	1113	1145
$Ba(NO_3)_2$	1007	1015	1032	1049	1067	—	—	—
$BeCl_2$	...	1012	1025	1039	1052	1066	1081	...
$CaBr_2$	...	1015	1033	1050	1069	1088	1107	1138
$Ca(CH_3COO)_2$	1004	1010	1022	1033	1044	1056	1068	1085
$CaCl_2$	1007	1015	1032	1049	1066	1084	1102	1129
CaI_2	...	1015	1032	1050	1068	1087	1107	1138
$Ca(NO_3)_2$	...	1014	1029	1045	1061	1077	1094	1119
$CdCl_2$	...	1016	1034	1052	1072	1091	1112	1143
$CdSO_4$	...	1018	1038	1059	1080	1102	1125	1161
$CoCl_2$	1008	1017	1036	1055	1075	1095	1116	1148
$CoSO_4$	1007	1017	...	1059	1080	...	...	...
$CrCl_3$	1008	1017	1035	1054	1072	1092	1111	...
$Cr_2(SO_4)_3$	1009	1019	1040	1060	1082	1103	1126	1160
$CuCl_2$	1007	1017	1036	1056	1076	1096	1116	1149
$Cu(NO_3)_2$	1007	1015	1032	1050	1069	1088	1107	1137
$CuSO_4$	1009	1019	1040	1062	1084	1107	1131	1168
$FeCl_2$	1008	1017	1035	1054	1073	1092	1113	1144
$FeCl_3$	1007	1015	1032	1049	1067	1085	1104	1133
$Fe(NO_3)_3$	1007	1014	1030	1047	1064	1081	1099	1127
$FeSO_4$	1009	1018	1038	1058	1079	1100	1122	1156
$Fe_2(SO_4)_3$	1007	1016	1033	1050	1067	1084	1103	...
KBr	1005	1013	1028	1043	1058	1074	1090	1116
$KBrO_3$	1006	1013	1028	...	—	—	—	—
KCH_3COO	1004	1009	1019	1029	1040	1050	1060	1076
KCN	1004	1009	1019	1030	1040	1051	1066	1077
K_2CO_3	1007	1016	1035	1053	1072	1090	1110	1139
KCl	1005	1011	1024	1037	1050	1063	1077	1097
$KClO_3$	1005	1011	1025	1038	—	—	—	—
K_2CrO_4	1007	1015	1031	1048	1065	1082	1100	1127
$K_2Cr_2O_7$	1005	1012	1026	1041	1055	1070	—	—
$KCr(SO_4)_2$	1009	1018	1038	1057	1077	...	—	—
KF	1007	1016	1033	1051	1069	1088	1106	1135
$KHCO_3$	1006	1013	1026	1040	1053	1067	...	...
KHS	1005	1011	1022	1034	1046	1058	1070	1089
$KHSO_4$	1006	1014	1028	1042	1057	1072	1086	1110
KI	1006	1013	1028	1044	1060	1076	1093	1119
KIO_3	1008	1015	1033	1052	—	—	—	—
$KMnO_4$	1006	1013	1027	1041	—	—	—	—

Продолжение табл. 19

Соль	Плотность раствора (г/л) при массовой доле							
	1%	2%	4%	6%	8%	10%	12%	15%
KNO_2	1005	1011	1024	1037	1049	1062	1075	1095
KNO_3	1005	1011	1023	1036	1049	1063	1076	1097
K_2S	1009	1017	1033	1049	1066	1083	1100	1127
K_2SO_3	1007	1016	1032	1049	1067	1085	1103	1131
K_2SO_4	1006	1014	1031	1047	1064	1081	—	—
$LiCl$	1004	1010	1022	1033	1044	1056	1068	1085
$LiNO_3$	1004	1010	1022	1031	1047	1059	1072	1092
Li_2SO_4	1007	1016	1033	1051	1068	1086	1104	1132
$MgBr_2$	...	1015	1032	1050	1068	1087	1106	1137
$Mg(CH_3COO)_2$	1004	1010	1022	1033	1045	1056	—	—
$MgCl_2$	...	1015	1032	1049	1065	1084	1102	1129
$MgCrO_4$	...	1018	1038	1059	1080	1102	...	1159
MgI_2	...	1015	1032	1050	1078	1087	1107	1137
$Mg(NO_3)_2$	...	1013	1029	1044	1060	1076	1093	1119
$MgSO_4$	...	1019	1039	1060	1082	1103	1126	1160
$MnCl_2$	1007	1015	1032	1050	1068	1086	1105	1134
$Mn(NO_3)_2$	1006	1014	1030	1046	1062	1079	1097	1124
$MnSO_4$	1009	1019	1039	1060	1081	1103	1125	1160
NH_4Br	1004	1010	1022	1033	1045	1057	...	...
NH_4CH_3COO	1001	1003	1007	1012	1016	1020	1024	1030
$(NH_4)_2CO_3$	1003	1006	1013	1019	1027	1034	1040	1051
NH_4Cl	1001	1005	1011	1017	1023	1029	1034	1043
NH_4F	1003	1009	1018	1027	1035	...	1049	...
NH_4I	1005	1011	1024	1038	...	1065	...	...
NH_4NO_3	1002	1006	1015	1023	1031	1040	1048	1061
$(NH_4)_2SO_4$	1004	1010	1022	1034	1046	1057	1069	1087
Na_3AsO_4	1010	1021	1043	1066	1089	1113	1137	...
$Na_2B_4O_7$	1008	1018	—	—	—	—	—	—
$NaBr$	1006	1014	1030	1046	1063	1080	1098	...
$NaBrO_3$	1006	1015	1031	1047	1064	1082	1100	1128
$NaCH_3COO$	1003	1008	1019	1029	1039	1050	1060	1075
Na_2CO_3	1008	1019	1039	1060	1081	1108	1125	1158
$NaCl$	1005	1013	1027	1041	1056	1071	1086	1109
$NaClO_4$	1005	1012	1025	1038	1052	1066	1080	...
Na_2CrO_4	1007	1016	1034	1053	1072	1091	1111	1142
$Na_2Cr_2O_7$	1006	1013	1027	1041	1056	1070	1084	1105
NaF	1009	1020	1041	—	—	—	—	—
$NaHCO_3$	1006	1013	1028	1043	1058	—	—	—
$Na(HCOO)$	1005	1011	1024	1037	1050	1063	1076	1096
NaH_2PO_4	1005	1012	1027	1042	1058	1073	...	...
Na_2HPO_4	1009	1020	1043	1067	—	—	—	—

Окончание табл. 19

Соль	Плотность раствора (г/л) при массовой доле						
	1%	2%	4%	6%	8%	10%	12%	15%
$NaHSO_3$	...	1017	1044	1063	1084	1104	1124	1155
$NaHSO_4$	1006	1014	1029	1045	1061	1077	1094	1119
NaI	1006	1014	1030	1046	1063	1081	1099	...
$NaNO_2$	1005	1011	1024	1038	1052	1065	1078	1100
$NaNO_3$	1005	1012	1025	1039	1053	1067	1082	1104
Na_3PO_4	1009	1019	1041	1062	1085	1108	...	—
$Na_4P_2O_7$	1009	1019	1037	—	—	—	—	—
Na_2S	1010	1021	1044	1067	1091	1115	1139	1176
Na_2SO_3	1008	1018	1036	1056	1075	1095	1115	1145
Na_2SO_4	1008	1016	1035	1054	1072	1092	1111	1141
Na_2SiO_3	1009	1020	1043	1065	1088	1112	1137	1174
$NiCl_2$	1008	1018	1038	1058	1079	1100	1122	1156
$Ni(NO_3)_2$	1007	1016	1033	1051	1069	1088	1108	1138
$NiSO_4$	1009	1020	1042	1063	1085	1109	1133	1171
$Pb(CH_3COO)_2$	1006	1014	1029	1045	1061	1077	1094	1120
$Pb(NO_3)_2$	1008	1017	1036	1055	1074	1094	1115	1147
$UO_2(NO_3)_2$	1008	1017	1036	1054	1072	1091	1110	1139
$ZnBr_2$	...	1017	1035	1054	1074	1094	1114	1147
$ZnCl_2$	...	1017	1035	1053	1072	1090	1109	1137
ZnI_2	...	1016	1034	1053	1072	1091	1111	1142
$Zn(NO_3)_2$	...	1015	1032	1050	1068	1086	1105	1134
$ZnSO_4$	...	1019	1040	1062	1084	1107	1131	1168

8. РАСТВОРИМОСТЬ ВЕЩЕСТВ В ВОДЕ

8.1. Общие сведения

Содержание вещества в насыщенном растворе при T = const количественно характеризует *растворимость* этого вещества. Обычно растворимость выражается массой растворенного вещества, приходящейся на 100 г воды, например 65,2 г KBr/100 г H_2O при 20 °C. Следовательно, если 70 г твердого бромида калия ввести в 100 г воды при 20 °C, то 65,2 г соли перейдет в раствор (который будет насыщенным), а 4,8 г твердого KBr (избыток) останется на дне стакана.

Следует запомнить, что содержание растворенного вещества в *насыщенном* растворе равно, в *ненасыщенном* растворе меньше и в *пересыщенном* растворе больше его растворимости при данной температуре. Так, раствор, приготовленный при 20 °C из 100 г воды и сульфата натрия Na_2SO_4 (растворимость 19,2 г/100 г H_2O), при содержании

15,7 г соли — ненасыщенный;

19,2 г соли — насыщенный;

20,3 г соли — пересыщенный.

Растворимость твердых веществ (табл. 20) обычно увеличивается с ростом температуры (KBr, NaCl) и лишь для некоторых веществ ($CaSO_4$, Li_2CO_3) наблюдается обратное.

Таблица 20

Твердое вещество	Растворимость, г/100 г H_2O при температуре				
	0 °C	20 °C	50 °C	80 °C	100 °C
KBr	53,5	65,2	80,8	94,6	103,3
NaCl	35,7	35,9	36,8	38,1	39,4
$CaSO_4$	0,176	0,206	0,18	0,102	0,066
Li_2CO_3	1,54	1,33	1,08	0,85	0,72

Растворимость *газов* при повышении температуры падает, а при повышении давления растет; например, при давлении 1 атм растворимость аммиака составляет 52,6 (20 °C) и 15,4 г/100 г H_2O (80 °C), а при 20 °C и 9 атм она равна 93,5 г/100 г H_2O.

В соответствии со значениями растворимости различают вещества:

— *хорошо растворимые*, масса которых в насыщенном растворе соизмерима с массой воды (например, KBr — при 20 °C растворимость 65,2 г/100 г H_2O; 4,6M раствор), они образуют насыщенные растворы с молярностью более чем 0,1M;

— *малорастворимые*, масса которых в насыщенном растворе значительно меньше массы воды (например, $CaSO_4$ — при 20 °C растворимость 0,206 г/100 г H_2O; 0,015M раствор), они образуют насыщенные растворы с молярностью 0,1—0,001M;

— *практически нерастворимые*, масса которых в насыщенном растворе пренебрежимо мала по сравнению с массой растворителя (например, AgCl — при 20 °C растворимость 0,00019 г на 100 г H_2O; 0,0000134M раствор), они образуют насыщенные растворы с молярностью менее чем 0,001M.

8.2. Хорошо растворимые твердые вещества

Растворимость выражена в граммах безводного вещества на 100 г воды (г/100 г H_2O). Как правило, приведена растворимость в холодной (20 °C) и горячей (80 °C) воде; иная температура холодной и горячей воды указана верхним индексом, причем значок * отвечает комнатной температуре (18–25 °C). Отмечено полное разложение (разл.) вещества в горячей воде. Многоточие означает отсутствие данных.

Таблица 21

Вещество	Растворимость, г/100 г H_2O		Вещество	Растворимость, г/100 г H_2O	
	20 °C	80 °C		20 °C	80 °C
$AgClO_3$	$18{,}03^{25}$	50,0	$Ba(HS)_2$	48,8	Разл.
AgF	172	216^{50}	BaI_2	203,1	257,1
$AgNO_3$	227,9	635,3	$Ba(NO_2)_2$	70,4	213,5
$AlCl_3$	45,9	48,6	$Ba(NO_3)_2$	9,05	26,64
$Al(NO_3)_3$	73,9	132,6	$Ba(OH)_2$	3,89	101,4
$Al_2(SO_4)_3$	36,4	73,1	BaS	7,86	Разл.
$B(OH)_3$	4,87	23,54	$BeCl_2$	72,8	Разл.
$BaBr_2$	98,0	$120{,}7^{75}$	BeF_2	$84{,}6^{25}$	Разл.
$Ba(CH_3COO)_2$	$71{,}4^{25}$	73,8	$BeSO_4$	39,1	Разл.
$Ba(CN)_2$	80^{14}	...	$CaBr_2$	143	295
$BaCl_2$	36,2	52,2	$Ca(CH_3COO)_2$	34,7	33,5
$Ba(ClO_3)_2$	33,81	84,84	$CaCl_2$	74,5	147,0

Продолжение табл. 21

Вещество	Растворимость, г/100 г H_2O		Вещество	Растворимость, г/100 г H_2O	
	20 °C	80 °C		20 °C	80 °C
$Ca(ClO)_2$	$33,3^{25}$	Разл.	H_3AsO_4	96,1	112,7
$CaCrO_4$	13,2	$14,8^{45}$	HIO_3	309,4	472,2
CaI_2	208,6	354,0	H_3PO_4	548	...
$Ca(NO_2)_2$	88,0	151,8	$H_4P_2O_7$	709^{23}	...
$Ca(NO_3)_2$	129,3	358,7	H_2SeO_4	566,6	2753^{50}
$CaSeO_4$	$8,3^{18}$	6^{60}	H_6TeO_6	$50,05^{30}$	106,4
$CdBr_2$	98,4	157,1	$HgBr_2$	0,55	2,8
$Cd(CN)_2$	$1,7^{15}$	...	$Hg(BrO_3)_2$	0,14	$1,5^{80}$
$CdCl_2$	113,4	140,4	$Hg(CH_3COO)_2$	25^{10}	Разл.
$Cd(ClO_3)_2$	264^{0}	$431,4^{65}$	$Hg(CN)_2$	$11,3^{25}$	Разл.
CdF_2	$4,5^{25}$	...	$HgCl_2$	6,59	24,2
CdI_2	84,8	112,8	$KAl(SO_4)_2$	5,9	71,0
$Cd(NO_3)_2$	149,4	666,3	KBr	65,2	94,6
$CdSO_4$	76,4	67,2	$KBrO_3$	6,87	34,28
$CoBr_2$	113,2	240,1	$KBrO_4$	$4,4^{25}$	...
$CoCl_2$	52,9	97,6	$K(CH_3COO)$	255,6	380,1
$Co(ClO_3)_2$	$135,0^{0}$	$318,6^{61}$	KCN	69,9	99,8
CoF_2	$1,5^{25}$	...	K_2CO_3	111,0	139,2
CoI_2	187,4	400,0	KCl	34,4	51,1
$Co(NO_3)_2$	97,3	211,0	$KClO_3$	7,3	37,6
$CoSO_4$	36,3	49,3	$KClO_4$	1,68	13,4
$CoSeO_4$	$54,99^{15}$	$31,47^{90}$	K_2CrO_4	63,0	75,1
$CrCl_3$	$34,9^{25}$	...	$K_2Cr_2O_7$	12,48	73,01
$Cr_2(SO_4)_3$	64^{25}	...	$KCr(SO_4)_2$	$12,51^{25}$	...
$CuBr_2$	126,8	$131,5^{50}$	KF	94,2	150,1
$CuCl_2$	72,7	96,1	$KHCO_3$	33,3	$68,3^{70}$
$Cu(ClO_3)_2$	$164,4^{18}$	$332,0^{70}$	KH_2PO_4	22,6	70,4
CuF_2	3,5	...	K_2HPO_4	159,8	$267,5^{63}$
$Cu(NO_3)_2$	124,7	207,7	$KHSO_3$	49	Разл.
$CuSO_4$	20,5	55,5	$KHSO_4$	51,4	$121,6^{100}$
$CuSeO_4$	16,9	53,7	KI	144,5	190,7
$FeBr_2$	115,0	$159,7^{75}$	KIO_3	8,1	24,8
$FeBr_3$	455^{25}	Разл.	$KMgCl_3$	$39,4^{19}$	...
$FeCl_2$	68,5	90,7	$KMnO_4$	6,36	25^{65}
$FeCl_3$	91,9	Разл.	KNO_2	306,7	376,0
$Fe(NH_4)_2(SO_4)_2$	26,4	52^{70}	KNO_3	31,6	168,8
$Fe(NO_3)_2$	83,03	Разл.	KOH	112,4	162,5
$Fe(NO_3)_3$	82,5	Разл.	K_3PO_4	98,5	$178,5^{60}$
$FeSO_4$	26,6	43,7	K_2SO_3	107,0	111,5
$Fe_2(SO_4)_3$	440*	...	K_2SO_4	11,1	21,4

Продолжение табл. 21

Вещество	Растворимость, г/100 г H_2O		Вещество	Растворимость, г/100 г H_2O	
	20 °C	80 °C		20 °C	80 °C
K_2SeO_4	111,0	118,8^{60}	NH_4HSO_3	71,8^{0}	84,7^{60}
$LiBr$	160^{64}	244,8	NH_4HSO_4	100*	...
$LiCH_3COO$	45,5	98,2^{51}	NH_4I	172,3	228,8
Li_2CO_3	1,33	0,85^{75}	NH_4NO_2	180,1	300^{34}
$LiCl$	78,5	112,3	NH_4NO_3	192,0	580,0
$LiClO_3$	313,5^{18}	...	$(NH_4)_2SO_3$	28,0^{0}	Разл.
Li_2CrO_4	110^{18}	...	$(NH_4)_2SO_4$	75,4	94,1
$Li_2Cr_2O_7$	186,5^{30}	242	$(NH_4)_2SeO_4$	122^{12}	197^{100}
LiF	0,27^{18}	0,135^{35}	NH_4VO_3	4,8	30,5^{70}
LiI	165	435	Na_3AsO_4	19,1^{16}	23,4^{40}
$LiNO_2$	73,5^{18}	...	$Na_2B_4O_7$	2,5	24,3
$LiNO_3$	74,5	194,1^{70}	$NaBr$	90,8	118,3
$LiOH$	12,8	15,3	$NaBrO_3$	36,4	75,7
Li_2SO_4	34,6	30,0	$Na(CH_3COO)$	46,5	153
$MgBr_2$	101,1	112,0^{60}	$NaCN$	58,2	82,5^{55}
$Mg(BrO_3)_2$	27,3^{18}	...	Na_2CO_3	21,8	45,1
$Mg(CH_3COO)_2$	65,6^{25}	97,9^{55}	$NaCl$	35,9	38,1
$MgCl_2$	54,8	65,8	$NaClO$	53,4	Разл.
$Mg(ClO_3)_2$	129,9^{18}	280,3^{93}	$NaClO_3$	95,9	203,9^{100}
$MgCrO_4$	54,8^{25}	66,5^{75}	$NaClO_4$	211^{25}	300^{75}
MgI_2	139,8	185,7	Na_2CrO_4	84,6^{25}	124,7
$Mg(NO_3)_2$	73,3	110,1	$Na_2Cr_2O_7$	180	355
$MgSO_4$	35,1	54,8	NaF	4,28	4,69
$MnBr_2$	146,9	224,7	Na_2GeO_3	23,6	49,2^{50}
$MnCl_2$	73,9	112,7	NaH_2AsO_4	179	...
MnF_2	1,06	...	Na_2HAsO_4	51	65^{30}
$Mn(NO_3)_2$	132,3	499,0	$NaHCO_3$	9,59	20,2
$MnSO_4$	62,9	45,6	NaH_2PO_4	85,2	207,3
NH_4Br	74,2	119,3	Na_2HPO_4	7,66	92,4
$NH_4(CH_3COO)$	148^{4}	...	$NaHS$	75,5	Разл.
$(NH_4)_2CO_3$	100^{15}	Разл.	$NaHSO_3$	57,5	Разл.
NH_4Cl	37,2	65,6	$NaHSO_4$	28,6^{0}	50^{100}
NH_4ClO_3	28,7^{0}	115,0	NaI	179,3	296,0
$(NH_4)_2CrO_4$	37,0^{25}	70,1	$NaIO_3$	9,5^{25}	26,6
$(NH_4)_2Cr_2O_7$	35,6	115,0	$NaIO_4$	10,2	38,8^{50}
NH_4F	82,6	117,6	$NaNO_2$	82,9	135,5
NH_4HCO_3	21,7	Разл.	$NaNO_3$	87,6	149,0
$NH_4H_2PO_4$	35,3	118,3	$NaOH$	108,7	314,0
$(NH_4)_2HPO_4$	69	106^{70}	Na_3PO_4	14,5^{25}	68,0
NH_4HS	128,1^{0}	Разл.	$Na_4P_2O_7$	5,50	54,2^{82}

Окончание табл. 21

Вещество	Растворимость, г/100 г H_2O		Вещество	Растворимость, г/100 г H_2O	
	20 °C	80 °C		20 °C	80 °C
Na_2S	18,6	49,2	$SnBr_2$	$85{,}2^{0}$	Разл.
Na_2SO_3	26,1	29,0	$SnCl_2$	$269{,}8^{15}$	Разл.
Na_2SO_4	19,2	43,3	$SnSO_4$	$18{,}8^{19}$	Разл.
Na_2SeO_3	...	60^{37}	$ThBr_4$	65	Разл.
Na_2SeO_4	$57{,}2^{25}$	$74{,}8^{75}$	$ThCl_4$	1250	Разл.
$NiBr_2$	131	154	$Th(NO_3)_4$	190,7	Разл.
$Ni(CH_3COO)_2$	16,6*	...	$UO_2(NO_3)_2$	119,3	203,0
$NiCl_2$	64,0	$86{,}2^{75}$	$(UO_2)SO_4$	$151{,}6^{16}$	$188{,}2^{22}$
NiF_2	2,56	$2{,}58^{90}$	$U(SO_4)_2$	$10{,}9^{24}$	Разл.
NiI_2	148,1	187,3	$(VO)SO_4$	$112{,}75^{22}$	...
$Ni(NO_3)_2$	94,2	$172{,}0^{70}$	$ZnBr_2$	446,4	644,6
$NiSO_4$	38,4	66,7	$Zn(CH_3COO)_2$	30,0	$44{,}6^{100}$
$NiSeO_4$	$33{,}44^{15}$	74,79	$ZnCl_2$	367	549
$Pb(CH_3COO)_2$	44,3	$221{,}0^{50}$	$Zn(ClO_3)_2$	200,3	$273{,}2^{50}$
$Pb(ClO_3)_2$	$144{,}3^{18}$	163	ZnI_2	432^{18}	488
$Pb(ClO_4)_2$	441^{25}	...	$Zn(NO_3)_2$	118,8	871^{70}
$Pb(NO_3)_2$	52,2	107,4	$ZnSO_4$	54,1	67,2
$Sc_2(SO_4)_3$	$32{,}2^{25}$	...	$ZnSeO_4$	$63{,}6^{25}$	55,3

8.3. Малорастворимые и практически нерастворимые твердые вещества

В табл. 22 приведена растворимость веществ (молярная концентрация насыщенного раствора) при комнатной температуре (18—25 °C).

Таблица 22

Вещество	Растворимость, моль/л	Вещество	Растворимость, моль/л	Вещество	Растворимость, моль/л
Ag_3AsO_4	$1{,}4 \cdot 10^{-6}$	Ag_2CrO_4	$6{,}6 \cdot 10^{-5}$	Ag_3PO_4	$1{,}6 \cdot 10^{-5}$
$AgBr$	$7{,}1 \cdot 10^{-7}$	$Ag_2Cr_2O_7$	0,0037	Ag_2S	$2{,}6 \cdot 10^{-17}$
$AgBrO_3$	0,0076	AgI	$1{,}5 \cdot 10^{-8}$	Ag_2SO_3	$1{,}6 \cdot 10^{-5}$
$Ag(CH_3COO)$	0,066	$AgIO_3$	$1{,}8 \cdot 10^{-4}$	Ag_2SO_4	0,014
$AgCN$	$8{,}4 \cdot 10^{-8}$	$AgMnO_4$	0,040	Ag_2Se	$1{,}8 \cdot 10^{-20}$
Ag_2CO_3	$1{,}3 \cdot 10^{-4}$	$AgNO_2$	0,022	Ag_2SeO_4	0,0033
$AgCl$	$1{,}3 \cdot 10^{-5}$	$AgOH^{*1)}$	$7{,}1 \cdot 10^{-5}$	Ag_2Te	$4{,}9 \cdot 10^{-18}$

Продолжение табл. 22

Вещество	Растворимость, моль/л	Вещество	Растворимость, моль/л	Вещество	Растворимость, моль/л
$AlAsO_4$	$1,3 \cdot 10^{-8}$	$Co(IO_3)_2$	0,011	$Mn_3(PO_4)_2$	$1,1 \cdot 10^{-5}$
AlF_3	0,060	$Co(OH)_2$	$7,3 \cdot 10^{-6}$	MnS	$1,6 \cdot 10^{-5}$
$Al(OH)_3$	$6,1 \cdot 10^{-8}$	$CoO(OH)^{*2)}$	$9,8 \cdot 10^{-12}$	MnSe	$2,3 \cdot 10^{-5}$
$AlPO_4$	$4,1 \cdot 10^{-10}$	CoS	$1,3 \cdot 10^{-10}$	$Ni_3(AsO_4)_2$	$3,1 \cdot 10^{-6}$
$Ba_3(AsO_4)_2$	$8,0 \cdot 10^{-4}$	$Cr(OH)_3$	$1,4 \cdot 10^{-8}$	$Ni(CN)_2$	$2,0 \cdot 10^{-8}$
$Ba(BrO_3)_2$	0,017	$CrPO_4$	$3,2 \cdot 10^{-9}$	$NiCO_3$	$3,6 \cdot 10^{-4}$
$BaCO_3$	$7,0 \cdot 10^{-5}$	$Cu_3(AsO_4)_2$	$3,7 \cdot 10^{-8}$	$Ni(IO_3)_2$	0,0015
$BaCrO_4$	$1,0 \cdot 10^{-5}$	$Cu(IO_3)_2$	0,0036	$Ni(OH)_2$	$1,6 \cdot 10^{-5}$
BaF_2	0,0092	$Cu(OH)_2$	$2,4 \cdot 10^{-7}$	NiS	$3,1 \cdot 10^{-11}$
$BaHPO_4$	$6,4 \cdot 10^{-4}$	CuS	$1,2 \cdot 10^{-18}$	$Pb_3(AsO_4)_2$	$3,3 \cdot 10^{-8}$
$Ba(IO_3)_2$	$6,8 \cdot 10^{-4}$	CuSe	$4,0 \cdot 10^{-14}$	$PbBr_2$	0,026
$Ba_2P_2O_7$	$2,0 \cdot 10^{-4}$	$FeAsO_4$	$7,6 \cdot 10^{-11}$	$Pb(BrO_3)_2$	0,029
$Ba_3(PO_4)_2$	$8,9 \cdot 10^{-9}$	$FeCO_3$	$5,4 \cdot 10^{-6}$	$PbCO_3$	$1,9 \cdot 10^{-7}$
$BaSO_3$	$9,2 \cdot 10^{-4}$	FeF_3	0,0081	$PbCl_2$	0,035
$BaSO_4$	$1,3 \cdot 10^{-5}$	$Fe(OH)_2$	$5,8 \cdot 10^{-6}$	$Pb(Cl)F^{*4)}$	0,0013
$BaSeO_4$	$5,5 \cdot 10^{-4}$	$FeO(OH)^{*2)}$	$2,2 \cdot 10^{-10}$	$PbCrO_4$	$5,3 \cdot 10^{-7}$
$BeCO_3$	0,052	$FePO_4$	$1,0 \cdot 10^{-13}$	PbF_2	0,0026
$Be(OH)_2$	$5,9 \cdot 10^{-8}$	FeS	$5,8 \cdot 10^{-9}$	PbI_2	0,0016
$Ca_3(AsO_4)_2$	$3,3 \cdot 10^{-4}$	$Ga(OH)_3$	$5,3 \cdot 10^{-6}$	$Pb(IO_3)_2$	$4,0 \cdot 10^{-5}$
$CaCO_3$	$6,6 \cdot 10^{-5}$	$GaPO_4$	$6,2 \cdot 10^{-11}$	$Pb(OH)_2$	$5,2 \cdot 10^{-6}$
CaF_2	$2,1 \cdot 10^{-4}$	$Hg_2Br_2{}^{*3)}$	$2,7 \cdot 10^{-8}$	$Pb_3(PO_4)_2$	$1,5 \cdot 10^{-9}$
$CaHPO_4$	0,0015	$Hg_2CO_3^{*3)}$	$9,4 \cdot 10^{-9}$	PbS	$9,3 \cdot 10^{-15}$
$Ca(H_2PO_4)_2$	0,050	$Hg_2Cl_2^{*3)}$	$7,2 \cdot 10^{-7}$	$PbSO_4$	$1,3 \cdot 10^{-4}$
$Ca(IO_3)_2$	0,0064	$Hg_2I_2^{*3)}$	$2,4 \cdot 10^{-10}$	PbSe	$8,1 \cdot 10^{-19}$
$CaMg(CO_3)_2$	0,0017	$Hg(OH)_2^{*1)}$	$2,0 \cdot 10^{-9}$	$PbSeO_4$	$3,7 \cdot 10^{-4}$
$Ca(OH)_2$	0,022	HgS	$3,7 \cdot 10^{-23}$	PbTe	$6,4 \cdot 10^{-20}$
$Ca_3(PO_4)_2$	$3,9 \cdot 10^{-6}$	Hg_2SO_4	$8,0 \cdot 10^{-4}$	$Pt(OH)_2$	$2,9 \cdot 10^{-9}$
CaS	0,0028	HgSe	$3,2 \cdot 10^{-30}$	PtS	$3,5 \cdot 10^{-31}$
$CaSO_3$	$5,7 \cdot 10^{-4}$	Li_3PO_4	0,0030	SnI_2	0,026
$CaSO_4$	0,0151	$MgCO_3$	0,021	$Sn(OH)_2^{*1)}$	$6,1 \cdot 10^{-8}$
$CdCO_3$	$1,6 \cdot 10^{-7}$	MgF_2	0,0012	SnS	$1,7 \cdot 10^{-14}$
$Cd(OH)_2$	$1,8 \cdot 10^{-5}$	$Mg(IO_3)_2$	0,023	SnSe	$1,4 \cdot 10^{-17}$
CdS	$2,5 \cdot 10^{-14}$	$Mg(OH)_2$	$5,3 \cdot 10^{-4}$	SnTe	$6,0 \cdot 10^{-19}$
CdSe	$3,3 \cdot 10^{-17}$	$Mg_3(PO_4)_2$	$3,2 \cdot 10^{-6}$	$Th(OH)_4$	$7,9 \cdot 10^{-10}$
CdTe	$9,3 \cdot 10^{-18}$	$MgSO_3$	0,062	$TiO(OH)_2^{*5)}$	$1,9 \cdot 10^{-11}$
$Co_3(AsO_4)_2$	$9,3 \cdot 10^{-7}$	$MnCO_3$	$7,0 \cdot 10^{-6}$	$UO_2CO_3^{*6)}$	$7,9 \cdot 10^{-8}$
$CoCO_3$	$1,2 \cdot 10^{-5}$	$Mn(OH)_2$	$3,8 \cdot 10^{-5}$	$U(OH)_4$	$3,3 \cdot 10^{-10}$

Окончание табл. 22

Вещество	Раствори-мость, моль/л	Вещество	Раствори-мость, моль/л	Вещество	Раствори-мость, моль/л
$UO_2(OH)_2$*6)	$7,9 \cdot 10^{-6}$	$ZnCO_3$	$7,2 \cdot 10^{-6}$	ZnS	$2,8 \cdot 10^{-12}$
$VO(OH)_2$*7)	$2,6 \cdot 10^{-8}$	ZnF_2	0,087	ZnSe	$6,9 \cdot 10^{-14}$
$Zn_3(AsO_4)_2$	$1,6 \cdot 10^{-6}$	$Zn(OH)_2$	$9,2 \cdot 10^{-6}$	ZnTe	$2,6 \cdot 10^{-13}$
$Zn(CN)_2$	$4,0 \cdot 10^{-5}$	$Zn_3(PO_4)_2$	$1,5 \cdot 10^{-7}$		

Примечания:

*1) Существует в виде ионов $M^{\nu+}$ (Ag^+, Hg^{2+}, Sn^{2+}) и OH– в растворе над осадком гидратированного оксида $B \cdot nH_2O$ ($B = Ag_2O$, HgO, SnO).

*2) В растворе — ионы M^{3+} (M = Co, Fe) и OH^-.

*3) В растворе — ионы Hg_2^{2+} и $A^{\nu-}$ (Br^-, CO_3^{2-}, Cl^-, I^-).

*4) В растворе — ионы Pb^{2+}, Cl^- и F^-.

*5) В растворе — ионы $Ti(OH)_2^{2+}$ и OH^-.

*6) В растворе — ионы UO_2^{2+} и $A^{\nu-}$ (CO_3^{2-}, OH^-).

*7) В растворе — ионы VO^{2+} и OH^-.

8.4. Газы и жидкости

Растворимость газов и жидкостей при различных температурах приведена в табл. 23.

Растворимость газов выражена:

а) в мл (газ)/100 г H_2O (v), объем газа приведен к нормальным условиям; б) в граммах на 100 г H_2O (k).

Растворимость газа NH_3 передана также массовой долей в растворе (w).

Растворимость жидкостей выражена в граммах на 100 г H_2O.

Температура, °C, обозначена верхним индексом.

Таблица 23

Вещество	Растворимость v (мл/100 г H_2O), k (г/100 г H_2O), w (%)
Ar (г)	v $5,24^{0}$, $3,36^{20}$, $2,49^{40}$, $2,20^{50}$, $2,08^{60}$, $1,81^{80}$
AsH_3 (г)	v 20^{20}
BF_3*1) (г)	v 10973^{0}, 10643^{25}; k $33,2^{0}$, $32,2^{25}$
Br_2*2) (ж)	k $2,30^{0}$, $3,58^{20}$, $3,45^{40}$
CH_4 (г)	v $5,56^{0}$, $3,31^{20}$, $3,01^{25}$, $2,37^{40}$, $1,95^{60}$, $1,77^{80}$, $1,70^{100}$

Продолжение табл. 23

Вещество	Растворимость v (мл/100 г H_2O), k (г/100 г H_2O), w (%)
C_2H_2 (г)	v 173^{0}, 131^{10}, 103^{20}, 93^{25}, 84^{30}
C_2H_4 (г)	v $22{,}6^{0}$, $19{,}1^{5}$, $13{,}9^{15}$, $12{,}2^{20}$, $10{,}8^{25}$, $9{,}8^{30}$
C_2H_6 (г)	v $9{,}87^{0}$, $4{,}72^{20}$, $4{,}10^{25}$, $2{,}91^{40}$, $2{,}18^{60}$, $1{,}83^{80}$, $1{,}72^{100}$
CH_3COOH (ж)	Смешивается неограниченно
CO (г)	v $3{,}54^{0}$, $2{,}32^{20}$, $2{,}14^{25}$, $1{,}77^{40}$, $1{,}49^{60}$, $1{,}43^{80}$, $1{,}41^{100}$
$CO_2^{*1)}$ (г)	v $171{,}3^{0}$, $119{,}4^{10}$, $87{,}8^{20}$, $75{,}9^{25}$, $53{,}0^{40}$, $35{,}9^{60}$
CS_2 (ж)	k $0{,}179^{20}$, $0{,}014^{50}$
$Cl_2^{*2)}$ (г)	v $461{,}0^{0}$, $229{,}9^{20}$, $201{,}25^{25}$, $143{,}8^{40}$, $102{,}3^{60}$, $68{,}3^{80}$
H_2 (г)	v $2{,}15^{0}$, $1{,}82^{20}$, $1{,}64^{40}$, $1{,}6^{60-100}$
$HBr^{*3)}$ (г)	v 61200^{0}, 58200^{10}, 53300^{25}, 46900^{50}, 34500^{100}
	k $221{,}2^{0}$, $210{,}1^{10}$, $193{,}0^{25}$, $171{,}4^{50}$, $130{,}0^{100}$
HCN (ж)	Смешивается неограниченно
$HCl^{*3)}$ (г)	v 50700^{0}, 44200^{20}, 42600^{25}, 38600^{40}, 33900^{60}
	k $82{,}3^{0}$, $72{,}0^{20}$, $69{,}3^{25}$, $62{,}8^{40}$, $55{,}2^{60}$
HF (г)	Растворяется неограниченно
$HI^{*3)}$ (г)	v 41000^{10}; k 234^{10}
HNO_3 (ж)	Смешивается неограниченно
H_2O_2 (ж)	Смешивается неограниченно
$H_2S^{*3)}$ (г)	v 467^{0}, $258{,}2^{20}$, 250^{25}, 166^{40}, 119^{60}, $91{,}7^{80}$, 81^{100}
	k $0{,}71^{0}$, $0{,}39^{20}$, $0{,}38^{25}$, $0{,}25^{40}$, $0{,}18^{60}$, $0{,}14^{80}$, $0{,}12^{100}$
H_2SO_4 (ж)	Смешивается неограниченно
$H_2Se^{*3)}$ (г)	v 377^{4}, 270^{25}; k $1{,}36^{4}$, $0{,}98^{25}$
$H_2Te^{*3)}$ (г)	v 100^{0}; k $0{,}58^{0}$
He (г)	v $0{,}978^{0}$, $0{,}861^{20}$, $1{,}01^{80}$
Kr (г)	v $11{,}0^{0}$, $5{,}40^{25}$, $4{,}67^{50}$
N_2 (г)	v $2{,}35^{0}$, $1{,}54^{20}$, $1{,}18^{40}$, $1{,}02^{60}$, $0{,}98^{80}$, $0{,}95^{100}$
$NH_3^{*1)}$ (г)	v 115163^{0}, 74301^{20}, 60794^{25}, 35660^{50}, 26208^{80}
	k $87{,}5^{0}$, $52{,}6^{20}$, $46{,}2^{25}$, $22{,}9^{50}$, $15{,}4^{80}$
	w $42{,}8^{0}$, $37{,}8^{10}$, $33{,}1^{20}$, $23{,}4^{40}$, $14{,}1^{60}$, $6{,}2^{80}$
NO (г)	v $7{,}38^{0}$, $4{,}71^{20}$, $3{,}51^{40}$, $2{,}95^{60}$, $2{,}70^{80}$, $2{,}63^{100}$
N_2O (г)	v 130^{0}, $104{,}8^{5}$, $87{,}8^{10}$, $73{,}8^{15}$, $62{,}9^{20}$, $54{,}4^{25}$
Ne (г)	v $1{,}23^{0}$, $1{,}16^{25}$, $0{,}98^{74}$
O_2 (г)	v $4{,}89^{0}$, $3{,}10^{20}$, $2{,}83^{25}$, $2{,}31^{40}$, $1{,}95^{60}$, $1{,}78^{80}$, $1{,}72^{100}$
O_3 (г)	v $50{,}9^{0}$, $28{,}5^{20}$, $14{,}5^{40}$, $8{,}0^{60}$
OF_2 (г)	v $6{,}8^{0}$, 40^{18}

Окончание табл. 23

Вещество	Растворимость v (мл/100 г H_2O), k (г/100 г H_2O), w (%)
PH_3 (г)	v 27^{20}
SF_6 (г)	v $1{,}47^{0}$, $0{,}55^{25}$
$SO_2^{*1)}$ (г)	v 7979^{0}, 6748^{5}, 5665^{10}, 3937^{20}, 3279^{25}, 1877^{40}
	k $22{,}8^{0}$, $19{,}3^{5}$, $16{,}2^{10}$, $11{,}3^{20}$, $9{,}4^{25}$, $5{,}4^{40}$
Xe (г)	v $24{,}2^{0}$, $9{,}7^{25}$, $8{,}4^{50}$, $7{,}12^{80}$
Воздух	v $27{,}86^{0}$, $18{,}58^{25}$; k $0{,}036^{0}$, $0{,}022^{25}$

Примечания:

*1) Гидратируется и диссоциирует в растворе:

а) $BF_3 + H_2O = BF_3 \cdot H_2O \rightleftarrows H^+ + [B(OH)F_3]^-$

б) $CO_2 + H_2O = CO_2 \cdot H_2O \rightleftarrows H_2CO_3$

$H_2CO_3 \rightleftarrows H^+ + HCO_3^-$, $HCO_3^- \rightleftarrows H^+ + CO_3^{2-}$

в) $NH_3 + H_2O = NH_3 \cdot H_2O \rightleftarrows NH_4{}^+ + OH^-$

г) $SO_2 + nH_2O = SO_2 \cdot nH_2O$

$SO_2 \cdot nH_2O \rightleftarrows H^+ + HSO_3^- + (n-1)H_2O$

$HSO_3^- \rightleftarrows H^+ + SO_3^{2-}$

*2) Реагирует с водой:

$E_2 + H_2O \rightleftarrows HE + HEO$ (E = Br, Cl)

*3) Диссоциирует в растворе:

а) $HE = H^+ + E-$ (E = Br, Cl, I)

б) $H_2A \rightleftarrows H^+ + HA^-$ (A = S, Se, Te)

$HA^- \rightleftarrows H^+ + A^{2-}$

8.5. Таблица растворимости

По данным 8.2–8.4 составлена сводная таблица (табл. 24) растворимости распространенных веществ (гидроксиды, соли), в которой указан тип растворимости, отмечены вещества, не известные науке (не полученные) или полностью разлагающиеся водой.

Условные обозначения, используемые в таблице:

«р» — хорошо растворимое вещество

«м» — малорастворимое вещество

«н» — практически нерастворимое вещество

«+» — вещество полностью разлагается водой

«–» — вещество не получено (не существует)

«∞» — вещество смешивается с водой неограниченно

Таблица 24

Ионы	Br^-	CH_3COO^-	Cl^-	F^-	I^-	NO_3^-	OH^-	PO_4^{3-}	SO_4^{2-}
Ag^+	н	м	н	р	н	р	—	н	м
Al^{3+}	р	р	р	м	р	р	н	н	р
Ba^{2+}	р	р	р	м	р	р	р	н	н
Be^{2+}	р	—	р	р	р	р	н	н	р
Ca^{2+}	р	р	р	н	р	р	м	н	м
Cd^{2+}	р	р	р	р	р	р	н	н	р
Co^{2+}	р	р	р	р	р	р	н	н	р
Cr^{3+}	р	+	р	м	н	р	н	н	р
Cu^{2+}	р	м	р	р	—	р	н	н	р
Fe^{2+}	р	р	р	м	р	р	н	н	р
Fe^{3+}	р	—	р	м	—	р	—	н	р
H^+	р	∞	р	∞	р	∞	∞	р	∞
Hg^{2+}	р	р	р	+	н	+	—	н	+
Hg_2^{2+}	н	—	н	м	н	+	—	н	н
K^+	р	р	р	р	р	р	р	р	р
Li^+	р	р	р	р	р	р	р	м	р
Mg^{2+}	р	р	р	м	р	р	н	н	р
Mn^{2+}	р	р	р	р	р	р	н	н	р
NH_4^+	р	р	р	р	р	р	—	—	р
Na^+	р	р	р	р	р	р	р	р	р
Ni^{2+}	р	р	р	р	р	р	н	н	р
Pb^{2+}	м	р	м	м	м	р	н	н	н
Zn^{2+}	р	р	р	м	р	р	н	н	р

Примечание. Данная таблица отвечает приготовлению насыщенного раствора при комнатной температуре путем внесения вещества (в соответствующем агрегатном состоянии) в воду. Следует учесть, что получение осадков малорастворимых веществ с помощью реакций ионного обмена возможно не всегда (подробнее см. 9.6).

9. ЭЛЕКТРОЛИТЫ В ВОДНОМ РАСТВОРЕ

9.1. Электролитическая диссоциация

Растворение любого вещества в воде сопровождается образованием гидратов. Если при этом в растворе не происходит формульных изменений у частиц растворенного вещества, то такие вещества относят к *неэлектролитам*. Ими являются, например, газ *азот* N_2, жидкость *хлороформ* $CHCl_3$, твердое вещество *сахароза* $C_{12}H_{22}O_{11}$, которые в водном растворе существуют в виде гидратов их молекул.

Известно много веществ (в общем виде MA), которые после растворения в воде и образования гидратов молекул $MA \cdot nH_2O$ претерпевают существенные формульные изменения. В результате в растворе появляются гидратированные ионы — катионы $M^+ \cdot nH_2O$ и анионы $A^- \cdot nH_2O$:

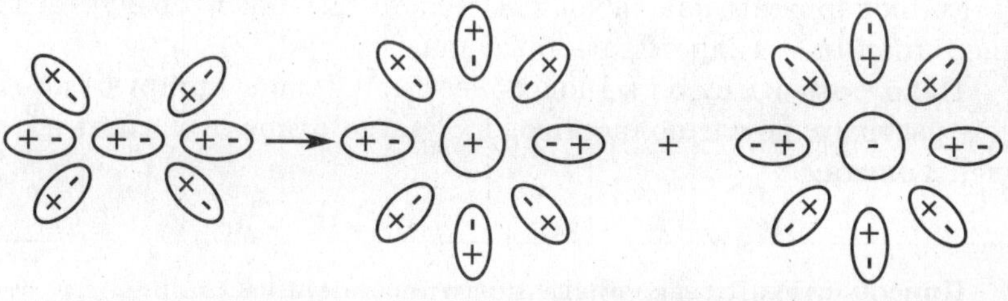

$$MA \cdot nH_2O \longrightarrow M^+ \cdot nH_2O + A^- \cdot nH_2O$$

Такие вещества относят к *электролитам*.

Процесс появления гидратированных ионов в водном растворе называется *электролитической диссоциацией* (С. Аррениус, 1887).

9.2. Сильные и слабые электролиты

Электролитическая диссоциация и о н н ы х кристаллических веществ $(M^+)(A^-)$ в воде является н е о б р а т и м о й реакцией:

$$(M^+)(A^-)_{(т)} \xrightarrow{H_2O} (M^+)(A^-)_{(р)} = M^+_{(р)} + A^-_{(р)}$$

Такие вещества относятся к *сильным электролитам*, ими являются многие основания и соли, например:

$$NaOH = Na^+ + OH^- \qquad K_2SO_4 = 2K^+ + SO_4^{2-}$$

$$Ba(OH)_2 = Ba^{2+} + 2OH^- \qquad Na_2S = 2Na^+ + S^{2-}$$

Электролитическая диссоциация веществ МА, состоящих из полярных ковалентных молекул, является обратимой реакцией:

$$(M{-}A)_{(г,\ ж,\ т)} \xrightarrow{H_2O} (M{-}A)_{(р)} \rightleftarrows M^+_{(р)} + A^-_{(р)}$$

Такие вещества относят к *слабым электролитам*, ими являются многие кислоты и некоторые основания, например:

а) $HNO_2 \rightleftarrows H^+ + NO_2^-$

б) $CH_3COOH \rightleftarrows H^+ + CH_3COO^-$

в) $H_2CO_3 \rightleftarrows H^+ + HCO_3^-$ (1-я ступень)
$HCO_3^- \rightleftarrows H^+ + CO_3^{2-}$ (2-я ступень)

г) $NH_3 \cdot H_2O \rightleftarrows NH_4^+ + OH^-$

В разбавленных водных растворах слабых электролитов мы всегда обнаружим как исходные молекулы, так и продукты их диссоциации — гидратированные ионы.

Некоторые кислоты (подробнее см. 9.3) диссоциируют в водном растворе почти полностью, их также относят к сильным электролитам:

$$HNO_3 = H^+ + NO_3^-, \qquad HBr = H^+ + Br^-$$

Список сильных и слабых кислот и оснований см. 9.4.

9.3. Степень диссоциации

Количественная характеристика диссоциации электролитов называется *степенью диссоциации* и обозначается α*, всегда $\alpha > 0$.

Для *сильных* электролитов $\alpha = 1$ по определению (диссоциация таких электролитов полная).

Для *слабых* электролитов **степень диссоциации — отношение молярной концентрации продиссоциировавшего вещества** (**$c_д$**) **к общей концентрации вещества в растворе** (**c**):

---

* Буквой α (альфа) обозначают степень протекания любых обратимых реакций, в том числе и степень гидролиза солей (см. 10).

$$\alpha_B = \frac{c_{дВ}}{c_B} \qquad (25)$$

Степень диссоциации — это доля от единицы или от 100%. Для слабых электролитов $\alpha \ll 1$ (100%).

Очевидно, что уравнение **(25)** для слабых кислот НА и слабого основания $NH_3 \cdot H_2O$ (другие слабые основания изучаются только в высшей школе) означает:

а) $HA \rightleftarrows H^+ + A^-$

$$\alpha(HA) = \frac{c(H^+)}{c(HA)} = \frac{c(A^-)}{c(HA)}$$

б) $NH_3 \cdot H_2O \rightleftarrows NH_4^+ + OH^-$

$$\alpha(NH_3 \cdot H_2O) = \frac{c(NH_4^+)}{c(NH_3 \cdot H_2O)} = \frac{c(OH^-)}{c(NH_3 \cdot H_2O)}$$

Для *слабых кислот* H_nA степень диссоциации по каждой следующей ступени резко уменьшается по сравнению с предыдущей:

$$H_3PO_4 \rightleftarrows H^+ + H_2PO_4^- \qquad \alpha = 23{,}5\%$$

$$H_2PO_4^- \rightleftarrows H^+ + HPO_4^{2-} \qquad \alpha = 3 \cdot 10^{-4}\ \%$$

$$HPO_4^{2-} \rightleftarrows H^+ + PO_4^{3-} \qquad \alpha = 2 \cdot 10^{-9}\ \%$$

Степень диссоциации зависит от природы и концентрации электролита, а также от температуры раствора; она растет при у м е н ь ш е н и и концентрации вещества в растворе (т. е. при разбавлении раствора) и при н а г р е в а н и и.

В *разбавленных* растворах *сильных кислот* H_nA их гидроанионы $H_{n-1}A^-$ не существуют, например:

$$H_2SO_4 = H^+ + [HSO_4^-] \qquad (\alpha_1 \longrightarrow 1)$$

$$[HSO_4^-] = H^+ + SO_4^2 \qquad (\alpha_2 \longrightarrow 1)$$

$$H_2SO_4(\text{разб.}) = 2H^+ + SO_4^{2-}$$

В к о н ц е н т р и р о в а н н ы х растворах содержание гидроанионов (и даже исходных молекул) становится заметным:

$$H_2SO_4^-(\text{конц.}) \rightleftarrows H^+ + HSO_4^- \qquad (\alpha_1 < 1),$$

$$HSO_4^- \rightleftarrows H^+ + SO_4^{2-} \qquad (\alpha_2 \ll \alpha_1 \ll 1)$$

(суммировать уравнения стадий обратимой диссоциации нельзя!). При нагревании значения α_1 и α_2 возрастают, что способствует протеканию реакций с участием концентрированных кислот.

Если степень диссоциации известна, то можно рассчитать молярную концентрацию ионов по общей концентрации вещества в приготовленном растворе.

Пример 1. Молярная концентрация катиона водорода в 0,006M растворе серной кислоты равна:

$$H_2SO_4 = 2H^+ + SO_4^{2-} \text{ (сильная кислота)}$$

$$c(H^+) = 2c(H_2SO_4) = 2 \cdot 0{,}006 = 0{,}012 \text{ моль/л}$$

Обратите внимание на цифру «2» в выводе расчетной формулы (число H^+ в одной молекуле H_2SO_4).

Пример 2. Молярная концентрация гидроксид-иона в 0,014M растворе гидроксида бария равна:

$$Ba(OH)_2 = Ba^{2+} + 2OH^- \text{ (сильное основание)}$$

$$c(OH^-) = 2c[Ba(OH)_2] = 2 \cdot 0{,}014 = 0{,}028 \text{ моль/л}$$

Пример 3. Степень диссоциации кислоты HA в 0,055M растворе объемом 2 л, содержащем 0,0022 моль катиона водорода, равна:

$$HA \rightleftarrows H^+ + A^- \text{ (слабая кислота)}$$

$$\alpha(HA) = \frac{c(H^+)}{c(HA)} = \frac{n(H^+)}{V_{(р)}c(HA)} = \frac{0{,}0022}{2 \cdot 0{,}055} = 0{,}02\ (2\%)$$

Пример 4. Степень диссоциации основания $NH_3 \cdot H_2O$ (B) в 0,002M растворе объемом 1 л, содержащем $3{,}17 \cdot 10^{-3}$ г гидроксид-иона, равна:

$$NH_3 \cdot H_2O \rightleftarrows NH_4^+ + OH^- \text{ (слабое основание)}$$

$$\alpha(B) = \frac{c(OH^-)}{c(B)} = \frac{n(OH^-)}{V_{(р)}c(B)} = \frac{m(OH^-)}{M(OH^-) \cdot V_{(р)}c(B)} = \frac{3{,}17 \cdot 10^{-3}}{17 \cdot 1 \cdot 0{,}002} =$$

$$= 0{,}093\ (9{,}3\%)$$

Пример 5. Степень диссоциации уксусной кислоты CH_3COOH в 0,1М растворе равна 1,3%. Рассчитайте массу аниона кислоты, содержащуюся в 2,75 л этого раствора.

Решение:

$$\underset{(HA)}{CH_3COOH} \rightleftarrows \underset{(A^-)}{CH_3COO^-} + H^+ \text{ (слабая кислота)}$$

$$m(A^-) = n(A^-) \cdot M(A^-) = c(A^-) \cdot V_{(p)}M(A^-) = \alpha(HA) \cdot c(HA) \cdot$$
$$\cdot V_{(p)}M(A^-) \cdot [(\text{моль/л}) \cdot \text{л} \cdot (\text{г/моль}) = \text{г}] = 0{,}013 \cdot 0{,}1 \cdot 2{,}75 \cdot 59 =$$
$$= 0{,}21 \text{ г}$$

9.4. Кислоты и основания. Соли

Кислоты — это электролиты, которые при диссоциации поставляют в водный раствор катионы водорода и никаких других положительных ионов не образуют:

$$H_2SO_4 = 2H^+ + SO_4^{2-}, \qquad HF \rightleftarrows H^+ + F^-$$

Отнесение кислородсодержащих кислот к сильным или слабым электролитам можно провести по *правилу Полинга*. Если формулу кислоты представить в виде $ЭО_m(OH)_n$, то:

при $m = 0—1{,}5$ кислота будет *слабой*

при $m = 2$ и более кислота будет *сильной*

Примеры:

а) слабые кислоты:

$HClO \longrightarrow Cl(OH) \longrightarrow m = 0$

$HNO_2 \longrightarrow NO(OH) \longrightarrow m = 1$

$H_2CO_3 \longrightarrow CO(OH)_2 \longrightarrow m = 1$

$H_3PO_4 \longrightarrow PO(OH)_3 \longrightarrow m = 1$

$H_4P_2O_7 \longrightarrow P_2O_3(OH)_4 \longrightarrow m = 1{,}5$ (на 1P)

б) сильные кислоты:

$HNO_3 \longrightarrow NO_2(OH) \longrightarrow m = 2$

$H_2SO_4 \longrightarrow SO_2(OH)_2 \longrightarrow m = 2$

$H_2Cr_2O_7 \longrightarrow Cr_2O_5(OH)_2 \longrightarrow m = 2{,}5$ (на 1Cr)

$HClO_4 \longrightarrow ClO_3(OH) \longrightarrow m = 3$

Распространенные **сильные кислоты:**

Кислородсодержащие кислоты

VIIA	VIA	VIA	Б-группы
$HClO_3$	H_2SO_4	HNO_3	$HMnO_4$
$HClO_4$	HSO_4^-		H_2CrO_4
$HBrO_3$	$H_2S_2O_7$		$HCrO_4^-$
$HBrO_4$	$HS_2O_7^-$		$H_2Cr_2O_7$
HIO_3	H_2SeO_4		$HCr_2O_7^-$
HIO_4	$HSeO_4^-$		

Бескислородные кислоты

HCl, HBr, HI, HNCS

В разбавленном водном растворе (условно до 10%-ного или 0,1-молярного) эти кислоты диссоциируют полностью. Для сильных кислот H_nA в список вошли их гидроанионы (анионы кислых солей), также диссоциирующие полностью в этих условиях (подробнее см. 9.3).

Распространенные **слабые кислоты:**

Кислородсодержащие кислоты

IVA	VA	VIA	VIIA
H_2CO_3	HNO_2	$SO_2 \cdot nH_2O$	HClO
HCO_3^-	H_3PO_4	HSO_3^-	$HClO_2$
HCOOH	$H_2PO_4^-$	H_2SeO_3	HBrO
CH_3COOH	HPO_4^{2-}	$HSeO_3^-$	
$H_2C_2O_4$	H_3AsO_4	H_2TeO_3	
$HC_2O_4^-$	$H_2AsO_4^-$	$HTeO_3^-$	
H_2SiO_3	$HAsO_4^{2-}$		

Бескислородные кислоты

H_2S	H_2Se	H_2Te	HF
HS^-	HSe^-	HTe^-	HCN

Основания — это электролиты, которые при диссоциации поставляют в водный раствор гидроксид-ионы и никаких других отрицательных ионов не образуют:

$$KOH = K^+ + \mathbf{OH^-}, \qquad Ca(OH)_2 = Ca^{2+} + \mathbf{2OH^-}$$

Диссоциация малорастворимых оснований $Mg(OH)_2$, $Cu(OH)_2$, $Mn(OH)_2$, $Fe(OH)_2$ и других практического значения не имеет.

К сильным основаниям (щелочам) относятся NaOH, KOH, $Ba(OH)_2$ и некоторые другие. Самым известным слабым основанием является гидрат аммиака $NH_3 \cdot H_2O$.

Средние соли — это электролиты, которые при диссоциации поставляют в водный раствор любые катионы, кроме H^+, и любые анионы, кроме OH^-:

$$Cu(NO_3)_2 = Cu^{2+} + 2NO_3^-$$
$$Al_2(SO_4)_3 = 2Al^{3+} + 3SO_4^{2-}$$
$$Na(CH_3COO) = Na^+ + CH_3COO^-$$
$$BaCl_2 = Ba^{2+} + 2Cl^-$$
$$K_2S = 2K^+ + S^{2-}$$
$$Mg(CN)_2 = Mg^{2+} + 2CN^-$$

Речь идет только о хорошо растворимых солях. Диссоциация малорастворимых и практически нерастворимых солей значения не имеет.

Аналогично диссоциируют **двойные соли:**

$$KAl(SO_4)_2 = K^+ + Al^{3+} + 2SO_4^{2-}$$
$$Fe(NH_4)_2(SO_4)_2 = Fe^{2+} + 2NH_4^+ + 2SO_4^{2-}$$

Кислые соли (большинство из них растворимы в воде) диссоциируют полностью по типу средних солей:

$$KHSO_4 = K^+ + HSO_4^-$$
$$KHCr_2O_7 = K^+ + HCr_2O_7^-$$
$$KH_2PO_4 = K^+ + H_2PO_4^-$$
$$NaHCO_3 = Na^+ + HCO_3^-$$

Образующиеся гидроанионы подвергаются, в свою очередь, воздействию воды:

а) если гидроанион принадлежит сильной кислоте, то он сам диссоциирует также полностью:

$$HSO_4^- = H^+ + SO_4^{2-}, \qquad HCr_2O_7^- = H^+ + Cr_2O_7^{2-}$$

и полное уравнение диссоциации запишется в виде:

$$KHSO_4 = K^+ + H^+ + SO_4^{2-}$$
$$KHCr_2O_7 = K^+ + H^+ + Cr_2O_7^{2-}$$

(растворы таких солей обязательно будут кислыми, как и растворы соответствующих кислот);

б) если гидроанион принадлежит слабой кислоте, то его поведение в воде двойственно — либо неполная диссоциация по типу слабой кислоты

$$H_2PO_4^- \rightleftarrows H^+ + HPO_4^{2-} \ (\alpha_1)$$

$$HCO_3^- \rightleftarrows H^+ + CO_3^{2-} \ (\alpha_1)$$

либо взаимодействие с водой (называемое обратимым гидролизом)

$$H_2PO_4^- + H_2O \rightleftarrows H_3PO_4 + OH^- \ (\alpha_2)$$

$$HCO_3^- + H_2O \rightleftarrows H_2CO_3 + OH^- \ (\alpha_2)$$

При $\alpha_1 > \alpha_2$ преобладает диссоциация (и раствор соли будет кислым), а при $\alpha_1 < \alpha_2$ — гидролиз (и раствор соли будет щелочным). Так, кислыми будут растворы солей с анионами HSO_3^-, $H_2PO_4^-$, $H_2AsO_4^-$ и $HSeO_3^-$, растворы солей с другими анионами (их большинство) будут щелочными. Другими словами, название «кислые» для солей с большинством гидроанионов не предполагает, что эти анионы будут вести себя в растворе как кислоты (гидролиз гидроанионов и расчет отношения между α_1 и α_2 изучаются только в высшей школе).

Осно́вные соли $MgCl(OH)$, $Cu_2CO_3(OH)_2$ и другие в своем большинстве практически нерастворимы в воде, и обсуждать их поведение в водном растворе невозможно.

9.5. Водородный показатель pH. Индикаторы

Сама вода — это *очень слабый* электролит:

$$H_2O \rightleftarrows H^+ + OH^-$$

Концентрации катиона H^+ и аниона OH^- в чистой воде весьма малы и составляют $1 \cdot 10^{-7}$ моль/л при 25 °С.

Катион водорода H^+ представляет собой простейшее ядро — протон p^+ (электронная оболочка катиона H^+ — пустая, $1s^0$). У свободного протона велики подвижность и проникающая способность, в окружении полярных молекул H_2O он не может оставаться свободным. Протон тут же присоединяется к молекуле воды:

$$H^+ + H_2O = H_3O^+ \ (\textit{катион оксония})$$

В дальнейшем для простоты оставляется запись H^+ (но подразумевается H_3O^+).

В воде содержание ионов H^+ и OH^- одинаково; в водных растворах кислот появляется избыток ионов H^+, в водных растворах щелочей — избыток ионов OH^- (за счет диссоциации кислот и оснований).

Типы *среды водных растворов*:

нейтральная — $c(H^+) = c(OH^-)$

кислотная — $c(H) \gg c(OH^-)$

щелочная — $c(H^+) \ll c(OH^-)$

Содержание H^+ и OH^- в водных растворах обычно выражают через **водородный показатель** pH (читается пэ-аш) и аналогичный ему гидроксильный показатель pOH:

$$pH = -\lg c(H^+) \qquad \textbf{(26а)}$$

$$pOH = -\lg c(OH^-) \qquad \textbf{(26б)}$$

Для воды при комнатной температуре имеем:

$$pH = -\lg c(H^+) = -\lg(1 \cdot 10^{-7}) = \mathbf{7}$$

$$pOH = -\lg c(OH^-) = -\lg(1 \cdot 10^{-7}) = \mathbf{7}$$

следовательно, в чистой воде

$$pH + pOH = 14 \qquad \textbf{(26в)}$$

Это равенство справедливо и для водных растворов:

нейтральный раствор	$pH = 7$,	$pOH = 14 - pH = 7$
кислый раствор	$pH < 7$,	$pOH = 14 - pH > 7$
щелочной раствор	$pH > 7$,	$pOH = 14 - pH < 7$

Практическая шкала pH отвечает интервалу 1—13 (разбавленные растворы кислот и оснований):

кислотная среда

$$pH = 1—6, \quad c(H^+) = 1 \cdot 10^{-1} - 1 \cdot 10^{-6} \text{ моль/л}$$

щелочная среда

$$pH = 8—13, \quad c(OH^-) = 1 \cdot 10^{-6} - 1 \cdot 10^{-1} \text{ моль/л}$$

В практически нейтральной среде с pH = 6—7 и pH = 7—8 концентрация H^+ и OH^- очень мала ($1 \cdot 10^{-6} - 1 \cdot 10^{-7}$ моль/л) и почти равна концентрации этих ионов в чистой воде. Такие растворы кислот и оснований считаются п р е д е л ь н о разбавленными (содержат очень мало вещества).

В н и м а н и е! Отметьте, что чем значение pH в ы ш е, тем м е н ь ш е концентрация катиона H^+, но тем больше концентрация аниона OH^-.

Примеры:

а) $pH = 3$ $c(H^+) = 0{,}001\ (1 \cdot 10^{-3})$ моль/л
$pOH = 11$ $c(OH^-) = 1 \cdot 10^{-11}$ моль/л

б) $pH = 10$ $c(H^+) = 1 \cdot 10^{-10}$ моль/л
$pOH = 4$ $c(OH^-) = 0{,}0001\ (1 \cdot 10^{-4})$ моль/л

В растворе с $pH = 3$ находится кислота (избыток H^+ по сравнению с его содержанием в воде), а в растворе с $pH = 10$ — щелочь (избыток OH^- по сравнению с его содержанием в воде). Раствор с $pH = 3$ — более кислый (содержит больше кислоты) по сравнению с раствором, где $pH = 5$; аналогично раствор с $pH = 13$ — более щелочной (содержит больше щелочи) по сравнению с раствором, где $pH = 10$. Поэтому на практике для характеристики среды раствора обычно используют только водородный показатель pH.

Расчет значений pH в растворах сильных электролитов — кислот HA и щелочей MOH проводится по формулам:

1) $HA = H^+ + A^-$, $c(H^+) = c(HA)$
$pH = -\lg c(H^+) = -\lg c(HA)$

2) $MOH = M^+ + A^-$, $c(OH^-) = c(MOH)$
$pH = 14 - pOH = 14 + \lg c(OH^-) = 14 + \lg c(MOH)$

Расчет значений pH в растворах слабых кислот и оснований проводится по формулам:

3) $HA \rightleftarrows H^+ + A^-$, $\alpha < 1$, $c(H^+) = \alpha\, c(HA)$
$pH = -\lg c(H^+) = -\lg \{\alpha\, c(HA)\}$

4) $\underset{(B)}{NH_3 \cdot H_2O} \rightleftarrows NH_4^+ + OH^-$, $\alpha < 1$, $c(OH^-) = \alpha\, c(B)$
$pH = 14 - pOH = 14 + \lg c(OH^-) = 14 + \lg \{\alpha\, c(B)\}$

Для практического решения задач на pH следует овладеть использованием функции «$\log/10^x$» в микрокалькуляторе.

Пример 1. Значение pH в 0,0025M растворе азотной кислоты равно:

$$HNO_3 = H^+ + NO_3^-,\ pH < 7$$

$$pH = -\lg c(H^+) = -\lg c(HNO_3) = -\lg 0{,}0025 = 2{,}6$$

Пример 2. Значение pH в 0,005M растворе гидроксида натрия равно:

$$NaOH = Na^+ + OH^-,\ pH > 7$$

$$pH = 14 - pOH = 14 + \lg c(OH^-) = 14 + \lg c(NaOH) =$$
$$= 14 + \lg 0{,}005 = 11{,}7$$

Пример 3. Значение pH в 0,005M растворе уксусной кислоты CH_3COOH (B) со степенью диссоциации 6,1% равно:

$$CH_3COOH \rightleftarrows CH_3COO^- + H^+,\ pH < 7$$

$$pH = -\lg c(H^+) = -\lg\{\alpha\, c(B)\} = -\lg(0{,}061 \cdot 0{,}005) = 3{,}52$$

Пример 4. Значение pH в 0,0125M растворе гидрата аммиака $NH_3 \cdot H_2O$ (B) со степенью диссоциации 3,8% равно:

$$NH_3 \cdot H_2O \rightleftarrows NH_4^+ + OH^-,\ pH > 7$$

$$pH = 14 - pOH = 14 + \lg c(OH^-) = 14 + \lg\{\alpha\, c(B)\} =$$
$$= 14 + \lg(0{,}038 \cdot 0{,}0125) = 10{,}68$$

Пример 5. Рассчитайте концентрацию катиона H^+:

а) в разбавленной серной кислоте H_2SO_4 (B) с pH = 1,79

б) в разбавленном растворе $Ba(OH)_2$ (B) с pH = 10,95

Решение:

а) $H_2SO_4 = 2H^+ + SO_4^{2-}$

$pH = -\lg c(H^+)$, отсюда $c(H^+) = 10^{-pH} = 10^{-1,79} =$

$= 0{,}016$ моль/л

б) $Ba(OH)_2 = Ba^{2+} + 2OH^-$

$pH = 14 - pOH = 14 + \lg c(OH^-)$

отсюда

$c(OH^-) = 10^{pH - 14} = 10^{10,95 - 14} = 9 \cdot 10^{-4}$ моль/л

Пример 6. Определите (устно) значение pH в $1 \cdot 10^{-8}$M растворе азотной кислоты.

Ответ. pH = 7

Примечание. Распространенная ошибка — ответ «pH = 8», т.е. в растворе кислоты — щелочная среда! Здесь раствор — предельно разбавленный (почти чистая вода), и в нем pH = 7 (или, точнее, стремится к 7).

Для практического установления типа среды водных растворов служат *индикаторы* — вещества, которые окрашивают в характерный цвет нейтральные, кислые и/или щелочные растворы.

Распространенные в лаборатории индикаторы — это лакмус, метилоранж и фенолфталеин.

Метилоранж (индикатор на кислотную среду) становится розовым в сильнокислом растворе (табл. 25), фенолфталеин (индикатор на щелочную среду) — малиновым в сильнощелочном растворе, а лакмус используется во всех средах.

Таблица 25

Индикатор	Среда	Цвет
Лакмус	Вода Кислота Щелочь	Фиолетовый Красный Синий
Метилоранж	Вода Кислота	Оранжевый Розовый
Фенолфталеин	Вода Щелочь	Бесцветный Малиновый

9.6. Ионные реакции

В разбавленных растворах электролитов (кислот, оснований, солей) химические реакции протекают обычно при участии ионов. При этом все элементы реагентов могут сохранять свои степени окисления (*обменные реакции*) или изменять их (*окислительно-восстановительные реакции*). Примеры, приводимые далее, относятся к обменным реакциям (о протекании окислительно-восстановительных реакций см. 11).

В соответствии с *правилом Бертолле* **ионные реакции протекают практически необратимо, если образуются твердые малорастворимые вещества** (они выпадают в осадок), **легколетучие вещества** (они выделяются в виде газов) или **растворимые вещества — слабые электролиты** (в том числе и вода). Ионные реакции изображаются системой уравнений — молекулярным, полным и кратким ионным (подробнее см. 5.2). Ниже полные ионные уравнения опущены (читателю предлагается составить их самому).

При написании уравнений ионных реакций надо обязательно руководствоваться сводной таблицей растворимости (см. 8.5).

Примеры реакций с выпадением осадков:

а) $Ba(OH)_2 + H_2SO_4 = BaSO_4\downarrow + 2H_2O$

$Ba^{2+} + SO_4^{2-} = BaSO_4\downarrow$

б) $AgNO_3 + KI = AgI\downarrow + KNO_3$

$Ag^+ + I^- = AgI\downarrow$

в) $MgCl_2 + 2KOH = Mg(OH)_2\downarrow + 2KCl$

$Mg^{2+} + 2OH^- = Mg(OH)_2\downarrow$

г) $3Zn(CH_3COO)_2 + 2Na_3PO_4 = Zn_3(PO_4)_2\downarrow + 6Na(CH_3COO)$

$3Zn^{2+} + 2PO_4{}^{3-} = Zn_3(PO_4)_2\downarrow$

Внимание! Указанные в сводной таблице растворимости (см. табл. 24) малорастворимые («м») и практически нерастворимые («н») соли выпадают в осадок именно в том виде, как они представлены в таблице ($CaF_2\downarrow$, $PbI_2\downarrow$, $FeS\downarrow$, $Ag_2SO_4\downarrow$, $AlPO_4\downarrow$ и т. д.).

В табл. 24 не указаны *карбонаты* — средние соли с анионом CO_3^{2-}. Следует иметь в виду, что:

1) K_2CO_3, $(NH_4)_2CO_3$ и Na_2CO_3 растворимы в воде;

2) Ag_2CO_3, $BaCO_3$ и $CaCO_3$ практически нерастворимы в воде и выпадают в осадок как таковые, например:

$$Ba(NO_3)_2 + K_2CO_3 = BaCO_3\downarrow + 2KNO_3$$

$$Ba^{2+} + CO_3^{2-} = BaCO_3\downarrow$$

3) соли остальных катионов, такие как $MgCO_3$, $CuCO_3$, $FeCO_3$, $ZnCO_3$ и другие, хотя и нерастворимы в воде, но не осаждаются из водного раствора при проведении ионных реакций (т. е. их нельзя получить этим способом).

Например, карбонат железа(II) $FeCO_3$, полученный «сухим путем» или взятый в виде минерала *сидерит*, при внесении в воду осаждается без видимого взаимодействия. Однако при попытке его получения по обменной реакции в растворе между $FeSO_4$ и K_2CO_3 выпадает осадок осно́вной соли (приведен условный состав, на практике состав более сложный) и выделяется углекислый газ:

$$2FeSO_4 + H_2O + 2Na_2CO_3 = 2Na_2SO_4 + Fe_2CO_3(OH)_2\downarrow + CO_2\uparrow$$

$$2Fe^{2+} + H_2O + 2CO_3^{2-} = Fe_2CO_3(OH)_2\downarrow + CO_2\uparrow$$

Аналогично $FeCO_3$, *сульфид* хрома(III) Cr_2S_3 (нерастворимый в воде) не осаждается из раствора:

$$2CrCl_3 + 6H_2O + 3Na_2S = 6NaCl + 2Cr(OH)_3\downarrow + 3H_2S\uparrow$$

$$2Cr^{3+} + 6H_2O + 3S^{2-} = 2Cr(OH)_3\downarrow + 3H_2S\uparrow$$

В табл. 24 показаны также соли, которые р а з л а г а ю т с я водой — *сульфид* алюминия Al_2S_3 (а также BeS) и *ацетат* хрома(III) $Cr(CH_3COO)_3$:

а) $Al_2S_3 + 6H_2O = 2Al(OH)_3\downarrow + 3H_2S\uparrow$

б) $Cr(CH_3COO)_3 + 2H_2O = Cr(CH_3COO)(OH)_2\downarrow + 2CH_3COOH$

Следовательно, эти соли также нельзя получить по обменной реакции в растворе:

а) $2AlCl_3 + 6H_2O + 3K_2S = 6KCl + 2Al(OH)_3\downarrow + 3H_2S\uparrow$

$2Al^{3+} + 6H_2O + 3S^{2-} = 2Al(OH)_3\downarrow + 3H_2S\uparrow$

б) $CrCl_3 + 2H_2O + 3Na(CH_3COO) =$

$= 3NaCl + Cr(CH_3COO)(OH)_2\downarrow + 2CH_3COOH$

$Cr^{3+} + 2H_2O + 3CH_3COO^- = Cr(CH_3COO)(OH)_2\downarrow + CH_3COOH$

(в последней реакции состав осадка более сложный; подробнее такие реакции изучают в высшей школе).

П р и м е р ы *реакций с выделением газов*:

а) $BaS + 2HCl = BaCl_2 + H_2S\uparrow$

$S^{2-} + 2H^+ = H_2S\uparrow$

б) $Na_2CO_3 + H_2SO_4 = Na_2SO_4 + CO_2\uparrow + H_2O$

$CO_3^{2-} + 2H^+ = CO_2\uparrow + H_2O$

в) $CaCO_{3(т)} + 2HNO_3 = Ca(NO_3)_2 + CO_2\uparrow + H_2O$

$CaCO_{3(т)} + 2H^+ = Ca^{2+} + CO_2\uparrow + H_2O$

П р и м е р ы *реакций с образованием слабых электролитов*:

а) $3NaOH + H_3PO_4 = Na_3PO_4 + 3H_2O$

$3OH^- + H_3PO_4 = PO_4^{3-} + 3H_2O$

б) $Mg(CH_3COO)_2 + H_2SO_4 = MgSO_4 + 2CH_3COOH$

$CH_3COO^- + H^+ = CH_3COOH$

в) $NH_4F + HBr = NH_4Br + HF$

$F^- + H^+ = HF$

Если реагенты и продукты обменной реакции не являются сильными электролитами, ионный вид уравнения отсутствует; например:

$$Mg(OH)_{2(т)} + 2HF = MgF_2\downarrow + 2H_2O$$

10. ГИДРОЛИЗ СОЛЕЙ

10.1. Общие сведения

Гидролиз соли — это взаимодействие ее ионов с водой, приводящее к появлению кислотной или щелочной среды, но не сопровождающееся образованием осадка или газа (ниже речь идет о средних солях).

Процесс гидролиза протекает только с участием растворимых солей и состоит из двух этапов:

1) *диссоциация* соли в растворе — необратимая реакция (степень диссоциации $\alpha = 1$, или 100%);

2) собственно *гидролиз*, т. е. взаимодействие ионов соли с водой, — обратимая реакция (степень гидролиза $\alpha < 1$, или 100%).

Уравнения 1-го и 2-го этапов — первый из них необратим, второй обратим — складывать нельзя! Подробнее о записи уравнений гидролиза солей см. 5.2.

Отметим, что соли, образованные катионами щелочей и анионами сильных кислот, гидролизу не подвергаются, они лишь диссоциируют при растворении в воде. В растворах солей KCl, $NaNO_3$, Na_2SO_4 и BaI_2 среда нейтральная.

10.2. Гидролиз по аниону

В случае взаимодействия аниона растворенной соли с водой процесс называется *гидролизом соли по аниону*:

1) $KNO_2 = K^+ + \mathbf{NO_2^-}$ (диссоциация)

2) $\mathbf{NO_2^-} + H_2O \rightleftarrows HNO_2 + OH^-$ (гидролиз)

Диссоциация соли KNO_2 протекает полностью, гидролиз аниона NO_2^- — в очень малой степени (для 0,1М раствора — на 0,0014%), но этого оказывается достаточно, чтобы раствор стал щелочным (среди продуктов гидролиза присутствует ион OH^-), в нем pH = 8,14.

Гидролизу подвергаются анионы только слабых кислот (в данном примере — нитрит-ион NO_2^-, отвечающий слабой азотистой кислоте HNO_2). Анион слабой кислоты притягивает к себе катион водорода, имеющийся в воде, и образует молекулу этой кислоты, а гидроксид-ион остается свободным:

$$NO_2^- + H_2O\,(H^+, OH^-) \rightleftharpoons HNO_2 + OH^-$$

Список гидролизующихся анионов:

CO_3^{2-}	SiO_3^{2-}	SO_3^{2-}	S^{2-}	ClO^-
CH_3COO^-	NO_2^-	SeO_3^{2-}	Se^{2-}	BrO^-
CN^-	PO_4^{3-}	TeO_3^{2-}	Te^{2-}	F^-

Примеры:

а) $NaClO = Na^+ + ClO^-$

$ClO^- + H_2O \rightleftharpoons HClO + OH^-$

б) $LiCN = Li^+ + CN^-$,

$CN^- + H_2O \rightleftharpoons HCN + OH^-$

в) $Na_2CO_3 = 2Na^+ + CO_3^{2-}$

$CO_3^{2-} + H_2O \rightleftharpoons HCO_3^- + OH^-$

г) $K_3PO_4 = 3K^+ + PO_4^{3-}$

$PO_4^{3-} + H_2O \rightleftharpoons HPO_4^{2-} + OH^-$

д) $BaS = Ba^{2+} + S^{2-}$

$S^{2-} + H_2O \rightleftharpoons HS^- + OH^-$

Обратите внимание, что в примерах (в—д) нельзя увеличивать число молекул воды и вместо гидроанионов (HCO_3^-, HPO_4^{2-}, HS^-) писать формулы соответствующих кислот (H_2CO_3, H_3PO_4, H_2S). Гидролиз — обратимая реакция, и протекать «до конца» (до образования кислоты H_nA) он не может.

Если бы такая неустойчивая кислота, как H_2CO_3, образовалась в растворе своей соли Na_2CO_3, то наблюдалось бы выделение из раствора газа CO_2 ($H_2CO_3 = CO_2\uparrow + H_2O$). Однако при растворении соды в воде образуется прозрачный раствор без газовыделения, что является свидетельством неполноты протекания гидролиза аниона CO_3^{2-} с появлением в растворе только гидроаниона угольной кислоты HCO_3^-.

Степень гидролиза соли по аниону зависит от степени диссоциации продукта гидролиза — кислоты (HNO_2, HClO, HCN) или ее гидроаниона (HCO_3^-, HPO_4^{2-}, HS^-); **чем слабее кислота, тем выше степень гидролиза**. Например, ионы CO_3^{2-}, PO_4^{3-} и S^{2-} подвергаются гидролизу в большей степени (в 0,1М растворах ≈ 5%, 37% и 58% соответственно), чем ион NO_2^-, так как диссоциация H_2CO_3 и H_2S по 2-й ступени, а H_3PO_4 по 3-й ступени (т. е. диссоциация ионов HCO_3^-, HS^- и HPO_4^{2-}) протекает значительно хуже, чем диссоциация кислоты HNO_2. Поэтому растворы, например, Na_2CO_3, K_3PO_4 и BaS, будут сильнощелочными (в чем легко убедиться по мылкости раствора соды на ощупь). Избыток ионов OH^- в растворе легко обнаружить индикатором или измерить специальными приборами (pH-метрами).

Если в концентрированный раствор сильно гидролизующейся по аниону соли, например Na_2CO_3, внести алюминий, то последний (вследствие амфотерности) прореагирует с OH^-:

$$2Al + 6H_2O + 2OH^- = 2[Al(OH)_4]^- + 3H_2\uparrow$$

и будет наблюдаться выделение водорода. Это — дополнительное доказательство протекания гидролиза иона CO_3^{2-} (ведь в раствор Na_2CO_3 мы не добавляли щелочь NaOH!).

10.3. Гидролиз по катиону

В случае взаимодействия катиона растворенной соли с водой процесс называется *гидролизом соли по катиону*:

1) $Ni(NO_3)_2 = \mathbf{Ni^{2+}} + 2NO_3^-$ (диссоциация)

2) $\mathbf{Ni^{2+}} + H_2O \rightleftarrows NiOH^+ + H^+$ (гидролиз)

Диссоциация соли $Ni(NO_3)_2$ протекает полностью, гидролиз катиона Ni^{2+} — в очень малой степени (для 0,1М раствора — на 0,001%), но этого оказывается достаточно, чтобы раствор стал кислым (среди продуктов гидролиза присутствует ион H^+), в нем pH = 5,96.

Гидролизу подвергаются катионы только малорастворимых осно́вных и амфотерных гидроксидов и катион аммония NH_4^+. Гидролизуемый катион притягивает к себе анион OH^-, имеющийся в воде, и образует соответствующий гидроксокатион, а катион H^+ остается свободным:

$$Ni^{2+} + H_2O(H^+, OH^-) \rightleftarrows NiOH^+ + H^+$$

Катион аммония в этом случае образует слабое основание — гидрат аммиака:

$$NH_4^+ + H_2O \rightleftarrows NH_3 \cdot H_2O + H^+ \qquad (\alpha = 0{,}008\%)$$

Список гидролизующихся катионов:

Al^{3+}	Co^{2+}	Fe^{2+}	Hg_2^{2+}	Ni^{2+}
Be^{2+}	Cr^{3+}	Fe^{3+}	Mn^{2+}	Pb^{2+}
Cd^{2+}	Cu^{2+}	Hg^{2+}	NH_4^+	Zn^{2+}

Примеры:

а) $FeCl_3 = Fe^{3+} + 3Cl^-$

$Fe^{3+} + H_2O \rightleftarrows FeOH^{2+} + H^+$ (α =22,8%)

б) $Cr_2(SO_4)_3 = 2Cr^{3+} + 3SO_4^{2-}$

$Cr^{3+} + H_2O \rightleftarrows CrOH^{2+} + H^+$ (α = 3,3%)

в) $ZnBr_2 = Zn^{2+} + 2Br^-$

$Zn^{2+} + H_2O \rightleftarrows ZnOH^+ + H^+$ (α = 0,05%)

г) $(NH_4)_2SO_4 = 2NH_4^+ + SO_4^{2-}$

$NH_4^+ + H_2O \rightleftarrows NH_3 \cdot H_2O + H^+$ (α = 0,008%)

Обратите внимание, что в примерах (а—в) нельзя увеличивать число молекул воды и вместо гидроксокатионов $FeOH^{2+}$, $CrOH^{2+}$, $ZnOH^+$ писать формулы гидроксидов $FeO(OH)$, $Cr(OH)_3$, $Zn(OH)_2$. Если бы гидроксиды образовались, то из растворов солей $FeCl_3$, $Cr_2(SO_4)_3$ и $ZnBr_2$ выпали бы осадки, чего не наблюдается (эти соли образуют прозрачные растворы).

Избыток катионов H^+ легко обнаружить индикатором или измерить специальными приборами. Можно также проделать такой опыт. В концентрированный раствор сильно гидролизующейся по катиону соли, например $AlCl_3$:

$$AlCl_3 = Al^{3+} + 3Cl^-$$

$$Al^{3+} + H_2O \rightleftarrows AlOH^{2+} + H^+$$

вносится магний или цинк. Последние прореагируют с H^+:

$$M + 2H^+ = M^{2+} + H_2\uparrow \qquad (M = Mg, Zn)$$

и будет наблюдаться выделение водорода. Этот опыт — дополнительное свидетельство протекания гидролиза катиона Al^{3+} (ведь в раствор $AlCl_3$ мы не добавляли кислоту!).

10.4. Гидролиз по катиону и аниону

Соли, образованные катионами малорастворимых оснóвных или амфотерных гидроксидов и анионами слабых кислот, например сульфиды и ортофосфаты, малорастворимы в воде, и обсуждать их гидролиз не имеет смысла. Наоборот, некоторые фториды и ацетаты этих катионов хорошо растворимы в воде, они гидролизуются по катиону и аниону (в разной степени). Среда раствора определяется тем ионом соли, у которого степень гидролиза выше (в большинстве случаев выше степень гидролиза катионов и среда раствора слабокислотная). Например, гидролиз фторида меди(II) [в 0,1М растворе]:

$$CuF_2 = \mathbf{Cu^{2+}} + \mathbf{2F^-}$$

$$\mathbf{Cu^{2+}} + H_2O \rightleftarrows CuOH^+ + H^+ \qquad (\alpha_1 = 0{,}068\%)$$

$$\mathbf{F^-} + H_2O \rightleftarrows HF + OH^- \qquad (\alpha_2 = 0{,}0012\%)$$

$$\alpha_1 H^+ + \alpha_2 OH^- = \alpha_2 H_2O + \quad (\alpha_1 - \alpha_2)\mathbf{H^+}$$

То же наблюдается в растворах солей аммония и слабых кислот, например фторида NH_4F (среда кислотная), ацетата NH_4CH_3COO (среда практически нейтральная из-за одинаковой степени гидролиза по катиону и по аниону) и цианида NH_4CN (среда щелочная):

а) $NH_4F = NH_4^+ + F^-$

$$NH_4^+ + H_2O \rightleftarrows NH_3 \cdot H_2O + H^+ \qquad (\alpha_1 > \alpha_2,\ pH < 7)$$

$$F^- + H_2O \rightleftarrows HF + OH^- \qquad (\alpha_2 < \alpha_1)$$

б) $NH_4CH_3COO = NH_4^+ + CH_3COO^-$

$$NH_4^+ + H_2O \rightleftarrows NH_3 \cdot H_2O + H^+ \qquad (\alpha_1)$$

$$CH_3COO^- + H_2O \rightleftarrows CH_3COOH + OH^- \qquad (\alpha_2 = \alpha_1,\ pH = 7)$$

в) $NH_4CN = NH_4^+ + CN^-$

$$NH_4^+ + H_2O \rightleftarrows NH_3 \cdot H_2O + H^+ \qquad (\alpha_1)$$

$$CN^- + H_2O \rightleftarrows HCN + OH^- \qquad (\alpha_2 > \alpha_1,\ pH > 7)$$

Сульфид аммония $(NH_4)_2S$ при внесении в воду, на первый взгляд, хорошо растворяется в ней (образуется прозрачный раствор). Однако, в сводной таблице растворимости (табл. 24) указано, что эта соль разлагается водой. Протекает почти полный гидролиз по катиону и аниону (на 98,6% количества взятой соли):

$$(NH_4)_2S = 2NH_4^+ + S^{2-}$$

$$NH_4^+ + H_2O \rightleftarrows NH_3 \cdot H_2O + H^+ \qquad (\alpha_1)$$

$$S^{2-} + H_2O \rightleftarrows HS^- + OH^- \qquad (\alpha_2 > \alpha_1, pH > 7)$$

В растворе, таким образом, находится не $(NH_4)_2S$, а смесь продуктов его почти полного гидролиза — кислая соль NH_4HS и гидрат аммиака $NH_3 \cdot H_2O$ (среда раствора щелочная). Другими словами, среднюю соль $(NH_4)_2S$ нельзя получить по реакции нейтрализации в растворе, которая всегда будет неполной:

$$NH_3 \cdot H_2O + H_2S = NH_4HS + H_2O$$

$$NH_3 \cdot H_2O + H_2S = NH_4^+ + HS^- + H_2O$$

11. ОКИСЛИТЕЛЬНО-ВОССТАНОВИТЕЛЬНЫЕ РЕАКЦИИ. ЭЛЕКТРОЛИЗ

11.1. Основные определения

Окислительно-восстановительные реакции **протекают с одновременным повышением и понижением степеней окисления элементов и сопровождаются передачей электронов:**

$$2H_2S^{-II} + 3O_2^0 = 2S^{IV}O_2^{-II} + 2H_2O^{-II}$$

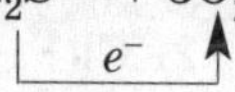

П о в ы ш е н и е степени окисления элемента в ходе реакции, отвечающее п о т е р е электронов атомами этого элемента, называют *окислением*: $S^{-II} - 6e^- = S^{IV}$. В данном примере S^{-II} окисляется до S^{IV}.

П о н и ж е н и е степени окисления элемента в ходе реакции, отвечающее присоединению электронов атомами этого элемента, называется *восстановлением*: $O^0 + 2e^- = O^{-II}$. В данном примере O^0 восстанавливается до O^{-II}.

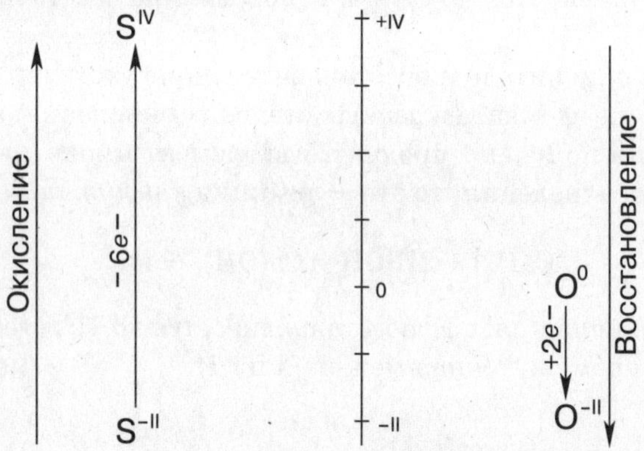

Вещество, частицы которого содержат окисляющиеся атомы, выполняет в реакции ф у н к ц и ю *восстановителя*. В данном примере восстановитель — сероводород H_2S.

Вещество, частицы которого содержат восстанавливающиеся атомы, выполняет в реакции функцию *окислителя*. В данном примере окислитель — молекулярный кислород O_2.

Различают несколько типов окислительно-восстановительных реакций.

Чаще всего такие реакции бывают *межмолекулярными*, в них функции окислителя и восстановителя разделены между веществами:

$$2Fe^{III}Cl_3 + 2KI^{-I} = 2Fe^{II}Cl_2 + I_2^0\downarrow + 2KCl$$

(здесь $FeCl_3$ — окислитель, KI — восстановитель).

Реакции, в которых внутри одного вещества атомы одного элемента окисляются, а атомы другого — восстанавливаются, называются *внутримолекулярными*:

$$2KCl^{V}O_3^{-II} \xrightarrow{t,\ \text{кат.}MnO_2} 2KCl^{-I} + 3O_2^0$$

(здесь функции окислителя и восстановителя совмещены в реагенте $KClO_3$).

Если атомы одного из элементов вещества и окисляются, и восстанавливаются, то это — реакции *дисмутации*:

$$4KCl^{V}O_3 \xrightarrow{t} 3KCl^{VII}O_4 + KCl^{-I}$$

(здесь Cl^{V} окисляется до Cl^{VII} и одновременно восстанавливается до Cl^{-I}).

Когда в окислителе и восстановителе присутствуют атомы одного и того же элемента в разных степенях окисления, а в результате реакции получают продукт, где элемент имеет промежуточную степень окисления, то это — реакция *конмутации*:

$$CaH_2^{-I} + 2H^{I}OH = Ca(OH)_2 + H_2^0\uparrow$$

(здесь H^{-I} окисляется, а H^{I} восстанавливается до H^0, степень окисления 0 — промежуточная между −I и +I).

11.2. Типичные окислители и восстановители

Вещества, являющиеся окислителями или восстановителями во многих реакциях, называются *типичными* (*сильными*).

Типичные окислители

а) в реакциях при сплавлении:

F_2	$KClO_3$	PbO_2	$KMnO_4$
O_2	KNO_3	$(Pb_2^{II}Pb^{IV})O_4$	MnO_2
Cl_2	Na_2O_2	$K_2S_2O_6(O_2)$	K_2FeO_4

б) в реакциях в водном растворе:

кислотная среда

Cl_2	Na_2O_2	$KBrO_3$	MnO_2
Br_2	H_2O_2	KNO_2	$KMnO_4$
O_2	PbO_2	HNO_3 (конц.)	$K_2Cr_2O_7$
H^+ (разб.)	$(Pb_2^{II}Pb^{IV})O_4$	H_2SO_4 (конц.)	K_2FeO_4

щелочная среда

Cl_2	Na_2O_2	$NaClO$	$KMnO_4$
Br_2	H_2O_2	$NaBrO$	K_2CrO_4
O_2	PbO_2	$(Pb_2^{II}Pb^{IV})O_4$	H_2O

Типичные восстановители

а) в реакциях при сплавлении:

Al	C (кокс)	K	Ca
Mg	CO	Na	H_2

б) в реакциях в водном растворе:

кислотная среда

Ca	Na_2SO_3	CaH_2	H^0 (атомарный)
Na	SO_2	H_2S	H_2
Mg	H_2O_2	KI	HCl (конц.)
Al	$FeSO_4$	$SnCl_2$	C_2H_5OH
Zn	KNO_2	$TiCl_3$	$H_2C_2O_4$

щелочная среда

Mg	SO_2	H_2	H^0 (атомарный)
Al	Na_2SO_3	Ca	$Li[AlH_4]$
Zn	Na_2S	CaH_2	$Na[Sn(OH)_3]$

Многие вещества могут проявлять как окислительные, так и восстановительные свойства. К таким веществам принадлежат соединения, содержащие элементы в промежуточной (для них) степени окисления:

Cl_2^0	$H_2O_2^{-I}$	$SI^{V}O_2$	$KN^{III}O_2$
Br_2^0	$Na_2O_2^{-I}$	$Na_2S^{IV}O_3$	$Mn^{IV}O_2$

Окислительно-восстановительные свойства веществ связаны с положением элементов в Периодической системе Д. И. Менделеева. Простые вещества — неметаллы обладают бо́льшими окислительными свойствами, а металлы — бо́льшими восстановительными свойствами (O_2, Cl_2 — окислители; Na, Ba, Al и Zn — восстановители).

В каждой группе Периодической системы элемент с бо́льшим порядковым номером будет обладать и бо́льшими восстановительными свойствами в своей группе, а элемент с меньшим порядковым номером — бо́льшими окислительными свойствами. Так, кальций Ca — более сильный восстановитель, чем магний Mg, молекулярный хлор Cl_2 — более сильный окислитель, чем иод I_2.

Соединения, содержащие атомы элементов в низкой степени окисления, будут восстановителями за счет этих атомов, например NH_3 — восстановитель за счет азота(−III), H_2S — за счет серы(−II), KI — за счет иода(−I) и т. д.

Соединения, включающие атомы элементов в высокой степени окисления, будут окислителями, например, HNO_3 — окислитель за счет азота(+V), $KMnO_4$ — за счет марганца(+VII), $K_2Cr_2O_7$ — за счет хрома(+VI) и т. д.

11.3. Окислительно-восстановительные переходы в водном растворе

Восстановительные (для окислителей) и окислительные (для восстановителей) переходы распространенных в химической практике веществ в растворе представлены в табл. 26.

В графах таблицы приведены:

1) символ элемента, изменяющего степень окисления в реакции (например, Br);

2) переход от степени окисления в реагенте к степени окисления в продукте (например, V → 0, к), после запятой указана сре-

да, в которой происходит реакция (к — кислотная, щ — щелочная, н — нейтральная, отсутствие указания — среда любая);

3) химические формулы реагентов и продуктов (через косую линию), отвечающие переходу степеней окисления (например BrO_3^-/Br_2, т. е. реагент — бромат-ион BrO_3^-, продукт — бром Br_2). Запись «BrO_3^-» отвечает аниону вещества, которое участвует в реакции ($HBrO_3$, $KBrO_3$), аналогично для записи «Fe^{2+}» (растворимая соль этого катиона). Для твердых веществ (осадков), газов и слабых электролитов даны молекулярные формулы, в некоторых случаях (для отличия кислот от солей) формулы сильных кислот записаны в молекулярном виде.

Таблица 26

Элемент	Переход	Реагент/ Продукт
	ОКИСЛИТЕЛИ	
Br	V → 0, к V → –I, щ I → 0, к, н I → –I, щ 0 → –I	BrO_3^-/Br_2 BrO_3^-/Br^- $HBrO/Br_2$, BrO^-/Br_2 BrO^-/Br^- Br_2/Br^-
Cl	V → 0, к V → –I, щ I → 0, к, н I → –I, щ 0 → –I	ClO_3^-/Cl_2 ClO_3^-/Cl^- $HClO/Cl_2$, ClO^-/Cl_2 ClO^-/Cl^- $Cl_{2(р,\ г)}/Cl^-$
Cr	VI → III, к VI → III, щ III → II, к	$Cr_2O_7^{2-}/Cr^{3+}$ $CrO_4^{2-}/[Cr(OH)_6]^{3-}$ Cr^{3+}/Cr^{2+}
Fe	VI → III, к III → II, к	FeO_4^{2-}/Fe^{3+} Fe^{3+}/Fe^{2+}
H	I → 0, к I → 0, щ	$H^+/H_2(H^0)$ $H_2O/H_2(H^0)$
I	V → 0, к 0 → –I	$IO_3^-/I_2\downarrow$ $I_{2\ (р,\ т)}/I^-$
Mn	VII → VI, щ VII → IV, н VII → II, к IV → II, к	MnO_4^-/MnO_4^{2-} $MnO_4^-/MnO_2\downarrow$ MnO_4^-/Mn^{2+} $MnO_{2(т)}/Mn^{2+}$

Продолжение табл. 26

Элемент	Переход	Реагент/ Продукт
	ОКИСЛИТЕЛИ	
N	V → IV, к V → III, к V → II, к V → −III, к V → −III, щ III → II, к III → 0	HNO_3 (конц.)/NO_2↑ NO_3^-/NO_2^- HNO_3 (разб.)/NO↑ HNO_3 (оч. разб.)/NH_4^+ $NO_3^-/NH_3 \cdot H_2O$ NO_2^-/NO↑ NO_2^-/N_2↑
O	0 → −II, к 0 → −II, щ −I → −II, к −I → −II, щ	$O_{2(г)}/H_2O$ $O_{2(г)}/OH^-$ H_2O_2/H_2O $Na_2O_{2(т)}/H_2O, Na^+$ H_2O_2/OH^- $Na_2O_{2(т)}/OH^-, Na^+$
Pb	IV → II, к	$PbO_{2(т)}/Pb^{2+}$ $(Pb_2^{II}Pb^{IV})O_4/Pb^{2+}$
S	VI → IV, к IV → 0, к 0 → −II, щ	H_2SO_4 (конц.)/SO_2↑ $SO_{2(р,\ г)}$/S↓ $S_{(т)}/S^{2-}$↑
Se	VI → IV, к 0 → −II, щ	$SeO_4^{2-}/H_2SeO_{3(р)}$ $Se_{(т)}/Se^{2-}$
Ti	IV → III, к	$Ti(OH)_2^{2+}/Ti^{3+}$
	ВОССТАНОВИТЕЛИ	
Ag	0 → I, к	$Ag_{(т)}/Ag^+$
Al	0 → III, к 0 → III, щ 0 → III, н	$Al_{(т)}/Al^{3+}$ $Al_{(т)}/[Al(OH)_4]^-$ $Al_{(т)}/Al(OH)_3$↓
Au	0 → I, к 0 → III, к	$Au_{(т)}/Au^+$ $Au_{(т)}, Cl^-/[AuCl_4]^-$
Ba	0 → II	$Ba_{(т)}/Ba^{2+}$
Be	0 → II, к 0 → II, щ 0 → II, н	$Be_{(т)}/Be^{2+}$ $Be_{(т)}/[Be(OH)_4]^{2-}$ $Be_{(т)}/Be(OH)_2$↓

Продолжение табл. 26

Элемент	Переход	Реагент/ Продукт
Br	–I → 0, к, н 0 → I, к 0 → I, щ 0 → V	HBr (конц.)/Br_2, Br^-/Br_2 Br_2/HBrO Br_2/ BrO^- Br_2/BrO_3^-
C	–II → –I, к 0 → IV, к III → IV, к	C_2H_5OH/$CH_3C(H)O$ C(графит)/CO_2↑ $H_2C_2O_4$/CO_2↑
Ca	0 → II, к 0 → II, щ	$Ca_{(т)}$/Ca^{2+} $Ca_{(т)}$/$Ca(OH)_2$
Cl	–I → 0, к 0 → I, к 0 → I, щ 0 → V, щ	HCl (конц.)/Cl_2↑, Cl^-/Cl_2↑ $Cl_{2(р, г)}$/HClO $Cl_{2(р, г)}$/ClO^- $Cl_{2(р, г)}$/ClO_3^-
Cr	0 → II, к II → III, к III → VI, щ	$Cr_{(т)}$/Cr^{2+} Cr^{2+}/Cr^{3+} $[Cr(OH)_6]^{3-}$/CrO_4^{2-}
Cu	0 → II, к	$Cu_{(т)}$/Cu^{2+}
Fe	0 → II, к 0 → III, к II → III, к II → III, щ III → VI, щ	$Fe_{(т)}$/Fe^{2+} $Fe_{(т)}$/Fe^{3+} Fe^{2+}/Fe^{3+} $Fe(OH)_{2(т)}$/FeO(OH)↓ $FeO(OH)_{(т)}$/FeO_4^{2-}
H	–I → 0, к –I → 0, щ 0 → I, к 0 → I, щ	$CaH_{2(т)}$/H_2↑, Ca^{2+} $CaH_{2(т)}$/H_2↑, $Ca(OH)_2$ $Li[AlH_4]_{(т)}$/H_2↑, Li^+, $[Al(OH)_4]^-$ H^0/H^+ H^0/H_2O
Hg	0 → I, к 0 → II, к	$Hg_{(ж)}$/Hg_2^{2+} $Hg_{(ж)}$/Hg^{2+}
I	–I → 0, к, н –I → V, к 0 → V	HI (конц.)/I_2↓, I–/I_2↓ I^-/IO_3^- $I_{2(т)}$/IO_3^-
K	0 → I	$K_{(т)}$/K^+
Li	0 → I	$Li_{(т)}$/Li^+
Mg	0 → II, к	$Mg_{(т)}$/Mg^{2+}

Окончание табл. 26

Элемент	Переход	Реагент/ Продукт
Mn	0 → II, к II → IV, к II → VII, к	$Mn_{(т)}/Mn^{2+}$ $Mn^{2+}/MnO_2\downarrow$ Mn^{2+}/MnO_4^-
N	–III → 0, к –III → 0, щ III → V, к	$NH_4^+/N_2\uparrow$ $NH_3 \cdot H_2O/N_2\uparrow$ NO_2^-/NO_3^-
Na	0 → I	$Na_{(т)}/Na^+$
Ni	0 → II, к	$Ni_{(т)}/Ni^{2+}$
O	–I → 0	$H_2O_2/O_2\uparrow$ $Na_2O_{2(т)}/O_2\uparrow, Na^+$
P	0 → V, к	$P_{(т)}/H_3PO_4$
Pb	0 → II, к 0 → II, щ	$Pb_{(т)}/Pb^{2+}$ $Pb_{(т)}/[Pb(OH)_3]^-$
Pt	0 → II, к	$Pt_{(т)}/Pt^{2+}$
S	–II → 0, к –II → 0, щ –II → VI, к 0 → IV, щ 0 → VI, к IV → VI	$H_2S_{(р,\ г)}/S\downarrow$ $S^{2-}/S\downarrow$ $CuS_{(т)}/SO_4^{2-}, Cu^{2+}$ $S_{(т)}/SO_3^{2-}$ $S_{(т)}/SO_4^{2-}$ $SO_{2(р,\ г)}/SO_4^{2-}$, SO_3^{2-}/SO_4^{2-}
Se	0 → IV, щ	$Se_{(т)}/SeO_3^{2-}$
Si	0 → IV, щ	$Si_{(т)}/SiO_3^{2-}(SiO_4^{4-})$
Sn	0 → II, к 0 → II, щ 0 → IV, к II → IV, щ	$Sn_{(т)}/Sn^{2+}$ $Sn_{(т)}/[Sn(OH)_3]^-$ $Sn_{(т)}/SnO_2\downarrow$ $[Sn(OH)_3]^-/[Sn(OH)_6]^{2-}$
Ti	0 → III, к	$Ti_{(т)}/Ti^{3+}$
Zn	0 → II, к 0 → II, щ	$Zn_{(т)}/Zn^{2+}$ $Zn_{(т)}/[Zn(OH)_4]^{2-}$

11.4. Ряд напряжений металлов

В ряду напряжений металлов стрелка отвечает уменьшению восстановительной способности металлов и увеличению окислительной способности их катионов в водном растворе (кислотная среда):

Li	K	Ba	Ca	Na	Mg	Be	Ti	Al	Mn	Cr	Zn
Li^+	K^+	Ba^{2+}	Ca^{2+}	Na^+	Mg^{2+}	Be^{2+}	Ti^{3+}	Al^{3+}	Mn^{2+}	Cr^{2+}	Zn^{2+}

Fe	Cd	Co	Ni	Sn	Pb	H_2	Cu	Hg	Ag	Pt	Au
Fe^{2+}	Cd^{2+}	Co^{2+}	Ni^{2+}	Sn^{2+}	Pb^{2+}	H^+	Cu^{2+}	Hg_2^{2+}	Ag^+	Pt^{2+}	Au^+

Ряд напряжений позволяет установить:

1) будет ли протекать реакция между металлом и *водой*; металлы, стоящие в ряду левее Mg, т. е. Li, K, Ba, Ca и Na, реагируют с водой по уравнениям:

$$2Na + 2H_2O = 2NaOH + H_2\uparrow$$

$$Ca + 2H_2O = Ca(OH)_2 + H_2\uparrow$$

остальные металлы в обычных условиях не реагируют с водой;

2) будет ли протекать реакция с выделением H_2 между металлом и *кислотой*, которая является окислителем за счет катионов H^+, такими как HCl и H_2SO_4 (разбавленная).

С HCl (разб.) и H_2SO_4 (разб.) реагируют почти все металлы, стоящие *левее* водорода, например:

$$Ca + 2HCl = CaCl_2 + H_2\uparrow$$

$$Fe + H_2SO_4 = FeSO_4 + H_2\uparrow$$

Исключения: металлы Ti и Sn реагируют только с HCl (конц.):

$$2Ti + 6HCl\ (конц.) = 2TiCl_3 + 3H_2\uparrow$$

$$Sn + 2HCl\ (конц.) = SnCl_2 + H_2\uparrow$$

и не реагируют с H_2SO_4 (разб.). Металл Pb, восстановительная активность которого почти равна таковой для водорода, не реагирует с HCl (разб., конц.) и H_2SO_4 (разб.).

Металлы, стоящие в ряду напряжений *правее* водорода — Cu, Hg, Ag, Pt и Au, в принципе не вступают во взаимодействие с HCl и H_2SO_4 (разб.) и не вытесняют из них водорода.

В н и м а н и е! Из распространенных кислот в реакции с вытеснением водорода не вступают азотная кислота HNO_3 (ни концентрированная, ни разбавленная) и серная кислота H_2SO_4 (конц.);

3) будет ли протекать реакция замещения между металлом и с о л ь ю другого металла в ее растворе; **чем л е в е е находится металл в ряду напряжений, тем легче он переходит в состояние катиона и восстанавливает все металлы, стоящие с п р а в а от него** (положение металлов относительно водорода не имеет значения). Так, Fe вытесняет металлы Cd — Au (по ряду слева направо) из растворов их солей.

П р и м е р ы:

а) $Fe + CuSO_4 = FeSO_4 + Cu\downarrow$
$Fe + Cu^{2+} = Fe^{2+} + Cu\downarrow$

б) $Zn + CdCl_2 = ZnCl_2 + Cd\downarrow$
$Zn + Cd^{2+} = Zn^{2+} + Cd\downarrow$

в) $Cu + 2AgNO_3 = Cu(NO_3)_2 + 2Ag\downarrow$
$Cu + 2Ag^+ = Cu^{2+} + 2Ag\downarrow$

В этих реакциях не используют металлы Li — Na (левая часть ряда), которые будут реагировать не с солями других металлов в растворе, а с водой.

11.5. Подбор коэффициентов в уравнениях методом электронного баланса

Метод *электронного баланса* — универсальный, он используется для подбора коэффициентов в уравнениях любых реакций.

Метод состоит из нескольких этапов.

1. Записывают с х е м у реакции; находят э л е м е н т ы, повышающие и понижающие свои степени окисления, и выписывают их отдельно:

$$P + KClO_3 = P_2O_5 + KCl$$
$$P^0 = P^V$$
$$Cl^V = Cl^{-I}$$

2. Составляют уравнения п о л у р е а к ц и й окисления и восстановления:

полуреакция окисления $P^0 - 5e^- = P^V$

полуреакция восстановления $Cl^V + 6e^- = Cl^{-I}$

3. Подбирают дополнительные множители (справа за чертой) для уравнений полуреакций так, чтобы **число электронов, отданных восстановителем, стало равным числу электронов, принятых окислителем:**

P^0	$-$	$5e^-$	$=$	P^V	6
Cl^V	$+$	$6e^-$	$=$	Cl^{-I}	5

4. Проставляют найденные множители в качестве коэффициентов в схему реакции:

$$6P + 5KClO_3 = 3P_2O_5 + 5KCl$$

5. Проводят проверку по элементу, который не менял свою степень окисления (чаще всего — кислород):

слева 15 атомов O $\longrightarrow$ справа 15 атомов O

Подбор коэффициентов проведен правильно.

Примеры:

а) $3MnCO_3 + KClO_3 = 3MnO_2 + KCl + 3CO_2$

Cl^V	$+$	$6e^-$	$=$	Cl^{-I}	1
Mn^{II}	$-$	$2e^-$	$=$	Mn^{IV}	3

(коэффициент перед CO_2 подбирается поэлементно и в последнюю очередь, проверка — по кислороду);

б) $Fe_2O_3 + 3CO = 2Fe + 3CO_2$

Fe^{III}	$+$	$3e^-$	$=$	Fe^0	2
C^{II}	$-$	$2e^-$	$=$	C^{IV}	3

в) $3H_2O_{2(р)} + 2NH_{3(р)} = 6H_2O + N_2\uparrow$

O^{-I}	$+$	$1e^-$	$=$	O^{-II}	6
$2N^{-III}$	$-$	$6e^-$	$=$	N_2^0	1

(*простые вещества* — здесь N_2 — пишут в уравнениях полуреакций в молекулярном виде);

г) $(NH_4)_2Cr_2O_7 = Cr_2O_3 + N_2 + 4H_2O$

$2N^{-III}$	$-$	$6e^-$	$=$	N_2^0	1
$2Cr^{VI}$	$+$	$6e^-$	$=$	$2Cr^{III}$	1

(реакция *внутримолекулярного* окисления-восстановления, расчет ведут на число атомов в формульной единице реагента — $2N^{-III}$ и $2Cr^{VI}$);

д) $2Pb(NO_3)_2 = 2PbO + 4NO_2 + O_2$

$$\begin{array}{lllll|l} N^{V} & + & 1e^- & = & N^{IV} & 4 \\ 2O^{-II} & - & 4e^- & = & O_2^0 & 1 \end{array}$$

е) $2H_2O_2 = 2H_2O + O_2$

$$\begin{array}{lllll|l} O^{-I} & + & 1e^- & = & O^{-II} & 2 \\ 2O^{-I} & - & 2e^- & = & O_2^0 & 1 \end{array}$$

(реакция *дисмутации*, коэффициенты ставят сначала в правую часть уравнения);

ж) $3K_2MnO_4 + 2H_2O = MnO_2\downarrow + 2KMnO_4 + 4KOH$

$$\begin{array}{lllll|l} Mn^{VI} & + & 2e^- & = & Mn^{IV} & 1 \\ Mn^{VI} & - & 1e^- & = & Mn^{VII} & 2 \end{array}$$

(коэффициент перед K_2MnO_4 находят суммированием числа атомов Mn^{VI} в правой части обоих уравнений полуреакций);

з) $2H_2S + SO_2 = S + 2H_2O$

$$\begin{array}{lllll|l} S^{-II} & - & 2e^- & = & S^0 & 2 \\ S^{IV} & + & 4e^- & = & S^0 & 1 \end{array}$$

(реакция *конмутации*, коэффициенты ставят сначала в левую часть уравнения);

и) $N^{-III}H_4N^{III}O_2 = N_2 + 2H_2O$

$$\left.\begin{array}{lllll} N^{-III} & - & 3e^- & = & N^0 \\ N^{III} & + & 3e^- & = & N^0 \end{array}\right\} N_2 \;\begin{array}{|l} 1 \\ 1 \end{array}$$

к) $4FeS_2 + 11O_2 = 2Fe_2O_3 + 8SO_2$

$$\begin{array}{l|l} \left.\begin{array}{lllll} Fe^{II} & - & 1e^- & = & Fe^{III} \\ 2S^{-I} & - & 10e^- & = & 2S^{IV} \end{array}\right\} -11e^- & 4 \\ \begin{array}{lllll} O_2^0 & + & 4e^- & = & 2O^{-II} \end{array} & 11 \end{array}$$

(в FeS_2 окисляются атомы $Fe^{II} \longrightarrow Fe^{III}$ и $S^{-I} \longrightarrow S^{IV}$, расчет ведут на число этих атомов в формуле реагента и суммируют число отданных электронов);

л) $4Fe(NO_3)_2 = 2Fe_2O_3 + 8NO_2 + O_2$

$$\begin{array}{l|l} \left.\begin{array}{lllll} Fe^{II} & - & 1e^- & = & Fe^{III} \\ 2N^{V} & + & 2e^- & = & 2N^{IV} \end{array}\right\} +1e^- & 4 \\ \begin{array}{lllll} 2O^{-II} & - & 4e^- & = & O_2^0 \end{array} & 1 \end{array}$$

(в реагенте одновременно окисляются атомы первого слева и восстанавливаются атомы второго слева элементов: $Fe^{II} \rightarrow Fe^{III}$ и $N^{V} \rightarrow N^{IV}$, расчет ведут на число этих атомов в формуле реагента и алгебраически суммируют число электронов);

м) $3Zn + 8HNO_3$ (разб.) $= 3Zn(NO_3)_2 + 2NO\uparrow + 4H_2O$

$$\begin{array}{lcccl|l} Zn^0 & - & 2e^- & = & Zn^{II} & 3 \\ N^V & + & 3e^- & = & N^{II} & 2 \end{array}$$

(коэффициент для HNO_3 находят суммированием числа атомов N в правой части уравнения);

н) $Zn + 2H_2O + 2NaOH = Na_2[Zn(OH)_4] + H_2\uparrow$

$$\begin{array}{lcccl|l} Zn^0 & - & 2e^- & = & Zn^{II} & 1 \\ 2H^I & + & 2e^- & = & H_2^0 & 1 \end{array}$$

(в растворе Zn — восстановитель, H_2O — окислитель; в молекуле воды восстанавливается один атом водорода из двух: $H^IOH \longrightarrow H^0$);

$Zn + 2NaOH$ (расплав) $= Na_2ZnO_2 + H_2\uparrow$

$$\begin{array}{lcccl|l} Zn^0 & - & 2e^- & = & Zn^{II} & 1 \\ 2H^I & + & 2e^- & = & H_2^0 & 1 \end{array}$$

(в расплаве восстанавливается атом водорода из гидроксид-иона $[OH^I]^- \longrightarrow H^0$).

Следует подчеркнуть, что подбор коэффициентов не предполагает установления вида продуктов; наоборот, вначале составляют схему реакции, т. е. устанавливают формулы продуктов, исходя из химических свойств реагентов, а затем подбирают коэффициенты в уравнении реакции.

Ни в коем случае не следует заучивать наизусть уравнения реакций с подобранными коэффициентами!

На практике метод электронного баланса используют для подбора коэффициентов в уравнениях реакций между веществами, не находящимися в водном растворе, а также между веществами в растворе, если эти вещества и продукты реакции — неэлектролиты (слабые электролиты).

11.6. Подбор коэффициентов в уравнениях методом электронно-ионного баланса

Метод *электронно-ионного баланса* рекомендуется для ионных реакций, протекающих в водном растворе при участии сильных электролитов.

Метод состоит из нескольких этапов.

1. Записывают молекулярное уравнение реакции:

$$K_2Cr_2O_7 + H_2SO_4 + H_2S = Cr_2(SO_4)_3 + H_2O + S\downarrow + K_2SO_4$$

2. Записывают (на следующей строке) формулы реагентов в ионном виде (где это возможно):

$$Cr_2O_7^{2-} + H^+ + H_2S = \ldots$$

(здесь $Cr_2O_7^{2-}$ — окислитель, H^+ — кислотная среда, H_2S — восстановитель).

3. Составляют на двух следующих строках (особенности составления см. далее) электронно-ионные уравнения полуреакций восстановления окислителя и окисления восстановителя (соблюдая законы сохранения числа атомов и зарядов) и подбирают дополнительные множители:

Полуреакция восстановления $Cr_2O_7^{2-} + 14H^+ + 6e^- = 2Cr^{3+} + 7H_2O$ | 1

Полуреакция окисления $H_2S - 2e^- = S\downarrow + 2H^+$ | 3

4. Составляют (суммированием уравнений полуреакций) ионное уравнение реакции, т. е. дополняют запись п. 2:

$$Cr_2O_7^{2-} + 8H^+ + 3H_2S = 2Cr^{3+} + 7H_2O + 3S\downarrow$$

5. Переносят коэффициенты в молекулярное уравнение реакции и подбирают коэффициенты для веществ, отсутствующих в ионном уравнении, т. е. дополняют запись п. 1, затем проводят проверку (обычно по числу атомов кислорода). Получают уравнение реакции с подобранными коэффициентами:

$$K_2Cr_2O_7 + 4H_2SO_4 + 3H_2S = Cr_2(SO_4)_3 + 7H_2O + 3S\downarrow + K_2SO_4$$

Различие числа атомов O^{-II} в формульной единице окислителя (восстановителя) и продукта его восстановления (окисления) в уравнениях полуреакций компенсируется добавлением формульных единиц H_2O и ионов среды — кислотной H^+ (условная запись; точнее, H_3O^+) или щелочной OH^- (атомы O^{-II}, находящиеся в реагентах или продуктах, заключены в квадратные скобки):

Кислотная среда $[O^{-II}] + 2H^+ = H_2O$ или $H_2O = [O^{-II}] + 2H^+$

Щелочная среда $[O^{-II}] + H_2O = 2OH^-$ или $2OH^- = [O^{-II}] + H_2O$

Примеры:

а) окислитель MnO_4^- (слева — избыток атомов O^{-II}):

Кислотная среда $MnO_4^- + 8H^+ + 5e^- = Mn^{2+} + 4H_2O$

Щелочная среда $MnO_4^- + 2H_2O + 3e^- = MnO_2\downarrow + 4OH^-$

б) Восстановитель SO_3^{2-} (слева — недостаток атомов O^{-II}):

Кислотная среда $SO_3^{2-} + H_2O - 2e^- = SO_4^{2-} + 2H^+$

Щелочная среда $SO_3^{2-} + 2OH^- - 2e^- = SO_4^{2-} + H_2O$

Для реакций в условно-нейтральной (слабокислотной, слабощелочной) среде в уравнениях полуреакций восстановления и окисления слева обязательно записывают воду, но при этом получается разное число ионов H^+ и OH^-, что компенсируется составлением третьего ионного уравнения для среды реакции.

Примеры:

а) $MnO_4^- + 2H_2O + 3e^- = MnO_2\downarrow + 4OH^-$ | 2 $(8OH^-)$

$SO_3^{2-} + H_2O - 2e^- = SO_4^{2-} + 2H^+$ | 3 $(6H^+)$

$8OH^- + 6H^+ = 6H_2O + 2OH^-$ (где $6OH^- + 6H^+ = 6H_2O$)

(эта реакция реально протекает в слабощелочной среде — справа $2OH^-$);

б) $MnO_4^- + 2H_2O + 3e^- = MnO_2\downarrow + 4OH^-$ | 2 $(8OH^-)$

$Mn^{2+} + 2H_2O - 2e^- = MnO_2\downarrow + 4H^+$ | 3 $(12H^+)$

$8OH^- + 12H^+ = 8H_2O + 4H^+$ (так как $8OH^- + 8H^+ = 8H_2O$)

(эта реакция протекает в слабокислотной среде — справа $4H^+$).

Если же (при известном навыке) сразу учесть, что в первом из приведенных выше примеров раствор сульфита SO_3^{2-} слабощелочной вследствие гидролиза ($SO_3^{2-} + H_2O \leftrightarrows HSO_3^- + OH^-$) и реакция с ионами MnO_4^- протекает в слабощелочной среде, а во втором примере раствор соли марганца(II) слабокислый вследствие гидролиза ($Mn^{2+} + H_2O \leftrightarrows MnOH^+ + H^+$) и реакция с ионами MnO_4^- протекает в слабокислотной среде, то в полуреакциях окисления и восстановления используют один вид среды — либо щелочной (в первом примере), либо кислотный (во втором примере):

а) $MnO_4^- + 2H_2O + 3e^- = MnO_2\downarrow + 4OH^-$

$SO_3^{2-} + 2OH^- - 2e^- = SO_4^{2-} + H_2O$

б) $MnO_4^- + 4H^+ + 3e^- = MnO_2\downarrow + 2H_2O$

$Mn^{2+} + 2H_2O - 2e^- = MnO_2\downarrow + 4H^+$

П р и м е р ы *уравнений реакций*:

а) $2KMnO_4 + 3H_2O_2 = 2MnO_2\downarrow + 3O_2\uparrow + 2KOH + 2H_2O$

$2MnO_4^- + 3H_2O_2 = MnO_2\downarrow + 3O_2\uparrow + 2OH^- + 2H_2O$

$$\begin{array}{l|l} MnO_4^- + 2H_2O + 3e^- = MnO_2\downarrow + 4OH^- & 2 \\ H_2O_2 \qquad - 2e^- = O_2\uparrow + 2H^+ & 3 \end{array}$$

$8OH^- + 6H^+ = 6H_2O + 2OH^-$

б) $2KI + 2H_2SO_4 + 2KNO_2 = I_2\downarrow + 2NO\uparrow + 2H_2O + 2K_2SO_4$

$2I^- + 4H^+ + 2NO_2^- = I_2\downarrow + 2NO\uparrow + 2H_2O$

$$\begin{array}{l|l} 2I^- \qquad - 2e^- = I_2\downarrow & 1 \\ NO_2^- + 2H^+ + 1e^- = NO\uparrow + H_2O & 2 \end{array}$$

в) $3Cu + 8HNO_3$ (разб.) $= 2Cu(NO_3)_2 + 2NO\uparrow + 4H_2O$

$3Cu + 8H^+ + 2NO_3^- = 3Cu^{2+} + 2NO\uparrow + 4H_2O$

$$\begin{array}{l|l} Cu^0 \qquad - 2e^- = Cu^{2+} & 3 \\ NO_3^- + 4H^+ + 3e^- = NO\uparrow + 2H_2O & 2 \end{array}$$

г) $2Al + 2NaOH + 6H_2O = 2Na[Al(OH)_4] + 3H_2\uparrow$

$2Al + 2OH^- + 6H_2O = 2[Al(OH)_4]^- + 3H_2\uparrow$

$$\begin{array}{l|l} Al + 4OH^- - 3e^- = [Al(OH)_4]^- & 2 \\ 2H_2O \qquad + 2e^- = H_2\uparrow + 2OH^- & 3 \end{array}$$

д) $5Cl_2 + I_2 + 6H_2O = 10HCl + 2HIO_3$

$5Cl_2 + I_2 + 6H_2O = 10Cl^- + 2IO_3^- + 12H^+$

$$\begin{array}{l|l} Cl_2 \qquad + 2e^- = 2Cl^- & 5 \\ I_2 + 6H_2O - 10e^- = 2IO_3^- + 12H^+ & 1 \end{array}$$

е) $3K_2MnO_4 + 2H_2O = 2KMnO_4 + MnO_2\downarrow + 4KOH$

$3MnO_4^{2-} + 2H_2O = 2MnO_4^- + MnO_2\downarrow + 4OH^-$

$$\begin{array}{l|l} MnO_4^{2-} \qquad - 1e^- = MnO_4^- & 2 \\ MnO_4^{2-} + 2H_2O + 2e^- = MnO_2\downarrow + 4OH^- & 1 \end{array}$$

ж) $KBrO_3 + 3H_2SO_4 + 5KBr = 3Br_2 + 3H_2O + 3K_2SO_4$

$BrO_3^- + 6H^+ + 5Br^- = 3Br_2 + 3H_2O$

$$\begin{array}{l|l} 2BrO_3^- + 12H^+ + 10e^- = Br_2 + 6H_2O & 1 \\ 2Br^- \qquad - 2e^- = Br_2 & 5 \end{array}$$

з) $3Na_2O_2 + 2Na_3[Cr(OH)_6]_{(р)} = 8NaOH + 2Na_2CrO_4 + 2H_2O$

$3Na_2O_2 + 2[Cr(OH)_6]^{3-} = 8OH^- + 2CrO_4^{2-} + 2H_2O$

$$Na_2O_2 + 2H_2O + 2e^- = 4OH^- + 2Na^+ \quad | \; 3$$

$$[Cr(OH)_6]^{3-} + 2OH^- - 3e^- = CrO_4^{2-} + 4H_2O \quad | \; 2$$

Для составления уравнений окислительно-восстановительных реакций необходимо знать (определять) функции реагентов (окислитель, восстановитель, среда) и соответственно выбирать формулы продуктов. Важнейшие переходы для распространенных окислителей и восстановителей в растворе см. табл. 26.

11.7. Электролиз расплава и раствора

Электролизом называется окислительно-восстановительный процесс, протекающий на электродах при прохождении постоянного электрического тока через р а с т в о р ы или р а с п л а в ы электролитов.

На отрицательно заряженном электроде — *катоде* происходит электрохимическое в о с с т а н о в л е н и е частиц (атомов, молекул, катионов), а на положительно заряженном электроде — *аноде* идет электрохимическое о к и с л е н и е частиц (атомов, молекул, анионов).

П р и м е р ы *э л е к т р о л и з а р а с п л а в о в*:

а) $2KCl \xrightarrow{\text{расплав}} 2K^+ + 2Cl^- \xrightarrow{\text{электролиз}} 2K + Cl_2\uparrow$

(катод) $K^+ + 1e^- = K^0$ | 2

(анод) $2Cl^- - 2e^- = Cl_2^0$ | 1

б) $4NaOH \xrightarrow{\text{расплав}} 4Na^+ + 4OH^- \xrightarrow{\text{электролиз}} 4Na + O_2\uparrow + 2H_2O\uparrow$

(катод) $Na^I + 1e^- = Na^0$ | 4

(анод) $2O^{-II} - 4e^- = O_2^0$ | 1

Электролиз воды проводится всегда в присутствии и н е р т н о г о электролита (для увеличения электропроводности очень слабого электролита — воды):

$2H_2O \xrightarrow{\text{электролиз}} 2H_2\uparrow + O_2\uparrow$

(катод) $2H^I + 2e^- = H_2^0$ | 2

(анод) $2O^{-II} - 4e^- = O_2^0$ | 1

В зависимости от инертного электролита электролиз проводится в нейтральной, кислотной или щелочной среде (например, в присутствии K_2SO_4, H_2SO_4 или KOH).

При выборе инертного электролита необходимо учесть, что никогда не восстанавливаются на катоде в водном растворе катионы металлов, являющихся типичными восстановителями (например, Li^+, K^+, Ca^{2+}, Na^+, Mg^{2+}, Al^{3+}), и никогда не окисляется на аноде кислород O^{-II} анионов оксокислот с элементом в высшей степени окисления (например, ClO_4^-, SO_4^{2-}, NO_3^-, PO_4^{3-}, CO_3^{2-}); вместо них окисляется вода.

Примеры *электролиза растворов солей*:

а) $2KCl + 2H_2O \xrightarrow{\text{электролиз}} H_2\uparrow + Cl_2\uparrow + 2KOH$

(катод) $2H^I + 2e^- = H_2^0$ | 1

(анод) $2Cl^{-I} - 2e^- = Cl_2^0$ | 1

(на аноде окисляются анионы Cl^-, а не кислород O^{-II} молекул H_2O, так как электроотрицательность хлора меньше, чем у кислорода, и следовательно, хлор отдает электроны легче, чем кислород);

б) $2CuSO_4 + 2H_2O \xrightarrow{\text{электролиз}} 2Cu\downarrow + O_2\uparrow + 2H_2SO_4$

(катод) $Cu^{II} + 2e^- = Cu^0$ | 2

(анод) $2O^{-II} - 4e^- = O_2^0$ | 1

(на катоде восстанавливаются катионы Cu^{2+}, а не водород H^I молекул H_2O, так как медь стоит правее водорода в ряду напряжений, т. е. легче принимает электроны, чем H^I в воде; подробнее см.11.4).

Подчеркнем еще раз, что электролиз — это окислительно-восстановительная реакция, которая протекает под действием и при участии электрического тока. Уравнения электрохимических реакций отражают те процессы, которые без помощи электрического тока протекать не могут.

———

12. ХИМИЧЕСКАЯ КИНЕТИКА И КАТАЛИЗ. ХИМИЧЕСКОЕ РАВНОВЕСИЕ

12.1. Скорость химической реакции

Количественной характеристикой быстроты течения химической реакции

$$A + B \longrightarrow D + E$$

является ее *скорость*, т. е. скорость взаимодействия частиц реагентов A и B или скорость появления продуктов D и E. Изучением скорости химических реакций занимается особый раздел химии — *химическая кинетика*.

В *гомогенных* (однородных) системах исследуется скорость реакции между реагентами, не имеющими границы раздела (газовые реакции, реакции в растворах). В *гетерогенных* системах изучается скорость реакции на поверхности раздела между реагирующими веществами (например, A — твердое вещество, B — газ или A — твердое вещество, B — вещество в растворе).

Для реакций, уравнения которых не отражают механизма протекания этих реакций, необходимо рассматривать каждую элементарную стадию отдельно. Тройные и более столкновения ($A + B + B + \ldots \rightarrow$) маловероятны, поэтому такие реакции (например $N_2 + 3H_2 \rightarrow 2NH_3$) протекают всегда в несколько элементарных стадий ($A + B \rightarrow$).

Для гомогенных систем **скорость реакции — это изменение концентраций реагентов или продуктов в единицу времени:**

$$v = \frac{\Delta c_{\text{реаг}}}{\Delta\tau} = \frac{\Delta c_{\text{прод}}}{\Delta\tau} \qquad \textbf{(27)}$$

где v — скорость реакии, моль/(л · с);

$\Delta c_{\text{реаг}} = (c'_{\text{реаг}} - c''_{\text{реаг}})$ — уменьшение концентрации реагентов, моль/л, за промежуток времени $\Delta\tau = \tau_2 - \tau_1$ (см. рисунок);

$\Delta c_{\text{прод}} = (c''_{\text{прод}} - c'_{\text{прод}})$ — увеличение концентрации продуктов, моль/л, за тот же промежуток времени.

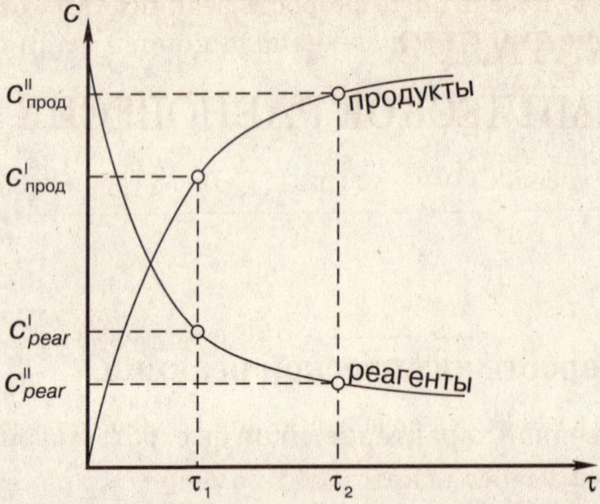

В начальный момент времени (τ = 0) концентрация реагентов н а и б о л ь ш а я, а концентрация продуктов равна н у л ю. В процессе реакции концентрация реагентов уменьшается, а концентрация продуктов растет.

П р и м е р 1. Скорость реакции $N_2 + O_2 \rightarrow 2NO$, если в ней на моменты времени 74 с и 124 с концентрация азота составляла 0,07 и 0,02 моль/л, равна:

$$v = \frac{\Delta c(\text{реаг. } N_2)}{\Delta\tau} = \frac{c'(\text{реаг. } N_2) - c''(\text{реаг. } N_2)}{\tau_2 - \tau_1} =$$

$$= \frac{0{,}07 - 0{,}02}{124 - 74} = 0{,}001 \text{ моль/(л} \cdot \text{с)}$$

П р и м е р 2. Скорость реакции $H_2 + Cl_2 \rightarrow 2HCl$, если в ней на моменты времени 1 мин 30 с и 2 мин 10 с концентрация HCl (A) изменилась от 0,20 до 0,28 моль/л, равна:

$$v = \frac{\Delta c(\text{прод. A})}{a \cdot \Delta\tau} = \frac{c''(\text{прод. A}) - c'(\text{прод. A})}{a(\tau_2 - \tau_1)} =$$

$$= \frac{0{,}28 - 0{,}20}{130 - 90} = 0{,}002 \text{ моль/(л} \cdot \text{с)}$$

Примечание. В расчетную формулу введен коэффициент $a = 2$, стоящий перед HCl в уравнении реакции, что находится в соответствии с уравнением (**11**).

П р и м е р 3. Рассчитайте скорость реакции $CO + Cl_2 \longrightarrow CCl_2O$, если через 1 мин 40 с после ее начала концентрация CO изменилась от 3,4 до 0,2 моль/л.

Решение:

$$v = \frac{\Delta c(\text{реаг. CO})}{\Delta\tau} = \frac{c'(\text{реаг. CO}) - c''(\text{реаг. CO})}{\tau_2 - \tau_1} =$$

$$= \frac{3{,}4 - 0{,}2}{100 - 0} = 0{,}032 \text{ моль/(л} \cdot \text{с)}$$

П р и м е ч а н и е. Время начала реакции $\tau_1 = 0$ по определению.

П р и м е р 4. Через некоторый промежуток времени после начала реакции $CO + Cl_2 \longrightarrow CCl_2O$ концентрации реагента CO (A) и продукта CCl_2O (B) оказались равными соответственно 0,06 и 1,2 моль/л. Определите начальную концентрацию реагента.

Решение:

$$c'(\text{реаг. A}) = \Delta c(\text{реаг. A}) + c''(\text{реаг. A}) = \Delta c(\text{прод. B}) + c''(\text{реаг. A}) =$$
$$= [c''(\text{прод. B}) - c'(\text{прод. B})] + c''(\text{реаг. A}) = (1{,}2 - 0) + 0{,}6 =$$
$$= 1{,}8 \text{ моль/л}$$

Примечание. Коэффициенты перед CO и CCl_2O в уравнении реакции $a = 1$ и $b = 1$ не введены в расчетную формулу (иные коэффициенты вводить необходимо, см. примечание к примеру 2). Начальная концентрация продукта $c'(\text{прод. B}) = 0$ по определению.

12.2. Факторы, влияющие на скорость реакции

К факторам, влияющим на скорость реакции, относятся природа реагентов, катализатор, температура, концентрация реагентов.

1. Природа реагентов. Здесь большую роль играет характер химических связей в соединениях, строение их молекул. Например, выделение водорода цинком из раствора хлороводорода происходит значительно быстрее, чем из раствора уксусной кислоты, так как полярность связи H — Cl больше, чем связи O — H в молекуле CH_3COOH; иначе говоря, из-за того, что HCl — сильный электролит, а CH_3COOH — слабый электролит в водном растворе.

Чем больше поверхность соприкосновения реагирующих веществ, тем быстрее протекает реакция. Поверхность твердого вещества может быть увеличена путем его измельчения или растворения (если вещество растворимо). Реакции в растворах протекают практически мгновенно.

2. Катализаторы. Большое влияние на скорость реакции оказывают *катализаторы* — вещества, увеличивающие скорость реакции (часто от нуля до очень больших значений), но не входящие в состав продуктов. Увеличение скорости реакции под влиянием катализаторов называется *катализом*. Во многих случаях катализаторы образуют с одним из реагирующих веществ промежуточное соединение, которое реагирует с другим исходным веществом, в результате получается продукт и высвобождается катализатор.

Иногда употребляют отрицательные катализаторы — *ингибиторы*, которые, наоборот, замедляют нежелательные химические реакции (например, коррозию металлов).

3. Температура. Для газовых реакций известно, что **при повышении температуры на десять градусов** ($\Delta T = 10$ К или $\Delta t = 10$ °С) **скорость реакции возрастает в 2—4 раза** (*правило Вант-Гоффа*). Для скорости реакции v_2 и v_1 при значениях температуры t_2 и t_1 имеем:

$$v_2 = v_1 \gamma^{0,1(t_2 - t_1)} \qquad (28)$$

где γ — температурный коэффициент скорости реакции, $\gamma = 2 - 4$.

Для реакций в растворах скорость также увеличивается с ростом температуры и часто в той же мере, как и для газовых реакций.

При повышении температуры возрастает число активных молекул, т. е. таких молекул, которые в момент столкновения обладают бо́льшей энергией и могут образовать продукты.

Как показывают исследования, активных молекул в реакционной среде при обычных условиях очень мало. Иначе все реакции между газами протекали бы мгновенно и в воздухе не было бы, например, свободного кислорода, необходимого для дыхания. Реакции между газами при обычных условиях практически не идут (встречаются исключения, например, при 20 °С полностью протекает реакция $2NO + O_2 = 2NO_2$).

Пример 1. Скорость реакции A → B при 10 °С равна 2 моль/(л · с), температурный коэффициент имеет значение 3, следовательно при 50 °С скорость реакции составит:

$$v_2 = v_1 \gamma^{0,1(t_2 - t_1)} = 2 \cdot 3^{0,1(50 - 10)} = 162 \text{ моль/(л} \cdot \text{с)}$$

П р и м е р 2. Определите температурный коэффициент, если при повышении температуры от 50 до 90 °С скорость реакции возрастает в 21,37 раза.

Решение:

$$v_2 = v_1 \gamma^{\,0,1(t_2 - t_1)}$$

отсюда имеем:

$$\gamma = \sqrt[0,1(t_2 - t_1)]{\frac{v_2}{v_1}} = \sqrt[0,1 \cdot 40]{\frac{21,37 v_1}{v_1}} = \sqrt[4]{21,37} = 2,15$$

П р и м е р 3. Рассчитайте интервал повышения температуры (в °С) для увеличения скорости реакции $A \to B$ в 64 раза, если температурный коэффициент равен 4.

Решение:

$$\frac{v_2}{v_1} = \gamma^{\,0,1(t_2 - t_1)} = \gamma^{0,1 \cdot \Delta t}$$

Логарифмируя обе части уравнения, получаем:

$$\lg (v_2/v_1) = 0,1 \cdot \Delta t \cdot \lg \gamma, \text{ следовательно}$$

$$\Delta t = \frac{\lg (v_1/v_2)}{0,1 \cdot \lg \gamma} = \frac{\lg 64}{0,1 \cdot \lg 4} = 30\ °\mathrm{C}$$

4. Концентрация реагентов. Чтобы произошло взаимодействие, частицы реагирующих веществ в гомогенной среде должны с т о л к н у т ь с я. Число столкновений пропорционально числу частиц реагирующих веществ в объеме реактора, т. е. молярным концентрациям этих веществ.

Чем бóльшие количества веществ взяты для реакции в данном объеме системы, т. е. чем в ы ш е концентрация реагентов, тем больше число столкновений частиц и тем б о л ь ш е скорость реакции. Зависимость скорости реакции от концентрации реагентов распространяется на газовые смеси и растворы.

Установлено, что:

Скорость химической реакции прямо пропорциональна произведению молярных концентраций реагентов

если для реакции необходимо столкновение д в у х реагирующих молекул. Эта зависимость носит название *кинетический закон действующих масс* (К. Гулльберг, П. Boге, 1867)

Для г о м о г е н н о й реакции A + B $\longrightarrow$ ... этот закон изображается уравнением

$$v = kc_{A}c_{B} \qquad \textbf{(29а)}$$

где k — константа скорости реакции [л/(моль · с)], зависящая от природы реагентов, присутствия катализатора и температуры, но не зависящая от концентрации реагентов и численно равная скорости реакции при условии $c_{A}c_{B} = 1$.

Для г е т е р о г е н н о й реакции $A + B_{(ж,\ т)} \longrightarrow$ ... взаимодействие происходит лишь на поверхности конденсированного (жидкого, твердого) вещества, поэтому концентрация такого вещества не входит в выражение закона действующих масс:

$$v = kc_{A} \qquad \textbf{(29б)}$$

П р и м е р 1. Скорость гомогенной реакции $H_2 + I_2 = 2HI$, если концентрации реагентов увеличить соответственно в 2 и 4 раза, изменится так:

$$\frac{v_2}{v_1} = \frac{kc''(H_2) \cdot c''(I_2)}{kc'(H_2) \cdot c'(I_2)} = \frac{xc'(H_2) \cdot yc'(I_2)}{c'(H_2) \cdot c'(I_2)} = xy = 2 \cdot 4 =$$

$$= 8 \text{ (т.е. увеличится в 8 раз)}$$

П р и м е р 2. Скорость гомогенной реакции $Xe + F_2 \longrightarrow XeF_2$, если концентрации реагентов уменьшить соответственно в 7,5 и 54 раза, изменится так:

$$\frac{v_2}{v_1} = \frac{kc''(Xe) \cdot c''(F_2)}{kc'(Xe) \cdot c'(F_2)} = \frac{c''(Xe) \cdot c''(F_2)}{xc''(Xe) \cdot yc''(F_2)} = \frac{1}{xy} = \frac{1}{7{,}5 \cdot 54} =$$

$$= \frac{1}{405} \text{ (т.е. уменьшится в 405 раз)}$$

П р и м е р 3. Скорость гетерогенной реакции

$$C_{(т)}\ (50\ г) + O_2\ (1\ моль/л) \rightarrow CO_2$$

если концентрацию кислорода увеличить на 5 моль/л, изменится так:

$$\frac{v_2}{v_1} = \frac{kc''(O_2)}{kc'(O_2)} = \frac{c'(O_2) + 5}{c'(O_2)} = \frac{1 + 5}{1} =$$

$$= 6 \text{ (т.е. увеличится в 6 раз)}$$

П р и м е р 4. Скорость гетерогенной реакции $FeO_{(т)} + CO \longrightarrow Fe + CO_2$, если уменьшить давление системы в 6 раз, изменится так:

$$\frac{v_2}{v_1} = \frac{kc''(CO)}{kc'(CO)} = \frac{c''(CO)}{xc''(CO)} = \frac{1}{6} \text{ (т.е.уменьшится в 6 раз)}$$

12.3. Состояние равновесия

Химическая реакция называется обратимой, если в данных условиях протекает не только прямая реакция ($\longrightarrow$), но также и обратная реакция ($\longleftarrow$), т. е. из исходных веществ образуются продукты и одновременно из продуктов получаются реагенты:

$$aA + bB \underset{\text{обратная реакция}}{\overset{\text{прямая реакция}}{\rightleftarrows}} dD + eE$$

Обратимые реакции не доходят до конца. Концентрации реагентов уменьшаются, что приводит к уменьшению скорости прямой реакции $\vec{v}$. Скорость же обратной реакции $\overleftarrow{v}$ постоянно возрастает, поскольку увеличиваются концентрации продуктов.

Когда скорости прямой и обратной реакций станут одинаковыми ($\vec{v} = \overleftarrow{v}$), наступит состояние *химического равновесия*, при котором не происходит дальнейшего изменения концентраций реагентов и продуктов.

В состоянии равновесия концентрации реагентов и продуктов п о с т о я н н ы, их называют *равновесными* концентрациями и обозначают [A], [B], [D] и [E] в отличие от концентраций c_A, c_B, c_D и c_E в любой другой момент времени.

Установлено, что:

В состоянии равновесия произведение концентраций продуктов в степенях, равных стехиометрическим коэффициентам, деленное на такое же произведение концентраций реагентов, есть величина постоянная при t = const

Такое соотношение обозначают K_c и называют *константой равновесия* данной реакции:

$$K_c = \frac{[D]^d\,[E]^e}{[A]^a\,[B]^b}$$

Это выражение носит название *равновесный закон действующих масс* (К. Гулльберг, П. Воге, 1867).

Значение K_c характеризует состояние равновесия в данной реакции и определяется соотношением концентраций, т. е. величина K_c не зависит от каждой в отдельности равновесной концентрации — [A], [B], [D] или [E].

12.4. Факторы, влияющие на равновесие

Химическое равновесие не означает, что наступило состояние покоя. Прямая и обратная реакции протекают и в состоянии равновесия, но с одинаковой скоростью. Поэтому оно называется *подвижным* (*динамическим*) равновесием.

Подвижное химическое равновесие можно нарушить, оказывая на систему внешнее воздействие и тем самым изменяя условия протекания реакции — температуру, давление, концентрацию. При любом нарушении (*сдвиге*) химического равновесия система перейдет (сместится) в другое состояние равновесия.

Влияние условий на смещение химического равновесия определяется принципом, который установлен французским ученым А.-Л. Ле-Шателье (1884).

Современная формулировка *принципа смещения равновесия*, называемого *принципом Ле-Шателье*:

При внешнем воздействии на равновесную систему химическое равновесие смещается в сторону, противодействующую этому воздействию

Рассмотрим подробнее влияние таких факторов, как температура, давление, концентрация на смещение равновесия.

1. Температура. Повышение температуры смещает равновесие обратимой реакции в сторону процесса, идущего с поглощением теплоты (*эндотермическое* направление), а понижение температуры — в сторону, процесса, идущего с выделением теплоты (*экзотермическое* направление).

Для *экзотермической* реакции:

$$\mathrm{A + B} \underset{\text{понижение } t}{\overset{\text{повышение } t}{\leftrightarrows}} \mathrm{D + E} + Q$$

Для *эндотермической* реакции:

$$\mathrm{A + B} \underset{\text{понижение } t}{\overset{\text{повышение } t}{\rightleftarrows}} \mathrm{D + E} - Q$$

Значение K_c обязательно изменится при повышении и понижении температуры, так как значения констант скорости k прямой (→) и обратной (←) реакций по-разному зависят от температуры, ведь это реакции межу разными реагентами (соответственно A и B или D и E). Следовательно, **константа равновесия — функция температуры:**

$$K_c = \mathrm{f}(t)$$

Примеры:

а) повышение температуры (нагревание)

$$N_2 + 3H_2 \rightleftarrows 2NH_3 + Q \qquad (\longleftarrow)$$

$$CO + H_2 \rightleftarrows CO + H_2O - Q \qquad (\longrightarrow)$$

б) понижение температуры (охлаждение)

$$CO + 2H_2 \rightleftarrows CH_3OH + Q \qquad (\longrightarrow)$$

$$H_2S \rightleftarrows H_2 + S - Q \qquad (\longleftarrow)$$

2. Давление. Изменение давления оказывает влияние только на те системы, где хотя бы одно вещество находится в газообразном состоянии (твердые и жидкие вещества не учитываются, так как их собственный объем весьма мал по сравнению с объемом газов и паров).

Увеличение давления в обратимой реакции смещает равновесие в сторону процесса, идущего с уменьшением количества газообразных веществ, т. е. с уменьшением объема, а уменьшение давления — в сторону увеличения количества газообразных веществ, т. е. с увеличением объема:

а) для $\Sigma n_{\text{реаг}} > \Sigma n_{\text{прод}}$ (2 + 4 > 3)

$$2A_{(г)} + 4B_{(г)} \underset{\text{понижение } p}{\overset{\text{повышение } p}{\rightleftarrows}} 3D_{(г)}$$

б) для $\Sigma n_{\text{реаг}} < \Sigma n_{\text{прод}}$ (2 < 3 для газов A и D)

$$2A_{(г)} + 4B_{(ж)} \underset{\text{понижение } p}{\overset{\text{повышение } p}{\leftrightarrows}} 3D_{(г)} + 2E_{(т)}$$

При $\Sigma n_{\text{реаг}} = \Sigma n_{\text{прод}}$ изменение давления не вызовет смещения равновесия.

П р и м е р ы *гомогенных* реакций:

а) увеличение давления (сжатие)

$$4HCl_{(г)} + O_{2(г)} \rightleftarrows 2H_2O_{(г)} + 2Cl_{2(г)} \qquad (\longrightarrow)$$

$$2CO_{2(г)} \rightleftarrows 2CO_{(г)} + O_{2(г)} \qquad (\longleftarrow)$$

б) у м е н ь ш е н и е давления (расширение)

$$C_3H_{6(г)} + H_{2(г)} \rightleftarrows C_3H_{8(г)} \qquad (\longrightarrow)$$

$$2SO_{3(г)} \rightleftarrows 2SO_{2(г)} + O_{2(г)} \qquad (\longleftarrow)$$

П р и м е р ы *гетерогенных* реакций (коэффициенты перед формулами конденсированных веществ не учитываются):

а) у в е л и ч е н и е давления (сжатие)

$$2PbS_{(т)} + 3O_{2(г)} \rightleftarrows 2PbO_{(т)} + 2SO_{2(г)} \qquad (\longrightarrow)$$

$$CO_{2(г)} + C_{(т)} \rightleftarrows 2CO_{(г)} \qquad (\longleftarrow)$$

б) у м е н ь ш е н и е давления (расширение)

$$4NH_{3(г)} + 5O_{2(г)} \rightleftarrows 4NO_{(г)} + 6H_2O_{(ж)} \qquad (\longleftarrow)$$

$$MgCO_{3(т)} \rightleftarrows MgO_{(т)} + CO_{2(г)} \qquad (\longrightarrow)$$

В реакциях с равными количествами газообразных реагентов и продуктов (здесь 2 = 2 в обоих примерах)

$$2HI_{(г)} \rightleftarrows H_{2(г)} + I_{2(г)} \qquad (\not\rightleftarrows)$$

$$H_2S_{(г)} + I_{2(г)} \rightleftarrows S_{(т)} + 2HI_{(г)} \qquad (\not\rightleftarrows)$$

сдвиг равновесия наблюдаться не будет.

3. Концентрация. При увеличении концентрации одного из газообразных веществ (реагента или продукта), находящегося в равновесной системе, равновесие смещается в сторону расхода данного вещества. При уменьшении концентрации этого вещества равновесие смещается в сторону образования данного вещества. Изменение содержания твердых и жидких веществ не влияет на состояние равновесия.

Для некоторой реакции

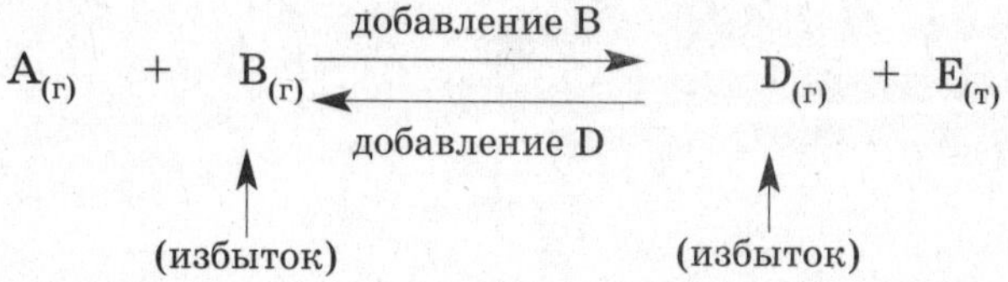

Смещение равновесия вправо можно было вызвать добавлением избытка реагента A (вместо B), а смещение влево возможно только избытком продукта D (другой продукт — твердое вещество).

Этот вывод следует непосредственно из равновесного закона действующих масс:

$$K_c = \frac{[D]}{[A]\,[B]} = \text{const}$$

При добавлении в систему газа D равновесие сместится влево (←), т. е. при протекании обратной реакции так увеличится содержание газов A и B, что соотношение концентраций останется постоянным и равным K_c. Отметим еще раз, что добавление конденсированного вещества (здесь твердого E) не повлияет на состояние равновесия (сдвиг равновесия добавлением E невозможен).

Примеры:

а) при добавлении аммиака равновесие сместится вправо

$$2NH_{3(г)} + 3Cl_{2(г)} \rightleftharpoons N_{2(г)} + 6HCl_{(г)} \quad (\longrightarrow)$$

$\uparrow$ (избыток)

б) при добавлении водорода равновесие сместится влево

$$2Fe_{(т)} + 3H_2O_{(г)} \rightleftharpoons Fe_2O_{3(т)} + 3H_{2(г)} \quad (\longleftarrow)$$

$\uparrow$ (избыток)

Глава 2

НЕОРГАНИЧЕСКАЯ ХИМИЯ

- Классы неорганических веществ
- Номенклатура неорганических веществ
- Физические свойства неорганических веществ
- Свойства минералов
- Общие свойства металлов
- Щелочные металлы
- Металлы IIA-группы
- Алюминий
- Металлы Б-группы
- Неметаллы. Водород
- Галогены. Хлор
- Халькогены. Кислород. Сера
- Неметаллы VA-группы. Азот. Фосфор
- Неметаллы IVA-группы. Углерод. Кремний

13. КЛАССЫ НЕОРГАНИЧЕСКИХ ВЕЩЕСТВ

13.1. Общие сведения

Классификация неорганических веществ прошла долгий путь развития и складывалась постепенно, начиная с первых опытов алхимиков, вплоть до наших дней, когда ученые-химики получили в свое распоряжение совершенные физические приборы для исследования состава, строения и взаимодействия веществ.

Классификация неорганических веществ базируется на их *химическом составе* — наиболее простой и постоянной во времени характеристике. Химический состав вещества показывает, какие элементы присутствуют в нем и в каком числовом отношении для их атомов.

Символы и названия химических элементов приведены в Периодической системе химических элементов Д. И. Менделеева (табл. 27).

Элементы условно делятся на элементы с металлическими и неметаллическими свойствами. Первые из них всегда входят в состав катионов многоэлементных веществ (*металлические* свойства), вторые — в состав анионов (*неметаллические* свойства). В соответствии с Периодическим законом в периодах и группах между этими элементами находятся амфотерные элементы, проявляющие одновременно в той или иной мере металлические и неметаллические (*амфотерные*, двойственные) свойства. Элементы VIIIA-группы продолжают рассматривать отдельно (*благородные газы*), хотя для Kr, Xe и Rn обнаружены явно неметаллические свойства (элементы He, Ne, Ar химически инертны).

Таблица 27

Группы элементов

	IA	IIA	IIIA	IVS	VS	VIS	VIIS	VIIIS			IS	IIS	IIIA	IVA	VA	VIA	VIIA	VIIIA
1	H 1 1,008 ВОДОРОД																	He 2 4,003 ГЕЛИЙ
2	Li 3 6,94 ЛИТИЙ	Be 4 9,01 БЕРИЛЛИЙ											B 5 10,81 БОР	C 6 12,01 УГЛЕРОД	N 7 14,007 АЗОТ	O 8 15,999 КИСЛОРОД	F 9 18,998 ФТОР	Ne 10 20,18 НЕОН
3	Na 11 22,99 НАТРИЙ	Mg 12 24,31 МАНИЙ											Al 13 26,98 АЛЛЮМИНИЙ	Si 14 28,01 КРЕМНИЙ	P 15 30,97 ФОСФОР	S 16 32,066 СЕРА	Cl 17 35,45 ХЛОР	Ar 18 39,95 АРГОН
4	K 19 39,098 КАЛИЙ	Ca 20 40,08 КАЛЬЦИЙ	Sc 21 44,96 СКАНДИЙ	Ti 22 47,87 ТИТАН	V 23 50,996 ВАНАДИЙ	Cr 24 51,996 ХРОМ	Mn 25 54,94 МАРГАНЕЦ	Fe 26 55,85 ЖЕЛЕЗО	Co 27 58,93 КОБАЛЬТ	Ni 28 58,69 НИКЕЛЬ	Cu 29 63,55 МЕДЬ	Zn 30 65,39 ЦИНК	Ga 31 69,72 ГАЛЛИЙ	Ge 32 72,61 ГЕРМАНИЙ	As 33 74,92 МЫШЬЯК	Se 34 78,96 СЕЛЕН	Br 35 79,90 БРОМ	Kr 36 83,80 КРИПТОН
5	Rb 37 85,47 РУБИДИЙ	Sr 38 87,62 СТРОНЦИЙ	Y 39 88,91 ИТТРИЙ	Zr 40 91,22 ЦИРКОНИЙ	Nb 41 92,91 НИОБИЙ	Mo 42 95,94 МОЛИБДЕН	Tc 43 98 ТЕХНЕЦИЙ	Ru 44 101,07 РУТЕНИЙ	Rh 45 102,91 РОДИЙ	Pd 46 106,42 ПАЛЛАДИЙ	Ag 47 107,87 СЕРЕБРО	Cd 48 112,41 КАДМИЙ	In 49 114,82 ИНДИЙ	Sn 50 118,71 ОЛОВО	Sb 51 121,75 СУРЬМА	Te 52 127,75 ТЕЛЛУР	I 53 126,90 ИОД	Xe 54 131,29 КСЕНОН
6	Cs 55 132,91 ЦЕЗИЙ	Ba 56 137,33 БАРИЙ	57–71 La-Lu *	Hf 72 178,49 ГАФНИЙ	Ta 73 180,95 ТАНТАЛ	W 74 183,84 ВОЛЬФРАМ	Re 75 186,21 РЕНИЙ	Os 76 190,2 ОСМИЙ	Ir 77 192,22 ИРИДИЙ	Pt 78 195,08 ПЛАТИНА	Au 79 196,97 ЗОЛОТО	Hg 80 200,59 РТУТЬ	Tl 81 204,38 ТАЛЛИЙ	Pb 82 207,2 СВИНЕЦ	Bi 83 208,98 ВИСМУТ	Po 84 [209] ПОЛОНИЙ	At 85 [210] АСТАТ	Rn 86 [222] РАДОН
7	Fr 87 [223] ФРАНЦИЙ	Ra 88 [226] РАДИЙ	89–103 Ac-Lr **	Rf 104 [261] РЕЗЕРФОРДИЙ	Db 105 [262] ДУБНИЙ	Sg 106 [266] СИБОРГИЙ	Bh 107 [267] БОРИЙ	Hs 108 [269] ХАССИЙ	Mt 109 [268] МЕЙТНЕРИЙ	110 [268]	111 [268]	112 [277]	113	114 [289]	115	116 […]	117	118

Символ — H; 1 — порядковый номер; 1,008 — относительная атомная масса; Название — ВОДОРОД

*Лантаноиды	La 57 1,008 ЛАНТАН	Ce 58 1,008 ЦЕРИЙ	Pr 59 1,008 ПРАЗЕОДИМ	Nd 60 1,008 НЕОДИМ	Pm 61 1,008 ПРОМЕТИЙ	Sm 62 1,008 САМАРИЙ	Eu 63 1,008 ЕВРОПИЙ	Gd 64 1,008 ГАДОЛИНИЙ	Tb 65 1,008 ТЕРБИЙ	Dy 66 1,008 ДИСПРОЗИЙ	Ho 67 1,008 ГОЛЬМИЙ	Er 68 1,008 ЭРБИЙ	Tm 69 1,008 ТУЛИЙ	Yb 70 1,008 ИТТЕРБИЙ	Lu 71 1,008 ЛЮТЕЦИЙ
**Актиноиды	Ac 89 [227] АКТИНИЙ	Th 90 232,04 ТОРИЙ	Pa 91 [231] ПРОТАКТИНИЙ	U 92 238,03 УРАН	Np 93 [237] НЕПТУНИЙ	Pu 94 [244] ПЛУТОНИЙ	Am 95 [243] АМЕРИЦИЙ	Cm 96 [247] КЮРИЙ	Bk 97 [247] БЕРКЛИЙ	Cf 98 [251] КАЛИФОРНИЙ	Es 99 [252] ЭЙНШТЕЙНИЙ	Fm 100 [257] ФЕРМИЙ	Md 101 [258] МЕНДЕЛЕВИЙ	No 102 [259] НОБЕЛИЙ	Lr 103 [262] ЛОУРЕНСИЙ

13.2. Сводная таблица классов веществ

Классификация простых и сложных неорганических веществ приведена в сводной табл. 28.

Соответственно делению элементов классифицируют *простые вещества*, одноэлементные по составу и представляющие собой формы нахождения элементов в свободном виде.

Все двух- и многоэлементные вещества называют *сложными веществами*, а многоатомные простые вещества и все сложные вещества вместе — *химическими соединениями* (в них атомы одного или разных элементов соединены между собой химическими связями).

Таблица 28

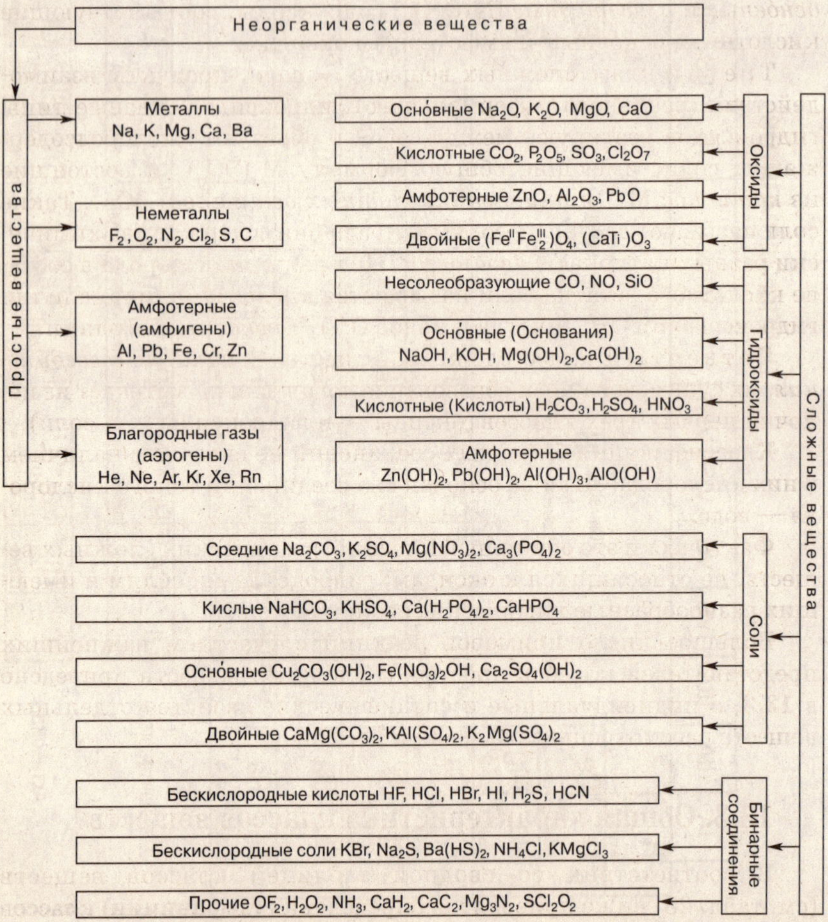

Классификация сложных веществ первых трех классов по составу основана на обязательном наличии в них самого распространенного в природе элемента — кислорода и на самом распространенном соединении кислорода — воде.

Первый класс сложных веществ — это *оксиды*, соединения катионов элементов (реальных или формальных) с кислородом(−II); их общая формула $Э_xO_y$. К оксидам не относятся соединения кислорода с фтором (простейшее из них $O^{+II}F_2^{-I}$), а также пероксиды и надпероксиды (Na_2O_2, KO_2), включающие анионы из химически связанных атомов кислорода O_2^{2-} и O_2^-.

Второй класс сложных веществ — *гидроксиды*, получающиеся при соединении оксидов с водой (чаще формально, реже реально). По химическим свойствам различают *кислотные* ($H_xЭO_y$), *осно́вные* и *амфотерные* [$M(OH)_n$] гидроксиды, соответствующие кислотным, осно́вным и амфотерным оксидам.

Третий класс сложных веществ — *соли*, продукты взаимодействия (реального и формального) гидроксидов. Разные типы гидроксидов реагируют между собой и образуют кислородсодержащие соли, имеющие общую формулу $M_x(ЭO_y)_n$ и состоящие из *катионов* M^{n+} и *анионов* (*кислотных остатков*) $ЭO_y^{x-}$. Такие соли называют *средними* солями, а если они содержат два химически разных катиона — *двойными*. При наличии водорода в составе кислотного остатка соли называются *кислыми*, а при наличии гидроксогрупп OH^- (иногда и ионов O^{2-}) — *осно́вными* солями.

Четвертый класс сложных веществ — *бинарные соединения*, их существование и образование логически не вытекает из цепочки первых трех классов (оксиды ⟶ гидроксиды ⟶ соли).

Классификация бинарных соединений не связана с наличием в них кислорода(−II) и не основана на соединении такого кислорода — воде.

Фактически это обширный класс неорганических сложных веществ, не относящихся к оксидам, гидроксидам и солям и имеющих разнообразные химические свойства.

Большое число примеров реакций с участием важнейших представителей классов простых и сложных веществ приведено в 13.3, а индивидуальные и специфические свойства отдельных веществ рассмотрены в разделах в 18–26 .

13.3. Общая характеристика классов веществ

В соответствии со сводной таблицей классов веществ (см. табл. 28) ниже приводятся определения (дефиниции) классов неорганических веществ, их важнейшие химические свойства и способы получения.

Неорганические вещества — соединения, образуемые всеми химическими элементами (кроме большинства органических соединений углерода). Делятся по химическому составу:

Неорганические вещества → Простые вещества; Сложные вещества

1. Простые вещества образованы атомами одного элемента. Делятся по химическим свойствам:

Простые вещества → Металлы; Амфигены; Аэрогены; Неметаллы

1.1. Металлы — простые вещества элементов с металлическими свойствами (низкая электроотрицательность). Типичные металлы:

IA-группа	Li, Na, K, Rb, Cs
IIA-группа	Mg, Ca, Sr, Ba

Металлы обладают высокой восстановительной способностью по сравнению с типичными неметаллами. В электрохимическом ряду напряжений они стоят значительно левее водорода, вытесняют водород из воды (магний — при кипячении):

$$2M + 2H_2O = 2MOH + H_2\uparrow \qquad (M = Li, Na, K, Rb, Cs)$$

$$M + 2H_2O = M(OH)_2 + H_2\uparrow \qquad (M = Mg, Ca, Sr, Ba)$$

Простые вещества элементов Cu, Ag и Ni также относят к металлам, так как у их оксидов CuO, Ag_2O, NiO и гидроксидов $Cu(OH)_2$, $Ni(OH)_2$ преобладают осно́вные свойства (см. 2.1 и 3.1).

1.2. Неметаллы — простые вещества элементов с неметаллическими свойствами (высокая электроотрицательность). Типичные неметаллы:

VIIA-группа	F_2, Cl_2, Br_2, I_2
VIA-группа	O_2, S, Se
VA-группа	N_2, P, As
IVA-группа	C, Si

Неметаллы обладают высокой окислительной способностью по сравнению с типичными металлами.

1.3. Амфигены — амфотерные простые вещества, образованные элементами с амфотерными (двойственными) свойствами (электроотрицательность промежуточная между металлами и неметаллами). Типичные амфигены:

IIA-группа	Be
VIБ-группа	Cr
IIБ-группа	Zn
IIIA-группа	Al, Ga
IVA-группа	Ge, Sn, Pb

Амфигены обладают более низкой восстановительной способностью по сравнению с типичными металлами. В электрохимическом ряду напряжений они примыкают слева к водороду или стоят за ним справа.

1.4. Аэрогены — благородные газы, одноатомные простые вещества элементов VIIIA-группы: He, Ne, Ar, Kr, Xe, Rn. Из них He, Ne и Ar химически пассивны (соединения с другими элементами не получены), а Kr, Xe и Rn проявляют некоторые свойства неметаллов с высокой электроотрицательностью.

2. Сложные вещества образованы атомами разных элементов. Делятся по составу и химическим свойствам:

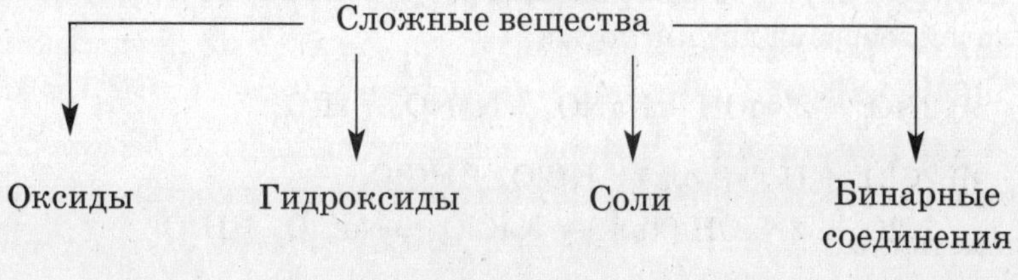

2.1. Оксиды — соединения элементов с кислородом, степень окисления кислорода в оксидах всегда равна (−II). Делятся по составу и химическим свойствам:

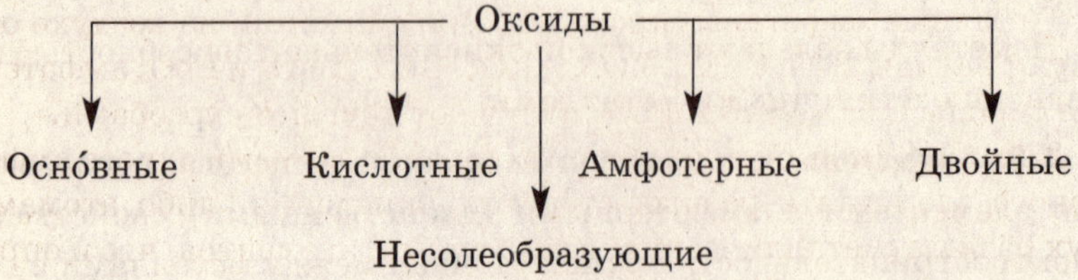

Элементы He, Ne и Ar соединений с кислородом не образуют (см. рубрику 1.4). Соединения элементов с кислородом в других степенях окисления — это не оксиды, а бинарные соединения (см. рубрику 5), например $O^{+II}F_2^{-I}$ и $H_2^{+I}O_2^{-I}$. Не относятся к оксидам и смешанные бинарные соединения, например $S^{+IV}Cl_2^{-I}O^{-II}$.

2.1.1. Оснóвные оксиды — продукты полной дегидратации (реальной или условной) оснóвных гидроксидов, сохраняют химические свойства последних (см. рубрику 3.1).

Из типичных металлов только Li, Mg, Ca и Sr образуют оксиды Li_2O, MgO, CaO и SrO при сжигании на воздухе; оксиды Na_2O, K_2O, Rb_2O, Cs_2O и BaO получают другими способами.

Оксиды CuO, Ag_2O и NiO также относят к оснóвным (см. рубрику 1.1).

2.1.2. Кислотные оксиды — продукты полной дегидратации (реальной или условной) кислотных гидроксидов, сохраняют химические свойства последних (см. рубрику 3.2).

Из типичных неметаллов только S, Se, P, As, C и Si образуют оксиды SO_2, SeO_2, P_2O_5, As_2O_3, CO_2 и SiO_2 при сжигании на воздухе; оксиды Cl_2O, Cl_2O_7, I_2O_5, SO_3, SeO_3, N_2O_3, N_2O_5 и As_2O_5 получают другими способами.

Исключение: у оксидов NO_2 и ClO_2 нет соответствующих кислотных гидроксидов, но их считают кислотными, так как NO_2 и ClO_2 реагируют со щелочами, образуя соли двух кислот, а ClO_2 и с водой, образуя две кислоты:

а) $2NO_2 + 2NaOH = NaNO_2 + NaNO_3 + H_2O$

б) $2ClO_2 + H_2O$ (хол.) $= HClO_2 + HClO_3$

$2ClO_2 + 2NaOH$ (хол.) $= NaClO_2 + NaClO_3 + H_2O$

Оксиды CrO_3 и Mn_2O_7 (хром и марганец в высшей степени окисления) также являются кислотными.

2.1.3. Амфотерные оксиды — продукты полной дегидратации (реальной или условной) амфотерных гидроксидов, сохраняют химические свойства амфотерных гидроксидов (см. рубрику 3.3).

Типичные амфигены (кроме Ga) при сжигании на воздухе образуют оксиды BeO, Cr_2O_3, ZnO, Al_2O_3, GeO_2, SnO_2 и PbO; амфотерные оксиды Ga_2O_3, SnO и PbO_2 получают другими способами.

2.1.4. Двойные оксиды образованы либо атомами одного амфотерного элемента в разных степенях окисления, либо атомами двух разных (металлических, амфотерных) элементов, что и определяет их химические свойства. Примеры:

$$(Fe^{II}Fe_2^{III})O_4,\ (Pb_2^{II}Pb^{IV})O_4,\ (MgAl_2)O_4,\ (CaTi)O_3$$

Оксид железа образуется при сгорании железа на воздухе, оксид свинца — при слабом нагревании свинца в кислороде; оксиды двух разных металлов получают другими способами.

2.1.5. Несолеобразующие оксиды — оксиды неметаллов, не имеющие кислотных гидроксидов и не вступающие в реакции солеобразования (отличие от осно́вных, кислотных и амфотерных оксидов), например CO, NO, N_2O, SiO, S_2O.

3. Гидроксиды — соединения элементов (кроме фтора и кислорода) с гидроксогруппами $O^{-II}H$, могут содержать также кислород O^{-II}. В гидроксидах степень окисления элемента всегда положительная (от +I до +VIII). Число гидроксогрупп от 1 до 6. Делятся по химическим свойствам:

Гидроксиды → Осно́вные | Кислотные | Амфотерные

3.1. Осно́вные гидроксиды (основания) образованы элементами с металлическими свойствами.

Получаются по реакциям соответствующих осно́вных оксидов с водой:

$M_2O + H_2O = 2MOH$ (M = Li, Na, K, Rb, Cs)

$MO + H_2O = M(OH)_2$ (M = Ca, Sr, Ba)

И с к л ю ч е н и е: гидроксиды $Mg(OH)_2$, $Cu(OH)_2$ и $Ni(OH)_2$ получают другими способами.

При нагревании реальная дегидратация (потеря воды) протекает для следующих гидроксидов:

$$2LiOH = Li_2O + H_2O$$

$$M(OH)_2 = MO + H_2O \qquad (M = Mg, Ca, Sr, Ba, Cu, Ni)$$

Осно́вные гидроксиды замещают свои гидроксогруппы на кислотные остатки (см. рубрику 3.2) по правилам валентности с образованием солей, металлические элементы сохраняют свою степень окисления в катионах солей (см. рубрику 4).

Хорошо растворимые в воде осно́вные гидроксиды ($NaOH$, KOH, $Ca(OH)_2$, $Ba(OH)_2$ и др.) называют *щелочами*, так как именно с их помощью в растворе создается щелочная среда.

3.2. Кислотные гидроксиды (кислоты) образованы элементами с неметаллическими свойствами. Примеры:

Состав	$CO(OH)_2$	$NO_2(OH)$	$PO(OH)_3$	$SO_2(OH)_2$
Формула	H_2CO_3	HNO_3	H_3PO_4	H_2SO_4

При диссоциации в разбавленном водном растворе образуются катионы H^+ (точнее H_3O^+) и следующие анионы, или *кислотные остатки*:

Кислота	H_2CO_3	HNO_3	H_3PO_4	H_2SO_4
Кислотные остатки	HCO_3^- CO_3^{2-}	NO_3^-	$H_2PO_4^-$ HPO_4^{2-} PO_4^{3-}	SO_4^{2-}

Кислоты HNO_3 и H_2SO_4 называются *сильными*, а H_2CO_3 и H_3PO_4 — *слабыми*.

Кислоты можно получить по реакциям соответствующих кислотных оксидов с водой (ниже приведены реально протекающие реакции):

$$Cl_2O + H_2O = 2HClO$$

$$E_2O_3 + H_2O = 2HEO_2 \qquad (E = N, As)$$

$$As_2O_3 + 3H_2O = 2H_3AsO_3$$

$$EO_2 + H_2O = H_2EO_3 \qquad (E = C, Se)$$

$$E_2O_5 + H_2O = 2HEO_3 \qquad (E = N, P, I)$$

$$E_2O_5 + 3H_2O = 2H_3EO_4 \qquad (E = P, As)$$

$$EO_3 + H_2O = H_2EO_4 \qquad (E = S, Se, Cr)$$

$$E_2O_7 + H_2O = 2HEO_4 \qquad (E = Cl, Mn)$$

Исключение: оксиду SO_2 в качестве кислотного гидроксида соответствует полигидрат $SO_2 \cdot nH_2O$ («сернистая кислота H_2SO_3» не существует, но кислотные остатки HSO_3^- и SO_3^{2-} присутствуют в солях).

При нагревании некоторых кислот протекает реальная дегидратация и образуются соответствующие кислотные оксиды:

$$2HAsO_2 = As_2O_3 + H_2O$$

$$H_2EO_3 = EO_2 + H_2O \qquad (E = C, Si, Ge, Se)$$

$$2HIO_3 = I_2O_5 + H_2O$$

$$2H_3AsO_4 = As_2O_5 + H_2O$$

$$H_2SeO_4 = SeO_3 + H_2O$$

При замене (реальной и формальной) водорода кислот на металлы и амфигены по правилам валентности образуются соли, кислотные остатки сохраняют в солях свой состав и заряд (см. рубрику 4). Кислоты H_2SO_4 и H_3PO_4 в разбавленном водном растворе реагируют с металлами и амфигенами, стоящими в ряду напряжений левее водорода, при этом образуются соответствующие соли и выделяется водород (кислота HNO_3 в такие реакции не вступает; ниже типичные металлы, кроме Mg, не указаны, так как они реагируют в подобных условиях с водой, см. рубрику 1.1):

$$M + H_2SO_4(\text{разб.}) = MSO_4 + H_2\uparrow \qquad (M = Be, Mg, Cr, Mn, Zn, Fe, Ni)$$

$$2M + 3H_2SO_4(\text{разб.}) = M_2(SO_4)_3 + 3H_2\uparrow \qquad (M = Al, Ga)$$

$$3M + 2H_3PO_4(\text{разб.}) = M_3(PO_4)_2\downarrow + 3H_2\uparrow \qquad (M = Mg, Fe, Zn)$$

В отличие от бескислородных кислот (см. рубрику 5.1) кислотные гидроксиды называют *кислородсодержащими кислотами, или оксокислотами*.

3.3. Амфотерные гидроксиды образованы элементами с амфотерными свойствами. Типичные амфотерные гидроксиды:

$Be(OH)_2$	$Sn(OH)_2$	$Al(OH)_3$	$AlO(OH)$
$Zn(OH)_2$	$Pb(OH)_2$	$Cr(OH)_3$	$CrO(OH)$

Не образуются из амфотерных оксидов и воды, но подвергаются реальной дегидратации и образуют амфотерные оксиды:

$$M(OH)_2 = MO + H_2O \qquad (M = Be, Zn, Sn, Pb)$$

$$M(OH)_3 \xrightarrow[-H_2O]{} MO(OH) \xrightarrow[-H_2O]{} M_2O_3 \qquad (M = Al, Cr)$$

Исключение: для железа(III) известен только метагидроксид FeO(OH), «гидроксид железа(III) $Fe(OH)_3$» не существует (не получен).

Амфотерные гидроксиды проявляют свойства осно́вных и кислотных гидроксидов; образуют два вида солей, в которых амфотерный элемент входит в состав либо катионов солей, либо их анионов (см. рубрику 4).

Для элементов, имеющих несколько степеней окисления, действует правило: **чем выше степень окисления, тем более выражены кислотные свойства гидроксидов (и/или сответствующих оксидов).**

Пример:

Cr^{II}	Cr^{III}	Cr^{VI}
$Cr(OH)_2$ основный гидроксид	$Cr(OH)_3$, CrO(OH) амфотерные гидроксиды	H_2CrO_4 хромовая кислота

4. Соли — соединения, состоящие из катионов осно́вных или амфотерных (в роли осно́вных) гидроксидов и анионов (остатков) кислотных или амфотерных (в роли кислотных) гидроксидов. В отличие от бескислородных солей (см. рубрику 5.2) соли, рассматриваемые здесь, называются *кислородсодержащими солями*, или *оксосолями*. Делятся по составу катионов и анионов:

Соли → Средние | Кислые | Осно́вные | Двойные

4.1. Средние соли содержат средние кислотные остатки CO_3^{2-}, NO_3^-, PO_4^{3-}, SO_4^{2-} и др. (см. рубрику 3.2); например, K_2CO_3, $Mg(NO_3)_2$, $Cr_2(SO_4)_3$, $Zn_3(PO_4)_2$.

Если средние соли получают по реакциям с участием гидроксидов, то реагенты берут в эквивалентных количествах. Например, соль K_2CO_3 можно получить, если взять реагенты в соотношениях:

$$2KOH \text{ и } 1H_2CO_3,\ 1K_2O \text{ и } 1H_2CO_3,\ 2KOH \text{ и } 1CO_2$$

Реакции образования средних солей:

1) **Основание + Кислота ⟶ Соль + Вода**

1а) основный гидроксид + кислотный гидроксид ⟶ ...

$2NaOH + H_2SO_4 = Na_2SO_4 + 2H_2O$

$Cu(OH)_2 + 2HNO_3 = Cu(NO_3)_2 + 2H_2O$

1б) амфотерный гидроксид + кислотный гидроксид ⟶ ...

$2Al(OH)_3 + 3H_2SO_4 = Al_2(SO_4)_3 + 6H_2O$

$Zn(OH)_2 + 2HNO_3 = Zn(NO_3)_2 + 2H_2O$

1в) основный гидроксид + амфотерный гидроксид ⟶ ...

$NaOH + Al(OH)_3 = NaAlO_2 + 2H_2O$ (в расплаве)

$2NaOH + Zn(OH)_2 = Na_2ZnO_2 + 2H_2O$ (в расплаве)

2) **Основный оксид + Кислота = Соль + Вода**

2а) основный оксид + кислотный гидроксид ⟶ ...

$Na_2O + H_2SO_4 = Na_2SO_4 + H_2O$

$CuO + 2HNO_3 = Cu(NO_3)_2 + H_2O$

2б) амфотерный оксид + кислотный гидроксид ⟶ ...

$Al_2O_3 + 3H_2SO_4 = Al_2(SO_4)_3 + 3H_2O$

$ZnO + 2HNO_3 = Zn(NO_3)_2 + H_2O$

2в) основный оксид + амфотерный гидроксид ⟶ ...

$Na_2O + 2Al(OH)_3 = 2NaAlO_2 + 3H_2O$ (в расплаве)

$Na_2O + Zn(OH)_2 = Na_2ZnO_2 + H_2O$ (в расплаве)

3) **Основание + Кислотный оксид ⟶ Соль + Вода**

3а) основный гидроксид + кислотный оксид ⟶ ...

$2NaOH + SO_3 = Na_2SO_4 + H_2O$

$Ba(OH)_2 + CO_2 = BaCO_3 + H_2O$

3б) амфотерный гидроксид + кислотный оксид $\longrightarrow$ ...

$2Al(OH)_3 + 3SO_3 = Al_2(SO_4)_3 + 3H_2O$

$Zn(OH)_2 + N_2O_5 = Zn(NO_3)_2 + H_2O$

3в) основный гидроксид + амфотерный оксид $\longrightarrow$ ...

$2NaOH + Al_2O_3 = 2NaAlO_2 + H_2O$ (в расплаве)

$2NaOH + ZnO = Na_2ZnO_2 + H_2O$ (в расплаве)

4) **Основный оксид + Кислотный оксид $\longrightarrow$ Соль**

4а) осно́вный оксид + кислотный оксид $\longrightarrow$ ...

$Na_2O + SO_3 = Na_2SO_4$, $BaO + CO_2 = BaCO_3$

4б) амфотерный оксид + кислотный оксид $\longrightarrow$ ...

$Al_2O_3 + 3SO_3 = Al_2(SO_4)_3$, $ZnO + N_2O_5 = Zn(NO_3)_2$

4в) основный оксид + амфотерный оксид $\longrightarrow$ ...

$Na_2O + Al_2O_3 = 2NaAlO_2$, $Na_2O + ZnO = Na_2ZnO_2$

Реакции 1в, если они протекают в растворе, сопровождаются образованием других продуктов — *комплексных солей*:

$NaOH$(конц.) $+ Al(OH)_3 = Na[Al(OH)_4]$

KOH(конц.) $+ Cr(OH)_3 = K_3[Cr(OH)_6]$

$2NaOH$(конц.) $+ M(OH)_2 = Na_2[M(OH)_4]$ (M = Be, Zn)

KOH(конц.) $+ M(OH)_2 = K[M(OH)_3]$ (M = Sn, Pb)

Все средние соли в растворе — сильные электролиты (диссоциируют нацело).

4.2. Кислые соли содержат кислые кислотные остатки (с водородом) HCO_3^-, $H_2PO_4^-$, HPO_4^{2-} и др. (см. рубрику 3.2), образуются при действии на осно́вные и амфотерные гидроксиды или средние соли избытка кислотных гидроксидов, содержащих не менее двух атомов водорода в молекуле; аналогично действуют соответствующие кислотные оксиды:

$NaOH + H_2SO_4$(конц.) $= NaHSO_4 + H_2O$

$Ba(OH)_2 + 2H_3PO_4$(конц.) $= Ba(H_2PO_4)_2 + 2H_2O$

$Zn(OH)_2 + H_3PO_4$(конц.) $= ZnHPO_4\downarrow + 2H_2O$

$PbSO_4 + H_2SO_4$(конц.) $= Pb(HSO_4)_2$

$$K_2HPO_4 + H_3PO_4(\text{конц.}) = 2KH_2PO_4$$

$$Ca(OH)_2 + 2EO_2 = Ca(HEO_3)_2 \qquad (E = C, S)$$

$$Na_2EO_3 + EO_2 + H_2O = 2NaHEO_3 \qquad (E = C, S)$$

При добавлении гидроксида соответствующего металла или амфигена кислые соли переводятся в средние:

$$NaHSO_4 + NaOH = Na_2SO_4 + H_2O$$

$$Pb(HSO_4)_2 + Pb(OH)_2 = 2PbSO_4\downarrow + 2H_2O$$

$$Ba(H_2PO_4)_2 \xrightarrow[-H_2O]{Ba(OH)_2} BaHPO_4\downarrow \xrightarrow[-H_2O]{Ba(OH)_2} Ba_3(PO_4)_2\downarrow$$

$$NaHCO_3 + NaOH = Na_2CO_3 + H_2O$$

Почти все кислые соли хорошо растворимы в воде, диссоциируют нацело ($KHCO_3 = K^+ + HCO_3^-$).

4.3. Осно́вные соли содержат гидроксогруппы OH^-, рассматриваемые как отдельные анионы, например $FeNO_3(OH)$, $Ca_2SO_4(OH)_2$, $Cu_2CO_3(OH)_2$, образуются при действии на кислотные гидроксиды и з б ы т к а осно́вного гидроксида, содержащего не менее двух гидроксогрупп в формульной единице:

$$Co(OH)_2 + HNO_3 = CoNO_3(OH)\downarrow + H_2O$$

$$2Ni(OH)_2 + H_2SO_4 = Ni_2SO_4(OH)_2\downarrow + 2H_2O$$

$$2Cu(OH)_2 + H_2CO_3 = Cu_2CO_3(OH)_2\downarrow + 2H_2O$$

Осно́вные соли, образованные сильными кислотами, при добавлении соответствующего кислотного гидроксида переходят в средние:

$$CoNO_3(OH) + HNO_3 = Co(NO_3)_2 + H_2O$$

$$Ni_2SO_4(OH)_2 + H_2SO_4 = 2NiSO_4 + 2H_2O$$

Большинство осно́вных солей малорастворимы в воде; они осаждаются при совместном гидролизе, если образованы слабыми кислотами:

$$2MgCl_2 + H_2O + 2Na_2CO_3 = Mg_2CO_3(OH)_2\downarrow + CO_2\uparrow + 4NaCl$$

4.4. Двойные соли содержат два химически разных катиона; например $CaMg(CO_3)_2$, $KAl(SO_4)_2$, $Fe(NH_4)_2(SO_4)_2$, $LiAl(SiO_3)_2$. Многие двойные соли образуются (в виде кристаллогидратов) при совместной кристаллизации соответствующих средних солей из насыщенного раствора:

$$K_2SO_4 + MgSO_4 + 6H_2O = K_2Mg(SO_4)_2 \cdot 6H_2O\downarrow$$

Часто двойные соли менее растворимы в воде по сравнению с отдельными средними солями.

5. Бинарные соединения — это сложные вещества, не относящиеся к классам оксидов, гидроксидов и солей и состоящие из катионов и бескислородных анионов (реальных или условных).

Их химические свойства разнообразны и рассматриваются в неорганической химии отдельно для неметаллов разных групп Периодической системы; в этом случае классификация проводится по виду аниона.

Примеры:

а) *галогениды*: OF_2, HF, KBr, PbI_2, NH_4Cl, BrF_3, IF_7
б) *хальгогениды*: H_2S, Na_2S, ZnS, As_2S_3, NH_4HS, K_2Se, NiSe
в) *нитриды*: NH_3, $NH_3 \cdot H_2O$, Li_3N, Mg_3N_2, AlN, Si_3N_4
г) *карбиды*: CH_4, Be_2C, Al_4C_3, Na_2C_2, CaC_2, Fe_3C, SiC
д) *силициды*: Li_4Si, Mg_2Si, $ThSi_2$
е) *гидриды*: LiH, CaH_2, AlH_3, SiH_4
ж) *пероксиды*: H_2O_2, Na_2O_2, CaO_2
з) *надпероксиды*: HO_2, KO_2, $Ba(O_2)_2$

По типу химической связи среди этих бинарных соединений различают:

ковалентные: OF_2, IF_7, H_2S, P_2S_5, NH_3, H_2O_2
ионные: NaI, K_2Se, Mg_3N_2, CaC_2, Na_2O_2, KO_2

Встречаются двойные (с двумя разными катионами) и смешанные (с двумя разными анионами) бинарные соединения, например $KMgCl_3$, $(FeCu)S_2$ и Pb(Cl)F, Bi(Cl)O, SCl_2O_2, $AsOF_3$.

Все ионные комплексные соли (кроме гидроксокомплексных, см. рубрику 4.1) также относятся к этому классу сложных веществ (хотя обычно рассматриваются отдельно), например:

$[Cu(NH_3)_4]SO_4$	$K_4[Fe(CN)_6]$	$Na_3[AlF_6]$
$[Ag(NH_3)_2]Cl$	$K_3[Fe(NCS)_6]$	$K_2[SiF_6]$

К бинарным соединениям относятся ковалентные комплексные соединения без внешней сферы, например $[Fe(CO)_5]$ и $[Ni(CO)_4]$.

По аналогии со взаимосвязью гидроксидов и солей из всех бинарных соединений выделяют бескислородные кислоты и соли (остальные соединения классифицируют как прочие).

5.1. Бескислородные кислоты содержат (как и оксокислоты) подвижный водород H^+ и поэтому проявляют некоторые химические свойства кислотных гидроксидов (диссоциация в воде, участие в реакциях солеобразования в роли кислоты). Распространенные бескислородные кислоты — это HF, HCl, HBr, HI, HCN и H_2S, из них HF, HCN и H_2S — слабые кислоты, а остальные — сильные.

Примеры реакций солеобразования:

$$2HBr + ZnO = ZnBr_2 + H_2O$$

$$2H_2S + Ba(OH)_2 = Ba(HS)_2 + 2H_2O$$

$$2HI + Pb(OH)_2 = PbI_2\downarrow + 2H_2O$$

Металлы и амфигены, стоящие в ряду напряжений левее водорода и не реагирующие с водой, вступают во взаимодействие с сильными кислотами HCl, HBr и HI (в общем виде НГ) в разбавленном растворе и вытесняют из них водород (приведены реально протекающие реакции):

$$M + 2НГ = MГ_2 + H_2\uparrow \qquad (M = Be, Mg, Zn, Cr, Mn, Fe, Co, Ni)$$

$$2M + 6НГ = 2MГ_3 + 3H_2\uparrow \qquad (M = Al, Ga)$$

5.2. Бескислородные соли образованы катионами металлов и амфигенов (а также катионом аммония NH_4^+) и анионами (остатками) бескислородных кислот (см. рубрику 5.1); примеры: AgF, NaCl, KBr, PbI_2, Na_2S, $Ba(HS)_2$, NaCN, NH_4Cl. Проявляют некоторые химические свойства оксосолей (см. рубрику 4).

Общий способ получения бескислородных солей с одноэлементными анионами — взаимодействие металлов и амфигенов с неметаллами F_2, Cl_2, Br_2 и I_2 (в общем виде $Г_2$) и серой S (приведены реально протекающие реакции):

$$2M + Г_2 = 2MГ \qquad (M = Li, Na, K, Rb, Cs, Ag)$$

$$M + Г_2 = MГ_2 \qquad (M = Be, Mg, Ca, Sr, Ba, Zn, Mn, Co)$$

$$2M + 3Г_2 = 2MГ_3 \qquad (M = Al, Ga, Cr)$$

$$2M + S = M_2S \qquad (M = Li, Na, K, Rb, Cs, Ag)$$

$$M + S = MS \qquad (M = Be, Mg, Ca, Sr, Ba, Zn, Mn, Fe, Co, Ni)$$

$$2M + 3S = M_2S_3 \qquad (M = Al, Ga, Cr)$$

Исключение:

а) Cu и Ni реагируют только с галогенами Cl_2 и Br_2 (продукты MCl_2, MBr_2)

б) Cr и Mn реагируют с Cl_2, Br_2 и I_2 (продукты $CrCl_3$, $CrBr_3$, CrI_3 и $MnCl_2$, $MnBr_2$, MnI_2)

в) Fe реагирует с F_2 и Cl_2 (продукты FeF_3, $FeCl_3$), с Br_2 (смесь $FeBr_3$ и $FeBr_2$), с I_2 (продукт FeI_2)

г) Cu при реакции с S образует смесь продуктов Cu_2S и CuS

5.3. Прочие бинарные соединения — все вещества этого класса, кроме выделенных в отдельные подклассы бескислородных кислот и солей (см. рубрики 5.1, 5.2).

Способы получения бинарных соединений этого подкласса разнообразны, самый простой — взаимодействие простых веществ (приведены реально протекающие реакции):

а) *галогениды*:

$S + 3F_2 = SF_6$, $N_2 + 3F_2 = 2NF_3$

$2P + 5Г_2 = 2PГ_5$ (Г = F, Cl, Br)

$C + 2F_2 = CF_4$

$Si + 2Г_2 = SiГ_4$ (Г = F, Cl, Br, I)

б) *халькогениды*:

$2As + 3S = As_2S_3$

$2E + 5S = E_2S_5$ (E = P, As)

$E + 2S = ES_2$ (E = C, Si)

в) *нитриды*:

$3H_2 + N_2 \rightleftarrows 2NH_3$

$6M + N_2 = 2M_3N$ (M = Li, Na, K)

$3M + N_2 = M_3N_2$ (M = Be, Mg, Ca)

$2Al + N_2 = 2AlN$

$3Si + 2N_2 = Si_3N_4$

г) *карбиды*:

$2M + 2C = M_2C_2$ (M = Li, Na)

$2Be + C = Be_2C$

$M + 2C = MC_2$ (M = Ca, Sr, Ba)

$4Al + 3C = Al_4C_3$

$Si + C = SiC$

д) *силициды*:

$$4Li + Si = Li_4Si$$

$$2M + Si = M_2Si \qquad (M = Mg, Ca)$$

е) *гидриды*:

$$2M + H_2 = 2MH \qquad (M = Li, Na, K)$$

$$M + H_2 = MH_2 \qquad (M = Mg, Ca)$$

ж) *пероксиды, надпероксиды*:

$$2Na + O_2 = Na_2O_2 \qquad \text{(сгорание на воздухе)}$$

$$M + O_2 = MO_2 \qquad \text{(M = K, Rb, Cs; сгорание на воздухе)}$$

Многие из этих веществ полностью реагируют с водой (чаще гидролизуются без изменения степеней окисления элементов, но гидриды выступают как восстановители, а надпероксиды вступают в реакции дисмутации):

$$PCl_5 + 4H_2O = H_3PO_4 + 5HCl$$

$$SiBr_4 + 2H_2O = SiO_2\downarrow + 4HBr$$

$$P_2S_5 + 8H_2O = 2H_3PO_4 + 5H_2S\uparrow$$

$$SiS_2 + 2H_2O = SiO_2\downarrow + 2H_2S;$$

$$Mg_3N_2 + 8H_2O = 3Mg(OH)_2\downarrow + 2(NH_3 \cdot H_2O)$$

$$Na_3N + 4H_2O = 3NaOH + NH \cdot H_2O$$

$$Be_2C + 4H_2O = 2Be(OH)_2\downarrow + CH_4\uparrow$$

$$MC_2 + 2H_2O = M(OH)_2 + C_2H_2\uparrow \qquad (M = Ca, Sr, Ba)$$

$$Al_4C_3 + 12H_2O = 4Al(OH)_3\downarrow + 3CH_4\uparrow$$

$$MH + H_2O = MOH + H_2\uparrow \qquad (M = Li, Na, K)$$

$$MgH_2 + 2H_2O = Mg(OH)_2\downarrow + H_2\uparrow$$

$$CaH_2 + 2H_2O = Ca(OH)_2 + H_2\uparrow$$

$$Na_2O_2 + 2H_2O = 2NaOH + H_2O_2$$

$$2MO_2 + 2H_2O = 2MOH + H_2O_2 + O_2\uparrow \qquad (M = K, Rb, Cs)$$

Другие вещества, наоборот, устойчивы по отношению к воде, среди них SF_6, NF_3, CF_4, CS_2, AlN, Si_3N_4, SiC, Li_4Si, Mg_2Si и Ca_2Si.

———

14. НОМЕНКЛАТУРА НЕОРГАНИЧЕСКИХ ВЕЩЕСТВ

14.1. Современные химические формулы и названия

Составление химических формул и названий неорганических веществ проводится в соответствии с номенклатурными правилами Международного союза теоретической и прикладной химии (ИЮПАК), адаптированными к русскому химическому языку в 1983 г.

Химическая формула полностью отражает состав вещества. По формуле строится систематическое название вещества, оно также полностью отражает его состав. Для распространенных веществ применяются и другие названия — традиционные (отражающие состав не полностью) и специальные (совсем не отражающие состав). Эти названия обычно более короткие и поэтому более удобные в использовании. Однако расширять список подобных названий (путем составления новых терминов и терминов по аналогии) ИЮПАК не рекомендует.

В формуле *сложного* вещества на первом месте слева записывают обозначение электроположительной составляющей (реальный или условный *катион*), за ним — обозначение электроотрицательной составляющей (реальный или условный *анион*).

Примеры:

Формула	*Катион(ы)*	*Анион(ы)*
Na_2O	Na^+	O^{2-}
SF_6	S^{+VI}	F^{-I}
$Ca_3(PO_4)_2$	Ca^{2+}	PO_4^{3-}
$(MgAl_2)O_4$	Mg^{2+}, Al^{3+}	O^{2-}
$KCr(SO_4)_2$	K^+, Cr^{3+}	SO_4^{2-}
NOF_3	N^{+V}	O^{-II}, F^{-I}
$FeO(OH)$	Fe^{3+}	O^{2-}, OH^-
$Cu_2CO_3(OH)_2$	Cu^{2+}	CO_3^{2-}, OH^-

Систематические названия сложных веществ строятся по формуле справа налево и состоят из двух слов: первое слово (в именительном падеже) — название аниона, второе слово (в родительном падеже) — название катиона; названия одноименных составляющих (двух анионов, двух катионов) пишутся через дефис.

Для построения названий катионов (всегда) и названий анионов (как правило) используются корни (иногда усеченные) русских названий элементов. Названия простых (одноэлементных) анионов оканчиваются на **ид**, названия сложных анионов — на **ат**, например: алюминий — алюминат, бериллий — бериллат; фосфор — фосфид, фосфат; хлор — хлорид, хлорат.

По традиции и для благозвучия в названиях анионов применяются корни латинских названий некоторых элементов (табл. 29).

Таблица 29

Элемент		Латинский корень	Название аниона (анионов)
символ	название		
Ag	Серебро	Аргент-	Аргентат
As	Мышьяк	Арсен-	Арсени́д, арсенат
Au	Золото	Аур-	Аурат
C	Углерод	Карб-	Карбид
		Карбон-	Карбонат
Cu	Медь	Купр-	Купрат
Fe	Железо	Ферр-	Феррат
H	Водород	Гидр-	Гидрид
Hg	Ртуть	Меркур-	Меркурат
Mn	Марганец	Манган-	Манганат
N	Азот	Нитр-	Нитрид, нитрат
Ni	Никель	Никкол-	Никколат
O	Кислород	Окс-	Оксид
Pb	Свинец	Плюмб-	Плюмбат
S	Сера	Сульф-	Сульфид, сульфат
Sb	Сурьма	Стиб-	Стибат
Si	Кремний	Силиц-	Силицид
		Силик-	Силикат
Sn	Олово	Станн-	Станнат

Внимание! Эти латинские корни следует выучить и всегда употреблять при составлении названий анионов (нередко абитуриенты составляют нелепые названия типа серебрат, железат, азотат, свинцат).

Число анионов и катионов рекомендуется обозначать **приставками** (универсальный способ указания состава предпочтителен для соединений **неметаллов**) или **степенями окисления** (способ предпочтителен для катионов **металлов**, если их несколько у данного элемента); примеры приведены в табл. 30.

Таблица 30

Формула	Предпочтительное название	Допустимое название
CO	Монооксид углерода	Оксид углерода(II)
CO_2	Диоксид углерода	Оксид углерода(IV)
SO_3	Триоксид серы	Оксид серы(VI)
N_2O_5	Пентаоксид диазота	Оксид азота(V)
SCl_2O_2	Диоксид-дихлорид серы	—
CuO	Оксид меди(II)	Монооксид меди
Cr_2O_3	Оксид хрома(III)	Триоксид дихрома
$FeCl_2$	Хлорид железа(II)	Дихлорид железа
$FeCl_3$	Хлорид железа(III)	Трихлорид железа
$Pb(Cl)F$	Фторид-хлорид свинца	—
$(Fe^{III}Cu^{I})S_2$	Сульфид меди(I)-железа(III)	—

Примечания:

1. Названия числовых приставок:

1 — моно-	5 — пента-	9 — нона-
2 — ди-	6 — гекса-	10 — дека-
3 — три-	7 — гепта-	11 — ундека-
4 — тетра-	8 — окта-	12 — додека-

Бо́льшие, чем 12, значения приставок записываются цифрами (13, 14, 15...). Неопределенное число обозначается приставкой «поли-».

2. Указание на степень окисления пишется всегда вместе со словом и читается как количественное числительное мужского рода в именительном падеже:

... углерода(II) — углерода-два

... азота(V) — азота-пять

... хрома(III) — хрома-три

... железа(II) — железа-два

... меди(I) — железа(III) — меди-один-железа-три

Для соединений металлов с единственной степенью окисления последняя не указывается, но подразумевается:

Na_2S — сульфид натрия $\quad$ LiH — гидрид лития

Al_2O_3 — оксид алюминия $\quad$ $CaCO_3$ — карбонат кальция

Для широкоизвестных сложных веществ, катионов и анионов ИЮПАК рекомендует *специальные* названия:

Вещества

B_2H_6 — боран
SiH_4 — силан
GeH_4 — герман
NH_3 — аммиак
PH_3 — фосфин
AsH_3 — арсин
H_2O — вода
H_2S — сероводород
H_2Se — селеноводород
HF — фтороводород
HCl — хлороводород
HBr — бромоводород
HI — иодоводород

Катионы

H_3O^+ — оксоний
NH_4^+ — аммоний
NO^+ — нитрозил
NO_2^+ — нитроил
VO_2^+ — ванадил
UO_2^{2+} — уранил

Анионы

C_2^{2-} — ацетиленид
NH_2^- — амид
O_2^- — надпероксид
O_2^{2-} — пероксид
O_3^- — озонид
OH^- — гидроксид

Гидроксиды металлов в степени окисления (+III), содержащие одновременно анионы O^{2-} и OH^-, называют с приставкой **мета-**:

$AlO(OH)$ — метагидроксид алюминия
$FeO(OH)$ — метагидроксид железа

Катионы металлов с присоединенными к ним анионами OH^- (обычно в растворе) называют с приставкой **гидроксо-**:

$CuOH^+$ — катион гидроксомеди(II)
$FeOH^{2+}$ — катион гидроксожелеза(III)

Для ограниченного числа распространенных оксокислот и кислотных остатков в оксосолях используются *традиционные* названия (прочерк означает, что кислота не существует) — табл. 31.

Таблица 31

Кислота	Кислотный остаток
$HAsO_2$ — метамышьяковистая	AsO_2^- — метаарсенит
H_3AsO_3 — ортомышьяковистая	AsO_3^{3-} — ортоарсенит
H_3AsO_4 — мышьяковая	AsO_4^{3-} — арсенат
HBO_2 — метаборная	BO_2^- — метаборат
—	$B_4O_7^{2-}$ — тетраборат

Окончание табл. 31

Кислота	Кислотный остаток
—	BiO_3^- — висмутат
H_2CO_3 — угольная	CO_3^{2-} — карбонат
	HCO_3^- — гидрокарбонат
$HClO$ — хлорноватистая	ClO^- — гипохлорит
$HClO_2$ — хлористая	ClO_2^- — хлорит
$HClO_3$ — хлорноватая	ClO_3^- — хлорат
$HClO_4$ — хлорная	ClO_4^- — перхлорат
H_2CrO_4 —хромовая	CrO_4^{2-} — хромат
$H_2Cr_2O_7$ — дихромовая	$Cr_2O_7^{2-}$ — дихромат
—	FeO_4^{2-} — феррат
H_2GeO_3 — германиевая	GeO_3^{2-} — германат
$HMnO_4$ — марганцовая	MnO_4^- — перманганат
—	MnO_4^{2-} — манганат
HNO_2 — азотистая	NO_2^- — нитрит
HNO_3 — азотная	NO_3^- — нитрат
HPO_3 — метафосфорная	PO_3^- — метафосфат
H_3PO_4 — ортофосфорная	PO_4^{3-} — ортофосфат
	HPO_4^{2-} — гидроортофосфат
	$H_2PO_4^-$ — дигидроортофосфат
$H_4P_2O_7$ — дифосфорная	$P_2O_7^{4-}$ — дифосфат
$SO_2 \cdot nH_2O$ — полигидрат SO_2	SO_3^{2-} — сульфит
	HSO_3^- — гидросульфит
H_2SO_4 — серная	SO_4^{2-} — сульфат
	HSO_4^- — гидросульфат
$H_2S_2O_7$ — дисерная	$S_2O_7^{2-}$ — дисульфат
$H_2S_2O_6(O_2)$ — пероксодисерная	$S_2O_6(O_2)^{2-}$ — пероксодисульфат
H_2SiO_3 — метакремниевая	SiO_3^{2-} — метасиликат
H_4SiO_4 — ортокремниевая	SiO_4^{4-} — ортосиликат
—	VO_3^- — метаванадат
—	VO_4^{3-} — ортованадат

Кислые анионы бескислородных кислот называют аналогично:

HS^- — гидросульфид, HSe^- — гидроселенид

Традиционные названия анионов входят в названия соответствующих *солей*:

$NaBO_2$ — метаборат натрия

$Na_2B_4O_7$ — тетраборат натрия

$Cu_2CO_3(OH)_2$ — дигидроксид-карбонат меди(II)

$Ca(ClO)_2$ — гипохлорит кальция

$KClO_3$ — хлорат калия

NH_4NO_3 — нитрат аммония

Na_3PO_4 — ортофосфат натрия

Na_2HPO_4 — гидроортофосфат натрия

NaH_2PO_4 — дигидроортофосфат натрия

$BaSO_4$ — сульфат бария

$Pb(HSO_4)_2$ — гидросульфат свинца(II)

$KCr(SO_4)_2$ — сульфат хрома(III)-калия

$Ba(HS)_2$ — гидросульфид бария

Остальные соли (обычно редко встречающиеся) считают комплексными соединениями (см. далее) и называют соответственно:

$NaAlO_2$ — диоксоалюминат(III) натрия

K_2ZnO_2 — диоксоцинкат(II) калия

Ba_2XeO_6 — гексаоксоксенонат(VIII) бария

В разговорной практике указание на лиганды O^{2-} опускают:

$NaAlO_2$ — алюминат натрия, K_2ZnO_2 — цинкат(II) калия

В *комплексных соединениях* формула собственно **комплекса** — нейтрального (без внешней сферы) и заряженного положительно или отрицательно (катиона или аниона) — всегда заключается в квадратные скобки (табл. 32), в отличие от формул обычных веществ, катионов и анионов. В состав формулы комплекса входят центральный атом M в некоторой степени окисления и определенное число *n* лигандов L (нейтральных или анионов).

Таблица 32

Формула	M	L	Формула	M	L
$[Fe(CO)_5]$	Fe^0	CO	$[Al(OH)_4]^-$	Al^{III}	OH^-
$[Co(NH_3)_3Cl_3]$	Co^{III}	NH_3, Cl^-	$[PtCl_6]^{2-}$	Pt^{IV}	Cl^-
$[Al(H_2O)_6]^{3+}$	Al^{III}	H_2O	$[Fe(CN)_6]^{4-}$	Fe^{II}	CN^-
$[Co(NH_3)_6]^{2+}$	Co^{II}	NH_3	$[Fe(CN)_6]^{3-}$	Fe^{III}	CN^-
$[Co(NH_3)_6]^{3+}$	Co^{III}	NH_3	$[SiF_6]^{2-}$	Si^{IV}	F^-

Названия анионных лигандов получают соединительную гласную **о**, например:

F^- — фторо OH^- — гидроксо NCS^- — тиоцианато

Cl^- — хлоро CN^- — циано NO_2^- — нитро

O^{2-} — оксо H^- — гидридо SO_3^{2-} — сульфито

Названия нейтральных лигандов не изменяются (обычно это органические вещества, например C_2H_4 — этилен, C_6H_6 — бензол, C_5H_5N — пиридин), кроме названий распространенных веществ: H_2O — аква, NH_3 — аммин, CO — карбонил, NO — нитрозил.

Названия комплексов строятся по схеме n + L + M (т.е. справа налево по формуле).

Названия нейтральных комплексов:

$[Co(NH_3)_3Cl_3]$ — трихлоротриамминкобальт

$[Cr(C_6H_6)_2]$ — дибензолхром

$[Ni(CO)_4]$ — тетракарбонилникель

Названия катионных комплексов включают указание на степень окисления M (без отрыва от названия):

$[Al(H_2O)_6]Cl_3$ — хлорид гексаакваалюминия(III)

$[Cu(NH_3)_4]SO_4$ — сульфат тетраамминмеди(II)

Названия анионных комплексов включают суффикс **-ат** и указание на степень окисления M (без отрыва от названия):

$K[AuCl_4]$ — тетрахлороаурат(III) калия

$H_2[PtCl_6]$ — гексахлороплатинат(IV) водорода

$K_4[Fe(CN)_6]$ — гексацианоферрат(II) калия

$K_3[Fe(NCS)_6]$ — гекса(тиоцианато)феррат(III) калия

$Li[AlH_4]$ — тетрагидридоалюминат(III) лития

$Na[Al(OH)_4]$ — тетрагидроксоалюминат(III) натрия

$H_2[SiF_6]$ — гексафторосиликат(IV) водорода

Названия *гидратированных веществ* складываются из группового слова «гидрат» с указанием числа молекул воды и названия безводного вещества:

$NH_3 \cdot H_2O$ — гидрат аммиака

$CO_2 \cdot H_2O$ — гидрат диоксида углерода

$AgF \cdot 2H_2O$ — дигидрат фторида серебра(I)

$CuSO_4 \cdot 5H_2O$ — пентагидрат сульфата меди(II)

$Na_2CO_3 \cdot 10H_2O$ — декагидрат карбоната натрия

$KCr(SO_4)_2 \cdot 12H_2O$ — додекагидрат сульфата хрома(III)-калия

$Al_2(SO_4)_3 \cdot 18H_2O$ — 18-гидрат сульфата алюминия

$Sn(NO_3)_2 \cdot 20H_2O$ — 20-гидрат нитрата олова(II)

$SO_2 \cdot nH_2O$ — полигидрат диоксида серы

Для более сложных гидратов вместо приставок указывают числовое отношение частей (первая цифра — число молекул воды в формульной единице гидрата):

$8Cl_2 \cdot 46H_2O$ — гидрат молекулярного хлора (46/8)

$3CdSO_4 \cdot 8H_2O$ — гидрат сульфата кадмия(II) [8/3]

14.2. Тривиальные названия веществ и смесей

Использование *тривиальных* (неноменклатурных, исторически сложившихся) названий неорганических веществ, их смесей, растворов и сплавов допускается (но необязательно рекомендуется) в научно-технической и учебной литературе, лабораторной практике и в быту.

Индивидуальные вещества

Алебастр $2CaSO_4 \cdot H_2O$

Алюмогель $4Al_2O_3 \cdot H_2O$

Барит едкий $Ba(OH)_2$

Белила
- титановые TiO_2
- цинковые ZnO

Бикарбонат $NaHCO_3$

Газ
- веселящий N_2O
- сернистый SO_2
- угарный CO
- углекислый CO_2

Гипс жжёный $2CaSO_4 \cdot H_2O$

Глинозём Al_2O_3

Золото
- муссивное SnS_2
- сусальное Au (фольга)

Известь
- гашёная $Ca(OH)_2$
- негашёная CaO

Кали едкое KOH

Камень
- оловянный SnO_2
- синий $CuSO_4 \cdot 5H_2O$

Карборунд SiC

Каустик $NaOH$

Квасцы жжёные $KAl(SO_4)_2$

Кизельгур SiO_2

Кремнезём SiO_2

Крокус Fe_2O_3

Крон
- зеленый Cr_2O_3
- свинцовый $PbCrO_4$

Купорос
белый $ZnSO_4 \cdot 7H_2O$
зеленый $FeSO_4 \cdot 7H_2O$
синий $CuSO_4 \cdot 5H_2O$
Лазурь берлинская
$KFe^{III}[Fe^{II}(CN)_6]$
Лёд сухой CO_2 (твердый)
Магнезия жжёная MgO
Масло
оловянное $SnCl_4$ (жидкий)
сурьмяное $SbCl_3$(жидкий)
Мышьяк белый As_2O_3
Натр Na_2O
едкий $NaOH$
Песок SiO_2
Поташ K_2CO_3
Преципитат $CaHPO_4 \cdot 2H_2O$
Сажа C (графит, дисперсный)
Селитра
индийская KNO_3
норвежская $Ca(NO_3)_2 \cdot 4H_2O$
чилийская $NaNO_3$
Силикагель $SiO_2 \cdot nH_2O$
Синь турбуллева
$KFe^{III}[Fe^{II}(CN)_6]$
Сода
двууглекислая $NaHCO_3$
кальцинированная Na_2CO_3
каустическая $NaOH$
питьевая $NaHCO_3$
стиральная Na_2CO_3
Соль
английская $MgSO_4 \cdot 7H_2O$
бертоллетова $KClO_3$
глауберова $Na_2SO_4 \cdot 10H_2O$
горькая $MgSO_4 \cdot 7H_2O$
желтая кровяная
$K_4[Fe(CN)_6] \cdot 3H_2O$
золотая $Na[AuCl_4] \cdot 2H_2O$
красная кровяная
$K_3[Fe(CN)_6]$
Мора $Fe(NH_4)_2(SO_4)_2 \cdot 6H_2O$
морская $NaCl$
оловянная
$[Sn(H_2O)Cl_2] \cdot H_2O$
пищевая $NaCl$
поваренная $NaCl$
Станиоль Sn (фольга)
Сулема́ $2HgCl_2$
Суперфосфат двойной
$Ca(H_2PO_4)_2 \cdot H_2O$
Феррицианид $K_3[Fe(CN)_6]$
Ферроцианид
$K_4[Fe(CN)_6] \cdot 3H_2O$
Фосген CCl_2O
Хромпик $K_2Cr_2O_7$
Цвет серный S (порошок)
Цементит Fe_3C

Смеси, растворы

Алунд — химически стойкий керамический материал на основе Al_2O_3 (огнеупорные тигли, трубки)

Аммофос — смесь $NH_4H_2PO_4$ и $(NH_4)_2HPO_4$ (минеральное азотно-фосфорное удобрение)

Белила свинцовые — смесь $PbCO_3$ и $Pb(OH)_2$

Вода
аммиачная — 25%-ный водный раствор NH_3
баритовая — насыщенный водный раствор $Ba(OH)_2$
бромная — насыщенный водный раствор Br_2, содержит HBr, HBrO (сильный окислитель)

гипсовая — насыщенный водный раствор $CaSO_4$
жавелевая — водный раствор KOH, насыщенный хлором Cl_2, содержит KCl, KClO
известковая — насыщенный водный раствор $Ca(OH)_2$
иодная — раствор I_2 в водном расторе KI, содержит $KI \cdot I_2$, или $K[I(I)_2]$
лабарракова — водный раствор NaOH, насыщенный хлором Cl_2, содержит NaCl, NaClO
сероводородная — насыщенный водный раствор H_2S
хлорная — насыщенный водный раствор Cl_2, содержит HCl, HClO (сильный окислитель)

Водка царская — смесь 63%-ной HNO_3 и 36%-ной HCl в объемном отношении 1:3 (сильный окислитель)

Газ
водяной — смесь CO и H_2
генераторный — смесь CO, N_2, CO_2
гремучий — смесь H_2 и O_2 (объемное отношение 2:1)

Глина белая — смесь каолинита $Al_4(Si_4O_{10})(OH)_8$ и SiO_2

Жидкость бордоская — раствор $CuSO_4$ в известковом молоке

Извёстка — смесь $Ca(OH)_2$, SiO_2, H_2O

Известь
белильная — смесь $Ca(ClO)_2$, $CaCl_2$, $Ca(OH)_2$, H_2O
натронная — смесь CaO, $Ca(OH)_2$, NaOH
хлорная — смесь $Ca(ClO)_2$, $CaCl_2$, $Ca(OH)_2$, H_2O

Каолин — смесь каолинита $Al_4(Si_4O_{10})(OH)_8$ и SiO_2

Кислота
плавиковая — 40%-ный водный раствор HF
серная дымящая — см. Олеум
сероводородная — водный раствор H_2S
синильная — водный раствор HCN
соляная — 36%-ный водный раствор HCl
фтороводородная — водный раствор HF
хлороводородная — водный раствор HCl

Масло купоросное — техническая 90%-ная H_2SO_4

Молоко известковое — суспензия $Ca(OH)_2$ в известковой воде

Наждак — смесь Al_2O_3 и $(Fe^{II}Fe_2^{III})O_4$

Олеум — раствор SO_3 в безводной H_2SO_4, содержит $H_2S_2O_7$

Охра — смесь Fe_2O_3, Al_2O_3, SiO_2

Пергидроль — 30%-ный водный раствор H_2O_2

Смесь хромовая — раствор $K_2Cr_2O_7$ или CrO_3 в 60%-ной H_2SO_4

Спирт нашатырный — 3—10%-ный водный раствор NH_3

Стекло

жидкое — щелочной водный раствор Na_2SiO_3 и K_2SiO_3

растворимое — смесь Na_2SiO_3, K_2SiO_3, SiO_2

Суперфосфат простой — смесь $Ca(H_2PO_4)_2 \cdot H_2O$, $CaSO_4$

Термит — смесь порошков Al и $(Fe^{II}Fe_2^{III})O_4$

Углекислота — насыщенный водный раствор CO_2

Щёлок

калийный — водный раствор KOH

натровый — водный раствор NaOH

Сплавы

(элементный состав выражен массовой долей, %)

Алюмель — на основе Ni, содержит Al 1,8—2,5, Mn 1,8—2,2, Si 0,85—2,0, иногда Fe 0,5

Амальгама — на основе Hg, содержит один из металлов IA-, IIA-, IБ- или IIБ-групп

Баббит

оловянный — Sn 82—84, Sb 10—12, Cu 6

свинцовый — Pb 80—82, Sb 16—18, Cu 2

Бронза — на основе Cu и Sn, содержит Al, Be, Pb, Cr, Si

Дюраль (дуралюмин) — на основе Al, содержит Cu, Mg, Mn

Инвар — Fe 63, Ni 36, Mn 0,5, C 0,5

Константан — Cu 60, Ni 40

Латунь — на основе Cu и Zn (до 50), содержит Al, Fe, Mn, Ni, Pb

Манганин — Cu 83, Mn 13, Ni 4

Мельхиор — на основе Cu и Ni (5—30), содержит Fe, Mn

Монель-металл — на основе Ni и Cu (27—29), содержит Fe, Mn

Нержавеющая сталь

хромоникелевая — сталь, содержит Cr 18, Ni 9

хромистая — сталь, Cr 13—27

Никелин — на основе Cu и Ni (25—35), содержит Mn, Fe, Zn

Нихром — Ni 65—80, Cr 15, содержит Si, Al

Нойзильбер — Cu 82—20, Ni 5—35, Zn 13—45

Победит — WC ≈ 90, Co ≈ 10

Платинородий — Pt 90, Rh 10

Припой — Sn 30—70, Pb 70—30

Сплав Вуда — Bi 50, Pb 25, Sn 12,5, Cd 12,5

Сталь (обычная) — на основе Fe, содержит C 0,02—2,06

Хромель — на основе Ni, содержит Cr 9—10, Co 1

Чугун — на основе Fe, содержит C более 2,06 (обычно 3,0—4,5), а также Mn, Si, S, P и др.

14.3. Минералогические названия

Далее приведены названия и состав распространенных минералов и горных пород. Минералогические названия не входят в химическую номенклатуру, но используются для обозначения химических реактивов (что не обязательно рекомендуется, но широко распространено, ввиду краткости, в литературе).

Устаревшие названия отмечены звездочкой (*). Названия драгоценных, полудрагоценных и поделочных камней выделены курсивом. Более подробные сведения о минералах см. 16.

Агат — полосчатый халцедон

Аквамарин — берилл с примесью Fe^{II}, голубовато-зеленый

Алебастр — мелкозернистый гипс

Александрит — хризоберилл с примесью Cr^{III}, зеленый при дневном и красный при искусственном освещении

Алмаз C

Аметист — кварц с примесями, фиолетовый

Ангидрит $CaSO_4$

Англезит $PbSO_4$

Апатит $Ca_5(PO_4)_3(Cl, OH, F)$

Асбест $Mg_6Si_4O_{11}(OH)_6 \cdot H_2O$

Аурипигмент As_2S_3

Барит $BaSO_4$

Бассанит $2CaSO_4 \cdot H_2O$

Берилл $Be_3Al_2(SiO_3)_6$

Бирюза $CuAl_6(PO_4)_4(OH)_8 \cdot 5H_2O$

Боксит $Al_2O_3 \cdot nH_2O$, горная порода

* **Бура** (см. Тинкал)

Вюрцит ZnS

Галенит PbS

Галит NaCl

Гаусманит $(Mn^{II}Mn^{III}_2)O_4$

Гелиотроп — халцедон с красными вкраплениями

Гематит Fe_2O_3

Герцинит $(FeAl_2)O_4$

Гиацинт — циркон с примесями, красный

Гипс $CaSO_4 \cdot 2H_2O$

Глёт PbO, красный

Глина — продукт выветривания силикатных пород и минералов

Графит C

Доломит $CaMg(CO_3)_2$

Жаргон — циркон с примесями, желтый

* **Железняк**
- бурый (см. Лимонит)
- красный (см. Гематит)
- магнитный (см. Магнетит)

Известняк — кальцит и глина, горная порода

Изумруд — берилл с примесью Cr^{III}, зеленый

Ка́ломель Hg_2Cl_2

Кальцит $CaCO_3$

Каолинит $Al_2Si_2O_5(OH)_4$, основной компонент белой глины (каолина)

Карналлит $KMgCl_3 \cdot 6H_2O$

Карнеол (см. Сердолик)

Касситерит SnO_2

Кварц SiO_2

Квасцы
алюмокалиевые
$KAl(SO_4)_2 \cdot 12H_2O$
хромокалиевые
$KCr(SO_4)_2 \cdot 12H_2O$
Ки́новарь HgS, красная
*** Колчедан**
железный (см. Пирит)
красный (см. Никелин)
магнитный (см. Пирротин)
медный (см. Халькопирит)
серный (см. Пирит)
Корунд Al_2O_3
Кремень — халцедон с примесями оксидов Ca, Al, Mg, Fe
Криолит $Na_3[AlF_6]$
Крокоит $PbCrO_4$
*** Купорос**
железный (см. Мелантерит)
медный (см. Халькантит)
свинцовый (см. Англезит)
Лимонит $Fe_2O_3 \cdot nH_2O$, горная порода
Магнезит $MgCO_3$
Магнетит $(Fe^{II}Fe_2^{III})O_4$
Малахит $Cu_2CO_3(OH)_2$
Массикот PbO, желтый
Мелантерит $FeSO_4 \cdot 7H_2O$
Метациннабарит HgS, черный
Мирабилит $Na_2SO_4 \cdot 10H_2O$
Мрамор — кальцит и силикатные примеси, горная порода
Натрон $Na_2CO_3 \cdot 10H_2O$
Нашатырь NH_4Cl
Нефрит
$Ca_2Mg_5(Si_4O_{11})_2(OH, F)_2$
с примесью Fe^{II}, зеленый
Никелин $NiAs$
Нитраммит NH_4NO_3
Нитратин $NaNO_3$
с примесью $NaIO_3$
Нитробарит $Ba(NO_3)_2$
Нитрокальцит $Ca(NO_3)_2 \cdot 4H_2O$
Нитромагнезит
$Mg(NO_3)_2 \cdot 6H_2O$
*** Обманка цинковая**
(см. Сфалерит)
Оникс — халцедон с чередованием белых, коричневых и черных полос
Опал $SiO_2 \cdot nH_2O$
Песок кварцевый — кварц, россыпь
Пирит FeS_2
Пиролюзит MnO_2
Пирротин FeS
Родохрозит $MnCO_3$
Рубин — корунд с примесью Cr^{III}, красный
Рутил TiO_2
Сапфир — корунд с примесью Ti^{III}, синий
Селитра KNO_3
*** Селитра**
аммонийная
(см. Нитраммит)
баритовая (см. Нитробарит)
известковая
(см. Нитрокальцит)
магнезиевая
(см. Нитромагнезит)
натронная (см. Нитратин)
Сердоли́к — халцедон с примесями, розово-красный
Сидерит $FeCO_3$
Сильвин KCl
Смитсонит $ZnCO_3$
*** Сода** (см. Натрон)
*** Соль каменная** (см. Галит)

Сурик $(Pb_2^{II}Pb^{IV})O_4$

Сфалерит ZnS

Тинкал $Na_2B_4O_7 \cdot 10H_2O$

Топаз $Al_2SiO_4(OH, F)_2$

Фенакит Be_2SiO_4

Флюорит CaF_2

Фосфорит $Ca_5(PO_4)_3OH$, компонент апатита

Халцедон — тонковолокнистый кварц

Халькантит $CuSO_4 \cdot 5H_2O$

Халькопирит $(Fe^{III}Cu^{I})S_2$

Хризоберилл $(BeAl_2)O_4$

Хризопраз — халцедон с примесями, зеленый

Хромит $(Cr_2Fe^{II})O_4$

Хрусталь горный — прозрачный кварц

Церуссит $PbCO_3$

Циркон $ZrSiO_4$

*** Шпат**

горький бурый (см. Доломит)

горький тальковый (см. Магнезит)

железный (см. Сидерит)

известковый (см. Кальцит)

исландский (см. Кальцит)

марганцевый (см. Родохрозит)

свинцовый (см. Церуссит)

свинцовый красный (см. Крокоит)

тяжелый (см. Барит)

цинковый (см. Смитсонит)

Шпинель благородная $(MgAl_2)O_4$

*** Шпинель**

железистая (см. Герцинит)

свинцовая (см. Сурик)

Эпсомит $MgSO_4 \cdot 7H_2O$

Яшма — халцедон с примесями, красная

14.4. Несуществующие вещества

Далее в табл. 33 перечислены все еще встречающиеся в химической литературе формулы и названия неорганических веществ, которые не известны науке. Они не получены в лаборатории и не обнаружены в природе, т. е. такие вещества не выделены в безводном или гидратированном виде, а также в виде раствора, содержащего их молекулы или ионы.

Если известно реальное вещество, отвечающее составу неполученного вещества, то приводятся его современная (номенклатурная) формула и соответствующее название.

Применение всех формул и названий несуществующих веществ запрещено правилами ИЮПАК.

Для многочисленных солей с одинаковым анионом дается, как правило, только формула и название этого аниона.

Таблица 33

Несуществующее вещество	Реально полученное вещество
AgOH гидроксид серебра(I)	Не получен, из водного раствора выпадает оксид Ag_2O
$Al_2(CO_3)_3$ карбонат алюминия	Не получен
AlO_3^{3-} ортоалюминат	Не получен
$HAsO_3$ метамышьяковая кислота	Не получена
M_3BO_3(M = Na, K) ортобораты	Не получены
$HBrO_2$ бромистая кислота	Не получена
$Cr_2(CO_3)_3$ карбонат хрома(III)	Не получен
$CrCl_6$ хлорид хрома(VI)	Не получен
CuI_2 иодид меди(II)	Не получен
$Fe_2(CO_3)_3$ карбонат железа(III)	Не получен
$FeCl_6$ хлорид железа(VI)	Не получен
$FeCl_8$ хлорид железа(VIII)	Не получен
FeI_3 иодид железа(III)	Не получен
Fe_3O_4 тетроксид трижелеза $FeO \cdot Fe_2O_3$ оксид железа(II, III) $Fe(FeO_2)_2$ феррат(III) железа(II)	$(Fe^{II}Fe_2^{III})O_4$ оксид дижелеза(III)-железа(II)
$Fe(OH)_3$ гидроксид железа(III)	Не получен, известны $Fe_2O_3 \cdot nH_2O$ и FeO(OH)
Fe_2S_3 сульфид железа(III)	Не получен
$HgCO_3$ карбонат ртути(II)	Не получен
Hg_2O оксид ртути(I)	Не получен
Hg_2S сульфид ртути(I)	Не получен
$MnCl_7$ хлорид марганца(VII)	Не получен
NH_4OH гидроксид аммония	$NH_3 \cdot H_2O$ гидрат аммиака
$(NH_4)_3PO_4$ ортофосфат аммония	Не получен
$(NH_4)_2S$ сульфид аммония	Не существует в водном растворе, переходит в NH_4HS
Pb_3O_4 тетраоксид трисвинца $2PbO \cdot PbO_2$ оксид свинца (II, IV) $Pb_2(PbO_4)$ ортоплюмбат(IV) свинца(II)	$(Pb_2^{II}Pb^{IV})O_4$ оксид свинца(IV)-дисвинца(II)
SCl_6 хлорид серы(VI)	Не получен
$S_2O_8^{2-}$ персульфат	$S_2O_6(O_2)^{2-}$ пероксодисульфат
H_2SO_3 сернистая кислота	Не получена, существует только полигидрат $SO_2 \cdot nH_2O$
$H_2S_2O_8$ надсерная кислота	$H_2S_2O_6(O_2)$ пероксодисерная кислота
$SeCl_6$ хлорид селена(VI)	Не получен
K_4SiO_4 ортосиликат калия	Не получен
$SnCO_3$ карбонат олова(II)	Не получен
VCl_5 хлорид ванадия(V)	Не получен

15. ФИЗИЧЕСКИЕ СВОЙСТВА НЕОРГАНИЧЕСКИХ ВЕЩЕСТВ

Таблица физических свойств распространенных неорганических веществ разбита на рубрики, каждая из которых относится к одному элементу. Рубрики следуют по алфавиту символов элементов, например, Ag, Al, Ar, As, Au, B и т. д.

В рубрике за простым веществом (элементом в свободном виде) перечислены соединения данного элемента, в формулах которых этот элемент стоит на первом (слева) месте. Так, в рубрике «Ag» после Ag следуют, по алфавиту, формулы соединений серебра — AgBr, AgCl, AgI, $AgNO_3$ и т. д.

Формулы кристаллогидратов даны вслед за формулами безводных веществ, например:

$AlBr_3$ — свойства безводного $AlBr_3$

$\cdot\ 6H_2O$ — свойства кристаллогидрата с полной формулой $AlBr_3\ \cdot 6H_2O$

Кристаллогидраты сложного состава изображены формулами с дробным числом молекул воды:

а) $CaSO_4$

$\cdot\ 0{,}5H_2O$ — для кристаллогидрата с полной формулой $2CaSO_4 \cdot H_2O$

б) $CdSO_4$

$\cdot\ 2{,}67H_2O$ — для кристаллогидрата с полной формулой $3CdSO_4 \cdot 8H_2O$.

Формулы соединений с комплексным анионом, образованным элементом данной рубрики, представлены в инвертированной (анион, катион) форме:

Дано	*Следует читать*
$[AuCl_4]$, H	$H[AuCl_4]$
$[Cr(OH)_6]$, Na_3	$Na_3[Cr(OH)_6]$

Кислоты (кислородсодержащие, бескислородные) указаны в рубриках соответствующих элементов в конце списка соединений; например, в конце рубрики «Cl» приведены данные для кислот HCl и $HClO_4$.

Физические свойства, указанные в табл. 34:

1) *относительная молекулярная масса* M_r, рассчитанная по химической формуле вещества, приведенной в первой (слева) колонке;

2) *температуры плавления и кипения* ($t_{пл}$, $t_{кип}$), выраженные в градусах Цельсия (°С); если они неизвестны (или не существуют), то даны температуры возгонки (возг.) или разложения (разл.), характеризующие летучесть и термическую нестойкость вещества. Другие обозначения в этих колонках:

≈ 3200 —	при температуре около 3200 °С
>350 —	при температуре выше 350 °С
192,6 (*р*) —	вещество плавится (кипит) под избыточным давлением
554 разл. —	вещество плавится (кипит) при указанной температуре, а выше этой температуры разлагается
150 → Al_2O_3 —	вещество при указанной температуре разлагается без плавления (кипения) и образует Al_2O_3 (основной продукт)

3) *окраска* и *плотность* для указанного агрегатного состояния (газ, жидк. — жидкость, остальные вещества — твердые). Единицы значений плотности веществ:

газы — в г/л при н. у.

жидкости — в г/мл (верхний индекс — температура)

твердые вещества — в г/см^3

Использованные сокращения цветов:

бел. — белый	оранж. — оранжевый
бур. — бурый	роз. — розовый
бц. — бесцветный	св. — светло-
гол. — голубой	сер. — серый
желт. — желтый	син. — синий
зел. — зеленый	т. — темно-
кор. — коричневый	фиол. — фиолетовый
красн. — красный	черн. — черный

Записи типа «желт.-оранж.» следует читать «желто-оранжевый» (второй цвет — основной, первый — оттенок).

Таблица 34

Формула	M_r	$t_{пл}$	$t_{кип}$	Окраска	Плотность
Ag	107,868	961,93	2170	Бел.	10,494
AgBr	187,77	432	разл. 700	Св.-желт.	6,47
AgCl	143,32	455	1550	Бел.	5,56
AgI	234,77	554 разл.	—	Желт.	5,67
$AgNO_3$	169,87	209,7	300 → Ag	Бел.	4,35
Ag_2O	231,74	160 → Ag	—	Т.-кор.	7,14
Ag_2S	247,80	845	—	Черн.	7,23
Ag_2SO_4	311,80	≈ 660	разл. 750	Бел.	5,45
Al	26,982	660,37	2500	Бел.	2,702
$AlBr_3$	266,69	97,5	265	Бел.	3,21
$\cdot 6H_2O$	374,78	93	разл. 100	Бел.	2,54
Al_4C_3	143,96	разл. 2200	—	Желт.	2,36
$AlCl_3$	133,34	192,6 (*р*)	возг. 183	Бел.	2,47
$\cdot 6H_2O$	241,43	разл. 100	—	Бел.	2,40
$[AlF_6]$, Na_3	209,94	1009	—	Бел.	2,98
AlH_3	30,01	разл. 105	—	Бел.	—
$[AlH_4]$, Li	37,96	разл. 125	—	Бел.	0,72
AlI_3	407,69	188,3	382,5	Бел.	3,98
$\cdot 6H_2O$	515,78	разл. 185	—	Св.-желт.	2,63
$Al(NO_3)_2$	212,99	150 → Al_2O_3	—	Бел.	1,89
$\cdot 9H_2O$	317,13	66 разл.	—	Бел.	—
Al_2O_3	101,96	2053	≈ 3000	Бел.	3,97
$Al(OH)_3$	78,00	200 → AlO(OH)	—	Бел.	2,42
AlO(OH)	59,99	360 → Al_2O_3	—	Бел.	3,01
$AlPO_4$	121,95	1650	—	Бел.	2,56
Al_2S_3	150,16	1120 (*р*)	—	Бел.	2,02
$Al_2(SO_4)_3$	342,15	770 разл.	—	Бел.	2,71
$\cdot 18H_2O$	666,42	$-H_2O$ 420	—	Бел.	1,65
Ar	39,948	−189,4	−185,8	Бц. газ	1,7837
As	74,922	817 (*р*)	возг. 615	Сер.	5,73
AsF_3	131,92	−5,94	57,8	Бц. жидк.	$2,73^{15}$
AsF_5	169,91	−79,8	−52,8	Бц. газ	7,71
AsH_3	77,95	−116,92	−62,47	Бц. газ	3,5023
As_2O_3	197,84	314	461	Бел.	4,15
As_2O_5	229,84	315 → As_2O_3	—	Бел.	4,32
As_2S_3	246,04	310	723	Т.-желт.	3,43

Продолжение табл. 34

Формула	M_r	$t_{пл}$	$t_{кип}$	Окраска	Плотность
As_2S_5	1310,17	возг. 190	разл. 500	Желт.	—
H_3AsO_4	141,94	Не получена			
$\cdot 0,5H_2O$	150,95	35,5	$250 \rightarrow As_2O_5$	Бел.	2,25
Au	196,967	1064,43	2947	Желт.	19,29
AuCl	232,42	$289 \rightarrow Au$	—	Св.-желт.	7,4
$AuCl_3$	303,33	$150 \rightarrow AuCl$	—	Т.-красн.	4,67
$[AuCl_4]$, H	339,79	$156 \rightarrow AuCl$	—	Св.-желт.	3,9
Au_2O_3	441,93	$160 \rightarrow Au$	—	Кор.-черн.	10,61
$\cdot nH_2O$	—	$80 \rightarrow AuO(OH)$	—	Св.-кор.	—
AuO(OH)	229,97	$120 \rightarrow Au_2O_3$	—	Св.-кор.	—
Au_2S	426,00	$240 \rightarrow Au$	—	Кор.-черн.	9,0
Au_2S_3	490,13	$200 \rightarrow Au_2S$	—	Черн.	8,75
B	10,811	2075	3700	Сер.-черн.	2,34
BCl_3	117,17	–107	+12,5	Бц. жидк.	$1,43^0$
BF_3	67,81	–128,36	–100,3	Бц. газ	3,209
$[BF_4]$, Na	109,79	384	разл. 450	Бел.	2,47
B_2H_6	27,67	–165,5	–92,5	Бц. газ	1,234
$[BH_4]_3$, Al	71,51	–64,5	+44,5	Бц. жидк.	$0,55^{20}$
$[BH_4]$, Li	21,78	$278 \rightarrow LiH, B$	—	Бел.	0,67
$[BH_4]$, Na	37,83	400	разл. 450	Бел.	1,07
B_2O_3	69,62	450	>2000	Бел.	2,46
$B(OH)_3$	61,83	170 (*р*)	$70 \rightarrow HBO_2$	Бел.	1,44
B_2S_3	117,82	≈ 310	—	Бел.	1,55
HBO_2	43,82	$235 \rightarrow B_2O_3$	—	Бел.	1,79
Ba	137,327	727	1860	Бел.	3,6
$BaCO_3$	197,34	1555 (р)	разл. 1200	Бел.	4,43
$BaCl_2$	208,23	961	2050	Бел.	3,86
$\cdot 2H_2O$	244,26	$–H_2O$ 113	—	Бел.	3,1
$BaCrO_4$	253,32	1380	—	Желт.	4,5
BaF_2	175,32	1368	2260	Бел.	4,89
BaH_2	139,34	675 разл.	—	Бел.	4,15
$BaHPO_4$	233,31	разл. 400	—	Бел.	4,17
$Ba(H_2PO_4)_2$	331,30	разл. 340	—	Бел.	2,9
Ba_3N_2	440,00	разл. 500	—	Сер.	4,78
$Ba(NO_2)_2$	229,34	разл. 200	—	Бел.	3,23

Продолжение табл. 34

Формула	M_r	$t_{пл}$	$t_{кип}$	Окраска	Плотность
$Ba(NO_3)_2$	261,34	594 разл.	—	Бел.	3,24
BaO	153,33	2020	—	Бел.	5,72
BaO_2	169,33	450 (*р*)	разл. 790	Бел.	4,96
$Ba(OH)_2$	171,34	408	разл. 780	Бел.	4,5
$Ba_3(PO_4)_2$	601,92	1605	—	Бел.	4,1
BaS	169,39	2000 разл.	—	Бел.	4,36
$BaSO_4$	233,39	1580 разл.	—	Бел.	4,5
$BaSiO_3$	213,41	>1600	—	Бел.	4,61
Be	9,012	1287	2507	Сер.	1,85
Be_2C	30,04	2150 разл.	—	Желт.-красн.	1,9
$BeCl_2$	79,92	415	550	Бел.	1,9
BeF_2	47,01	803	1175	Бел.	1,99
BeH_2	11,03	разл. 100	—	Бел.	—
BeO	25,01	2580	4260	Бел.	3,02
$Be(OH)_2$	43,03	разл. >200	—	Бел.	1,92
$BeSO_4$	105,07	540	разл. 600	Бел.	2,44
$\mathbf{Br_2}$	159,808	−7, 25	+59,82	Т.-красн.жидк.	$3,12^{20}$
HBr	80,91	−86,91	−66,77	Бц. газ	3,6445
C (графит)	12,011	3800	4000	Черн.	2,27
C (алмаз)	12,011	1800 → графит	—	Бел.	3,52
CO	28,01	−205,02	−191,5	Бц. газ	1,25
CO_2	44,01	возг. −78,476	разл. 2000	Бц. газ	1,977
Ca	40,078	842	1495	Бел.	1,54
$CaBr_2$	199,89	742	1830	Бел.	3,35
$\cdot 6H_2O$	307,98	38,2	разл. 200	Бел.	2,3
CaC_2	64,10	2160	разл. 2200	Бел.	2,22
$CaCO_3$	100,09	1242 (*р*)	разл. 900	Бел.	2,93
$CaCl_2$	110,98	782	1960	Бел.	2,51
$\cdot 6H_2O$	219,07	29,92 разл.	$-H_2O$ 200	Бел.	1,68
$Ca(ClO)_2$	142,98	разл. 180	—	Бел.	2,35
CaF_2	78,07	1419	2530	Бел.	3,18
CaH_2	42,09	1000 разл.	—	Бел.	1,90
$CaHPO_4$	136,06	разл. 900	—	Бел.	2,89
$\cdot 2H_2O$	172,09	$-H_2O$ 109 (вак.)	разл. 450	Бел.	2,31

Продолжение табл. 34

Формула	M_r	$t_{пл}$	$t_{кип}$	Окраска	Плотность
$Ca(H_2PO_4)_2$	234,05	разл. 150	—	Бел.	—
$\cdot H_2O$	252,07	$-H_2O$ 109	—	Бел.	2,22
CaI_2	293,89	783	1760	Бел.	3,96
$\cdot 6H_2O$	401,98	разл. 40	—	Св.-желт.	2,55
$CaMg(CO_3)_2$	184,40	разл. 750	—	Бел.	2,86
Ca_3N_2	148,25	1195	—	Т.-кор.	2,62
$Ca(NO_2)_2$	132,09	разл. 600	—	Бел.	2,23
$\cdot 4H_2O$	204,15	$-H_2O$ 100	—	Бел.	1,67
$Ca(NO_3)_2$	164,09	разл. 450	—	Бел.	2,36
$\cdot 4H_2O$	236,15	42,5	$-H_2O$ 100	Бел.	1,86
CaO	56,08	2614	2850	Бел.	3,35
CaO_2	72,08	разл. >250	—	Бел.	2,92
$Ca(OH)_2$	74,09	580 → CaO	—	Бел.	2,08
Ca_3P_2	182,18	разл. 1250	—	Красн.-кор.	2,51
$Ca(PO_3)_2$	198,02	984	—	Бел.	2,82
$Ca_2P_2O_7$	254,10	1358	—	Бел.	3,09
$Ca_3(PO_4)_2$	310,17	1670	—	Бел.	3,14
CaS	72,14	2450 разл.	—	Бел.	2,59
$CaSO_3$	120,14	разл. 550	—	Бел.	—
$CaSO_4$	136,14	1450 разл.	—	Бел.	2,96
$\cdot 0,5H_2O$	145,15	$-H_2O$ 163	—	Бел.	2,70
$\cdot 2H_2O$	172,17	$-1,5H_2O$ 128	—	Бел.	2,32
$CaSiO_3$	116,16	1544	—	Бел.	2,92
Ca_2SiO_4	172,24	2130	—	Бел.	—
$(CaTi)O_3$	135,96	1980	—	Бел.	4,10
Cd	112,411	321,108	766,5	Бел.	8,642
$CdCl_2$	183,32	568,5	964	Бел.	4,05
$Cd(NO_3)_2$	236,42	353	700 → CdO	Бел.	—
$\cdot 4H_2O$	308,48	59,3	$-H_2O$ 132	Бел.	2,46
CdO	128,41	возг. 900	разл. 1500	Кор.	8,15
$Cd(OH)_2$	146,43	300 → CdO	—	Бел.	4,79
CdS	144,48	1480	—	Желт.	4,82
$CdSO_4$	208,47	1135	разл. 1300	Бел.	4,69
$\cdot 2,67H_2O$	256,57	$-H_2O$ 200	—	Бел.	3,09
Cl_2	70,906	−101,03	−34,1	Желт.-зел.газ	3,214
$\cdot 5,75H_2O$	174,49	9,6 разл.	—	Желт.	1,29
ClF_5	130,44	−103	−14	Бц. газ	—

Продолжение табл. 34

Формула	M_r	$t_{пл}$	$t_{кип}$	Окраска	Плотность
Cl_3N	120,37	–27	разл. 70	Желт. жидк.	$1{,}65^{20}$
ClO_2	67,45	–59,5	+11,0	Желт.-зел.газ	3,214
Cl_2O	86,91	–116	+2,2	Т.-желт. газ	3,89
Cl_2O_7	182,90	–90	+83	Бц. жидк.	$1{,}86^{0}$
HCl	36,46	–114,0	–85,08	Бц. газ	1,6391
$HClO_4$	100,46	–101	+120,5	Бц. жидк.	$1{,}664^{20}$
Co	58,933	1494	2960	Сер.	8,84
$CoCl_2$	129,84	740	1049	Св.-гол.	3,37
$\cdot 6H_2O$	237,93	87	$-H_2O$ 140	Роз.	1,92
$(Co^{II}Co_2^{III})O_4$	240,80	$925 \rightarrow CoO$	—	Черн.-сер.	6,073
CoO	74,93	1810	разл. 2800	Т.-зел.	6,47
$Co(OH)_2$	92,95	$170 \rightarrow CoO$	—	Роз.-красн.	3,60
CoO(OH)	91,94	$600 \rightarrow (Co^{II}Co_2^{III})O_4$	—	Т.-кор.	4,72
CoS	91,00	1118	—	Черн.-сер.	5,45
$CoSO_4$	155,00	разл. 600	—	Красн.	3,71
$\cdot 7H_2O$	281,11	$-H_2O$ 420	—	Роз.	1,95
Cr	51,996	1890	2680	Сер.	7,14
$CrCl_2$	122,90	824	1330	Бел.	2,90
$CrCl_3$	158,36	1150 (*p*)	разл. 1300	Фиол.-красн.	2,76
$\cdot 6H_2O$	266,45	95	разл. 650	Сер.-гол.	1,76
$CrCl_2O_2$	154,90	–97	+117	Т.-красн.жидк.	$1{,}911^{20}$
$(Cr_2Fe^{II})O_4$	223,83	2200	—	Кор.-черн.	4,97
CrO	68,00	$700 \rightarrow Cr_2O_3$	—	Черн.	—
CrO_2	83,99	разл. 450	—	Черн.	—
CrO_3	99,99	195	разл. >220	Красн.	2,7
Cr_2O_3	151,99	2340	3000	Т.-зел.	5,21
$Cr(OH)_3$	103,02	$100 \rightarrow CrO(OH)$	—	Серо-гол.	2,9
$[Cr(OH)_6], Na_3$	223,01	$200 \rightarrow CrO(OH)$	$450 \rightarrow NaCrO_2$	Зел.	—
CrO(OH)	85,00	$430 \rightarrow Cr_2O_3$	—	Зел.	—
$CrPO_4$	146,97	разл. >1000	—	Сер.-кор.	3,05
Cr_2S_3	200,19	≈ 1000	разл. 1350	Черн.	3,77
$Cr_2(SO_4)_3$	392,18	разл. 700	—	Св.-роз.	3,012
$\cdot 18H_2O$	716,45	80	$-H_2O$ 115	Фиол.	1,7
Cu	63,546	1084,5	2540	Красн.	8,92
$Cu_2CO_3(OH)_2$	221,11	$180 \rightarrow CuO$	—	Т.-зел.	4,05

Продолжение табл. 34

Формула	M_r	$t_{пл}$	$t_{кип}$	Окраска	Плотность
$CuCl_2$	134,45	596	993 разл.	Желт.-бур.	3,39
$\cdot 2H_2O$	170,48	$-H_2O$ 110	—	Гол.	2,51
$Cu(NO_3)_2$	187,55	226 (*p*)	разл. >170	Бел.	—
$\cdot 6H_2O$	295,64	26	$-H_2O$ 100 (вак.)	Син.	2,07
CuO	79,55	1447 (*p*)	разл. 1026	Черн.	6,32
$Cu(OH)_2$	97,56	200 → CuO	—	Гол.	3,368
CuS	95,61	разл. >200	—	Черн.	4,68
$CuSO_4$	159,61	≈ 200	разл. 653	Бел.	3,603
$\cdot 5H_2O$	249,68	$-H_2O$ 250	—	Гол.	2,28
F_2	37,996	−219,699	−188,2	Св.-зел. газ	1,696
HF	20,01	−83,36	+19,52	Бц. жидк.	$0{,}99^{13}$
Fe	55,845	1539	≈ 3200	Сер.	7,864
$FeBr_2$	215,65	684 (*p*)	927	Желт.-кор.	4,62
$\cdot 6H_2O$	323,75	разл. >100	—	Св.-зел.	—
$FeBr_3$	295,56	139 → Fe	—	Красн.-черн.	—
$\cdot 6H_2O$	403,65	27	разл. 100	Красн.	—
Fe_3C	179,55	1650 разл.	—	Сер.	7,66
$FeCO_3$	115,85	разл. 280—490	—	Бел.	3,8
$[Fe(CO)_5]$	195,90	−20	+103	Св.-желт.жидк.	$1{,}457^{20}$
$FeCl_2$	126,75	674	1023	Бел.	3,16
$\cdot 4H_2O$	198,81	90	$-H_2O$ 220	Зел.-гол.	1,93
$FeCl_3$	162,20	307,5 (*p*)	316 разл.	Черн.-кор.	2,90
$\cdot 6H_2O$	270,29	37	219	Желт.-кор.	—
$(Fe^{III}Cu^{I})S_2$	183,52	1000	разл. 1300	Желт.	4,2
FeF_2	93,84	1102	1837	Бел.	4,09
FeF_3	112,84	1027	1327	Св.-зел.	3,87
$(Fe^{II}Fe_2^{III})O_4$	231,53	1538	1600 → FeO	Черн.	5,11
FeI_2	309,65	587	827	Красн.-кор.	5,32
$\cdot 4H_2O$	381,71	90	разл. >100	Зел.	2,87
$Fe(NO_3)_2$	179,85	Не получен			
$\cdot 6H_2O$	287,94	60,5	разл. 600	Св.-зел.	—
$Fe(NO_3)_3$	241,86	Не получен			
$\cdot 9H_2O$	403,99	47,2	разл. 700	Бел.	1,684
FeO	71,84	1368	—	Черн.	5,75
Fe_2O_3	159,69	1390 → $(Fe^{II}Fe_2^{III})O_4$	—	Красн.-кор.	5,26
$\cdot nH_2O$	—	250 → FeO(OH)	—	Бур.	3,12
$Fe(OH)_2$	89,86	200 → FeO	—	Бел.	3,4

Продолжение табл. 34

Формула	M_r	$t_{пл}$	$t_{кип}$	Окраска	Плотность
$FeO(OH)$	88,85	$500 \rightarrow Fe_2O_3$	—	Св.-кор.	4,37
FeS	87,91	1195	—	Т.-сер.	4,62
$Fe^{II}S_2$	119,98	743	$1170 \rightarrow FeS$	Т.-желт.	5,02
$FeSO_4$	151,91	$700 \rightarrow Fe_2O_3$	—	Бел.	3,14
$\cdot 7H_2O$	278,01	64	–H2O 250	Св.-зел.	1,9
$Fe_2(SO_4)_3$	399,88	$500 \rightarrow Fe_2O_3$	—	Бел.	3,097
$\cdot 9H_2O$	562,01	$-H_2O$ 175	—	Кор.	2,1
$FeSiO_3$	131,93	1146	—	Сер.-зел.	3,5
Fe_2SiO_4	203,77	1217	—	Зел.-желт.	4,34
Ga	69,723	29,78	2403	Бел.	5,904
$GaCl_3$	176,08	77,8	201,3	Бел.	2,47
Ga_2O_3	187,44	1725	—	Бел.	6,16
$Ga(OH)_3$	120,74	$400 \rightarrow GaO(OH)$	—	Бел.	—
$GaO(OH)$	102,73	$600 \rightarrow Ga_2O_3$	—	Бел.	—
$GaPO_4$	164,69	1670	—	Бел.	3,26
Ga_2S_3	235,64	1110	—	Желт.	3,75
Ge	72,61	937	≈ 2850	Св.-сер.	5,35
$GeCl_4$	214,42	–49,5	+83,1	Бц. жидк.	$1{,}88^{20}$
GeH_4	76,64	–165,8	–88,5	Бц. газ	3,42
GeO_2	104,61	1116	—	Бел.	4,703
GeS_2	136,74	825	—	Бел.	2,94
$^1H_2$	2,016	–259,19	–252,87	Бц. газ	0,08988
$^2H_2$ (D_2)	4,028	–254,5	–249,49	Бц. газ	—
$^3H_2$ (T_2)	6,032	–252,52	–248,12	Бц. газ	—
$^1H^2H$ (HD)	3,022	–256,5	–251,02	Бц. газ	0,135
^1H_2O	18,02	± 0,00	+100,00	Бц. жидк.	$1{,}00^4$
^2H_2O (D_2O)	20,03	3,813	101,43	Бц. жидк	$1{,}107^{20}$
^3H_2O (T_2O)	22,03	4,5	—	Бц. жидк.	—
$^1H_2O_2$	34,01	–0,43	разл. 150	Бц. жидк.	$1{,}448^{20}$
He	4,003	–271 (*p*)	–269	Бц. газ	0,17847
Hg	200,59	–38,862	+356,66	Св.-сер. жидк.	$13{,}5461^{20}$
$HgCl_2$	271,50	280	301,8	Бел.	5,44
Hg_2Cl_2	472,09	$400 \rightarrow HgCl_2$	—	Бел.	7,15

Продолжение табл. 34

Формула	M_r	$t_{пл}$	$t_{кип}$	Окраска	Плотность
$Hg(NO_3)_2$	324,60	79	400 → Hg	Бел.	—
$\cdot 0,5H_2O$	333,61	$-H_2O$ 30 (вак.)	—	Бел.	4,3
$Hg_2(NO_3)_2$	525,19	70 → HgO, NO_2	—	Бел.	7,79
$\cdot 2H_2O$	561,22	$-H_2O$ 40 (вак.)	—	Бел.	4,78
HgO	216,59	450 → Hg	—	Желт.	11,14
HgS, α	232,66	344 → β-HgS	—	Красн.	8,1
, β	232,66	820 (*p*)	возг. 580	Черн.	7,65
$HgSO_4$	296,65	разл. >550	—	Бел.	6,47
Hg_2SO_4	497,24	разл. >600	—	Бел.	7,56
I_2	253,808	113,5	184,35	Фиол.-черн.	4,93
IF_7	259,89	6,4 (*p*)	разл. 530	Бц. жидк.	$2,8^6$
I_2O_5	333,80	≈ 300	разл. 500	Бел.	4,799
HI	127,91	−50,9	−35,4	Бц. газ	5,7891
HIO_3	175,91	110	220 → I_2O_5	Бел.	4,63
H_5IO_6	227,94	122	140 → I_2O_5, O_2	Бел.	—
K	39,098	63,5	760	Бел.	0,86
$KAl(SO_4)_2$	258,20	разл. 800	—	Бел.	2,75
$\cdot 12H_2O$	474,38	92	$-H_2O$ 120	Бел.	1,757
KBO_2	81,91	940	—	Бел.	—
KBr	119,00	734	1380	Бел.	2,75
$KBrO_3$	167,00	434	500 → KBr	Бел.	3,27
$KBrO_4$	183,00	275 → $KBrO_3$	—	Бел.	—
K_2CO_3	138,20	891	разл. 1200	Бел.	2,428
KCl	74,55	770	1430	Бел.	1,984
$KClO_3$	122,55	357	разл. 400	Бел.	2,32
$KClO_4$	138,55	525	620 → KCl	Бел.	2,524
K_2CrO_4	194,19	968,3	—	Желт.	2,732
$K_2Cr_2O_7$	294,18	397,5	разл. 500	Оранж.-красн.	2,684
$KCr(SO_4)_2$	283,22	разл. 800	—	Красн.	—
$\cdot 12H_2O$	499,40	89	$-H_2O$ 350	Т.-фиол.	1,842
KF	58,10	857	1505	Бел.	2,48
K_2FeO_4	198,04	разл. >500	—	Красн.-фиол.	—
K_2GeO_3	198,80	830	—	Бел.	3,4
KH	40,11	400 (*p*)	разл. >400 (вак.)	Бел.	1,43
$KHCO_3$	100,11	300 → K_2CO_3	—	Бел.	2,17
KH_2PO_4	136,08	252,6 разл.	300 → KPO_3	Бел.	2,338

Продолжение табл. 34

Формула	M_r	$t_{пл}$	$t_{кип}$	Окраска	Плотность
K_2HPO_4	174,17	250 → $K_4P_2O_7$	—	Бел.	—
$\cdot 3H_2O$	228,22	$-H_2O$ 125 (вак.)	—	Бел.	2,33
KHS	72,17	455	600 → K_2S	Бел.	1,68
$KHSO_3$	120,17	190 → K_2SO_3	—	Бел.	—
$KHSO_4$	136,17	218,6	240 → K_2SO_4	Бел.	2,322
KI	166,00	681	1324	Бел.	3,115
KIO_3	214,00	560	650 → KI	Бел.	3,93
$KMgCl_3$	169,76	487	—	Бел.	—
$\cdot 6H_2O$	277,85	116	$-H_2O$ 250	Бел.	1,6
$KMnO_4$	158,03	разл. >200	—	Красн.-фиол.	2,703
K_2MnO_4	197,13	разл. >190	—	Т.-зел.	2,8
KNH_2	55,12	338	разл. 600	Бел.	—
KNO_2	85,10	440	разл. 900	Бел.	1,915
KNO_3	101,10	334,5	400 → KNO_2	Бел.	2,109
KO_2	71,10	535 (*p*)	290 → K_2O_2	Оранж.-желт.	2,158
KO_3	87,10	60 → KO_2	—	Оранж.-красн.	1,99
K_2O	94,20	740 (*p*)	350 → K_2O_2, K	Бел.	2,33
K_2O_2	110,19	545 (*p*)	500 → K_2O, O_2	Бел.	2,40
KOH	56,11	404	1324	Бел.	2,044
$\cdot 2H_2O$	92,14	$-H_2O$ 500 (вак.)	—	Бел.	—
KPO_3	118,07	813	1320	Бел.	2,39
K_3PO_4	212,26	1640	—	Бел.	2,564
$\cdot 7H_2O$	338,37	$-H_2O$ 250 (вак.)	—	Бел.	—
$K_4P_2O_7$	330,33	≈ 1200	—	Бел.	—
K_2S	110,26	912	—	Бел.	1,74
$\cdot 5H_2O$	200,34	60	$-H_2O$ 150	Бел.	—
K_2SO_3	158,26	разл. 600	—	Бел.	—
K_2SO_4	174,26	1074	—	Бел.	2,662
$K_2S_2O_7$	254,32	≈ 300	440 → K_2SO_4	Бел.	2,27
$K_2S_2O_6(O_2)$	270,32	100 → $K_2S_2O_7$	—	Бел.	2,477
K_2Se	157,16	820	—	Бел.	2,29
K_2SeO_4	221,15	1020 (*p*)	600 → K_2SeO_3	Бел.	3,07
K_2SiO_3	154,28	976	—	Бел.	—
K_2Te	205,80	≈1000	—	Св.-желт.	2,52
K_2TeO_3	253,79	465	—	Бел.	—
Kr	83,80	−157,37	−153,35	Бц. газ	3,708
$\cdot 5{,}75H_2O$	187,39	разл. −28	—	Бел.	—
KrF_2	121,80	−77	разл. −40	Бел.	3,3

Продолжение табл. 34

Формула	M_r	$t_{пл}$	$t_{кип}$	Окраска	Плотность
Li	6,941	180,5	1336,6	Бел.	0,534
Li_2CO_3	73,89	618	разл. 730	Бел.	2,11
LiCl	42,39	610	1380	Бел.	2,068
$\cdot H_2O$	60,41	93,5	$-H_2O$ 98	Бел.	1,78
LiH	7,95	680	разл. 850	Бел.	0,82
$LiNO_3$	68,95	253	600 $\to LiNO_2$	Бел.	2,38
Li_2O	29,88	1453	2600	Бел.	2,013
LiOH	23,95	471	925 (*р*)	Бел.	1,46
Li_3PO_4	115,79	837	—	Бел.	2,537
Li_2S	45,95	950	—	Св.-желт.	1,66
Li_2SO_4	109,94	859	—	Бел.	2,221
$\cdot H_2O$	127,96	$-H_2O$ 130—500	—	Бел.	2,06
Mg	24,305	648	1095	Бел.	1,737
$(MgAl_2)O_4$	142,27	2105	—	Бел.	3,55
$MgCO_3$	84,31	650 $\to$ MgO	—	Бел.	3,037
$MgCl_2$	95,21	714	1370	Бел.	2,32
$\cdot 6H_2O$	203,30	117	$-H_2O$ 200	Бел.	1,6
Mg_3N_2	100,93	разл. >700	—	Желт.-зел.	2,71
$Mg(NO_3)_2$	148,31	300 $\to$ MgO	—	Бел.	—
$\cdot 6H_2O$	256,40	89,9	разл. >130	Бел.	1,636
MgO	40,30	2825	3600	Бел.	3,62
$Mg(OH)_2$	58,32	480 $\to$ MgO	—	Бел.	2,39
$Mg_3(PO_4)_2$	262,86	1357	—	Бел.	2,41
MgS	56,37	2000 разл.	—	Бел.	2,86
$MgSO_4$	120,37	1137	разл. 1200	Бел.	2,66
$\cdot 7H_2O$	246,47	54	$-H_2O$ 200	Бел.	1,68
Mg_2Si	76,70	1085	—	Т.-гол.	1,94
Mg_2SiO_4	140,69	1890	—	Бел.	3,22
Mn	54,938	1245	2080	Св.-сер.	7,44
$MnCl_2$	125,84	650	1231	Роз.	2,98
$\cdot 4H_2O$	197,90	58	$-H_2O$ 198	Св.-роз.	2,01
$(Mn^{II}Mn_2^{III})O_4$	228,81	1705	—	Кор.-черн.	4,84
MnO	70,94	1780	—	Зел.-сер.	5,18
MnO_2	86,94	530 $\to Mn_2O_3$	—	Черн.-кор.	5,026
$\cdot nH_2O$	—	$-H_2O$ 250 (вак.)	—	Черн.	—
Mn_2O_3	157,87	940$\to(Mn^{II}Mn_2^{II})O_4$	—	Бур.	4,9
$\cdot nH_2O$	—	100 $\to$ MnO(OH)	—	Бур.	—

Продолжение табл. 34

Формула	M_r	$t_{пл}$	$t_{кип}$	Окраска	Плотность
Mn_2O_7	221,87	5,9	$55 \rightarrow Mn_2O_3$	Т.-зел. жидк.	$2,396^{20}$
$Mn(OH)_2$	88,95	$>200 \rightarrow MnO$	—	Бел.	3,258
$MnO(OH)$	87,94	$250 \rightarrow Mn_2O_3$	—	Бур.-черн.	4,14
MnS	87,00	1615	—	Кор.-черн.	3,99
$\cdot nH_2O$	—	$-H_2O$ 175	—	Св.-роз.	3,95
$MnSO_4$	151,00	700	разл. >850	Бел.	3,25
$\cdot 5H_2O$	241,08	$-H_2O$ 250 (вак.)	—	Роз.	2,38
$HMnO_4$	119,94	Не получена			
$\cdot 2H_2O$	155,97	$20 \rightarrow MnO_2$	—	Фиол.	—
N_2	28,014	−210	−195,802	Бц. газ	1,25056
NF_3	71,00	−206,78	−129	Бц. газ	3,168
N^1H_3	17,03	−77,75	−33,4	Бц. газ	0,7708
N^2H_3 (ND_3)	20,05	−74,36	−31,04	Бц. газ	—
$N^1H_3 \cdot H_2O$	35,05	−77	$-H_2O$ 100	Бел.	—
$(NH_4)_2CO_3$	96,09	$30 \rightarrow NH_4HCO_3$	$58 \rightarrow NH_3, CO_2$	Бел.	—
NH_4Cl	53,49	400 (*p*)	разл. 337,8	Бел.	1,527
NH_4HCO_3	79,06	106 (*p*)	разл. 36—70	Бел.	1,58
$NH_4H_2PO_4$	115,03	190 (*p*)	разл. 140	Бел.	1,803
$(NH_4)_2HPO_4$	132,06	$70 \rightarrow NH_4H_2PO_4$	—	Бел.	1,619
NH_4HS	51,11	120 (*p*)	$>20 \rightarrow NH_3$	Бел.	1,17
NH_4HSO_4	115,11	251	490	Бел.	1,78
NH_4NO_2	64,04	$70 \rightarrow N_2$	—	Бел.	1,69
NH_4NO_3	80,03	169,6	$>190 \rightarrow N_2O$	Бел.	1,72
$(NH_4)_2SO_4$	132,14	$235 \rightarrow NH_4HSO_4$	—	Бел.	1,769
NO	30,01	−163,6	−151,6	Бц. газ	1,3402
NO_2	46,01	−11,2	$620 \rightarrow NO$	Бур. газ	2,0527
N_2O	44,01	−90,9	−88,6	Бц. газ	1,9778
N_2O_3	76,01	−101	$>5 \rightarrow NO_2, NO$	Син. жидк.	$1,447^2$
N_2O_5	108,01	41 (*p*)	$20—50 \rightarrow NO_2$	Бел.	1,642
HNO_3	63,01	−41,6	+82,6 разл.	Бц. жидк.	$1,503^{25}$
Na	22,990	97,83	886	Бел.	0,97
$NaAlO_2$	81,97	1800	—	Бел.	—
$NaAsO_2$	129,91	разл. 550	—	Бел.	1,87
Na_3AsO_4	207,89	—	—	Бел.	2,835
$\cdot 12H_2O$	424,07	86,3	$-H_2O$ 150	Бел.	1,76
$NaBO_2$	65,80	965	1434	Бел.	2,34

Продолжение табл. 34

Формула	M_r	$t_{пл}$	$t_{кип}$	Окраска	Плотность
$Na_2B_4O_7$	201,22	741	1575	Бел.	2,367
$\cdot 10H_2O$	381,37	64	$-H_2O$ 380	Бел.	1,73
NaBr	102,89	755	1390	Бел.	3,211
$\cdot 2H_2O$	138,92	50,2	$-H_2O$ >51	Бел.	2,18
$NaBrO_3$	150,89	384	400 → NaBr	Бел.	3,339
Na_2C_2	70,00	разл. 800—825	—	Бел.	1,6
Na_2CO_3	105,99	851	1000 → Na_2O	Бел.	2,539
$\cdot 10H_2O$	286,14	32,5	$-H_2O$ 120 (вак.)	Бел.	1,45
NaCl	58,44	800,8	1465	Бел.	2,165
NaClO	74,44	разл. >30	—	Бел.	1,097
$\cdot 5H_2O$	164,52	24,5	$-H_2O$ 20 (вак.)	Бел.	—
$NaClO_3$	106,44	262	разл. 630	Бел.	2,49
$NaClO_4$	122,44	482 разл.	—	Бел.	—
NaF	41,99	997	1700	Бел.	2,558
$NaFeO_2$	110,83	1350	—	Зел.-кор.	4,05
Na_2GeO_3	166,59	1070	—	Бел.	3,31
NaH	24,00	638 (*p*)	разл. 430	Бел.	1,364
$NaHCO_3$	84,01	250 → Na_2CO_3	—	Бел.	2,24
NaH_2PO_4	119,98	220 → $NaPO_3$	—	Бел.	—
$\cdot 2H_2O$	156,01	40,8	$-H_2O$ 100 (вак.)	Бел.	1,9096
Na_2HPO_4	141,96	300 → $Na_4P_2O_7$	—	Бел.	2,066
$\cdot 12H_2O$	358,14	40	$-H_2O$ 95	Бел.	1,52
NaHS	56,06	350	450 → Na_2S	Бел.	1,79
$NaHSO_3$	104,06	>25 → Na_2SO_3	—	Бел.	1,48
$NaHSO_4$	120,06	186	250 → $Na_2S_2O_7$	Бел.	2,742
$\cdot H_2O$	138,08	58,5	$-H_2O$ 120 (вак.)	Бел.	2,103
NaI	149,90	662	1304	Бел.	3,667
$\cdot 2H_2O$	185,92	68,9	$-H_2O$ 80 (вак.)	Бел.	2,45
$NaIO_3$	197,89	422	500 → NaI	Бел.	4,277
$NaIO_4$	213,89	300	325 → $NaIO_3$	Бел.	3,865
$\cdot 3H_2O$	267,94	$-H_2O$ 110 (вак.)	—	Бел.	3,22
Na_5IO_6	337,85	разл. 800	—	Бел.	—
$NaNH_2$	39,01	210	400	Бел.	1,39
$NaNO_2$	69,00	271	разл. 700	Бел.	2,168
$NaNO_3$	84,99	306,5	380 → $NaNO_2$	Бел.	2,266
Na_2O	61,98	1132 (*p*)	700 → Na_2O_2	Бел.	2,36
Na_2O_2	77,98	596 (*p*)	400 → Na_2O (вак.)	Бел.	2,6

Продолжение табл. 34

Формула	M_r	$t_{пл}$	$t_{кип}$	Окраска	Плотность
NaOH	40,00	321	1390	Бел.	2,13
$\cdot H_2O$	58,01	64,3	$-H_2O$ >100 (вак.)	Бел.	—
$NaPO_3$	101,96	640	—	Бел.	2,58
Na_3PO_4	163,94	1340	—	Бел.	2,536
$\cdot 12H_2O$	380,12	73,4	$-H_2O$ 200	Бел.	1,62
$Na_4P_2O_7$	265,90	985	—	Бел.	2,373
$\cdot 10H_2O$	446,05	79,5	$-H_2O$ 100 (вак.)	Бел.	1,82
Na_2S	78,05	1180	—	Бел.	1,86
$\cdot 9H_2O$	240,19	50	$-H_2O$ 35	Бел.	1,43
Na_2SO_3	126,04	911 (*р*)	разл. 600	Бел.	2,633
$\cdot 7H_2O$	252,15	$-H_2O$ 150	—	Бел.	1,56
Na_2SO_4	142,04	884	1430	Бел.	2,66
$\cdot 10H_2O$	322,19	32,384	$-H_2O$ >35	Бел.	1,46
$Na_2S_2O_7$	222,11	405	460 $\rightarrow Na_2SO_4$	Бел.	2,66
$Na_2S_2O_6(O_2)$	238,10	250 $\rightarrow Na_2S_2O_7$	—	Бел.	—
Na_2Se	124,94	875	—	Бел.	2,5
Na_2SeO_3	172,94	710	750 $\rightarrow Na_2Se$	Бел.	—
Na_2SeO_4	188,94	730 (*р*)	500 $\rightarrow Na_2SeO_3$	Бел.	3,21
$\cdot 10H_2O$	369,09	$-H_2O$ 200 (вак.)	—	Бел.	1,61
Na_2SiO_3	122,06	1089	—	Бел.	2,4
$\cdot 9H_2O$	284,20	47	$-H_2O$ >100	Бел.	—
Na_4SiO_4	184,04	1120	1150 $\rightarrow Na_2SiO_3$	Бел.	—
Na_2Te	173,58	1035	—	Бел.	2,90
Ne	20,180	−248,6	−246,048	Бц. газ	0,90035
Ni	58,693	1455	2900	Бел.	8,91
$[Ni(CO)_4]$	170,73	−19,3	+42,3	Бц. жидк.	$1,32^{20}$
$NiCl_2$	129,60	1009 (*р*)	возг. 973	Желт.-кор.	3,55
$\cdot 6H_2O$	237,69	$-H_2O$ 175	—	Зел.	—
NiO	74,69	1955	—	Желт.	6,67
$Ni(OH)_2$	92,71	230 $\rightarrow$ NiO	—	Св.-зел.	3,65
NiS	90,76	797	—	Черн.	5,65
$NiSO_4$	154,76	700 $\rightarrow$ NiO	—	Св.-желт.	3,68
$\cdot 7H_2O$	280,86	$-H_2O$ 280	—	Зел.	1,95
$\mathbf{O_2}$	31,998	−218,7	−182,962	Бц. газ	1,42895
$\mathbf{O_3}$	47,997	−192,7	−111,9	Св.-син. газ	2,144
OF_2	54,00	−223,8	−144,8	Св.-желт.газ	2,421

Продолжение табл. 34

Формула	M_r	$t_{пл}$	$t_{кип}$	Окраска	Плотность
P	30,974	593 (*p*)	возг. 416	Красн.	2,34
P_4	123,896	44,14	287,3	Бел.	1,82
PBr_5	430,49	106	разл. 110	Желт.-оранж.	3,57
PCl_5	208,24	166,8 (*p*)	разл. 160	Бел.	2,11
PCl_3O	153,33	1,25	105,8	Бц. жидк.	$1{,}645^{20}$
PF_5	125,96	−93,75	−84,55	Бц. газ	5,805
PH_3	34,00	−133,8	−87,42	Бц. газ	1,5294
P_2O_5	141,94	422 (*p*)	591 (*p*)	Бел.	2,39
POF_3	103,97	−39,4	возг. −38	Бц. газ	4,8
P_2S_5	222,28	288	514	Т.-желт.	2,09
HPO_3	79,88	≈ 40	возг. >300	Бел.	2,2
H_3PO_4	97,99	42,35	150 → $H_4P_2O_7$	Бел.	1,834
$H_4P_2O_7$	177,97	61	300 → HPO_3	Бел.	—
Pb	207,2	327,502	1745	Сер.-гол.	11,337
$PbCl_2$	278,11	501	950	Бел.	5,85
$PbCrO_4$	323,19	844	разл. >850	Желт.	6,02
PbI_2	461,01	402	—	Желт.	6,16
$Pb(NO_3)_2$	331,21	470 → PbO	—	Бел.	4,53
PbO	223,20	886	1535	Желт.	9,45
PbO_2	239,20	>290 → $(Pb^{II}_2Pb^{IV})O_4$	—	Т.-кор.	9,375
$Pb(OH)_2$	241,21	100 → PbO	—	Бел.	—
$Pb_3(PO_4)_2$	811,54	1014	—	Бел.	6,9–7,3
$(Pb_2^{II}Pb^{IV})O_4$	685,60	830 (*p*)	>550 → PbO	Оранж.-красн.	9,07
PbS	239,27	1077	—	Сер.-черн.	7,58
$PbSO_4$	303,26	1170 (*p*)	1087 → PbO	Бел.	6,2–6,4
Pt	195,08	1772	≈ 3800	Бел.	21,45
$PtCl_2$	265,99	581 разл.	—	Сер.-кор.	6,05
$PtCl_4$	336,89	370 разл.	—	Красн.-кор.	4,303
$[PtCl_6], H_2$	409,81	Не получен			
$\cdot 6H_2O$	517,90	60	$-H_2O$ 275	Оранж.-желт.	2,431
PtO	211,08	560 → Pt	—	Фиол.-черн.	14,9
PtO_2	227,08	450	650 → Pt	Черн.	10,2
$\cdot nH_2O$	—	420 → Pt	—	Кор.-желт.	—
$Pt(OH)_2$	229,09	150 → PtO	—	Черн.	—
PtS	227,15	800 → Pt	—	Черн.	8,85
PtS_2	259,21	≈ 230 → Pt	—	Сер.-кор.	7,66

Продолжение табл. 34

Формула	M_r	$t_{пл}$	$t_{кип}$	Окраска	Плотность
S	32,066	119,3	444,674	Желт.	1,96
SCl_4	173,88	−30	разл. −15	Желт.-бур.жидк.	—
SCl_2O	118,97	−104,5	+75,6	Бц. жидк.	$1{,}638^{20}$
SCl_2O_2	134,97	−54,1	+69,5	Бц. жидк.	$1{,}677^{20}$
SF_4	108,06	−121,0	−37	Бц. газ	—
SF_6	146,05	−50,7 (*p*)	возг. −63,8	Бц. газ	6,976
SO_2	64,06	−75,46	−10,1	Бц. газ	2,9269
$\cdot 7{,}67H_2O$	202,24	12	разл. 60—80	Бел.	—
SO_3	80,06	16,8	44,7	Бц. жидк.	$1{,}923^{17}$
SOF_2	86,06	−110,5	−43,7	Бц. газ	3,84
SO_2F_2	102,06	−135,81	−55,37	Бц. газ	3,992
H_2S	34,08	−85,54	−60,35	Бц. газ.	1,539
H_2SO_4	98,08	10,4	296 разл.	Бц. жидк.	$1{,}834^{20}$
$\cdot H_2O$	116,09	8,48	290	Бц. жидк.	$1{,}788^{20}$
$\cdot 2H_2O$	134,11	−39,5	+167	Бц. жидк.	$1{,}65^{20}$
$H_2S_2O_7$	178,14	35,22	$80 \rightarrow H_2SO_4$	Бел.	1,9
Sc	44,956	1541	2850	Св.-желт.	3,02
$ScCl_3$	151,32	967 (*p*)	975	Бел.	2,39
$\cdot 6H_2O$	259,41	$250 \rightarrow Sc(Cl)O$	—	Бел.	—
$Sc(NO_3)_3$	230,97	$300 \rightarrow Sc_2O_3$	—	Бел.	—
Sc_2O_3	137,91	≈ 2450	—	Бел.	3,864
$Sc(OH)_3$	95,98	$250 \rightarrow ScO(OH)$	—	Бел.	2,65
$ScO(OH)$	77,96	$460 \rightarrow Sc_2O_3$	—	Бел.	—
$Sc_2(SO_4)_3$	378,10	$600 \rightarrow Sc_2O_3$	—	Бел.	2,579
$\cdot 5H_2O$	468,18	$-H_2O$ 400	—	Бел.	2,52
Se	78,96	217	685,3	Сер.	4,79
SeF_4	154,95	−9,5	+107,7	Бц. жидк.	$2{,}72^{25}$
SeF_6	192,95	возг. −46,6	−34,8	Бц. газ	2,917
SeO_2	110,96	340 (*p*)	возг. 315	Бел.	3,954
SeO_3	126,96	118,5	$185 \rightarrow SeO_2$	Бел.	—
H_2Se	80,98	−65,72	−41,5	Бц. газ	3,6643
H_2SeO_3	128,97	66,5	$70 \rightarrow SeO_2$	Бел.	3,004
H_2SeO_4	144,97	62,4	$160 \rightarrow SeO_2$	Бел.	2,95
$\cdot H_2O$	162,99	26	$-H_2O$ 140 (вак.)	Бел.	2,63

Продолжение табл. 34

Формула	M_r	$t_{пл}$	$t_{кип}$	Окраска	Плотность
Si	28,086	1415	≈ 3250	Т.-сер.	2,33
$SiBr_4$	347,70	5,4	152,6	Бц. жидк.	$2{,}789^{20}$
SiC	40,10	2830 разл.	—	Бел.	3,217
$SiCl_4$	169,90	−68,8	+57,6	Бц. жидк.	$1{,}483^{20}$
SiF_4	104,08	−90,2 (*р*)	−65 (*р*)	Бц. газ	4,684
$[SiF_6]$, H_2	144,09	Не получен			
$\cdot 2H_2O$	180,12	19	$100 \rightarrow SiF_4$	Бел.	—
$[SiF_6]$, Na_2	188,05	846 (*р*)	$570 \rightarrow SiF_4$	Бел.	2,68
SiH_4	32,12	−185	−111,9	Бц. газ	1,44
SiI_4	535,70	122	290	Бел.	—
Si_3N_4	140,29	возг. 1900	—	Бел.	3,44
SiO_2 (кварц)	60,08	1550	2950	Бел.	2,648
$\cdot nH_2O$	—	$900 \rightarrow SiO_2$	—	Бел.	2,175
SiS_2	92,22	1090	1130	Бел.	2,02
H_2SiO_3	78,10	$1000 \rightarrow SiO_2$	—	Бел.	—
Sn	118,710	231,9681	2620	Бел.	7,31
$SnCl_2$	189,62	247	652	Бел.	3,95
$\cdot 2H_2O$	225,65	37,7	$-H_2O$ 135	Бел.	2,71
$SnCl_4$	260,52	−33	+114,1	Бц. жидк.	$2{,}2262^{20}$
SnH_4	122,74	−146	−52	Бц. газ	—
$Sn(NO_3)_2$	242,72	$>150 \rightarrow SnO_2$	—	Бел.	—
SnO	134,71	1040	1425	Т.-син.	6,25
SnO_2	150,71	1630	2500	Бел.	7,0
$\cdot nH_2O$	—	$-H_2O$ 350	—	Бел.	—
$Sn(OH)_2$	152,72	$120 \rightarrow SnO$	—	Бел.	—
$[Sn(OH)_3]$, Na	192,72	$400 \rightarrow Na_2SnO_2$	—	Бел.	—
$[Sn(OH)_6]$, K_2	298,95	$185 \rightarrow K_2SnO_3$	—	Бел.	3,2
SnS	150,78	880	1230	Кор.	≈ 5,1
SnS_2	182,84	$500 \rightarrow SnS$	—	Желт.	4,5
$SnSO_4$	214,77	разл. >360	—	Бел.	—
Te	127,60	449,8	990	Сер.	6,13
TeF_4	203,59	129,6	—	Бел.	—
TeF_6	241,59	−37,6 (*р*)	возг. −38,9	Бц. газ	—
TeO_2	159,60	733	1257	Бел.	5,67
TeO_3	175,60	$400 \rightarrow TeO_2$	—	Сер.	6,21
H_2Te	129,62	−51	−1,8 разл.	Бц. газ	5,81

Продолжение табл. 34

Формула	M_r	$t_{пл}$	$t_{кип}$	Окраска	Плотность
H_2TeO_3	177,61	>40 → TeO_2	—	Бел.	3,05
H_6TeO_6	229,64	136 (р)	220 → TeO_3	Бел.	3,07
Th	232,038	1750	≈ 4200	Бел.	11,72
$ThCl_4$	373,85	770	922	Бел.	4,6
ThO_2	264,04	3350	≈ 4400	Бел.	9,7
$Th(OH)_4$	300,07	>470 → ThO_2	—	Бел.	—
$Th(SO_4)_2$	424,16	>800 → ThO_2	—	Бел.	4,23
$\cdot 9H_2O$	586,30	400 → ThO_2	—	Бел.	2,77
$ThSiO_4$	324,12	1975 разл.	—	Бел.	4,6
Ti	47,867	1668	3260	Бел.	4,51
$TiCl_3$	154,23	730 (*р*)	разл. 440	Т.-фиол.	2,64
$TiCl_4$	189,68	–24,1	136,3	Бц. жидк.	$1{,}726^{20}$
$Ti(NO_3)_4$	295,88	58	400 → TiO_2	Бел.	2,16
TiO_2 (рутил)	79,87	1870	≈ 3000	Бел.	4,85
$\cdot nH_2O$	—	100 >$TiO(OH)_2$	—	Бел.	—
$TiO(OH)_2$	97,88	600 → TiO_2	—	Бел.	—
Ti_2S_3	191,93	разл. 690	—	Т.-сер.	3,58
$Ti_2(SO_4)_3$	383,92	500 → TiO_2	—	Зел.	—
$Ti(SO_4)O$	159,93	580	>600 → TiO_2	Бел.	—
U	238,029	1134	≈ 4200	Бел.	19,04
UCl_3	344,39	возг. 835	1780	Зел.	5,51
UCl_4	379,84	возг. 590	792	Т.-зел.	4,87
UCl_6	450,75	177 разл.	—	Т.-зел.	3,59
UF_3	295,02	1495	2300	Красн.-фиол.	8,965
UF_4	314,02	1036	1730	Зел.	6,72
UF_6	352,02	64 (*р*)	возг. 56,4	Бел.	5,06
UO_2	270,03	2850	—	Кор.-черн.	10,96
UO_3	286,03	900 → UO_2	—	Желт.-орнаж.	8,34
$(UO_2)Cl_2$	340,93	578	—	Желт.	5,43
$U(OH)_4$	306,06	350 → UO_2	—	Св.-зел.	—
$UO_2(NO_3)_2$	394,04	950 → UO_2	—	Желт.	—
$\cdot 6H_2O$	502,13	59,5	$-H_2O$ 180	Желт.-зел.	2,807
$UO_2(OH)_2$	304,04	400 → UO_3	—	Желт.-красн.	5,926
$(UO_2)S$	302,09	разл. 40–50	—	Черн.-кор.	—

Продолжение табл. 34

Формула	M_r	$t_{пл}$	$t_{кип}$	Окраска	Плотность
$(UO_2)SO_4$	366,09	900 → UO_2	—	Желт.	5,24
$\cdot 3H_2O$	420,14	$-H_2O$ 500	—	Желт.	—
$U(SO_4)_2$	430,15	750 → UO_2	—	Бел.	—
$\cdot 4H_2O$	502,21	$-H_2O$ 300	—	Св.-зел.	3,6
$USiO_4$	330,11	≈ 1900	—	Зел.	>5,1
V	50,942	1920	≈ 3450	Сер.	5,96
VCl_3O	173,30	−77	+126,7	Желт. жидк.	$1{,}839^{20}$
VF_5	145,93	19,5	47,9	Бел.	2,177
VO_2	82,94	1640	≈ 2700	Син.-черн.	4,34
V_2O_3	149,88	1970	≈ 3000	Черн.	4,87
V_2O_5	181,88	690	1250 → VO_2	Оранж.-красн.	3,357
$V(OH)_3$	101,96	80 → VO(OH)	—	Зел.-желт.	—
VO(OH)	83,95	300 → V_2O_3	—	Черн.	—
$VO(OH)_2$	100,96	700 → VO_2	—	Роз.-желт.	—
$(VO)SO_4$	163,00	520 → V_2O_5	—	Син.	—
$\cdot 3H_2O$	217,05	$-H_2O$ 280	—	Гол.	2,21
V_2S_5	262,21	разл. 400	—	Кор.-черн.	3,0
$V_2(SO_4)_3$	390,07	400 → $(VO)SO_4$	—	Желт.-оранж.	—
Xe	131,29	−111,85	−108,12	Бц. газ	5,851
XeF_2	169,29	129,03	разл. 600	Бел.	4,32
XeF_4	207,28	117,1	—	Бел.	4,1
XeF_6	245,28	49,48	75,65 разл.	Бел.	3,41
XeO_3	179,29	70 → Xe	—	Бел.	—
XeO_4	195,29	−35,8	20 → XeO_3	Бц. газ	—
$Xe(OH)_4$	199,32	90	115 разл.	Бел.	—
Zn	65,39	419,5	906,2	Бел.	7,133
$ZnCl_2$	136,30	293	733	Бел.	2,907
$\cdot 1{,}5H_2O$	163,32	$-H_2O$ 30 (вак.)	—	Бел.	—
ZnF_2	103,39	872	1502	Бел.	4,95
$\cdot 4H_2O$	175,45	$-H_2O$ >100 (вак.)	—	Бел.	2,54

Окончание табл. 34

Формула	M_r	$t_{пл}$	$t_{кип}$	Окраска	Плотность
Zn_3N_2	224,18	разл. 700	—	Сер.	6,22
$Zn(NO_3)_2$	189,40	500 → ZnO	—	Бел.	—
$\cdot 6H_2O$	297,49	$-H_2O$ 110 (вак.)	—	Бел.	2,065
ZnO	81,39	1975 (*p*)	возг. 1725	Бел.	5,606
$Zn(OH)_2$	99,40	250 → ZnO	—	Бел.	3,03
$[Zn(OH)_4]$, Na_2	179,40	>100 → ZnO	—	Бел.	—
Zn_3P_2	258,12	1193	—	Т.-сер.	4,55
$Zn_3(PO_4)_2$	386,11	1060	—	Бел.	4,0
$\cdot 4H_2O$	458,17	$-H_2O$ 250	—	Бел.	3,11
ZnS	97,46	1650 (*p*)	возг. 1185	Бел.	3,98
$ZnSO_4$	161,45	740 → ZnO	—	Бел.	3,74
$\cdot 7H_2O$	287,56	100	$-H_2O$ 280	Бел.	1,96
ZnSe	144,35	1575	—	Желт.	5,42
$ZnSiO_3$	141,47	1437	—	Бел.	3,42
Zn_2SiO_4	222,86	1509	—	Бел.	4,1

16. СВОЙСТВА МИНЕРАЛОВ

В табл. 35 приведены свойства распространенных минералов, имеющих учебно-лабораторное и промышленное значение.

Формулы минералов расположены по алфавиту элементов в порядке усложнения состава. Для формул с комплексными анионами сохранен инвертированный вид (см. 15).

Применение минералов как сырья для различных отраслей промышленности указано верхними индексами (после названий):

1) изготовление предметов декоративно-прикладного искусства с применением драгоценных или полудрагоценных камней

2) производство строительных материалов

3) производство минеральных удобрений

4) технология огнеупорных и химически стойких материалов

5) производство минеральных пигментов (красок)

6) химическая технология и металлургия

Симметрия кристаллов отражена видами кристаллографических систем — *сингонúй*:

гекс. — гексагональная	тетр. — тетрагональная
куб. — кубическая	триг. — тригональная
мон. — моноклинная	трикл. — триклинная
ромб. — ромбическая	ам. — аморфное тело

Твердость минералов, т. е. сопротивление, оказываемое минералами при царапании (минерал с меньшей твердостью царапается минералом с большей твердостью), оценена по **шкале Мооса** в порядке возрастания:

1 — тальк $Mg_3(Si_2O_5)_2(OH)_2$

2 — гипс $CaSO_4 \cdot 2H_2O$, галит NaCl

3 — кальцит $CaCO_3$, галенит PbS

4 — флюорит CaF_2

5 — апатит $Ca_5(PO_4)_3(Cl, OH, F)$, шеелит $CaWO_4$

6 — ортоклаз $K(AlSi_3O_8)$, магнетит $(Fe^{II}Fe_2^{III})O_4$

7 — кварц SiO_2

8 — топаз $Al_2SiO_4(OH, F)_2$

9 — корунд Al_2O_3

10 — алмаз C

Продолжение табл. 35

Формула	Название, применение	Сингония	Твердость
CuI	Маршит	Куб.	—
CuO	Тенорит	Мон.	3,5
Cu_2O	Куприт[6)]	Куб.	3,5—4,0
CuS	Ковеллин[6)]	Гекс.	1,5—2,0
Cu_2S	Халькозин[6)]	Ромб.	2,5—3,0
$CuSO_4$	Халькокианит	Ромб.	—
$CuSO_4 \cdot 5H_2O$	Халькантит[6)]	Трикл.	2,5
$(FeAl_2)O_4$	Герцинит[4)]	Куб.	7,5—8,0
$Fe(As)S$	Арсенопирит[6)]	Мон.	5,5—6,0
$FeCO_3$	Сидерит[6)]	Триг.	3,5—4,0
$FeCl_2$	Лоренсит	Триг.	—
$FeCl_3$	Молизит	Триг.	—
$(Fe^{III}Cu^{I})S_2$	Халькопирит[6)]	Тетр.	3,5—4,0
$(Fe^{II}Fe_2^{III})O_4$	Магнетит[6)]	Куб.	6
$Fe(NH_4)_2(SO_4)_2 \cdot 6H_2O$	Морит	Мон.	—
FeO	Вюстит	Куб.	—
Fe_2O_3	Гематит[4—6)]	Триг.	5,5—6,5
$Fe(OH)_2$	Амакинит	Триг.	—
$FeO(OH)$	Гётит[6)]	Ромб.	5,0—5,5
$FePO_4$	Гетерозит	Ромб.	—
$Fe_3(PO_4)_2 \cdot 8H_2O$	Вивианит	Мон.	1,5—2,0
FeS	Пирротин[6)]	Мон.	3,5—4,5
FeS_2	Марказит[6)]	Ромб.	6,0—6,5
	Пирит[6)]	Куб.	6,0—6,5
$FeSO_4 \cdot 7H_2O$	Мелантерит	Ромб.	—
$Fe_2(SO_4)_3 \cdot 9H_2O$	Кокимбит	Триг.	—
$FeSiO_3$	Ферросилит	Ромб.	—
Fe_2SiO_4	Фаялит	Ромб.	6,5
$Ga(OH)_3$	Зёнгеит	Куб.	—
HBO_2	Метаборит	Куб.	1,5
H_2O	Лёд	Гекс.	—
Hg_2Cl_2	Ка́ломель[6)]	Тетр.	—
Hg_2I_2	Кокцинит	Тетр.	—
HgO	Монтроидит	Ромб.	2,0
HgS	Ки́новарь[6)]	Триг.	2,5
	Метациннабарит[6)]	Куб.	—
$KAl(SO_4)_2 \cdot 12H_2O$	Квасцы	Куб.	2,0
KCl	Сильвин[6)]	Куб.	—

Продолжение табл. 35

Формула	Название, применение	Сингония	Твердость
K_2CrO_4	Тарапакаит	Ромб.	—
$K_2Cr_2O_7$	Лопецит	Трикл.	—
KF	Кароббиит	Куб.	—
$KFe(SO_4)_2 \cdot 12H_2O$	Явапайит	Мон.	—
$KHCO_3$	Калицинит	Мон.	—
$KHSO_4$	Меркаллит	Ромб.	—
$KMgCl_3 \cdot 6H_2O$	Карналлит[6)]	Ромб.	2,0—2,5
$KMg(SO_4)Cl \cdot 3H_2O$	Каинит[3)]	Мон.	3,0
KNO_3	Селитра[6)]	Ромб.	2,0
K_2SO_4	Арканит	Ромб.	—
Li_3PO_4	Литиофосфат	Ромб.	—
$(MgAl_2)O_4$	Шпинель благородная[1)]	Куб.	7,5—8,0
$MgCO_3$	Магнезит[4)]	Триг.	3,7—4,3
$MgCl_2$	Хломагнезит	Триг.	—
$MgCl_2 \cdot 6H_2O$	Бишофит[6)]	Мон.	1,0—2,0
MgF_2	Селлаит	Тетр.	—
$Mg(NO_3)_2 \cdot 6H_2O$	Нитромагнезит[6)]	Мон.	—
MgO	Периклаз	Куб.	2,5
$Mg(OH)_2$	Брусит[4)]	Триг.	2,5
$Mg_3(PO_4)_2$	Фаррингтонит	Мон.	—
MgS	Нинингерит	Куб.	—
$MgSO_4 \cdot 7H_2O$	Эпсомит[6)]	Ромб.	2,0—2,5
Mg_2SiO_4	Форстерит[4)]	Ромб.	7,0
$Mg_3(Si_2O_5)_2(OH)_2$	Тальк[4)]	Мон.	1
$Mg_6Si_4O_{11}(OH)_6 \cdot H_2O$	Асбест[2,4)]	Мон.	2,5
$MnCO_3$	Родохрозит	Триг.	3,5—4,0
$MnCl_2$	Скаккит	Триг.	—
$(Mn^{II}Mn_2^{III})O_4$	Гаусманит[6)]	Тетр.	5,5
MnO	Манганозит	Куб.	5,6
MnO_2	Пиролюзит[6)]	Тетр.	2,5—3,0
Mn_2O_3	Биксбиит	Куб.	6,0—6,5
	Курнакит	Тетр.	6,0
$Mn(OH)_2$	Пирохроит	Триг.	—
MnO(OH)	Файткнехтит	Гекс.	4,0
	Манганит	Мон.	4,0
	Гроутит	Ромб.	3,5—4,0
MnS	Алабандин[6)]	Куб.	3,5—4,0
$MnSO_4 \cdot 5H_2O$	Джококуит	Трикл.	—
NH_4Cl	Нашатырь[6)]	Куб.	—

Продолжение табл. 35

Формула	Название, применение	Сингония	Твердость
NH_4HCO_3	Тешемакерит	Ромб.	—
NH_4NO_3	Нитраммит[6)]	Ромб.	—
$(NH_4)_2SO_4$	Масканьит	Ромб.	—
$Na_2B_4O_7 \cdot 10H_2O$	Тинкал[4,6)]	Мон.	2,0—2,5
$Na_2CO_3 \cdot 10H_2O$	Натрон[6)]	Мон.	—
$Na_3CO_3(HCO_3) \cdot 2H_2O$	Трона[6)]	Мон.	2,5—3,0
$NaCl$	Галит[6)]	Куб.	2
NaF	Виллиомит	Куб.	—
$NaHCO_3$	Нахколит	Мон.	—
$Na_2HPO_4 \cdot 2H_2O$	Дорфманит	Ромб.	—
$NaHSO_4 \cdot H_2O$	Маттеуччит	Мон.	—
$Na_2Mg(SO_4)_2 \cdot 4H_2O$	Блёдит	Мон.	2,5—3,0
$NaNO_3$	Нитратин[3,6)]	Триг.	1,5—2,0
Na_3PO_4	Олимпит	Ромб.	—
Na_2SO_4	Тенардит	Ромб.	2,5—3,0
$Na_2SO_4 \cdot 10H_2O$	Мирабилит[6)]	Мон.	1,5—2,0
$NiAs$	Никелин[6)]	Гекс.	5,0—5,5
$NiCl_2 \cdot 6H_2O$	Никельбишофит	Мон.	—
NiO	Бунзенит	Куб.	—
NiS	Миллерит	Триг.	3,0—3,5
$NiSO_4 \cdot 7H_2O$	Моренозит	Ромб.	—
$PbCO_3$	Церуссит[6)]	Ромб.	3,0—3,5
$PbCl_2$	Котуннит	Ромб.	—
$Pb(Cl)F$	Матлокит	Тетр.	—
$PbCrO_4$	Крокоит[5,6)]	Мон.	2,5—3,0
PbO	Глёт[6)]	Тетр.	2,0
	Массикот[6)]	Ромб.	2,0
PbO_2	Платтнерит	Тетр.	—
$(Pb_2^{II}Pb^{IV})O_4$	Сурик[5,6)]	Тетр.	—
PbS	Галенит[6)]	Куб.	3
$PbSO_4$	Англезит[6)]	Ромб.	3,0
SeO_2	Даунейит	Тетр.	—
$[SiF_6], Na_2$	Малладрит	Триг.	—
SiO_2	Кварц[2,4,6)]	Триг.	7
	Китит	Тетр.	—
	Коэсит	Мон.	—
	Кристобалит	Тетр.	6,5
	Лешательерит	Ам.	—
	Меланофлогит	Куб.	6,5—7,0

Окончание табл. 35

Формула	Название, применение	Сингония	Твердость
	Стишовит	Тетр.	—
	Тридимит	Ромб.	7,0
$SiO_2 \cdot nH_2O$	Опал[1)]	Ам.	—
SnO	Ромаркит	Тетр.	—
SnO_2	Касситерит[6)]	Тетр.	6,0—7,0
SnS	Герценбергит	Ромб.	2,0
SnS_2	Берндтит	Гекс.	—
$SrCO_3$	Стронцианит[6)]	Ромб.	3,5
$SrSO_4$	Целестин[6)]	Ромб.	3,0—3,5
TeO_2	Теллурит	Ромб.	—
ThO_2	Торианит	Куб.	6,5
$ThSiO_4$	Торит[6)]	Тетр.	5,0
$(TiFe^{II})O_3$	Ильменит[6)]	Триг.	5,5
$(TiFe_2^{II})O_4$	Ульвёшпинель	Куб.	—
TiO_2	Анатаз	Тетр.	5,5—6,0
	Брукит	Ромб.	5,5—6,0
	Рутил[1,4—6)]	Тетр.	6,5
UO_2	Уранинит[6)]	Куб.	5,5
$(UO_2)CO_3$	Резерфордин	Ромб.	—
$UO_2(OH)_2 \cdot H_2O$	Скупит	Ромб.	2,5
$USiO_4$	Коффинит[6)]	Тетр.	5,0—6,0
$(U_2^{V}U^{VI})O_8$	Настуран[6)]	Куб.	4,5
VO_2	Парамонтрозеит	Ромб.	—
V_2O_3	Карелианит	Триг.	—
V_2O_5	Щербинаит	Ромб.	—
$VO(OH)$	Монтрозеит[6)]	Ромб.	4,0—4,2
$VO(OH)_2$	Даттонит	Мон.	—
VS_2	Патронит	Мон.	3,5
$(ZnAl_2)O_4$	Ганит	Куб.	7,5—8,0
$ZnCO_3$	Смитсонит[6)]	Триг.	4,0—4,5
ZnO	Цинкит	Гекс.	4,0
ZnS	Вюрцит[6)]	Гекс.	3,5—4,0
	Сфалерит[6)]	Куб.	3,5—4,0
$ZnSO_4$	Цинкозит	Ромб.	—
$ZnSO_4 \cdot 7H_2O$	Госларит	Ромб.	—
Zn_2SiO_4	Виллемит[6)]	Триг.	5,5
ZrO_2	Бадделеит[6)]	Мон.	6,5
$ZrSiO_4$	Циркон[6)]	Тетр.	7,5

17. ОБЩИЕ СВОЙСТВА МЕТАЛЛОВ

Элементы с *металлическими* свойствами расположены в **IA — VIA** группах Периодической системы (табл. 36)

Таблицв 36

Период	Группы элементов					
	IA	IIA	IIIA	IVA	VA	VIA
2	Li	Be				
3	Na	Mg	Al			
4	K	Ca	Ga	Ge		
5	Rb	Sr	In	Sn	Sb	
6	Cs	Ba	Tl	Pb	Bi	Po
7	Fr	Ra				

Металлами являются также все элементы, расположенные в **IБ — VIIIБ**-группах (*переходные металлы*).

В настоящее время в Периодической системе 92 металла.

Типичными металлами являются *s*-элементы (элементы IA-группы от Li до Fr, элементы IIA-группы от Mg до Ra). Общая электронная формула их атомов ns^{1-2} (см. 2.1). Для них характерны степени окисления +I и +II соответственно (см. 1.1).

Небольшое число электронов (1–2) на внешнем энергетическом уровне атомов типичных металлов предполагает легкую потерю этих электронов и проявление сильных восстановительных свойств, что отражают низкие значения электроотрицательности (см. 2.3). Отсюда вытекает ограниченность химических свойств и способов получения типичных металлов.

Характерной особенностью типичных металлов является стремление их атомов образовывать катионы и ионные химические связи с атомами неметаллов. Соединения типичных металлов с неметаллами — это ионные кристаллы «катион металла — анион неметалла», например K^+Br^-, $Ca^{2+}O^{2-}$. Катионы типичных металлов входят также в состав соединений со сложными анионами — гидроксидов и солей, например $Mg^{2+}(OH^-)_2$, $(Li^+)_2CO_3^{2-}$.

Металлы А-групп, образующие диагональ амфотерности в Периодической системе, Be-Al-Ge-Sb-Po, а также примыкающие к ним металлы (Ga, In, Tl, Sn, Pb, Bi) не проявляют типично металлических свойств. Общая электронная формула их атомов ns^2np^{0-4} предполагает бо́льшее разнообразие степеней окисления (см. 1.1), бо́льшую способность удерживать собственные электроны, постепенное понижение их восстановительной способности и появление окислительной способности, особенно в высоких степенях окисления (характерные примеры — соединения Tl^{III}, Pb^{IV}, Bi^{V}). Подобное химическое поведение характерно и для большинства *d*-элементов, т. е. элементов Б-групп Периодической системы (типичные примеры — амфотерные элементы Cr и Zn).

Это проявление двойственности (амфотерности) свойств, одновременно металлических (осно́вных) и неметаллических (кислотных — подробнее см. 13.3) обусловлено характером химической связи. В твердом состоянии соединения нетипичных металлов с неметаллами содержат преимущественно ковалентные связи (но менее прочные, чем связи между неметаллами). В растворе эти связи легко разрываются, а соединения диссоциируют на ионы (полностью или частично). Например, металл галлий состоит из молекул Ga_2, в твердом состоянии хлориды алюминия и ртути(II) $AlCl_3$ и $HgCl_2$ содержат сильно ковалентные связи, но в растворе $AlCl_3$ диссоциирует почти полностью, а $HgCl_2$ — в очень малой степени (да и то на ионы $HgCl^+$ и Cl^-).

В свободном виде все металлы — твердые вещества, кроме одного — ртути Hg, которая при обычных условиях жидкость. В кристаллах металлов преобладает особый вид связи (*металлическая* связь); валентные электроны слабо связаны с конкретным атомом в решетке, и внутри металла существует так называемый *электронный газ*. Все металлы обладают высокой электропроводимостью (наибольшая у Ag, Cu, Au, Al, Mg) и теплопроводностью. Встречаются низкоплавкие металлы (цезий Cs с температурой плавления 28,7 °C плавится от тепла руки) и, наоборот, весьма тугоплавкие (вольфрам W плавится лишь при 3387 °C). Отличительным свойством металлов служит их пластичность (ковкость), вследствие чего они могут быть прокатаны в тонкие листы — фольгу (Sn, Al, Au) или вытянуты в проволоку (Cu, Al, Fe), однако встречаются и очень хрупкие металлы (Zn, Sb, Bi).

В промышленности часто используют не чистые металлы, а их смеси — *сплавы*, в которых полезные свойства одного металла дополняются полезными свойствами другого (примеры сплавов см. 14.2). Так, медь обладает невысокой твердостью и малопригодна для изготовления деталей машин, сплавы же меди с цинком (*латунь*) являются уже достаточно твердыми и широко используются в машиностроении. Алюминий обладает высокой пластичностью и достаточной легкостью (малой плотностью), но слишком мягок. На его основе готовят сплав с магнием, медью и марганцем — дуралюмин (дюраль), который, не теряя полезных свойств алюминия, приобретает высокую твердость и становится пригодным в авиастроении. Сплавы железа с углеродом (и добавками других металлов) — это широко известные *чугун* и *сталь*.

Металлы в свободном виде являются в о с с т а н о в и т е л я м и. Однако реакционная способность некоторых металлов невелика из-за того, что они покрыты *поверхностной оксидной пленкой*, в разной степени устойчивой к действию таких химических реактивов, как вода, растворы кислот и щелочей.

Например, свинец всегда покрыт оксидной пленкой, для его перехода в раствор требуется не только воздействие реактива (например, разбавленной азотной кислоты), но и нагревание. Оксидная пленка на алюминии препятствует его реакции с водой, но под действием кислот и щелочей разрушается. Рыхлая оксидная пленка (*ржавчина*), образующаяся на поверхности железа во влажном воздухе, не мешает окислению железа.

Под действием к о н ц е н т р и р о в а н н ы х кислот на металлах образуется у с т о й ч и в а я оксидная пленка. Это явление называется *пассивацией*. Так, в концентрированной *серной кислоте* пассивируются (и после этого не реагируют с кислотой) такие металлы, как Be, Bi, Co, Fe, Mg и Nb, а в концентрированной *азотной кислоте* — металлы Al, Be, Bi, Co, Cr, Fe, Nb, Ni, Pb, Th и U.

При взаимодействии с окислителями в кислых растворах большинство металлов переходит в катионы, заряд которых определяется устойчивой степенью окисления данного элемента в соединениях (Na^+, Ca^{2+}, Al^{3+}, Fe^{2+} и Fe^{3+}).

Восстановительная активность металлов в кислом растворе передается рядом напряжений (см. 11.4). Большинство металлов переводится в раствор соляной и разбавленной серной кислотами, но Cu, Ag и Hg — только серной (концентрированной) и азотной кислотами, а Pt и Au — «царской водкой» (о действии HNO_3 и «царской водки» подробнее см. 25.5).

Нежелательным химическим свойством металлов является их коррозия, т. е. активное разрушение (окисление) при контакте с водой и под воздействием растворенного в ней кислорода (*кислородная коррозия*). Например, широко известна коррозия железных изделий в воде, в результате чего образуется ржавчина и изделия рассыпаются в порошок (см. 21.4).

Коррозия металлов протекает в воде также из-за присутствия растворенных газов CO_2 и SO_2; создается кислотная среда, и катионы H^+ вытесняются активными металлами в виде водорода H_2 (*водородная коррозия*).

Особенно коррозионно-опасным может быть место контакта двух разнородных металлов (*контактная коррозия*). Между одним металлом, например Fe, и другим металлом, например Sn или Cu, помещенными в воду, возникает гальваническая пара. Поток электронов идет от более активного металла, стоящего левее в ряду напряжений (Fe), к менее активному металлу (Sn, Cu), и более активный металл разрушается (корродирует).

Именно из-за этого ржавеет луженая поверхность консервных банок (железо, покрытое оловом) при хранении во влажной атмосфере и небрежном обращении с ними (железо быстро разрушается после появления хотя бы небольшой царапины, допускающей контакт железа с влагой). Напротив, оцинкованная поверхность железного ведра долго не ржавеет, поскольку даже при наличии царапин корродирует не железо, а цинк (более активный металл, чем железо).

Сопротивление коррозии для данного металла усиливается при его покрытии более активным металлом или при их сплавлении; так, покрытие железа хромом или изготовление сплава железа с хромом устраняет коррозию железа. Хромированное железо и сталь, содержащая хром (*нержавеющая сталь*), имеют высокую коррозионную стойкость.

Общие *способы получения* металлов в промышленности:

- *электрометаллургия*, т. е. получение металлов электролизом расплавов (для наиболее активных металлов) или растворов солей;
- *пирометаллургия*, т. е. восстановление металлов из руд при высокой температуре (например, получение железа в доменном процессе);
- *гидрометаллургия*, т. е. выделение металлов из растворов их солей более активными металлами (например, получение меди из раствора $CuSO_4$ действием цинка, железа или алюминия).

В природе иногда встречаются *самородные металлы* (характерные примеры — Ag, Au, Pt, Hg), но чаще металлы находятся в виде соединений (*металлические руды*). По распространенности в земной коре металлы различны: от наиболее распространенных — Al, Na, Ca, Fe, Mg, K, Ti до самых редких — Bi, In, Ag, Au, Pt, Re (см. 1.1 и 1.7).

18. ЩЕЛОЧНЫЕ МЕТАЛЛЫ

18.1. Общая характеристика

IA
литий Li натрий Na калий K рубидий Rb цезий Cs франций Fr

Элементы IA-группы Периодической системы носят групповое название *щелочные металлы*. Общая электронная формула валентного уровня их атомов ns^1, единственная степень окисления в соединениях +I.

Электроотрицательность щелочных металлов очень низка, а цезий и франций — самые электроположительные элементы ($\chi = 0,86$). Это обусловливает существование их в виде однозарядных катионов, образующих с большинством известных анионов соли или солеобразные бинарные соединения.

По химическим свойствам элементы IA-группы являются типичными металлами:

- кристаллы их солей и бинарных соединений — ионные;
- они в свободном виде проявляют высокую восстановительную способность (в том числе и в водном растворе);
- их оксиды и гидроксиды имеют сильнощелочной характер;
- получение щелочных металлов возможно только путем электролиза расплава их галогенидов или гидроксидов.

При сгорании на воздухе щелочные металлы образуют соединения с увеличивающимся содержанием кислорода от Li к Cs:

Li_2O	Na_2O_2	KO_2 RbO_2 CsO_2
оксид	пероксид	надпероксиды

На холоду у всех элементов IA-группы образуются *оксиды* M_2O (M = Li — Cs), в узлах решетки которых содержатся ионы M^+ и O^{2-}. В узлах решеток *пероксидов* M_2O_2 находятся пероксид-ионы O_2^{2-} ($^-O—O^-$), а в узлах *надпероксидов* MO_2 — надпероксид-ионы O_2^- ($^0O—O^-$).

Оксиды M_2O являются типичными осно́вными оксидами. При взаимодействии с водой ($M_2O + H_2O = 2MOH$) они образуют осно́вные гидроксиды MOH, которые хорошо растворимы в воде, полностью диссоциированы в водном растворе и создают сильнощелочную среду ($MOH = M^+ + OH^-$). Их часто называют *щелочами*.

Пероксиды и надпероксиды являются очень сильными окислителями за счет избыточного кислорода (подробнее см. 24.2):

а) $Na_2O_2 + CO = Na_2CO_3$

$Na_2O_2 + 2H_2SO_4 + 2NaI = I_2\downarrow + 2H_2O + 2Na_2SO_4$

б) $2KO_2 + S = K_2SO_4$

$2KO_2 + 2NH_3 = 2KOH + N_2 + 2H_2O$

Пероксид натрия Na_2O_2 применяют для регенерации кислорода в изолирующих дыхательных приборах:

$$2Na_2O_2 + 2CO_2 = 2Na_2CO_3 + O_2$$

Соли щелочных металлов за редким исключением (LiF, Li_2CO_3, Li_3PO_4, $CsClO_4$) хорошо растворимы в воде, гидролиз по катиону отсутствует, среда в растворах таких солей, как LiCl, $RbNO_3$ и Cs_2SO_4, — нейтральная. Катионы щелочных металлов окрашивают пламя газовой горелки в различные цвета (*качественное обнаружение*):

Li^+	Na^+	K^+, Rb^+, Cs^+
темно-красный	желтый	сине-фиолетовый

Соли щелочных металлов используют в пиротехнических составах для фейерверков.

Щелочные металлы образуют *бинарные соединения* — нитриды M_3N, карбиды (ацетилениды) M_2C_2 и гидриды MH. Все они энергично разлагаются водой:

$$Li_3N + 3H_2O = 3LiOH + NH_3\uparrow$$

$$Na_2C_2 + 2H_2O = 2NaOH + C_2H_2\uparrow$$

$$KH + H_2O = KOH + H_2\uparrow$$

Натрий и калий широко распространены в природе, а литий, рубидий и цезий — редкие элементы. Литий содержится в некоторых силикатных минералах, а рубидий и цезий — спутники калия в соляных пластах, минералах и в воде минеральных источников. Литий и его гидроксид LiOH применяют в щелочных источниках тока.

Франций — радиоактивный элемент, его наиболее долгоживущий изотоп ^{223}Fr имеет период полураспада 22 мин, в природе образуется при распаде ядер актиния.

18.2. Натрий и его соединения

Натрий — элемент 3-го периода и IA-группы Периодической системы, порядковый номер 11. Электронная формула атома $[_{10}Ne]3s^1$, степени окисления +I и 0. Имеет малую электроотрицательность (0,93), проявляет только металлические (осно́вные) свойства. Образует (как катион) многочисленные соли и бинарные соединения. Почти все соли натрия хорошо растворимы в воде.

В природе — пятый по химической распространенности элемент (второй среди металлов), встречатся только в виде соединений. Входит в состав многих минералов, горных пород, соляных пластов. Наиболее распространенный металл в природных водах: 1 л морской воды содержит 10,6 г иона Na^+. Катионы натрия плохо адсорбируются почвой и легко вымываются из разрушающихся минералов в природные воды.

Жизненно важный элемент для всех организмов. Ионы Na^+ содержатся в плазме крови и лимфе, всегда находятся (в отличие от ионов K^+) вне клеток.

Натрий, катион натрия и его соединения окрашивают пламя газовой горелки в ярко-желтый цвет (*качественное обнаружение*).

Натрий открыт в 1807 г. английским химиком и физиком X . Дэви при электролизе влажного едкого натра NaOH на ртутном катоде.

Натрий Na

Серебристо-белый металл, легкий, мягкий (режется ножом), низкоплавкий. Хранят натрий в керосине. С ртутью образует жидкий сплав — *амальгаму* (до 0,2% Na).

Весьма реакционноспособный, во влажном воздухе натрий медленно покрывается гидроксидной пленкой и теряет блеск (тускнеет):

$$4Na + O_2\ (\text{воздух}) + 2H_2O\ (\text{влага}) \xrightarrow{\tau} 4\ NaOH$$

Натрий химически активен, сильный восстановитель. Воспламеняется на воздухе при умеренном нагревании (>250 °С), реагирует с неметаллами:

$$2Na + O_2 = Na_2O_2 \qquad 2Na + H_2 = 2NaH$$
$$2Na + Cl_2 = 2NaCl \qquad 2Na + S = Na_2S$$
$$6Na + N_2 = 2Na_3N \qquad 2Na + 2C = Na_2C_2$$

Очень бурно и с большим *экзо*-эффектом натрий реагирует с водой:

$$2Na + 2H_2O = 2NaOH + H_2\uparrow \quad + 368 \text{ кДж}$$

От теплоты реакции кусочки натрия расплавляются в шарики, которые начинают беспорядочно двигаться из-за выделения H_2. Реакция сопровождается резкими щелчками вследствие взрывов гремучего газа (H_2+O_2). Раствор окрашивается фенолфталеином в малиновый цвет (щелочная среда).

В ряду напряжений натрий стоит значительно левее водорода, из разбавленных кислот HCl и H_2SO_4 вытесняет водород (за счет H_2O и H^+):

$$2Na + 2H^+ = 2Na^+ + H_2\uparrow$$

Катион натрия в растворе — бесцветный аквакомплекс $[Na(H_2O)_4]^+$, гидролизу не подвергается

Реагирует с аммиаком:

$$2Na + 2NH_{3(г)} = H_2 + \underset{\text{амид}}{2NaNH_2} \qquad (350\ °C)$$

Получение натрия в промышленности:

$$NaCl \xrightarrow{\text{электролиз расплава}} 2Na + Cl_2$$

(см. также ниже получение NaOH).

Натрий применяется для получения Na_2O_2, NaOH, NaH, а также в органическом синтезе. Расплавленный натрий служит теплоносителем в ядерных реакторах, а газообразный — используется как наполнитель желтосветных ламп наружного освещения.

Оксид натрия Na_2O

Осно́вный оксид. Белый, имеет ионное строение $(Na^+)_2O^{2-}$. Термически устойчивый, при прокаливании медленно разлагается, плавится под избыточным давлением пара Na. Чувствителен к влаге и углекислому газу в воздухе. Энергично реагирует с водой (образуется сильнощелочной раствор), кислотами, кислотными и амфотерными оксидами, кислородом (под давлением). Применяется для синтеза солей натрия. Не образуется при сжигании натрия на воздухе.

Уравнения важнейших реакций:

$2Na_2O \xrightarrow{\tau} Na_2O_2 + 2Na$ (выше 700 °C)

$Na_2O + H_2O = 2NaOH + 236$ кДж

$Na_2O + 2HCl$ (разб.) $= 2NaCl + H_2O$

$Na_2O + CO_2 = Na_2CO_3$ (450–550 °C)

$Na_2O + M_2O_3 = 2NaMO_2$ (1200 °C, M = Al, Cr)

$2Na_2O + O_2 = 2Na_2O_2$ (250–350 °C, *p*)

Получение: термическое разложение Na_2O_2 (см.), а также сплавление Na и NaOH, Na и Na_2O_2:

$2Na + 2NaOH = 2\mathbf{Na_2O} + H_2$ (600 °C)

$2Na + Na_2O_2 = 2\mathbf{Na_2O}$ (130–200 °C)

Пероксид натрия Na_2O_2

Бинарное соединение. Белый, гигроскопичный. Имеет ионное строение $(Na^+)_2O_2^{2-}$. При нагревании разлагается, плавится под избыточным давлением O_2. Поглощает углекислый газ из воздуха. Полностью разлагается водой, кислотами (выделение O_2 при кипячении — *качественная реакция* на пероксиды). Сильный окислитель, слабый восстановитель. Применяется для регенерации кислорода в изолирующих дыхательных приборах (реакция с CO_2) как компонент отбеливателей ткани и бумаги.

Уравнения важнейших реакций:

$2Na_2O_2 = 2Na_2O + O_2$ (400–675 °C, вакуум)

$Na_2O_2 + 2H_2O = H_2O_2 + 2NaOH$ (на холоду)

$2Na_2O_2 + 2H_2O = O_2\uparrow + 4NaOH$ (кипячение)

$Na_2O_2 + 2HCl$ (разб.) $= 2NaCl + H_2O_2$ (на холоду)

$2Na_2O_2 + 4HCl$ (разб.) $= 4HCl + 2H_2O + O_2\uparrow$ (кипячение)

$2Na_2O_2 + 2CO_2 = Na_2CO_3 + O_2$

$Na_2O_2 + CO = Na_2CO_3$

$Na_2O_2 + 4H^+ + 2I^- = I_2\downarrow + 2H_2O + 2Na^+$

$5Na_2O_2 + 16H^+ + 2MnO_4^- = 5O_2\uparrow + 2Mn^{2+} + 8H_2O + 10Na^+$

$3Na_2O_2 + 2[Cr(OH)_6]^{3-} = 2CrO_2^{-4} + 8OH^- + 2H_2O + 6Na^+$ (80 °C)

Получение: сжигание Na на воздухе.

Гидроксид натрия NaOH

Основный гидроксид, щёлочь, техническое название *едкий натр*. Белые кристаллы с ионным строением $(Na^+)(OH^-)$. Расплывается на воздухе, поглощая влагу и углекислый газ (образуется $NaHCO_3$). Плавится и кипит без разложения. Вызывает тяжелые ожоги кожи и глаз.

Хорошо растворим в воде (с *экзо*-эффектом, +56 кДж). Реагирует с кислотными оксидами, нейтрализует кислоты, вызывает кислотную функцию у амфотерных оксидов и гидроксидов:

$NaOH \xrightarrow{EO_2\ (нед.)} Na_2EO_3 \xrightarrow{EO_2\ (изб.)} NaHEO_3$ (E = S,C)

$NaOH + HCl(разб.) = NaCl + H_2O$

$NaOH \xrightarrow[-H_2O]{H_2SO_4\ (разб.)} Na_2SO_4 \xrightarrow{H_2SO_4\ (конц.)} NaHSO_4$

$NaOH\ (разб.) + H_3PO_4\ (конц.) = NaH_2PO_4 + H_2O$

$2NaOH\ (разб.) + H_3PO_4\ (разб.) = Na_2HPO_4 + 2H_2O$

$3NaOH\ (конц.) + H_3PO_4\ (разб.) = Na_3PO_4 + 3H_2O$

$2NaOH_{(т)} + M_2O_3 = 2NaMO_2 + H_2O$ (1000 °C, M = Al, Cr)

$2NaOH\ (конц.) + 3H_2O + Al_2O_3 = 2Na[Al(OH)_4]$ (кипячение)

$2NaOH_{(т)} + M(OH)_2 = Na_2MO_2 + 2H_2O$ (500 °C, M = Be, Zn)

$2NaOH\ (конц.) + Zn(OH)_2 = Na_2[Zn(OH)_4]$

Осаждает нерастворимые гидроксиды:

$2NaOH + MCl_2 = 2NaCl + M(OH)_2$ (M = Mg, Cu)

Подвергает дисмутации галогены и серу:

$2NaOH\ (конц., хол.) + E_2 = NaE + NaEO + H_2O$ (E = Cl, Br)

$6NaOH\ (разб., гор.) + 3S = 2Na_2S + Na_2SO_3 + 3H_2O$

Подвергается электролизу в расплаве:

$$4NaOH_{(ж)} \xrightarrow{\text{электролиз}} 4Na + O_2 + 2H_2O \qquad (350\ °C)$$

Раствор NaOH разъедает стекло (образуется Na_2SiO_3), корродирует поверхность алюминия (образуются $Na[Al(OH)_4]$ и H_2).

Получение NaOH в промышленности:

а) электролиз раствора NaCl на инертном катоде:

$$2NaCl + 2H_2O \xrightarrow{\text{электролиз}} H_2\uparrow + Cl_2\uparrow + \mathbf{2NaOH}$$

б) электролиз раствора NaCl на ртутном катоде (амальгамный способ):

$$2NaCl_{(р)} \xrightarrow{\text{электролиз}} [2Na(Hg)] + Cl_2\uparrow$$

$$[2Na\,(Hg)] + H_2O = \mathbf{2NaOH} + H_2\uparrow$$

(освобождающуюся ртуть возвращают в электролизер).

Едкий натр — важнейшее сырье химической промышленности. Используется для получения солей натрия, целлюлозы, мыла, красителей и искусственного волокна; как осушитель газов; реагент в извлечении из вторичного сырья и очистке олова и цинка; при переработке руд алюминия (бокситов).

Соли натрия

$Na[Al(OH)]_4$ (см. 20) **Na_2SO_4** (см. 24.4) **Na_2CO_3** (см. 26.4)
NaCl (см. 23.3) **Na_3PO_4** (см. 25.6) **$NaHCO_3$** (см. 26.4)
Na_2S (см. 24.3) **Na_2HPO_4** (см. 25.6) **Na_2SiO_3** (см. 26.5)
Na_2SO_3 (см. 24.4) **NaH_2PO_4** (см. 25.6)

18.3. Калий и его соединения

Калий — элемент 4-го периода и IA-группы Периодической системы, порядковый номер 19. Электронная формула атома $[_{18}Ar]4s^1$, степени окисления +I и 0. Имеет малую электроотрицательность (0,91), проявляет металлические (осно́вные) свойства. Образует (как катион) многочисленные соли и бинарные соединения. Почти все соли калия хорошо растворимы в воде.

В природе — девятый по химической распространенности элемент (шестой среди металлов), находится только в виде соединений. Входит в состав многих минералов, горных пород, соляных пластов. Третий по содержанию металл в природных водах: 1 л морской воды содержит 0,38 г иона K^+. Катионы калия хорошо адсорбируются почвой и с трудом вымываются из литосферы в природные воды.

Жизненно важный элемент для всех организмов. Ионы K^+ всегда находятся внутри клеток (в отличие от ионов Na^+). В организме человека содержится ≈175 г калия, суточная потребность достигает ≈4 г. Недостаток калия в почве восполняется внесением калийных удобрений — хлорида KCl, сульфата K_2SO_4 и золы растений.

Калий, катион калия и его соединения окрашивают пламя газовой горелки в фиолетовый цвет (*качественное обнаружение*).

Калий открыт в 1807 г. английским химиком и физиком Х. Дэви при электролизе влажного едкого кали KOH на ртутном катоде.

Калий K

Серебристо-белый металл, легкий, очень мягкий, низкоплавкий. Хранят калий под слоем керосина. С ртутью образует жидкий сплав — амальгаму.

По химическим свойствам похож на натрий, но еще более реакционноспособный. Во влажном воздухе тускнеет, покрываясь гидроксидной пленкой.

Калий проявляет сильные восстановительные свойства. Активно сгорает на воздухе до KO_2, реагирует с водородом (продукт KH), хлором (KCl), серой (K_2S), аммиаком (KNH_2).

Энергично и с высоким *экзо*-эффектом калий разлагает воду:

$$2K + 2H_2O = 2KOH + H_2\uparrow + 392 \text{ кДж}$$

выделяющийся водород тут же воспламеняется.

В ряду напряжений калий стоит значительно левее водорода, из разбавленных кислот HCl и H_2SO_4 вытесняет водород (за счет H_2O и H^+), при этом серная кислота частично восстанавливается до SO_2.

Катион калия в растворе — бесцветный аквакомплекс $[K(H_2O)_6]^+$, гидролизу не подвергается.

Получение калия в промышленности одинаково с получением натрия.

Применяется калий для синтеза его соединений (KO_2, KH, соли), в виде расплава (в смеси с Na) — как теплоноситель в ядерных реакторах.

Оксид калия K_2O

Основный оксид. Белый, имеет ионное строение $(K^+)_2O^{2-}$. При умеренном нагревании разлагается, плавится под избыточным давлением пара калия. Чувствителен к влаге и углекислому газу в воздухе. Энергично реагирует с водой (с высоким *экзо*-эффектом), кислотами, кислотными и амфотерными оксидами. Применяется для синтеза других соединений калия. Не образуется при сгорании калия на воздухе.

Важнейшие реакции K_2O аналогичны реакциям оксида натрия.

Получение: термическое разложение KO_2 (см.), сплавление K и KO_2:

$$3K + KO_2 = 2\mathbf{K_2O} \qquad (700\ ^\circ C,\ p)$$

и прокаливание карбоната калия:

$$K_2CO_3 = \mathbf{K_2O} + CO_2 \qquad (\text{выше } 1200\ ^\circ C)$$

Надпероксид калия KO_2

Бинарное соединение. Оранжево-желтый, имеет ионное строение $K^+O_2^-$. Разлагается при нагревании, плавится под избыточным давлением O_2. Очень сильный окислитель. Разлагается водой, кислотами (выделение кислорода на холоду — *качественная реакция* на надпероксиды). Реагирует с калием, монооксидом углерода. Поглощает влажный углекислый газ, поэтому применяется для регенерации кислорода в изолирующих дыхательных приборах.

Уравнения важнейших реакций:

$$KO_2 \xrightarrow[-O_2]{290\ ^\circ C} \underset{\text{пероксид}}{K_2O_2} \xrightarrow[-O_2]{530\ ^\circ C} K_2O \qquad (\text{вакуум})$$

$$4KO_2 + 2H_2O = 4KOH + 3O_2\uparrow$$

$$2KO_2 + 2H^+(\text{разб.}) = H_2O_2 + O_2\uparrow + 2K^+ \qquad (\text{на холоду})$$

$$2KO_2 + S = K_2SO_4 \qquad (140\ ^\circ C)$$

$$KO_2 + 3K = 2K_2O \qquad (700\ ^\circ C,\ p)$$

$$4KO_2 + 2CO_2(\text{влажный}) = 2K_2CO_3 + 3O_2$$

$$2KO_2 + CO = K_2CO_3 + O_2 \qquad (50\ ^\circ C)$$

Получение: сжигание K на воздухе:

$$K + O_2(\text{воздух}) = \mathbf{KO_2}$$

Гидроксид калия KOH

Основный гидроксид, щёлочь, техническое название *едкое кали*. Белый, имеет ионное строение K^+OH^-. Плавится и кипит без разложения. Расплывается на воздухе, поглощает углекислый газ (образуется $KHCO_3$). Вызывает тяжелые ожоги кожи и глаз.

Хорошо растворим в воде (с высоким *экзо*-эффектом), создает в растворе сильнощелочную среду. Нейтрализуется кислотами, реагирует с кислотными оксидами, амфотерными гидроксидами и оксидами. Концентрированный раствор разъедает стекло (образуется K_2SiO_3).

Важнейшие реакции и методы получения KOH в промышленности аналогичны свойствам и получению NaOH.

Применяется KOH в производстве мыла, как адсорбент газов, дегидратирующий агент, осадитель нерастворимых гидроксидов металлов.

Соли калия

$\mathbf{K_2CrO_4}$ (см. 21.2)	**KCl** (см. 23.3)	$\mathbf{KAl(SO_4)_2}$ (см. 24.5)
$\mathbf{K_2Cr_2O_7}$ (см. 21.2)	$\mathbf{KClO_3}$ (см. 23.4)	$\mathbf{KCr(SO_4)_2}$ (см. 24.5)
$\mathbf{K_2MnO_4}$ (см. 21.3)	**KBr** (см. 23.5)	$\mathbf{KNO_2}$ (см. 25.4)
$\mathbf{KMnO_4}$ (см. 21.3)	**KI** (см. 23.5)	$\mathbf{KNO_3}$ (см. 25.5)
$\mathbf{K_2FeO_4}$ см. 21.4)	$\mathbf{KHSO_4}$ (см. 24.5)	$\mathbf{K_2CO_3}$ (см. 26.4)

19. МЕТАЛЛЫ IIA-ГРУППЫ

19.1. Общая характеристика

IIA
бериллий Be
магний Mg
кальций Ca
стронций Sr
барий Ba
радий Ra

Элементы IIA-группы Периодической системы, кроме Be и Mg, носят групповое название *щелочноземельные металлы*. Общая электронная формула валентного уровня ns^2, единственная степень окисления в соединениях +II.

Электроотрицательность элементов в этой группе различна; она довольно высока для Be (1,47), что обусловливает его амфотерное поведение, и типично металлическая у остальных элементов.

Все элементы в свободном виде менее реакционноспособны по сравнению со щелочными металлами, химическая активность увеличивается с ростом порядкового номера. Так, бериллий и магний устойчивы по отношению к воде, тогда как щелочноземельные металлы реагируют с ней, образуя соответствующие *гидроксиды* (M = Ca – Ra):

$$M + 2H_2O = M(OH)_2 + H_2\uparrow$$

Восстановительные свойства увеличиваются от Be к Ra.

Все металлы обладают большим сродством к неметаллам, с кислородом они образуют *оксиды* MO (M = Be – Ra), с водородом — *гидриды* MH_2, с азотом — *нитриды* M_3N_2, с галогенами — *галогениды*, например хлориды MCl_2, с углеродом — *карбиды* (ацетилениды) MC_2, с серой — *сульфиды* MS.

Оксиды MO и *гидроксиды* $M(OH)_2$ всех элементов, кроме Be, проявляют осно́вные свойства, растворимость в воде гидроксидов $Sr(OH)_2$ и $Ba(OH)_2$ достаточно велика и их относят к щелочам.

Соли (карбонаты MCO_3, сульфиты MSO_3, сульфаты MSO_4 и др.) легче и при более низких температурах, чем соли щелочных металлов, разлагаются на соответствующие оксиды (1000 °C для Na_2CO_3, но 500 °C для $MgCO_3$).

Растворимость солей в воде различна: *хорошо растворимые* соли — хлориды, бромиды, иодиды, сульфиды (Ca—Ra), нитраты, нитриты (Mg—Ra), *малорастворимые* и *практически нерастворимые* соли — фториды (Mg—Ra), сульфаты (Ca—Ra), ортофосфаты, карбонаты, силикаты.

Растворимые в воде соли магния и щелочноземельных металлов гидролизу по катиону не подвергаются. Катионы щелочноземельных металлов окрашивают пламя газовой горелки в различные цвета:

Ca^{2+}	Sr^{2+}	Ba^{2+}
темно-оранжевый	темно-красный	светло-зеленый

Поэтому хлориды MCl_2, нитраты $M(NO_3)_2$ и др. используют в пиротехнических составах для фейерверков.

Напротив, гидролиз солей бериллия протекает в такой высокой степени, что нередко образуется осадок малорастворимых осно́вных солей, например:

$$Be(NO_3)_2 + H_2O = Be(NO_3)OH\downarrow + HNO_3$$

и для удержания катионов Be^{2+} в растворе приходится добавлять соответствующую сильную кислоту (в данном примере — азотную).

Оксид и гидроксид бериллия — типично амфотерные соединения:

а) $BeO + 2HCl = BeCl_2 + H_2O$
$BeO + 2NaOH_{(т)} = Na_2BeO_2 + H_2O$ (250 °C)

б) $Be(OH)_2 + H_2SO_4 = BeSO_4 + 2H_2O$
$Be(OH)_2 + 2NaOH = Na_2[Be(OH)_4]$

Для осаждения $Be(OH)_2$ никогда не применяют щелочь (они реагируют, см. выше), а используют слабое основание — гидрат аммиака:

$$Be^{2+} + 2(NH_3 \cdot H_2O) = Be(OH)_2\downarrow + 2NH_4^+$$

Химические свойства бериллия сильно напоминают свойства алюминия: бериллий переводится в раствор и кислотами, и щелочами (*амфотерность* бериллия):

$$Be + 2H^+ = Be^{2+} + H_2\uparrow$$

$$Be + 2OH^- + 2H_2O = [Be(OH)_4]^{2-} + H_2\uparrow$$

Магний и кальций — весьма распространенные элементы на Земле, а остальные элементы — более редкие. Радий — радиоактивный элемент, самый долгоживущий изотоп радия ^{226}Ra имеет период полураспада 1600 лет; он всегда присутствует в рудах урана. По свойствам радий похож на барий; например, он соосаждается из водного раствора (в виде сульфата $RaSO_4$) вместе с практически нерастворимым сульфатом бария $BaSO_4$.

Магний, легкий и коррозионно-стойкий металл, используется в конструкционных сплавах для авиа- и автомобилестроения. В промышленности магний получают электролизом расплава $MgCl_2$, стронций и барий — прокаливанием SrO и BaO с алюминием. Очень опасен для человека радиоактивный изотоп ^{90}Sr (период полураспада 28 ч), он замещает в организме кальций и накапливается в костных тканях.

19.2. Кальций и его соединения

Кальций — элемент 4-го периода и IIA-группы Периодической системы, порядковый номер 20. Электронная формула атома $[_{18}Ar]4s^2$, степени окисления +II и 0. Относится к щелочноземельным металлам.

Имеет низкую электроотрицательность (1,04), проявляет металлические (осно́вные) свойства. Образует (как катион) многочисленные соли и бинарные соединения. Многие соли кальция малорастворимы в воде.

В природе — шестой по химической распространенности элемент (третий среди металлов), находится в связанном виде. Входит в состав многих минералов и горных пород. Присутствует в природных водах и определяет бо́льшую часть их жёсткости (вместе с магнием), 1 л морской воды содержит 0,4 г иона Ca^{2+}.

Жизненно важный элемент для всех организмов. Концентрируется в костях и зубах в виде различных фосфатов, суточная норма для человека составляет 1 г кальция. Ионы Ca^{2+} обеспечивают свертывание крови на воздухе, недостаток кальция вызывает размягчение костей и рахит. Из карбоната кальция построены кораллы и раковины моллюсков. Недостаток кальция в почве восполняется внесением *известковых удобрений* ($CaCO_3$, CaO, цианамид кальция $CaCN_2$ и др.).

Кальций, катион кальция и его соединения окрашивают пламя газовой горелки в темно-оранжевый цвет (*качественное обнаружение*).

Кальций открыт в 1808 г. английским химиком и физиком X. Дэви при электролизе на ртутном катоде влажной гашёной извести $Ca(OH)_2$.

Кальций Ca

Серебристо-белый металл, мягкий, пластичный. Во влажном воздухе тускнеет и покрывается пленкой из CaO и $Ca(OH)_2$.

Весьма реакционноспособный; воспламеняется при нагревании на воздухе, реагирует с водородом, хлором, серой и графитом:

$$2Ca + O_2(\text{воздух}) \xrightarrow{300\ °C} 2CaO \qquad Ca + Cl_2 \xrightarrow{250\ °C} CaCl_2$$

$$3Ca + N_2(\text{воздух}) \xrightarrow{200\ °C} Ca_3N_2 \qquad Ca + S \xrightarrow{150\ °C} CaS$$

$$Ca + H_2 \xrightarrow{500\ °C} CaH_2 \qquad Ca + 2C(\text{графит}) \xrightarrow{550\ °C} CaC_2$$

Восстанавливает другие металлы из их оксидов (промышленно важный метод — *кальцийтермия*):

$$3Ca + Cr_2O_3 = 3CaO + 2Cr \qquad (700—800\ °C)$$

$$5Ca + V_2O_5 = 5CaO + 2V \qquad (950\ °C)$$

Энергично реагирует с водой (с высоким *экзо*-эффектом):

$$Ca + 2H_2O = Ca(OH)_2 + H_2\uparrow + 413\ \text{кДж}$$

В ряду напряжений стоит значительно левее водорода, из разбавленных кислот HCl и H_2SO_4 вытесняет водород (за счет H_2O и H^+):

$$Ca + 2H^+ = Ca^{2+} + H_2\uparrow$$

Катион Ca^{2+} в растворе — бесцветный аквакомплекс $[Ca(H_2O)_6]^{2+}$, гидролизу не подвергается.

Получение кальция в промышленности:

$$CaCl_2 \xrightarrow{\text{электролиз расплава}} \mathbf{Ca} + Cl_2$$

Более старый способ — *алюминотермия* (при 1200 °C):

$$4CaO + 2Al = 2\mathbf{Ca} + (CaAl_2)O_4$$

Кальций применяется для удаления примесей неметаллов из металлических сплавов, как компонент легких и антифрикционных сплавов, для выделения редких металлов из их оксидов.

Оксид кальция CaO

Основный оксид. Техническое название *негашёная известь*. Белый, весьма гигроскопичный. Имеет ионное строение $Ca^{2+}O^{2-}$. Тугоплавкий, термически устойчивый, летучий при прокаливании. Поглощает влагу и углекислый газ из воздуха. Энергично реагирует с водой (с высоким *экзо*-эффектом), образует сильнощелочной раствор (возможен осадок гидроксида), процесс называется *гашение извести*. Реагирует с кислотами, оксидами металлов и неметаллов. Применяется для синтеза других соединений кальция, в производстве $Ca(OH)_2$, CaC_2 и минеральных удобрений, как флюс в металлургии, катализатор в органическом синтезе, компонент вяжущих материалов в строительстве.

Уравнения важнейших реакций:

$$CaO + H_2O = Ca(OH)_2 + 64 \text{ кДж}$$

$$CaO + 2HCl = CaCl_2 + H_2O$$

$$CaO + CO_2 \xrightarrow{\tau} CaCO_3$$

$$CaO + SiO_2 = CaSiO_3 \qquad (1100\text{—}1200\ °C)$$

$$CaO + Al_2O_3 = (CaAl_2)O_4 \qquad (1200\text{—}1300\ °C)$$

$$CaO + TiO_2 = (CaTi)O_3 \qquad (900\text{—}1100\ °C)$$

$$CaO + Fe_2O_3 = (CaFe_2)O_4 \qquad (900\text{—}1000\ °C)$$

$$CaO + 3C(\text{кокс}) = CaC_2 + CO \qquad (1000\text{—}1200\ °C)$$

$$4CaO + 2Al = 3Ca + (CaAl_2)O_4 \qquad (1200\ °C)$$

Получение CaO в промышленности — обжиг известняка (900—1200 °C):

$$CaCO_3 = \mathbf{CaO} + CO_2$$

Гидроксид кальция $Ca(OH)_2$

Основный гидроксид. Техническое название *гашёная известь*. Белый, гигроскопичный. Имеет ионное строение $Ca^{2+}(OH^-)_2$. Разлагается при умеренном нагревании. Поглощает влагу и углекислый газ из воздуха. Малорастворим в холодной воде (образуется щелочной раствор), еще меньше — в кипящей воде. Прозрачный раствор (*известковая вода*) быстро мутнеет из-за выпадения осадка гидроксида (суспензию называют *известковое молоко*). *Качественная реакция* на ион Ca^{2+} — пропускание углекислого газа через известковую воду с появлением осадка $CaCO_3$ и переходом его в раствор. Реагирует с кислотами и кислотными оксидами, вступает в реакции ионного обмена.

Применяется в производстве стекла, белильной извести, известковых минеральных удобрений, для каустификации соды и умягчения пресной воды, а также для приготовления известковых строительных растворов — тестообразных смесей (песок + гашёная известь + вода), служащих связующим материалом для каменной и кирпичной кладки, отделки (оштукатуривания) стен и других строительных целей. Отвердевание («схватывание») таких растворов обусловлено поглощением углекислого газа из воздуха.

Уравнения важнейших реакций:

$$Ca(OH)_2 = CaO + H_2O \qquad (520—580\ °C)$$

$$Ca(OH)_2 + 2HCl(\text{разб.}) = CaCl_2 + 2H_2O$$

$$Ca(OH)_2 + H_2SO_4(\text{разб.}) = CaSO_4\downarrow + 2H_2O$$

$$3Ca(OH)_2 + 2H_3PO_4(\text{разб.}) = Ca_3(PO_4)_2\downarrow + 6H_2O$$

$$Ca(OH)_2 \xrightarrow[-H_2O]{EO_2\ (\text{нед.})} CaEO_3\downarrow \underset{\text{кипячение}}{\overset{EO_2\ (\text{изб.}),\ H_2O,\ 20\ °C}{\rightleftarrows}} Ca(HEO_3)_{2(р)}$$

$$(E = C, S)$$

$$2Ca(OH)_2(\text{суспензия}) + 2Cl_{2(г)} = CaCl_2 + Ca(ClO)_2 + 2H_2O$$

$$Ca(OH)_2 + 2NH_4Cl = CaCl_2 + 2NH_3\uparrow + 2H_2O \qquad (\text{кипячение})$$

$$Ca(OH)_2(\text{насыщ.}) + Na_2CO_3 = CaCO_3\downarrow + 2NaOH$$

$$3Ca(OH)_2 + 2K_3PO_4 = Ca_3(PO_4)_2\downarrow + 6KOH$$

Получение $Ca(OH)_2$ в промышленности — гашение извести CaO (см.).

Другие соединения кальция

CaH_2 (см. 22.3) **$CaSO_4$** (см. 24.5) **CaC_2** (см. 26.2)
$CaCl_2$ (см. 23.3) **$Ca_3(PO_4)_2$** (см. 25.6) **$CaCO_3$** (см. 26.4)
$Ca(ClO)_2$ (см. 23.4)

19.3. Жесткость воды

Природная вода, проходя через известковые горные породы и почвы, обогащается солями кальция и магния (а также железа) и становится *жесткой*. В жёсткой воде при стирке белья увеличивается расход мыла, а ткань, впитывая соли, становится желтой и быстро ветшает. *Накипь* — нерастворимые соединения кальция и магния и оксид железа(III), осаждающиеся на внутренних стенках посуды, паровых котлов и трубопроводов. В жесткой воде дольше варятся овощи, крупы и мясо. Различают временную и постоянную жесткость воды.

Временная жесткость вызвана присутствием в воде гидрокарбонатов $M(HCO_3)_2$(M = Ca, Mg) и $Fe(HCO_3)_2$. Если количественно определяют содержание ионов HCO_3^-, говорят о *карбонатной* жесткости, если содержание ионов Ca^{2+}, Mg^{2+} и Fe^{2+} — о *кальциевой*, *магниевой* или *железной* жесткости. Временная жесткость тем выше, чем больше содержание этих ионов в воде. Жесткость воды назвали временной потому, что она устраняется простым кипячением:

$$Ca(HCO_3)_2 = CaCO_3\downarrow + H_2O + CO_2\uparrow$$

$$Mg(HCO_3)_2 = Mg(OH)_2\downarrow + 2CO_2\uparrow$$

$$4Fe(HCO_3)_2 + O_2 = 2Fe_2O_3\downarrow + 8CO_2\uparrow + 4H_2O$$

Постоянная жесткость обусловлена другими солями кальция и магния (сульфаты, хлориды, нитраты, дигидроортофосфаты и др.). Такая жесткость не устраняется кипячением воды. Поэтому для удаления из жесткой воды большей части всех солей ее умягчают, используя химические реактивы и специальные (ионообменные) способы. Умягченная вода пригодна для питья и приготовления пищи.

Умягчение воды достигается, если ее обработать различными осадителями — гашеной известью, содой и ортофосфатом натрия:

- *устранение временной жесткости*:

$$Ca(HCO_3)_2 + Ca(OH)_2 = 2CaCO_3\downarrow + 2H_2O$$

$$Mg(HCO_3)_2 + Ca(OH)_2 = CaMg(CO_3)_2\downarrow + 2H_2O$$

$$4Fe(HCO_3)_2 + 8Ca(OH)_2 + O_2 = 4FeO(OH)\downarrow + 8CaCO_3\downarrow + 10H_2O$$

• *устранение постоянной жесткости*:

$$Ca(NO_3)_2 + Na_2CO_3 = CaCO_3\downarrow + 2NaNO_3$$

$$2MgSO_4 + H_2O + Na_2CO_3 = Mg_2CO_3(OH)_2\downarrow + CO_2\uparrow + 2Na_2SO_4$$

$$3FeCl_2 + 2Na_3PO_4 = Fe_3(PO_4)_2\downarrow + 6NaCl$$

В химической лаборатории и в промышленности используется полностью обессоленная вода (для питья она непригодна). Для получения обессоленной воды природную воду подвергают перегонке (дистилляции). Такая *дистиллированная* вода является мягкой, подобно дождевой воде.

20. АЛЮМИНИЙ

IIIA
алюминий Al

Алюминий — элемент 3-го периода и IIIA-группы Периодической системы, порядковый номер 13. Электронная формула атома $[_{10}Ne]3s^2 3p^1$, степени окисления +III и 0.

По электроотрицательности (1,47) одинаков с бериллием, проявляет амфотерные (кислотные и осно́вные) свойства. В соединениях может находиться в составе катионов и анионов.

В природе — четвертый по химической распространенности элемент (первый среди металлов), находится в химически связанном состоянии. Входит в состав многих алюмосиликатных минералов, горных пород (граниты, порфиры, базальты, гнейсы, сланцы), различных глин (белая глина называется *каолин*), бокситов и глинозёма Al_2O_3.

Алюминий открыт в 1825 г. датским физиком Х.-К. Эрстедом при восстановлении $AlCl_3$ амальгамой калия. Промышленным способом (электролиз расплава) алюминий впервые получен в 1854—1856 гг. французским инженером А.-Э. Сент-Клер-Девиллем.

Алюминий **Al**

Серебристо-белый, блестящий, легкий и пластичный металл. На воздухе покрывается матовой защитной пленкой Al_2O_3, весьма устойчивой и защищающей металл от коррозии; пассивируется в воде и концентрированной HNO_3 (образование той же оксидной пленки).

Реакционноспособный, сгорает на воздухе, при комнатной температуре реагирует с галогенами Cl_2, Br_2 и I_2, при нагревании — с фтором, серой, азотом, фосфором и графитом:

$$4Al(порошок) + 3O_2(воздух) = 2Al_2O_3 \quad (700\ °C)$$

$$2Al(порошок) + 3E_2 = 2AlE_3 \quad (25\ °C,\ E = Cl,\ Br)$$

$$2Al(порошок) + 3I_2 = 2AlI_3 \quad (25\ °C,\ кат.—капля\ H_2O)$$

$$2Al + 3F_2 = 2AlF_3 \qquad (600\ °C)$$

$$2Al + 3S = Al_2S_3 \qquad (150–200\ °C)$$

$$2Al(\text{порошок}) + N_2 = 2AlN \qquad (800–1200\ °C)$$

$$Al + P = AlP \qquad (500–800\ °C)$$

$$4Al + 3C(\text{графит}) = Al_4C_3 \qquad (1500–1700\ °C)$$

Алюминий восстанавливает другие металлы из их оксидов (промышленно важный метод — *алюминотермия*):

$$2Al + Cr_2O_3 = Al_2O_3 + 2Cr \qquad (800\ °C)$$

$$10Al + 3V_2O_5 = 5Al_2O_3 + 6V \qquad (900–1100\ °C)$$

$$8Al + \underset{\text{термитная смесь}}{3(Fe^{II}Fe_2^{III})O_4} = 4Al_2O_3 + 9Fe \qquad (>2000\ °C)$$

Амальгамированный алюминий, т. е. очищенный от оксидной пленки, энергично и с большим *экзо*-эффектом реагирует с водой:

$$2Al + 6H_2O = 2Al(OH)_3\downarrow + 3H_2\uparrow + 836\ \text{кДж}$$

Алюминий — сильный (типичный) восстановитель, в ряду напряжений стоит значительно левее водорода; вытесняет водород из разбавленных кислот HCl и H_2SO_4:

$$2Al + 6H^+ = 2Al^{3+} + 3H_2\uparrow$$

и, проявляя амфотерность, из концентрированного раствора щелочей (окислитель — вода):

$$2Al + 2NaOH + 6H_2O = 2Na[Al(OH)_4] + 3H_2\uparrow \qquad (80\ °C)$$

Реагирует со щелочами в расплаве (также демонстрируя амфотерные свойства):

$$2Al + 6NaOH_{(т)} = 2NaAlO_2 + 3H_2 + 2Na_2O \qquad (450\ °C)$$

Взаимодействует с разбавленной азотной кислотой:

$$Al + 4HNO_3(\text{разб.}) = Al(NO_3)_3 + NO\uparrow + 2H_2O$$

и восстанавливает N^V до N^{-III} в реакциях с очень разбавленной азотной кислотой и ее солями:

$$8Al + 30HNO_3(\text{оч. разб.}) = 8Al(NO_3)_3 + 3NH_4NO_3 + 9H_2O$$

$$8Al + 18H_2O + 5KOH + 3KNO_3 =$$
$$= 8K[Al(OH)_4] + 3NH_3\uparrow\ (\text{кипячение})$$

(движущей силой этих реакций служит промежуточное выделение атомарного водорода H^0, а во второй реакции — также и образование устойчивого гидроксокомплекса $[Al(OH)_4]^-$).

Катион Al^{3+} в растворе — бесцветный аквакомплекс $[Al(H_2O)_6]^{3+}$, подвергается гидролизу.

Получение алюминия в промышленности — электролиз Al_2O_3 в расплаве криолита $Na_3[AlF_6]$ при 950 °C:

$$2Al_2O_3 = 4Al^{3+} + 6O^{2-} \xrightarrow{\text{электролиз}} 2\mathbf{Al} + 3O_2\uparrow$$

Применяется как реагент в алюминотермии для получения редких металлов и термитной сварке стальных конструкций. Алюминий — важнейший конструкционный материал, основа легких коррозионно-стойких сплавов (с магнием — *дуралюмин*, или *дюраль*, с медью — *желтая алюминиевая бронза*, из которой чеканят мелкую разменную монету). Чистый алюминий в больших количествах идет на изготовление посуды и электрических проводов.

Оксид алюминия $\mathbf{Al_2O_3}$

Амфотерный оксид, кислотные и оснóвные свойства равно выражены. Белый, имеет ионное строение $(Al^{3+})_2(O^{2-})_3$. Тугоплавкий, термически устойчивый. Аморфный порошок гигроскопичен и химически активен, кристаллический — очень тверд и химически пассивен. Не реагирует с водой, разбавленными кислотами и щелочами. Переводится в раствор концентрированными кислотами и щелочами, реагирует со щелочами и карбонатом натрия при сплавлении. Применяется как сырье в производстве алюминия, для изготовления огнеупорных, химически стойких и абразивных материалов, особо чистый Al_2O_3 — для изготовления рубиновых лазеров и синтетических драгоценных камней (рубины, сапфиры и др.), окрашенных примесями оксидов других металлов — Cr_2O_3 (красный цвет), Ti_2O_3 и Fe_2O_3 (голубой цвет).

Уравнения важнейших реакций:

$$Al_2O_3 + 6HCl(\text{конц.}) \xrightarrow{\tau} 2AlCl_3 + 3H_2O \qquad (80\ °C)$$

$$Al_2O_3 + 2NaOH_{(т)} = 2NaAlO_2 + H_2O \qquad (900—1100\ °C)$$

$$Al_2O_3 + 2NaOH(\text{конц.}) + 3H_2O \xrightarrow{\tau} 2Na[Al(OH)_4] \qquad (80\ °C)$$

(эта реакция используется для «вскрытия» *бокситов*)

$$Al_2O_3 + Na_2CO_3 = 2NaAlO_2 + CO_2 \qquad (1000—1200\ °C)$$

$$Al_2O_3 + MgO = (MgAl_2)O_4 \qquad (1600\ °C)$$

$Al_2O_3 + CoO = (CoAl_2)O_4$(син.) (1100 °С, в расплаве KCl)

$2Al_2O_3 + 9C$(кокс) $= Al_4C_3 + 6CO$ (1800 °С)

$$2Al_2O_3 \xrightarrow[\text{в расплаве } Na_3[AlF_6]]{\text{электролиз}} 4Al + 3O_2\uparrow \quad (900\ °C)$$

В природе входит в состав *глины* и *бокситов*, образует минерал *корунд* (см. 14.3 и 16).

Гидроксид алюминия $Al(OH)_3$

Амфотерный гидроксид, кислотные и осно́вные свойства равновыраженны. Белый, аморфный (гелеобразный) или кристаллический. Связи Al—OH преимущественно ковалентные. Разлагается при нагревании без плавления. Практически не растворяется в воде. Реагирует с кислотами, щелочами в растворе и при сплавлении. Не реагирует с $NH_3 \cdot H_2O$, NH_4Cl, CO_2, SO_2 и H_2S. *Метагидроксид* AlO(OH) химически менее активен, чем $Al(OH)_3$. Промежуточный продукт в производстве алюминия. Применяется для синтеза других соединений алюминия (в том числе *криолита*), органических красителей, как лекарственный препарат при повышенной кислотности желудочного сока.

Уравнения важнейших реакций:

• *термическое разложение*

$$Al(OH)_3 \xrightarrow[-H_2O]{170-200\ °C} AlO(OH) \xrightarrow[-H_2O]{360-575\ °C} Al_2O_3$$

• *осно́вная и кислотная диссоциация в растворе*

$Al(OH)_{3(т)} \rightleftarrows Al^{3+} + 3OH^-$ ($[OH^-] = 2 \cdot 10^{-8}$ моль/л)

$Al(OH)_{3(т)} + H_2O \rightleftarrows [Al(OH)_4]^- + H^+$ ($[H^+] = 6 \cdot 10^{-8}$ моль/л)

(реакции характеризуют очень малую растворимость в воде и амфотерность гидроксида, поставляющего в раствор одновременно ионы OH^- и H^+ примерно в равной концентрации; гидроксид диссоциирует слабее, чем сама вода)

• *амфотерные свойства*

$Al(OH)_3 + 3HCl$(разб.) $= AlCl_3 + 3H_2O$

$Al(OH)_3 + NaOH_{(т)} = NaAlO_2 + 2H_2O$ (1000 °С)

$Al(OH)_3 + NaOH$(конц.) $= Na[Al(OH)_4]_{(р)}$

• *синтез криолита*

$$Al(OH)_3 + 3HF(\text{конц.}) + 3NaF = Na[AlF_6]\downarrow + 3H_2O$$

Для *получения* осадка $Al(OH)_3$ щелочь обычно не используют из-за легкости перехода осадка в раствор (см. выше), а действуют на соли алюминия гидратом аммиака. При комнатной температуре образуется $Al(OH)_3$, а при кипячении — менее активный $AlO(OH)$:

$$AlCl_3 + 3(NH_3 \cdot H_2O) \xrightarrow{20\,^\circ C} \mathbf{Al(OH)_3}\downarrow + 3NH_4Cl$$

$$AlCl_3 + 3(NH_3 \cdot H_2O) \xrightarrow{\text{кип.}} \mathbf{AlO(OH)}\downarrow + 3NH_4Cl + H_2O$$

Удобный способ получения $Al(OH)_3$ — пропускание CO_2 через раствор гидроксокомплекса:

$$[Al(OH)_4]^- + CO_2 = \mathbf{Al(OH)_3}\downarrow + HCO_3^-$$

Тетрагидроксоалюминат(III) натрия $Na[Al(OH)_4]$

Комплексная соль. С таким составом существует при комнатной температуре в концентрированном растворе NaOH. Для твердого состояния состав условный, так как при кристаллизации из раствора он усложняется (выделены $Na_4[Al(OH)_7]$, $Na_4[Al_4O_3(OH)_{10}]$ и др.). При прокаливании твердые соли разлагаются до диоксоалюмината(III) натрия $NaAlO_2$, при разбавлении их растворов — до $Al(OH)_3$. По-разному реагируют с сильными и слабыми кислотами, с хлоридом алюминия и карбонатом аммония.

Уравнения важнейших реакций:

$$Na[Al(OH)_4] = NaAlO_2 + 2H_2O \qquad (800\,^\circ C)$$

$$Na[Al(OH)_4] \xrightarrow{\tau} Al(OH)_3\downarrow + NaOH \qquad (\text{разбавление водой})$$

$$Na[Al(OH)_4] + 4HCl = AlCl_3 + NaCl + 4H_2O$$

$$Na[Al(OH)_4] + EO_2 = Al(OH)_3\downarrow + NaHEO_3 \qquad (E = C, S)$$

$$3Na[Al(OH)_4] + AlCl_3(\text{конц.}) = 4Al(OH)_3\downarrow + 3NaCl$$

$$2Na[Al(OH)_4] + (NH_4)_2CO_3 =$$
$$= 2AlO(OH)\downarrow + Na_2CO_3 + 2NH_3\uparrow + 4H_2O \qquad (\text{кипячение})$$

Получение: взаимодействие $Al(OH)_3$ и солей алюминия с NaOH в концентрированном растворе:

$$Al(OH)_3 + NaOH(\text{конц.}) = \mathbf{Na[Al(OH)_4]}$$

$$AlCl_3 + 4NaOH(\text{конц.}) = \mathbf{Na[Al(OH)_4]} + 3NaCl$$

Образуется из оксида алюминия (см.) как промежуточный продукт при промышленном «вскрытии» бокситов.

Другие соединения алюминия

$AlCl_3$ (см. 23.3)

Al_2S_3 (см. 24.3)

$KAl(SO_4)_2$ (см. 24.5)

Al_4C_3 (см. 26.2)

21. МЕТАЛЛЫ Б-ГРУПП

21.1. Общая характеристика

В Периодической системе на сегодняшний день содержится 68 элементов Б-групп (табл. 37):

Таблица 37

Период	Группы элементов							
	IIIБ	IVБ	VБ	VIБ	VIIБ	VIIIБ	IБ	IIБ
4	Sc	Ti	V	Cr	Mn	Fe Co Ni	Cu	Zn
5	Y	Zr	Nb	Mo	Tc	Ru Rh Pd	Ag	Cd
6	La-Lu	Hf	Ta	W	Re	Os Ir Pt	Au	Hg
7	Ac-Lr	Rf	Db	Sg	Bh	Hs Mt 110	111	112

Характерная особенность атомов этих элементов — заполнение внутреннего $(n{-}1)d$- или $(n{-}2)f$-подуровня, происходящее после заполнения ns-подуровня (у s-элементов IA- и IIA-групп) и до заполнения np-подуровня (у p-элементов IIIA—VIIIA-групп). Поэтому элементы Б-групп часто называют *переходными элементами* (расположены в длиннопериодном варианте Периодической системы между s-элементами слева и p-элементами справа).

Общая электронная формула df-элементов:

$$(n\text{-}2)\mathrm{f}^{0-14}(n\text{-}1)d^{0-10}ns^{0-2}$$

Приведем их для наиболее известных элементов:

$_{24}Cr = [_{18}Ar]3d^5 4s^1$

$_{25}Mn = [_{18}Ar]3d^5 4s^2$

$_{26}Fe = [_{18}Ar]3d^6 4s^2$

$_{29}Cu = [_{18}Ar]3d^{10} 4s^1$

$_{30}Zn = [_{18}Ar, 3d^{10}]4s^2$

$_{46}Pd = [_{36}Kr]4d^{10} 5s^0$

$_{47}Ag = [_{36}Kr]4d^{10} 5s^1$

$_{48}Cd = [_{36}Kr, 4d^{10}]5s^2$

$_{74}W = [_{54}Xe, 4f^{14}]5d^4 6s^2$

$_{78}Pt = [_{54}Xe, 4f^{14}]5d^9 6s^1$

$_{79}Au = [_{54}Xe, 4f^{14}]5d^{10} 6s^1$

$_{80}Hg = [_{54}Xe, 4f^{14} 5d^{10}]6s^2$

$_{90}Th = [_{86}Rn]6d^2 7s^2$

$_{92}U = [_{86}Rn]5f^3 6d^1 7s^2$

Валентные электроны находятся на двух-трех атомных подуровнях, что предполагает наличие нескольких степеней окисления (см. 1.1) и разнообразие химических свойств *df*-элементов.

Анализ изменения кислотно-осно́вных свойств соединений переходных металлов показывает, что **с повышением степени окисления осно́вные свойства элемента уменьшаются, а кислотные свойства возрастают.**

В высоких степенях окисления кислотные свойства соединений элементов Б-групп ярко выражены, а атом элемента служит кислотообразователем, в низких — наблюдается преобладание осно́вных свойств, в промежуточных — наличие амфотерных свойств.

П р и м е р. Шкала степеней окисления *ванадия*(V):

+V — оксид V_2O_5 → соли NH_4VO_3, $Ca(VO_3)_2$, Na_3VO_4, $Ag_2V_2O_7$

+IV — оксид VO_2 → гидроксид $VO(OH)_2$ → соли Na_2VO_3, K_4VO_4, $Ca_4V_4O_9$; → соли $(VO)SO_4$, $(VO)Cl_2$

+III — оксид V_2O_3 → гидроксид $V(OH)_3$ → соли KVO_2, $Cs[VCl_4O]$; → соли $V_2(SO_4)_3$, VCl_3

+II — оксид VO → гидроксид $V(OH)_2$ → соли VSO_4, VCl_2

В степени окисления (+II) ванадий проявляет осно́вные свойства (в растворе — катион V^{2+}), ванадий(V) — кислотные свойства (в растворе — анионы VO_3^-, VO_4^{3-}, $V_2O_7^{4-}$ и др.); в промежуточных степенях окисления — амфотерные свойства с преобладанием осно́вных свойств у V^{III} (в растворе — только катионы V^{3+}, соли типа KVO_2 получены сплавлением) и с преобладанием кислотных свойств у V^{IV} (простого катиона в растворе нет, существуют только ионы, содержащие кислород, — VO^{2+} и $V_4O_9^{2-}$).

Окислительно-восстановительные свойства также характерны для *df*-элементов с несколькими степенями окисления: **в низких степенях окисления соединения проявляют сильные восстановительные свойства, в высоких — окислительные свойства.**

П р и м е р. Восстановительные свойства VCl_2:

$$2VCl_2 + 2HCl(\text{разб.}) = 2VCl_3 + H_2\uparrow$$

окислительные свойства V_2O_5:

$$V_2O_5 + 6HCl(\text{конц.}) = 2(VO)Cl_2 + Cl_2\uparrow + 3H_2O$$

и окислительные, и восстановительные свойства $(VO)SO_4$ и VCl_3:

а) $(VO)SO_4 + 3HCl + H^0(Zn) = VCl_3 + H_2SO_4 + H_2O$

$$10(VO)SO_4 + 7H_2O + 2KMnO_4 = 5V_2O_5 + 2MnSO_4 + 7H_2SO_4 + K_2SO_4$$

б) $2VCl_3 + H_2 = 2VCl_2 + 2HCl$ (400 °C)

$$2VCl_3 + H_2SO_4(\text{конц.}) = 2(VO)Cl_2 + SO_2\uparrow + 2HCl$$

Как и для элементов А-групп, максимальное положительное значение степени окисления *df*-элементов определяется номером группы. Однако есть два важных исключения.

Во-первых, элементы IБ-группы (Cu, Ag, Au), которые проявляют не только степень окисления +I, например в соединениях Cu_2O, AgCl и Au_2S, но и более высокие, что особенно характерно для меди (Cu^{2+}, $CuSO_4$) и золота ($AuCl_3$, $[AuCl_4]^-$); в образовании химических связей участвуют *ns*-электрон и один или два электрона $(n{-}1)d$-подуровня.

Во-вторых, это элементы VIIIБ-группы (триады Fe, Co и Ni; Ru, Rh и Pd; Os, Ir и Pt), где степень окисления (+VIII) достигается только у трех элементов — Fe, Ru и Os (MO_4); остальные элементы проявляют более низкие степени окисления (Pd^{II}, Pt^{IV}).

Все элементы Б-групп в свободном виде являются металлами и имеют высокую плотность. Многие из них в ряду напряжений стоят левее водорода и легко реагируют с кислотами-неокислителями:

$$2Ti + 6HCl(\text{конц.}) = 2TiCl_3 + 3H_2\uparrow$$

$$Co + H_2SO_4(\text{разб.}) = CoSO_4 + H_2\uparrow$$

Исключения — Cu, Ag, Au, Hg, металлы семейства платины и др.

При нагревании все *df*-металлы реагируют с галогенами, серой и другими неметаллами, азотной кислотой, некоторые малоактивные металлы (Au, Pt) окисляются только царской водкой, а наиболее устойчивые — вообще не реагируют с кислотами (Ru, Rh, Ir). Большинство соединений элементов Б-групп имеют характерные окраски.

Для получения *df*-металлов из природных соединений в промышленности применяют восстановление оксидов, галогенидов и сульфидов водородом, коксом или типичными металлами (Na, Ca, Al), а нередко и электролиз расплавов и растворов солей.

21.2. Хром и его соединения

VIБ
хром Cr

Хром — элемент 4-го периода и VIБ-группы Периодической системы, порядковый номер 24. Электронная формула атома $[_{18}Ar]3d^54s^1$, характерные степени окисления +VI, +III и 0.

Шкала степеней окисления хрома:

+VI — CrO_3, CrO_4^{2-}, $Cr_2O_7^{2-}$, H_2CrO_4, $H_2Cr_2O_7$, K_2CrO_4, $K_2Cr_2O_7$

+III — Cr^{3+}, Cr_2O_3, $Cr(OH)_3$, $Cr_2(SO_4)_3$, $Na_3[Cr(OH)_6]$, $CrCl_3$

+II — Cr^{2+}, CrO, $Cr(OH)_2$, $CrSO_4$, $CrCl_2$

0 — Cr

По электроотрицательности (1,56) хром занимает промежуточное положение между типичными металлами (Na, K, Ca) и типичными неметаллами (F, O, N, Cl, S). Соединения Cr^{III} проявляют амфотерные свойства, металлические (осно́вные) свойства преобладают у Cr^{II}, неметаллические (кислотные) — у Cr^{VI}; в соединениях хром чаще находится в составе катионов и реже — в составе анионов. Хром образует многочисленные соли и бинарные соединения.

В природе — девятнадцатый по химической распространенности элемент (десятый среди металлов), находится только в виде соединений (минералы, полиметаллические руды). Существенный для жизни человека, животных и растений микроэлемент. Растворимые соли хрома ядовиты.

Хром открыт в 1797 г. французским химиком Н.-Л. Вокленом в минерале *крокоит* $PbCrO_4$ и получен в свободном виде путем восстановления углем оксида Cr_2O_3 — продукта разложения крокоита.

Хром Cr

Серый (с голубоватым оттенком) металл, очень твердый, ковкий (технический продукт — хрупкий). Блестящий, хотя покрыт очень тонкой оксидной пленкой, сохраняет блеск даже во влажном воздухе. Не реагирует с водой, щелочами и гидратом аммиака, пассивируется в концентрированной и разбавленной азотной кислоте и в «царской водке».

Соединяется с кислородом, хлором и серой:

$$4Cr(порошок) + 3O_2 \xrightarrow{\tau} 2Cr_2O_3 \qquad (600\ °C)$$

$$2Cr(порошок) + 3Cl_2 = 2CrCl_3 \qquad (1100\ °C)$$

$$2Cr(порошок) + 3S \xrightarrow{\tau} Cr_2S_3 \qquad (1000\ °C)$$

В ряду напряжений стоит левее водорода, из разбавленных кислот HCl и H_2SO_4 вытесняет водород:

$$Cr + 2H^+ = Cr^{2+} + H_2\uparrow$$

Далее катион Cr^{2+} можно перевести кислотами-окислителями в катион Cr^{3+}:

$$Cr^{2+} \xrightarrow[-SO_2,\ H_2O]{H_2SO_4\ (конц.)} Cr^{3+}, \qquad Cr^{2+} \xrightarrow[-NO_2,\ H_2O]{HNO_3\ (конц.)} Cr^{3+}$$

Катионы Cr^{2+} и Cr^{3+} в растворе — аквакомплексы, соответственно темно-голубой $[Cr(H_2O)_2]^{2+}$ и серо-голубой $[Cr(H_2O)_6]^{3+}$; катион Cr^{3+} подвергается гидролизу. Хром реагирует в расплаве с сильными окислителями:

$$2Cr + KClO_3 = Cr_2O_3 + KCl \qquad (500—700\ °C)$$

$$2Cr + 3KNO_3 = Cr_2O_3 + 3KNO_2 \qquad (400—550\ °C)$$

Получение хрома в промышленности — алюминотермия

$$Cr_2O_3 + 2Al = 2Cr + Al_2O_3 \qquad (800\ °C)$$

и электролиз раствора

$$2Cr_2(SO_4)_3 + 6H_2O \xrightarrow{электролиз} 4Cr\downarrow + 3O_2\uparrow + 6H_2SO_4$$

Промышленно важен сплав хрома с железом — *феррохром* (60—85% хрома), его производят восстановлением оксидов, например, минерала *хромит*:

$$(Cr_2Fe^{II})O_4 + 4C(кокс) = \underbrace{Fe + 2Cr}_{феррохром} + 4CO \qquad (1100—1200\ °C)$$

Применяется хром для создания защитных покрытий на других металлах (*хромирование*), как компонент механически прочных и коррозионно стойких сталей.

Гидроксид хрома(III) $Cr(OH)_3$

Амфотерный гидроксид. Серо-зеленый, разлагается при нагревании, теряя воду и образуя зеленый *метагидроксид* CrO(OH).

Не растворяется в воде. Из раствора осаждается в виде серо-голубого и голубовато-зеленого гидрата $Cr(OH)_3 \cdot nH_2O$. Реагирует с кислотами и щелочами, не взаимодействует с гидратом аммиака. Применяется для синтеза соединений хрома(III).

Уравнения важнейших реакций:

$$Cr(OH)_3 \cdot nH_2O = Cr(OH)_3 + nH_2O \qquad (100\ °C,\ вакуум)$$

$$Cr(OH)_3 \xrightarrow[-H_2O]{120\ °C} CrO(OH) \xrightarrow[-H_2O]{430-1000\ °C} Cr_2O_3$$

$$Cr(OH)_3 + 3H^+ = Cr^{3+} + 3H_2O$$

$$Cr(OH)_3 + 3OH^-(конц.) = [Cr(OH)_6]^{3-}$$

$$Cr(OH)_3 + MOH = MCrO_2(зел.) + 2H_2O \ (300-400\ °C,\ M = Li,\ Na)$$

$$2Cr(OH)_3 + 4NaOH(конц.) + 3H_2O_2(конц.) = 2Na_2CrO_4 + 8H_2O$$

Получение: осаждение гидратом аммиака из раствора солей хрома(III):

$$Cr^{3+} + 3(NH_3 \cdot H_2O) = \mathbf{Cr(OH)_3}\downarrow + 3NH_4^+$$

Хромат калия K_2CrO_4

Оксосоль. Желтый, негигроскопичный. Плавится без разложения, термически устойчивый. Хорошо растворим в воде (ж е л т а я окраска раствора отвечает иону CrO_4^{2-}), незначительно гидролизуется по аниону. В кислотной среде переходит в $K_2Cr_2O_7$. Окислитель (более слабый, чем $K_2Cr_2O_7$). Вступает в реакции ионного обмена.

Качественная реакция на ион CrO_4^{2-} — выпадение желтого осадка хромата бария, разлагающегося в сильнокислотной среде. Применяется как протрава при крашении тканей, дубитель кож, селективный окислитель, реактив в аналитической химии.

Уравнения важнейших реакций:

$$2K_2CrO_4 + H_2SO_4(30\%) = K_2Cr_2O_7 + K_2SO_4 + H_2O$$

$$2K_2CrO_{4(т)} + 16HCl(конц.,\ гор.) = 2CrCl_3 + 3Cl_2\uparrow + 8H_2O + 4KCl$$

$$2K_2CrO_4 + 2H_2O + 3H_2S = 2Cr(OH)_3\downarrow + 3S\downarrow + 4KOH$$

$$2K_2CrO_4 + 8H_2O + 3K_2S = 2K_3[Cr(OH)_6] + 3S\downarrow + 4KOH$$

$$2K_2CrO_4 + 2AgNO_3 = 2KNO_3 + Ag_2CrO_4(красн.)\downarrow$$

Качественная реакция:

$$K_2CrO_4 + BaCl_2 = 2KCl + BaCrO_4\downarrow$$

$$2BaCrO_{4(т)} + 2HCl\ (разб.) = BaCr_2O_{7(р)} + BaCl_2 + H_2O$$

Получение: спекание *хромита* с поташом на воздухе:

$$4(Cr_2Fe^{II})O_4 + 8K_2CO_3 + 7O_2 = 8\mathbf{K_2CrO_4} + 2Fe_2O_3 + 8CO_2 \quad (1000\ °C)$$

Дихромат калия $\mathbf{K_2Cr_2O_7}$

Оксосоль. Техническое название *хромпик.* Оранжево-красный, негигроскопичный. Плавится без разложения, при дальнейшем нагревании разлагается. Хорошо растворим в воде (оранжевая окраска раствора отвечает иону $Cr_2O_7^{2-}$). В щелочной среде образует K_2CrO_4. Типичный окислитель в растворе и при сплавлении. Вступает в реакции ионного обмена.

Качественные реакции — синее окрашивание эфирного раствора в присутствии H_2O_2, синее окрашивание водного раствора при действии атомарного водорода.

Применяется как дубитель кож, протрава при крашении тканей, компонент пиротехнических составов, реагент в аналитической химии, ингибитор коррозии металлов, в смеси с H_2SO_4 (конц.) — для мытья химической посуды.

Уравнения важнейших реакций:

$$4K_2Cr_2O_7 = 4K_2CrO_4 + 2Cr_2O_3 + 3O_2 \quad (500–600\ °C)$$

$$K_2Cr_2O_{7(т)} + 14HCl\ (конц.) = 2CrCl_3 + 3Cl_2\uparrow + 7H_2O + 2KCl \quad (кипячение)$$

$$K_2Cr_2O_{7(т)} + 2H_2SO_4\ (96\ \%) \rightleftarrows 2KHSO_4 + 2CrO_3 + H_2O \quad («хромовая смесь»)$$

$$K_2Cr_2O_7 + 2KOH\ (конц.) = H_2O + 2K_2CrO_4$$

$$Cr_2O_7^{2-} + 14H^+ + 6I^- = 2Cr^{3+} + 3I_2\downarrow + 7H_2O$$

$$Cr_2O_7^{2-} + 2H+ + 3SO_{2\ (г)} = 2Cr^{3+} + 3SO_4^{2-} + H_2O$$

$$Cr_2O_7^{2-} + 8H^+ + 3C_2H_5OH = 2Cr^{3+} + 3CH_3C(H)O\uparrow + 7H_2O$$

$$Cr_2O_7^{2-} + 8\ H^+ + 3H_2C_2O_4 = 2Cr^{3+} + 6CO_2\uparrow + 7H_2O$$

$Cr_2O_7^{2-} + H_2O + 3H_2S_{(г)} = 3S\downarrow + 2OH^- + 2Cr(OH)_3\downarrow$

$K_2Cr_2O_7 + 3H_2 = Cr_2O_3 + 2KOH + 2H_2O$ (500 °C)

$K_2Cr_2O_7 + S = Cr_2O_3 + K_2SO_4$ (800–1000 °C)

$K_2Cr_2O_7 + 2C$ (кокс) $= Cr_2O_3 + K_2CO_3 + CO$ (800 °C)

$K_2Cr_2O_7 + 4Al = 2Cr + 2KAlO_2 + Al_2O_3$ (800–900 °C)

$Cr_2O_7^{2-}$ (конц.) $+ 2Ag^+$ (разб.) $= Ag_2Cr_2O_7$ (т.-красн.)$\downarrow$

$Cr_2O_7^{2-}$ (разб.) $+ H_2O + 2Pb^{2+} = 2H^+ + 2PbCrO_4$ (красн.)$\downarrow$

$K_2Cr_2O_{7(т)} + 6HCl + 8H^0(Zn) = 2CrCl_2$ (син.) $+ 7H_2O + 2KCl$

Получение: обработка K_2CrO_4 (см.) серной кислотой.

***Соли хрома*(III)**

$KCr(SO_4)_2$ (см. 24.5)

21.3. Марганец и его соединения

VII Б
марганец Mn

Марганец — элемент 4-го периода и VIIБ-группы Периодической системы, порядковый номер 25. Электронная формула атома $[_{18}Ar]3d^54s^2$; характерные степени окисления +VII, +VI, +IV, +II и 0.

Шкала степеней окисления марганца:

+VII — Mn_2O_7, MnO_4^-, $HMnO_4$, $KMnO_4$
+VI — Mn_4^{2-}, K_2MnO_4
+IV — MnO_2, $Mn(SO_4)_2$, MnF_4, $K_3[MnF_6]$
+III — Mn_2O_3, $MnO(OH)$, $Mn_2(SO_4)_3$, MnF_3, $K_3[MnF_6]$
+II — Mn^{2+}, MnO, $Mn(OH)_2$, $MnSO_4$, $MnCl_2$
0 — Mn

По электроотрицательности (1,60) марганец занимает промежуточное положение между типичными металлами (Na, K, Ca, Mg) и неметаллами (F, O, N, Cl). Соединения Mn^{II} — оксид и гидроксид — проявляют осно́вные свойства, соединения Mn^{III} и Mn^{IV} — амфотерные свойства, для соединений Mn^{VI} и Mn^{VIII} характерно почти полное преобладание кислотных свойств. Марганец образует многочисленные соли и бинарные соединения.

В природе — четырнадцатый по химической распространенности элемент (восьмой среди металлов; второй, после железа, тяжелый металл). Находится только в виде соединений, сопутствует железу в его рудах. Велики запасы марганца на дне Мирового океана (железомарганцевые конкреции). Существенный для жизни человека, животных и высших растений микроэлемент. При дефиците марганца снижается урожайность культурных растений, он активирует ферменты крови.

Открыт в 1774 г. шведскими химиками К.-В. Шееле, Т.-У. Бергманом и Й.-Г. Ганом при прокаливании минерала *пиролюзит* MnO_2 с углем.

Марганец **Mn**

Серебристо-белый (с серым оттенком) металл, более твердый и хрупкий по сравнению с железом. В виде мелкого порошка пиро-фо́рен. На воздухе покрывается оксидной пленкой. Пассивируется в воде, поглощает водород, но не реагирует с ним.

При нагревании сгорает в кислороде воздуха, реагирует с хлором и серой:

$$Mn \xrightarrow{O_2,\ \text{до}\ 450\ °C} MnO_2 \xrightarrow{O_2,\ \text{до}\ 800\ °C} Mn_2O_3$$

$$Mn \xrightarrow{O_2,\ \text{выше}\ 800\ °C} \underbrace{MnO + (Mn^{II}Mn_2^{III})O_4}_{\text{«окалина»}}$$

$$Mn + Cl_2 \xrightarrow{200\ °C} MnCl_2, \qquad Mn + S \xrightarrow{\text{до}\ 1580\ °C} MnS$$

В ряду напряжений марганец стоит левее водорода, из разбавленных кислот HCl и H_2SO_4 вытесняет водород:

$$Mn\ (\text{порошок}) + 2H^+ = Mn^{2+} + H_2\uparrow$$

Взаимодействует с кислотами-окислителями при нагревании, также образуя соли марганца(II):

$$Mn + 2H_2SO_4\ (\text{конц.}) = MnSO_4 + SO_2\uparrow + 2H_2O$$

$$3Mn + 8HNO_3\ (\text{разб.}) = 3Mn(NO_3)_2 + 2NO\uparrow + 4H_2O$$

Катион Mn^{2+} в растворе — светло-розовый (почти белый) аквакомплекс $[Mn(H_2O)_6]^{2+}$, подвергается гидролизу.

Получение марганца в промышленности — восстановление *пиролюзита* MnO_2 или *гаусманита* $(Mn^{II}Mn_2^{III})O_4$ коксом или алюминием:

MnO_2 + C (кокс) = **Mn** + CO_2 (600 °C)

$3(Mn^{II}Mn_2^{III})O_4 + 8Al$ = 9**Mn** + $4Al_2O_3$ (700–900 °C)

Наиболее чистый марганец выделяют электролизом раствора из солей марганца(II), например:

$$2MnSO_4 + 2H_2O \xrightarrow{\text{электролиз}} 2\mathbf{Mn}\downarrow + O_2\uparrow + 2H_2SO_4 \quad (40\ °C)$$

Промышленно важен сплав с железом — *ферромарганец* (⩾ 70% Mn), его получают восстановлением оксидных руд марганца и железа.

Применяется марганец для изготовления специальных и тугоплавких сплавов, зеркального чугуна и марганцевых твердых сталей, в качестве катализатора в органическом синтезе.

Оксид марганца(IV) MnO_2

Черный с коричневым оттенком, при нагревании разлагается. Из раствора осаждается в виде черного гидрата $MnO_2 \cdot nH_2O$. Не проявляет амфотерных свойств в силу малой реакционной способности по отношению к воде, разбавленным кислотам HCl и H_2SO_4, азотной кислоте и щелочам в растворе. Типичный окислитель в растворе и расплаве, менее характерны свойства восстановителя.

Применяется для промышленного производства марганца, как деполяризатор в «батарейках» (сухих гальванических элементах), компонент минеральных пигментов, осветлитель стекла.

Уравнения важнейших реакций:

$4MnO_2 = 2Mn_2O_3 + O_2$ (530–585 °C)

$2MnO_2 + 2H_2SO_4$ (конц.) = $MnSO_4 + O_2\uparrow + 2H_2O$ (кипячение)

MnO_2 + 4HCl (конц.) = $MnCl_2 + Cl_2\uparrow + 2H_2O$

$MnO_2 + H_2SO_4$ (гор.) + $KNO_2 = MnSO_4 + KNO_3 + H_2O$

$MnO_2 + 2H_2SO_4 + 2FeSO_4 = MnSO_4 + Fe_2(SO_4)_3 + 2H_2O$

$MnO_2 + SO_2 = MnSO_4$ (450 °C)

$$MnO_2 + 2KOH + KNO_3 = K_2MnO_4 + KNO_2 + H_2O \quad (350–450\ °C)$$

$$3MnO_2 + 3K_2CO_3 + KClO_3 = 3K_2MnO_4 + KCl + 3CO_2 \quad (400\ °C)$$

Катализатор разложения пероксида водорода:

$$2H_2O_2 \xrightarrow{\text{катализатор } MnO_2} 2H_2O + O_2\uparrow$$

В природе самое распространенное соединение марганца — минерал *пиролюзит*.

Манганат калия K_2MnO_4

Оксосоль. Темно-зеленый, плавится под избыточным давлением O_2. В растворе устойчив только в сильнощелочной среде. Зеленая окраска раствора отвечает иону MnO_4^{2-}. Медленно разлагается при разбавлении раствора водой, быстро — при подкислении. Проявляет окислительно-восстановительные свойства.

Качественная реакция — появление фиолетовой окраски при подкислении раствора. Промежуточный продукт при синтезе $KMnO_4$.

Уравнения важнейших реакций:

$$3K_2MnO_4 \text{ (конц.)} + 2H_2O \xrightarrow{\tau} 2KMnO_4 + MnO_2\downarrow + 4KOH$$

$$3K_2MnO_4 + 4HCl \text{ (разб.)} = 2KMnO_4 + MnO_2\downarrow + 2H_2O + 4KCl$$

$$K_2MnO_4 + 8HCl \text{ (конц.)} = MnCl_2 + 2Cl_2\uparrow + 4H_2O + 2KCl$$

$$3K_2MnO_4 + 2H_2O + 4CO_{2(г)} = 2KMnO_4 + MnO_2\downarrow + 4KHCO_3$$

$$2K_2MnO_4 + Cl_2 \text{ (насыщ.)} = 2KMnO_4 + 2KCl$$

$$K_2MnO_4 + C_2H_5OH \xrightarrow{\tau} MnO_2\downarrow + CH_3C(H)O\uparrow + 2KOH \quad (30–50\ °C)$$

$$2K_2MnO_4 + 2H_2O \xrightarrow{\text{электролиз}} H_2\uparrow + 2KMnO_4 + 2KOH$$

Получение: сплавление MnO_2 (см.) с сильными окислителями (KNO_3, $KClO_3$).

Перманганат калия $KMnO_4$

Оксосоль. Красно-фиолетовый (почти черный). При нагревании разлагается без плавления. Умеренно растворим в воде (интенсивно ф и о л е т о в а я окраска раствора отвечает иону MnO_4^-), гидролиза нет. Медленно разлагается в воде, серной кислоте, щелочах. Сильный окислитель в растворе и при сплавлении; в сильнокислотной среде восстанавливается до Mn^{II}, в нейтральной среде — до Mn^{IV}, в сильнощелочной среде — до Mn^{VI}.

Качественная реакция на ион MnO_4^- — исчезновение фиолетовой окраски раствора при восстановлении в кислотной среде.

Применяется как окислитель предельных углеводородов до карбоновых кислот, реактив в фотографии, антисептик в медицине, средство для очистки газов и отбеливания тканей, твердый источник кислорода. Распространенный окислитель в лабораторной практике.

Уравнения важнейших реакций:

$2KMnO_4 = K_2MnO_4 + MnO_2 + O_2$ (200–240 °C)

$4KMnO_4 + 2H_2O \xrightarrow{\tau} MnO_2\downarrow + 3O_2\uparrow + 4KOH$

$2KMnO_{4(т)} + 16HCl$ (конц.) $= 2MnCl_2 + 5Cl_2\uparrow + 8H_2O + 2KCl$ (80 °C)

$2KMnO_{4(т)} + 2H_2SO_4$ (96 %) $= 2KHSO_4 + Mn_2O_7 + H_2O$ (на холоду)

$4KMnO_4$ (насыщ.) $+ 4KOH$ (15 %) $= 4K_2MnO_4 + O_2\uparrow + 2H_2O$ (100 °C)

$2KMnO_4 + 2(NH_3 \cdot H_2O) = 2MnO_2\downarrow + N_2\uparrow + 4H_2O + 2KOH$ (50 °C)

$2MnO_4^- + 16H^+ + 10I^- = 5I_2\downarrow + 2Mn^{2+} + 8H_2O$

$2MnO_4^- + 6H^+ + 5H_2O_2$ (разб.) $= 2Mn^{2+} + 5O_2\uparrow + 8H_2O$

$2MnO_4^- + 6H^+ + 5SO_3^{2-} = 2Mn^{2+} + 5SO_4^{2-} + 3H_2O$

$MnO_4^- + 8H^+ + 5Fe^{2+} = Mn^{2+} + 5Fe^{3+} + 4H_2O$

$2MnO_4^- + 6H^+ + 5NO_2^- = 2Mn^{2+} + 5NO_3^- + 3H_2O$

$2MnO_4^- + 6H^+ + 5H_2C_2O_4 = 2Mn^{2+} + 10CO_2\uparrow + 8H_2O$

$2MnO_4^- + 3H_2S$ (насыщ.) $= 2MnO_2\downarrow + 3S\downarrow + 2H_2O + 2OH^-$

$2MnO_4^- + H_2O + 3SO_3^{2-} = 2MnO_2\downarrow + 3SO_4^{2-} + 2OH^-$

$2MnO_4^- + 3C_2H_5OH = 2MnO_2\downarrow + 3CH_3C(H)O\uparrow + 2H_2) + 2OH^-$

$2MnO_4^- + 2H_2O + 3Mn^{2+} = 5MnO_2\downarrow + 4H^+$ (50–80 °C)

$2MnO_4^- + 2OH^-$ (конц.) $+ SO_3^{2-} = 2MnO_4^{2-} + SO_4^{2-} + H_2O$

Получение — электролиз раствора K_2MnO_4 (см.).

Соли марганца(II)

$MnSO_4$ (см. 24.5)

21.4. Железо и его соединения

VIIIБ
железо Fe

Железо — элемент 4-го периода и VIIIБ-группы Периодической системы, порядковый номер 26. Вместе с кобальтом Co и никелем Ni образует *семейство* (*триаду*) *железа*. Электронная формула атома $[_{18}Ar]3d^64s^2$, характерные степени окисления 0, +II и +III (последняя наиболее устойчива).

Шкала степеней окисления железа:

+VIII — FeO_4
+VI — FeO_4^{2-}, K_2FeO_4, $BaFeO_4$
+III — Fe^{3+}, Fe_2O_3, $FeO(OH)$, $Fe_2(SO_4)_3$, $FeCl_3$, $NaFeO_2$, $Na_3[Fe(OH)_6]$
+II — Fe^{2+}, FeO, $Fe(OH)_2$, $FeSO_4$, $FeCl_2$, $FeCl_2$, FeS
0 — Fe

По электроотрицательности (1,64) железо занимает промежуточное положение между типичными металлами (Na, Ca) и типичными неметаллами (F, O, N). Проявляет амфотерные свойства, металлические (осно́вные) свойства преобладают над неметаллическими (кислотными), в соединениях находится в составе катионов (чаще) и анионов (реже). Образует многочисленные соли и бинарные соединения.

В природе — седьмой по химической распространенности элемент (четвертый среди металлов, первый тяжелый металл); находится в химически связанном виде. Многие метеориты состоят из самородного железа (с примесью никеля до 5,5%). Возможно, из сплава железа с никелем состоит ядро Земли. Входит в состав многих минералов и горных пород. Присутствует в природных водах, особенно много железа в виде катионов Fe^{2+} содержится в минеральных источниках (до 100 мг железа на 1 л воды).

Жизненно важный элемент для всех организмов. Входит в состав различных белков (хлорофилл, гемоглобин, ферменты, витамины). В организме взрослого человека имеется 4–5 г железа, из них 65% — в крови; железо накапливается также в печени, костном мозгу и селезенке. Красный пигмент крови — гемоглобин — осуществляет перенос кислорода от органов дыхания к тканям и обратный перенос углекислого газа от тканей к легким. Много железа содержится в коровьем и козьем молоке, яичном желтке. При недостатке железа растения не образуют хлорофилла (что разрушает процесс фотосинтеза), теряют возможность ассимилировать углекислый газ и выделять кислород, у животных и человека развивается анемия (малокровие).

Железо известно с глубокой древности (Древний Египет, Индия, Персия); первое железо, использованное человеком, имело метеоритное происхождение. «Железный век» — эпоха в развитии человечества, наступившая в начале 1-го тысячелетия до н. э. в связи с распространением выплавки железа и изготовления железных орудий труда и военного оружия. «Железный век» пришел на смену «бронзовому веку» и продолжается сегодня. Сталь впервые появилась в Индии в X в. до н. э., чугун — только в средние века.

Железо Fe

Простое вещество. Серый мягкий, ковкий, тугоплавкий металл. Обычное железо медленно окисляется во влажном воздухе (ржавеет), чистое железо коррозии не подвергается. Не реагирует с водой, пассивируется в концентрированных серной и азотной кислотах.

Компактный металл покрывается при нагревании на воздухе оксидной пленкой (*окалиной*), а порошок сгорает; реагирует с хлором и серой:

$$3Fe + 2O_2 \xrightarrow{160\ ^\circ C} (Fe^{II}Fe_2^{III})O_4 \qquad Fe + S \xrightarrow{600\ ^\circ C} FeS$$

$$2Fe + 3Cl_2 \xrightarrow{200\ ^\circ C} 2FeCl_3 \qquad Fe + 2S \xrightarrow{700\ ^\circ C} Fe^{II}(S_2^{-I})$$

Восстанавливает водяной пар (старый способ получения водорода в промышленности):

$$3Fe + 4H_2O\ (пар) = (Fe^{II}Fe_2^{III})O_4 + 4H_2 \qquad (800\ ^\circ C)$$

В ряду напряжений стоит левее водорода, реагирует с разбавленными кислотами HCl и H_2SO_4, при этом образуются соли железа(II) и выделяется водород:

$$Fe + 2H^+ = Fe^{2+} + H_2\uparrow$$

(реакции проводятся без доступа воздуха, иначе Fe^{II} постепенно переводится кислородом в Fe^{III}).

При действии на железо более сильного окислителя (здесь — азотная кислота) оно сразу переходит в катион Fe^{3+}:

$$Fe + 4HNO_3 \text{ (разб.)} = Fe(NO_3)_3 + NO\uparrow + 2H_2O$$

Катион Fe^{2+} — светло-зеленый (почти бесцветный) аквакомплекс $[Fe(H_2O)_6]^{2+}$, в растворе подвергается гидролизу; катион Fe^{3+} — бесцветный аквакомплекс $[Fe(H_2O)_6]^{3+}$ в сильнокислотной среде и желтый $[Fe(H_2O)_5]^{2+}$ в слабокислотной среде (следствие сильного гидролиза).

Амфотерность железа проявляется только в концентрированных щелочах при кипячении:

$$Fe + 2NaOH\ (50\ \%) + 2H_2O = Na_2[Fe(OH)_4]\downarrow + H_2\uparrow$$

и образуется осадок тетрагидроксоферрата(II) натрия.

Железо вытесняет (по ряду напряжений) менее активные металлы из растворов их солей:

$$Fe + CuSO_4 = FeSO_4 + Cu\downarrow$$

Железо медленно окисляется во влажном воздухе (*ржавеет*), из-за рыхлости коричневой *ржавчины* $(Fe^{II}Fe^{III}_2)O_4$ защитный слой не создается. Процесс ржавления:

а) $2Fe + 2H_2O \text{ (влага)} + O_2 \text{ (воздух)} \xrightarrow{\tau} 2Fe(OH)_2$

б) $2Fe + 2H_2O \text{ (влага)} + O_2 \text{ (воздух)} + 4CO_2 \xrightarrow{\tau} 2Fe(HCO_3)_2$

$Fe(HCO_3)_2 \text{ (влага)} \xrightarrow{\tau} Fe(OH)_2 + 2CO_2$

в) $4Fe(OH)_2 + O_2 \text{ (воздух)} + (2n-4)\ H_2O \xrightarrow{\tau} 2(Fe_2O_3 \cdot nH_2O)$

$Fe_2O_3 \cdot nH_2O \xrightarrow{\tau} 2FeO(OH) + (n-1)\ H_2O$

г) $Fe(OH)_2 + 2FeO(OH) \xrightarrow{\tau} 2H_2O + \underset{\text{ржавчина}}{(Fe^{II}Fe^{III}_2)O_4}$

Техническое железо — сплавы железа с углеродом: *чугун* содержит 2,06–6,67% С, *сталь* 0,02–2,06% С, часто присутствуют другие естественные примеси (S, P, Si) и вводимые искусственно специальные добавки (Mn, Ni, Cr), что придает сплавам железа технически полезные свойства — твердость, термическую и коррозионную стойкость, ковкость и др.

Доменный процесс производства чугуна

Доменный процесс производства чугуна составляют следующие стадии:

а) подготовка (обжиг) сульфидных и карбонатных руд — перевод в оксидную руду:

$$FeS_2 \xrightarrow[-SO_2]{O_2,\ 800\ °C} Fe_2O_3, \qquad FeCO_3 \xrightarrow[-CO_2]{O_2,\ 500–600\ °C} Fe_2O_3$$

б) сжигание кокса при горячем дутье:

$$C\ (кокс) + O_2\ (воздух) = CO_2 \qquad (600–700\ °C)$$

$$CO_2 + C\ (кокс) \rightleftarrows 2CO \qquad (700–1000\ °C)$$

в) восстановление оксидной руды угарным газом CO последовательно (см. рубрики соответствующих оксидов):

$$Fe_2O_3 \xrightarrow{CO} (Fe^{II}Fe_2^{III})O_4 \xrightarrow{CO} FeO \xrightarrow{CO} \mathbf{Fe}$$

г) науглероживание железа (до 6,67% C) и расплавление чугуна:

$$Fe_{(т)} \xrightarrow[900–1200\ °C]{C\ (кокс)} Fe_{(ж)}(чугун,\ t_{пл}\ 1145\ °C)$$

В чугуне всегда в виде зерен присутствуют *цементит* Fe_3C и графит.

Производство стали

Передел чугуна в сталь проводится в специальных печах (конвертерных, мартеновских, электрических), отличающихся способом обогрева; температура процесса 1700–2000 °C. Продувание воздуха, обогащенного кислородом, приводит к выгоранию из чугуна избыточного углерода, а также серы, фосфора и кремния в виде оксидов. При этом оксиды либо улавливаются в виде отходящих газов (CO_2, SO_2), либо связываются в легко отделяемый шлак — смесь $Ca_3(PO_4)_2$ и $CaSiO_3$. Для получения специальных сталей в печь вводят легирующие добавки других металлов.

Получение чистого железа в п р о м ы ш л е н н о с т и — электролиз раствора солей железа, например:

$$FeCl_2 \xrightarrow{электролиз} Fe\downarrow + Cl_2\uparrow \qquad (90\ °C)$$

(существуют и другие специальные методы, в том числе восстановление оксидов железа водородом).

Чистое железо применяется в производстве специальных сплавов, при изготовлении сердечников электромагнитов и трансформаторов, чугун — в производстве литья и стали, сталь — как конструкционный и инструментальный материалы, в том числе износо-, жаро- и коррозионно-стойкие.

Оксид железа(II) FeO

Амфотерный оксид с большим преобладанием осно́вных свойств. Черный, имеет ионное строение $Fe^{2+}O^{2-}$. При нагревании вначале разлагается, затем образуется вновь. Не образуется при сгорании железа на воздухе. Не реагирует с водой. Разлагается кислотами, сплавляется со щелочами. Медленно окисляется во влажном воздухе. Восстанавливается водородом, коксом. Участвует в доменном процессе выплавки чугуна. Применяется как компонент керамики и минеральных красок.

Уравнения важнейших реакций:

$$4FeO \underset{900-1000\ ^\circ C}{\overset{560-700\ ^\circ C}{\rightleftarrows}} (Fe^{II}Fe_2^{III})O_4 + Fe$$

$FeO + 2HCl$ (разб.) $= FeCl_2 + H_2O$

$FeO + 4HNO_3$ (конц.) $= Fe(NO_3)_3 + NO_2\uparrow + 2H_2O$

$FeO + 4NaOH = 2H_2O + Na_4FeO_3$ (красн.) (400–500 °C)
триоскоферрат(II)

$FeO + H_2 = H_2O + Fe$ (особо чистое) (350 °C)

$FeO + C$ (кокс) $= Fe + CO$ (выше 1000 °C)

$FeO + CO = Fe + CO_2$ (900 °C)

$4FeO + 2H_2O$ (влага) $+ O_2$ (воздух) $\xrightarrow{\tau} 4FeO(OH)$

$6\ FeO + O_2 = 2(Fe^{II}Fe_2^{III})O_4$ (300–500 °C)

Получение в л а б о р а т о р и и: термическое разложение соединений железа(II) без доступа воздуха:

$Fe(OH)_2 = \mathbf{FeO} + H_2O$ (150–200 °C)

$FeCO_3 = \mathbf{FeO} + CO_2$ (490–550 °C)

Оксид дижелеза(III)-железа (II) $(Fe^{II}Fe_2^{III})O_4$

Двойной оксид. Черный, имеет ионное строение $Fe^{2+}(Fe^{3+})_2(O^{2-})_4$. Термически устойчив до высоких температур. Не реагирует с водой. Разлагается кислотами. Восстанавливается водородом, раскаленным железом, алюминием. Участвует в доменном процессе производства чугуна. Применяется как компонент минеральных красок (*железный сурик*), керамики, цветного цемента. Продукт специального окисления поверхности стальных изделий (*чернение, воронение*). По составу отвечает коричневой ржавчине и темной окалине на железе. Применение брутто-формулы Fe_3O_4 не рекомендуется.

Уравнения важнейших реакций:

$2(Fe^{II}Fe_2^{III})O_4 = 6FeO + O_2$ (выше 1538 °C)

$(Fe^{II}Fe_2^{III})O_4 + 8HCl$ (разб.) $= FeCl_2 + 2FeCl_3 + 4H_2O$

$(Fe^{II}Fe_2^{III})O_4 + 10HNO_3$ (конц.) $= 3Fe(NO_3)_3 + NO_2\uparrow + 5H_2O$

$4(Fe^{II}Fe_2^{III})O_4 + O_2$ (воздух) $= 6Fe_2O_3$ (450–600 °C)

$(Fe^{II}Fe_2^{III})O_4 + 4H_2 = 4H_2O + 3Fe$ (особо чистое) (1000 °C)

$(Fe^{II}Fe_2^{III})O_4 + CO = 3FeO + CO_2$ (500–800 °C)

$$(Fe^{II}Fe_2^{III})O_4 + Fe \underset{560-700\ ^\circ C}{\overset{900-1000\ ^\circ C}{\rightleftarrows}} 4FeO$$

$(Fe^{II}Fe_2^{III})O_4 + 8Al = 4Al_2O_3 + 9Fe$ (выше 2000 °C)

Получение: сгорание железа (см.) на воздухе.

В природе — оксидная руда железа *магнетит*.

Оксид железа(III) Fe_2O_3

Амфотерный оксид с преобладанием оснóвных свойств. Красно-коричневый, имеет ионное строение $(Fe^{3+})_2(O^{2-})_3$. Термически устойчив до высоких температур. Не образуется при сгорании железа на воздухе. Не реагирует с водой, из раствора выпадает бурый аморфный гидрат $Fe_2O_3 \cdot nH_2O$. Медленно реагирует с кислотами и щелочами. Восстанавливается водородом, монооксидом углерода, расплавленным железом, сероводородом. Сплавляется с оксидами других металлов и образует двойные оксиды — *шпинели* (технические продукты называются *ферритами*). Применяется как сырье при выплавке чугуна в доменном процессе, катализатор в производстве аммиака, компонент керамики, цветных цементов и минеральных красок, при термитной сварке стальных конструкций, как носитель звука и изображения на магнитных лентах, как полирующее средство для стали и стекла.

Уравнения важнейших реакций:

$6Fe_2O_3 = 4(Fe^{II}Fe_2^{III})O_4 + O_2$ (1200–1300 °C)

$Fe_2O_3 + 6HCl$ (разб.) $\xrightarrow{\tau}$ $2FeCl_3 + 3H_2O$ (600 °C, p)

$Fe_2O_3 + 2NaOH$ (конц.) $\xrightarrow{\tau}$ $H_2O + 2NaFeO_2$ (красн.)
диоксоферрат(III)

$Fe_2O_3 + MO = (M^{II}Fe_2^{III})O_4$ (M = Cu, Mn, Fe, Ni, Zn)

$3Fe_2O_3 + H_2 = 2(Fe^{II}Fe_2^{III})O_4 + H_2O$ (400 °C)

$Fe_2O_3 + 3H_2 = 3H_2O + 2Fe$ (особо чистое) (1050–1100 °C)

$Fe_2O_3 + Fe = 3FeO$ (900 °C)

$Fe_2O_3 + 3H_2S = 2FeS + 3H_2O + S$ (750 °C)

$3Fe_2O_3 + CO = 2(Fe^{II}Fe_2^{III})O_4 + CO_2$ (400–600 °C)

Получение в лаборатории — термическое разложение солей железа(III) на воздухе:

$Fe_2(SO_4)_3 = \mathbf{Fe_2O_3} + 3SO_3$ (500–700 °C)

$4\{Fe(NO_3)_3 \cdot 9\,H_2O\} = \mathbf{2Fe_2O_3} + 12NO_2 + 3O_2 + 36H_2O$ (600–700 °C)

В природе — оксидные руды железа *гематит* Fe_2O_3 и *лимонит* $Fe_2O_3 \cdot nH_2O$.

Гидроксид железа(II) $\mathbf{Fe(OH)_2}$

Амфотерный гидроксид с преобладанием оснóвных свойств. Белый (иногда с зеленоватым оттенком), связи Fe—OH преимущественно ковалентные. Термически неустойчив. Легко окисляется на воздухе, особенно во влажном состоянии (темнеет). Нерастворим в воде. Реагирует с разбавленными кислотами, концентрированными щелочами. Переводится в раствор действием хлорида аммония. Типичный восстановитель. Промежуточный продукт при ржавлении железа. Применяется в изготовлении активной массы железоникелевых аккумуляторов.

Уравнения важнейших реакций:

$Fe(OH)_2 = FeO + H_2O$ (150–200 °C, в атм. N_2)

$Fe(OH)_2 + 2HCl$ (разб.) $= FeCl_2 + 2H_2O$

$Fe(OH)_2 + 2NaOH$ (>50 %) $= Na_2[Fe(OH)_4]\downarrow$ (кипячение)
сине-зеленый

$Fe(OH)_2 + 2NH_4Cl$ (конц.) $\xrightarrow{\tau} FeCl_2 + 2NH_3\uparrow + 2H_2O$ (100 °C)

$4Fe(OH)_2$ (суспензия) $+ O_2$ (воздух) $\xrightarrow{\tau} 4FeO(OH)\downarrow + 2H_2O$

$2Fe(OH)_2$ (суспензия) $+ H_2O_2$ (разб.) $= 2FeO(OH)\downarrow + 2H_2O$

$Fe(OH)_2 + KNO_2$ (конц.) $= FeO(OH)\downarrow + NO\uparrow + KOH$ (60 °C)

Получение: осаждение из раствора щелочами или гидратом аммиака в инертной атмосфере:

$Fe^{2+} + 2OH^-$ (разб.) $= \mathbf{Fe(OH)_2}\downarrow$

$Fe^{2+} + 2(NH_3 \cdot H_2O) = \mathbf{Fe(OH)_2}\downarrow + 2NH_4^+$

Метагидроксид железа FeO(OH)

Амфотерный гидроксид с преобладанием осно́вных свойств. Светло-коричневый, связи Fe—O и Fe—OH преимущественно ковалентные. При нагревании разлагается без плавления. Нерастворим в воде. Осаждается из раствора в виде бурого аморфного полигидрата $Fe_2O_3 \cdot nH_2O$, который при выдерживании под разбавленным щелочным раствором или при высушивании переходит в FeO(OH). Реагирует с кислотами, твердыми щелочами. Слабый окислитель и восстановитель. Спекается с $Fe(OH)_2$. Промежуточный продукт при ржавлении железа. Применяется как основа желтых минеральных красок и эмалей, поглотитель отходящих газов, катализатор в органическом синтезе.

Соединение состава $Fe(OH)_3$ не известно (не получено).

Уравнения важнейших реакций:

$$Fe_2O_3 \cdot nH_2O \xrightarrow[-H_2O]{200-250\ °C} FeO(OH) \xrightarrow[-H_2O]{560-700\ °C\ \text{на воздухе}} Fe_2O_3$$

$FeO(OH) + 3HCl$ (разб.) $= FeCl_3 + 2H_2O$

$$FeO(OH) \xrightarrow{NaOH\ (конц.)\ \tau} Fe_2O_3 \cdot nH_2O\ (коллоид)$$

$$FeO(OH) \xrightarrow{NaOH_{(т)},\ \tau} \underset{белый}{Na_3[Fe(OH)_6]},\ \underset{желтоватый}{Na_5[Fe(OH)_8]} \qquad (75\ °C)$$

$$2FeO(OH) + 3Ba(OH)_2 + 2H_2O \xrightarrow{\tau} \underset{гексагидроксоферрат(III)}{Ba_3[Fe(OH)_6]_2\ (желт.)\downarrow} \qquad (90\ °C)$$

$$2FeO(OH) + Fe(OH)_2 = (Fe^{II}Fe_2^{III})O_4 + 2H_2O \qquad (600–1000\ °C)$$

$$2FeO(OH) + 3H_2 = 4H_2O + 2Fe\ (особо\ чистое) \qquad (500–600\ °C)$$

$$2FeO(OH) + 3Br_2 + 10KOH = 2K_2FeO_4 + 6H_2O + 6KBr$$

Получение: осаждение из раствора солей железа(III) гидрата $Fe_2O_3 \cdot nH_2O$ и его частичное обезвоживание (см. выше).

В природе — оксидная руда железа *лимонит* $Fe_2O_3 \cdot nH_2O$ и минерал *гётит* $FeO(OH)$.

Феррат калия K_2FeO_4

Оксосоль. Красно-фиолетовый, разлагается при сильном нагревании. Хорошо растворим в концентрированном растворе KOH, реагирует с кипящей водой, неустойчив в кислотной среде. Сильный окислитель. *Качественная реакция* — образование красного осадка феррата бария. Применяется в синтезе ферритов — промышленно важных двойных оксидов железа(III) и других металлов.

Уравнения важнейших реакций:

$$4K_2FeO_4 = 4KFeO_2 + 3O_2 + 2K_2O \qquad (700\ °C)$$

$$4K_2FeO_4 + 6H_2O\ (гор.) = 4\ FeO(OH)\downarrow + 8KOH + 3O_2\uparrow$$

$$4FeO_4^{2-} + 20H^+\ (разб.) = 4Fe^{3+} + 3O_2\uparrow + 10H_2O$$

$$FeO_4^{2-} + 2(NH_3 \cdot H_2O) \xrightarrow{80\ °C} 2FeO(OH)\downarrow + N_2\uparrow + 2H_2O + 4OH^-$$

$$4FeO_4^{2-} + 3Cr(OH)_2 = 4FeO(OH)\downarrow + 3CrO_4^{2-} + 2OH^- \qquad (60\ °C)$$

$$2FeO_4^{2-} + 3C_2H_5OH = Fe_2O_3\downarrow + 3CH_3C(H)O\uparrow + 4OH^- + H_2O \qquad (40\ °C)$$

$$FeO_4^{2-} + Ba^{2+} = BaFeO_4\ (красн.)\downarrow \qquad (в\ конц.\ KOH)$$

Получение: образуется при окислении соединений железа, например метагидроксида FeO(OH) (см.), бромной водой, а также при действии сильных окислителей (при спекании) на железо:

$$Fe + 2KOH + 2KNO_3 = \mathbf{K_2FeO_4} + 3KNO_2 + H_2O \qquad (420\ ^\circ C)$$

и электролизе в растворе:

$$Fe + 2KOH\ (\text{конц.}) + 2H_2O \xrightarrow{\text{электролиз}} 3H_2\uparrow + \mathbf{K_2FeO_4}$$

(феррат калия образуется на аноде).

Качественные реакции на ионы Fe^{2+} и Fe^{3+}

Обнаружение ионов Fe^{2+} и Fe^{3+} в водном растворе проводят с помощью реактивов $K_3[Fe(CN)_6]$ и $K_4[Fe(CN)_6]$ соответственно; в обоих случаях выпадает синий продукт одинакового состава и строения, $KFe^{III}[Fe^{II}(CN)_6]$. В лаборатории этот осадок называют *берлинская лазурь*, или *турнбулллева синь*:

$$Fe^{2+} + K^+ + [Fe(CN)_6]^{3-} = KFe^{III}[Fe^{II}(CN)_6]\downarrow$$

$$Fe^{3+} + K^+ + [Fe(CN)_6]^{4-} = KFe^{III}[Fe^{II}(CN)_6]\downarrow$$

Химические названия исходных реактивов и продукта реакций:

$K_3[Fe(CN)_6]$ — гексацианоферрат(III) калия
$K_4[Fe(CN)_6]$ — гексацианоферрат(II) калия
$KFe^{III}[Fe^{II}(CN)_6]$ — гексацианоферрат(II) железа(III)-калия

Кроме того, хорошим реактивом на ионы Fe^{3+} является тиоцианат-ион NCS^-, железо(III) соединяется с ним и появляется ярко-красная («кровавая») окраска:

$$Fe^{3+} + 6NCS^- = [Fe(NCS)_6]^{3-}$$

Этим реактивом (например в виде соли KNCS) можно обнаружить даже следы железа(III) в водопроводной воде, если она проходит через железные трубы, покрытые изнутри ржавчиной.

Другие соединения железа

$\mathbf{FeCl_2}$, $\mathbf{FeCl_3}$ (см. 23.3)
2FeS, $\mathbf{FeS_2}$ (см. 24.3)
$\mathbf{FeSO_4}$ (см. 24.5)

22. НЕМЕТАЛЛЫ. ВОДОРОД

22.1. Общие свойства неметаллов

Элементы с *неметаллическими* свойствами находятся в IIIA–VIIA-группах Периодической системы (табл. 38).

Таблица 38

Период	Группы элементов				
	IIIA	IVA	VA	VIA	VIIA
2	B	C	N	O	F
3		Si	P	S	Cl
4			As	Se	Br
5				Te	I
6					At

Обычно среди неметаллов рассматривают также *водород* H, хотя это не совсем точно, поскольку водороду присущи как неметаллические, так и металлические химические свойства.

Общая электронная формула атомов неметаллов ns^2np^{1-5}, этому соответствует большое разнообразие степеней окисления неметаллов в соединениях.

Характерной особенностью неметаллов является большее (по сравнению с металлами) число электронов на внешнем энергетическом уровне их атомов. Это определяет их бóльшую способность к присоединению дополнительных электронов и проявлению высокой окислительной активности. Вот почему значения электроотрицательности у них велики. Отсюда многообразие химических свойств и способов получения неметаллов.

Другая характерная особенность неметаллов — стремление образовывать к о в а л е н т н ы е связи с атомами других немет аллов и амфотерных элементов. Поэтому и простые вещества и соединения неметаллов имеют ковалентное строение.

В свободном виде встречаются газообразные вещества — F_2, Cl_2, O_2, N_2 и H_2, твердые — I_2, At, S, Se, Te, P, As, C, Si и B, при комнатной температуре известен один жидкий неметалл — бром Br_2. Нередко для неметаллов наблюдается аллотропия, например у кислорода (O_2 и O_3) и углерода (графит, алмаз, карбин, фуллерен).

В природе встречаются самородные неметаллы — N_2 и O_2 (в воздухе), сера (в земной коре), но чаще неметаллы в природе находятся в химически связанном виде. В первую очередь, это вода и растворенные в ней соли, минералы и горные породы, например, различные силикаты, алюмосиликаты, фосфаты и бораты. По распространенности в земной коре неметаллы занимают самые различные места: от трех самых распространенных элементов — O, Si, H до весьма редких — As, Se, I, Te.

22.2. Водород и его соединения

H
водород

Водород — первый элемент Периодической системы (1-й период, порядковый номер 1). Не имеет полной аналогии с остальными химическими элементами и не принадлежит ни к какой группе (в таблицах условно помещается в IA- и(или) в VIIA-группу).

Атом водорода наименьший по размерам и самый легкий среди атомов всех элементов. Электронная формула атома $1s^1$, характерные степени окисления 0, +I и реже −I. Состояние H^I считается устойчивым (соединения с H^{-I} — сильные восстановители).

Шкала степеней окисления водорода:

+I — H^+, OH^-, H_2O, D_2O, HCl, NH_3, H_2S, NaOH, $NaHCO_3$

0 — H_2, H^0

−I — NaH, CaH_2, AlH_3

По электроотрицательности (2,10) водород занимает промежуточное положение между типичными металлами и типичными неметаллами. Проявляет амфотерные свойства — металлические и неметаллические. Входит в состав катионов (катионы оксония H_3O^+ и аммония NH_4^+, аквакатионы металлов) и многочисленных анионов — кислых кислотных остатков (HS^-, HCO_3^- и др.).

Природный водород содержит изотоп ^1H — *протий* с примесью стабильного изотопа $^2H(D)$ — *дейтерия* и следами радиоактивного изотопа $^3H(T)$ — *трития* (на Земле всего 2 кг трития). В химии символом H в формулах веществ обозначается содержащаяся в них природная смесь изотопов с преобладанием изотопа *протий*, а сами вещества рассматриваются как почти изотопночистые соединения протия.

Водород — наиболее распространенный элемент в космосе (Солнце, большие планеты Юпитер и Сатурн, звезды, межзвездная среда, туманности); в состав космической материи входит 63% H, 36% He и 1% всех остальных элементов.

В природе — третий по химической распространенности элемент (после O и Si), основа гидросферы. Встречается в химически связанном виде (вода, живые организмы, нефть, природный уголь, минералы), содержится в верхних слоях атмосферы.

Водород открыт в 1766 г. английским физико-химиком X. Кавендишем; при взаимодействии цинка с кислотами он наблюдал выделение газа, сгорающего на воздухе с образованием воды.

Водород H_2

Простое вещество. Бесцветный газ без запаха и вкуса. Молекула содержит ковалентную σ-связь H–H. Очень легкий, термически устойчивый до 2000 °C. Весьма мало растворим в воде. Хемосорбируется металлами Fe, Ni, Pd, Pt, где находится в атомном состоянии.

Водород H_2 может проявлять в одних условиях восстановительные свойства (чаще), в других — окислительные свойства (реже):

восстановитель $H_2^0 - 2e^- = 2H^I$

окислитель $H_2^0 + 2e^- = 2H^{-I}$

Сильный восстановитель при высоких температурах, водород реагирует с неметаллами и оксидами малоактивных металлов, выполняет роль окислителя в реакциях с типичными металлами:

$2H_2 + O_2 \text{ (воздух)} = 2H_2O$ (550 °C, сгорание)

$H_2 + Cl_2 = 2HCl$ (сгорание)

$H_2 + S = H_2S$ (150–200 °C)

$3H_2 + N_2 \rightleftarrows 2NH_3$ (500 °C, *p*, кат. Fe, Pt)

$H_2 + CuO = Cu + H_2O$ (150–250 °C)

$H_2 + Ca = CaH_2$ (500–700 °C)

Очень высокой восстановительной способностью обладает атомарный водород H^0 (водород *in statu nascendi*, лат. — в момент возникновения), который получают непосредственно в зоне проводимой реакции (время жизни H^0 0,5 с); например, гранулы магния вносят в подкисленный раствор перманганата калия, протекают реакции:

а) *образование атомарного водорода*

$$Mg + 2H^+ = Mg^{2+} + 2H^0$$

б) *восстановление перманганат-иона атомарным водородом*

$$5H^0 + 3H^+ + MnO_4^- = Mn^{2+} + 4H_2O$$

Другой пример — восстановление нитробензола в анилин (*реакция Зинина*):

а) $Fe + 2H^+ = Fe^{2+} + 2H^0$

б) $C_6H_5NO_2 + 6H^0 = C_6H_5NH_2 + 2H_2O$

Получить атомарный водород можно также пропусканием водорода H_2 над никелевым катализатором:

$$H_2 = 2H^0$$

Атомарный водород легко восстанавливает при комнатной температуре весьма устойчивые соединения, например KNO_3 и O_2:

$$2H^0\ (Zn,\ разб.HCl) + KNO_3 = KNO_2 + H_2O$$

$$2H^0\ (Zn,\ разб.HCl) + O_2 = H_2O_2$$

Аналогично протекают реакции при использовании амфигенов (Zn, Al) в щелочной среде:

а) $Zn + 2OH^- + 2H_2O = [Zn(OH)_4]^{2-} + 2H^0$

б) $8H^0 + KNO_3 = NH_3\uparrow + KOH + 2H_2O$ (кипячение)

Качественная реакция — сгорание собранного в пробирку водорода с «хлопко́м» («гремучая» смесь с воздухом при содержании H_2 4—74% по объему).

Применяется водород как восстановитель и гидрирующий агент в синтезе технически важных продуктов (редкие металлы, NH_3, HCl, органические вещества).

Вода H_2O

Бинарное соединение. Бесцветная жидкость (слой более 5 м толщиной окрашен в голубой цвет), без вкуса и запаха. Молекула имеет строение дважды незавершенного тетраэдра [: : OH_2] (sp^3-гибридизация). Летучее вещество, термически устойчивое до 1000 °C.

В обычных условиях полярные молекулы воды образуют между собой водородные связи. Это обусловливает аномалию температур плавления и кипения воды — они значительно выше, чем у ее химических аналогов (H_2S и других). Затвердевание воды в лед сопровождается увеличением объема на 9%, т. е. лед легче жидкой воды (вторая аномалия воды). Наибольшую плотность вода имеет не при 0 °C, а при 4 °C (третья аномалия воды).Твердая вода (лед) легко возгоняется.

Природная вода по изотопному составу водорода в основном ^1H_2O с примесью $^1H^2HO$ и ^2H_2O, по изотопному составу кислорода в основном $H_2{}^{16}O$ с примесью $H_2{}^{18}O$ и $H_2{}^{17}O$. В малой степени подвергается автодиссоциации до H^+, или точнее до H_3O^+ и OH^-; очень слабый электролит. Катион оксония H_3O^+ имеет строение незавершенного тетраэдра [:O(H)$_3$] (sp^3-гибридизация). Образует кристаллогидраты со многими солями, аквакомплексы — с катионами металлов. Реагирует с металлами, неметаллами, оксидами. Вызывает электролитическую диссоциацию кислот, оснований и солей, гидролизует многие бинарные соединения и соли. Подвергается электролизу в присутствии сильных электролитов. Почти универсальный жидкий растворитель неорганических веществ.

Для химических целей природную воду очищают перегонкой (*дистиллированная вода*), для промышленных целей умягчают, устраняя «временную» и «постоянную» жесткость, или полностью обессоливают, пропуская через иониты в кислотной H^+-форме и щелочной OH^--форме (ионы солей осаждаются на ионитах, а ионы H^+ и OH^- переходят в воду и взаимно нейтрализуются). Питьевую воду обеззараживают хлорированием (старый способ) или озонированием (современный, но дорогой способ; озон не только окисляет вредные примеси подобно хлору, но и увеличивает содержание растворенного кислорода).

Уравнения важнейших реакций:

$H_2O + Cl_2 \rightleftarrows HClO + HCl$ (на холоду)

$2H_2O + 2Na = 2NaOH + H_2\uparrow$

$6H_2O + 2NaOH$ (конц.) $+ 2Al = 2Na[Al(OH)_4] + 3H_2\uparrow$ (80 °C)

$H_2O + Na_2O = 2NaOH_{(р)} = 2Na^+ + 2OH^-$ (pH > 7)

$H_2O + CaO = Ca(OH)_{2(т)} \rightleftarrows Ca(OH)_{2(р)} = Ca^{2+} + 2OH^-$ (pH > 7)

$3H_2O + SO_3 = H_2SO_{4\,(р)} + 2H_2O = 2H_3O^+ + SO_4^{2-}$ (pH < 7)

Примеры гидролиза бинарных соединений:

$6H_2O + Al_2S_3 = 2Al(OH)_3\downarrow + 3H_2S\uparrow$

$2H_2O + SF_4 = SO_2\uparrow + 4HF\uparrow$ (40—60 °С)

$6H_2O + Mg_3N_2 = 3Mg(OH)_2\downarrow + 2NH_3\uparrow$ (кипячение)

$2H_2O + CaC_2 = Ca(OH)_2\downarrow + C_2H_2\uparrow$

Вода — окислитель за счет H^I:

$H_2O + C$ (кокс) $\rightleftarrows CO + H_2$ (800–1000 °С)

$2H_2O + CaH_2 = Ca(OH)_2\downarrow + 2H_2\uparrow$

Электролиз воды:

$$2H_2O \xrightarrow{\text{электролиз}} 2H_2\uparrow + O_2\uparrow$$

Электропроводность чистой (дистиллированной) воды весьма мала, поэтому электролиз проводят в присутствии сильных электролитов.

а) в нейтральном растворе (электролит Na_2SO_4)

катод $2H_2O + 2e^- = H_2\uparrow + 2OH^-$

анод $2H_2O - 4e^- = O_2\uparrow + 4H^+$

раствор $OH^- + H^+ = H_2O$

б) в кислом растворе (электролит H_2SO_4)

катод $2H^+ + 2e^- = H_2\uparrow$

анод $2H_2O - 4e^- = O_2\uparrow + 4H^+$

в) в щелочном растворе (электролит NaOH)

катод $2H_2O + 2e^- = H_2\uparrow + 2OH^-$

анод $4OH^- - 4e^- = O_2\uparrow + 2H_2O$

Один из методов обнаружения воды основан на переходе во влажной атмосфере белого сульфата меди(II) $CuSO_4$ в голубой медный купорос $CuSO_4 \cdot 5H_2O$.

Известна изотопная разновидность воды — *тяжелая вода* D_2O (^2H_2O); в природных водах массовое отношение $D_2O : H_2O = 1 : 6000$.

Плотность, температуры плавления и кипения тяжелой воды выше, чем у обыкновенной. Растворимость большинства веществ в тяжелой воде значительно меньше, чем в обычной воде. Она ядовита, так как замедляет биологические процессы в живых организмах. Тяжелая вода накапливается в остатке электролита при многоразовом электролизе воды. Используется как теплоноситель и замедлитель нейтронов в ядерных реакторах.

Гидрид кальция CaH_2

Бинарное соединение. Белый, имеет ионное строение $Ca^{2+}(H^-)_2$. При плавлении разлагается. Чувствителен к кислороду воздуха. Сильный восстановитель, реагирует с водой, кислотами. Применяется как твердый источник водорода (1 кг CaH_2 дает ≈ 1000 л H_2), осушитель газов и жидкостей, аналитический реагент для количественного определения воды в кристаллогидратах.

Уравнения важнейших реакций:

$CaH_2 = H_2 + Ca$ (особо чистый) (выше 1000 °C)

$CaH_2 + 2H_2O = Ca(OH)_2 + 2H_2\uparrow$

$CaH_2 + 2HCl$(разб.) $= CaCl_2 + 2H_2\uparrow$

$CaH_2 + O_2 = H_2O + CaO$(особо чистый) (300–400 °C)

$3CaH_2 + N_2 = 3H_2 + Ca_3N_2$ (выше 1000 °C)

$3CaH_2 + 2KClO_3 = 2KCl + 3CaO + 3H_2O$ (450–550 °C)

$CaH_2 + H_2S = CaS + 2H_2$ (500–600 °C)

$2CaH_2 + TiO_2 = 2CaO + Ti + 2H_2$ (750 °C)

Получение: обработка нагретого кальция водородом (см.).

Другие соединения водорода

HCl (см. 23.2)	**H_2SO_4** (см. 24.5)	**HNO_3** (см. 25.5)
H_2O_2 (см. 24.2)	**NH_3** (см. 25.2)	**PH_3, H_3PO_4** (см. 25.6)
H_2S (см. 24.3)	**HNO_2** (см. 25.4)	**H_2CO_3** (см. 26.4)

23. ГАЛОГЕНЫ. ХЛОР

23.1. Общие сведения

VIIA
фтор F
хлор Cl
бром Br
иод I
астат At

Элементы VIIA-группы Периодической системы носят групповое название *галогены*. Общая электронная формула валентного уровня атомов галогенов — ns^2np^5. Электроотрицательность элементов уменьшается от фтора к астату.

Фтор — самый электроотрицательный элемент, он не имеет положительных степеней окисления и встречается в соединениях только в состоянии F^{-I}. Остальные галогены — хлор и его более тяжелые аналоги — проявляют в соединениях степени окисления от −I до +VII. Все галогены в свободном виде построены из двухатомных молекул и являются типичными неметаллическими простыми веществами. Из них F_2 и Cl_2 — газы, Br_2 — жидкость, I_2 и At_2 — твердые вещества.

Окислительная способность простых веществ уменьшается от фтора к иоду, F_2 — один из самых сильных окислителей; например, он окисляет O^{-II}:

$$2F_2 + 2KOH\,(\text{разб.}) = OF_2 + 2KF + H_2O$$

По той же причине получение F_2 из фторидов (т. е. окисление $2F^{-1} - 2\,e^- = F_2^0$) можно провести лишь электрохимическим путем (электролизом расплава NaF).

Изменение окислительных свойств галогенов проявляется в реакциях:

$$\mathbf{Cl_2} + 2KBr = \mathbf{Br_2} + 2KCl$$

$$\mathbf{I_2} + 2KBrO_3 = \mathbf{Br_2} + 2KIO_3$$

где **галоген с меньшим порядковым номером всегда вытесняет галоген с бóльшим порядковым номером из бескислородных солей последнего. Для кислородсодержащих солей наблюдается обратное.**

Галогены вступают в реакции почти со всеми элементами:

- с типичными металлами они образуют ионные галогениды — соли, например CaF_2, NaCl, $BaBr_2$ и LiI;
- с типичными неметаллами — ковалентные галогениды, например SF_6, PCl_3, CBr_4 и BI_3.

Водородные соединения галогенов — галогеноводороды HF, HCl, HBr и HI — представляют собой бесцветные газы, хорошо растворимые в воде. При этом HF — слабая кислота, а остальные галогеноводороды — сильные кислоты в водном растворе. HBr и HI — типичные восстановители, поэтому их нельзя получить по обменной реакции, в отличие от HF и HCl. Например, сравните:

$$CaF_{2(т)} + H_2SO_4\ (конц.) = CaSO_4\downarrow + 2\mathbf{HF}\uparrow$$

$$2KBr_{(т)} + 2H_2SO_4\ (конц.) = \mathbf{Br_2} + SO_2\uparrow + 2H_2O + K_2SO_4$$

Галогениды некоторых металлов малорастворимы в воде (CaF_2, $PbCl_2$, AgBr, BiI_3 и др.).

Непосредственно с кислородом галогены Cl_2, Br_2 и I_2 не реагируют, их *кислородные соединения* — оксиды, кислоты и соли — получают дисмутацией галогенов в воде (иод не реагирует) или в растворах щелочей. Для этих соединений характерны окислительные свойства, например в реакциях конмутации:

$$Na\mathbf{Br}O_3 + 3H_2SO_4\ (разб.) + 5Na\mathbf{Br} = \mathbf{Br_2} + 3H_2O + 3Na_2SO_4$$

Астат — радиоактивный галоген, наиболее долгоживущий изотоп ^{210}At — имеет период полураспада 8,1 ч, химические свойства астата подобны свойствам иода. Остальные галогены находятся в природе в виде галогенидов щелочных и щелочноземельных металлов. Фтор и бром используют в основном для получения фторидов и бромидов, фтор- и броморганических продуктов, а иод — в производстве лекарств и в химическом анализе.

23.2. Хлор. Хлороводород

Хлор — элемент 3-го периода и VII-A группы Периодической группы, порядковый номер 17. Электронная формула атома $[_{10}Ne]3s^23p^5$, характерные степени окисления 0, −I, +I, +V и +VII. Наиболее устойчиво состояние Cl^{-I}.

Шкала степеней окисления хлора:

+VII	Cl_2O_7, ClO_4^-, $HClO_4$, $KClO_4$
+V	ClO_3^-, $HClO_3$, $KClO_3$
+I	Cl_2O, ClO^-, $HClO$, $NaClO$, $Ca(ClO)_2$
0	Cl_2
−I	Cl^-, HCl, KCl, PCl_5

Хлор обладает высокой электроотрицательностью (2,83), проявляет неметаллические свойства. Входит в состав многих веществ — оксидов, кислот, солей, бинарных соединений.

В природе — двенадцатый по химической распространенности элемент (пятый среди неметаллов). Встречается только в химически связанном виде. Присутствует во многих минералах и соляных залежах (в виде хлоридов). Третий по содержанию элемент в природных водах (после O и H), особенно много хлора в морской воде (до 2% по массе). Жизненно важный элемент для всех организмов. У животных и человека хлорид-ионы Cl^- участвуют в выработке желудочного сока, регулируют водный обмен.

Хлор открыт в 1774 г. шведским химиком К.-В. Шееле при обработке минерала *пиролюзит* MnO_2 соляной кислотой.

Хлор Cl_2

Простое вещество. Желто-зеленый газ с резким удушливым запахом. Молекула Cl_2 неполярна, содержит σ-связь Cl—Cl. Термически устойчив, негорюч на воздухе; смесь с водородом взрывается на свету (водород сгорает в хлоре):

$$Cl_2 + H_2 \rightleftarrows 2HCl$$

Элементарные акты этой реакции::

$$Cl_2 = 2Cl^0,\ Cl^0 + H_2 = HCl + H^0,\ Cl_2 + H^0 = HCl + Cl^0 \text{ и т.д.}$$

Хорошо растворим в воде, подвергается в ней дисмутации на 50% и полностью — в щелочном растворе:

$$Cl_2^0 + H_2O \rightleftarrows HCl^IO + HCl^{-I}$$

$$Cl_2 + 2NaOH\ (\text{хол.}) = NaClO + NaCl + H_2O$$

$$3Cl_2 + 6NaOH\ (\text{гор.}) = NaClO_3 + 5NaCl + 3H_2O$$

Раствор хлора в воде называют *хлорной водой*, на свету кислота HClO разлагается на HCl и атомарный кислород O^0, поэтому «хлорную воду» надо хранить в темной склянке. Наличием в «хлорной воде» кислоты HClO и образованием атомарного кислорода объясняются ее сильные окислительные свойства: например, во влажном хлоре обесцвечиваются многие красители.

Хлор очень сильный окислитель по отношению к металлам и неметаллам:

$$Cl_2 + 2Na = 2NaCl$$

$$3Cl_2 + 2Fe \xrightarrow{200\ ^\circ C} 2FeCl_3$$

$$Cl_2 + Pb \xrightarrow{300\ ^\circ C} PbCl_2$$

$$Cl_2 + Se = SeCl_4$$

$$5Cl_2 + 2P \xrightarrow{90\ ^\circ C} 2PCl_5$$

$$2Cl_2 + Si \xrightarrow{340\ ^\circ C} SiCl_4$$

Реакции с соединениями других галогенов:

а) $Cl_2 + 2KBr_{(р)} = 2KCl + Br_2\uparrow$ (кипячение)

б) $Cl_2\ (\text{нед.}) + 2KI_{(р)} = 2KCl + I_2\downarrow$

$3Cl_2\ (\text{изб.}) + 3H_2O + KI = 6HCl + KIO_3$ (80 °C)

Качественная реакция — взаимодействие недостатка Cl_2 с KI (см. выше) и обнаружение иода по синему окрашиванию после добавления раствора крахмала.

Получение хлора в промышленности:

$$2NaCl\ (\text{расплав}) \xrightarrow{\text{электролиз}} 2Na + \mathbf{Cl_2}$$

$$2NaCl + 2H_2O \xrightarrow{\text{электролиз}} H_2\uparrow + \mathbf{Cl_2}\uparrow + 2NaOH$$

и в лаборатории:

$$4HCl\ (\text{конц.}) + MnO_2 = \mathbf{Cl_2}\uparrow + MnCl_2 + 2H_2O$$

(аналогично с участием других окислителей; подробнее см. реакции для HCl и NaCl).

Хлор относится к продуктам основного химического производства, используется для получения брома и иода, хлоридов и кислородсодержащих производных, для отбеливания бумаги, как дезинфицирующее средство для питьевой воды. Ядовит, раздражает слизистую оболочку органов дыхания и разрушает легкие. Вдыхание воздуха с объемной долей хлора 0,05% в течение 1–2 ч может парализовать дыхательную функцию человека.

Хлороводород **HCl**

Бескислородная кислота. Бесцветный газ с резким запахом, тяжелее воздуха. Молекула содержит ковалентную σ-связь H—Cl. Термически устойчив. Очень хорошо растворим в воде; разбавленные растворы называются *хлороводородной кислотой*, а дымящий концентрированный раствор (35–38%) — *соляной кислотой* (название дано еще алхимиками). Сильная кислота в растворе, нейтрализуется щелочами и гидратом аммиака. Хлороводород сильный восстановитель в концентрированном растворе (за счет Cl^{-I}), слабый окислитель в разбавленном растворе (за счет H^{I}). Составная часть «царской водки».

Качественная реакция на ион Cl^- — образование белых осадков AgCl и Hg_2Cl_2, которые не переводятся в раствор действием разбавленной азотной кислоты.

Для лабораторных целей соляную кислоту разбавляют водой вдвое — образуется «недымящая» концентрированная (≈20%-ная) хлороводородная кислота. Хлороводород служит сырьем в производстве хлоридов, хлорорганических продуктов, используется (в виде раствора) при травлении металлов, разложении минералов и руд.

Уравнения важнейших реакций:

HCl (разб.) + $NaOH$ (разб.) = $NaCl + H_2O$

HCl (разб.) + $NH_3 \cdot H_2O = NH_4Cl + H_2O$

$$HCl_{(г)} + NH_{3(г)} \underset{\text{выше } 337{,}8\ ^\circ C}{\overset{18\text{–}20\ ^\circ C}{\rightleftarrows}} NH_4Cl_{(т)} \qquad \text{(белый «дым»)}$$

$4HCl$ (конц., гор.) + $MO_2 = MCl_2 + Cl_2\uparrow + 2H_2O$ (M = Mn, Pb)

$16HCl$ (конц., гор.) + $2KMnO_{4\,(т)} = 2MnCl_2 + 5Cl_2\uparrow + 8H_2O + 2KCl$

$14HCl$ (конц.) + $K_2Cr_2O_{7(т)} = 2CrCl_3 + 3Cl_2\uparrow + 7H_2O + 2KCl$

$6HCl$ (конц.) + $KClO_{3(т)} = KCl + 3Cl_2\uparrow + 3H_2O$ (50–80 °C)

$4HCl$ (конц.) + $Ca(ClO)_{2(т)} = CaCl_2 + 2Cl_2\uparrow + 2H_2O$

$2HCl$ (разб.) + M = $MCl_2 + H_2\uparrow$ (M= Fe, Zn)

$2HCl$ (разб.) + $MCO_3 = MCl_2 + CO_2\uparrow + H_2O$ (M = Ca, Ba)

HCl (разб.) + $AgNO_3 = HNO_3 + AgCl\downarrow$

$2HCl$ (разб.) + $Hg_2(NO_3)_2 = 2HNO_3 + Hg_2Cl_2\downarrow$

Получение HCl в промышленности — сжигание H_2 в Cl_2 (см.), в лаборатории — вытеснение из хлоридов серной кислотой:

$NaCl_{(т)} + H_2SO_4$ (конц.) = $NaHSO_4$ + **HCl**$\uparrow$ (50 °C)

$2NaCl_{(т)} + H_2SO_4$ (конц.) = Na_2SO_4 + **2HCl**$\uparrow$ (120 °C)

23.3. Хлориды металлов и аммония

Хлорид натрия NaCl

Бескислородная соль. Бытовое название *поваренная соль*. Белый, слабогигроскопичный. Плавится и кипит без разложения. Умеренно растворим в воде, растворимость мало зависит от температуры, раствор имеет характерный соленый вкус. Гидролизу не подвергается. Разлагается в H_2SO_4 (конц.). Слабый восстановитель. Вступает в реакции ионного обмена. Подвергается электролизу в расплаве и растворе.

Применяется для получения водорода, натрия и хлора, соды, едкого натра и хлороводорода, как компонент охлаждающих смесей, пищевой продукт и консервирующее средство.

В природе — основная часть залежей *каменной соли*, или *галита*, и *сильвинита* (вместе с KCl), рапы соляных озер, минеральных примесей морской воды (содержание NaCl ≈ 2,7%). В промышленности получают выпариванием природных рассолов.

Уравнения важнейших реакций:

$2NaCl_{(т)} + 2H_2SO_4$ (конц.) + $MnO_{2\,(т)}$ =
= $Cl_2\uparrow + MnSO_4 + 2H_2O + Na_2SO_4$ (100 °C)

$10NaCl_{(т)} + 8H_2SO_4$ (конц.) + $2KMnO_{4(т)}$ =
= $5Cl_2\uparrow + 2MnSO_4 + 8H_2O + 5Na_2SO_4 + K_2SO_4$ (100 °C)

$6NaCl_{(т)} + 7H_2SO_4$ (конц.) + $K_2Cr_2O_{7(т)}$ =
= $3Cl_2 + Cr_2(SO_4)_3 + 7H_2O + 3Na_2SO_4 + K_2SO_4$ (100 °C)

$2NaCl_{(т)} + 4H_2SO_4$ (конц.) $+ PbO_{2(т)} =$
$= Cl_2\uparrow + Pb(HSO_4)_2 + 2H_2O + 2NaHSO_4$ (50 °C)

$NaCl$ (разб.) $+ AgNO_3 = NaNO_3 + AgCl\downarrow$

$2NaCl$ (разб.) $+ Hg_2(NO_3)_2 = 2NaNO_3 + Hg_2Cl_2\downarrow$

$NaCl_{(т)} + H_2SO_4$ (конц.) $= NaHSO_4 + HCl\uparrow$ (50 °C)

$2NaCl_{(т)} + H_2SO_4$ (конц.) $= Na_2SO_4 + 2HCl\uparrow$ (120 °C)

$$2NaCl_{(ж)} \xrightarrow{\text{электролиз}} 2Na + Cl_2\uparrow \quad (850\ °C)$$

$$2NaCl + 2H_2O \xrightarrow{\text{электролиз}} H_2\uparrow + Cl_2\uparrow + 2NaOH$$

$$2NaCl_{(р)}\ (20\%) \xrightarrow[\text{на Hg-катоде}]{\text{электролиз}} \underset{\text{амальгама}}{2Na(Hg)} + Cl_2\uparrow$$

Хлорид калия KCl

Бескислородная соль. Белый, негигроскопичный. Плавится и кипит без разложения. Умеренно растворим в воде, раствор имеет горький вкус, гидролиза нет. Вступает в реакции ионного обмена. Применяется как калийное удобрение, для получения K, KOH и Cl_2. В природе основная составная часть (наравне с NaCl) залежей сильвинита.

Уравнения важнейших реакций одинаковы с таковыми для NaCl (см.).

Хлорид кальция $CaCl_2$

Бескислородная соль. Белый, плавится без разложения. Расплывается на воздухе за счет энергичного поглощения влаги. Образует кристаллогидрат $CaCl_2 \cdot 6H_2O$ с температурой обезвоживания 260 °C. Хорошо растворим в воде, гидролиза нет. Вступает в реакции ионного обмена. Применяется для осушения газов и жидкостей, приготовления охлаждающих смесей. Компонент природных вод, составная часть их «постоянной» жесткости (устранение жесткости — см. 19.3).

Уравнения важнейших реакций:

$CaCl_{2(т)} + 2\,H_2SO_4$ (конц.) $= Ca(HSO_4)_2 + 2HCl\uparrow$ (50 °C)

$CaCl_{2(т)} + H_2SO_4$ (конц.) $= CaSO_4\downarrow + 2HCl\uparrow$ (100 °C)

$CaCl_2 + 2NaOH$ (конц.) $= Ca(OH)_2\downarrow + 2NaCl\uparrow$

$3CaCl_2 + 2Na_3PO_4 = Ca_3(PO_4)_2\downarrow + 6NaCl$

$CaCl_2 + K_2CO_3 = CaCO_3\downarrow + 2KCl$

$CaCl_2 + 2NaF = CaF_2\downarrow + 2NaCl$

$$CaCl_{2(ж)} \xrightarrow{\text{электролиз}} Ca + Cl_2\uparrow \quad (800\ °C)$$

Получение:

$$CaCO_3 + 2HCl = \mathbf{CaCl_2} + CO_2\uparrow + H_2O$$

Хлорид алюминия $AlCl_3$

Бескислородная соль. Белый, легкоплавкий, сильнолетучий. В паре состоит из ковалентных мономеров $AlCl_3$ (треугольное строение, sp^2-гибридизация, преобладают при 440–800 °С) и димеров Al_2Cl_6 (точнее, $Cl_2AlCl_2AlCl_2$, строение — два тетраэдра с общим ребром, sp^3-гибридизация, преобладают при 183–440 °С). Гигроскопичен, на воздухе «дымит». Образует кристаллогидрат, разлагающийся при нагревании. Хорошо растворим в воде (с сильным *экзо*-эффектом), полностью диссоциирует на ионы, создает в растворе сильнокислотную среду вследствие гидролиза. Реагирует со щелочами, гидратом аммиака. Восстанавливается при электролизе расплава. Вступает в реакции ионного обмена.

Качественная реакция на ион Al^{3+} —образование осадка $AlPO_4$, который переводится в раствор концентрированной серной кислотой.

Применяется как сырье в производстве алюминия, катализатор в органическом синтезе и при крекинге нефти, переносчик хлора в органических реакциях.

Уравнения важнейших реакций:

$$AlCl_3 \cdot 6H_2O \xrightarrow[-HCl,\ H_2O]{100-200\ °C} AlCl(OH)_2 \xrightarrow[-HCl,\ H_2O]{250-450\ °C} Al_2O_3$$

$AlCl_{3(т)} + 2H_2O$ (влага) $= AlCl(OH)_{2(т)} + 2HCl_{(г)}$ (белый «дым»)

$AlCl_3 + 3NaOH$ (разб.) $= Al(OH)_3$ (аморф.)$\downarrow + 3NaCl$

$AlCl_3 + 4NaOH$ (конц.) $= Na[Al(OH)_4] + 3NaCl$

$AlCl_3 + 3(NH_3 \cdot H_2O)$ (конц.) $= Al(OH)_3$ (аморф.)$\downarrow + 3NH_4Cl$

$AlCl_3 + 3(NH_3 \cdot H_2O)$ (конц.) $= AlO(OH)\downarrow + 3NH_4Cl + H_2O$ (100 °C)

$2Al^{3+} + 3H_2O + 3CO_3^{2-} = 2Al(OH)_3\downarrow + 3CO_2\uparrow$ (80 °C)

$2Al^{3+} + 6H_2O + 3S^{2-} = 2Al(OH)_3\downarrow + 3H_2S\uparrow$

$Al^{3+} + 2HPO_4^{2-} = AlPO_4\downarrow + H_2PO_4^-$

$$2AlCl_3 \xrightarrow[\text{в расплаве NaCl}]{\text{электролиз}} 2Al + 3Cl_2\uparrow \quad (800\ °C)$$

Получение $AlCl_3$ в промышленности — хлорирование каолина, глинозёма или боксита в присутствии кокса:

$Al_2O_3 + 3C$ (кокс) $+ 3Cl_2 = 2\mathbf{AlCl_3} + 3CO$ (900 °C)

Хлорид аммония NH_4Cl

Бескислородная соль, техническое название *нашатырь*. Белый, летучий, термически неустойчивый. Хорошо растворим в воде (с заметным *эндо*-эффектом $Q = -16$ кДж), гидролизуется по катиону. Разлагается щелочами при кипячении раствора, переводит в раствор магний и гидроксид магния. Вступает в реакцию конмутации с нитратами.

Качественная реакция на ион NH_4^+ — выделение NH_3 при кипячении со щелочами или при нагревании с гашёной известью.

Применяется в неорганическом синтезе, в частности для создания слабокислотной среды, как компонент азотных удобрений, сухих гальванических элементов, при пайке медных и лужении стальных изделий.

Уравнения важнейших реакций:

$$NH_4Cl_{(т)} \underset{\text{комн.t}}{\overset{\text{выше 337,8 °C}}{\rightleftarrows}} NH_{3(г)} + HCl_{(г)}$$

$NH_4Cl + NaOH$ (насыщ.) $= NaCl + NH_3\uparrow + H_2O$ (100 °C)

$2NH_4Cl_{(т)} + Ca(OH)_{2(т)} = 2NH_3 + CaCl_2 + 2H_2O$ (200 °C)

$2NH_4Cl$ (конц.) $+ Mg = H_2\uparrow + MgCl_2 + 2NH_3\uparrow$ (80 °C)

$2NH_4Cl$ (конц., гор.) $+ Mg(OH)_2 = MgCl_2 + 2NH_3\uparrow + 2H_2O$

NH_4^+ (насыщ.) $+ NO_2^-$ (насыщ.) $= N_2\uparrow + 2H_2O$ (100 °C)

$NH_4Cl + KNO_3 = N_2O + 2H_2O + KCl$ (230–300 °C)

Получение: взаимодействие NH_3 (см.) с HCl в газовой фазе или $NH_3 \cdot H_2O$ (см.) с HCl в растворе.

Хлорид железа(II) $FeCl_2$

Бескислородная соль. Белый (гидрат голубовато-зеленый), гигроскопичный. Плавится и кипит без разложения. При сильном нагревании летуч в потоке HCl. Связи Fe—Cl преимущественно ковалентные, пар состоит из мономеров $FeCl_2$ (линейное строение, *sp*-гибридиация) и димеров Fe_2Cl_4. Чувствителен к кислороду воздуха (темнеет). Хорошо растворим в воде (с сильным *экзо*-эффектом), полностью диссоциирует на ионы, слабо гидролизуется по катиону. При кипячении раствора разлагается. Реагирует с кислотами, щелочами, гидратом аммиака. Типичный восстановитель. Вступает в реакции ионного обмена и комплексообразования.

Применяется для синтеза $FeCl_3$ и Fe_2O_3, как катализатор в органическом синтезе, компонент лекарственных средств против анемии.

Уравнения важнейших реакций:

$FeCl_2 \cdot 4H_2O = FeCl_2 + 4H_2O$ (220 °C, в атм. N_2)

$FeCl_2$ (конц.) $+ H_2O = FeCl(OH)\downarrow + HCl\uparrow$ (кипячение)

$FeCl_{2(т)} + H_2SO_4$ (конц.) $= FeSO_4 + 2HCl\uparrow$ (кипячение)

$FeCl_{2(т)} + 4HNO_3$ (конц.) $= Fe(NO_3)_3 + NO_2\uparrow + 2HCl + H_2O$

$FeCl_2 + 2NaOH$ (разб.) $= Fe(OH)_2\downarrow + 2NaCl$ (в атм. N_2)

$FeCl_2 + 2(NH_3 . H_2O)$ (конц.) $= Fe(OH)_2\downarrow + 2NH_4Cl$ (80 °C)

$FeCl_2 + H_2 = 2HCl + Fe$(особо чистое) (выше 500 °C)

$4FeCl_2 + O_2$ (воздух) $\xrightarrow{\tau} 2Fe(Cl)O + 2FeCl_3$

$4FeCl_2 + 3O_2 = 2Fe_2O_3 + 4Cl_2$ (450–480 °C)

$2FeCl_2 + 4H_2O + Cl_2 = 2FeO(OH)\downarrow + 6HCl\uparrow$ (кипячение)

$2FeCl_{2(р)} + Cl_2$ (изб.) $= 2FeCl_{3(р)}$

$5Fe^{2+} + 8H^+ + MnO_4^- = 5Fe^{3+} + Mn^{2+} + 4H_2O$

$6Fe^{2+} + 14H^+ + Cr_2O_7^{2-} = 6Fe^{3+} + 2Cr^{3+} + 7H_2O$

$Fe^{2+} + S^{2-}$ (разб.) $= FeS\downarrow$

$2Fe^{2+} + H_2O + 2CO_3^{2-}$ (разб.) $= Fe_2CO_3(OH)_2\downarrow + CO_2\uparrow$

$FeCl_2 \xrightarrow{\text{электролиз}} Fe\downarrow + Cl_2\uparrow$ (90 °C, в разб. HCl)

Получение: взаимодействие Fe с соляной кислотой:

$$Fe + 2HCl = \mathbf{FeCl_2} + H_2\uparrow$$

(в промышленности используют хлороводород и ведут процесс при 500 °C).

Хлорид железа(III) $FeCl_3$

Бескислородная соль. Черно-коричневый (темно-красный в проходящем свете, зеленый в отраженном), гидрат темно-желтый. При плавлении переходит в красную жидкость. Весьма летуч, при сильном нагревании разлагается. Связи Fe—Cl преимущественно ковалентные. Пар состоит из мономеров $FeCl_3$ (треугольное строение, sp^2-гибридизация, преобладают выше 750 °C) и димеров Fe_2Cl_6 (точнее, $Cl_2FeCl_2FeCl_2$, строение — два тетраэдра с общим ребром, sp^3-гибридизация, преобладают при 316–750 °C). Кристаллогидрат $FeCl_3 \cdot 6H_2O$ имеет строение $[Fe(H_2O)_4Cl_2]Cl \cdot 2H_2O$. Хорошо растворим в воде, раствор окрашен в желтый цвет; сильно гидролизован по катиону. Разлагается в горячей воде, реагирует со щелочами. Слабый окислитель и восстановитель.

Применяется как хлорагент, катализатор в органическом синтезе, протрава при крашении тканей, коагулянт при очистке питьевой воды, травитель медных пластин в гальванопластике, компонент кровоостанавливающих препаратов.

Уравнения важнейших реакций:

$FeCl_3 \cdot 6H_2O = [Fe(H_2O)_4Cl_2]Cl + 2H_2O$ (37 °C)

$2(FeCl_3 \cdot 6H_2O) = Fe_2O_3 + 6HCl + 9H_2O$ (выше 250 °C)

$2FeCl_3 \rightleftarrows 2FeCl_2 + Cl_2$ (500 °C, в атм. N_2)

$FeCl_3$ (10 %) $+ 4H_2O = Cl^- + [Fe(H_2O)_4Cl_2]^+$ (желт.)

$2FeCl_3$ (конц.) $+ 4H_2O = [Fe(H_2O)_4Cl_2]^+$ (желт.) $+ [FeCl_4]^-$ (бц.)

$FeCl_3$ (разб., конц.) $+ 2H_2O \xrightarrow{\tau} FeCl(OH)_2\downarrow + 2HCl\uparrow$ (100 °C)

$FeCl_3 + 3NaOH$ (разб.) $= FeO(OH)\downarrow + H_2O + 3NaCl$ (50 °C)

$FeCl_3 + 3(NH_3 \cdot H_2O)$ (конц., гор.) $= FeO(OH)\downarrow + H_2O + 3NH_4Cl$

$4FeCl_3 + 3O_2$ (воздух) $= 2Fe_2O_3 + 3Cl_2$ (350–500 °C)

$2FeCl_3 + H_2 = 2FeCl_2 + 2HCl$ (250–300 °C)

$2FeCl_{3(р)} + Cu \xrightarrow{\tau} 2FeCl_2 + CuCl_2$

$2FeCl_3$ (разб.) + $3Na_2S$ (разб.) = $2FeS\downarrow + S\downarrow + 6NaCl$

$2FeCl_3$ (разб.) + 2KI (разб.) = $2FeCl_2 + I_2\downarrow + 2KCl$

Получение:

$2Fe + 3Cl_2 = \mathbf{2FeCl_3}$ (200–250 °C)

23.4. Гипохлориты. Хлораты

Гипохлорит кальция $Ca(ClO)_2$

Соль хлорноватистой кислоты HClO. Белый, при нагревании разлагается без плавления. Хорошо растворим в холодной воде (образуется бесцветный раствор), гидролизуется по аниону. Реакционноспособный, полностью разлагается горячей водой, кислотами. Сильный окислитель. При стоянии раствор поглощает углекислый газ из воздуха. Гипохлорит кальция является активной составной частью *хлорной* (*белильной*) *извести* — смеси неопределенного состава с $CaCl_2$ и $Ca(OH)_2$, полученной впервые английским химиком С. Теннантом (1799) .

Уравнения важнейших реакций:

$Ca(ClO)_2 = CaCl_2 + O_2$ (180 °C)

$Ca(ClO)_{2(т)}$ + 4HCl (конц.) = $CaCl_2 + 2Cl_2\uparrow + 2H_2O$ (80 °C)

$Ca(ClO)_2 + H_2O + CO_2 = CaCO_3\downarrow + 2HClO$ (на холоду)

$Ca(ClO)_2 + 2H_2O_2$ (разб.) = $CaCl_2 + 2H_2O + 2O_2\uparrow$

Получение:

$2Ca(OH)_2$ (суспензия) + $2Cl_{2(г)} = \mathbf{Ca(ClO)_2} + CaCl_2 + 2H_2O$

Хлорат калия $KClO_3$

Соль хлорноватой кислоты $HClO_3$, наиболее известная соль кислородсодержащих кислот хлора. Техническое название — *бертоллетова соль* (по имени ее первооткрывателя К.-Л. Бертолле, 1786). Белый, плавится без разложения, при дальнейшем нагревании разлагается. Хорошо растворим в воде (образуется бесцветный раствор), гидролиза нет. Разлагается концентрированными кислотами. Сильный окислитель при сплавлении.

Применяется как компонент взрывчатых и пиротехнических смесей, головок спичек, в лаборатории — твердый источник кислорода.

Уравнения важнейших реакций:

$4KClO_3 = 3KClO_4 + KCl$ (400 °C)

$KClO_3 = 2KCl + 3O_2$ (150—300 °C, кат. MnO_2)

$KClO_{3(т)} + 6HCl$ (конц.) $= KCl + 3Cl_2\uparrow + 3H_2O$ (50—80 °C)

$3KClO_{3(т)} + 2H_2SO_4$ (конц., гор.) =

$= 2ClO_2\uparrow + KClO_4 + H_2O + 2KHSO_4$

(диоксид хлора на свету взрывается: $2ClO_{2(г)} = Cl_2 + 2O_2$)

$2KClO_3 + E_2$(изб.) $= 2KEO_3 + Cl_2\uparrow$ (в разб. HNO_3, E = Br, I)

$2KClO_3 + 3S = 2KCl + 3SO_2$ (выше 130 °C)

$5KClO_3 + 6P$ (красн.) $= 5KCl + 3P_2O_5$ (выше 250 °C)

$$KClO_3 + H_2O \xrightarrow{\text{электролиз}} H_2\uparrow + KClO_4$$

Получение $KClO_3$ в промышленности — электролиз горячего раствора KCl (продукт $KClO_3$ выделяется на аноде):

$$KCl + 3H_2O \xrightarrow{\text{электролиз}} 3H_2\uparrow + \mathbf{KClO_3} \quad (40—60\ °C)$$

23.5. Бромиды. Иодиды

Бромид калия KBr

Бескислородная соль. Белый, негигроскопичный, плавится без разложения. Хорошо растворим в воде, гидролиза нет. Восстановитель (более слабый, чем KI).

Качественная реакция на ион Br^- — вытеснение брома из раствора KBr хлором и экстракция брома в органический растворитель, например CCl_4 (в результате водный слой обесцвечивается, органический слой окрашивается в бурый цвет).

Применяется как компонент травителей при гравировке по металлам, составная часть фотоэмульсий, лекарственное средство.

Уравнения важнейших реакций:

$2KBr_{(т)} + H_2SO_4\ (10—50\%) = K_2SO_4 + 2HBr\uparrow$ (30—50 °C)

$2KBr_{(т)} + 3H_2SO_4\ (>50\%) = 2KHSO_4 + Br_2\uparrow + SO_2\uparrow + 2H_2O$ (80 °C)

$2KBr_{(т)} + 2H_2SO_4$ (конц., гор.) $+ MnO_{2(т)} =$
$= Br_2\uparrow + MnSO_4 + 2H_2O + K_2SO_4$

$5Br^- + 6H^+ + BrO_3^- = 3Br_2 + 3H_2O$

$Br^- + Ag+ = AgBr\downarrow$

$2KBr_{(р)} + Cl_{2(г)} = 2KCl + Br_{2(р)}$

$KBr + 3H_2O \xrightarrow{\text{электролиз}} 3H_2\uparrow + KBrO_3$ (60—80 °C)

Получение:

$$K_2CO_3 + 2HBr = 2\mathbf{KBr} + CO_2\uparrow + H_2O$$

Иодид калия KI

Бескислородная соль. Белый, негигроскопичный. При хранении на свету желтеет. Хорошо растворим в воде, гидролиза нет. Типичный восстановитель. Водный раствор KI хорошо растворяет I_2 за счет комплексообразования.

Качественная реакция на ион I^- — вытеснение иода из раствора KI недостатком хлора и экстракция иода в органический растворитель, например CCl_4 (в результате водный слой обесцвечивается, органический слой окрашивается в фиолетовый цвет).

Уравнения важнейших реакций:

$5KI + 2H_2O + O_2 \xrightarrow{\tau} 4KOH + I_2\downarrow + K[I(I)_2]$ (на свету)

$8KI_{(т)} + 5H_2SO_4$ (конц.) $= 4I_2\downarrow + H_2S\uparrow + 4H_2O + 4K_2SO_4$ (100 °C)

$10I^- + 16H^+ + 2MnO_4^- = 5I_2\downarrow + 2Mn^{2+} + 8H_2O$

$6I^- + 14H^+ + Cr_2O_7^{2-} = 3I_2\downarrow + 2Cr^{3+} + 7H_2O$

$2I^- + 2H^+ + H_2O_2\ (3\%) = I_2\downarrow + 2H_2O$

$2I^- + 4H^+ + 2NO_2^- = I_2\downarrow + 2NO\uparrow + 2H_2O$

$5I^- + 6H^+ + IO_3^- = 3I_2\downarrow + 3H_2O$

$I^- + Ag^+ = AgI$ (желт.)$\downarrow$

$2KI$ (разб.) $+ Hg(NO_3)_2 = 2KNO_3 + HgI_2\downarrow$

$2KI_{(р)} + Cl_{2(р)}$ (нед.) $= 2KCl + I_2\downarrow$

$KI + 2H_2O + 3Cl_{2(р)}$ (изб.) $= KIO_3 + 6HCl$ (80 °C)

$KI_{(р)} + I_{2(т)} = K[I(I)_2]_{(р)}$ (кор.) («иодная вода»)

$KI + 3H_2O \xrightarrow{\text{электролиз}} 3H_2\uparrow + KIO_3$ (50—60 °C)

Получение:

$K_2CO_3 + 2HI = 2\mathbf{KI} + CO_2\uparrow + H_2O$

---

24. ХАЛЬКОГЕНЫ. КИСЛОРОД. СЕРА

24.1. Общая характеристика

VIA
кислород O
сера S
селен Se
теллур Te
полоний Po

Элементы VIA-группы Периодической системы носят групповое название *халькогены* (кислород часто рассматривается отдельно). Общая электронная формула валентного уровня атомов этих элементов ns^2np^4.

Кислород проявляет в соединениях отрицательные степени окисления (чаще –II, реже –I). Для остальных халькогенов характерны степени окисления +IV и +VI, а также –II.

По электроотрицательности O и S — неметаллы, а Se, Te и Po — амфотерные элементы с преобладанием неметаллических (Se, Te) или металлических (Po) свойств.

В свободном состоянии кислород O_2 — газ, а сера и ее аналоги — твердые вещества. Окислительная способность простых веществ от кислорода к полонию уменьшается.

Устойчивость *водородных соединений* (*халькогеноводородов*) падает в ряду H_2O — H_2S — H_2Se — H_2Te — H_2Po. Восстановительные свойства сероводорода и его аналогов возрастают от H_2S к H_2Po (H_2Te — очень сильный восстановитель).

Водородные соединения серы и ее аналогов при комнатной температуре — газы (в отличие от воды), растворимость их в воде невелика. В водном растворе H_2S, H_2Se и H_2Te — слабые кислоты, кислотность этих соединений возрастает от серы к теллуру.

Кислородные соединения серы, селена и теллура в степени окисления +IV проявляют в основном восстановительные свойства (понижаются с ростом порядкового номера). Так, из двух оксидов — SO_2 и SeO_2 — первый более сильный восстановитель, чем второй:

$$2S^{IV}O_2 + Se^{IV}O_2 = 2S^{VI}O_3 + Se^0$$

Диоксиды серы, селена и теллура — кислотные оксиды, в качестве гидроксидов им отвечают $SO_2 \cdot nH_2O$, H_2SeO_3 и H_2TeO_3 — слабые кислоты в водном растворе.

Кислородные соединения серы, селена и теллура в степени окисления +VI — кислотные оксиды SO_3, SeO_3, TeO_3 и отвечающие им сильные кислоты H_2SO_4, H_2SeO_4 и слабая кислота H_6TeO_6. Они проявляют окислительные свойства, причем самые сильные окислители — соединения селена. Так, концентрированная селеновая кислота (в отличие от серной кислоты) окисляет хлорид-ион и золото:

$$H_2SeO_4\ (\text{конц.}) + 2HCl = H_2SeO_3 + Cl_2\uparrow + H_2O$$

$$6H_2SeO_4\ (\text{конц.}) + 2Au = Au_2(SeO_4)_3 + SeO_2\downarrow + 6H_2O$$

Сера, селен и теллур не реагируют с водой при обычных условиях, в щелочах подвергаются дисмутации:

$$3Se + 6KOH\ (\text{конц.}) = K_2Se^{IV}O_3 + 2K_2Se^{-II} + 3H_2O$$

Селен и теллур — редкие элементы, собственных минералов не образуют и содержатся в самородной сере и сульфидных рудах. Полоний — радиоактивный элемент, наиболее долгоживущий изотоп — ^{209}Po (период полураспада 102 года).

24.2. Кислород и его соединения

Кислород — элемент 2-го периода и VIA-группы Периодической системы, порядковый номер 8, относится к халькогенам (но чаще рассматривается отдельно). Электронная формула атома $[_2He]2s^22p^4$, характерные степени окисления чаще 0 и −II, реже −I и +II, состояние O^{-II} считается устойчивым.

Шкала степеней окисления кислорода:

+II	OF_2
0	O_2, O_3, O^0
−I	H_2O_2, Na_2O_2, Ba_2O_2
−II	OH^-, H_2O, Na_2O, SO_3, $NaOH$, H_2SO_4, K_3PO_4, $KAl(SO_4)_2$

Кислород обладает высокой электроотрицательностью (3,50, второй элемент после фтора), проявляет типичные неметаллические свойства. Образует соединения со всеми элементами, кроме He, Ne и Ar, входит в состав многочисленных оксидов, гидроксидов, солей кислородсодержащих кислот.

Природный кислород содержит изотоп ^{16}O с примесью изотопов ^{17}O и ^{18}O. В химии большинство соединений природного кислорода рассматривается как изотопно-чистые соединения кислорода-16.

Кислород — самый распространенный элемент в земной коре (55%) и природных водах, встречается в свободном и связанном виде. Входит в состав большинства минералов и горных пород (алюмосиликаты, песок, глины, песчаники и др.). Свободный (самородный) кислород находится в воздухе ($\approx 1{,}1 \cdot 10^{15}$ т).

Жизненно важный элемент для всех организмов, содержится в большинстве органических веществ, участвует во многих биохимических процессах, обеспечивающих развитие и функционирование жизни.

Кислород открыт в 1769—1771 гг. шведским химиком К.-В. Шееле и независимо в 1774 г. английским химиком Дж. Пристли, получившими газ при прокаливании HgO и KNO_3.

Кислород O_2

Простое вещество. Состоит из неполярных молекул O_2 (*дикислород*) с $\sigma\pi$-связью O═O, устойчивая аллотропная форма существования элемента в свободном виде. Бесцветный газ, в жидком состоянии — светло-голубой, в твердом — синий.

Составная часть воздуха: 20,94% по объему, 23,13% по массе. Из жидкого воздуха кислород выкипает п о с л е азота N_2. Малорастворим в воде (31 мл/1 л H_2O при 20 °C), но несколько лучше, чем N_2. При комнатной температуре обладает малой химической активностью из-за прочности двойной связи в молекулах.

Кислород поддерживает горение многих веществ. Сильный окислитель при высоких температурах, реагирует с большинством металлов и неметаллов:

$$O_2 + 2H_2 = 2H_2O \qquad \text{(550 °C, сгорание, см. также 22.2)}$$

$$O_2 \text{ (воздух)} + N_2 \rightleftarrows 2NO \qquad \text{(электроразряд)}$$

$$O_2 \text{ (воздух)} + S = SO_2 \qquad \text{(280–360 °C)}$$

$$5O_2 \text{ (воздух)} + 4P \text{ (красн.)} = 2P_2O_5 \qquad \text{(240–400 °C)}$$

O_2 (воздух) + C (графит) = CO_2 (600–700 °C)

O_2 (воздух) + 2C (графит) = 2CO (выше 1000 °C)

O_2 (воздух) + 4Li = $2Li_2O$ (выше 200 °C)

O_2 (воздух) + 2Na = Na_2O_2 (250—400 °C)

O_2 (воздух) + K = KO_2 (сгорание)

O_2 (воздух) + 2Mg = 2MgO (сгорание)

$3O_2$ (воздух) + 4Al = $2Al_2O_3$ (сгорание)

O_2 (воздух) + 2Zn = 2ZnO (сгорание)

O_2 (воздух) + 4Cu = $2Cu_2O$ (160—250 °C)

O_2 + 2Hg = 2HgO (красн.) (250—350 °C)

Кислород вызывает ржавление (медленное окисление) железа, уравнения реакций см. в 21.4. Особенно активен *атомарный кислород* O^0 (активность выше, чем у озона O_3), обычно получаемый непосредственно в зоне реакции при термическом разложении многих веществ (см. далее).

Простейшая *качественная реакция* — яркое загорание тлеющей древесной лучинки в атмосфере кислорода.

Получение кислорода:

а) в промышленности — фракционная дистилляция жидкого воздуха, электролиз воды (уравнения реакций см. 22.3);

б) в лаборатории — нагревание легко разлагающихся кислородсодержащих веществ:

2HgO = 2Hg + $\mathbf{O_2}$ (450—500 °C)

$2KMnO_4 = K_2MnO_4 + MnO_2 + \mathbf{O_2}$ (200—240 °C)

$2Na_2O_2 = 2Na_2O + \mathbf{O_2}$ (400—675 °C, вакуум)

$2KClO_3 = 2KCl + 3\mathbf{O_2}$ (150—300 °C, кат. MnO_2)

$2KNO_3 = 2KNO_2 + \mathbf{O_2}$ (400—520 °C)

Кислород является важнейшим продуктом основного химического производства. Применяется как реагент в химической технологии (обжиг сульфидных руд, синтез оксидов), металлургии (производство чугуна и стали) и газификации природного угля, при сварке и резке металлов; жидкий кислород — окислитель топлива в ракетной технике.

Убыль кислорода в атмосфере в результате процессов горения, гниения и дыхания возмещается растениями при фотосинтезе. При вдыхании человеком и животными воздуха в легкие кислород связывается с гемоглобином крови и переносится в клетки, где органические вещества (в первую очередь глюкоза) с его помощью окисляются и обеспечивают жизненную энергию организмов.

Озон O_3

Простое вещество (*трикислород*), неустойчивая аллотропная форма существования элемента. Светло-синий газ с характерным («озоновым») запахом, тяжелее воздуха. Молекула имеет строение незавершенного треугольника $[:O(O)_2]$ (sp^2-гибридизация, валентный угол 117°), содержит ковалентные σπ-связи O═O. Разлагается под действием ультрафиолетового излучения, катализаторов и оксидов азота (разрушение озонового слоя атмосферы Земли). Устойчив в смеси с O_2 (*озонированный кислород*). Малорастворим в воде (285 мл/1 л H_2O), но значительно лучше, чем O_2. Сильный окислитель (более сильный, чем O_2, но более слабый, чем атомарный кислород O^0). Окисляет при комнатной температуре многие металлы и неметаллы до высоких степеней окисления. С надпероксидами щелочных металлов (K, Rb, Cs) образует оранжево-красные *озониды*. Не реагирует с Au, Cu, Ni, Pt, Sn. Генерируется из кислорода O_2 в специальном приборе — *озонаторе*.

Качественная реакция — выделение иода из раствора KI при комнатной температуре (O_2 в реакцию не вступает).

Уравнения важнейших реакций:

$2O_3 \rightleftarrows 3O_2$ (УФ-излучение или 250 °С, кат. MnO_2, Pt)

$O_3 + MO_2 = O_2 + MO_3$ (озониды) (ниже 0 °С, M = K, Rb, Cs)

$4O_3 + 4KOH = 4KO_3 + O_2 + 2H_2O$

$O_3 + NO \rightleftarrows NO_2 + O_2$

$O_3 + H_2O + 2KI = I_2\downarrow + O_2\uparrow + 2KOH$

$O_3 + H_2O + Mn^{2+} = MnO_2\downarrow + O_2\uparrow + 2H^+$

$4O_3 + 3PbS$ (влажн.) $= 3PbSO_4$

$O_3 \xrightarrow{Al,\ Ag,\ Cl_2} Tl^{III}_2O_3,\ (Ag^{I}Ag^{III})O_2,\ Cl^{VI}O_3$

Получение: под действием электрического разряда в озонаторе:

$$O_2 \rightleftarrows 2O^0, \quad O_2 + O^0 \rightleftarrows \mathbf{O_3}$$

Применяется для дезинфекции питьевой воды, при отбеливании тканей и минеральных масел, как реагент в неорганическом и органическом синтезе. В атмосфере Земли озоновый слой (на высоте ≈25 км) защищает живой мир от воздействия космического ультрафиолетового излучения.

Атомарный кислород O^0

Третья аллотропная форма кислорода. Более сильный окислитель по сравнению с O_2 и O_3. Образуется при распаде молекул O_2 и O_3 под действием ультрафиолетового излучения. Возникает при термическом разложении кислородсодержащих веществ (см. выше, получение O_2); при отсутствии восстановителей тут же переходит снова в O_2 и O_3, в присутствии восстановителей окисляет их:

$$KNO_3 = KNO_2 + \mathbf{O^0}$$

$$\mathbf{O^0} + C\ (\text{графит}) = CO_2$$

Поэтому вещества, легко отщепляющие кислород при нагревании, проявляют сильные окислительные свойства.

Пероксид водорода H_2O_2

Бинарное соединение. Молекула H_2O_2 неплоская, имеет строение

H—O—O—H

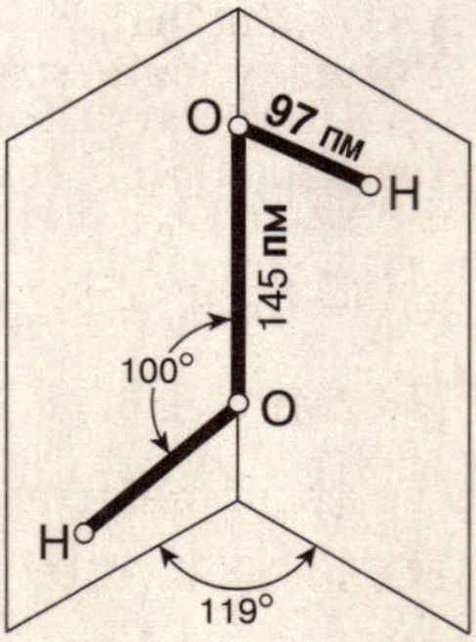

с σ-связью O—O на ребре и связями H—O на плоскостях двугранного угла. Степень окисления кислорода равна −I, валентность равна 2. Группа —O—O— называется *пероксогруппой*.

Бесцветная жидкость, вязкая, тяжелее воды, чувствительна к свету и примесям (стабилизатор H_3PO_4). Разлагается со взрывом при слабом нагревании, на катализаторе — при комнатной температуре. Неограниченно смешивается с водой. Разбавленными щелочами нейтрализуется не полностью. Сильный окислитель, слабый восстановитель.

Пероксид водорода применяется как отбеливатель текстиля, бумаги, кож, жиров и минеральных масел, окислитель ракетного топлива, реагент в органическом синтезе, при осветлении картин старых мастеров (потемневший красочный слой из-за перехода белил — гидроксокарбонатов свинца — в черный PbS осветляют переводом в белый $PbSO_4$). В промышленности обычно используют взрывобезопасный 30%-ный раствор H_2O_2 (*пергидроль*), в медицине — 3%-ный раствор.

Уравнения важнейших реакций:

$2H_2O_2 = 2H_2O + O_2$ (выше 150 °C или на кат. MnO_2)

H_2O_2 (разб.) + NaOH (разб.) = $NaHO_2 + H_2O$

H_2O_2 (конц.) + $2NaOH_{(т)} = Na_2O_2\downarrow + 2H_2O$ (0 °C)

H_2O_2 (3%) + $2H^+ + 2I^- = I_2\downarrow + 2H_2O$

$5H_2O_2$ (30%) + $I_{2(т)} = 2HIO_3 + 4H_2O$

H_2O_2 (10%) + $SO_3^{2-} = SO_4^{2-} + H_2O$

$4H_2O_2$ (30%) + PbS (черн.) = $4H_2O + PbSO_4$ (бел.)$\downarrow$

$H_2O_2 + OH^- + [Sn(OH)_3]^- = [Sn(OH)_6]^{2-}$

$3H_2O_2 + 2[Cr(OH)_6]^{3-} = 2CrO_4^{2-} + 8H_2O + 2OH^-$

H_2O_2 (конц.) + $Ag_2O = 2Ag\downarrow + O_2\uparrow + H_2O$

$2H_2O_2$ (конц.) + $Ca(ClO)_2 = CaCl_2 + 2H_2O + 2O_2\uparrow$

$5H_2O_2 + 6H^+ + 2MnO_4^- = 2Mn^{2+} + 5O_2\uparrow + 8H_2O$

Получение: в лаборатории вначале синтезируют пероксид бария BaO_2:

$2BaO + O_2$ (изб.) = $2BaO_2$ (до 500 °C)

а затем его обрабатывают серной кислотой:

$BaO_2 + H_2SO_4 = BaSO_4\downarrow + \mathbf{H_2O_2}$ (на холоду)

В п р о м ы ш л е н н о с т и (старый метод) — электролиз водного раствора H_2SO_4 или $(NH_4)_2SO_4$ в специальных условиях; при этом кислота или соль не расходуются, а протекает электролиз воды с образованием на аноде H_2O_2:

$$2H_2O \xrightarrow{\text{электролиз}} H_2 + \mathbf{H_2O_2} \qquad \text{(на холоду)}$$

Современный промышленный способ (80% мирового производства) — окисление сложного органического соединения 2-этилантрагидрохинон кислородом воздуха на холоду (схема процесса дается не для запоминания):

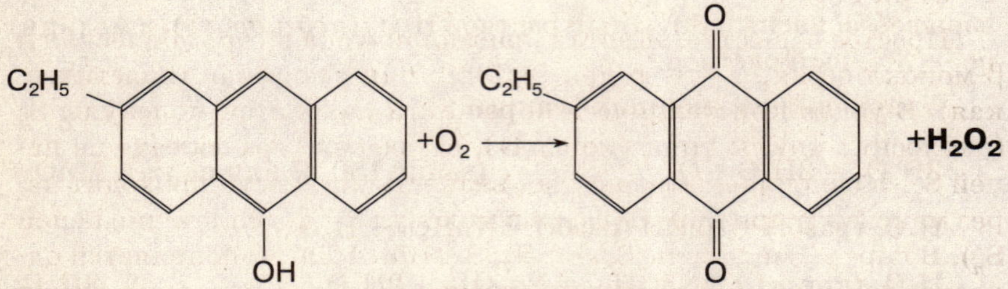

2-этилантрагидрохинон 2-этилантрахинон

24.3. Сера. Сероводород. Сульфиды

Сера — элемент 3-го периода и VIA-группы Периодической системы, порядковый номер 16, относится к *халькогенам*. Электронная формула атома $[_{10}Ne]3s^2 3p^4$, характерные степени окисления 0, −II, +IV и +VI, состояние S^{VI} считается устойчивым.

Шкала степеней окисления серы:

+VI	SO_3, SO_4^{2-}, HSO_4^-, H_2SO_4, Na_2SO_4, SF_6, SCl_2O_2
+IV	SO_2, SO_3^{2-}, HSO_3^-, $SO_2 \cdot nH_2O$, Na_2SO_3, SF_4, SCl_4, SCl_2O
0	S (S_8, S_6, S_4, S_2, S^0)
−I	FeS_2
−II	S^{2-}, HS^-, H_2S, Na_2S, CS_2

Электроотрицательность серы равна 2,60, для нее характерны неметаллические свойства. В водородных и кислородных соединениях находится в составе различных анионов, образует кислородсодержащие кислоты и их соли, бинарные соединения.

В природе — п я т н а д ц а т ы й по химической распространенности элемент (седьмой среди неметаллов). Встречается в свободном (самородном) и связанном виде. Входит в состав различных минералов, руд и горных пород (сульфиды и сульфаты), нефти, природного угля. Шестой элемент по содержанию в природных водах (главным образом в виде сульфат-иона SO_4^{2-}, создает «постоянную» жёсткость пресной воды). Жизненно важный элемент для высших организмов, составная часть многих белков, концентрируется в волосах.

Сера известна с глубокой древности, ее находили в самородном виде. У алхимиков сера считалась одним из «начал» всех металлов (признаки горючести и желтой окраски), что подробно описано в трудах выдающегося ученого средневековья Р. Бэкона (XIII в.).

Сера S

Простое вещество. Желтая кристаллическая (α-ромбическая и β-моноклинная, $\alpha \rightleftarrows \beta$ при 95,5 °С) или аморфная (пластическая). В узлах кристаллической решетки находятся молекулы S_8 (неплоские циклы типа «корона»), аморфная сера состоит из цепей S_n. Низкоплавкое вещество, вязкость жидкости проходит через максимум при 200 °С (разрыв молекул S_8, переплетение цепей S_n). В паре — молекулы S_8, S_6, S_4, S_2. При 1500 °С появляется одноатомная сера (в химических уравнениях для простоты любая сера изображается как S).

Сера не растворяется в воде и при обычных условиях не реагирует с ней, хорошо растворима в сероуглероде CS_2.

Сера, особенно порошкообразная, обладает высокой активностью при нагревании. Реагирует как о к и с л и т е л ь с металлами и неметаллами:

$$S + 2Na \xrightarrow{130\ °C} Na_2S \qquad S + H_2 \xrightarrow{150\ °C} H_2S$$

$$3S + 2Al \xrightarrow{200\ °C} Al_2S_3 \qquad 5S + 2P \xrightarrow{400\ °C} P_2S_5$$

$$Fe + S \xrightarrow{600\ °C} FeS \qquad 2S + C\ (\text{графит}) \xrightarrow{700\ °C} CS_2$$

а как восстановитель — с фтором, кислородом и кислотами (при кипячении):

$$S + 3F_2 \xrightarrow{20\ °C} SF_6, \qquad S + O_2\ (\text{воздух}) \xrightarrow{280\ °C} SO_2$$

$$S + 2H_2SO_4\ (\text{конц.}) = 3SO_2\uparrow + 2H_2O$$

$$S + 6HNO_3\ (\text{конц.}) = H_2SO_4 + 6NO_2\uparrow + 2H_2O$$

Сера подвергается дисмутации в растворах щелочей:

$$3S^0 + 6KOH\ (\text{конц.}) = 2K_2S^{-II} + K_2S^{IV}O_3 + 3H_2O$$

При высокой температуре (400 °С) сера вытесняет иод из иодоводорода:

$$S + 2HI_{(г)} = I_2 + H_2S$$

(но в растворе реакция идет в обратную сторону:

$$I_2 + H_2S_{(р)} = 2HI + S\downarrow)$$

Получение: в промышленности выплавляется из природных залежей самородной серы (с помощью водяного пара), выделяется при десульфурации продуктов газификации угля.

Сера применяется для синтеза сероуглерода, серной кислоты, сернистых (кубовых) красителей, при вулканизации каучука, как средство защиты растений от мучнистой росы, для лечения кожных заболеваний.

Сероводород H_2S

Бескислородная кислота. Бесцветный газ с удушающим запахом, тяжелее воздуха. Молекула имеет строение дважды незавершеного тетраэдра $[::S(H)_2]$ (sp^3-гибридизация, валентный угол H—S—H далек от тетраэдрического). Неустойчив при нагревании выше 400 °С. Малорастворим в воде (2,6 л/1 л H_2O при 20 °С), насыщенный раствор децимолярный (0,1М, «сероводородная вода»). Очень слабая кислота в растворе, практически не диссоциирует по второй стадии до ионов S^{2-} (максимальная концентрация S^{2-} равна $1 \cdot 10^{-13}$ моль/л.) При стоянии на воздухе раствор мутнеет (ингибитор сахароза). Нейтрализуется щелочами, не полностью — гидратом аммиака. Сильный восстановитель. Вступает в реакции ионного обмена. Сульфидирующий агент, осаждает из раствора разноокрашенные сульфиды с очень малой растворимостью:

черные HgS, Ag_2S, PbS, CuS, FeS
коричневые SnS, Bi_2S_3
оранжевые Sb_2S_3, Sb_2S_5
желтые SnS_2, CdS, TiS_2
розовый (*телесный*) MnS
белые ZnS, CaS, GeS_2

Качественные реакции — осаждение сульфидов, а также неполное сгорание H_2S с образованием желтого налета серы на внесенном в пламя холодном предмете (фарфоровый шпатель). Побочный продукт очистки нефти, природного и коксового газа.

Применяется в производстве серы, неорганических и органических серосодержащих соединений, как аналитический реагент. Чрезвычайно ядовит.

Уравнения важнейших реакций:

$$H_2S \underset{150-200\ °C}{\overset{400-1700\ °C}{\rightleftarrows}} H_2 + S$$

$H_2S + H_2O \rightleftarrows HS^- + H_3O^+$ (pH < 7, «сероводородная вода»)

$HS^- + H_2O \rightleftarrows S^{2-} + H_3O^+$ (почти не идет)

$H_2S + H_2SO_4$ (конц.) $= S\downarrow + SO_2\uparrow + 2H_2O$

$H_2S + 3H_2SO_4$ (конц.) $= 4SO_2\uparrow + 4H_2O$ (кипячение)

H_2S (насыщ.) $+ 2HNO_3$ (конц.) $= S\downarrow + 2NO_2\uparrow + 2H_2O$

$$H_2S \xrightarrow[-H_2O]{NaOH(разб.)} NaHS \xrightarrow[-H_2O]{NaOH(конц.)} Na_2S$$

$H_2S_{(г)} + NH_3 \cdot H_2O$ (конц.) $= NH_4HS + H_2O$

$H_2S_{(г)} + 2NH_{3(ж)} = (NH_4)_2S$ (−40 °C)

$2H_2S$ (насыщ.) $+ O_2$ (воздух) $\xrightarrow{\tau} 2S\downarrow + 2H_2O$ (на свету)

$2H_2S + 3O_2 = 2SO_2 + 2H_2O$ (250—300 °C, полное сгорание)

$2H_2S + O_2 = 2H_2O + 2S_{(т)}$ (неполное сгорание)

$H_2S + 4H_2O + 4Cl_2 = H_2SO_4 + 8HCl$

H_2S (насыщ.) $+ E_{2(р)} = S\downarrow + 2HE$ (E = Br, I)

$2H_2S_{(г)} + SO_{2(г)} = 3S_{(т)} + 2H_2O$ (комн. t, кат.— капля H_2O)

$3H_2S$ (насыщ.) $+ 2MnO_4^- = 3S\downarrow + 2MnO_2\downarrow + 2H_2O + 2OH^-$

$3H_2S$ (насыщ.) $+ 8H^+ + Cr_2O_7^{2-} = 3S\downarrow + 2Cr^{3+} + 7H_2O$

H_2S (влажн.) $+ Zn = ZnS + H_2$ (700—800 °C)

$H_2S + ZnO = ZnS + H_2O$ (800—1000 °C)

H_2S (насыщ.) $\xrightarrow[-H^+]{M^{2+}}$ CdS (желт.)↓; PbS, CuS, HgS (черные)↓

H_2S (насыщ.) + $2Ag^+ = 2H^+ + Ag_2S$ (черн.)$\downarrow$

$3H_2S$ (насыщ.) + $2Bi^{3+} = 6H^+ + Bi_2S_3$ (кор.-черн.)$\downarrow$

H_2S (насыщ.) + $2CH_3COO^- + Zn^{2+} = 2CH_3COOH + ZnS$ (бел.)$\downarrow$

Получение: в промышленности — прямым синтезом:

$$H_2 + S = \mathbf{H_2S} \qquad (150—200\ ^\circ C)$$

или при нагревании серы с парафином;

в лаборатории — вытеснением из сульфидов сильными кислотами:

$$FeS + 2HCl\ (\text{конц.}) = FeCl_2 + \mathbf{H_2S}\uparrow$$

или полным гидролизом бинарных соединений:

$$Al_2S_3 + 6H_2O = 2Al(OH)_3\downarrow + 3\mathbf{H_2S}\uparrow$$

$$P_2S_5 + 8H_2O = 2H_3PO_4 + 5\mathbf{H_2S}\uparrow$$

Сульфид натрия Na_2S

Бескислородная соль. Белый, очень гигроскопичный. Плавится без разложения, термически устойчивый. Хорошо растворим в воде, гидролизуется по аниону, создает в растворе сильнощелочную среду. При стоянии на воздухе раствор мутнеет (коллоидная сера) и желтеет (окраска полисульфида). Типичный восстановитель. Присоединяет серу. Вступает в реакции ионного обмена.

Качественные реакции на ион S^{2-} — осаждение разноокрашенных сульфидов металлов, из которых MnS, FeS, ZnS разлагаются в HCl (разб.).

Применяется в производстве сернистых красителей и целлюлозы, для удаления волосяного покрова шкур при дублении кож, как реагент в аналитической химии.

Уравнения важнейших реакций:

$Na_2S + 2HCl$ (разб.) $= 2NaCl + H_2S\uparrow$

$Na_2S + 3H_2SO_4$ (конц.) $= SO_2\uparrow + S\downarrow + 2H_2O + 2NaHSO_4$ (до 50 °C)

$Na_2S + 4HNO_3$ (конц.) $= 2NO_2\uparrow + S\downarrow + 2H_2O + 2NaNO_3$ (60 °C)

$Na_2S + H_2S$ (насыщ.) $= 2NaHS$

$Na_2S_{(т)} + 2O_2 = Na_2SO_4$ (выше 400 °C)

$Na_2S_{(р)} \xrightarrow[-NaOH]{O_{2(\text{воздух})},\ \tau}$ S (коллоид), $Na_2(S_n)$

$Na_2S_{(р)} + (n-1)S = Na_2(S_n)$ (желт.) (кипячение, $n = 2, 4, 5$)
полисульфид(2−)

$Na_2S + 4H_2O_2$ (конц.) $= Na_2SO_4 + 4H_2O$

$S^{2-} + M^{2+} = MnS$ (телесн.)↓; FeS (черн.)↓, ZnS (бел.)↓

$S^{2-} + 2Ag^+ = Ag_2S$ (черн.)↓

$S^{2-} + M^{2+} = CdS$ (желт.)↓; PbS, CuS, HgS (черные)↓

$3S^{2-} + 2Bi^{3+} = Bi_2S_3$ (кор.-черн.)↓

$3S^{2-} + 6H_2O + 2M^{3+} = 3H_2S\uparrow + 2M(OH)_3\downarrow$ (M = Al, Cr)

Получение в промышленности — прокаливание минерала *мирабилит* $Na_2SO_4 \cdot 10H_2O$ в присутствии восстановителей:

$Na_2SO_4 + 4H_2 = \mathbf{Na_2S} + 4H_2O$ (500 °C, кат. Fe_2O_3)

$Na_2SO_4 + 4C$ (кокс) $= \mathbf{Na_2S} + 4CO$ (800—1000 °C)

$Na_2SO_4 + 4CO = \mathbf{Na_2S} + 4CO_2$ (600—700 °C)

Сульфид алюминия Al_2S_3

Бескислородная соль. Белый, связь Al—S преимущественно ковалентная. Плавится без разложения под избыточным давлением N_2, легко возгоняется. Окисляется на воздухе при прокаливании. Полностью гидролизуется водой, не осаждается из раствора. Разлагается сильными кислотами. Применяется как твердый источник чистого сероводорода.

Уравнения важнейших реакций:

$Al_2S_3 + 6H_2O = 2Al(OH)_3\downarrow + 3H_2S\uparrow$ (чистый)

$Al_2S_3 + 6HCl$ (разб.) $= 2AlCl_3 + 3H_2S\uparrow$

$Al_2S_3 + 24HNO_3$ (конц.) $= Al_2(SO_4)_3 + 24NO_2\uparrow + 12H_2O$ (100 °C)

$2Al_2S_3 + 9O_2$ (воздух) $= 2Al_2S_3 + 6SO_2$ (700—800 °C)

Получение: взаимодействие алюминия с расплавленной серой в отсутствие кислорода и влаги:

$2Al + 3S = \mathbf{Al_2S_3}$ (150—200 °C)

Сульфид железа(II) FeS

Бескислородная соль. Черно-серый с зеленым оттенком, тугоплавкий, разлагается при нагревании в вакууме. Во влажном состоянии чувствителен к кислороду воздуха. Нерастворим в воде. Не выпадает в осадок при насыщении растворов солей железа(II) сероводородом. Разлагается кислотами. Применяется как сырье в производстве чугуна, твердый источник сероводорода.

Соединение железа(III) состава Fe_2S_3 не известно (не получено).

Уравнения важнейших реакций:

$FeS = Fe + S$ (выше 700 °C, вакуум)

$FeS + 2HCl$ (конц.) $= FeCl_2 + H_2S\uparrow$

$FeS + 2CH_3COOH$ (конц.) $= Fe(CH_3COO)_2 + H_2S\uparrow$

$2FeS + 10H_2SO_4$ (конц.) $= Fe_2(SO_4)_3 + 9SO_2\uparrow + 10H_2O$ (100 °C)

$FeS + 12HNO_3$ (конц.) $=$
$= Fe(NO_3)_3 + H_2SO_4 + 9NO_2\uparrow + 5H_2O$ (120 °C)

FeS (влажн.) $+ 2O_2$ (воздух) $\xrightarrow{\tau} FeSO_4$

Получение:

$Fe + S = \mathbf{FeS}$ (600 °C)

$Fe_2O_3 + H_2 + 2H_2S = 2\mathbf{FeS} + 3H_2O$ (700—1000 °C)

$FeCl_2 + 2NH_4HS$ (изб.) $= \mathbf{FeS}\downarrow + 2NH_4Cl + H_2S\uparrow$

Дисульфид железа FeS_2

Бинарное соединение. Имеет ионное строение Fe^{2+} $(—S—S—)^{2-}$. Темно-желтый, термически устойчивый, при прокаливании разлагается. Нерастворим в воде, не реагирует с разбавленными кислотами, щелочами. Разлагается кислотами-окислителями, подвергается обжигу на воздухе. Применяется как сырье в производстве чугуна, серы и серной кислоты, катализатор в органическом синтезе. В природе — рудные минералы *пирит* и *марказит*.

Уравнения важнейших реакций:

$FeS_2 = FeS + S$ (выше 1170 °C, вакуум)

$2FeS_2 + 14H_2SO_4$ (конц., гор.) $= Fe_2(SO_4)_3 + 15SO_2\uparrow + 14H_2O$

$FeS_2 + 18HNO_3$ (конц.) $= Fe(NO_3)_3 + 2H_2SO_4 + 15NO_2\uparrow + 7H_2O$

$4FeS_2 + 11O_2$ (воздух) $= 8SO_2 + 2Fe_2O_3$ (800 °C, обжиг)

Гидросульфид аммония NH_4HS

Бескислородная кислая соль. Белый, плавится под избыточным давлением. Весьма летучий, термически неустойчивый. На воздухе окисляется. Хорошо растворим в воде, гидролизуется по катиону и аниону (преобладает), создает щелочную среду. Раствор желтеет на воздухе. Разлагается кислотами, в насыщенном растворе присоединяет серу. Щелочами не нейтрализуется, средняя соль $(NH_4)_2S$ не существует в растворе (условия получения средней соли см.в рубрике «H_2S»). Применяется в качестве компонента фотопроявителей, как аналитический реагент (осадитель сульфидов).

Уравнения важнейших реакций:

$NH_4HS = NH_3 + H_2S$ (выше 20 °C)

$NH_4HS + HCl$ (разб.) $= NH_4Cl + H_2S\uparrow$

$NH_4HS + 3HNO_3$ (конц.) $= S\downarrow + 2NO_2\uparrow + NH_4NO_3 + 2H_2O$

$NH_4HS_{(р)} \xrightarrow[-NH_3 \cdot H_2O]{O_2\text{(воздух)}}$ S (коллоид), $(NH_4)_2(S_n)$ (желтый)

$NH_4HS_{(р} + NH_3 \cdot H_2O + (n-1)S = (NH_4)_2 (S_n) + H_2O$ (на холоду)

$2NH_4HS$ (насыщ. H_2S) $+ 2CuSO_4 = (NH_4)_2SO_4 + H_2SO_4 + 2CuS\downarrow$

Получение: насыщение концентрированного раствора NH_3 сероводородом:

$$NH_3 \cdot H_2O\ (\text{конц.}) + H_2S_{(г)} = \mathbf{NH_4HS} + H_2O$$

В аналитической химии раствор, содержащий равные количества NH_4HS и $NH_3 \cdot H_2O$, условно считают раствором $(NH_4)_2S$ и используют формулу средней соли в записи уравнений реакций, хотя сульфид аммония полностью гидролизуется в воде до NH_4HS и $NH_3 \cdot H_2O$.

24.4. Диоксид серы. Сульфиты

Диоксид серы SO_2

Кислотный оксид. Бесцветный газ с резким запахом. Молекула имеет строение незавершенного треугольника [: $S(O)_2$] (sp^2-гибридизация), содержит $\sigma\pi$-связи S═O. Легко сжижается, термический устойчивый. Хорошо растворим в воде (≈40 л/1 л H_2O при

20 °C). Образует полигидрат, обладающий свойствами слабой кислоты, продукты диссоциации — ионы HSO_3^- и SO_3^{2-}. Ион HSO_3^- имеет две таутомерные формы — симметричную (некислотную) со строением тетраэдра $[S(H)(O)_3]$ (sp^3-гибридизация), которая преобладает в смеси, и несимметричную (кислотную) со строением незавершенного тетраэдра $[:S(O)_2(OH)]$ (sp^3-гибридизация). Ион SO_3^{2-} также тетраэдрический $[:S(O)_3]$.

Реагирует со щелочами, гидратом аммиака. Типичный восстановитель, слабый окислитель.

Качественная реакция — обесцвечивание желто-коричневой «иодной воды». Промежуточный продукт в производстве сульфитов и серной кислоты.

Применяется для отбеливания шерсти, шелка и соломы, консервирования и хранения фруктов, как дезинфицирующее средство, антиоксидант, хладагент. Ядовит.

Соединение состава H_2SO_3 (сернистая кислота) не известно (не существует).

Уравнения важнейших реакций:

$$SO_2 + 2HNO_3\ (\text{конц.}) = H_2SO_4 + 2NO_2\uparrow$$

$$SO_2 \xrightarrow{\text{NaOH (разб.)}} NaHSO_3 \xrightarrow[-H_2O]{\text{NaOH (конц.)}} Na_2SO_3$$

$$SO_2 \xrightarrow{NH_3 \cdot H_2O\ (\text{разб.})} NH_4HSO_3 \xrightarrow[-H_2O]{NH_3 \cdot H_2O\ (\text{конц.})} (NH_4)SO_3$$

$$SO_2 + Na_2CO_3\ (\text{конц.}) = Na_2SO_3 + CO_2\uparrow$$

$$SO_2 + Na_2SO_3 + H_2O = 2NaHSO_3$$

$$2SO_2 + O_2 \rightleftarrows 2SO_3 \qquad (400\text{—}500\ °C,\ \text{кат. } Pt,\ V_2O_5,\ Fe_2O_3)$$

$$SO_2 + 2H_2O + I_2\ (\text{иодная вода}) = H_2SO_4 + 2HI$$

$$5SO_2 + 2H_2O + 2MnO_4^- = 5SO_4^{2-} + 2Mn^{2+} + 2H^+ \qquad (\text{в разб. } H_2SO_4)$$

$$SO_2 + PbO_2\ (\text{суспензия}) \xrightarrow{\tau} PbSO_4$$

$$SO_2 + C\ (\text{кокс}) = S + CO_2 \qquad (400\text{—}600\ °C)$$

$$SO_2 + 2CO = S + 2CO_2 \qquad (500\ °C)$$

$$SO_{2(г)} + 2H_2S_{(г)} = 3S_{(т)} + 2H_2O \qquad (\text{комн. } t,\ \text{кат. — капля } H_2O)$$

Растворение в воде и кислотные свойства:

$$SO_{2(г)} + nH_2O \rightleftarrows SO_2 \cdot nH_2O$$

$$SO_2 \cdot nH_2O + H_2O \rightleftarrows HSO_3^- + H_3O^+ + (n-1)H_2O \qquad (pH < 7)$$

$$HSO_3^- + H_2O \rightleftarrows SO_3^{2-} + H_3O^+ \qquad \text{(идет в малой степени)}$$

Получение: в промышленности — сжигание серы в воздухе, обогащенном кислородом, и, в меньшей степени, обжиг сульфидных руд (SO_2 — попутный газ при обжиге пирита)

$$S + O_2 = \mathbf{SO_2} \qquad (280—360\ °C)$$

$$4FeS_2 + 11O_2 = 2Fe_2O_3 + 8\mathbf{SO_2} \qquad (800\ °C, \text{обжиг})$$

в лаборатории — вытеснение серной кислотой из сульфитов:

$$BaSO_{3(т)} + H_2SO_4 \text{ (конц.)} = BaSO_4\downarrow + \mathbf{SO_2}\uparrow + H_2O$$

Внимание! Нередко последнюю реакцию пытаются представить окислительно-восстановительной (якобы потому, что в ней участвует концентрированная H_2SO_4). На самом деле эта реакция — обменная, степени окисления серы не изменяются.

***Сульфит натрия* Na_2SO_3**

Оксосоль. Белый. При нагревании на воздухе разлагается без плавления, плавится под избыточным давлением аргона. Во влажном состоянии и в растворе чувствителен к кислороду воздуха. Хорошо растворим в воде, гидролизуется по аниону. Разлагается кислотами. Типичный восстановитель.

Качественная реакция на ион SO_3^{2-} — образование белого осадка сульфита бария, который переводится в раствор сильными кислотами.

Применяется как реактив в аналитической химии, компонент фотографических растворов, нейтрализатор хлора при отбеливании тканей.

Уравнения важнейших реакций:

$$Na_2SO_3 + 2HCl \text{ (разб.)} = 2NaCl + SO_2\uparrow + H_2O \qquad (50—60\ °C)$$

$$Na_2SO_3 + 2HNO_3 \text{ (конц.)} = Na_2SO_4 + 2NO_2\uparrow + H_2O \qquad (80\ °C)$$

$$2Na_2SO_3 \text{ (разб.)} + O_2 \text{ (воздух)} \xrightarrow{\tau} 2Na_2SO_4$$

Na_2SO_3 (разб.) + $H_2O + SO_2 = 2NaHSO_3$

$5SO_3^{2-} + 6H^+ + 2MnO_4^- = 5SO_4^{2-} + 2Mn^{2+} + 3H_2O$

$3SO_3^{2-} + 8H^+ + Cr_2O_7^{2-} = 3SO_4^{2-} + 2Cr^{3+} + 4H_2O$

$SO_3^{2-} + 2OH^- + Cl_{2(г)} = SO_4^{2-} + 2Cl^- + H_2O$

$SO_3^{2-} + Ba^{2+} = BaSO_3\downarrow$

Получение:

Na_2CO_3 (конц.) + SO_2 = $\mathbf{Na_2SO_3}$ + $CO_2\uparrow$

24.5. Серная кислота. Сульфаты

Триоксид серы SO_3

Кислотный оксид. Существует в виде полимеров с цепным, слоистым и сетчатым строением; в газе молекулы с треугольным строением (sp^2-гибридизация), содержат σπ-связи S═O. Легколетучий, низкокипящий. Термически неустойчивый, полностью разлагается при 700 °С. Реагирует с водой (с сильным *экзо*-эффектом), щелочами. Хорошо растворим в безводной серной кислоте и реагирует с ней (образуется тяжелая маслообразная жидкость — *олеум*, содержит $H_2S_2O_7$). Присоединяется к сульфатам.

Качественная реакция — образование белого осадка сульфата бария, который не переводится в раствор сильными кислотами.

Применяется как промежуточный продукт в синтезе серной кислоты. Агент обезвоживания азотной кислоты. Ядовит.

Уравнения важнейших реакций:

$2SO_3 = 2SO_2 + O_2$ (400—700 °С)

$SO_{3(г)} + H_2O$ (изб.) = H_2SO_4 (разб.) + 227 кДж

$SO_3 + H_2O$ (разб. H_2SO_4) = H_2SO_4 (конц., безводн.)

$SO_{3(г)} + H_2SO_4$ (безводн.) = $H_2S_2O_7$ (олеум, избыток SO_3)

$$SO_3 \xrightarrow{NaOH\ (разб.)} NaHSO_4 \xrightarrow[-H_2O]{NaOH\ (конц.)} Na_2SO_4$$

$SO_3 + Ba(OH)_{2(р)} = BaSO_4\downarrow + H_2O$

$SO_3 + K_2SO_4 = K_2S_2O_7$ (45—50 °С)

Получение в промышленности — каталитическое окисление диоксида серы:

$$2SO_2 + O_2 \rightleftarrows 2SO_3 \qquad (400—500\ °C, \text{кат. } Pt, V_2O_5, Fe_2O_3)$$

Серная кислота H_2SO_4

Оксокислота. Бесцветная жидкость, очень вязкая (маслообразная), весьма гигроскопичная. Молекула имеет искаженно-тетраэдрическое строение $[S(O)_2(OH)_2]$ (sp^3-гибридизация), содержит ковалентные σ-связи S—OH и σπ-связи S=O. Ион SO_4^{2-} имеет правильно-тетраэдрическое строение $[S(O)_4]$. Обладает широким температурным интервалом жидкого состояния (≈300 градусов). При нагревании выше 296 °С частично разлагается. Перегоняется в виде азеотропной смеси с водой (массовая доля кислоты 98,3%, температура кипения 296—340 °С), при более сильном нагревании разлагается полностью. Серная кислота неограниченно смешивается с водой (с сильным *экзо*-эффектом). Сильная кислота в растворе, нейтрализуется щелочами и гидратом аммиака. Переводит металлы в сульфаты (при избытке концентрированной кислоты в обычных условиях образуются растворимые гидросульфаты), но металлы Be, Bi, Co, Fe, Mg и Nb пассивируются в концентрированной кислоте и не реагируют с ней. Реагирует с осно́вными оксидами и гидроксидами, разлагает соли слабых кислот. Слабый окислитель в разбавленном растворе (за счет H^I), сильный — в концентрированном растворе (за счет S^{IV}). Хорошо растворяет SO_3 и реагирует с ним (образуется тяжелая маслообразная жидкость — *олеум*, содержит $H_2S_2O_7$).

Качественная реакция на ион SO_4^{2-} — осаждение белого сульфата бария $BaSO_4$ (осадок не переводится в раствор соляной и азотной кислотами в отличие от белого осадка $BaSO_3$).

Применяется в производстве сульфатов и других соединений серы, минеральных удобрений, взрывчатых веществ, красителей и лекарственных веществ, в органическом синтезе, для «вскрытия» (первого этапа переработки) промышленно важных руд и минералов, при очистке нефтепродуктов, электролизе воды, как электролит свинцовых аккумуляторов. Ядовита, вызывает ожоги кожи.

Уравнения важнейших реакций:

$$H_2SO_4 \text{ (безводн.)} = H_2O + SO_3 \qquad \text{(выше 450 °C)}$$

$$H_2SO_4 \text{ (конц.)} \xrightarrow{H_2O} H_2SO_4 \text{ (разб.)} + 85 \text{ кДж}$$

H_2SO_4 (конц.) + $NaOH = NaHSO_4 + H_2O$

H_2SO_4 (разб.) + $2NaOH = Na_2SO_4 + 2H_2O$

H_2SO_4 (конц.) + $NH_3 \cdot H_2O = NH_4HSO_4 + H_2O$

H_2SO_4 (разб.) + $2(NH_3 \cdot H_2O) = (NH_4)_2SO_4 + 2H_2O$

H_2SO_4 (разб.) + $BaO = BaSO_4\downarrow + H_2O$

H_2SO_4 (разб.) + $Ba(OH)_2 = BaSO_4\downarrow + 2H_2O$

H_2SO_4 (разб.) + $BaCl_2 = BaSO_4\downarrow + 2HCl$

H_2SO_4 (разб.) + $BaEO_3 = BaSO_4\downarrow + EO_2\uparrow + H_2O$ (E = S, C)

H_2SO_4 (разб.) + $Zn = ZnSO_4 + H_2\uparrow$

$2H_2SO_4$ (конц.) + $Cu = CuSO_4 + SO_2\uparrow + 2H_2O$

$3H_2SO_4$ (конц.) + $2KBr_{(т)} = SO_2\uparrow + Br_2 + 2KHSO_4$ (60 °C)

H_2SO_4 (безводн.) + $SO_{3(г)} = H_2S_2O_7$ (олеум, избыток SO_3)

Получение в промышленности:

а) синтез SO_2 из серы, сульфидных руд, сероводорода и сульфатных руд:

$S + O$ (воздух) = $\mathbf{SO_2}$ (280—360 °C)

$4FeS_2 + 11O_2$ (воздух) = $8\mathbf{SO_2} + 2Fe_2O_3$ (800 °C, обжиг)

$2H_2S + 3O_2$ (изб.) = $2\mathbf{SO_2} + 2H_2O$ (250—300 °C)

$CaSO_4 + C$ (кокс) = $CaO + \mathbf{SO_2} + CO$ (1300—1500 °C)

б) конверсия SO_2 в SO_3 в контактном аппарате:

$2SO_2 + O_2 \rightleftarrows 2\mathbf{SO_3}$ (400—500 °C, кат. Pt, V_2O_5, Fe_2O_3)

в) синтез концентрированной и безводной серной кислоты:

H_2O (разб. H_2SO_4) + SO_3 = $\mathbf{H_2SO_4}$ (конц., безводн.)

(поглощение SO_3 чистой водой с получением H_2SO_4 не проводится из-за сильного разогревания смеси и обратного разложения H_2SO_4, см. выше);

г) синтез *олеума* — смеси безводной H_2SO_4, дисерной кислоты $H_2S_2O_7$ и избыточного SO_3 (см. выше). Растворенный SO_3 гарантирует безводность олеума (при попадании воды тут же образуется H_2SO_4), что позволяет безопасно перевозить его в стальных цистернах.

Сульфат натрия Na_2SO_4

Оксосоль. Белый, гигроскопичный. Плавится и кипит без разложения. Образует кристаллогидрат (минерал *мирабилит*), легко теряющий воду; техническое название *глауберова соль*. Хорошо растворим в воде, не гидролизуется. Реагирует с H_2SO_4 (конц.), SO_3. Восстанавливается водородом, коксом при нагревании. Вступает в реакции ионного обмена.

Применяется в производстве стекла, целлюлозы и минеральных красок, как лекарственное средство. Содержится в рапе соляных озер, в частности в заливе Кара-Богаз-Гол Каспийского моря.

Уравнения важнейших реакций:

$Na_2SO_4 \cdot 10H_2O \xrightarrow{\tau} Na_2SO_4 + 10H_2O$ (выше 33 °C)

$Na_2SO_{4(т)} + H_2SO_4$ (>60%) $= 2NaHSO_4$ (на холоду)

$Na_2SO_{4(т)} + SO_{3(г)} = Na_2S_2O_{7(т)}$ (дисульфат) (50 °C)

$Na_2SO_4 + 4H_2 = Na_2S + 4H_2O$ (550—600 °C, кат. Fe_2O_3)

$Na_2SO_4 + 4C$ (кокс) $= Na_2S + 4CO$ (700—900 °C)

$Na_2SO_4 + 4C$ (кокс) $+ CaCO_3 = Na_2CO_3 + CaS + 4CO$ (1000 °C)

SO_4^{2-} (разб.) $+ Ba^{2+} = BaSO_4\downarrow$

Гидросульфат калия $KHSO_4$

Кислая оксосоль. Белый, гигроскопичный, но кристаллогидратов не образует. При нагревании плавится и разлагается. Хорошо растворим в воде, в растворе анион подвергается диссоциации, среда раствора сильнокислотная. Нейтрализуется щелочами.

Применяется как компонент флюсов в металлургии, составная часть минеральных удобрений.

Уравнения важнейших реакций:

$2KHSO_4 = K_2SO_4 + H_2SO_4$ (до 240 °C)

$2KHSO_4 = K_2S_2O_7 + H_2O$ (320—340 °C)

$KHSO_4$ (разб.) $+ KOH$ (конц.) $= K_2SO_4 + H_2O$

$KHSO_4 + KCl = K_2SO_4 + HCl$ (450—700 °C)

$6KHSO_4 + M_2O_3 =$
$= 2KM(SO_4)_2 + K_2SO_4 + 3H_2O$ (350—500 °C, M = Al, Cr)

Получение: обработка сульфата калия концентрированной (более чем 60%-ной) серной кислотой на холоду:

$$K_2SO_4 + H_2SO_4\text{ (конц.)} = 2\mathbf{KHSO_4}$$

Сульфат кальция $CaSO_4$

Оксосоль. Белый, весьма гигроскопичный, тугоплавкий, при прокаливании разлагается. Природный $CaSO_4$ встречается в виде очень распространенного минерала *гипс* $CaSO_4 \cdot 2H_2O$. При 130 °С гипс теряет часть воды и переходит в *жженый (штукатурный) гипс* $2CaSO_4 \cdot H_2O$ (техническое название *алебастр*). Полностью обезвоженный (200 °С) гипс отвечает минералу *ангидрит* $CaSO_4$. Малорастворим в воде (0,206 г/100 г H_2O при 20 °С), растворимость уменьшается при нагревании. Реагирует с H_2SO_4 (конц.). Восстанавливается коксом при сплавлении. Определяет бо́льшую часть «постоянной» жёсткости пресной воды (подробнее см. 19.3).

Уравнения важнейших реакций:

$$CaSO_4 \cdot 2H_2O \underset{18-20\ °C}{\overset{100-128\ °C}{\rightleftarrows}} CaSO_4 \cdot 0{,}5H_2O + 1{,}5H_2O$$

$$CaSO_4 \cdot 0{,}5H_2O \xrightarrow[-H_2O]{163-200\ °C} CaSO_4 \xrightarrow[-SO_2,\ O_2]{\text{выше } 1450\ °C} CaO$$

$$CaSO_{4(т)} + H_2SO_4\text{ (конц.)} = Ca(HSO_4)_{2(р)}$$

$$CaSO_4 + 3C\text{ (кокс)} = CaS + 2CO + CO_2 \qquad (900\ °C)$$

$$CaSO_4 + C\text{ (кокс)} = CaO + SO_2 + CO \qquad (1300—1500\ °C)$$

$$CaSO_4 + Na_2CO_3\text{ (конц.)} = CaCO_3\downarrow + Na_2SO_4$$

$$3CaSO_4 + 2Na_3PO_4\text{ (конц.)} = Ca_3(PO_4)_2\downarrow + 3Na_2SO_4$$

Применяется как сырье в производстве SO_2, H_2SO_4 и $(NH_4)_2SO_4$, как флюс в металлургии, наполнитель бумаги. Приготовленный из жжёного гипса вяжущий строительный раствор «схватывается» быстрее, чем смесь на основе $Ca(OH)_2$. Затвердевание обеспечивается связыванием воды, образованием гипса в виде каменной массы. Используется жжёный гипс для изготовления гипсовых слепков, архитектурно-декоративных форм и изделий, перегородочных плит и панелей, каменных полов.

Сульфат алюминия-калия $KAl(SO_4)_2$

Двойная оксосоль. Белый, гигроскопичный. При сильном нагревании разлагается. Образует кристаллогидрат — *алюмокалиевые квасцы*. Умеренно растворим в воде, гидролизуется по катиону алюминия. Реагирует со щелочами, гидратом аммиака.

Применяется как протрава при крашении тканей, дубитель кож, коагулянт при очистке пресной воды, компонент составов для проклеивания бумаги, наружное кровоостанавливающее средство в медицине и косметологии. Образуется при совместной кристаллизации сульфатов алюминия и калия.

Уравнения важнейших реакций:

$$KAl(SO_4)_2 \cdot 12H_2O \xrightarrow[-H_2O]{120°C} KAl(SO_4)_2 \xrightarrow[K_2SO_4,\ -SO_2,\ O_2]{800-900\ °C} Al_2O_3$$

$$KAl(SO_4)_2 + 3KOH\ (\text{разб.}) = Al(OH)_3\downarrow + 2K_2SO_4$$

$$KAl(SO_4)_2 + 4KOH\ (\text{конц.}) = K[Al(OH)_4] + 2K_2SO_4$$

$$KAl(SO_4)_2 \xrightarrow[K_2SO_4,\ (NH_4)_2SO_4]{NH_3 \cdot H_2O,\ 20\ °C} Al(OH)_3\downarrow \xrightarrow[-H_2O]{\text{кипячение}} AlO(OH)\downarrow$$

$$KAl(SO_4)_2 + 2M(NO_3)_2 = 2MSO_4\downarrow + Al(NO_3)_3 + KNO_3\ (M = Ba, Pb)$$

$$2KAl(SO_4)_2 + 3H_2O + 3K_2CO_3 = 2Al(OH)_3\downarrow + 3CO_2\uparrow + 4K_2SO_4$$

$$2KAl(SO_4)_2 + 6H_2O + 3K_2S = 2Al(OH)_3\downarrow + 3H_2S\uparrow + 4K_2SO_4$$

$$KAl(SO_4)_2 + 4KOH = KAlO_2 + 2K_2SO_4 + 2H_2O \qquad (500\ °C)$$

Сульфат хрома(III)-калия $KCr(SO_4)_2$

Двойная оксосоль. Красный (гидрат темно-фиолетовый, техническое название *хромокалиевые квасцы*). При нагревании разлагается без плавления. Хорошо растворим в воде (серо-синяя окраска раствора отвечает аквакомплексу $[Cr(H_2O)_6]^{3+}$), гидролизуется по катиону хрома(III). Реагирует со щелочами, гидратом аммиака. Слабый окислитель и восстановитель. Вступает в реакции ионного обмена.

Качественные реакции на ион Cr^{3+} — восстановление до Cr^{2+} или окисление до желтого CrO_4^{2-}.

Применяется как дубитель кож, протрава при крашении тканей, реактив в фотографии. Образуется при совместной кристаллизации сульфатов хрома(III) и калия.

Уравнения важнейших реакций:

$$KCr(SO_4)_2 \cdot 12H_2O \xrightarrow[-H_2O]{350-400\ °C} KCr(SO_4)_2 \xrightarrow[-K_2SO_4,\ SO_2,\ O_2]{700-900\ °C} Cr_2O_3$$

$KCr(SO_4)_2 + 3KOH$ (разб.) $= 2K_2SO_4 + Cr(OH)_3$ (зел.)$\downarrow$

$KCr(SO_4)_2 + 6KOH$ (конц.) $= 2K_2SO_4 + K_3[Cr(OH)_6]$ (зел.)

$2KCr(SO_4)_2 + 6(NH_3 \cdot H_2O) = 2Cr(OH)_3\downarrow + K_2SO_4 + 3(NH_4)_2SO_4$

$Cr^{3+} + H^0$(Zn, разб. H_2SO_4) $= H^+ + Cr^{2+}$ (ярко-син.)

$2Cr^{3+} + 10OH^- + 3H_2O_2$ (конц.) $= 2CrO_4^{2-} + 8H_2O$ (40 °C)

$2KCr(SO_4)_2 + 3H_2O + 3K_2CO_3 = 2Cr(OH)_3\downarrow + 3CO_2\uparrow + 4K_2SO_4$

$2KCr(SO_4)_2 + 6H_2O + 3K_2S = 2Cr(OH)_3\downarrow + 3H_2S\uparrow + 4K_2SO_4$

$$4KCr(SO_4)_2 + 2H_2O \xrightarrow{\text{электролиз}}$$
$$\longrightarrow 4CrSO_4 + O_2\uparrow + 2H_2SO_4 + 2K_2SO_4 \quad (0\ °C)$$

$$4KCr(SO_4)_2 + 6H_2O \xrightarrow{\text{электролиз}}$$
$$\longrightarrow 4Cr + 3O_2\uparrow + 6H_2SO_4 + 2K_2SO_4 \quad (20\ °C)$$

Сульфат марганца(II) $MnSO_4$

Оксосоль. Белый, при прокаливании плавится и разлагается. Кристаллогидрат $MnSO_4 \cdot 5H_2O$ — красно-розовый, техническое название *марганцевый купорос*. Хорошо растворим в воде, светло-розовая (почти бесцветная) окраска раствора отвечает аквакомплексу $[Mn(H_2O)_6]^{2+}$; гидролизуется по катиону. Реагирует со щелочами, гидратом аммиака. Слабый восстановитель, реагирует с типичными (сильными) окислителями.

Качественные реакции на ион Mn^{2+} — конмутация с ионом MnO_4^- и исчезновение фиолетовой окраски последнего, окисление Mn^{2+} до MnO_4^- и появление фиолетовой окраски.

Применяется для получения Mn, MnO_2 и других соединений марганца, как микроудобрение и аналитический реагент.

Уравнения важнейших реакций:

$3MnSO_4 = (Mn^{II}Mn_2^{III})O_4 + 2SO_3 + SO_2$ (850—1155 °C)

$MnSO_4 \cdot 5H_2O = MnSO_4 + 5H_2O$ (250 °C, вакуум)

$MnSO_4 + 2NaOH = Mn(OH)_2\downarrow + Na_2SO_4$ (в атмосфере N_2)

$MnSO_4 + 2(NH_3 \cdot H_2O) = Mn(OH)_2\downarrow + (NH_4)_2SO_4$

$2Mn^{2+} + H_2O + 2CO_3^{2-} = Mn_2CO_3(OH)_2\downarrow + CO_2\uparrow$

$2Mn^{2+} + 4(NH_3 \cdot H_2O) + H_2O_2 = 2MnO(OH)\downarrow + 2H_2O + 4NH_4^+$

$3Mn^{2+} + 2H_2O$ (гор.) $+ 2MnO_4^- = 5MnO_2\downarrow + 4H^+$

$2MnSO_4 + 8HNO_3$ (конц.) $+ 5PbO_2 =$
$= 2HMnO_4 + 4Pb(NO_3)_2 + Pb(HSO_4)_2 + 2H_2O$

$2MnSO_4 + 28HNO_3$ (конц.) $+ 5(Pb_2^{II}Pb^{IV})O_4 =$
$= 2HMnO_4 + Pb(HSO_4)_2 + 14Pb(NO_3)_2 + 12H_2O$

$$2MnSO_4 + 2H_2O \xrightarrow{\text{электролиз}} 2Mn\downarrow + O_2\uparrow + 2H_2SO_4$$

Получение:

$2MnO_2 + 2H_2SO_4$ (конц.) $=$ $\mathbf{2MnSO_4}$ $+ O_2 + 2H_2O$ (100 °C)

Сульфат железа(II) $FeSO_4$

Оксосоль. Белый (гидрат светло-зеленый, техническое название *железный купорос*), гигроскопичный. Разлагается при нагревании. Хорошо растворим в воде, в малой степени гидролизуется по катиону. Быстро окисляется в растворе кислородом воздуха (раствор желтеет и мутнеет). Реагирует с кислотами-окислителями, щелочами, гидратом аммиака. Типичный восстановитель.

Применяется как компонент минеральных красок, электролитов в гальванотехнике, консервант древесины, фунгицид, лекарственное средство против анемии. В лаборатории чаще берется в виде двойной соли $Fe(NH_4)_2(SO_4)_2 \cdot 6H_2O$ (*соль Мора*), более устойчивой к действию воздуха.

Уравнения важнейших реакций:

$2FeSO_4 = Fe_2(SO_4)O + SO_3$ (300 °C)

$4FeSO_4 = 2Fe_2O_3 + 4SO_2 + O_2$ (700 °C)

$FeSO_4 \cdot 7H_2O = FeSO_4 + 7H_2O$ (до 250 °C, атм. H_2)

$FeSO_4 + 4HNO_3$ (конц., гор.) $= Fe(NO_3)_3 + NO_2\uparrow + H_2SO_4 + H_2O$

$FeSO_4 + 2NaOH$ (разб.) $= Fe(OH)_2\downarrow + Na_2SO_4$ (в атм. N_2)

$FeSO_4 + 2(NH_3 \cdot H_2O)$ (конц.) $= Fe(OH)_2\downarrow + (NH_4)_2SO_4$

$4FeSO_4 + 2H_2O + O_2$ (воздух) $\xrightarrow{\tau}$ $4FeSO_4(OH)$ (желт.-кор.)$\downarrow$

$2FeSO_4$ (конц.) $+ CuSO_4 = Cu\downarrow + Fe_2(SO_4)_3$

$5Fe^{2+} + 8H^+ + MnO_4^- = 5Fe^{3+} + Mn^{2+} + 4H_2O$

$6Fe^{2+} + 14H^+ + Cr_2O_7^{2-} = 6Fe^{3+} + 2Cr^{3+} + 7H_2O$

$2Fe^{2+} + 2H^+ + H_2O_2$ (конц.) $= 2Fe^{3+} + 2H_2O$

$FeSO_4 + Na_2S$ (разб.) $= FeS\downarrow + Na_2SO_4$

Получение:

$Fe + H_2SO_4$ (разб.) $= \mathbf{FeSO_4} + H_2\uparrow$

$FeCO_3 + H_2SO_4$ (разб.) $= \mathbf{FeSO_4} + CO_2\uparrow + H_2O$

25. НЕМЕТАЛЛЫ VA-ГРУППЫ. АЗОТ. ФОСФОР

25.1. Общая характеристика

VA
азот N
фосфор P
мышьяк As
сурьма Sb
висмут Bi

Для элементов VA-группы Периодической системы общая электронная формула валентного уровня атомов ns^2np^3. Характерные степени окисления в соединениях: −III, +III и +V.

По электроотрицательности N, P и As — неметаллы, Sb — амфотерный элемент, у Bi преобладают металлические свойства.

В свободном состоянии азот — газ N_2, простые вещества остальных элементов — твердые. При нагревании они достаточно активны (кроме N_2); реагируют с кислородом, галогенами и серой, окисляются азотной кислотой (кроме N_2).

Водородные соединения элементов VA-группы при комнатной температуре — газы; их названия: аммиак NH_3, фосфин PH_3, арсин AsH_3, стибин SbH_3 и висмутин BiH_3; отличаются термической неустойчивостью, понижающейся от NH_3 к BiH_3 (аммиак устойчив при комнатной температуре и начинает разлагаться выше 100 °C, а BiH_3 устойчив только при температурах ниже 0 °C). По химическим свойствам — восстановители. Аммиаку и фосфину соответствуют сложные катионы: аммоний NH_4^+ (устойчивый) и фосфоний PH_4^+ (неустойчивый).

Кислородные соединения элементов VA-группы: оксиды $Э_2O_3$ и $Э_2O_5$, в качестве гидроксидов им соответствуют кислоты (для N, P и As), амфотерные гидратированные оксиды (для Sb) и основания (для Bi^{III}, в *орто-* и *мета*-форме). Все кислоты (кроме HNO_3) — слабые электролиты в водном растворе.

Высшая степень окисления для Bi неустойчива, соединения Bi^V, например малорастворимый темно-желтый висмутат натрия $NaBiO_3$, проявляют сильные окислительные свойства:

$$10NaBiO_{3(т)} + 16H_2SO_4 + 4MnSO_4 = \\ = 5Bi_2(SO_4)_3 + 4HMnO_4 + 14H_2O + 5Na_2SO_4$$

Висмут (порядковый номер 83) — последний стабильный элемент в Периодической системе.

25.2. Азот. Аммиак. Гидрат аммиака

Азот —элемент 2-го периода и VA-группы Периодической системы, порядковый номер 7. Электронная формула атома $[_2He]2s^22p^3$, характерные степени окисления 0, −III, +III и V, реже +II, +IV и др.; состояние N^V считается относительно устойчивым.

Шкала степеней окисления азота:

+V	N_2O_5, NO_3^-, HNO_3, $NaNO_3$, $AgNO_3$
+IV	NO_2
+III	N_2O_3, NO_2^-, HNO_2, $NaNO_2$, NF_3
+II	NO
+I	N_2O
0	N_2
−III	NH_3, NH_4^+, $NH_3 \cdot H_2O$, NH_4Cl, Li_3N, Cl_3N

Азот обладает высокой электроотрицательностью (3,07), третий после F и O. Проявляет типичные неметаллические (кислотные) свойства. Образует различные кислородсодержащие кислоты, соли и бинарные соединения, а также катион аммония NH_4^+ и его соли.

В природе — семнадцатый по химической распространенности элемент (девятый среди неметаллов). Встречается в свободном (самородном) и химически связанном виде. Входит в состав небольшого числа минералов (селитры и др.), некоторых природных углей. Главная составная часть воздуха ($\approx 3 \cdot 10^{15}$ т).

Жизненно важный элемент для всех организмов, основа белковых веществ и нуклеиновых кислот. Непосредственно из воздуха азот усваивают лишь некоторые бактерии, остальные организмы — только в виде соединений. Минеральные удобрения — аммиак, соли аммония и карбамид — переводятся почвенными бактериями в нитраты, в этом виде растения усваивают азот из почвы. Животные и человек усваивают органически связанный азот из пищи, конечным продуктом метаболизма азота у высших организмов является карбамид (мочевина).

Азот открыт в 1772 г. шотландским химиком Д. Резерфордом как остаток воздуха (после сжигания угля и серы с поглощением CO_2 и SO_2 известковой водой), не поддерживающий горение (гасил пламя свечи) и дыхание (вызывал удушье подопытных животных).

Азот N_2

Простое вещество. Состоит из неполярных молекул с очень устойчивой $\sigma\pi\pi$-связью $N{\equiv}N$, этим объясняется химическая инертность азота при обычных условиях. Бесцветный газ без вкуса и запаха, конденсируется в бесцветную жидкость (в отличие от O_2).

Главная составная часть воздуха: 78,09% по объему, 75,52% по массе. Из жидкого воздуха азот выкипает раньше кислорода O_2. Малорастворим в воде (15,4 мл/1 л H_2O при 20 °С), растворимость азота меньше, чем у кислорода.

При комнатной температуре N_2 реагирует только с литием (во влажной атмосфере), образуя нитрид лития Li_3N, нитриды других элементов синтезируют при сильном нагревании:

$$N_2 + 3Mg = Mg_3N_2 \qquad (800\ °C)$$

В электрическом разряде N_2 реагирует с фтором и в очень малой степени — с кислородом:

$$N_2 + 3F_2 = 2NF_3, \quad N_2 + O_2 \rightleftarrows 2NO$$

Обратимая реакция получения аммиака протекает при 500 °С, под давлением до 350 атм и обязательно в присутствии катализатора ($Fe/F_2O_3/FeO$, в лаборатории Pt):

$$N_2 + 3H_2 \rightleftarrows 2NH_3 + 92\ кДж$$

В соответствии с принципом Ле-Шателье увеличение выхода аммиака должно происходить при повышении давления и понижении температуры. Однако скорость реакции при низких температурах очень мала, поэтому процесс ведут при 450–500 °С, достигая 15%-ного выхода аммиака. Непрореагировавшие N_2 и H_2 возвращают в реактор и тем самым увеличивают степень протекания реакции.

Азот химически пассивен по отношению к кислотам и щелочам, не поддерживает горения. Реагирует с дикарбидом кальция:

$$N_2 + CaC_2 = CaCN_2 + C \text{ (графит)} \qquad (1000–1150\ °C)$$

Получение в промышленности — фракционная дистилляция жидкого воздуха или удаление из воздуха кислорода химическим путем, например по реакции 2C (кокс) + O_2 = 2CO при нагревании. В этих случаях получают азот, содержащий также примеси благородных газов (главным образом аргон).

В лаборатории небольшие количества химически чистого азота можно получить по реакции конмутации при умеренном нагревании:

$$N^{-III}H_4N^{III}O_{2(т)} = N_2^0 + 2H_2O \qquad (60–70\ °C)$$

$$NH_4Cl_{(р)} + KNO_{2(р)} = N_2^0\uparrow + KCl + 2H_2O \qquad (100\ °C)$$

Применяется для синтеза аммиака, азотной кислоты, удобрения *цианамид* $CaCN_2$ и других азотсодержащих продуктов, как инертная среда проведения химических и металлургических процессов и хранения огнеопасных веществ.

Аммиак NH_3

Бинарное соединение, степень окисления азота равна −III. Бесцветный газ с резким характерным запахом. Молекула имеет строение незавершенного тетраэдра [:N(H)$_3$] (sp^3-гибридизация). Наличие у азота в молекуле NH_3 донорной пары электронов на sp^3-гибридной орбитали обусловливает характерную реакцию присоединения катиона водорода, при этом образуется *катион аммония* NH_4^+. Сжижается под избыточным давлением при комнатной температуре. В жидком состоянии ассоциирован за счет водородных связей. Термически неустойчив. Хорошо растворим в воде (более 700 л/1 л H_2O при 20 °C); доля в насыщенном растворе равна ≈ 34% по массе и ≈ 99% по объему, pH = 11,8. За счет водородной связи N···H—O образует гидрат, проявляющий в растворе свойства слабого основания. Весьма реакционноспособный, склонен к реакциям присоединения. Сгорает в кислороде, реагирует с кислотами. Проявляет восстановительные (за счет N^{-III}) и окислительные (за счет H^{I}) свойства. Осушается только оксидом кальция.

Качественные реакции — образование белого «дыма» при контакте с газообразным HCl, почернение бумажки, смоченной раствором $Hg_2(NO_3)_2$.

Промежуточный продукт при синтезе HNO_3 и солей аммония. Применяется в производстве соды, азотных удобрений, красителей, взрывчатых веществ; жидкий аммиак — хладагент. Ядовит.

Уравнения важнейших реакций:

$$2NH_{3(г)} \rightleftarrows N_2 + 3H_2 \qquad (1200–1300\ °C)$$

$$NH_{3(г)} + H_2O \rightleftarrows NH_3 \cdot H_2O_{(р)} \rightleftarrows NH_4^+ + OH^-$$

$$NH_{3(г)} + HCl_{(г)} \underset{\text{выше } 337{,}8\ °C}{\overset{\text{комн. } t}{\rightleftarrows}} NH_4Cl_{(г)} \qquad (\text{белый «дым»})$$

$$4NH_3 + 3O_2\ (\text{воздух}) = 2N_2 + 6H_2O \qquad (\text{сгорание})$$

$$4NH_3 + 5O_2 = 4NO + 6H_2O \qquad (800\ °C, \text{кат. } Pt/Rh)$$

$$4NH_{3(ж)} + 3Cl_2 = 3NH_4Cl + Cl_3N \qquad (-40\ °C)$$

$$8NH_{3(г)} + 3Cl_2 = N_2 + 6NH_4Cl \qquad (\text{сгорание})$$

$$2\ NH_3 + 3CuO = 3Cu + N_2 + 3H_2O \qquad (500\ °C)$$

$$NH_3 \xrightarrow[-H_2]{Li} LiNH_2, Li_2NH \qquad (220–400\ °C)$$

$$2NH_3 + 3Mg = Mg_3N_2 + 3H_2 \qquad (600\ °C)$$

$$NH_{3(г)} + CO_{2(г)} + H_2O = NH_4HCO_3 \qquad (\text{комн. } t, p)$$

Получение: в лаборатории — вытеснение аммиака из солей аммония при нагревании с натронной известью (NaOH + CaO):

$$NH_4Cl \xrightarrow[-NaCl,\ CaCl_2,\ H_2O]{NaOH,\ CaO} \mathbf{NH_3}$$

или кипячение водного раствора аммиака с последующим осушением газа.

В промышленности аммиак синтезируют из азота (см.) с водородом. Выпускается промышленностью либо в сжиженном виде, либо в виде концентрированного водного раствора под техническим названием *аммиачная вода*.

Гидрат аммиака $NH_3 \cdot H_2O$

Межмолекулярное соединение. Белый, в кристаллической решетке — молекулы NH_3 и H_2O, связанные слабой водородной связью $H_3N \cdot\cdot HOH$. Присутствует в водном растворе аммиака, слабое основание (продукты диссоциации — катион NH_4^+ и анион OH^-). Катион аммония имеет правильно-тетраэдрическое строение

(sp^3-гибридизация). Термически неустойчив, полностью разлагается при кипячении раствора. Нейтрализуется сильными кислотами. Проявляет восстановительные свойства (за счет N^{-III}) в концентрированном растворе. Вступает в реакции ионного обмена и комплексообразования.

Качественная реакция — образование белого «дыма» при контакте с газообразным HCl.

Применяется для создания слабощелочной среды в растворе, при осаждении амфотерных гидроксидов.

В 1M растворе аммиака содержится в основном гидрат $NH_3 \cdot H_2O$, и лишь 0,4% ионов NH_4^+ и OH^- (за счет диссоциации гидрата); таким образом, ионный «гидроксид аммония NH_4OH» практически не содержится в растворе, нет такого соединения и в твердом гидрате.

Уравнения важнейших реакций:

$NH_3 \cdot H_2O$ (конц.) $= NH_3\uparrow + H_2O$ (кипячение с NaOH)

$NH_3 \cdot H_2O + HCl$ (разб.) $= NH_4Cl + H_2O$

$3(NH_3 \cdot H_2O)$ (конц.) $+ CrCl_3 = Cr(OH)_3\downarrow + 3NH_4Cl$

$2(NH_3 \cdot H_2O)$ (разб.) $+ 2CrO_3 = H_2O + (NH_4)_2Cr_2O_7$

$8(NH_3 \cdot H_2O)$ (конц.) $+ 3Br_{2(р)} = N_2\uparrow + 6NH_4Br + 8H_2O$ (40–50 °C)

$2(NH_3 \cdot H_2O)$ (конц.) $+ 2KMnO_4 = N_2\uparrow + 2MnO_2\uparrow + 4H_2O + 2KOH$

$4(NH_3 \cdot H_2O)$ (конц.) $+ Ag_2O = 2[Ag(NH_3)_2]OH + 3H_2O$

$4(NH_3 \cdot H_2O)$ (конц.) $+ Cu(OH)_2 = [Cu(NH_3)_4](OH)_2 + 4H_2O$

$6(NH_3 \cdot H_2O)$ (конц.) $+ NiCl_2 = [Ni(NH_3)_6]Cl_2 + 6H_2O$

Разбавленный раствор аммиака (3–10%-ный) часто называют *нашатырным спиртом* (название придумано алхимиками), а концентрированный раствор (18,5–25%-ный) — *аммиачной водой* (выпускается промышленностью).

Соли аммония

NH_4Cl (см. 23.3)
NH_4HS (см. 24.3)

25.3. Оксиды азота

Азот образует пять соединений с кислородом — *оксиды* N_2O, NO, N_2O_3, NO_2 и N_2O_5.

Оксид диазота N_2O

Бесцветный газ с приятным запахом («веселящий газ»), N═N═O, формальная степень окисления азота +I, плохо растворим в воде. Поддерживает горение графита и магния:

$$2N_2O + C = CO_2 + 2N_2 \qquad (450\ ^\circ C)$$

$$N_2O + Mg = N_2 + MgO \qquad (500\ ^\circ C)$$

Получают термическим разложением нитрата аммония:

$$NH_4NO_3 = N_2O + 2H_2O \qquad (195\text{–}245\ ^\circ C)$$

Применяется в медицине как анестезирующее средство.

Триоксид диазота N_2O_3

При низких температурах — синяя жидкость, ON═NO_2, формальная степень окисления азота +III. При 20 °C на 90% разлагается на смесь бесцветного NO и бурого NO_2 («нитрозные газы», промышленный дым — «лисий хвост»). N_2O_3 —кислотный оксид, на холоду с водой образует HNO_2, при нагревании реагирует иначе:

$$3N_2O_3 + H_2O = 2HNO_3 + 4NO\uparrow$$

Со щелочами дает соли HNO_2, например $NaNO_2$.

Получают взаимодействием NO с O_2 ($4NO + 3O_2 = 2\ N_2O_3$) или с NO_2 ($NO + NO_2 = N_2O_3$) при сильном охлаждении. «Нитрозные газы» ядовиты и экологически опасны, действуют как катализаторы разрушения озонового слоя атмосферы.

Пентаоксид диазота N_2O_5

Бесцветное твердое вещество, O_2N—O—NO_2, степень окисления азота +V. При комнатной температуре за 10 ч разлагается на NO_2 и O_2. Реагирует с водой и щелочами как кислотный оксид:

$$N_2O_5 + H_2O = 2HNO_3$$

$$N_2O_5 + 2NaOH = 2NaNO_3 + H_2O$$

Получают дегидратацией дымящей азотной кислоты

$$2HNO_3 + P_2O_5 = N_2O_5 + 2HPO_3$$

или окислением NO_2 озоном при −78°C:

$$2NO_2 + O_3 = N_2O_5 + O_2$$

Монооксид азота NO

Несолеобразующий оксид. Бесцветный газ. Радикал, содержит ковалентную $\sigma\pi$-связь (· N═O), в твердом состоянии димер N_2O_2 со связью N—N. Чрезвычайно термически устойчив. Чувствителен к кислороду воздуха (буреет). Мало растворим в воде и не реагирует с ней. Химически пассивен по отношению к кислотам и щелочам. При нагревании реагирует с металлами и неметаллами. Весьма реакционноспособна смесь NO и NO_2 («нитрозные газы»). Промежуточный продукт в синтезе азотной кислоты.

Уравнения важнейших реакций:

$2NO + O_2$ (изб.) $= 2NO_2$ (20 °C)

$2NO + 2H_2 = N_2 + 2H_2O$ (200 °C)

$NO + 5H^0$ (Zn, конц. NaOH) $= NH_3 \cdot H_2O$

$2NO + C$ (графит) $= N_2 + CO_2$ (400–500 °C)

$10NO + 4P$ (красн.) $= 5N_2 + 2P_2O_5$ (150–200 °C)

$2NO + 4Cu = N_2 + 2Cu_2O$ (500–600 °C)

Реакции смеси NO и NO_2:

$NO + NO_2 + H_2O = 2HNO_{2(р)}$

$NO + NO_2 + 2KOH$ (разб.) $= 2KNO_2 + H_2O$

$NO + NO_2 + Na_2CO_3 = 2NaNO_2 + CO_2$ (450–500 °C)

Получение: в промышленности — окисление аммиака (см.) кислородом на катализаторе, в лаборатории — взаимодействие разбавленной азотной кислоты с восстановителями

$$8HNO_3 \text{ (хол.)} + 6Hg = 3Hg_2(NO_3)_2 + \mathbf{2NO}\uparrow + 4H_2O$$

или восстановлением нитритов:

$$2NaNO_2 + 2H_2SO_4 \text{ (разб.)} + 2NaI = \mathbf{2NO}\uparrow + I_2\downarrow + 2H_2O + 2Na_2SO_4$$

Диоксид азота NO_2

Кислотный оксид, условно отвечает двум кислотам — HNO_2 и HNO_3 (кислота для N^{IV} не существует). Бурый газ, при комнатной температуре мономер NO_2, на холоду жидкий бесцветный димер N_2O_4 (тетраоксид диазота). Молекула NO_2 — радикал со строением незавершенного треугольника [· $N(O)_2$] (sp^2-гибридизация) с ковалентными $\sigma\pi$-связями N═O. Молекула N_2O_4 содержит очень длинную связь N—N (175 пм), которая легко разрывается при температуре выше комнатной (в интервале 20,7–135,0 °C). Полностью реагирует с водой, щелочами. Очень сильный окислитель, вызывает коррозию металлов. Усиливает химическую активность NO (см.). Применяется для синтеза азотной кислоты и безводных нитратов, как окислитель ракетного топлива, очиститель нефти от серы и катализатор окисления органических соединений. Ядовит.

Уравнения важнейших реакций:

$2NO_2 \rightleftarrows 2NO + O_2$ (135–620 °C)

$4NO_{2(ж)} + H_2O = 2HNO_3 + N_2O_3$ (син.) (на холоду)

$3NO_2 + H_2O = 2HNO_3 + NO\uparrow$ (80 °C)

$2NO_2 + 2NaOH$ (разб.) $= NaNO_2 + NaNO_3 + H_2O$

$4NO_2 + O_2 + 2H_2O = 4HNO_3$

$4NO_2 + O_2 + 4KOH = 4KNO_3 + 2H_2O$

$2NO_2 + 7H_2 = 2NH_3 + 4H_2O$ (кат. Pt, Ni)

$2NO_2 + 2S = N_2 + 2SO_2$ (130 °C)

$10NO_2 + 8P$ (красн.) $= 5N_2 + 4P_2O_5$ (150 °C)

$NO_2 + 2HI_{(р)} = NO\uparrow + I_2\downarrow + H_2O$

$NO_2 + H_2O + SO_2 = H_2SO_4 + NO\uparrow$ (50–60 °C)

$NO_2 + K = KNO_2$

$6NO_2 + Bi = Bi(NO_3)_3 + 3NO$ (70–110 °C)

$4NO_{2(ж)} + Zn = Zn(NO_3)_2 + 2NO$ (до 0 °C)

Получение: в промышленности — окисление NO (см.) кислородом воздуха, в лаборатории — взаимодействие концентрированной азотной кислоты с восстановителями:

$6HNO_3$ (конц., гор.) $+ S = H_2SO_4 + \mathbf{6NO_2}\uparrow + 2H_2O$

$5HNO_3$ (конц., гор.) $+ P$ (красн.) $= H_3PO_4 + \mathbf{5NO_2}\uparrow + H_2O$

$2HNO_3$ (конц., гор.) $+ SO_2 = H_2SO_4 + \mathbf{2NO_2}\uparrow$

$4HNO_3$ (конц.) $+ MCl_2 =$

$= M(NO_3)_3 + 2HCl + \mathbf{NO_2}\uparrow + H_2O$ (M = Fe, Cr)

25.4. Азотистая кислота. Нитриты

Азотистая кислота HNO_2

Оксокислота. В свободном виде не получена, существует в водном растворе. Молекула имеет две таутомерные формы — несимметричную со строением незавершенного треугольника [:N(O)(OH)] (sp^2-гибридизация) и симметричную с треугольным строением $[N(H)(O)_2]$; симметричная форма преобладает при комнатной температуре и при взаимодействии N_2O_3 с H_2O. Слабая кислота, электролитическая диссоциация протекает только у несимметричной формы (симметричная форма кислотой не является). Нейтрализуется щелочами, гидратом аммиака. Проявляет окислительно-восстановительные свойства (за счет N^{III}).

Качественная реакция — обесцвечивание фиолетового раствора перманганат-ионов.

Применяется только в виде солей. Ниже описаны свойства несимметричной (кислотной) формы.

Уравнения важнейших реакций:

$3HNO_{2(р)} = HNO_3 + 2NO\uparrow + H_2O$ (кипячение)

$HNO_2 + NaOH$ (разб.) $= NaNO_2 + H_2O$

$HNO_2 + NH_3 \cdot H_2O$ (разб.) $= NH_4NO_2 + H_2O$

$HNO_2 + 6H^0(Zn) + HCl$ (разб.) $= NH_4Cl + 2H_2O$ (кипячение)

$2HNO_2 + O_2$ (воздух) $\xrightarrow{\tau} 2HNO_3$

$2HNO_2 + 2H^+ + 2I^-$ (разб.) $= I_2\downarrow + 2NO\uparrow + 2H_2O$

$2HNO_2 + 6H^+ + 6Fe^{2+}$ (конц.) $= N_2\uparrow + 6Fe^{3+} + 4H_2O$

$HNO_2 + H_2O_2$ (конц.) $= HNO_3 + H_2O$ (кипячение)

$5HNO_2 + H^+ + 2MnO_4^- = 2Mn^{2+} + 5NO_3^- + 3H_2O$

Получение в лаборатории – взаимодействие с водой NO (см.) в смеси с NO_2 и по обменной реакции

$$Ba(NO_2)_2 + H_2SO_4 = 2\mathbf{HNO_2} + BaSO_4\downarrow$$

Нитрит калия KNO_2

Оксосоль. Белый, гигроскопичный. Плавится без разложения. Устойчив в сухом воздухе. Очень хорошо растворим в воде (образуется бесцветный раствор), гидролизуется по аниону. Типичный окислитель и восстановитель в кислотной среде, очень медленно реагирует в щелочной среде. Вступает в реакции ионного обмена.

Качественные реакции на ион NO_2^- — обесцвечивание фиолетового раствора MnO_4^- и появление черного осадка при добавлении ионов I^-. Применяется в производстве красителей, как аналитический реагент на аминокислоты и иодиды, компонент фотографических реактивов.

Уравнения важнейших реакций:

$KNO_2 + HCl$ (разб.) $= KCl + HNO_2$ (на холоду)

$2KNO_{2(т)} + 2HNO_3$ (конц.) $= NO_2\uparrow + NO\uparrow + H_2O + 2KNO_3$

$2KNO_2$ (разб.) $+ O_2$ (изб.) $\xrightarrow{\tau} 2KNO_3$ (60–80 °C)

$KNO_2 + H_2O + Br_2 = KNO_3 + 2HBr$

$5NO_2^- + 6H^+ + 2MnO_4^-$ (фиол.) $= 5NO_3^- + 2Mn^{2+}$ (бц.) $+ 3H_2O$

$3NO_2^- + 8H^+ + Cr_2O_7^{2-} = 3NO_3^- + 2Cr^{3+} + 4H_2O$

NO_2^- (насыщ.) $+ NH_4^+$ (насыщ.) $= N_2\uparrow + 2H_2O$ (кипячение)

$2NO_2^- + 4H^+ + 2I^-$ (бц.) $= 2NO\uparrow + I_2$ (черн.)$\downarrow + 2H_2O$

NO_2^- (разб.) $+ Ag^+ = AgNO_2$ (св.-желт.)$\downarrow$

Получение в промышленности — восстановлением калийной селитры в процессах:

$KNO_3 + Pb = \mathbf{KNO_2} + PbO$ (350–400 °C)

KNO_3 (конц.) $+ Pb$ (губка) $+ H_2O = \mathbf{KNO_2} + Pb(OH)_2\downarrow$

$2KNO_3 + CaO + SO_2 = \mathbf{2KNO_2} + CaSO_4$ (300 °C)

25.5. Азотная кислота. Нитраты

Азотная кислота HNO_3

Оксокислота. Бесцветная жидкость. Молекула имеет искаженно-треугольное строение $[N(O)_2(OH)]$ (sp^2-гибридизация), содержит ковалентные $\sigma\pi$-связи N═O и σ-связь N—OH. Разлагается при стоянии на свету (желтеет). Хорошо растворяет оксиды азота (красно-бурая «дымящая» кислота, плотность 1,56 г/мл). Неограниченно смешивается с водой, перегоняется при обычных условиях в виде азеотропной смеси (массовая доля кислоты 68,4%, плотность 1,41 г/мл, температура кипения 120,7 °C) образует гидрат $HNO_3 \cdot H_2O$ (точнее, H_3NO_4 — *ортоазотная кислота*).

Сильная кислота в растворе, ион NO_3^- имеет строение правильного треугольника (sp^2-гибридизация). Нейтрализуется щелочами и гидратом аммиака. Реагирует с осно́вными и амфотерными оксидами и гидроксидами, вытесняет слабые кислоты из их солей. Сильный окислитель в концентрированном растворе (за счет N^V). Образует смесь продуктов восстановления азота — от $N^{IV}O_2$ до $N^{-III}H_4^+$, в зависимости от концентрации кислоты и силы восстановителя в этой смеси преобладают разные продукты (условно для концентрированной кислоты указывают NO_2, для разбавленной — NO, для очень разбавленной — NH_4^+).

Концентрированная кислота пассивирует Al, Be, Bi, Co, Cr, Fe, Ni и Pb, не реагирует с Au и Pt. Смесь HNO_3 (конц.) и HCl (конц.) — «*царская водка*» — обладает еще более сильным окислительным действием: переводит в раствор золото и платину. Нитрующим началом HNO_3 в ее реакциях с органическими веществами является ион NO_2^+ (*нитроил*).

В отличие от самой кислоты HNO_3 ее соли — *нитраты* проявляют сильные окислительные свойства только при сплавлении за счет выделяющегося кислорода. При нагревании нитраты разлагаются по-разному в зависимости от положения металла в ряду напряжений:

M — левее Mg | Нитрат $\longrightarrow$ Нитрит + O_2 |

$2NaNO_3 = 2NaNO_2 + O_2$ (380–500 °C)

$Ca(NO_3)_2 = Ca(NO_2)_2 + O_2$ (450 °C)

M — от Mg до Cu | Нитрат $\longrightarrow$ Оксид + NO_2 + O_2 |

$2Mg(NO_3)_2 = 2MgO + 4NO_2 + O_2$ (300 °C)

$4Cr(NO_3)_3 = 2Cr_2O_3 + 12NO_2 + 3O_2$ (60–250 °C)

$2Pb(NO_3)_2 = 2PbO + 4NO_2 + O_2$ (200–470 °C)

M — правее Cu | Нитрат $\longrightarrow$ Металл + NO_2 + O_2 |

$Hg(NO_3)_2 = Hg + 2NO_2 + O_2$ (400 °C)

$2AgNO_3 = 2Ag + 2NO_2 + O_2$ (300–500 °C)

Применяется азотная кислота для производства минеральных удобрений, взрывчатых веществ, нитратов металлов, органических нитропроизводных, искусственных волокон и пластмасс, красителей, лекарственных препаратов.

Уравнения важнейших реакций:

$$4HNO_3\ (\text{конц.}) \xrightleftharpoons{\tau} 4NO_2 + O_2\uparrow + 2H_2O \qquad (\text{на свету})$$

$$HNO_3 + NaOH\ (\text{разб.}) = NaNO_3 + H_2O$$

$$HNO_3 + NH_3 \cdot H_2O\ (\text{разб.}) = NH_4NO_3 + H_2O$$

$$2HNO_3\ (\text{разб.}) + MgO = Mg(NO_3)_2 + H_2O$$

$$2HNO_3\ (\text{разб.}) + Cu(OH)_2 = Cu(NO_3)_2 + 2H_2O$$

$$2HNO_3\ (\text{разб.}) + CaCO_3 = Ca(NO_3)_2 + CO_2\uparrow + H_2O$$

$$2HNO_3\ (2\text{–}3\%) + 8H^0\ (Zn,\ \text{разб.}\ H_2SO_4) = NH_4NO_3 + 3H_2O$$

$$HNO_3\ (30\%) + 3H^0\ (Zn,\ \text{разб.}\ H_2SO_4) = NO\uparrow + 2H_2O$$

$$4HNO_3\ (\text{конц.}) + Cu = Cu(NO_3)_2 + 2NO_2\uparrow + 2H_2O$$

$$2HNO_3\ (\text{конц.}) + Ag = AgNO_3 + NO_2\uparrow + H_2O$$

$$8HNO_3\ (\text{разб.}) + 3Cu = 3Cu(NO_3)_2 + 2NO\uparrow + 4H_2O$$

$$10HNO_3\ (\text{оч.разб.}) + 4Zn = 4Zn(NO_3)_2 + NH_4NO_3 + 3H_2O$$

$$10HNO_3\ (\text{конц.}) + I_{2(\text{т})} = 2HIO_3 + 10NO_2\uparrow + 4H_2O \qquad (50\text{–}60\ ^\circ C)$$

$$6HNO_3\ (60\%) + HI = HIO_3 + 6NO_2\uparrow + 3H_2O \qquad (\text{кипячение})$$

$$8HNO_3\ (\text{конц.}) + CuS_{(\text{т})} = CuSO_4 + 8NO_2\uparrow + 4H_2O \qquad (\text{кипячение})$$

$$HNO_3\ (\text{конц.}) + 4HCl\ (\text{конц.}) + Au = 2H_2O + NO\uparrow + H[AuCl_4]$$

$$4HNO_3\ (\text{конц.}) + 18HCl\ (\text{конц.}) + 3Pt = 8H_2O + 4NO\uparrow + 3H_2[PtCl_6]$$

Получение: промышленный синтез состоит из следующих этапов:

$$N_2 + H_2 \longrightarrow NH_3 \longrightarrow NO \longrightarrow NO_2 \longrightarrow \mathbf{HNO_3}$$

а именно, производство аммиака (см.), каталитическое окисление аммиака (см.) до NO, перевод NO (см.) в NO_2, поглощение смеси NO_2 и O_2 водой (см.).

Нитрат калия KNO_3

Оксосоль. Техническое название *калийная*, или *индийская, селитра*. Белый, плавится без разложения, при дальнейшем нагревании разлагается. Устойчив на воздухе. Хорошо растворим в воде (с высоким *эндо*-эффектом, $Q = -36$ кДж), гидролиза нет. Сильный окислитель при сплавлении (за счет выделения атомарного кислорода). В растворе восстанавливается только атомарным водородом (в кислотной среде до KNO_2, в щелочной среде до NH_3).

Применяется в производстве стекла, как консервант пищевых продуктов, компонент пиротехнических смесей и минеральных удобрений.

Уравнения важнейших реакций:

$2KNO_3 = 2KNO_2 + O_2$ (400–520 °C)

$KNO_3 + H_2SO_4$ (96 %) $= HNO_3\uparrow + KHSO_4$ (30–50 °C, вакуум)

$KNO_3 + 2H^0$ (Zn, разб. HCl) $= KNO_2 + H_2O$

$KNO_3 + 8H^0$ (Al, конц. KOH) $= NH_3\uparrow + 2H_2O + KOH$ (80 °C)

$KNO_3 + NH_4Cl = N_2O\uparrow + 2H_2O + KCl$ (230–300 °C)

$2KNO_3 + S = 2KNO_2 + SO_2$ (500 °C)

$2KNO_3 + C$ (графит) $= 2KNO_2 + CO_2$ (450 °C)

$\underbrace{2KNO_3 + 3C\text{ (графит)}}_{\text{черный порох}} + S = N_2 + 3CO_2 + K_2S$ (сгорание)

$6KNO_3 + 10Al = 6KAlO_2 + 3N_2 + 2Al_2O_3$ (400 °C)

$KNO_3 + Pb = KNO_2 + PbO$ (350–400 °C)

$3KNO_3 + 2KOH + Fe = K_2FeO_4 + 3KNO_2 + H_2O$ (400–420 °C)

$KNO_3 + 2KOH + MnO_2 = K_2MnO_4 + KNO_2 + H_2O$ (350–450 °C)

$3KNO_3 + 4KOH + Cr_2O_3 = 2K_2CrO_4 + 3KNO_2 + 2H_2O$ (330–400 °C)

Получение: в промышленности

$$4KOH\text{ (гор.)} + 4NO_2 + O_2 = \mathbf{4KNO_3} + 2H_2O$$

и в лаборатории:

$$KCl + AgNO_3 = \mathbf{KNO_3} + AgCl\downarrow$$

25.6. Фосфор и его соединения

Фосфор — элемент 3-го периода и VA-группы Периодической системы, порядковый номер 15. Электронная формула атома $[_{10}Ne]3s^23p^3$, устойчивая степень окисления в соединениях +V.

Шкала степеней окисления фосфора:

+V	P_2O_5, PO_4^{3-}, H_3PO_4, Na_3PO_4, PF_5, PCl_3O, P_2S_5
+III	P_2O_3, PF_3, PCl_3, P_2S_3
0	$P(P_4, P_n)$, P_2, P^0
–III	PH_3, Na_3P, Mg_3P_2, AlP

Электроотрицательность фосфора (2,32) значительно ниже, чем у типичных неметаллов, и немного выше, чем у водорода. Образует различные кислородсодержащие кислоты, соли и бинарные соединения, проявляет неметаллические (кислотные) свойства. Большинство фосфатов нерастворимы в воде.

В природе — тринадцатый по химической распространенности элемент (шестой среди неметаллов), встречается только в химически связанном виде. Входит в состав многочисленных минералов, руд и горных пород (фосфориты, апатиты и др.).

Жизненно важный элемент. В организме человека и животных фосфор содержится в составе белков, липидов (нервное и мозговое вещества), ферментов и фосфата кальция (костные ткани, зубы).

Сложный органический анион с фосфатной группировкой — аденозинтрифосфат-ион, который вырабатывается растениями при фотосинтезе, играет важную роль как источник энергии в биохимических реакциях и обменных процессах высших организмов. Недостаток фосфора в почве восполняется введением фосфорных удобрений — главным образом суперфосфатов.

Фосфор открыт в 1669 г. немецким алхимиком Х. Брандом (первое в истории химии датированное открытие элемента). Прокаливая сухой остаток от выпаривания мочи с песком и углем, Бранд получил белую пыль, которая светилась в темноте (явление фосфоресценции), и таким образом открыл белый фосфор.

Красный и белый фосфор P

Известно несколько аллотропных форм фосфора в свободном виде, главные — это *белый фосфор* P_4 и *красный фосфор* P_n. В уравнениях реакций аллотропные формы представляют как P (красн.) и P (бел.).

Красный фосфор состоит из полимерных молекул P_n разной длины. Аморфный, при комнатной температуре медленно переходит в белый фосфор. При нагревании до 416 °С возгоняется (при охлаждении пара конденсируется белый фосфор). Нерастворим в органических растворителях. Химическая активность ниже, чем у белого фосфора. На воздухе загорается только при нагревании.

Применяется как реагент (более безопасный, чем белый фосфор) в неорганическом синтезе, наполнитель ламп накаливания, компонент намазки коробка́ при изготовлении спичек. Не ядовит.

Белый фосфор состоит из молекул P_4. Мягкий, как воск (режется ножом). Плавится и кипит без разложения ($t_{пл}$ 44,14 °С, $t_{кип}$ 287,3 °С, ρ 1,82 г/см³). Окисляется на воздухе (зеленое свечение в темноте), при большой массе возможно самовоспламенение. В особых условиях переводится в красный фосфор. Хорошо растворим в бензоле, эфирах, сероуглероде. Не реагирует с водой, хранится под слоем воды. Чрезвычайно химически активен. Проявляет окислительно-восстановительные свойства. Восстанавливает благородные металлы из растворов их солей.

Применяется в производстве H_3PO_4 и красного фосфора, как реагент в органических синтезах, раскислитель сплавов, зажигательное средство. Горящий фосфор следует гасить песком (но не водой!). Чрезвычайно ядовит, опасная для жизни доза — более 50 мг, может попасть в организм через органы дыхания и пищеварения, а также через повреждения (ранки) на коже.

Уравнения важнейших реакций:

$$\text{P (бел.)} \xrightarrow[\text{кат. } I_2,\ Na]{250\text{–}330\ °C} \text{P (красн.)},\quad \text{P (красн.)} \xrightarrow{280\text{–}416\ °C} \text{P (бел.)}$$

$$\text{P (красн.)} + 5HNO_3\ \text{(конц.)} = 2H_3PO_4 + 5NO_2\uparrow + H_2O \qquad (100\ °C)$$

$$2\text{P (бел.)} + 3H_2 \rightleftarrows 2PH_3 \qquad (300\text{–}360\ °C,\ p)$$

$$2\text{P (красн.)} + 3Ca = Ca_3P_2 \qquad (350\text{–}450\ °C)$$

$$\text{P (бел.)} \xrightarrow[\text{сгорание}]{O_2,\ 34\text{–}60\ °C} P_2O_5,\quad \text{P (красн.)} \xrightarrow[\text{сгорание}]{O_2,\ 240\text{–}400\ °C} P_2O_5$$

$$\text{P (красн.)} \xrightarrow[\text{сгорание}]{Cl_2,\ 50\text{–}60\ °C} PCl_3 \xrightarrow[\text{сгорание}]{Cl_2,\ 90\ °C} PCl_5$$

$$\underset{\text{намазка коробка}}{6\text{P (красн.)}} + \underset{\text{головка спички}}{5KClO_3} = 3P_2O_5 + 5KCl \qquad (50\ °C)$$

Получение в промышленности – восстановление фосфорита раскаленным коксом (песок добавляют для связывания кальция)

$Ca_3(PO_4)_2 + 5C + 3SiO_2 = 3CaSiO_3 + 2\mathbf{P} + 5CO$ (1000 °C)

Пар фосфора охлаждают и получают твердый белый фосфор.

Красный фосфор готовят из белого фосфора (см. выше), в зависимости от условий степень полимеризации n (P_n) может быть различной.

Фосфин PH_3

Бинарное соединение, степень окисления фосфора равна –III. Бесцветный газ с неприятным запахом. Молекула имеет строение незавершенного тетраэдра [$:P(H)_3$] (sp^3-гибридизация). Мало растворим в воде, не реагирует с ней (в отличие от NH_3). Сильный восстановитель, сгорает на воздухе, окисляется в HNO_3 (конц.). Присоединяет HI. Применяется для синтеза фосфорорганических соединений. Сильно ядовит.

Уравнения важнейших реакций:

$PH_3 + 8HNO_3$ (конц.) $= H_3PO_4 + 8NO_2\uparrow + 4H_2O$

$PH_3 + 2O_2 = H_3PO_4$ (150 °C)

$$PH_3 + HI \underset{\text{выше } +80\ ^\circ C}{\overset{\text{от } -20 \text{ до } -10\ ^\circ C}{\rightleftarrows}} PH_4I \text{ (иодид фосфония)}$$

Получение в лаборатории:

$Ca_3P_2 + 6HCl$ (разб.) $= 3CaCl_2 + 2\mathbf{PH_3}\uparrow$

Оксид фосфора(V) P_2O_5

Кислотный оксид. Белый, термически устойчивый. В твердом и газообразном состояниях димер P_4O_{10} со строением из четырех тетраэдров [O═P $(O)_3$], связанных по трем вершинам (P—O—P). При очень высоких температурах мономеризуется до P_2O_5. Существует также стеклообразный полимер $(P_2O_5)_n$. Чрезвычайно гигроскопичен, энергично реагирует с водой, щелочами. Восстанавливается белым фосфором. Отнимает воду у кислородсодержащих кислот.

Применяется как весьма эффективный дегидратирующий агент для осушения твердых веществ, жидкостей и газовых смесей, реагент в производстве фосфатных стекол, катализатор полимеризации алкенов. Ядовит.

Уравнения важнейших реакций:

$$P_2O_5 \xrightarrow{H_2O,\ 0\ °C} HPO_3 \xrightarrow{H_2O,\ 20\ °C} H_4P_2O_7 \xrightarrow{H_2O,\ 100\ °C} H_3PO_4$$

$$P_2O_5 + 6NaOH\ (\text{разб.}) = 2Na_3PO_4 + 3H_2O$$

$$2P_2O_5 + 3HCl_{(р)} = PCl_3O + 3HPO_3 \qquad (200\ °C)$$

$$P_2O_5 + 2HNO_3\ (\text{дымящ.}) = 2HPO_3 + N_2O_5 \qquad (0\ °C)$$

$$P_2O_5 + 2HClO_4\ (\text{безводн.}) = 2HPO_3 + Cl_2O_7 \qquad (-25\ °C)$$

Получение: сжигание фосфора (см.) в избытке сухого воздуха.

Ортофосфорная кислота H_3PO_4

Оксокислота. Белое вещество, гигроскопичное, конечный продукт взаимодействия P_2O_5 с водой. Молекула имеет строение искаженного тетраэдра $[P(O)(OH)_3]$ (sp^3-гибридизация), содержит ковалентные σ-связи P—OH и σπ-связь P═O. Плавится без разложения, при дальнейшем нагревании разлагается. Хорошо растворяется в воде (548 г/100 г H_2O). Слабая кислота в растворе, нейтрализуется щелочами, не полностью — гидратом аммиака. Реагирует с типичными металлами. Вступает в реакции ионного обмена.

Качественная реакция — выпадение желтого осадка ортофосфата серебра(I). Применяется в производстве минеральных удобрений, для осветления сахарозы, как катализатор в органическом синтезе, компонент антикоррозионных покрытий на чугуне и стали.

Уравнения важнейших реакций:

$$H_3PO_4 \xrightarrow[-H_2O]{150\ °C} H_4P_2O_7 \xrightarrow[-H_2O]{300\ °C,\ \text{вакуум}} HPO_3$$

$$H_3PO_4 + H_2O \rightleftarrows H_2PO_4^- + H_3O^+ \qquad (pH < 7)$$

$$H_2PO_4^- + H_2O \rightleftarrows HPO_4^{2-} + H_3O^+ \qquad (\text{идет в малой степени})$$

$$HPO_4^{2-} + H_2O \rightleftarrows PO_4^{3-} + H_3O^+ \qquad (\text{практически не идет})$$

$$H_3PO_4 \xrightarrow[-H_2O]{MOH} MH_2PO_4,\ M_2HPO_4,\ M_3PO_4 \qquad (M = Na,\ K)$$

$$H_3PO_4 \xrightarrow[-H_2O]{NH_3 \cdot H_2O} NH_4(H_2PO_4),\ (NH_4)_2HPO_4$$

$$H_3PO_4 \xrightarrow[-H_2O]{Ca(OH)_2} Ca_3(PO_4)_2\downarrow,\ CaHPO_4\downarrow,\ Ca(H_2PO_4)_2\downarrow$$

$3H_3PO_4$ (разб.) + $5Ca(OH)_2$ (изб.) = $Ca_5(PO_4)_3OH\downarrow + 9H_2O$

$2H_3PO_4$ (разб.) + $3Mg = Mg_3(PO_4)_2\downarrow + 3H_2\uparrow$ (50–80 °C)

$3H_3PO_4$ (разб.) + $4Fe = FeHPO_4\downarrow + Fe_3(PO_4)_2\downarrow + 4H_2\uparrow$

$4H_3PO_4$ (конц.) + $P_2O_5 = 3H_4P_2O_7$ (80–100 °C)

$2H_3PO_4 + 3CO_3^{2-} + 6Ag^+ = 2Ag_3PO_4\downarrow + 3CO_2\uparrow + 3H_2O$

Получение в промышленности: кипячение фосфоритной руды в серной кислоте:

$Ca_3(PO_4)_2 + 3H_2SO_4$ (конц.) = $2\mathbf{H_3PO_4} + 3CaSO_4\downarrow$

Хлорид фосфора(V) PCl_5

Бинарное соединение. Белый, летучий, термически неустойчивый. Молекула имеет строение тригональной бипирамиды (sp^3d-гибридизация). В твердом состоянии димер P_2Cl_{10} с ионным строением $PCl_4^+[PCl_6]^-$. «Дымит» во влажном воздухе. Весьма реакционноспособный, полностью гидролизуется водой, реагирует со щелочами. Восстанавливается белым фосфором. Применяется как хлорагент в органическом синтезе. Ядовит.

Уравнения важнейших реакций:

$$PCl_5 \underset{\text{до } 100\ ^\circ C}{\overset{160-300\ ^\circ C}{\rightleftarrows}} PCl_3 + Cl_2$$

$PCl_5 + H_2O$ (влага) = $PCl_3O_{(т)} + 2HCl_{(г)}$ (белый «дым»)

$PCl_5 + 4H_2O = H_3PO_4 + 5HCl$

$PCl_5 + 8NaOH$ (разб.) = $Na_3PO_4 + 5NaCl + 4H_2O$

$3PCl_5 + 2P$ (бел.) = $5PCl_3$ (75–100 °C)

$3PCl_5 + P_2O_5 = 5PCl_3O$ (150–175 °C)

Получение: хлорирование фосфора (см.).

Ортофосфат натрия Na_3PO_4

Оксосоль. Белый, гигроскопичный. Плавится без разложения, термически устойчивый. Хорошо растворим в воде, гидролизуется по аниону, создает в растворе сильнощелочную среду. Реагирует в растворе с цинком и алюминием. Вступает в реакции ионного обмена.

Качественная реакция на ион PO_4^{3-} — образование желтого осадка ортофосфата серебра(I).

Применяется для устранения «постоянной» жесткости пресной воды, как компонент моющих средств и фотопроявителей, реагент в синтезе каучука.

Уравнения важнейших реакций:

$Na_3PO_4 \cdot 12H_2O = Na_3PO_4 + 12H_2O$ (200 °C, вакуум)

$2PO_4^{3-}$ (конц.) $+ 8H_2O + 2Al = 2[Al(OH)_4]^- + 2HPO_4^{2-} + 3H_2\uparrow$

$2PO_4^{3-}$ (конц.) $+ 4H_2O + Zn = [Zn(OH)_4]^{2-} + 2HPO_4^{2-} + H_2\uparrow$

$2PO_4^{3-}$ (разб.) $+ 3Ca^{2+} = Ca_3(PO_4)_2\downarrow$

PO_4^{3-} (разб.) $+ 3Ag^+ = Ag_3PO_4\downarrow$

Получение: полная нейтрализация H_3PO_4 (см.) гидроксидом натрия или по реакции:

$$2H_3PO_4 + 3Na_2CO_3 = 2Na_3PO_4 + 3CO_2\uparrow + 3H_2O$$

Гидроортофосфат натрия Na_2HPO_4

Кислая оксосоль. Белый, при умеренном нагревании разлагается без плавления. Хорошо растворим в воде, гидролизуется по аниону. Реагирует с H_3PO_4 (конц.), нейтрализуется щелочами. Вступает в реакции ионного обмена.

Качественная реакция на ион HPO_4^{2-} — образование желтого осадка ортофосфата серебра(I).

Применяется как эмульгатор при сгущении коровьего молока, компонент пищевых пастеризаторов и фотоотбеливателей.

Уравнения важнейших реакций:

$$Na_2HPO_4 \cdot 12H_2O \xrightarrow[-H_2O]{95-100\ °C} Na_2HPO_4 \xrightarrow[-H_2O]{120-300\ °C} Na_4P_2O_7$$

Na_2HPO_4 (разб.) $+ H_3PO_4$ (конц.) $= 2NaH_2PO_4$

Na_2HPO_4 (разб.) + NaOH (конц.) = $Na_3PO_4 + H_2O$

$4HPO_4^{2-}$ (разб.) + $3Ca^{2+} = Ca_3(PO_4)_2\downarrow + 2H_2PO_4^-$

HPO_4^{2-} (конц.) + $Ca^{2+} = CaHPO_4\downarrow$

$2HPO_4^{2-}$ (разб.) + $3Ag^+ = Ag_3PO_4\downarrow + H_2PO_4^-$

HPO_4^{2-} (разб.) + $OH^- + 3Li^+ = H_2O + Li_3PO_4$ (бел.)$\downarrow$

$Na_2HPO_4 + NH_4Cl = NaPO_3 + NH_3 + H_2O + NaCl$ (700–750 °C)

Получение: неполная нейтрализация H_3PO_4 гидроксидом натрия в разбавленном растворе:

$$2NaOH + H_3PO_4 = \mathbf{Na_2HPO_4} + 2H_2O$$

Дигидроортофосфат натрия NaH_2PO_4

Кислая оксосоль. Белый, гигроскопичный. При умеренном нагревании разлагается без плавления. Хорошо растворим в воде, анион $H_2PO_4^-$ подвергается обратимой диссоциации. Нейтрализуется щелочами. Вступает в реакции ионного обмена.

Качественная реакция на ион $H_2PO_4^-$ — образование желтого осадка ортофосфата серебра(I).

Применяется в производстве стекла, для защиты стали и чугуна от коррозии, как умягчитель воды.

Уравнения важнейших реакций:

$NaH_2PO_4 \cdot 2H_2O = NaH_2PO_4 + 2H_2O$ (100 °C, вакуум)

$$NaH_2PO_4 \xrightarrow[-H_2O]{160\ ^\circ C} Na_2H_2P_2O_7 \xrightarrow[-H_2O]{220-250\ ^\circ C} NaPO_3$$

$$NaH_2PO_4\ (\text{разб.}) \xrightarrow[-H_2O]{NaOH\ (\text{разб.})} Na_2HPO_4 \xrightarrow[-H_2O]{NaOH\ (\text{конц.})} Na_3PO_4$$

$3H_2PO_4^-$ (разб.) + $3Ag^+ = Ag_3PO_4\downarrow + 2H_3PO_4$

$H_2PO_4^- + Fe^{3+} = FePO_4$ (красн.)$\downarrow + 2H^+$

Получение: неполная нейтрализация H_3PO_4 едким натром:

$$H_3PO_4\ (\text{конц.}) + NaOH\ (\text{разб.}) = \mathbf{NaH_2PO_4} + H_2O$$

Ортофосфат кальция $Ca_3(PO_4)_2$

Оксосоль. Белый, тугоплавкий, термически устойчивый. Нерастворим в воде. Разлагается концентрированными кислотами.

Восстанавливается коксом при сплавлении. Основной компонент фосфоритных руд (апатиты и др.).

Применяется для получения фосфора, в производстве фосфорных удобрений (суперфосфаты), керамики и стекла, осажденный порошок — как компонент зубных паст и стабилизатор полимеров.

Уравнения важнейших реакций:

$$Ca_3(PO_4)_2 + 2H_2SO_4\ (60\%) = Ca(H_2PO_4)_2\downarrow + 2CaSO_4\downarrow \quad (\text{до } 50\ ^\circ C)$$

$$Ca_3(PO_4)_2 + 4H_3PO_4\ (40\%) = 3Ca(H_2PO_4)_2\downarrow \quad (\text{примесь } CaHPO_4)$$

$$Ca_3(PO_4)_2 + 5C + 3SiO_2 = 3CaSiO_3 + 2P + 5CO \quad (1000\ ^\circ C)$$

Смесь $Ca(H_2PO_4)_2$ и $CaSO_4$ называется *простым суперфосфатом*, $Ca(H_2PO_4)_2$ с примесью $CaHPO_4$ — *двойным суперфосфатом*, они легко усваиваются растениями при подкормке.

Наиболее ценные удобрения — *аммофосы* (содержат азот и фосфор), представляют собой смесь аммонийных кислых солей $NH_4H_2PO_4$ и $(NH_4)_2HPO_4$.

26. НЕМЕТАЛЛЫ IVA-ГРУППЫ. УГЛЕРОД. КРЕМНИЙ

26.1. Общая характеристика

IVA
углерод C
кремний Si
германий Ge
олово Sn
свинец Pb

Для элементов IVA-группы Периодической системы электронная формула валентного уровня атомов ns^2np^2. Характерные степени окисления в соединениях +II и +IV.

По электроотрицательности элементы C и Si — неметаллы; Ge, Sn и Pb — амфотерные элементы, металлические свойства которых возрастают при увеличении порядкового номера и уменьшении степени окисления.

В свободном виде элементы IVA-группы — твердые вещества, их металлический характер увеличивается от C к Pb. По физическим свойствам C в свободном виде (алмаз и графит) относится к неметаллам (у графита обнаруживаются некоторые признаки металлов), Si и Ge проявляют промежуточные свойства (полупроводники), Sn и Pb свинец – типичные металлы (проводники). В ряду напряжений Sn и Pb стоят непосредственно перед водородом.

Устойчивость *водородных соединений* понижается от C к Pb. Атомы углерода практически неограниченно соединяются друг с другом в цепи и циклы и образуют углеводороды различного состава (родоначальники органических соединений, например, метан CH_4, этан C_2H_6, этилен C_2H_4, ацетилен C_2H_2, бензол C_6H_6 и др.).

Водородные соединения остальных элементов группы — *силан* SiH_4, *герман* GeH_4, *станнан* SnH_4 и *плюмбан* PbH_4 представляют собой малоустойчивые и реакционноспособные газы. Так, силан самовоспламеняется на воздухе:

$$SiH_4 + 2O_2 = SiO_2 + 2H_2O$$

По химическим свойствам эти соединения являются восстановителями.

Оксиды и *гидроксиды* C^{IV} и Si^{IV} — это кислотные оксиды CO_2 и SiO_2 и слабые кислоты H_2CO_3 и H_2SiO_3. Оксиды (безводные и гидратированные) остальных элементов в степени окисления +IV амфотерны, то же относится к оксидам и гидроксидам этих элементов в степени окисления +II.

а) $GeO_2 + 4HCl$ (конц.) $= GeCl_4 + 2H_2O$

$GeO_2 \cdot nH_2O + 2NaOH$ (конц.) $= Na_2GeO_3 + (n+1)H_2O$

б) $PbO + 2HCl$ (разб.) $= PbCl_2\downarrow + H_2O$

$Pb(OH)_2 + NaOH$ (конц.) $= Na[Pb(OH)_3]$

У соединений Sn^{IV} и Pb^{IV} преобладают кислотные свойства, а у соединений Sn^{II} и Pb^{II} — осно́вные свойства.

В соединениях элементов со степенью окисления +IV связи ковалентные, например в жидких хлоридах CCl_4, $SiCl_4$, $GeCl_4$, $SnCl_4$ и $PbCl_4$, тогда как в соединениях свинца(II) связи ионные и вещества PbF_2, $PbSO_4$ и $Pb(NO_3)_2$ являются солями (ионными кристаллами).

Устойчивость соединений в степени окисления +IV уменьшается при переходе от C к Pb, а устойчивость соединений в степени окисления +II возрастает. Так, соединения Pb^{IV} — очень сильные окислители, например оксид свинца(IV) PbO_2. Соединения остальных элементов в степени окисления +II — сильные восстановители, например CO, $SnCl_2$ и др.

Германий, олово и свинец находятся в земной коре в связанном виде, промышленно важными минералами являются *касситерит* SnO_2 и *галенит* PbS. Германий не имеет собственных минералов, он рассеян по различным полиметаллическим рудам. Существование элемента с порядковым номером 32 («эка-силиций») было предсказано Д. И. Менделеевым в 1871 г., открыт германий в 1885 г. в серебряных рудах.

26.2. Углерод в свободном виде. Карбиды

Углерод — элемент 2-го периода и IVA-группы Периодической системы, порядковый номер 6. Химия углерода — это в основном химия органических соединений; неорганических производных углерода не так много. Электронная формула атома $[_2He]2s^22p^2$, характерные степени окисления 0, −IV, +II и +IV, состояние C^{IV} считается устойчивым.

Шкала степеней окисления углерода:

+IV	CO_2, CO_3^{2-}, HCO_3^-, H_2CO_3, Na_2CO_3, CS_2, CF_4, CCl_2O, $C(NH_2)_2O$
+II	CO, HCN, C_2F_4, HCOOH
0	C (графит, алмаз, карбин, фуллерен)
−IV	CH_4, Be_2C, Al_4C_3, SiC

Углерод имеет среднюю для неметаллов электроотрицательность (2,50), проявляет неметаллические (кислотные) свойства. Неорганические углеродсодержащие вещества — оксиды, угольная кислота и ее соли, бинарные соединения; органические вещества — практически неограниченное число соединений с водородом (углеводородов) и их производных, содержащих различные по длине цепи и циклы атомов углерода.

В природе — одиннадцатый по химической распространенности элемент (четвертый среди неметаллов). Встречается в самородном состоянии (алмаз, графит) и в виде соединений (карбонатные минералы и горные породы, природный уголь, нефть, природный газ, сланцевое масло, битумы и др.).

Жизненно важный элемент для всех организмов, основа живой материи, в воздухе содержится ≈ $6{,}0 \cdot 10^{11}$ т углерода в виде углекислого газа, наполовину меньше — в живых организмах.

Углерод известен с глубокой древности в виде сажи, каменного и древесного угля, издавна используются алмаз — самый твердый и прозрачный драгоценный камень, графит, который уже в средние века служил для изготовления карандашей. Индивидуальность углерода как химического элемента утвердил французский химик А.-Л. де-Лавуазье в 1789 г.

Аллотропные формы углерода C

В свободном виде углерод существует в виде четырех аллотропных модификаций: графит, алмаз, карбин и фуллерен.

Графит — устойчивая аллотропная форма существования элемента. Серо-черный, с металлическим блеском, жирный на ощупь, мягкий, обладает электропроводимостью. Кристаллическая решетка состоит из слоев правильных шестиугольных колец, конденсированных по всем сторонам за счет $\sigma\pi$-связей (sp^2-гибридизация). Реагирует с водяным паром, кислотами-окислителями. Типичный восстановитель при сплавлении, реагирует с кислородом, оксидами металлов и солями. Восстанавливается водородом и металлами.

Для графита характерно образование множества карбидов — солеобразных (CaC_2, Al_4C_3), ковалентных (*карборунд* SiC), металлоподобных (имеющих нестехиометрический состав, например *цементит* Fe_3C). Солеобразные карбиды полностью гидролизуются в воде.

Графит встречается в природе в самородном виде. Применяется как конструкционный материал, основа угольных электродов, замедлитель нейтронов в ядерных реакторах, кокс — восстановитель в металлургии и химической технологии, сажа — как наполнитель резины.

Алмаз содержит в узлах кристаллической решетки атомы С с тетраэдрическим окружением (sp^3-гибридизация, ρ 3,52 г/см^3). Благородный камень, имеет наибольшую твердость среди природных веществ. Химическая активность ниже, чем у графита. Выше 1200 °С переходит в графит. В чистом состоянии алмазы — прозрачные бесцветные кристаллы с сильным преломляющим эффектом. После обработки природных алмазов (огранка, шлифовка) получают ювелирные драгоценные камни — *бриллианты*. Менее чистые алмазы обычно окрашенные и мутные, например серо-голубой и черный (*карбонадо*).

В промышленности из графита при 2000 °С под очень высоким давлением получают мелкие кристаллы искусственных алмазов. Применяются они для изготовления режущих инструментов и точных измерительных приборов.

Карбин состоит из линейных макромолекул $(C_2)_n$ со строением —C≡C— или =C=C= (sp-гибридизация, ρ 3,27 г/см^3). Химически менее активен, чем графит. При 2300 °С переходит в графит. Прозрачен и бесцветен, полупроводник. Широкого применения не имеет, очень редко встречается в природе.

Фуллерен состоит из молекул C_{60} или C_{70} (полые сферы; sp^2-гибридизация, ρ 1,7 г/см^3, температура плавления 500–600 °С для C_{60}), термически устойчив до 900–1000 °С.

Темноокрашенный порошок, растворим в гексане (темно-красный раствор для C_{60}, темно-оранжевый для C_{70}), полупроводник. Химические свойства изучены мало. Получают фуллерен, испаряя графит в атмосфере гелия при пониженном давлении. Обнаружен в природе. Возможное использование в будущем — основа сверхпроводящих материалов.

Ниже рассматриваются свойства графита как самой распространенной и химически активной формы углерода.

Уравнения важнейших реакций:

$C + H_2O$ (пар) $\rightleftarrows [CO + H_2]$ («водяной газ») (800–1000 °C)

$C + 2H_2SO_4$ (конц.) $= CO_2\uparrow + 2SO_2\uparrow + 2H_2O$ (кипячение)

$C + 4HNO_3$ (конц.) $= CO_2\uparrow + 4NO_2\uparrow + 2H_2O$ (кипячение)

$C + 2H_2 \rightleftarrows CH_4$ (600 °C, *p*, кат. Pt)

$2C + H_2 \rightleftarrows C_2H_2$ (1500—2000 °C)

$C + O_2$ (воздух) $= CO_2$ (600–700 °C, сгорание)

$2C + \underbrace{O_2 + N_2}_{\text{воздух}} \rightleftarrows [2CO + N_2]$ (генераторный газ») (1000 °C)

$C + 2F_2 = CF_4$ (900 °C)

$C + 2S = CS_2$ (700–800 °C)

$C + Si \xrightarrow{\tau} SiC$ (карборунд) (1200–1300 °C)

$2C + Ca = CaC_2$ (550 °C)

$3C + 4Al = Al_4C_3$ (1500–1700 °C)

$C + 2PbO = 2Pb + CO_2$ (600 °C)

$4C + (Cr_2Fe^{II})O_4 = 4CO + [Fe + 2Cr]$ (феррохром)(1100–1200 °C)

$2C + Na_2SO_4 = Na_2S + 2CO_2$ (700–900 °C)

Получение: искусственные формы графита — *кокс* и *сажа* образуются при пиролизе каменного угля и углеводородов.

Дикарбид кальция CaC_2

Бинарное соединение, производное от ацетилена C_2H_2. Имеет ионное строение Ca^{2+} (C_2^{2-}). Белый, технический продукт буро-черный из-за примесей. Плавится без разложения, при дальнейшем нагревании разлагается. Чувствителен к влаге воздуха. Полностью гидролизуется водой (карбидный запах выделяющегося C_2H_2 обусловлен примесями PH_3, NH_3 и H_2S). Реагирует с кислотами. Сильный восстановитель при сплавлении.

Применяется в производстве минеральных удобрений, в частности цианамида кальция $CaCN_2$, как твердый источник ацетилена.

Уравнения важнейших реакций:

$CaC_2 = Ca + 2C$ (графит) (выше 2200 °C)

$CaC_2 + 2H_2O = Ca(OH)_2\downarrow + C_2H_2\uparrow$

$CaC_2 + 2HCl$ (разб.) $= CaCl_2 + C_2H_2\uparrow$

$CaC_2 + H_2 = Ca + C_2H_2$ (выше 2200 °C)

$2CaC_2 + 5O_2 = 2CaO + 4CO_2$ (700–900 °C)

$CaC_2 + 5Cl_2 = CaCl_2 + 2CCl_4$ (выше 250 °C)

$2CaC_2 + N_2 + 2NH_3 = C_2H_2 + 2H_2 + 2CaCN_2$ (800–900 °C)

$CaC_2 + 2KF = 2C$ (графит) $+ 2K + CaF_2$ (800–950 °C)

Получение: взаимодействие негашёной извести с антрацитом или коксом в электрических печах:

$CaO + 3C = \mathbf{CaC_2} + CO$ (1900–1950 °C)

Карбид алюминия Al_4C_3

Бинарное соединение, производное от метана CH_4. Желтый, имеет ионное строение $(Al^{3+})_4(C^{4-})_3$. При прокаливании разлагается без плавления. Окисляется при нагревании на воздухе. Полностью гидролизуется водой. Переводится в раствор действием разбавленных кислот и концентрированных щелочей. Восстанавливается водородом, легко хлорируется.

Применяется как твердый источник чистого метана.

Уравнения важнейших реакций:

$Al_4C_3 = 4Al + 3C$ (графит) (выше 2200 °C)

$Al_4C_3 + 12H_2O = 4Al(OH)_3\downarrow + 3CH_4\uparrow$

$Al_4C_3 + 12HCl$ (разб.) $= 4AlCl_3 + 3CH_4\uparrow$

$Al_4C_3 + 4NaOH$ (конц.) $+ 12H_3O = 4Na[Al(OH)_4] + 3CH_4\uparrow$

$Al_4C_3 + 6H_2 = 4Al + 3CH_4$ (2000 °C)

$Al_4C_3 + 6O_2$ (воздух) $= 2Al_3O_3 + 3CO_2$ (650–700 °C)

$Al_4C_3 + 12Cl_2 = 4AlCl_3 + 3CCl_4$ (выше 350 °C)

Получение: сплавление алюминия с коксом (см.).

26.3. Оксиды углерода

Монооксид углерода CO

Несолеобразующий оксид. Бесцветный газ, без запаха, легче воздуха. Молекула слабополярна, содержит ковалентную тройную σππ-связь [:C≡O:], изоэлектронна молекуле N_2. Термически устойчив. Мало растворим в воде и не реагирует с ней. Химически пассивен в обычных условиях, не реагирует с кислотами и щелочами. Сильный восстановитель при высокой температуре и при наличии катализаторов. Вступает в реакции присоединения с кислородом, хлором, гидроксидом и пероксидом натрия. С переходными металлами образует комплексные соединения без внешней сферы (*карбонилы*). Количественно реагирует с I_2O_5.

Качественная реакция — помутнение раствора хлорида палладия(II).

Применяется как реагент в органическом синтезе, промышленно важный восстановитель металлов из их руд.

Чрезвычайно ядовит, загрязняет атмосферу городов (продукт неполного сгорания моторного топлива). По тому же механизму, что и кислород, CO присоединяется к атому железа в гемоглобине крови, причем связывается более прочно и тем самым блокирует перенос кислорода в организме, вызывая сильное отравление и остановку дыхания; отсюда тривиальное название CO — *угарный газ*.

Уравнения важнейших реакций:

$CO + H_2O\,(пар) \rightleftarrows CO_2 + H_2$ (выше 230 °C, кат. Fe_2O_3)

$CO + NaOH_{(т)} = Na(HCOO)$ (формиат) (120–130 °C, p)

$CO + 3H_2O \rightleftarrows CH_4 + H_2O$ (150–200 °C, кат. Ni)

$CO + 2H_2 \rightleftarrows CH_3OH$ (метанол) (250–300 °C, p, кат. CuO/Cr_2O_3)

$2CO + O_2 = 2CO_2$ (сгорание или 20 °C на кат. MnO_2/CuO)

$CO + Cl_2 = CCl_2O$ (фосген) (125–150 °C, кат. C/Pt)

$5CO + I_2O_5 = 5CO_2 + I_2$

$CO + Na_2O_2 = Na_2CO_3$ (20 °C)

$CO + PbO = Pb + CO_2$ (300–400 °C)

$CO + H_2O + PdCl_2 = Pd\downarrow + CO_2\uparrow + 2HCl$

$4CO + Ni = [Ni(CO)_4]_{(г)}$ (тетракарбонилникель) (50–100 °C)

Получение в промышленности: сжигание кокса (см.) при недостатке кислорода, восстановление раскаленным коксом углекислого газа и водяного пара:

$$C + CO_2 \rightleftarrows 2CO \qquad (700–1000\ °C)$$

$$C + H_2O \rightleftarrows CO + H_2 \qquad (800–1000\ °C)$$

Диоксид углерода CO_2

Кислотный оксид. Техническое название – *углекислый газ*, ранее — углекислота (применять не рекомендуется). Бесцветный газ, без запаха, в 1,5 раза тяжелее воздуха (можно «переливать» из сосуда в сосуд). Молекула неполярна, имеет линейное строение $[C(O)_2]$ (*sp*-гибридизация), содержит ковалентные $\sigma\pi$-связи C=O. Термически устойчив до температуры красного каления. При сжатии (давление ≈ 50 атм) и охлаждении легко переходит в жидкое и твердое («сухой лед») состояния. Твердый CO_2 возгоняется уже при низких температурах. Мало растворим в воде (0,88 л/1 л H_2O при 20 °C); образует моногидрат, который медленно изомеризуется (на 0,4%) в угольную кислоту. Реагирует со щелочами. Восстанавливается водородом, магнием и кальцием. Присоединяет аммиак. Из воздуха удаляется при контакте с пероксидом натрия (одновременно регенерируется кислород).

Простейшая *качественная реакция* — угасание горящей древесной лучинки в атмосфере CO_2.

Применяется в многотоннажных производствах соды, сахара и карбамида, в пищевой промышленности для газирования безалкогольных напитков и как хладагент.

Содержится в воздухе (0,03% по объему), воде минеральных источников. Не поддерживает горение и дыхание. Ассимилируется зелеными растениями при фотосинтезе (с помощью хлорофилла и под воздействием солнечных лучей). При этом в растениях образуются органические соединения (глюкоза и др.), а кислород выделяется в атмосферу. Глюкоза в организмах животных и растений диссимилируется, т. е. окисляется под действием кислорода в присутствии ферментов, и тем самым замыкается цикл развития живого организма. Известно, что зеленые листья площадью 1 $м^2$ в течение 1 ч на солнечном свету производят не менее 1 г глюкозы. Люди выдыхают воздушную смесь с 4% CO_2. Ядовит при содержании в воздухе свыше 15% по объему.

Уравнения важнейших реакций:

$2CO_2 \rightleftarrows 2CO + O_2$ (выше 700 °С)

$CO_{2(г)} + H_2O \rightleftarrows CO_2 \cdot H_2O_{(р)} \overset{\tau}{\rightleftarrows} H_2CO_{3(р)}$ (pH <7)

CO_2 (изб.) + NaOH (разб.) = $NaHCO_3$

CO_2 (нед.) + 2NaOH (конц.) = $Na_2CO_3 + H_2O$

CO_2 (изб.) + $NH_3 \cdot H_2O$ (разб.) = NH_4HCO_3

CO_2 (нед.) + $2(NH_3 \cdot H_2O)$ (конц.) = $(NH_4)_2CO_3 + H_2O$

$CO_2 + 2NH_{3(г)} = H_2O + C(NH_2)_2O$ (карбамид) (*p*, 180–500 °С)

CO_2 (нед.) + $Ca(OH)_2$ (насыщ.) = $CaCO_3\downarrow + H_2O$

$2CO_2$ (изб.) + $Ca(OH)_2$ (суспензия) = $Ca(HCO_3)_{2(р)}$

$$CO_2 \text{ (изб.)} + H_2O + CaCO_{3(т)} \underset{\text{кипячение}}{\overset{20\ °C}{\rightleftarrows}} Ca(HCO_3)_{2(р)}$$

CO_2 (изб.) + $Na[Al(OH)_4]_{(р)} = Al(OH)_3\downarrow + NaHCO_3$

$CO_2 + 4H_2 \rightleftarrows CH_4 + 2H_2O$ (кат. Cu_2O, 200 °С)

CO_2 + C (кокс) $\rightleftarrows$ 2CO (700–1000 °С)

CO_2 + 2Mg = C (графит) + 2MgO (400–550 °С)

$2CO_2 + 5Ca = CaC_2 + 4CaO$ (500 °С)

$2CO_2 + 2Na_2O_2 = 2Na_2CO_3 + O_2$ (20 °С)

$$6CO_2 + 6H_2O \underset{\text{диссимиляция}}{\overset{\text{ассимиляция}}{\rightleftarrows}} \underset{\text{глюкоза}}{C_6H_{12}O_6} + 6O_2\uparrow$$

Получение в промышленности — при полном сгорании кокса (см.) или при обжиге известняка:

$CaCO_3 = CaO + \mathbf{CO_2}$ (900–1200 °С)

в лаборатории — при обработке карбонатов (например, кусочков мрамора $CaCO_3$) сильными кислотами:

$$CaCO_{3(т)} + H_2SO_4 = CaSO_4\downarrow + H_2O + \mathbf{CO_2}\uparrow$$

26.4. Угольная кислота. Карбонаты

Угольная кислота H_2CO_3

Оксокислота. В свободном виде не получена. Существует в слабокислом растворе как продукт медленной и частичной (до 0,4%) изомеризации растворенного CO_2 (в виде гидрата $CO_2 \cdot H_2O$). Молекула полярна, имеет искаженно-треугольное строение $[C(O)(OH)_2]$ (sp^2-гибридизация), содержит ковалентные $\sigma\pi$-связи C═O и σ-связь C—OH. Термически неустойчивое вещество.

Слабая кислота, особенно по второй ступени электролитической диссоциации, поэтому пропускание CO_2 в растворы солей (например, $CaCl_2$) не приводит к образованию карбонатов. Ион HCO_3^- имеет искаженно-треугольное строение $[C(O)_2(OH)]$, ион CO_3^{2-} – строение правильного треугольника.

Нейтрализуется щелочами с образованием кислых и средних солей, переводит карбонаты в гидрокарбонаты. Средние соли угольной кислоты — *карбонаты* (Na_2CO_3) — растворимы только для щелочных металлов и аммония. Кислые соли — *гидрокарбонаты* ($NaHCO_3$) — растворимы также для щелочноземельных металлов и железа(II). Последние при кипячении их растворов разлагаются. Вступает в реакции ионного обмена. Образует большое число органических производных. Придает кислый вкус газированной воде.

Уравнения важнейших реакций:

$H_2CO_3 = CO_2\uparrow + H_2O$ (кипячение)

H_2CO_3 (изб.) + NaOH (разб.) = $NaHCO_3 + H_2O$

H_2CO_3 (нед.) + 2NaOH (конц.) = $Na_2CO_3 + 2H_2O$

$H_2CO_3 + Na_2CO_3 = 2NaHCO_3$

$H_2CO_3 + NH_3 \cdot H_2O$ (конц.) = $NH_4HCO_3 + H_2O$

$H_2CO_3 + Ca(OH)_2 = CaCO_3\downarrow + 2H_2O$

H_2CO_3 (изб.) + $CaCO_{3(т)} = Ca(HCO_3)_{2(р)}$

Карбонат натрия Na_2CO_3

Оксосоль. Техническое название *кальцинированная сода*. Белый, при нагревании плавится и разлагается. Чувствителен к влаге и углекислому газу в воздухе. Образует декагидрат (кристаллическая сода). Хорошо растворим в воде, гидролизуется по аниону, создает в растворе сильнощелочную среду. Разлагается сильными кислотами. Восстанавливается углеродом. Вступает в реакции ионного обмена.

Качественная реакция на ион CO_3^{2-} — образование белого осадка карбоната бария, разлагаемого сильными кислотами (HCl, HNO_3) с выделением углекислого газа.

Применяется для синтеза соединений натрия, устранения «постоянной» жесткости пресной воды, в производстве стекла, мыла и других моющих средств, целлюлозы, минеральных красок, эмалей. В природе содержится в грунтовых рассолах, рапе соляных озер.

Уравнения важнейших реакций:

$$Na_2CO_3 \cdot 10H_2O \xrightarrow[-H_2O]{120\ ^\circ C,\ вакуум} Na_2CO_3 \xrightarrow[-CO_2]{выше\ 1000\ ^\circ C} Na_2O$$

$$Na_2CO_3 + 2HCl\ (разб.) = 2NaCl + CO_2\uparrow + H_2O$$

$$Na_2CO_3\ (насыщ.) + H_2O + CO_2\ (изб.) = 2NaHCO_3\downarrow \qquad (30\text{–}40\ ^\circ C)$$

$$Na_2CO_3 + SiO_{2(т)} \underset{в\ растворе,\ 20\ ^\circ C}{\overset{в\ расплаве,\ 1150\ ^\circ C}{\rightleftarrows}} Na_2SiO_3 + CO_{2(г)}$$

$$Na_2CO_3 + 2C\ (кокс) = 2Na + 3CO \qquad (900\text{–}1000\ ^\circ C)$$

$$Na_2CO_3 + Ca(OH)_2 = CaCO_3\downarrow + 2NaOH \qquad (каустификация)$$

$$CO_3^{2-}\ (конц.) + 2Li^+\ (конц.) = Li_2CO_3\ (бел.)\downarrow \qquad (80\ ^\circ C)$$

$$CO_3^{2-}\ (разб.) + M^{2+}\ (разб.) = MCO_3\ (бел.)\downarrow \qquad (M = Ca, Ba)$$

$$3CO_3^{2-} + 3H_2O + 2M^{3+} = 2M(OH)_3\downarrow + 3CO_2\uparrow \qquad (M = Al, Cr;\ 80\ ^\circ C)$$

Получение в промышленности (*способ Сольве*, 1861–1863):

а) через насыщенный раствор NaCl пропускают смесь NH_3 и CO_2

$$NaCl + NH_3 + H_2O + CO_2 = NH_4Cl + NaHCO_3\downarrow$$

(в этих условиях питьевая сода малорастворима);

б) осадок $NaHCO_3$ подвергают обезвоживанию (*кальцинированию*)

$$2NaHCO_3 = \mathbf{Na_2CO_3} + H_2O + CO_2$$

Ранее соду получали по способу Леблана (1787–1791) из глауберовой соли $Na_2SO_4 \cdot 10H_2O$ путем прокаливания (см.) с коксом и известняком и последующего выщелачивания водой кристаллической соды.

Гидрокарбонат натрия $NaHCO_3$

Кислая оксосоль. Техническое название *питьевая сода*. Белый рыхлый порошок. При слабом нагревании разлагается без плавления, во влажном состоянии начинает разлагаться при комнатной температуре. Умеренно растворим в воде, гидролизуется по аниону в небольшой степени. Разлагается кислотами, нейтрализуется щелочами. Вступает в реакции ионного обмена.

Качественная реакция на ион HCO_3^- — образование белого осадка карбоната бария при действии баритовой воды и разложение осадка сильными кислотами (HCl, HNO_3) с выделением углекислого газа. Применяется в пищевой промышленности, как лекарственное средство.

Уравнения важнейших реакций:

$$NaHCO_3 \xrightarrow[-CO_2,\ H_2O]{\text{кальцинирование}} Na_2CO_3 \quad (250\text{–}300\ °C)$$

$$NaHCO_3 + HCl\ (\text{разб.}) = NaCl + CO_2\uparrow + H_2O$$

$$NaHCO_3 + NaOH\ (\text{конц.}) = Na_2CO_3 + H_2O$$

$$NaHCO_3 + Ba(OH)_2 = BaCO_3\downarrow + H_2O + NaOH$$

$$4HCO_3^- + 2Cu^{2+} = 3CO_2\uparrow + H_2O + \underset{\text{малахит}}{Cu_2CO_3(OH)_2}\downarrow \quad (100\ °C)$$

Получение: насыщение раствора Na_2CO_3 (см.) углекислым газом.

Карбонат калия K_2CO_3

Оксосоль. Техническое название *поташ*. Белый, гигроскопичный. Плавится без разложения, при дальнейшем нагревании разлагается. Чувствителен к влаге и углекислому газу в воздухе. Очень хорошо растворим в воде, гидролизуется по аниону, создает в растворе сильнощелочную среду. Разлагается сильными кислотами. Вступает в реакции ионного обмена.

Применяется в производстве оптического стекла, жидкого мыла, минеральных красок, многих соединений калия, как дегидратирующий агент.

Уравнения важнейших реакций:

$$K_2CO_3 \cdot 1{,}5H_2O \xrightarrow[-H_2O]{150\ °C,\ \text{вакуум}} K_2CO_3 \xrightarrow[-CO_2]{\text{выше } 1200\ °C} K_2O$$

$$K_2CO_3 + 2HCl\ (\text{разб.}) = 2KCl + CO_2\uparrow + H_2O$$

$$K_2CO_3\ (\text{насыщ.}) + H_2O + CO_2\ (\text{изб.}) = 2KHCO_3 \quad (30\text{–}40\ °C)$$

$$CO_3^{2-} + M^{2+}\ (\text{разб.}) = MCO_3\ (\text{бел.})\downarrow \quad (M = Ca, Ba)$$

$$3CO_3^{2-} + 3H_2O + 2M^{3+} = 2M(OH)_3\downarrow + 3CO_2\uparrow \quad (M = Al, Cr;\ 80\ °C)$$

Получение в промышленности:

а) нагревание сульфата калия [природное сырье — минералы *каинит* $KMg(SO_4)Cl \cdot 3H_2O$ и *шёнит* $K_2Mg(SO_4)_2 \cdot 6H_2O$] с гашёной известью $Ca(OH)_2$ в атмосфере CO (давление ≈ 15 атм):

$$K_2SO_4 + Ca(OH)_2 + 2CO = 2K(HCOO) + CaSO_4$$

б) прокаливание формиата калия K(HCOO) на воздухе

$$2K(HCOO) + O_2 = \mathbf{K_2CO_3} + H_2O + CO_2$$

Карбонат кальция $CaCO_3$

Оксосоль. Распространенное природное вещество, главная составная часть осадочной горной породы — известняка (его разновидности — мел, мрамор, известковый туф, мергель), чистый $CaCO_3$ в природе — это минерал *кальцит*. Белый, при прокаливании разлагается, плавится под избыточным давлением CO_2. Нерастворим в воде (≈ 0,0007 г/100 г H_2O).

Реагирует с кислотами, солями аммония в горячем растворе, коксом. Переводится в раствор действием избытка углекислого газа с образованием гидрокарбоната $Ca(HCO_3)_2$ (существует только в растворе), который определяет «временную» жесткость пресной воды (вместе с солями магния и железа). Устранение жесткости (умягчение воды) проводится кипячением или нейтрализацией гашёной известью.

Применяется для производства CaO, CO_2, цемента, стекла и минеральных удобрений [в том числе *известковой селитры* $Ca(NO_3)_2 \cdot 4H_2O$], как наполнитель бумаги и резины, строительный камень (щебень) и компонент бетона и шифера, в виде осажденного порошка — для изготовления школьных мелков, зубных порошков и паст, смесей для побелки помещений.

Уравнения важнейших реакций:

$$CaCO_3 = CaO + CO_2 \quad \text{(обжиг известняка, 900–1200 °C)}$$

$$CaCO_3 + 2HCl\text{ (разб.)} = CaCl_2 + CO_2\uparrow + H_2O$$

$$CaCO_{3\,(т)} + CO_2\text{ (изб.)} + H_2O \underset{\text{кипячение}}{\overset{20\ °C}{\rightleftarrows}} Ca(HCO_3)_{2(р)}$$

$$CaCO_3 + 2NH_4Cl\text{ (конц.)} = CaCl_2 + 2NH_3\uparrow + CO_2\uparrow + H_2O \quad (100\ °C)$$

$$CaCO_3 + C\text{ (кокс)} = CaO + 2CO \quad (800–850\ °C)$$

$$CaCO_3 + SiO_2 = CaSiO_3 + CO_2 \quad (800\ °C)$$

$$CaCO_3 + 2NH_3 = CaCN_2 + 3H_2O \quad (700–900\ °C)$$

26.5. Кремний и его соединения

Кремний — элемент 3-го периода и IVA-группы Периодической системы, порядковый номер 14. Электронная формула атома $[_{10}Ne]3s^23p^3$. Характерная степень окисления в соединениях +IV.

Шкала степеней окисления кремния:

+IV — SiO_2, SiO_3^{2-}, SiO_4^{4-}, H_2SiO_3, H_4SiO_4, $SiCl_4$, SiC, SiS_2
0 — Si
−IV — SiH_4, Mg_2Si

Электроотрицательность кремния невысока для неметаллов (2,25). Проявляет неметаллические (кислотные) свойства; образует оксиды, кремниевые кислоты, очень большое число солей — силикатов в виде цепей, лент и трехмерных сеток тетраэдров $[SiO_4]$, бинарные соединения. В настоящее время широко развивается химия органических соединений кремния со связями Si—C и кремнийорганических полимеров — силиконов и силиконовых каучуков со связями Si—Si, Si—O и Si—C.

Важнейший элемент неживой природы, в т о р о й по химической распространенности. Встречается только в связанном виде. Литосфера Земли в основном (90% массы) составлена из минералов — соединений кремния (диоксид, силикаты, алюмосиликаты и др.), ассоциированных в силикатные горные породы (граниты, гнейсы, базальты, порфиры) и продукты их разрушения (песок, гравий).

Жизненно важный элемент для многих организмов, входит в состав соединительных тканей человека и животных, содержится в некоторых растениях (злаки, камыш, бамбук, морские водоросли).

Кремний открыт в 1823 г. шведским химиком и минералогом Й.-Я. Берцелиусом при восстановлении фторида кремния SiF_4 калием.

Кремний Si

Простое вещество. Крупнокристаллический — темно-серый, с металлическим блеском, весьма твердый, очень хрупкий, непрозрачный, тугоплавкий, распространенный полупроводник. Кристаллическая решетка — атомная, связи Si—Si очень прочные. Аморфный — белый или желто-коричневый (с примесями, в основном Fe), химически более активен. Устойчив на воздухе (покрыт прочной оксидной пленкой), не реагирует с водой. Реагирует с HF (конц.), щелочами. Окисляется кислородом, хлором. Восстанавливается магнием. Спекается с графитом. Промышленно важным является сплав с железом — *ферросилиций* (12–90% Si). Применяется как легирующая добавка в стали и сплавы цветных металлов, компонент полупроводниковых материалов для микроэлектроники, основа силиконов.

Уравнения важнейших реакций:

Si (аморф.) + $2H_2O$ (пар) = $SiO_2 + 2H_2$ (400 –500 °C)

Si (аморф.) + $4NaOH$ (конц.) $\xrightarrow{\tau}$ $Na_4SiO_4 + 2H_2\uparrow$ (50–60 °C)

Si (аморф.) + $6HF$ (конц.) = $H_2[SiF_6] + 2H_2\uparrow$

$Si + 4HF_{(г)} = SiF_4 + 2H_2$

$Si + O_2 = SiO_2$ (1200–1300 °C)

$Si + 2Cl_2 = SiCl_4$ (340–420 °C)

Si + C (графит) $\xrightarrow{\tau}$ SiC (карборунд) (1200–1300 °C)

$Si + 2Mg = Mg_2Si$ (силицид) (650–700 °C)

Получение в промышленности: восстановление $SiCl_4$ или SiO_2 при прокаливании:

$$SiCl_4 + 2Zn = \mathbf{Si} + 2ZnCl_2$$

$$SiO_2 + 2Mg = \mathbf{Si} + 2MgO$$

(последняя реакция может быть осуществлена и в лаборатории, после обработки соляной кислотой остается аморфный кремний).

Диоксид кремния SiO_2

Кислотный оксид. Белый порошок (*кварцевый песок*) и прозрачные кристаллы, природный продукт окрашен примесями (*кремнезём*) — в виде обычного песка и камня (*кремéнь*). Кристаллическая решетка атомная, каждый атом кремния окружен четырьмя атомами кислорода $[Si(O)_4]$, а каждый атом кислорода — двумя атомами кремния $[O(Si)_2]$. Имеет несколько кристаллических модификаций (все минералы), важнейшие — *кварц*, *тридимит* и *кристобалит*, редко встречающиеся и искусственно полученные — *китит*, *коэсит*, *стишовит*, *меланофлогит*, *волокнистый кремнезём*. Тугоплавкий, при медленном охлаждении расплава образуется аморфная форма — *кварцевое стекло* (в природе минерал *лешательерит*). Наиболее химически активна аморфная форма.

Практически не реагирует с водой (из раствора осаждается гидрат $SiO_2 \cdot nH_2O$), распространенными кислотами. Кварцевое стекло разъедается в HF (конц.). Реагирует со щелочами в растворе (образует *ортосиликаты*) и при сплавлении (продукты — *метасиликаты*). Легко хлорируется в присутствии кокса. Восстанавливается коксом, магнием, железом (в доменном процессе).

Применяется как промышленное сырье в производстве кремния, обычного, термо- и химически стойкого стекла, фарфора, керамики, абразивов и адсорбентов, наполнитель резины, смазок, клеев и красок, компонент строительных связующих растворов, в виде монокристаллов кварца — основа генераторов ультразвука и точного хода кварцевых часов. Разновидности кварца (*горный хрусталь*, *розовый кварц*, *аметист*, *дымчатый кварц*, *халцедон*, *оникс* и др.) — драгоценные, полудрагоценные или поделочные камни.

Уравнения важнейших реакций:

$SiO_2 + 6HF$(конц.) $= 2H_2O + H_2[SiF_6]$ (30–35 °C)

$SiO_2 + 4HF_{(г)} = SiF_4 + 2H_2O$ (250–400 °C)

SiO_2 (аморф.) $+4NaOH$ (конц.) $= Na_4SiO_4 + 2H_2O$ (кипячение)

$SiO_2 + 2NaOH = Na_2SiO_3 + H_2O$ (900–1000 °C)

$SiO_2 + Na_2CO_3 = Na_2SiO_3 + CO_2$ (1150 °C)

$SiO_2 + 2C$ (кокс) $+2Cl_2 = SiCl_4 + 2CO$ (900–1000 °C)

$SiO_2 + 3C$ (кокс) $= SiC + 2CO$ (1600–1900 °C)

$SiO_2 \xrightarrow{\text{Mg, воздух}} Si, Mg_2Si, MgO, Mg_3N_2$ (700–900 °C)

$SiO_2 \xrightarrow[-CO]{\text{Fe, C (кокс)}} [Fe + Si]$ (ферросилиций) (1200–1400 °C)

Полигидрат диоксида кремния $SiO_2 \cdot nH_2O$

Кремниевые кислоты с переменным содержанием SiO_2 и H_2O. Белый, аморфный (стекловидный) полимер с цепочечным, ленточным, листовым, сетчатым и каркасным строением. При нагревании постепенно разлагается. Очень мало растворим в воде. Над осадком в растворе существует мономерная слабая *ортокремниевая* кислота H_4SiO_4 (тетраэдрическое строение sp^3-гибридизация), растворимость 0,00673 г/100 г H_2O при 20 °C. При стоянии раствора идет поликонденсация и медленно образуются вначале кремниевые кислоты $H_6Si_2O_7$, $H_2Si_2O_5$, $H_{10}Si_2O_9$, затем гидрозоль $[H_2SiO_3]_n$ (золь *метакремниевой* кислоты) и, наконец, гидрогель $SiO_2 \cdot nH_2O$ ($n<2$). При высушивании гидрогель переходит в силикагель $SiO_2 \cdot nH_2O$ ($n<1$). Скорость гелеобразования максимальна в слабокислотной среде.

Переводится в раствор действием концентрированных щелочей. По остальным химическим свойствам подобен SiO_2. В природе — минералы *опал* и *халцедон* (*агат*, *яшма*).

Мономерная метакремниевая кислота H_2SiO_3 не получена.

Уравнения важнейших реакций:

$SiO_2 \cdot nH_2O = SiO_2 + nH_2O$ (900–1000 °C)

$SiO_2 \cdot nH_2O$ (гидрогель) $\rightleftarrows H_4SiO_{4(р)}, (H_2SiO_3)_n$ (гидрозоль)

$SiO_2 \cdot nH_2O + 4NaOH$ (конц.) $\xrightarrow{\tau} Na_4SiO_{4(р)} + (2 + n)H_2O$

Получение: вытеснение сильной кислотой из раствора силиката, например:

$$K_2SiO_3 + 2HCl + (n - 1)\,H_2O = 2KCl + \mathbf{SiO_2 \cdot nH_2O}\downarrow$$

Тетрахлорид кремния $SiCl_4$

Бинарное соединение. Бесцветная жидкость, обладает широким интервалом жидкого состояния. Молекула имеет тетраэдрическое строение (sp^3-гибридизация). Термически устойчив. «Дымит» во влажном воздухе. Полностью гидролизуется водой. Разлагается щелочами. Восстанавливается водородом, натрием, цинком. Хлорирует оксид алюминия.

Применяется в производстве особо чистого кремния для полупроводниковой техники.

Уравнения важнейших реакций:

$SiCl_4 + (2 + n)H_2O = SiO_2 \cdot nH_2O$ (гидрогель) $+ 4HCl$

$SiCl_4 + 4NaOH$ (разб.) $+ (n - 2)H_2O = SiO_2 \cdot nH_2O\downarrow + 4NaCl$

$SiCl_4 + 8NaOH$ (конц.) $= Na_4SiO_4 + 4NaCl + 4H_2O$

$SiCl_4 + 2H_2 = Si + 4HCl$ (800 °C)

$SiCl_4 + 4Na = Si$ (аморф.) $+ 4NaCl$ (600–700 °C)

$SiCl_4 + 2Zn = Si + 2ZnCl_2$ (950 °C)

$3SiCl_{4(ж)} + 2Al_2O_3 = 3SiO_2 + 4AlCl_3$ (40 °C)

Получение в промышленности — хлорирование кремния (см.) или кварцевого песка SiO_2 (см.)

Метасиликат натрия Na_2SiO_3

Оксосоль. Белый, при нагревании плавится без разложения. Растворяется в холодной воде (сильный гидролиз по аниону). Концентрированный раствор — коллоидный («жидкое стекло», содержит гидрозоль $SiO_2 \cdot nH_2O$). Разлагается в горячей воде, реагирует с кислотами, щелочами, углекислым газом.

Применяется как компонент шихты в производстве стекла, специальных цементов и бетонов, входит в состав силикатных красок и клея, холодных глазурей, алюмосиликатных катализаторов, при изготовлении бумаги и картона, силикагеля, синтетических цеолитов.

Уравнения важнейших реакций:

$Na_2SiO_3 \cdot 9H_2O = Na_2SiO_3 + 9H_2O$ (100–300 °C)

$Na_2SiO_3 + (n+1)H_2O$ (гор.) $\xrightarrow{\tau} 2NaOH + SiO_2 \cdot nH_2O$ (гидрогель)

$Na_2SiO_{3(т)} + 2HCl + (n-1)\,H_2O = 2NaCl + SiO_2 \cdot nH_2O\downarrow$

$Na_2SiO_3 + 2NaOH$ (конц., хол.) $= Na_4SiO_4 + H_2O$

$Na_2SiO_3 + CO_2 + nH_2O = SiO_2 \cdot nH_2O\downarrow + Na_2CO_3$

$Na_2SiO_3 + (n-1)H_2O + 2NH_4Cl =$
$= 2NaCl + 2NH_3\uparrow + SiO_2 \cdot nH_2O\downarrow$ (100 °C)

Получение: сплавление соды с песком

$Na_2SiO_3 + SiO_2 = CO_2 + \mathbf{Na_2SiO_3}$ (1150 °C)

Силикаты

Кремний в степени окисления +IV находится, помимо SiO_2, в весьма многочисленных и часто очень сложных по составу и строению *силикат-ионах* (так, кроме *метасиликат-иона* SiO_3^{2-} и *ортосиликат-иона* SiO_4^{4-} известны ионы $Si_2O_7^{6-}$, $Si_3O_9^{6-}$, $Si_4O_{10}^{4-}$ и др.). Для простоты записи все силикаты изображают как содержащие ион SiO_3^{2-}.

Насыщенный раствор силикатов натрия и калия (вязкое «жидкое стекло») используется как силикатный клей.

Силикаты натрия и кальция входят в состав стекла; его получают сплавлением кварца SiO_2, известняка $CaCO_3$ и соды Na_2CO_3:

$$SiO_2 + CaCO_3 + Na_2CO_3 = \underset{\text{обычное стекло}}{Na_2SiO_3 \cdot CaSiO_3 \cdot 4SiO_2} + 2CO_2$$

Часто состав стекла выражают через оксиды, например обычное стекло $Na_2O \cdot CaO \cdot 6SiO_2$.

Среди силикатных минералов отметим *глины* (*алюмосиликаты*), очень чистая глина — *каолин* $Al_2O_3 \cdot 2SiO_2 \cdot 2H_2O$ используется для изготовления фарфора.

Силикаты и алюмосиликаты применяют в промышленности при производстве керамики, цемента, бетона и других строительных материалов.

Глава 3

ОРГАНИЧЕСКАЯ ХИМИЯ

- Органические вещества и реакции
- Углеводороды
- Соединения с функциональными группами
- Углеводы
- Азотсодержащие органические соединения

Органическая химия — это химия соединений углерода, точнее, химия углеводородов и их производных. Органические соединения обязательно состоят из атомов углерода и водорода и часто содержат также атомы кислорода, азота, галогенов и других элементов.

27. ОРГАНИЧЕСКИЕ ВЕЩЕСТВА И РЕАКЦИИ

27.1. Теория химического строения

Многообразие органических соединений, их свойств и превращения объясняет теория химического строения (А. М. Бутлеров, 1861–1864).

Химическое строение — это определенная последовательность расположения атомов в молекуле. Строение молекулы органического соединения изображается структурной формулой (развернутой или сокращенной), в которой символы связанных атомов соединяются валентной чертой, например, для этанола C_2H_5OH:

развернутая структурная формула

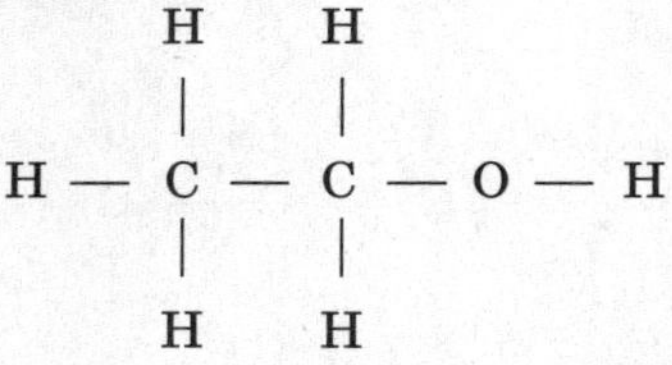

сокращенная структурная формула

$$CH_3{—}CH_2{—}OH$$

Часто одинарные связи вообще не указывают: CH_3CH_2OH

По строению различают ациклические и циклические органические соединения.

Ациклические соединения характеризуются открытой цепью атомов углерода:

а) *насыщенные* соединения (с одинарными связями С—С)

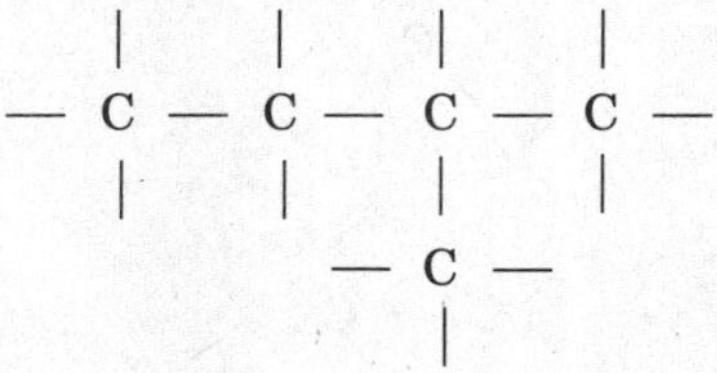

б) *ненасыщенные* соединения (с кратными связями C = C и C ≡ C)

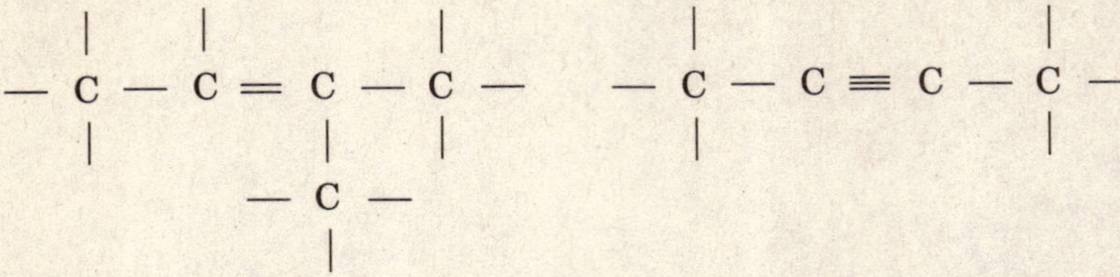

Ациклические соединения могут содержать как **прямую** цепь атомов углерода, так и **разветвленную**. Различают атомы углерода:

первичный, соединен с одним другим атомом углерода;

вторичный, соединен с двумя атомами углерода;

третичный, соединен с тремя атомами углерода;

четвертичный, соединен с четырьмя атомами углерода.

Прямая углеродная цепь состоит только из первичных и вторичных атомов углерода, *разветвленная* цепь содержит также третичные и четвертичные атомы.

Пример:

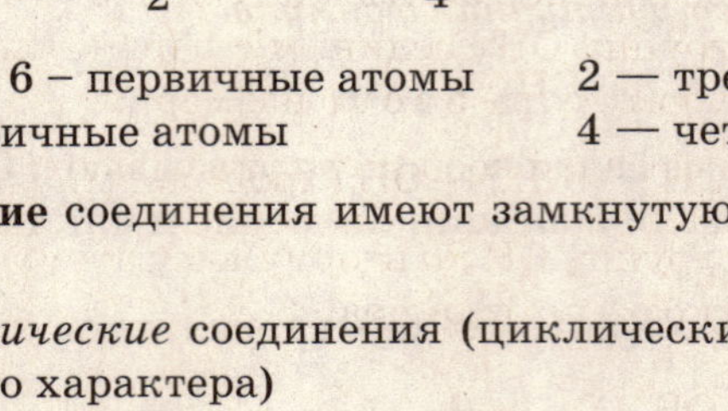

1, 2′, 4′, 4″, 6 – первичные атомы   2 — третичный атом

3, 5 — вторичные атомы   4 — четвертичный атом

Циклические соединения имеют замкнутую в цикл цепь атомов углерода:

а) *алициклические* соединения (циклические соединения неароматического характера)

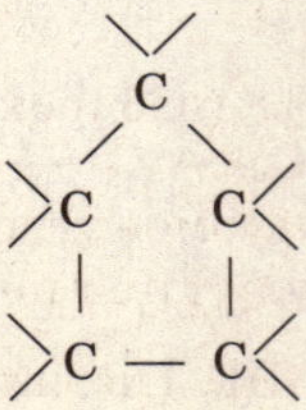

б) *ароматические соединения* (производные бензола)

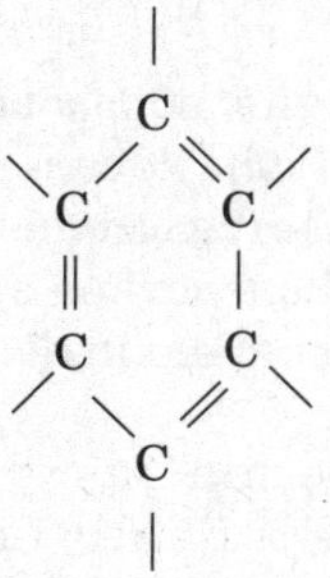

Химические свойства органических соединений зависят не только от состава вещества (числа атомов элементов), но и от его химического строения. Один и тот же состав может соответствовать нескольким органическим соединениям с разным строением и, соответственно, разными свойствами; это явление называется *изомерией*:

Состав C_2H_6O → этанол $CH_3—CH_2—OH$

Состав C_2H_6O → диметиловый эфир $CH_3—O—CH_3$

Такие вещества называют *структурными изомерами,* или *изомерами строения.*

Пример. Выведем формулы возможных изомеров строения для вещества состава C_3H_8O:

1) запишем прямую (неразветвленную) цепь трех атомов углерода, спиртовую группу OH соединим с первичным атомом углерода — получим формулу первого изомера:

$$CH_3—CH_2—CH_2—OH \text{ (пропиловый спирт)}$$

2) переместим группу OH ко вторичному атому углерода — получим формулу второго изомера:

$$CH_3—\underset{}{\overset{OH}{\overset{|}{CH}}}—CH_3 \text{ (изопропиловый спирт)}$$

3) составим прямую цепь атомов углерода, включим в нее атом кислорода — получим формулу третьего изомера:

$$CH_3—O—CH_2—CH_3 \text{ (метилэтиловый эфир)}$$

Таким образом, существуют три структурных изомера для состава C_3H_8O, два изомера из класса спиртов и один изомер из класса простых эфиров.

Органические соединения образованы главным образом к о в а л е н т н ы м и связями. Если ковалентная связь полярна, электронная плотность оказывается смещенной в сторону более электроотрицательного атома. Вследствие этого на атомах появляются частичные заряды — положительный (δ+) и отрицательный (δ–):

$$\overset{\delta+}{CH_3}—\overset{\delta-}{Br} \qquad CH_3—\overset{\delta+}{CH}=\overset{\delta-}{CH_2}$$

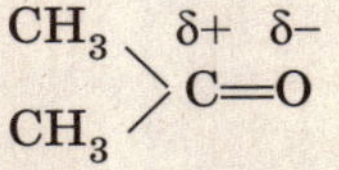

Химические реакции, типичные для органических соединений, можно классифицировать по различным признакам:

1) *по типу химического превращения*

— *реакции замещения*, сопровождающиеся образованием новых ковалентных связей при замещении одного атома (или группы атомов) на другие атомы или группы атомов:

$$CH_3—H + Cl_2 \longrightarrow CH_3—Cl + HCl$$

$$CH_3—Cl + NaOH \rightleftarrows CH_3—OH + NaCl$$

— *реакции присоединения* (синтез), сопровождающиеся образованием новых σ-связей за счет разрыва π-связи

$$CH_2=CH_2 + HBr \longrightarrow H—CH_2—CH_2—Br$$

— *реакции разложения*, сопровождающиеся образованием новых более простых по составу молекул:

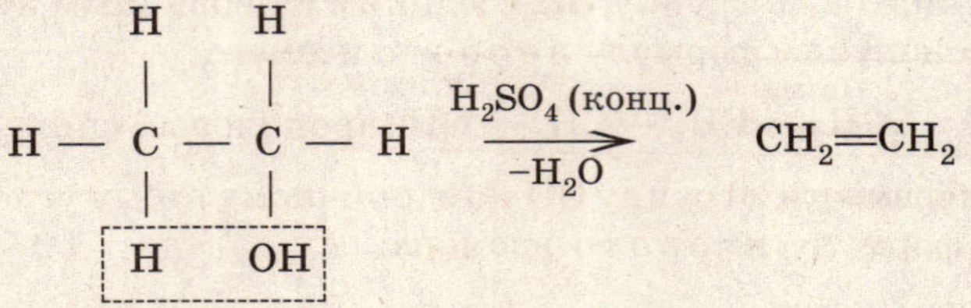

2) *по способу разрыва связи*:

— *реакции с образованием радикалов*, сопровождающиеся с и м м е т р и ч н ы м разрывом связи между атомами элементов с одинаковой электроотрицательностью (*гомолитический разрыв*):

$$A \cdot\!\int\!\cdot\, B \longrightarrow \underset{\text{радикалы}}{A\cdot + \cdot B} \qquad [\text{при } \chi_A = \chi_B]$$

— *реакции с образованием ионов*, сопровождающиеся несимметричным разрывом связи (*гетеролитический разрыв*):

$$A \int \cdot \cdot B \longrightarrow \underset{\text{катион}}{A^+} + \underset{\text{анион}}{(:B)^-} \qquad [\text{при } \chi_A < \chi_B]$$

27.2. Классы органических соединений

Все органические соединения делятся на *классы*. Принадлежность соединения к тому или иному классу определяется наличием в его составе *функциональных групп* — групп атомов, обусловливающих характерные химические свойства данного класса соединений. К функциональным группам принадлежат:

$$—OH, —CHO, —COOH, —NO_2, —NH_2 \text{ и др.}$$

Углеводороды не имеют функциональных групп.

Группа атомов органического соединения, которая во многих реакциях может переходить в молекулу продукта, не изменяясь, называется *радикалом* и обозначается R, например метильный радикал $—CH_3$.

Углеводороды (состоят только из атомов C и H) и их производные образуют *гомологические ряды*, члены которых имеют сходные строение и свойства; они отличаются друг от друга на одну или несколько групп CH_2 (*гомологическая разность*).

Классификация органических соединений представлена в табл. 39.

Таблица 39

Название, общая формула	Отличительный признак	Пример
Углеводороды R—H		
– алканы	*цепь* C—C	$CH_3—CH_2—CH_3$
– циклоалканы	*цикл* $[C]_n$	*цикло*-C_6H_{12}
– алкены	C═C	$CH_3—CH═CH_2$
– алкадиены	C═C—C═C	$CH_2═CH–CH═CH_2$
– алкины	C≡C	$CH_3—C≡CH$
– арены	*цикл* $[C═C]_3$	$C_6H_5—CH_3$
Галогенпроизводные углеводородов		
R—X(X═F, Cl, Br, I)	C—X	$CH_3—CH_2—Br$

Окончание т а б л. 39

Название, общая формула	Отличительный признак	Пример
Спирты R—OH (R — ациклический, алициклический радикал)	C—OH	$CH_3—CH_3—OH$ *цикло*-$C_6H_{11}—OH$
Фенолы R—OH (R — ароматический радикал)	C (*цикл*)—OH	$C_6H_5—OH$
Простые эфиры R–O–R	C—O—C	$CH_3—CH_2—O—CH_3$
Альдегиды R—C(H)O	C(=O)H	$CH_3—CH_2—C(=O)H$
Кетоны (R)(R′)>C=O	C=O	$CH_3—CH_2$(CH_3)>C=O
Карбоновые кислоты R–COOH	C(=O)OH	$CH_3—CH_2—C(=O)OH$
Сложные эфиры R–COOR′	C(=O)O—C	$CH_3—CH_2—C(=O)O—CH_3$
Углеводы-моносахариды		
– альдозы	C(OH)—C(=O)H	$CH_2(OH)—[CH(OH)]_4—C(=O)H$
– кетозы	C(=O)—C(OH)	$CH_2(OH)—[CH(OH)]_3—C(=O)—CH_2(OH)$
Нитросоединения R—NO_2	C—NO_2	$CH_3—CH_2—NO_2$
Аминосоединения R—NH_2	C—NH_2	$C_6H_5—NH_2$
Аминокислоты (α) R—CH(NH_2)—COOH	C(NH_2)—C(=O)OH	$CH_3—CH(NH_2)—C(=O)OH$

28. УГЛЕВОДОРОДЫ

28.1. Алканы. Циклоалканы

Алканы (*парафины*, *жирные* или *алифатические соединения*) — это соединения углерода с водородом, в молекулах которых атомы углерода соединены между собой одинарной связью (*предельные углеводороды*). Общая формула гомологического ряда алканов $\mathbf{C_nH_{2n+2}}$. Радикал, получающийся при отрыве одного атома водорода от молекулы предельного углеводорода, называется *алкилом*, общая формула алкилов $\mathbf{C_nH_{2n+1}}$.

Формулы и *названия* первых шести алканов (C_1—C_6) и отвечающих им радикалов:

Алкан		Алкил	
CH_4	— метан	$—CH_3$	— метил
C_2H_6	— этан	$—C_2H_5$	— этил
C_3H_8	— пропан	$—C_3H_7$	— пропил
C_4H_{10}	— бутан	$—C_4H_9$	— бутил
C_5H_{12}	— пентан	$—C_5H_{11}$	— пентил
C_6H_{14}	— гексан	$—C_6H_{13}$	— гексил

Для радикала C_5H_{11} использование названия *амил* не рекомендуется. Для составления названий алканов с разветвленной цепью, например

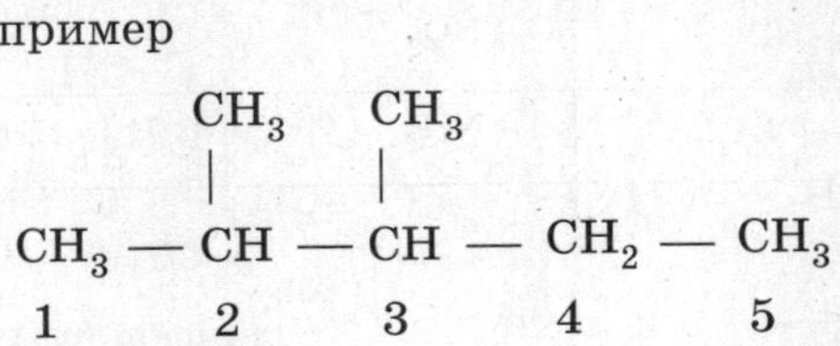

выбирают самую длинную углеродную цепь (в примере — 5 атомов) и получают основу названия (5 — пентан). Нумеруют цепь (от 1 до 5) так, чтобы заместители ($—CH_3$) получили наименьшие номера (2 и 3). В названии арабскими цифрами указывают положение заместителей, а приставками **ди** — 2, **три** — 3, **тетра** — 4 и т. д. — число одинаковых заместителей. Таким образом, в нашем примере алкан должен быть назван *2,3-диметилпентан*.

При наличии разных заместителей их названия расставляют по алфавиту, т. е., например, сначала *метил*, а затем *этил*.

Пример: 4-метил-3-этилгептан

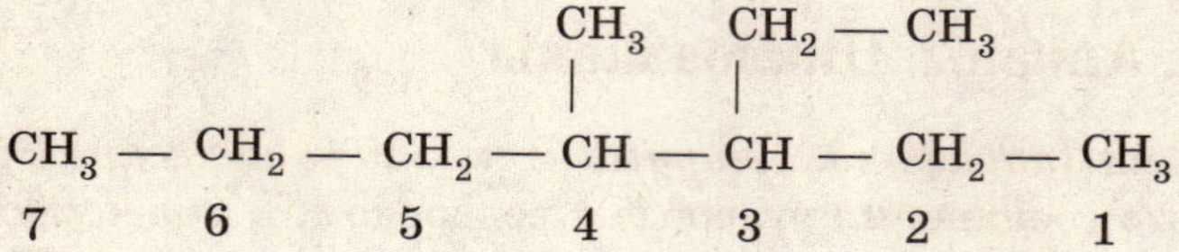

Для некоторых разветвленных предельных углеводородов используются, наравне с систематическими, традиционные названия, например для алканов состава C_4H_{10} и C_5H_{12} с формулами:

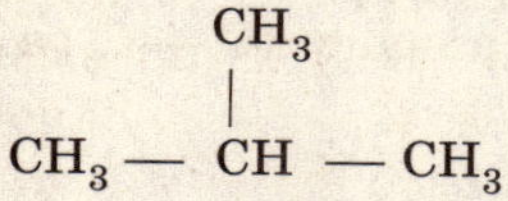

изобутан
(2-метилпропан)

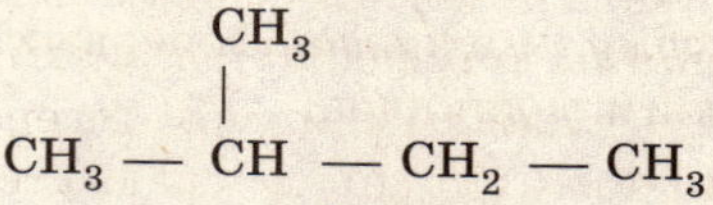

изопентан
(2-метилбутан)

Такие же названия используются для разветвленных радикалов:

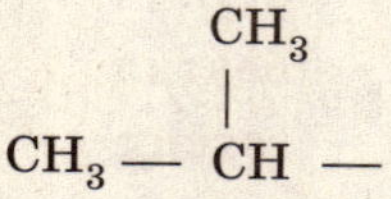

изопропил
(1-метилэтил)

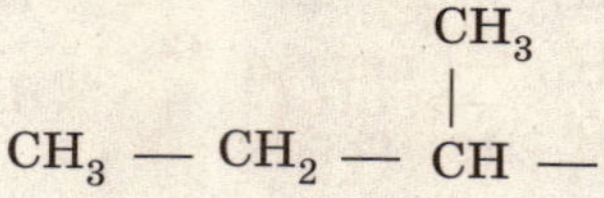

втор-бутил
(1-метилпропил)

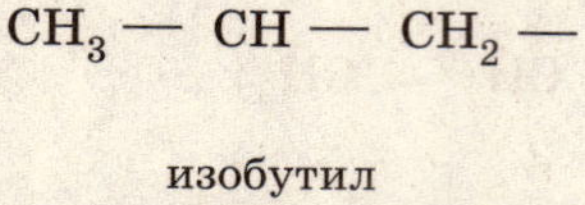

изобутил
(2-метилпропил)

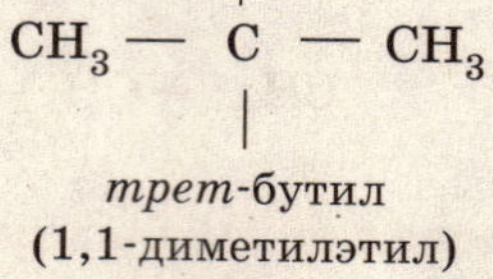

трет-бутил
(1,1-диметилэтил)

При обычных условиях первые алканы — метан, этан, пропан и бутан (C_1–C_4) — представляют собой газы без цвета и запаха, малорастворимые в воде. Последующие гомологи (C_5–C_{15}) — жидкости (при 20 °C), высшие гомологи (C_{16} и выше) — твердые вещества.

Физические свойства некоторых неразветвленных алканов приведены в табл. 40.

Таблица 40

Формула	Название	$M_г$	$t_{пл}$, °C	$t_{кип}$, °C
CH_4	Метан	16	−182,5	−161,6
C_4H_{10}	Бутан	58	−138,3	−0,5
C_6H_{14}	Гексан	86	−94,3	+68,7
$C_{15}H_{32}$	Пентадекан	212	+10,0	+270
$C_{16}H_{34}$	Гексадекан	226	+18,2	+287
$C_{20}H_{42}$	Эйкозан	282	+36,4	+345

В алканах атомные орбитали углерода имеют sp^3-гибридизацию; четыре электронных облака атома углерода направлены в вершины тетраэдра под углами 109,5°. Ковалентные связи, образуемые каждым атомом углерода, в алканах малополярны.

Поэтому алканы — сравнительно инертные вещества, вступают только в реакции з а м е щ е н и я, протекающие с симметричным (радикальным) разрывом связей C—H. Эти реакции обычно идут в жестких условиях (высокая температура, освещение). В результате становится возможным замещение водорода на галоген (Cl, Br) и нитрогруппу (NO_2), например, при обработке метана хлором:

$$CH_4 \xrightarrow[-HCl]{Cl_2} CH_3Cl \xrightarrow[-HCl]{Cl_2} CH_2Cl_2 \xrightarrow[-HCl]{Cl_2} CHCl_3 \xrightarrow[-HCl]{Cl_2} CCl_4$$

Вторая и последующие стадии реакции протекают легче, чем первая, из-за смещения электронной плотности к атому хлора

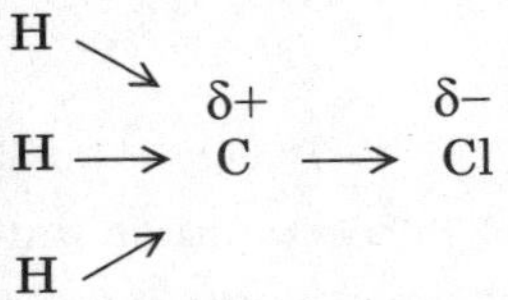

и увеличения подвижности остающихся атомов водорода. Названия продуктов: CH_3Cl — хлорметан, CH_2Cl_2 — дихлорметан, $CHCl_3$ — трихлорметан (*хлороформ*), CCl_4 — тетрахлорметан (тетрахлорид углерода).

В тех алканах, где кроме первичных есть также вторичные и третичные атомы углерода, замещение обычно протекает с образованием смеси однозамещенных продуктов (т. е. в каждой молекуле замещается один атом водорода), например:

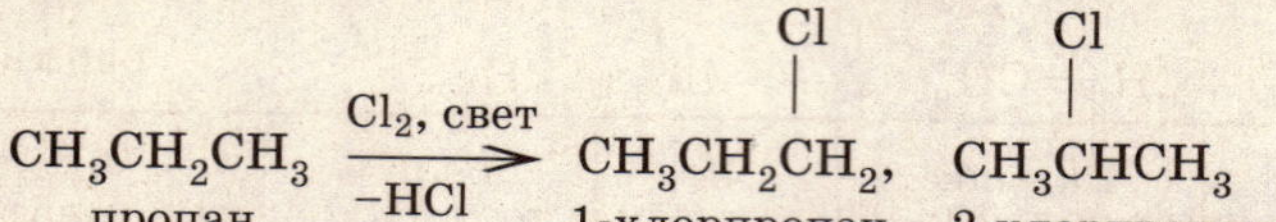

пропан 1-хлорпропан 2-хлорпропан

Циклоалканы — предельные углеводороды циклического строения, общая формула гомолитического ряда C_nH_{2n} ($n \geqslant 3$), формула совпадает с таковой для алкенов (см. 28.2). Важнейшие циклоалканы:

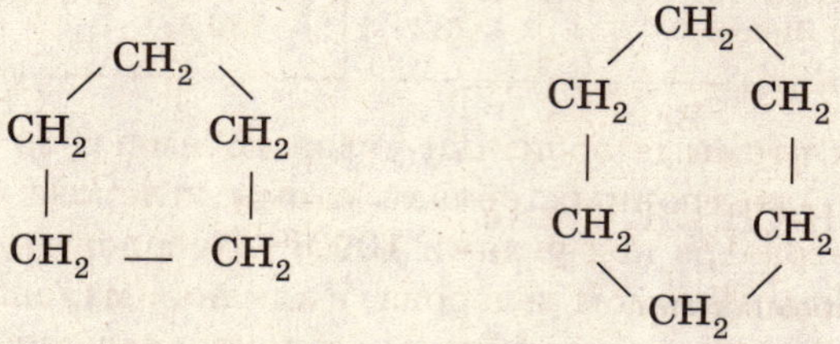

циклопентан C_5H_{10} циклогексан C_6H_{12}

При комнатной температуре C_5H_{10} и C_6H_{12} — бесцветные жидкости, малорастворимые в воде. Химические свойства циклоалканов подобны свойствам алканов, например:

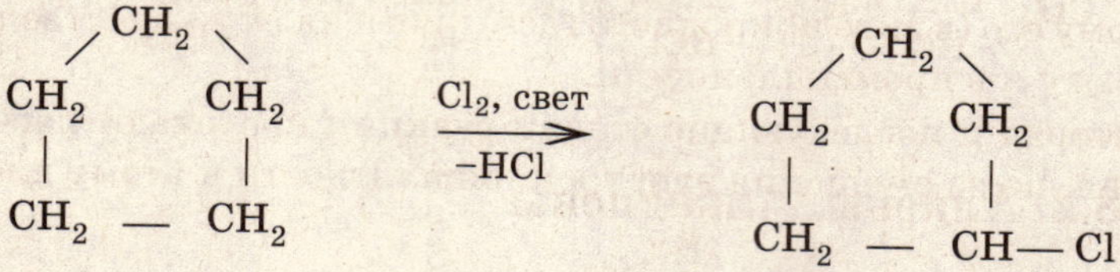

циклопентан хлорциклопентан

Получение: источниками алканов и циклоалканов в п р о м ы ш л е н н о с т и служат нефть, природный газ, каменный уголь. В л а б о р а т о р и и применяют такие способы синтеза алканов:

1) *реакция Вюрца* — действие натрия на галогенпроизводные углеводородов:

$$C_2H_5-\boxed{Br + 2Na + Br}-C_2H_5 \xrightarrow[-NaBr]{} CH_3CH_2CH_2CH_3$$

бромэтан бутан

2) каталитическое гидрирование этиленовых углеводородов (катализаторы Pt, Pd, Ni):

$$\underset{\text{этилен}}{CH_2{=}CH_2} \xrightarrow{H_2} \underset{\text{этан}}{CH_3{-}CH_3}$$

3) сплавление солей карбоновых кислот с гидроксидом натрия:

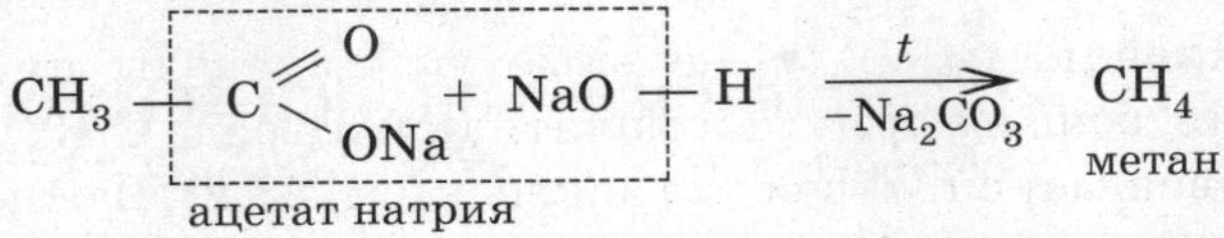

Циклоалканы синтезируют из дигалогенпроизводных алканов:

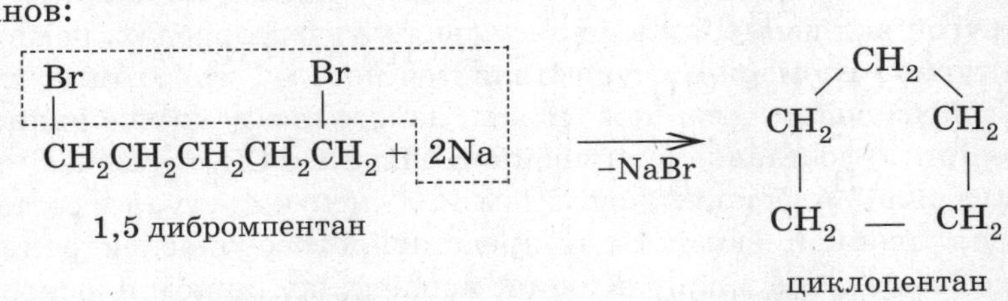

Алканы широко используются как исходное сырье в химической промышленности, моторное топливо (бензин, керосин и др.); циклоалканы применяются в органическом синтезе.

При горении метана выделяется много теплоты:

$$CH_4 + 2O_2 = CO_2 + 2H_2O + 880 \text{ кДж}$$

Поэтому его (в виде природного газа) применяют в качестве топлива в быту и в промышленности.

28.2. Алкены. Алкадиены

Алкены (*олефины*) — это углеводороды, в молекулах которых содержатся атомы углерода, соединенные между собой двойной связью (*непредельные углеводороды ряда этилена*). Простейший представитель — *этилен* C_2H_4, общая формула гомологического ряда этиленовых углеводородов C_nH_{2n} (при $n \geqslant 2$).

Систематические *названия* олефинов производятся от корней названий алканов с заменой суффикса **-ан** ⟶ **-ен**:

C_2H_4 — этен	C_5H_{10} — пентен
C_3H_6 — пропен	C_6H_{12} — гексен
C_4H_8 — бутен	C_7H_{14} — гептен

Сохраняются также традиционные названия с заменой суффикса **-ан** на **-илен**: C_2H_4 — этилен, C_3H_6 — пропилен, C_4H_8 — бутилен; использование названия *амилен* для алкена C_5H_{10} не рекомендуется.

Положение двойной связи C═C в изомерах строения (начиная с алкена C_4) указывается цифрой п о с л е названия:

$$\overset{4}{CH_3}—\overset{3}{CH_2}—\overset{2}{CH}═\overset{1}{CH_2} \qquad CH_3—CH═CH—CH_3$$

бутен-1 бутен-2

Радикал этилена — этенил CH_2═CH — обычно называют *винил*, пропена — пропенил CH_2═CH—CH_2 — именуют *аллил*.

Другой вид изомерии в непредельных углеводородах, помимо структурной изомерии, осуществляется потому, что атомы углерода, образующие двойную связь, находятся в sp^2-гибридном состоянии; σ-составляющая двойной связи C═C и σ-связи C—H лежат в одной плоскости под углом 120° друг к другу, а π-составляющая двойной связи C═C представляет собой электронное облако, вытянутое в направлении, перпендикулярном плоскости σ-связей. Следствием такого строения алкенов является возможность *геометрической изомерии* (или *цис-транс*-изомерии) в зависимости от положения заместителей (атомов или радикалов):

цис-бутен-2 *транс*-бутен-2

(*цис* — от лат. «рядом, по одну сторону», *транс* — от лат. «напротив, по разные стороны»).

Алкены C_2—C_4 при комнатной температуре — бесцветные газы со слабым запахом нефти, малорастворимые в воде; алкены C_5—C_{18} — жидкости, алкены C_{19} и выше — твердые вещества.

Физические свойства некоторых алкенов приведены в табл. 41.

Таблица 41

Формула	Название	M_r	$t_{пл}$, °C	$t_{кип}$, °C
C_2H_4	Этен	28	−169,2	−103,7
C_3H_6	Пропен	42	−185,2	−47,4

Окончание табл. 41

Формула	Название	M_r	$t_{пл.}$, °C	$t_{кип.}$, °C
C_4H_8	Бутен-1	56	−185,4	−6,3
	Цис-бутен-2	56	−139,9	+3,7
	Транс-бутен-2	56	−105,6	+0,9
	2-Метилпропен	56	−140,4	−6,9
C_5H_{10}	Пентен-1	70	−138,0	+30,0
	Цис-пентен-2	70	−151,4	+36,3
	Транс-пентен-2	70	−136,0	+36,9
$C_{18}H_{36}$	Октадецен-1	252	+18	+179

Важнейшие химические свойства алкенов определяются тем, что в силу меньшей прочности π-связи (по сравнению с σ-связью) она легко разрывается, в результате чего протекают реакции присоединения и образуются насыщенные органические соединения. Как правило, такие реакции идут в мягких условиях, часто на холоду и в растворителях, например воде, тетрахлорметане CCl_4 и др.:

$$\underset{\text{пропен}}{CH_3—CH{=}CH_2} + Br_2 \longrightarrow \underset{\text{1,2-дибромпропан}}{CH_3—CH(Br)—CH_2(Br)}$$

Аналогично протекает взаимодействие алкенов с бромоводородом:

$$\underset{\text{этилен}}{CH_2{=}CH_2} \xrightarrow{HBr} \underset{\text{бромэтан}}{CH_2(H)—CH_2(Br)}$$

Присоединение галогеноводородов к несимметричным алкенам теоретически может привести к двум продуктам:

$$\underset{\text{пропен}}{CH_3—CH{=}CH_2} + HI \nearrow CH_3—CH_2—CH_2I \text{ (1-иодпропан)}$$

$$\underset{\text{пропен}}{CH_3—CH{=}CH_2} + HI \searrow CH_3—CH(I)—CH_3 \text{ (2-иодпропан)}$$

Согласно *правилу Марковникова*, **присоединение галогеноводородов к несимметричным алкенам протекает так, что водород направляется к атому углерода, который уже содержит большее**

число атомов водорода. В приведенной выше реакции продуктом будет 2-иодпропан $CH_3CH(I)CH_3$.

По правилу Марковникова протекает и *реакция* гидратации, т. е. реакция присоединения воды в присутствии серной кислоты. Она происходит в две стадии:

а) вначале образуется алкилсерная кислота, т. е. H_2SO_4 присоединяется к алкену:

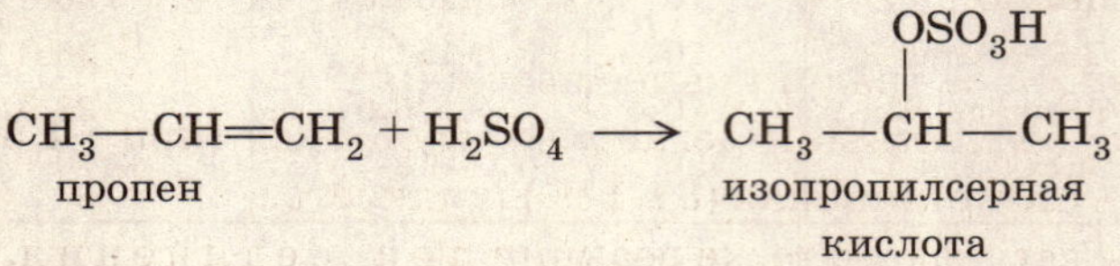

б) затем происходит ее необратимый гидролиз:

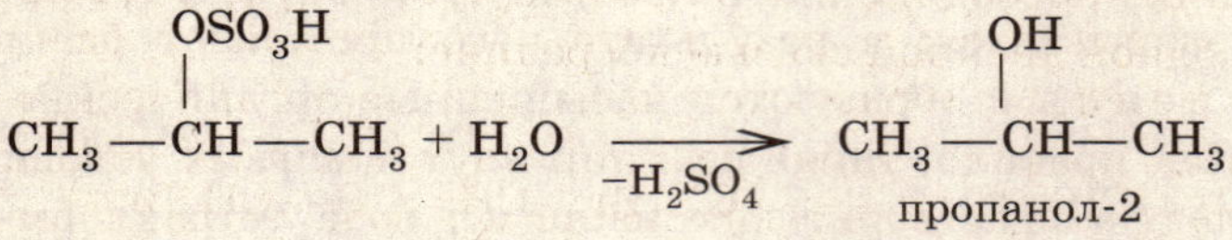

Алкены обесцвечивают раствор перманганата калия на холоду в нейтральной среде, при этом образуются *гликоли* (двухатомные спирты):

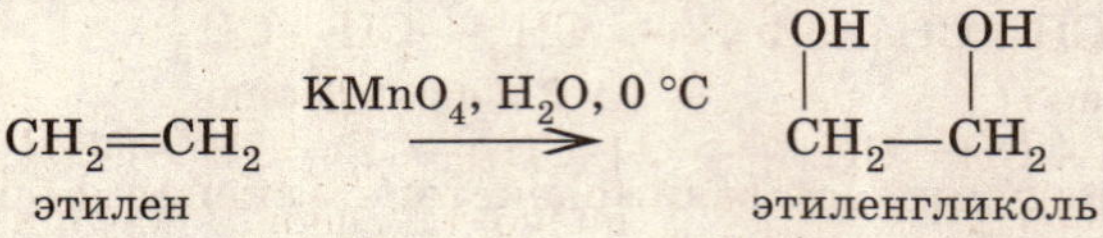

Алкены способны вступать в *реакции полимеризации*:

$$n\,CH_2{=}CH_2 \longrightarrow [\!-CH_2{-}CH_2-\!]_n$$

этилен — полиэтилен

Качественные реакции на алкены — обесцвечивание бромной воды и раствора $KMnO_4$ (уравнения реакций см. выше).

Алкадиены — непредельные углеводороды, в молекулах которых содержатся две связи C=C. Общая формула алкадиенов C_nH_{2n-2} ($n \geq 3$).

Примеры:

$$\overset{5}{C}H_3{-}\overset{4}{C}H_2{-}\overset{3}{C}H{=}\overset{2}{C}{=}\overset{1}{C}H_2 \qquad \overset{5}{C}H_2{=}\overset{4}{C}H{-}\overset{3}{C}H_2{-}\overset{2}{C}H{=}\overset{1}{C}H_2$$

пентадиен-1,2 — пентадиен-1,4

Большое практическое значение имеют с о п р я ж е н н ы е диены, в молекулах которых связи C=C разделены одинарной связью C—C:

$$\overset{1}{CH_2}=\overset{2}{CH}-\overset{3}{CH}=\overset{4}{CH_2} \qquad \overset{1}{CH_2}=\overset{2}{\underset{}{C}}(CH_3)-\overset{3}{CH}=\overset{4}{CH_2}$$

бутадиен-1,3 (дивинил) — 2-метилбутадиен-1,3 (изопрен)

Дивинил и *изопрен* — традиционное названия.

Дивинил — бесцветный, легко сжижающийся (при –4,5 °C) газ, изопрен — низкокипящая (34,1 °C) жидкость.

Алкадиены вступают в те же реакции п р и с о е д и н е н и я, что и алкены. Сопряженные диены имеют особые свойства, в частности, в реакциях присоединения; они образуют продукты 1,4-присоединения с одной двойной связью посредине:

$$CH_2=CH-CH=CH_2 \xrightarrow{Br_2} \underset{\text{1,4-дибромбутен-2}}{CH_2Br-CH=CH-CH_2Br}$$

(далее возможно образование 1,2,3,4-тетрабромбутана).

Алкадиены способны полимеризоваться с образованием *каучуков*:

$$\underset{\text{бутадиен-1,3}}{nCH_2=CH-CH=CH_2} \longrightarrow \underset{\text{полибутадиеновый каучук}}{[-CH_2-CH=CH-CH_2-]_n}$$

$$\underset{\text{2-метилбутадилен-1,3}}{nCH_2=\overset{\overset{CH_3}{|}}{C}H-CH=CH_2} \longrightarrow \underset{\text{полиметилбутадиеновый каучук}}{[-CH_2-\overset{\overset{CH_3}{|}}{C}=CH-CH_2-]_n}$$

Полиметилбутадиеновый каучук — это полимер, существующий в природе (натуральный каучук), а полибутадиеновый каучук получен искусственно (С. В. Лебедев, 1932 г.) и называется *синтетическим каучуком*.

Получение: для алкенов в п р о м ы ш л е н н о с т и используют метод *каталитического дегидрирования алканов*:

$$\underset{\text{этан}}{CH_3-CH_3} \xrightarrow[-H_2O]{Ni,\ Pd,\ 600\ °C} \underset{\text{этилен}}{CH_2=CH_2}$$

В лаборатории алкены получают:

1) *дегидратацией спиртов* (отщеплением воды от спиртов)

$$\underset{\text{этанол}}{CH_3{-}CH_2{-}OH} \xrightarrow[-H_2O]{H_2SO_4\ (\text{конц.}),\ 180\ ^\circ C} \underset{\text{этилен}}{CH_2{=}CH_2}$$

2) *дегидрогалогенированием* — отщеплением галогеноводорода от моногалогенопроизводного под действием спиртового раствора щелочи

$$\underset{\text{2-хлорпропан}}{CH_3{-}\overset{\boxed{Cl}}{\underset{}{CH}}{-}\overset{\boxed{H}}{CH_2}} \xrightarrow[-KCl,\ H_2O]{KOH,\ \text{спирт},\ t} \underset{\text{пропен}}{CH_3{-}CH{=}CH_2}$$

3) *дегалогенированием* — отщеплением галогенов от дигалогенопроизводных, в которых атомы галогена находятся у соседних атомов углерода

$$\underset{\text{1,2-дибромпропан}}{CH_3{-}\overset{Br}{CH}{-}\overset{Br}{CH_2}} + \boxed{Zn} \longrightarrow \underset{\text{пропен}}{CH_3{-}CH{=}CH_2} + ZnBr_2$$

Промышленное получение дивинила:

1) дегидрирование бутана

$$CH_3CH_2CH_2CH_3 \xrightarrow[-H_2]{Cr_2O_3/Al_2O_3,\ 700\ ^\circ C} CH_2{=}CHCH{=}CH_2$$

2) *способ Лебедева* — одновременное отщепление воды и водорода от этанола на катализаторе (ZnO/Al_2O_3)

$$C_2H_5OH \xrightarrow[-H_2O,\ H_2]{400{-}500\ ^\circ C} CH_2{=}CH{-}CH{=}CH_2$$

Алкены используются для органического синтеза, производства пластмасс, искусственного моторного топлива, диеновые углеводороды — исходное сырье в промышленном синтезе каучуков.

28.3. Алкины

Алкины — углеводороды с тройной связью $C{\equiv}C$ в молекулах (*непредельные углеводороды ряда ацетилена*). Простейший представитель этого ряда — ацетилен C_2H_2, общая формула алкинов $\mathbf{C_nH_{2n-2}}$ (при $n \geqslant 2$).

Названия простейших алкинов:

C_2H_2 — этин (традиционно: ацетилен)

C_3H_4 — пропин (метилацетилен)

C_4H_6 — бутин

Изомеры бутина:

$$\overset{4}{CH_3}—\overset{3}{CH_2}—\overset{2}{C}\equiv\overset{1}{CH} \qquad \overset{4}{CH_3}—\overset{3}{C}\equiv\overset{2}{C}—\overset{1}{CH_3}$$

бутин-1 бутин-2

Ацетилен, пропин и бутин-1 — бесцветные газы при комнатной температуре, бутин-2 — легко кипящая жидкость, обладает легким «эфирным» запахом.

Физические свойства некоторых алкинов приведены в табл. 42.

Таблица 42

Формула	Название	$M_г$	$t_{пл}$, °С	$t_{кип}$, °С
C_2H_2	Этин	26	возг. – 84	—
C_3H_4	Пропин	40	–101,5	–23,2
C_4H_6	Бутин-1	54	–125,7	+8,1
	Бутин-2	54	–32,3	+27,0
$C_{18}H_{34}$	Октадецин-1	250	+28	+180 (вакуум)

Ацетилен немного растворяется в воде: 1,21 г C_2H_2 в 1 л H_2O при 20 °С.

В алкинах атомные орбитали углерода у тройной связи имеют *sp*-гибридизацию (линейное строение). Наличие двух π-связей обусловливает их химические свойства, в частности, высокую способность к реакциям ступенчатого присоединения водорода, хлора, брома, галогеноводородов, воды:

а) $$CH\equiv CH \xrightarrow{H_2,\ Pd/Pb} CH_2=CH_2 \xrightarrow{H_2,\ Ni} CH_3—CH_3$$

ацетилен этилен этан

б) $$CH\equiv CH \xrightarrow{Br_2} CHBr=CHBr \xrightarrow{Br_2} CHBr_2—CHBr_2$$

этин 1,2-дибромэтен 1,1,2,2-тетрабромэтан

в) $$CH\equiv CH \xrightarrow{HCl} CH_2=CHCl \xrightarrow{HCl} CH_3—CHCl_2$$

этин хлорэтен 1,1-дихлорэтан

(присоединение HCl к хлорэтену происходит по правилу Марковникова; хлорэтен традиционно называют *хлорвинилом*, или *винилхлоридом*);

г) *реакция Кучерова* (гидратация на катализаторе)

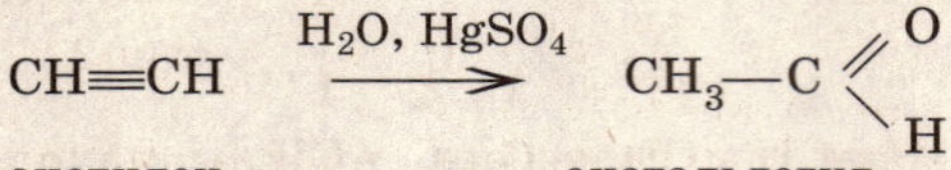

ацетилен ацетальдегид

При *циклизации* ацетилена образуется бензол:

$$3C_2H_2 \xrightarrow{Ni,\ 70°C} C_6H_6$$

Упомянутый выше хлорвинил способен полимеризоваться:

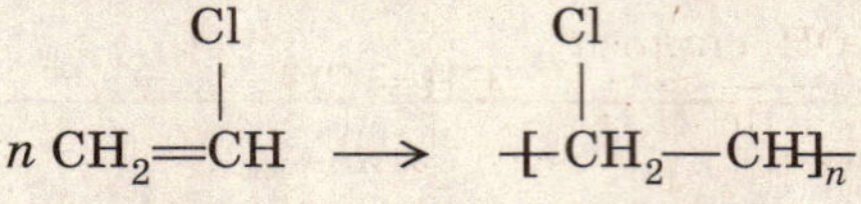

хлорвинил поливинилхлорид

Поливинилхлорид (ПВХ) — полимер, основа пластмассы, волокон и пленок, применяется в производстве труб, искусственной кожи, электроизоляции, пеноматериалов.

Качественные реакции:

1) на алкины любого строения — обесцвечивание раствора $KMnO_4$, чаще всего происходит разрыв углеродной цепи по месту тройной связи (ср. с алкенами);

2) на алкины с концевой тройной связью — замещение концевого атома водорода на медь(I) с образованием ярко-красного осадка:

$$CH_3—C{\equiv}CH \xrightarrow{Cu_2O,\ NH_3 \cdot H_2O} (CH_3—C{\equiv}C—Cu)\downarrow$$

пропин метилацетиленид меди(I)

Получение: в промышленности ацетилен ранее получали гидролизом дикарбида (ацетиленида) кальция:

$$CaC_2 + 2H_2O = \mathbf{C_2H_2}\uparrow + Ca(OH)_2$$

(неприятный «карбидный» запах газа обусловлен примесями, главным образом, фосфином PH_3).

Современный способ — *пиролиз* (термическое разложение) метана:

$$2CH_4 \xrightarrow{1500\ °C} HC{\equiv}CH + 3H_2$$

В лаборатории для получения ацетилена и его гомологов используют взаимодействие дигалогенопроизводных алканов со щелочами в спиртовом растворе при нагревании:

$$\underset{\text{2,3-дибромбутан}}{CH_3{-}CHBr{-}CHBr{-}CH_3} \xrightarrow[-KBr,\ H_2O]{KOH,\ спирт} \underset{\text{бутин-2}}{CH_3{-}C{\equiv}C{-}CH_3}$$

(обязательное условие — атомы галогенов должны находиться при соседних атомах углерода). Эта реакция может проходить в одну стадию (как показано выше), но чаще — в две стадии:

$$а)\ \underset{\text{1,2-дибромэтан}}{CH_2Br{-}CH_2Br} \xrightarrow[-KBr,\ H_2O]{KOH,\ спирт} \underset{\text{бромэтен}}{CH_2{=}CHBr}$$

$$б)\ \underset{\text{бромэтен}}{CH_2 = CHBr} \xrightarrow[-KBr,\ H_2O]{KOH,\ спирт,\ t} \underset{\text{этин}}{CH{\equiv}CH}$$

Алкины, особенно ацетилен, используются как исходное сырье в химической промышленности для многих органических синтезов. Кроме того, ацетилен благодаря высокой теплотворной способности сгорания

$$2C_2H_2 + 5O_2 = 4CO_2 + 2H_2O + 2508\ кДж$$

применяется для автогенной сварки и резки металлов

28.4. Арены

Арены — это непредельные углеводороды, которые можно рассматривать как производные простейшего из них — *бензола* C_6H_6. Общая формула углеводородов гомологического ряда бензола C_nH_{2n-6} (при $n \geqslant 6$).

В молекуле бензола все атомы углерода находятся в sp^2-гибридизации, каждый атом углерода соединен в одной плоскости σ-связями с двумя другими атомами углерода и одним атомом водорода. У атома углерода остается еще облако четвертого валентного электрона, расположенное перпендикулярно плоскости. Эти облака участвуют в образовании π-связи, причем в молекуле образуются не три отдельные π-связи (как думали раньше, см. формулу Кекуле, 1865 г.), а единая шестицентровая (C_6) π-связь (все атомы равноценны):

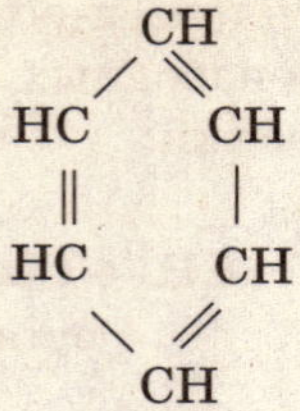

Формула Кекуле

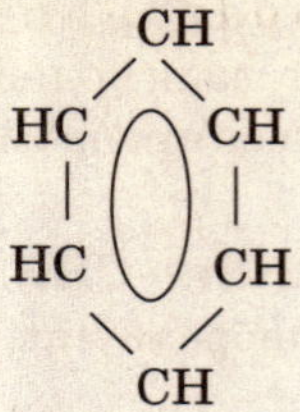

Современная формула

Формула Кекуле часто применяется в тех случаях, когда необходимо более наглядно представить протекание реакции с участием *бензольного кольца* C_6; его изображение:

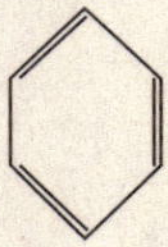

или

В обеих формулах атомы C кольца и не участвующие в реакции атомы H опускаются (для краткости).

Некоторые простейшие гомологи бензола:

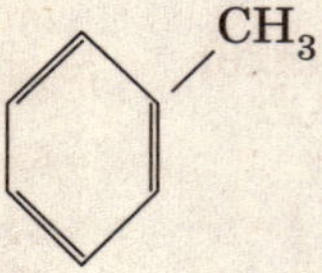

метилбензол
(толуол)

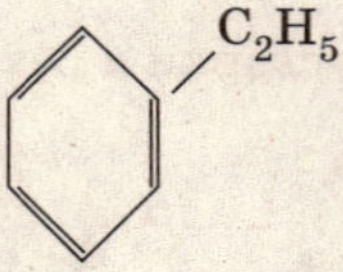

этилбензол

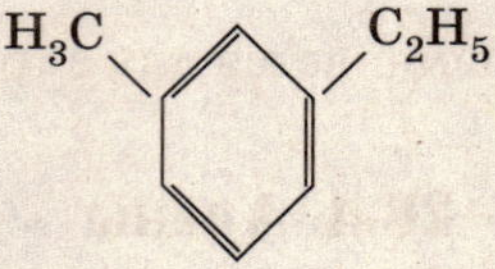

1-метил-3-этилбензол

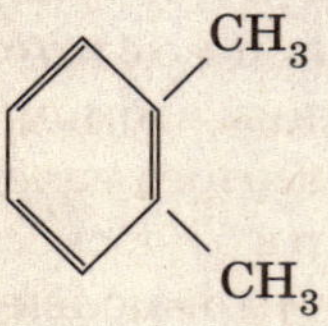

1,2-диметилбензол
(*орто*-ксилол)

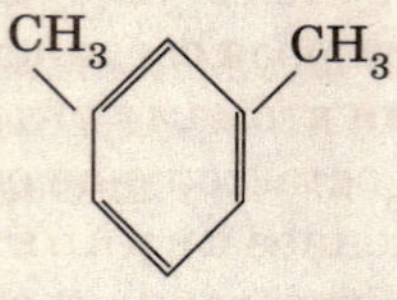

1,3-диметилбензол
(*мета*-ксилол)

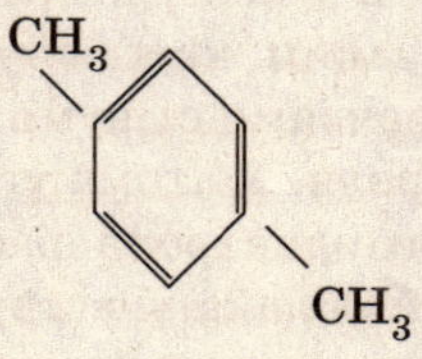

1,4-диметилбензол
(*пара*-ксилол)

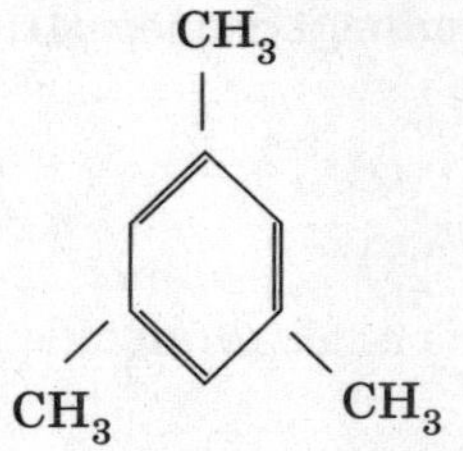

1,3,5-триметилбензол
(мезитилен)

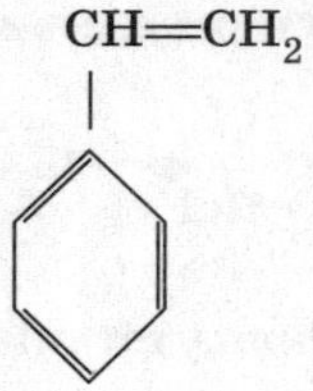

винилбензол
(стирол)

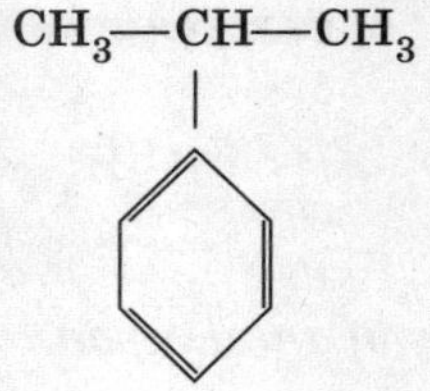

изопропилбензол
(кумол)

Радикал бензола C_6H_5 называется *фенил*, радикал толуола $C_6H_5CH_2$ — *бензил*.

Физические свойства некоторых аренов приведены в табл. 43.

Таблица 43

Формула	Название	M_r	$t_{пл}$, °C	$t_{кип}$, °C
C_6H_6	Бензол	78	+5,5	+80,1
$C_6H_5CH_3$	Толуол	92	−95,0	+110,6
$C_6H_4(CH_3)_2$	*о*-Ксилол	106	−25,2	+144,4
	м-Ксилол	106	−47,9	+139,1
	п-Ксилол	106	+13,3	+138,4
$C_6H_3(CH_3)_3$	Мезитилен	120	−44,7	+164,7
$C_6H_5C_2H_5$	Этилбензол	106	−95,0	+136,2
$C_6H_5C_3H_7$	Кумол	120	−96,0	+152,4
$C_6H_5C_2H_3$	Стирол	104	−30,6	+145,2

Бензол и его гомологи — жидкости без цвета, но с характерным запахом, имеют широкий интервал жидкого состояния. Практически не растворяются в воде, но хорошо смешиваются между собой и с другими органическими растворителями. Пар бензола сильно ядовит.

Несмотря на формальную непредельность, бензол отличается высокой устойчивостью к нагреванию и окислению (в гомологах бензола окисляется только боковая цепь, если она содержит кратные связи). Характерными для бензола являются реакции **замещения**:

а) *нитрование* в присутствии концентрированной серной кислоты на холоду

$$\underset{\text{бензол}}{C_6H_5{-}H} \xrightarrow[-H_2O]{HNO_3(NO_2OH)} \underset{\text{нитробензол}}{C_6H_5{-}NO_2}$$

б) *галогенирование* в присутствии галогенидов железа(III)

$$\underset{\text{бензол}}{C_6H_5{-}H} \xrightarrow[-HCl]{Cl_2} \underset{\text{хлорбензол}}{C_6H_5{-}Cl}$$

в) *алкилирование* в присутствии хлорида алюминия

$$\underset{\text{бензол}}{C_6H_5{-}H} \xrightarrow[-HCl]{CH_3Cl} \underset{\text{толуол}}{C_6H_5{-}CH_3}$$

Особый характер ненасыщенности бензола и его гомологов иллюстрируется этими химическими свойствами и называется «ароматическим» характером.

В производных бензола атом или группа, заместившие водород кольца, и само бензольное кольцо влияют друг на друга. По характеру влияния различают:

1) заместители I рода — Cl, Br, I, CH_3, C_nH_{2n+1}, OH и NH_2. Они облегчают реакции дальнейшего замещения и направляют второй заместитель по отношению к себе в *орто-* (*о-*, или 2-) положение и в *пара-* (*п-*, или 4-) положение [для запоминания: **о**рто — **о**коло, **п**ара — **п**ротив], например:

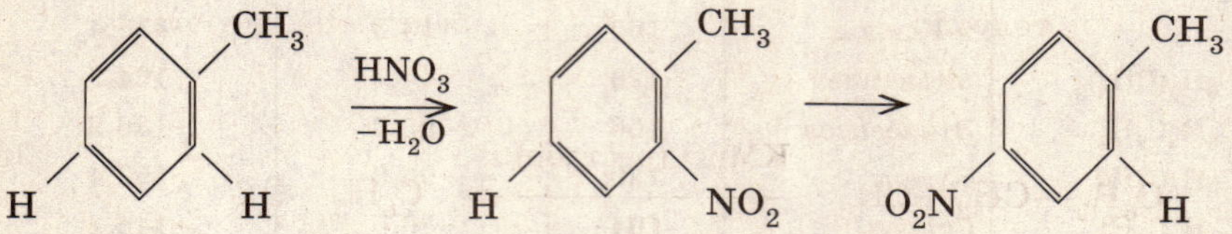

толуол — *о*-нитротолуол (2-нитротолуол) — *п*-нитротолуол (4-нитротолуол)

2) заместители II рода – NO_2, CHO, COOH и CN. Они затрудняют реакции дальнейшего замещения и направляют второй заместитель в *мета* (*м-*, или 3-) положение, например:

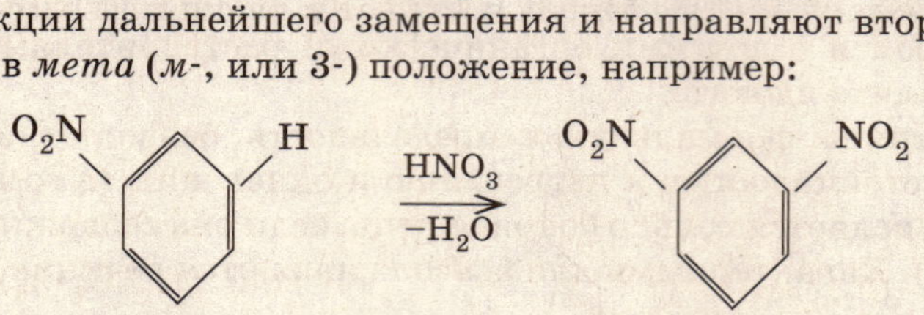

нитробензол — *м*-динитробензол (1,3-динитробензол)

Очевидно, что существуют два *орто*-положения рядом с первым заместителем X, два *мета*-положения, отделенные от первого заместителя одним углеродом кольца, и лишь одно *пара*-положение через два атома углерода бензольного кольца:

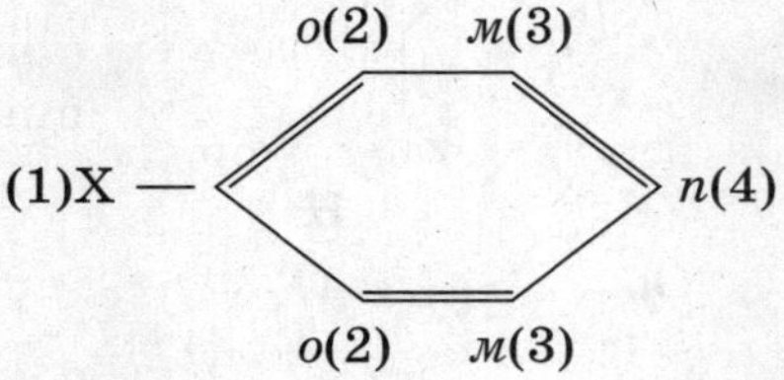

Ранее уже отмечалось, что бензол стоек к окислению даже при действии сильных окислителей. Гомологи бензола с одним боковым радикалом вступают в реакции о к и с л е н и я только за счет радикала; при этом, какова бы ни была его длина, отщепляется вся цепь кроме ближайшего к кольцу атома углерода (он создает карбоксильную группу):

$$C_6H_5\text{—}CH_3 \xrightarrow[-H_2O]{KMnO_4(\text{раствор}),\ t} C_6H_5\text{—}C\begin{matrix}\nearrow O \\ \searrow OH\end{matrix}$$

толуол — бензойная кислота

$$C_6H_5\text{—}CH_2\text{—}CH_3 \xrightarrow[-CH_4]{KMnO_4(\text{раствор}),\ t} C_6H_5\text{—}C\begin{matrix}\nearrow O \\ \searrow OH\end{matrix}$$

этилбензол — бензойная кислота

В жестких условиях бензол вступает в реакции п р и с о е д и н е н и я:

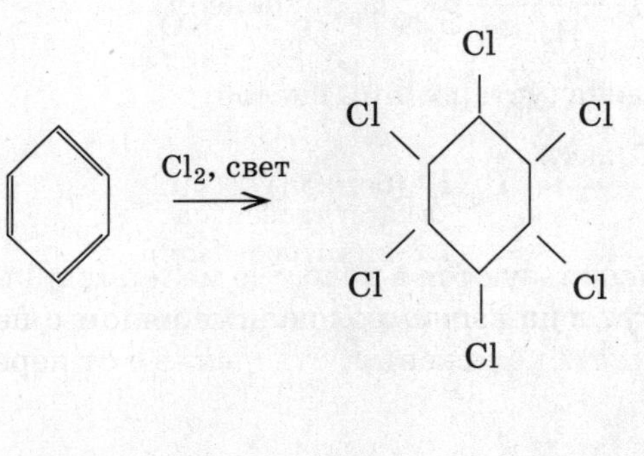

(*цикло*-$C_6H_6Cl_6$)
гексахлорциклогексан
(«гексахлоран»)

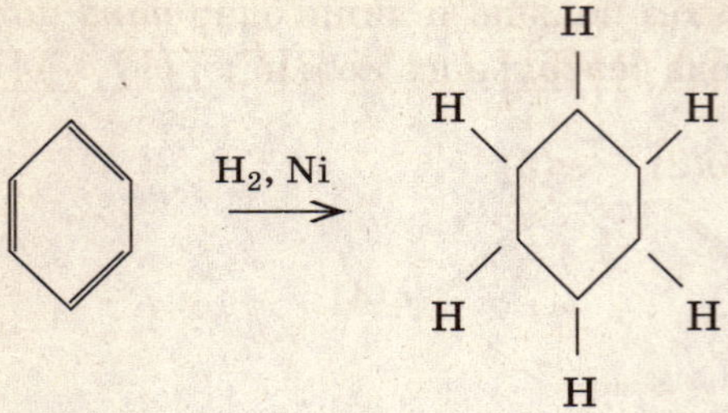

($цикло$-C_6H_{12})
циклогексан

Стирол $C_6H_5—CH=CH_2$, как этилен, легко полимеризуется:

$$n\,CH_2=CH(C_6H_5) \longrightarrow [-CH_2-CH(C_6H_5)-]_n$$

полистирол

Полистирол — термопластичная пластмасса (термопласт), прозрачный материал, размягчающийся при температуре выше 80 °C. Используется для изготовления изоляции электропроводов, посуды разового употребления, упаковочной массы (пенопласт).

Получение аренов — ароматизация алифатических и алициклических углеводородов, содержащихся в нефтяных или буроугольных бензиновых фракциях:

1) *дегидрирование*

$$\textit{цикло}\text{-}C_6H_{12} \xrightarrow[-H_2]{300\ °C,\ Pt(Pd)} C_6H_6\ \text{(бензол)}$$

$$\textit{цикло}\text{-}C_6H_{11}CH_3 \xrightarrow[-H_2]{300\ °C,\ Pt} C_6H_5CH_3\ \text{(толуол)}$$

2) *дегидроциклизация*

$$C_6H_{14}\ \text{(гексан)} \xrightarrow[-H_2]{500\ °C,\ Cr_2O_3/Al_2O_3} C_6H_6\ \text{(бензол)}$$

3) тримеризация ацетилена (устаревший способ)

$$3C_2H_2 \xrightarrow{450–500\ °C,\ C\ (акт.)} C_6H_6\ \text{(бензол)}$$

Бензол и его гомологи используются в качестве малополярных растворителей (для каучука, лаковых смол, полимеров), сырье в органическом синтезе).

29. СОЕДИНЕНИЯ С ФУНКЦИОНАЛЬНЫМИ ГРУППАМИ

29.1. Спирты. Простые эфиры. Фенолы

Спирты — производные углеводородов, содержащие функциональную группу **ОН** (гидроксил). Спирты, в которых имеется одна группа ОН, называются *одноатомными*, а спирты с несколькими группами ОН — *многоатомными*.

Названия некоторых распространенных спиртов приведены в табл. 44.

Таблица 44

Формула	Систематическое название	Традиционное название
CH_3OH	Метанол	Метиловый спирт
C_2H_5OH	Этанол	Этиловый спирт
C_3H_7OH	Пропанол	Пропиловый спирт
C_4H_9OH	Бутанол	Бутиловый спирт
$C_5H_{11}OH$	Пентанол	Амиловый спирт
$C_6H_5 — CH_2OH$	Фенилкарбинол	Бензиловый спирт
$CH_2OH — CH_2OH$	Этандиол-1,2	Этиленгликоль
$CH_2OH — CHOH — CH_2OH$	Пропантриол-1,2,3	Глицерин

По строению различают спирты *первичные*, *вторичные* и *третичные* в зависимости от того, при каком атоме углерода (первичном, вторичном или третичном) находится группа ОН:

первичный спирт $CH_3—CH_2—CH_2—OH$
пропанол-1

вторичный спирт $CH_3—CH(OH)—CH_3$
пропанол-2

третичный спирт $CH_3—C(CH_3)(OH)—CH_3$
2-метилпропанол-2

Одноатомные спирты — бесцветные жидкости (до $C_{12}H_{25}OH$), растворимые в воде. Простейший спирт — *метанол* CH_3OH чрезвычайно ядовит. С увеличением молярной массы температура кипения спиртов повышается.

Физические свойства некоторых одноатомных спиртов приведены в табл. 45.

Таблица 45

Формула	Название	$M_г$	$t_{пл}$, °C	$t_{кип}$, °C
CH_3OH	Метанол	32	−93,9	+65,0
C_2H_5OH	Этанол	46	−113,3	+78,5
C_3H_7OH	Пропанол-1	60	−126,5	+97,4
	Пропанол-2	60	−89,5	+82,4
C_4H_9OH	Бутанол-1	74	−89,5	+117,7
	Бутанол-2	74	−114,7	+98,5
	Изобутанол	74	—	+108,1
	Трет-бутанол	74	+25,5	+82,3
$C_5H_{11}OH$	Пентанол-1	88	−79,0	+137,3
$C_6H_5CH_2OH$	Фенилкарбинол	108	−15,3	+205,4

Молекулы жидких одноатомных спиртов ROH ассоциированы за счет водородных связей:

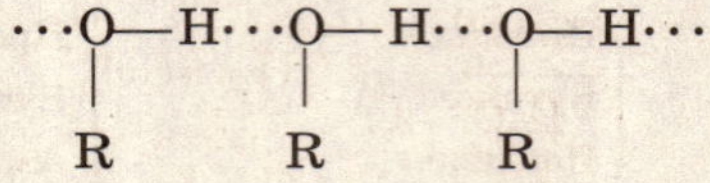

(эти связи аналогичны водородным связям в чистой воде).

При растворении в воде молекулы ROH образуют водородные связи с молекулами воды:

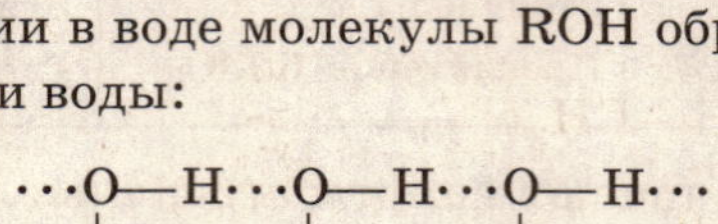

Водные растворы спиртов ROH имеют нейтральную среду; другими словами, спирты практически не диссоциируют в водном растворе ни по кислотному, ни по осно́вному типу.

Химические свойства одноатомных спиртов обусловлены присутствием в них функциональной группы OH.

Водород группы OH в спиртах может замещаться на металл:

$$\underset{\text{этанол}}{2C_2H_5OH} + 2Na = \underset{\text{этанолат натрия}}{2C_2H_5ONa} + H_2\uparrow$$

Этанолаты и производные других спиртов (*алкоголяты*) легко гидролизуются:

$$C_2H_5ONa + H_2O = C_2H_5OH + NaOH$$

Группу OH в спиртах можно заместить на Cl или Br:

$$\underset{\text{этанол}}{CH_3{-}CH_2{-}OH} + HCl \longrightarrow \underset{\text{хлорэтан}}{CH_3{-}CH_2{-}Cl} + H_2O$$

При действии на спирты водоотнимающих средств, например концентрированной H_2SO_4, происходит *межмолекулярная дегидратация*:

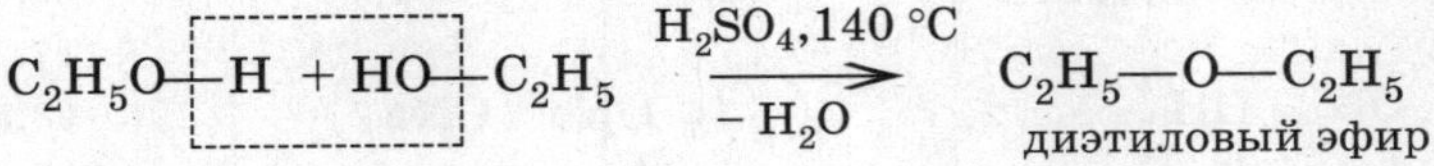

Продукт реакции – *диэтиловый эфир* $(C_2H_5)_2O$ — относится к классу **простых эфиров.**

В более жестких условиях дегидратация становится *внутримолекулярной* и образуется соответствующий алкен:

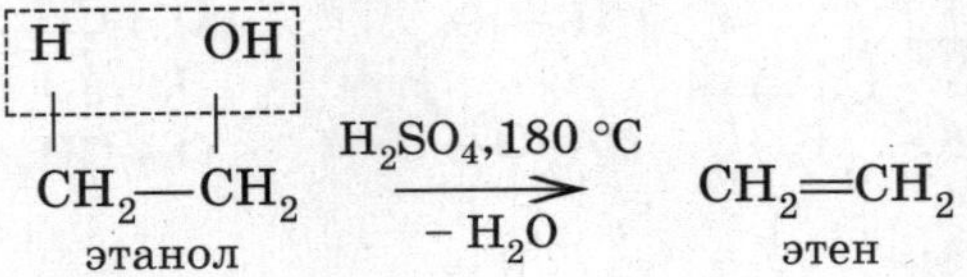

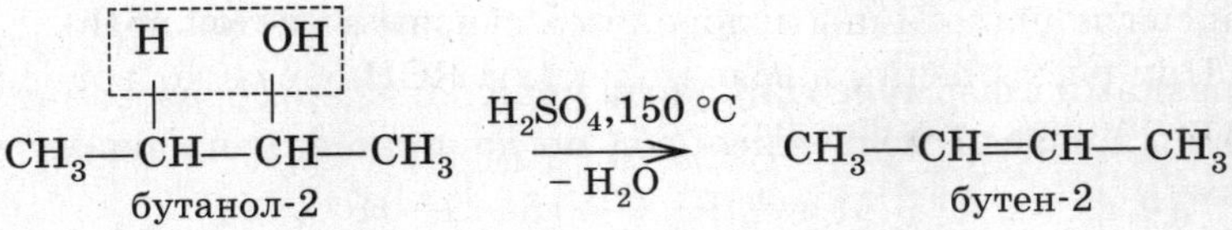

Многоатомные спирты рассмотрим на примере простейших представителей двух- и трехатомных спиртов:

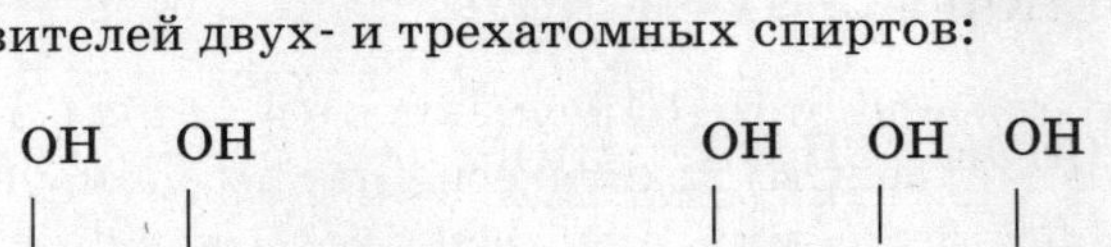

При комнатной температуре они — бесцветные вязкие жидкости с температурами кипения 198 и 290 °C соответственно, неограниченно смешиваются с водой. Этиленгликоль ядовит.

Химические свойства многоатомных спиртов подобны свойствам спиртов ROH. Так, в этиленгликоле одну или две группы OH можно заместить на галоген:

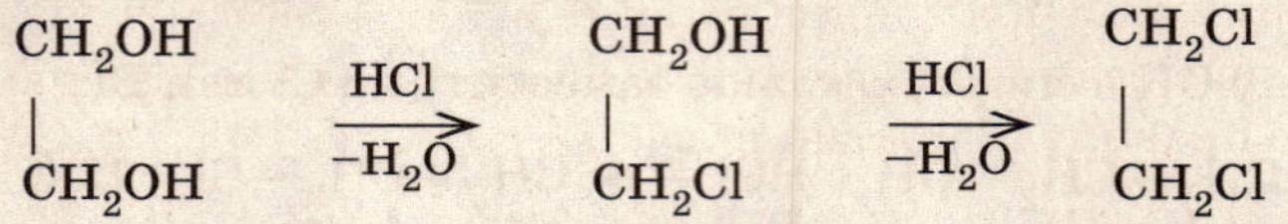

этандиол-1,2 2-хлорэтанол 1,2-дихлорэтан

Кислотные свойства многоатомных спиртов проявляются в том, что (в отличие от одноатомных спиртов) водород группы OH замещается на металл под действием не только металлов, но и гидроксидов металлов:

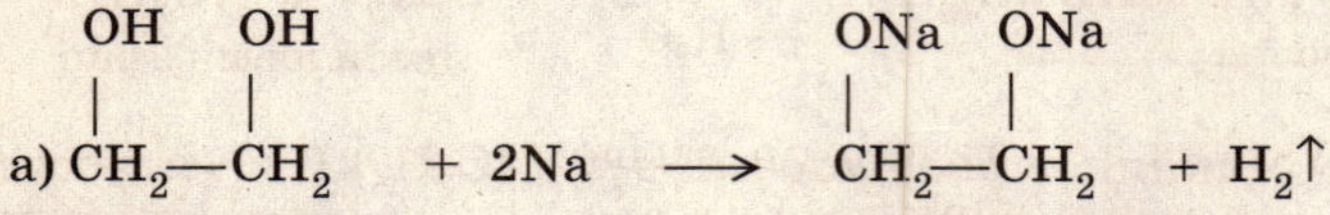

этиленгликоль гликолят натрия

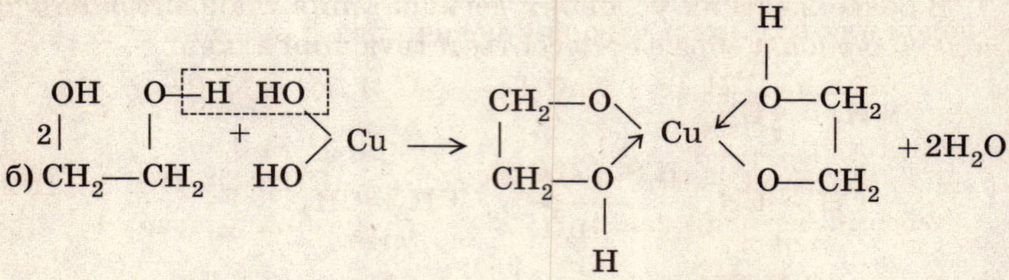

гликолят меди(II)

(стрелками в формуле гликолята меди показано образование ковалентных связей медь–кислород по донорно-акцепторному механизму).

Аналогично реагирует с гидроксидом меди(II) глицерин:

глицерат меди(II)

Гликолят и глицерат меди(II), имеющие ярко-синюю окраску, позволяют качественно обнаруживать многоатомные спирты.

Получение одноатомных спиртов в промышленности — гидратация алкенов в присутствии катализаторов (H_2SO_4, Al_2O_3), причем присоединение воды к несимметричным алкенам происходит по правилу Марковникова:

$$\underset{\text{пропен}}{CH_3{-}CH{=}CH_2} + H{-}OH \longrightarrow \underset{\text{пропанол-2}}{CH_3{-}CHOH{-}CH_3}$$

(способ получения вторичного спирта), или присоединение к алкенам CO и H_2 в присутствии кобальтового катализатора (процесс называется *гидроформилирование*):

$$\underset{\text{пропен}}{CH_3{-}CH{=}CH_2} + CO + 2H_2 \longrightarrow \underset{\text{пропанол-1}}{CH_3{-}CH_2{-}CH_2OH}$$

(способ получения первичного спирта).

В лаборатории (а иногда и в промышленности) спирты получают взаимодействием галогенпроизводных углеводородов с водой или водным раствором щелочи при нагревании:

$$\underset{\text{бромэтан}}{C_2H_5Br} + NaOH \longrightarrow \underset{\text{этанол}}{C_2H_5OH} + NaBr$$

$$\underset{\text{2-бром-2-метилпропан}}{(CH_3)_3C{-}Br} + H{-}OH \longrightarrow \underset{\text{2-метилпропанол-1}}{(CH_3)_3C{-}OH} + HBr$$

Этанол C_2H_5OH образуется также при *спиртовом брожении* сахаристых веществ, например глюкозы:

$$C_6H_{12}O_6 = 2C_2H_5OH + 2CO_2\uparrow$$

Этиленгликоль получают в двухстадийном процессе:

а) *окисление этилена*:

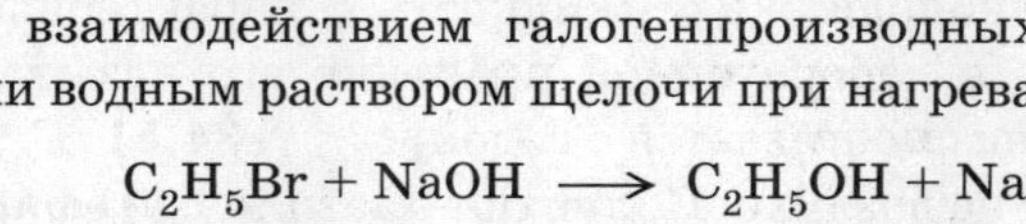

б) *гидратация этиленоксида*:

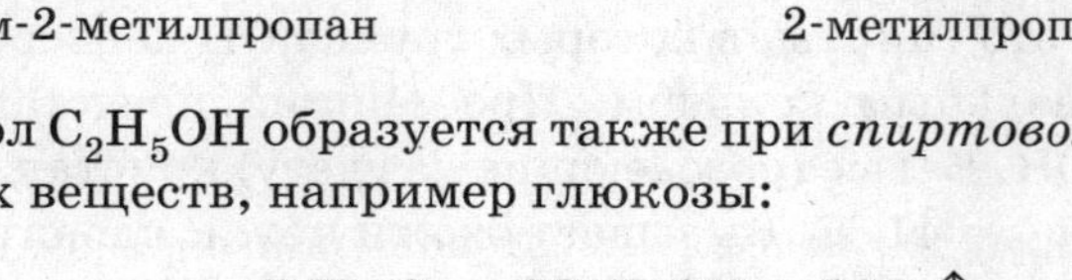

Глицерин ранее получали омылением жиров (см. 29.3), современный трехстадийный способ — постепенное окисление пропена (приведена только схема процесса):

$$CH_2{=}CH{-}CH_3 \xrightarrow{O_2,\ H_2O_2,\ WO_3,\ t} \underset{OH}{\underset{|}{CH_2}}{-}\underset{OH}{\underset{|}{CH}}{-}\underset{OH}{\underset{|}{CH_3}}$$

Спирты используют как сырье в органическом синтезе, в качестве растворителей (для лаков, красок и т. п.), а также в бумажной, полиграфической, парфюмерной, фармакологической и пищевой промышленности.

Простые эфиры — класс органических соединений, содержащих мостиковый атом кислорода —O— между двумя углеводородными радикалами: R—O—R′. Самый известный и широко применяемый простой эфир — *диэтиловый эфир* $C_2H_5{-}O{-}C_2H_5$. Бесцветная, легкоподвижная жидкость с характерным («эфирным») запахом, в лабораторной практике его называют просто эфиром. Почти не смешивается с водой, $t_{кип}$ = 34,51 °C. Пар эфира воспламеняется на воздухе. Получают диэтиловый эфир при межмолекулярной дегидратации этанола (см. выше), основное применение — растворитель.

Фенолы — это спирты, в которых группа OH непосредственно связана с бензольным кольцом. Простейший представитель — *фенол* $C_6H_5{-}OH$. Белые (розовеющие на свету) кристаллы с сильным запахом, $t_{пл}$ = 41 °C. Вызывает ожоги кожи, ядовит.

Для фенола характерна значительно бóльшая кислотность, чем для ациклических спиртов. Вследствие этого фенол в водном растворе легко реагирует с гидроксидом натрия:

$$\underset{\text{фенол}}{C_6H_5O{-}H} + Na{-}OH \longrightarrow \underset{\text{фенолат натрия}}{C_6H_5ONa} + H_2O$$

Отсюда тривиальное название фенола — *карболовая кислота*.

Отметим, что группа OH в феноле никогда не замещается ни на какие другие группы или атомы, но делает б о л е е п о д в и ж н ы м и атомы водорода бензольного кольца. Так, фенол легко реагирует с бромом и азотной кислотой, образуя соответственно 2,4,6-трибромфенол (*I*) и 2,4,6-тринитрофенол (*II*, традиционное название — *пикриновая кислота*):

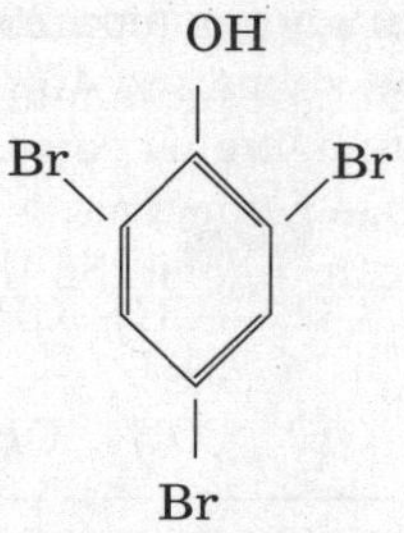

I

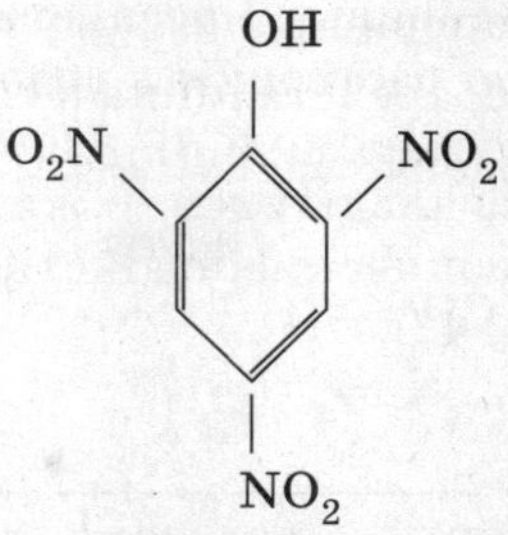

II

Фенол в п р о м ы ш л е н н о с т и получают нагреванием хлорбензола с раствором гидроксида натрия под давлением при 250 °C:

$$C_6H_5{-}Cl \xrightarrow[-NaCl]{NaOH} C_6H_5{-}OH$$

Фенол применяют в качестве сырья для производства пластмасс и смол, полупродуктов для лакокрасочной и фармацевтической промышленности, как дезинфицирующее средство.

29.2. Альдегиды и кетоны

Альдегиды и **кетоны** — это производные углеводородов, содержащие функциональную карбонильную группу **CO**. В альдегидах карбонильная группа связана с атомом водорода и одним радикалом, а в кетонах с двумя радикалами. Общие формулы:

альдегиды 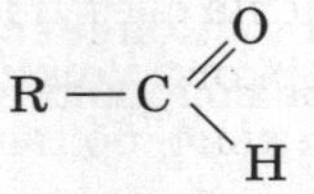 *кетоны* 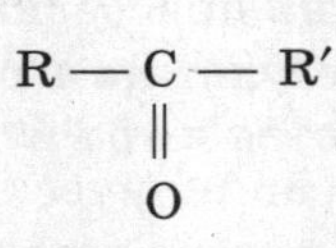

Названия распространенных веществ этих классов приведены в табл. 46.

Таблица 46

Формула	Систематическое название	Традиционное название
HCHO	Метаналь	Муравьиный альдегид, формальдегид
CH_3CHO	Этаналь	Уксусный альдегид, ацетальдегид
C_2H_5CHO	Пропаналь	Пропионовый альдегид
C_3H_7CHO	Бутаналь	Масляный альдегид
C_4H_9CHO	Пентаналь	Валериановый альдегид
$(CH_3)_2CO$	Пропанон-2	Диметилкетон, ацетон

Метаналь — бесцветный газ с резким удушающим запахом, хорошо растворим в воде (традиционное название 40%-ного раствора — *формалин*), ядовит. Последующие члены гомологического ряда альдегидов — жидкости и твердые вещества.

Физические свойства простейших альдегидов приведены в табл. 47.

Таблица 47

Формула	Название	M_r	$t_{пл}$, °C	$t_{кип}$, °C
$HCHO$	Метаналь	30	−118	−19,3
CH_3CHO	Этаналь	44	−121	+20,8
C_2H_5CHO	Пропаналь	58	−81	+48,8
C_3H_7CHO	Бутаналь	72	−99	+75,7
	2-Метилпропаналь	72	–	+64,6
C_4H_9CHO	Пентаналь	86	−91,5	+103
	2-Метилбутаналь	86	–	+92
	3-Метилбутаналь	86	−51	+92,5

Простейший кетон – пропанон-2, более известный под названием *ацетон*, при комнатной температуре — бесцветная жидкость с фруктовым запахом, $t_{кип}$ = 56,24 °C. Хорошо смешивается с водой.

Химические свойства альдегидов и кетонов обусловлены присутствием в них карбонильной группы CO; они легко вступают в реакции присоединения, окисления и конденсации.

В результате присоединения водорода к альдегидам образуются первичные спирты:

$$\underset{\text{пропаналь}}{CH_3CH_2CHO} \xrightarrow{H_2Ni} \underset{\text{пропанол-1}}{CH_3CH_2CH_2OH}$$

При восстановлении водородом кетонов образуются вторичные спирты:

$$\underset{\text{пропанон-2}}{CH_3—CO—CH_3} \xrightarrow{H_2} \underset{\text{пропанол-2}}{CH_3—CH(OH)—CH_3}$$

Реакция присоединения гидросульфита натрия используется для выделения и очистки альдегидов, так как продукт реакции мало растворим в воде:

$$CH_3-C\overset{O}{\underset{H}{\lessgtr}} + NaHSO_3 \longrightarrow CH_3-CH\overset{OH}{\underset{SO_3Na}{\lessgtr}}$$

(действием разбавленных кислот такие продукты превращаются в альдегиды).

Окисление альдегидов проходит легко под действием кислорода воздуха (продукты — соответствующие карбоновые кислоты). Кетоны сравнительно устойчивы к окислению.

Альдегиды способны участвовать в реакциях конденсации. Так, конденсация формальдегида с фенолом протекает в две стадии. Вначале образуется промежуточный продукт, являющийся фенолом и спиртом одновременно:

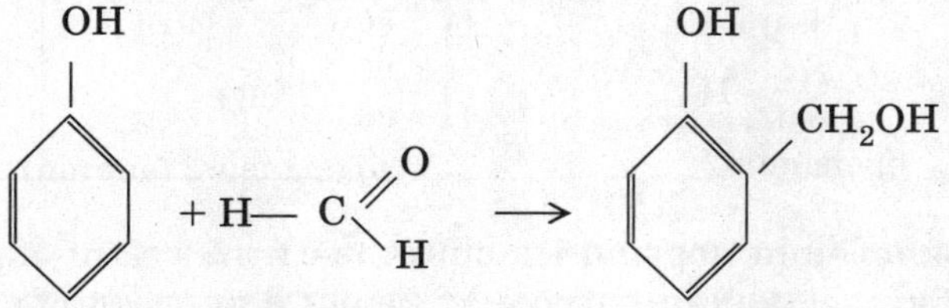

фенол формальдегид

Затем промежуточный продукт реагирует с другой молекулой фенола и в результате получается продукт поликонденсации — *фенолформальдегидная смола*:

Качественная реакция на альдегидную группу — реакция «серебряного зеркала», т. е. окисление группы С(Н)О с помощью оксида серебра(I) в присутствии гидрата аммиака:

$$CH_3-C\overset{O}{\underset{H}{\lessgtr}} + AgO \longrightarrow CH_3-C\overset{O}{\underset{OH}{\lessgtr}} + 2Ag\downarrow$$

ацетальдегид уксусная кислота

Аналогично протекает реакция с $Cu(OH)_2$, при нагревании появляется красный осадок оксида меди(I) Cu_2O.

Получение: общий способ для альдегидов и кетонов — *дегидрирование* (окисление) спиртов. При дегидрировании первичных спиртов получают альдегиды, а при дегидрировании вторичных спиртов — кетоны. Обычно дегидрирование протекает при нагревании (300 °C) над мелкораздробленной медью:

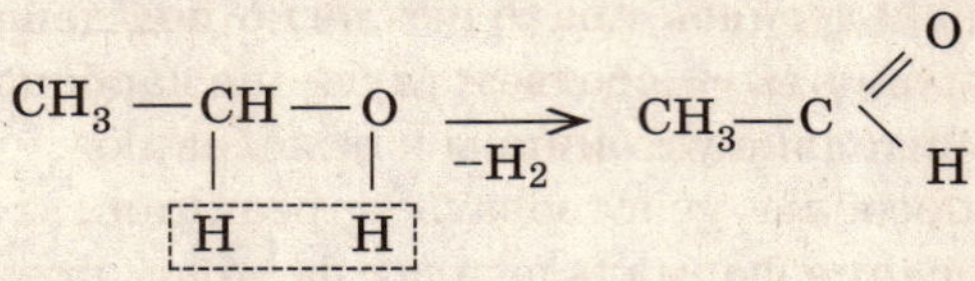

этанол этаналь

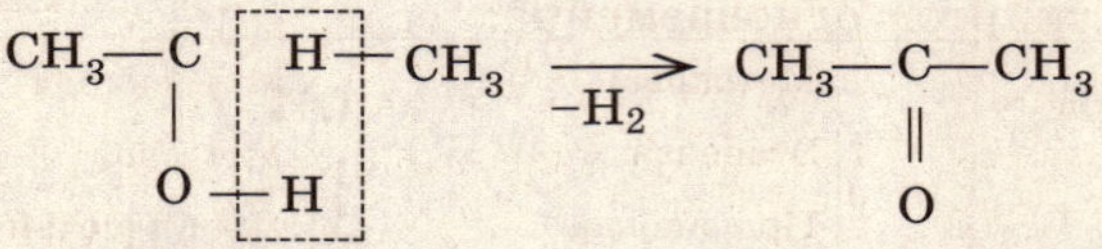

пропанол-2 пропанон-2 (ацетон)

При окислении первичных спиртов сильными окислителями (перманганат калия, дихромат калия в кислотной среде) процесс трудно остановить на стадии получения альдегидов; альдегиды легко окисляются до соответствующих кислот:

$$\underset{\text{этанол}}{CH_3CH_2OH} \xrightarrow{KMnO_4} [CH_3CHO] \xrightarrow{KMnO_4} \underset{\text{уксусная кислота}}{CH_3COOH}$$

Более подходящим окислителем является оксид меди(II):

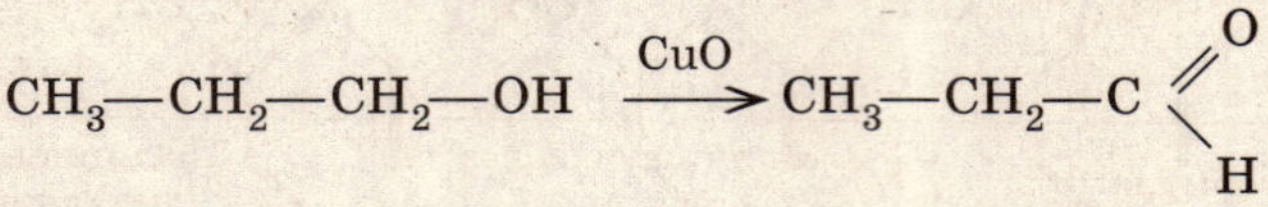

пропанол-1 пропаналь

Ацетальдегид в промышленности получают по реакции Кучерова (см. 28.3).

Наибольшее применение из альдегидов имеют метаналь и этаналь. *Метаналь* используют для производства пластмасс (фенопластов), взрывчатых веществ, лаков, красок, лекарств. *Этаналь* — важнейший полупродукт при синтезе уксусной кислоты и бутадиена (производство синтетического каучука). Простейший кетон — ацетон используют в качестве растворителя различных лаков, ацетатов целлюлозы, в производстве кинофотопленки и взрывчатых веществ.

29.3. Карбоновые кислоты. Сложные эфиры

Карбоновые кислоты — это производные углеводородов, содержащие функциональную группу COOH (*карбоксил*).

Формулы и *названия* некоторых распространенных карбоновых кислот приведены в табл. 48.

Таблица 48

Формула	Систематическое название	Традиционное название
HCOOH	Метановая	Муравьиная
CH_3COOH	Этановая	Уксусная
C_2H_5COOH	Пропановая	Пропионовая
C_3H_7COOH	Бутановая	Масляная
C_4H_9COOH	Пентановая	Валериановая
C_6H_5COOH	Бензолкарбоновая	Бензойная
COOH—COOH	Этандиовая	Щавелевая

Традиционные названия кислот HCOOH (*муравьиная*), CH_3COOH (*уксусная*), C_6H_5COOH (*бензойная*) и $(COOH)_2$ (*щавелевая*) рекомендуется использовать вместо их систематических названий.

Формулы и *названия* кислотных остатков приведены в табл. 49.

Таблица 49

Формула	Систематическое название	Традиционное название
HCOO—	Метаноат	Формиат
CH_3COO—	Этаноат	Ацетат
C_2H_5COO—	Пропаноат	Пропионат
C_3H_7COO—	Бутаноат	Бутират
C_4H_9COO—	Пентаноат	Валерат
C_6H_5COO—	Бензолкарбоксилат	Бензоат
$(-COO-)_2$	Этандиоат	Оксалат

Для составления названий солей этих карбоновых кислот (а также их сложных эфиров, см. ниже) обычно используются традиционные названия, например:

$Na(HCOO)$ — формиат натрия

$Ca(CH_3COO)_2$ — ацетат кальция

$Na(C_6H_5COO)$ — бензоат натрия

$K_2(COO)_2$, или $K_2C_2O_4$ — оксалат калия

Низшие карбоновые кислоты — бесцветные жидкости с резким запахом. При увеличении молярной массы температура кипения возрастает.

Физические свойства некоторых карбоновых кислот приведены в табл 50.

Таблица 50

Формула	Название	M_r	$t_{пл}$, °C	$t_{кип}$, °C
$HCOOH$	Муравьиная	46	+8,4	+100,7
CH_3COOH	Уксусная	60	+16,6	+117,8
C_2H_5COOH	Пропионовая	74	−20,8	+141,0
C_3H_7COOH	Масляная	88	−5,3	+163,3
C_4H_9COOH	Валериановая	102	−33,8	+186,1
C_6H_5COOH	Бензойная	122	+122,5	+250,0
$(COOH)_2$	Щавелевая	90	+189,5	возг. 157

Карбоновые кислоты обнаружены в природе:

$HCOOH$ — крапива, выделения муравьев, хвоя ели

CH_3COOH — продукты скисления, брожение спиртовых жидкостей (образование уксуса)

C_2H_5COOH — древесная смола

C_3H_7COOH — сливочное масло

C_4H_9COOH — корни травы валериана

C_6H_5COOH — гвоздичное масло

$(COOH)_2$ — щавель, шпинат, клевер, ревень, томаты, многие ягоды (в виде соли калия)

Простейшие карбоновые кислоты растворимы в воде, обратимо диссоциируют в водном растворе с образованием катионов водорода:

$$CH_3COOH \rightleftarrows H^+ + CH_3COO^-$$

и проявляют общие свойства кислот:

$$\underset{\text{уксусная кислота}}{2CH_3COOH} + Mg = \underset{\text{ацетат магния}}{Mg(CH_3COO)_2} + H_2\uparrow$$

$$\underset{\text{пропионовая кислота}}{2CH_2CH_2COOH} + Ca(OH)_2 = \underset{\text{пропионат кальция}}{Ca(CH_3CH_2CH_2COO)_2} + 2H_2O$$

$$\underset{\text{уксусная кислота}}{2CH_3COOH} + Na_2CO_3 = \underset{\text{ацетат натрия}}{2NaCH_3COO} + CO_2\uparrow + H_2O$$

Важное практическое значение имеет взаимодействие карбоновых кислот со спиртами (подробнее см. ниже):

$$CH_3COOH + CH_3OH \rightleftarrows CH_3COOCH_3 + H_2O$$

Отметим, что кислота HCOOH вступает в реакцию «серебряного зеркала» как альдегиды:

$$HCOOH \xrightarrow[-Ag,\ H_2O]{Ag_2O,\ NH_3\ (\text{раствор})} CO_2\uparrow$$

и разлагается под действием водоотнимающих реактивов:

$$HCOOH \xrightarrow{H_2SO_4\ (\text{конц.}),\ t} CO\uparrow + H_2O$$

Получение:

• окисление альдегидов

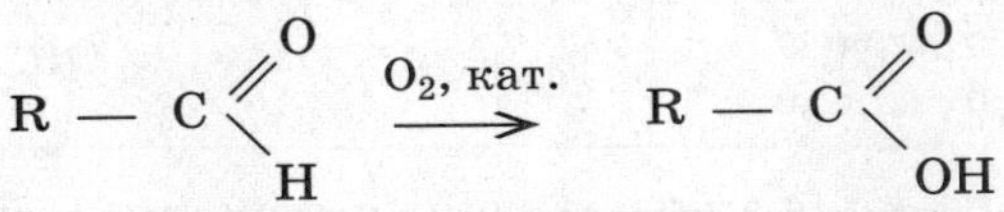

• окисление углеводородов

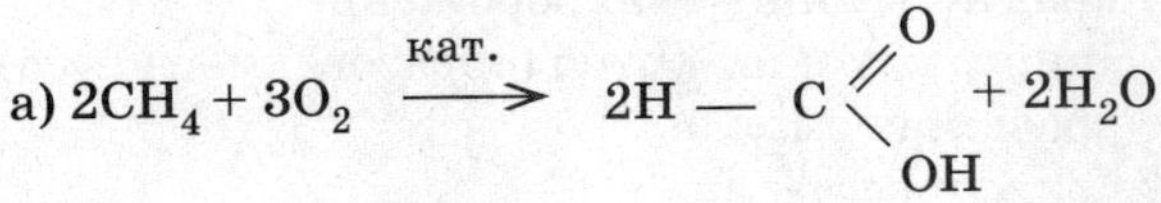

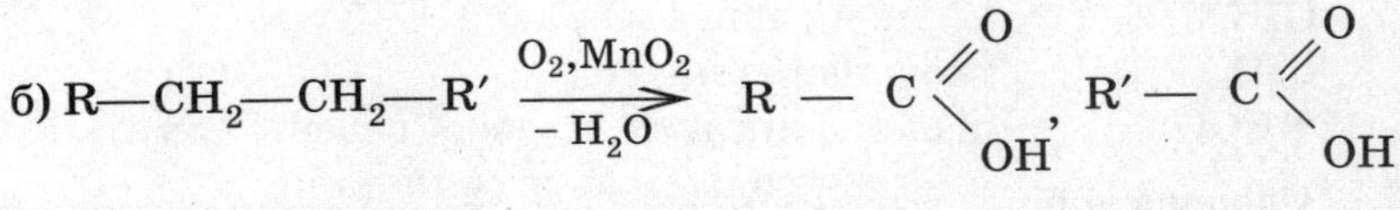

Кроме того, муравьиную кислоту получают по схеме:

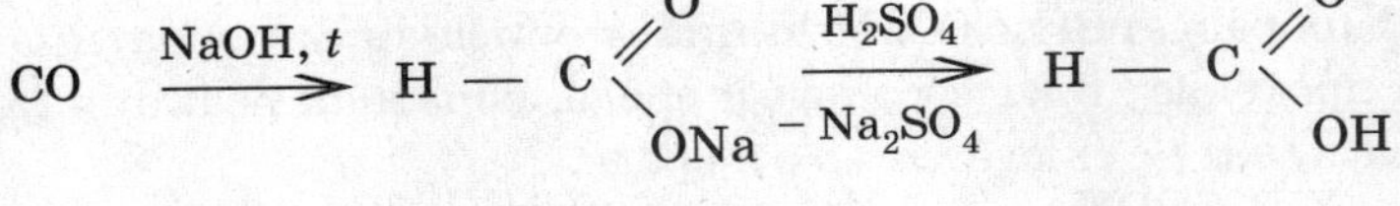

а уксусную кислоту — по реакции:

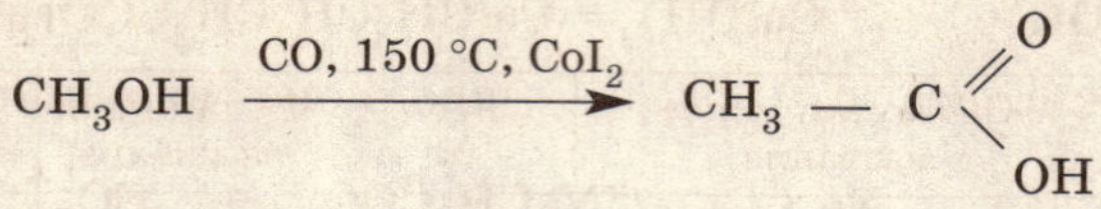

Применяют *муравьиную кислоту* как протраву при крашении шерсти, консервант фруктовых соков, отбеливатель, дезинфекционный препарат. *Уксусную кислоту* используют как сырье в промышленном синтезе красителей, медикаментов, ацетатного волокна, негорючей кинопленки, органического стекла. Натриевые и калиевые соли высших карбоновых кислот — основные компоненты мыла.

Сложные эфиры — продукты обменного взаимодействия карбоновых кислот со спиртами. Это взаимодействие называется реакцией *этерификации*:

Карбоновая кислота + Спирт $\rightleftarrows$ Сложный эфир + Вода

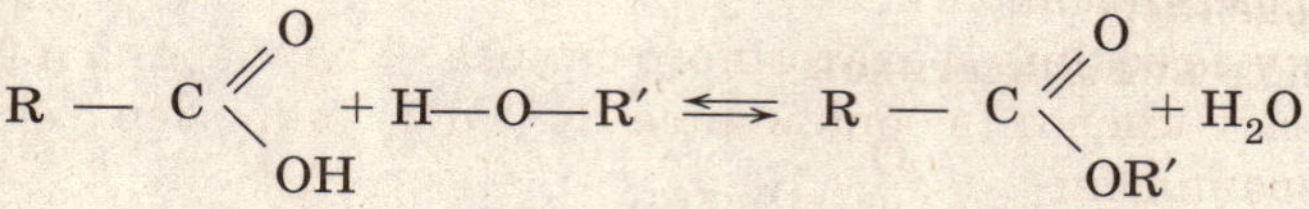

Механизм реакции этерификации был установлен при использовании спирта, меченного изотопом ^{18}O; этот кислород после реакции оказался в составе э ф и р а (а не воды):

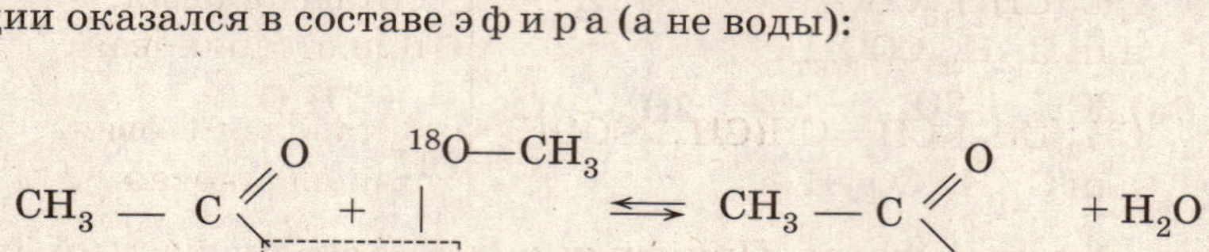

Следовательно, в отличие от реакции нейтрализации неорганической кислоты щелочью ($H^+ + OH^- = H_2O$), в реакции этерификации карбоновая кислота всегда отдает группу **OH**, а спирт — атом **H** (образуется вода). Реакция этерификации обратима; она лучше протекает в к и с л о т н о й среде, обратная реакция (*гидролиз, омыление*) — в щ е л о ч н о й среде.

Формулы и *названия* распространенных сложных эфиров приведены в табл. 51.

Таблица 51

Формула	Систематическое название	Традиционное название
$CH_3COOC_2H_5$	Этилэтаноат	Этилацетат, уксусноэтиловый эфир
$C_2H_5COOCH_3$	Метилпропаноат	Метилпропионат, пропионовометиловый эфир
$C_6H_5COOC_2H_5$	Этилбензолкарбоксилат	Этилбензоат, бензойноэтиловый эфир
$HCOOC_6H_5$	Фенилметаноат	Фенилформиат, муравьинофениловый эфир

Среди сложных эфиров есть бесцветные низкокипящие горючие жидкости с фруктовым запахом, например:

$CH_3COOCH_2CH(CH_3)_2$ — запах бананов

$C_3H_7COOCH_3$ — запах яблок

$C_3H_7COOC_2H_5$ — запах ананасов

C_3H_7COO (*изо*-C_5H_{11}) — запах груш

Используются сложные эфиры как растворители для лаков, красок и нитратов целлюлозы, носители фруктовых ароматов в пищевой промышленности.

Сложные эфиры трехатомного спирта — глицерина и высших карбоновых кислот (в общем виде RCOOH), например с формулами и названиями:

$CH_3(CH_2)_{14}COOH$, или $C_{15}H_{31}COOH$	гексадекановая, или пальмитиновая
$CH_3(CH_2)_{16}COOH$, или $C_{17}H_{35}COOH$	октадекановая, или стеариновая
$CH_3(CH_2)_7CH{=}CH(CH_2)_7COOH$, или $C_{17}H_{33}COOH$	октадецен-9-овая, или олеиновая

носят названия *жиров*. Примером жира будет смешанный сложный эфир глицерина и этих кислот:

$$\begin{array}{l} CH_2{-}O{-}C({=}O){-}(CH_2)_{14}CH_3 \\ | \\ CH{-}O{-}C({=}O){-}(CH_2)_{16}CH_3 \\ | \\ CH_2{-}O{-}C({=}O){-}(CH_2)_7CH{=}CH(CH_2)_7CH_3 \end{array}$$

Чем выше содержание остатков олеиновой кислоты (или других ненасыщенных кислот), тем ниже температура плавления жира. Жидкие при комнатной температуре жиры называются *масла́ми.* Путем гидрогенизации, т. е. присоединения водорода по двойной связи, масла́ превращают в твердые жиры (например, растительное масло — в маргарин). Реакция этерификации (образования жира) обратима:

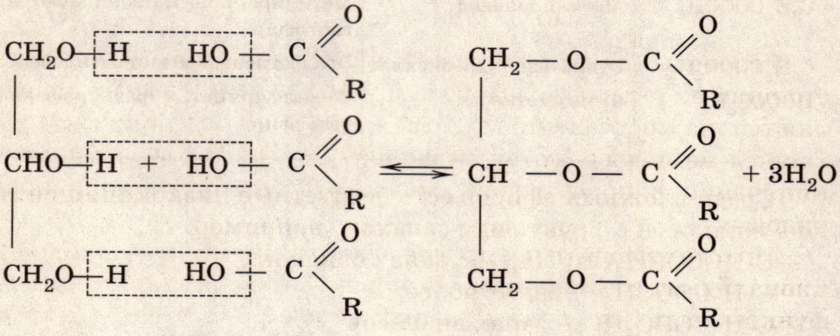

глицерин кислота жир (глицерилтрикарбоксилат)

Прямая реакция лучше идет в кислотной среде, обратная реакция — гидролиз, или омыление, жира — в щелочной среде; при пищеварении жир омыляется (расщепляется) с помощью ферментов.

30. УГЛЕВОДЫ

Углеводы (*сахара́*) — важнейшие природные соединения, состоящие из углерода, водорода и кислорода. Углеводы подразделяются на моносахариды, дисахариды и полисахариды. Моносахариды не подвергаются гидролизу, а остальные углеводы при кипячении в присутствии кислот расщепляются до моносахаридов.

Моносахариды (и все другие углеводы) относятся к полифункциональным соединениям. В молекуле моносахарида имеются функциональные группы разных типов: группы **OH** (спиртовая функция) и группы **CO** (альдегидная или кетонная функция). Поэтому различают *альдозы* (альдегидоспирты, спиртоальдегиды) и *кетозы* (кетоноспирты, спиртокетоны).

Важнейший представитель альдоз — это *глюкоза*:

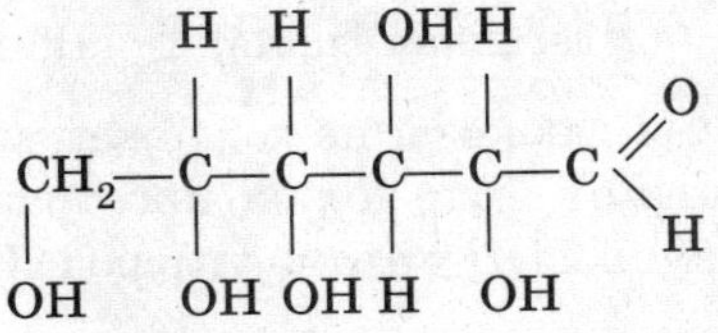

а представитель кетоз — *фруктоза*:

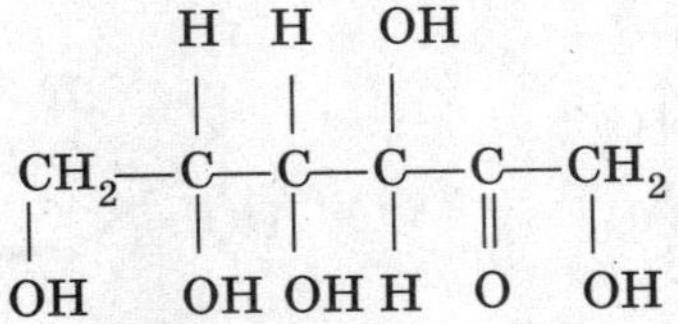

Глюкоза (*виноградный сахар*) и фруктоза (*фруктовый сахар*) являются структурными изомерами, их молекулярная формула $C_6H_{12}O_6$.

Глюкозу можно отличить от фруктозы так же, как любой альдегид от кетона, — по реакции «серебряного зеркала» в аммиачном растворе Ag_2O:

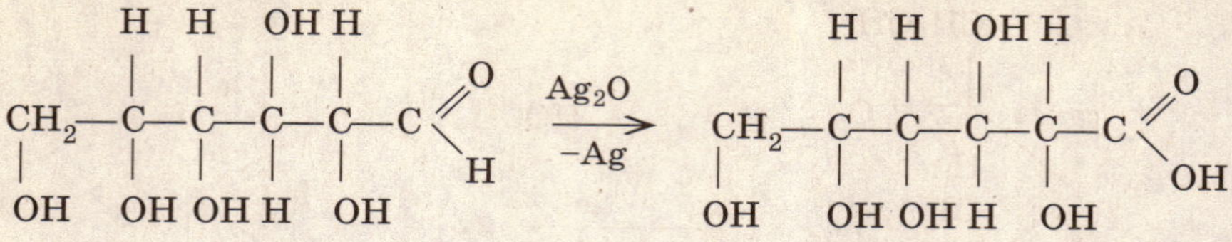

глюкоза — глюконовая кислота

Этерификация глюкозы и фруктозы (например, уксусной кислотой) приводит к образованию сложных эфиров по всем пяти группам OH (заменяются на $OCOCH_3$).

Однако не все реакции, характерные для альдегидов, протекают с глюкозой; например, не идет реакция присоединения с участием гидросульфита натрия. Причина в том, что молекула глюкозы может существовать в трех изомерных формах, из которых две формы (α и β) — ц и к л и ч е с к и е. В растворе все три формы находятся в состоянии равновесия, причем открытая (альдегидная) форма, приведенная выше, содержится в н а и м е н ь ш ем количестве:

$$\underset{\text{(циклическая форма)}}{\alpha\text{-глюкоза}} \rightleftarrows \underset{\text{(альдегидная форма)}}{\text{глюкоза}} \rightleftarrows \underset{\text{(циклическая форма)}}{\beta\text{-глюкоза}}$$

Циклические формы глюкозы не содержат альдегидной группы. Они отличаются друг от друга только пространственным расположением атома H и группы OH у атома углерода C_1 (рядом с кислородом в цикле):

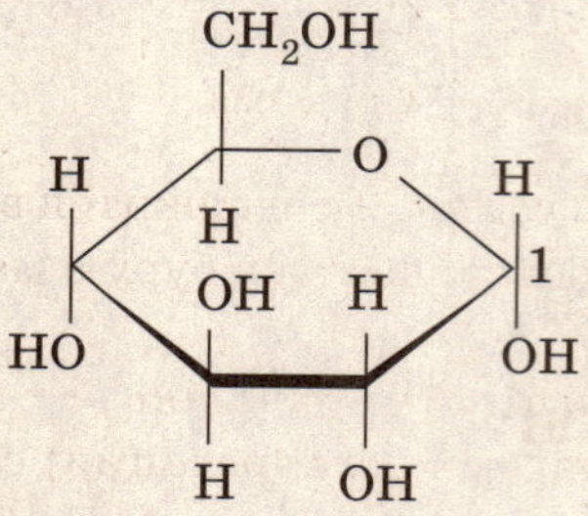

α-глюкоза

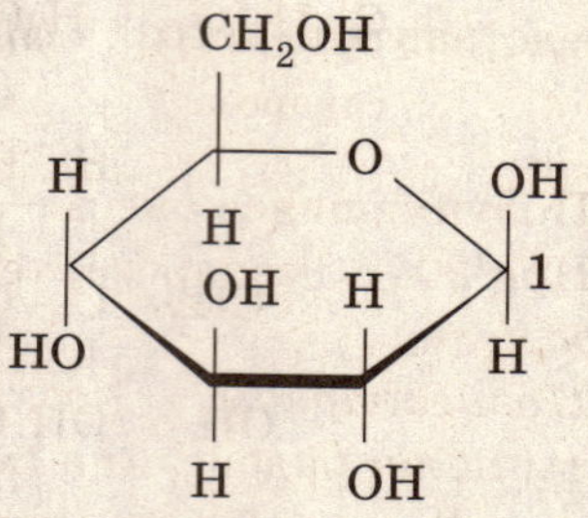

β-глюкоза

Дисахариды образуются из двух молекул моносахаридов путем межмолекулярной дегидратации. Так, *сахароза* (обычный *сахар*) $C_{12}H_{22}O_{11}$ является продуктом соединения остатков глюкозы и фруктозы за счет отщепления воды:

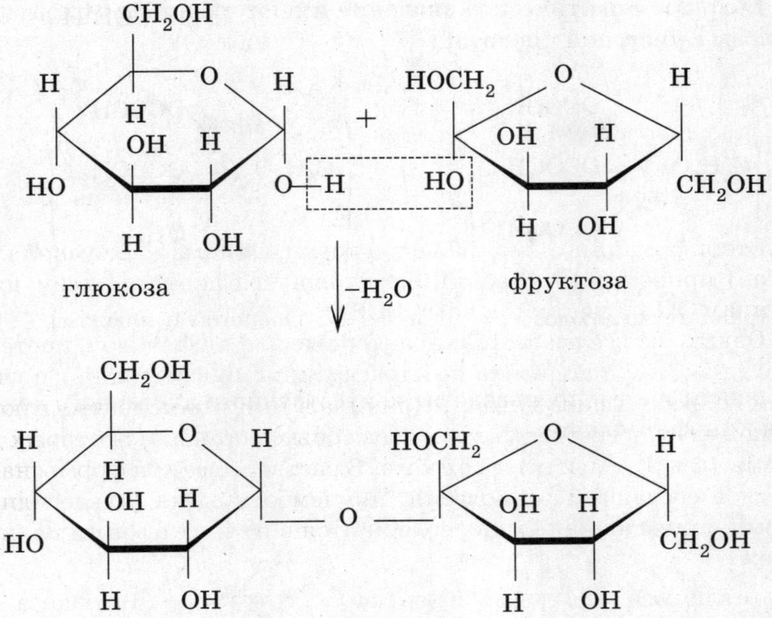

сахароза

При гидролизе в кислотной среде сахароза вновь переходит в моносахариды:

$$\underset{\text{сахароза}}{C_{12}H_{22}O_{11}} + H_2O \xrightarrow{H^+} \underset{\text{глюкоза}}{C_6H_{12}O_6} + \underset{\text{фруктоза}}{C_6H_{12}O_6}$$

Получившаяся смесь — *инвертный сахар* — содержится в мёде. При 200 °C сахароза, теряя воду, превращается в бурую массу (*карамель*).

Полисахариды — *крахмал* и *целлюлоза* (*клетчатка*) — продукты поликонденсации (межмолекулярной дегидратации) соответственно α- и β-форм глюкозы, их общая формула $(C_6H_{10}O_5)_n$. Степень полимеризации крахмала составляет 1000–6000, а целлюлозы 10 000–14 000. Целлюлоза — наиболее распространенное в природе органическое вещество (в древесине массовая доля целлюлозы доходит до 75%). Крахмал (легче) и целлюлоза (труднее) подвергаются гидролизу (условия: H_2SO_4 или HCl, >100 °C); конечный продукт — глюкоза.

Большое практическое значение имеют сложные эфиры целлюлозы с уксусной кислотой:

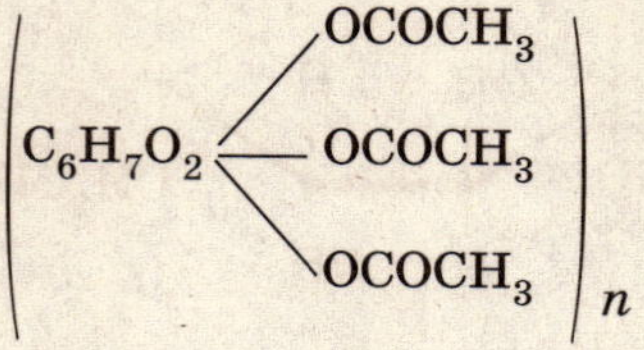

и

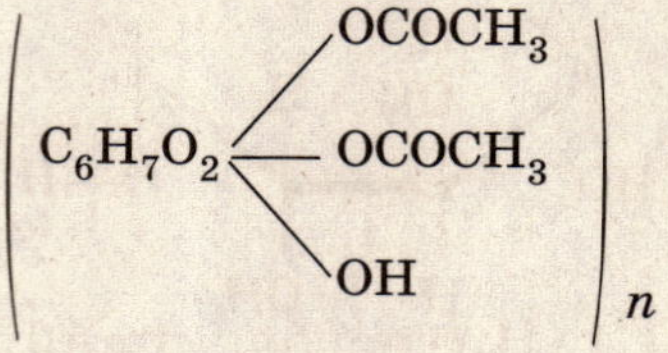

триацетат целлюлозы

диацетат целлюлозы

Их используют в производстве искусственного ацетатного волокна и кинофотопленок.

---

31. АЗОТСОДЕРЖАЩИЕ ОРГАНИЧЕСКИЕ СОЕДИНЕНИЯ

31.1. Нитросоединения. Амины

Очень важны в народном хозяйстве азотсодержащие органические вещества. Азот может входить в органические соединения в виде нитрогруппы NO_2, аминогруппы NH_2 и амидогруппы (пептидной группы) – C(O)NH, причем всегда атом азота будет непосредственно связан с атомом углерода.

Нитросоединения получают при прямом нитровании предельных углеводородов азотной кислотой (давление, температура) или при нитровании ароматических углеводородов азотной кислотой в присутствии серной кислоты, например:

$$\underset{\text{пропан}}{CH_3CH_2CH_3} \xrightarrow[-H_2O]{HNO_3} \underset{\text{2-нитропропан}}{CH_3CH(NO_2)CH_3}$$

$$\underset{\text{бензол}}{C_6H_6} \xrightarrow[-H_2O]{HNO_3} \underset{\text{нитробензол}}{C_6H_5NO_2}$$

Низшие нитроалканы (бесцветные жидкости) используются как растворители пластмасс, целлюлозного волокна, многих лаков, низшие нитроарены (желтые жидкости) — как полупродукты для синтеза аминосоединений.

Амины (или *аминосоединения*) можно рассматривать как органические производные аммиака. Амины могут быть первичными $R–NH_2$, вторичными $RR'NH$ и третичными $RR'R''N$ в зависимости от числа атомов водорода, которые замещены на радикалы R, R′, R″. Например, первичный амин — *этиламин* $C_2H_5NH_2$, вторичный амин — *диметиламин* $(CH_3)_2NH$, третичный амин — *триэтиламин* $(C_2H_5)_3N$.

Амины, как и аммиак, проявляют осно́вные свойства, они в водном растворе гидратируются и диссоциируют как слабые основания:

$$\underset{\text{метиламин}}{CH_3NH_2} + H_2O = \underset{\text{гидрат метиламина}}{CH_3NH_2 \cdot H_2O} \rightleftharpoons \underset{\text{катион метиламмония}}{CH_3NH_3^+} + OH^-$$

а с кислотами образуют соли:

$$2C_6H_5NH_2 + H_2SO_4 = (C_6H_5NH_3)_2SO_4$$

фениламин (анилин) — сульфат анилиния

Третичные амины присоединяют галогенпроизводные с образованием солей четырехзамещенного аммония:

$$(C_2H_5)_3N + C_2H_5I = [(C_2H_5)_4N]I$$

триэтиламин — иодид тетраэтиламмония

Ароматические амины (в которых аминогруппа связана непосредственно с бензольным кольцом) являются более слабыми основаниями, чем алкиламины, из-за взаимодействия неподеленной пары электронов атома азота с π-электронами бензольного кольца. Аминогруппа облегчает замещение водорода в бензольном кольце, например на бром; из анилина образуется 2,4,6-триброманилин:

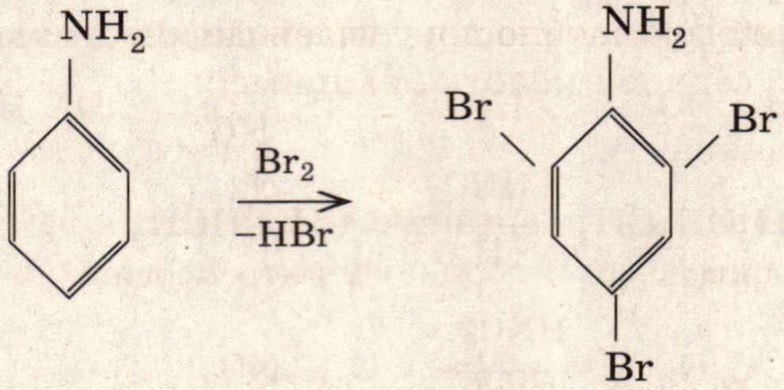

Получение: восстановление нитросоединений с помощью атомарного водорода (получают либо непосредственно в сосуде по реакции $Fe + 2HCl = FeCl_2 + 2H^0$, либо при пропускании водорода H_2 над никелевым катализатором $H_2 = 2H^0$) приводит к синтезу п е р в и ч н ы х аминов:

а) $CH_3NO_2 \xrightarrow[-H_2O]{H^0} CH_3NH_2$

нитрометан — метиламин

б) *реакция Зинина*

$C_6H_5NO_2 \xrightarrow[-H_2O]{H^0} C_6H_5NH_2$

нитробензол — анилин

Амины используются в производстве растворителей для полимеров, лекарственных препаратов, кормовых добавок, удобрений, красителей. Очень ядовиты, особенно анилин (желто-коричневая жидкость, всасывается в организм даже через кожу).

31.2. Аминокислоты. Белки

Аминокислоты — органические соединения, содержащие в своем составе две функциональные группы — кислотную **COOH** и аминную **NH_2**; являются основой белковых веществ.

Примеры:

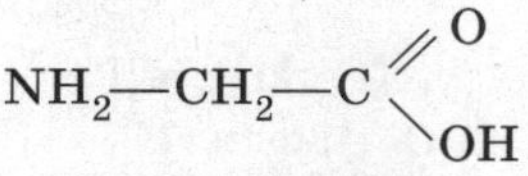

аминоуксусная кислота
(*глицин*)

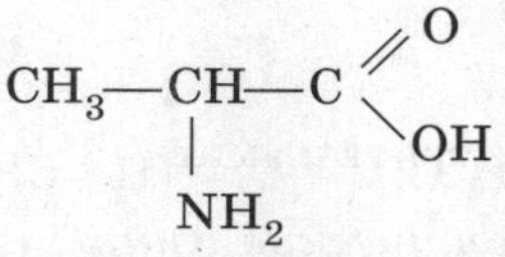

2-аминопропановая кислота
(*аланин*)

Аминокислоты проявляют свойства и кислот, и аминов. Так, они образуют соли (за счет кислотных свойств карбоксильной группы):

$$\underset{\text{глицин}}{NH_2CH_2COOH} + NaOH = \underset{\text{глицинат натрия}}{Na(NH_2CH_2COO)} + H_2O$$

и сложные эфиры (подобно другим органическим кислотам):

$$\underset{\text{глицин}}{NH_2CH_2COOH} + C_2H_5OH = \underset{\text{этилглицинат}}{NH_2CH_2C(O)OC_2H_5} + H_2O$$

С более сильными (неорганическими) кислотами они проявляют свойства оснований и образуют соли за счет осно́вных свойств аминогруппы:

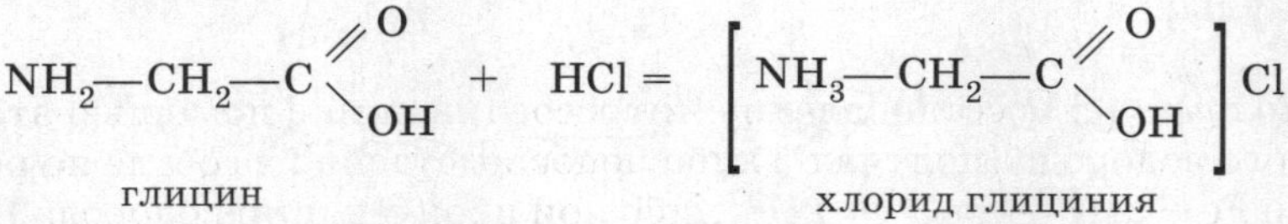

глицин хлорид глициния

Реакцию образования глицинатов и солей глициния можно объяснить следующим образом. В водном растворе аминокислоты существуют в трех формах (на примере глицина):

глицинат-ион $H_2NCH_2COO^-$ (в щелочной среде)

OH^- ⇅ H_2O

биполярный ион (*глицин*) $[^+H_3NCH_2COO^-]$ (в нейтральной среде)

H_2O ⇅ H^+

катион глициния $[^+H_3NCH_2COOH]$ (в кислотной среде)

Поэтому глицин в реакции со щелочами переходит в глицинат-ион, а с кислотами — в катион глициния, равновесие смещается соответственно в сторону образования анионов или катионов.

Белки — органические природные соединения; представляют собой биополимеры, построенные из остатков аминокислот. В молекулах белков азот присутствует в виде амидогруппы —C (O)—NH— (так называемая *пептидная связь* C—N). Белки обязательно содержат C, H, N, O, почти всегда S, часто P и др.

При гидролизе белков получают смесь аминокислот, например:

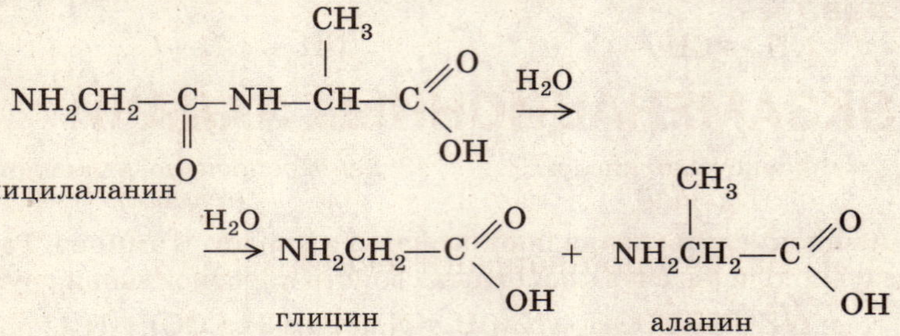

глицилаланин, глицин, аланин

По числу остатков аминокислот в молекуле белка различают *дипептиды* (приведенный выше глицилаланин), *трипептиды* и т. д. Природные белки (*протеины*) содержат от 100 до $1 \cdot 10^5$ остатков аминокислот, что отвечает относительной молекулярной массе $1 \cdot 10^4 - 1 \cdot 10^7$.

Образование макромолекул протеинов (*биополимеров*), т. е. связывание молекул аминокислот в длинные цепи, происходит при участии группы COOH одной молекулы и группы NH_2 другой молекулы:

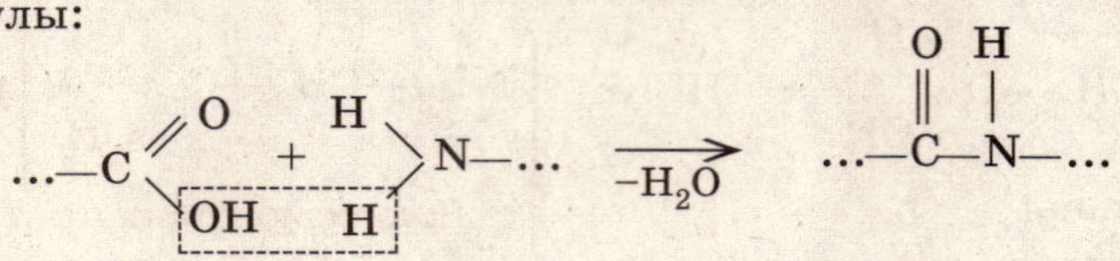

Физиологическое значение белков трудно переоценить, не случайно их называют «носителями жизни». Белки — основной материал, из которого построен живой организм, т. е. протоплазма каждой живой клетки.

При биологическом синтезе белка в полипептидную цепь включаются остатки 20 аминокислот (в порядке, задаваемом генетическим кодом организма). Среди них есть и такие, которые не синтезируются вообще (или синтезируются в недостаточном количестве) самим организмом, они называются *незаменимыми аминокислотами* и вводятся в организм только вместе с пищей. Пищевая ценность белков различна; животные белки, имеющие более высокое содержание незаменимых аминокислот, считаются для человека более важными, чем растительные белки.

Глава 4

ЭКЗАМЕНАЦИОННЫЕ ЗАДАЧИ

- Задачи по неорганической химии

  Ответы

- Задачи по органической химии

  Ответы

При решении экзаменационных задач следует пользоваться расчетными уравнениями и, при необходимости, типовыми решениями задач различных тем, представленными в главе 1. В случае затруднений при составлении правильных уравнений реакций необходимо повторить химические свойства веществ — неорганических (глава 2) и органических (глава 3).

32. ЗАДАЧИ ПО НЕОРГАНИЧЕСКОЙ ХИМИИ

1. Рассчитайте количество выделяющейся теплоты (кДж) в реакции алюминотермии:

$$\underbrace{8Al + 3(Fe^{II}Fe_2^{III})O_4}_{\text{термитная смесь}} = 4Al_2O_3 + 9Fe + 3346 \text{ кДж}$$

приходящееся на 10 кг термитной смеси.

2. Смесь железа и магния массой 18,4 г полностью прореагировала с газом — продуктом электролиза 324 г 25%-ного раствора хлорида меди(II). Найдите массовую долю (в %) железа в исходной смеси.

3. Газ, выделившийся при обработке гидрида кальция водой, пропустили над раскаленным оксидом железа(III). Оксид прореагировал полностью, твердый остаток стал легче оксида на 32 г; при этом использованной оказалась половина объема газа. Установите массу (в граммах) взятого гидрида.

4. В раствор, содержащий 9,4 г нитрата меди(II) и 9,75 г нитрата ртути(II), погрузили кадмиевую пластинку массой 50 г. Определите массу (в граммах) пластинки после окончания реакции.

5. Технический дикарбид кальция содержит сульфид кальция, а также другие примеси, не реагирующие с водой. При обработке 1,382 г технического препарата избытком кипящей воды собрано 470,4 мл (н. у.) газа, после пропускания которого через раствор сульфата меди(II) выпадает 0,096 г осадка. Вычислите массовую волю (в %) основного вещества в исходном препарате.

6. Отрезок медной проволоки массой 140,852 г поместили в раствор нитрата серебра(I), после чего масса проволоки составила 171,29 г. Затем проволоку полностью перевели в раствор действием 60%-ной азотной кислоты (плотность 1,365 г/мл). Определите объем (мл) затраченной кислоты.

7. Определите количество цинка (моль), полностью вступившего в реакцию с гидроксидом натрия в растворе, если образования осадка не наблюдалось, но выделилось 2,81 л (н. у.) газа.

8. На 25,287 г смеси цинка и оксида цинка(II) подействовали 40%-ным раствором гидроксида калия (плотность раствора 1,395 г/мл). Объем выделившегося газа равен 4,48 л (н. у.). Определите объем (мл) израсходованного раствора.

9. Определите объем (в литрах, н. у.) газа, полученного электролизом водного раствора сульфата меди(II), приготовленного из 12,5 г медного купороса.

10. После обработки эквимолярной смеси магния и цинка избытком гидроксида натрия в концентрированном растворе образовалось 4,48 л (н. у.) газа. Вычислите массу (в граммах) исходной смеси металлов.

11. Смесь меди и алюминия общей массой 10 г обработана разбавленной азотной кислотой. Собрано 4,48 л газа (н. у.). Определите массовую долю (в %) меди в смеси.

12. К раствору, содержащему 4,5 г хлорида кальция, прилили раствор, содержащий 4,44 г ортофосфата натрия. Найдите массу (в граммах) осадка, если практический выход равен 88 %.

13. К 10%-ному раствору хлорида бария массой 416 г добавили некоторый избыток 12%-ного раствора карбоната натрия. Осадок отфильтровали, а фильтрат обработали 20%-ной азотной кислотой массой 63 г, после чего выделение газа прекратилось. Вычислите взятую массу (в граммах) раствора карбоната натрия.

14. Смесь магния и карбоната магния обработана хлороводородной кислотой. Собрано 22,4 л (н. у.) газа, после сжигания которого на воздухе и последующей осушки его объем стал 8,96 л (н. у.). Найдите массовую долю (в %) металла в исходной смеси.

15. Проведен электролиз раствора хлорида кальция. На аноде собрано 0,448 л (н. у.) газа. Рассчитайте молярную концентрацию (моль/л) гидроксид-иона в конечном растворе, если его объем равен 500 мл.

16. К раствору, оставшемуся после проведения электролиза 89,76 г 16,6%-ного раствора хлорида калия, добавлено 50 г 19,6%-ной ортофосфорной кислоты. Рассчитайте массу (в граммах) образовавшейся соли.

17. Проведен полный гидролиз 1,28 г дикарбида кальция, добавлена вода до объема 2 л, образовался прозрачный раствор. Вычислите значение pH в этом растворе.

18. Смесь кальция и оксида кальция общей массой 10 г обработана 10 л воды. Выделилось 1,12 л (н. у.) газа. Рассчитайте:

а) мольную долю (в %) кальция в исходной смеси;

б) молярную концентрацию (моль/л) вещества в конечном растворе (объем раствора принять равным начальному объему воды).

19. Рассчитайте молярную концентрацию (моль/л) ионов Ca^{2+} в жесткой воде объемом 1,75 л, если после добавления избытка соды выпало 0,0525 г осадка, содержащего кальций.

20. К 25 г 10%-ного раствора гидрокарбоната калия добавили 28 г 10 %-ного раствора едкого кали. Установите массовые доли (в %) веществ в конечном растворе.

21. Определите массовую долю (в %) хлорида натрия в смеси с бромидом натрия, если при обработке раствора этой смеси избытком нитрата серебра(I) масса выпавшего осадка равна массе вступившего в реакцию нитрата.

22. Проводят электролиз расплава смеси NaCl и CaF_2. Найдите объем (в литрах, н. у.) газа, выделившегося на аноде, если для его получения израсходовано 400 г соответствующего реагента.

23. Приготовлена смесь оксида и пероксида натрия с атомным отношением Na : O = 8 : 7. Вычислите массовую долю (в %) пероксида в смеси.

24. После упаривания 5 л 2М раствора гидроксида калия осталось 2 л раствора. Определите объем (в мл) порции последнего раствора, необходимый для полной нейтрализации 10 мл 4%-ной серной кислоты плотностью 1,025 г/мл.

25. После обработки водой 3,6 г смеси гидридов натрия и калия образовалось 500 мл щелочного раствора. Найдите массу (в граммах) каждого гидрида и суммарный объем (в литрах, н. у.) выделившегося газа, если для нейтрализации 100 мл щелочного раствора потребовалось 200 мл 0,1М раствора азотной кислоты.

26. Из навески чугуна массой 17,13 г, содержащего примеси — графит и кремний, после соответствующей обработки выделено 1,2 л (н. у.) диоксида углерода и 0,499 г диоксида кремния. Определите степень чистоты (в %) технического железа.

27. При взаимодействии 24,125 г латуни (сплав меди с цинком) с концентрированной азотной кислотой получено 16,8 л (н. у.) газа. Определите массовую долю (в %) цинка в латуни.

28. Серебряно-медную монету массой 10 г обработали разбавленной азотной кислотой до полного перехода металлов в раствор. Выделилось 0,86 л (н. у.) газа. Определите массовую долю (в %) меди в монете.

29. В сосудах одинакового объема проводятся реакции

$$\text{(I) } FeO + H_2 \longrightarrow Fe + H_2O \qquad \text{(II) } CoO + H_2 \longrightarrow Co + H_2O$$

Установите, во сколько раз скорость первой реакции отличается от скорости второй, если через одинаковый промежуток времени затрачивается в реакции (I) 2,24 л (н. у.), а в реакции (II) — 2 г водорода.

30. а) Натрий массой 40 г обработали 240 мл воды. Вычислите объем (в литрах, н. у.) выделившегося водорода и массовую долю (в %) вещества в конечном растворе.

б) Водород, полученный по условию задачи (а), истратили на взаимодействие с оксидом серебра(I) при 150 °С. Установите массу (в граммах) твердого остатка после окончания реакции.

в) Раствор, полученный по условию задачи (а), подвергли электролизу до образования 16,8 л (н. у.) анодного продукта. Найдите массовую долю (в %) вещества в растворе после электролиза и полученный объем (в литрах, н. у.) катодного продукта.

31. Рассчитайте объем (мл) 5%-ного раствора KOH (плотность раствора 1,05 г/мл), затраченного на полное осаждение железа из 24 мл 10%-ного раствора $FeCl_3$ (плотность раствора 1,09 г/мл). Найдите также массу (в граммах) осадка метагидроксида железа.

32. При взаимодействии $FeCl_2$ в растворе объемом 1,25 л с гидроксидом натрия образуется 18 г гидроксида железа(II), который после пропускания воздуха через горячую суспензию переходит в метагидроксид железа. Определите массу (в граммах) конечного продукта и молярную концентрацию (моль/л) соли железа в исходном растворе.

33. Синтетический аналог минерала *малахит* образуется при взаимодействии сульфата меди(II), содержащегося в 250 мл 10%-ного раствора, с карбонатом натрия, взятым в виде 10%-ного раствора с плотностью 1108 г/л. Какой объем (мл) раствора карбоната израсходовали?

34. Определите изменение (в %) массы дигидроксид-карбоната димеди после нагревания в открытом тигле при 200 °С

35. Рассчитайте массу (в граммах) твердого остатка и объем (в литрах, н. у.) сухого газа, полученных после термического разложения 50,4 г дихромата аммония (опыт «вулкан»).

36. Проведено при 250 °С разложение 12,8 г перманганата калия, содержащего 1,25% инертных примесей. Найдите объем (мл, н. у.) выделившегося газа.

37. Порцию дихромата калия массой 5,88 г обработали избытком соляной кислоты. Определите объем (в литрах, н. у.) газа, полученного в результате протекания полной реакции.

38. Образец ювелирного серебра (его сплав с медью) массой 0,5081 г обработали концентрированной азотной кислотой до полного перехода сплава в раствор, а затем добавили избыток хлорида калия. Масса выпавшего осадка составила 0,5907 г. Определите «пробу» сплава (т. е. массовую долю серебра, умноженную на 1000).

39. Прокалили 9,94 г нитрата свинца(II). Найдите суммарный объем (в литрах, н. у.) собранных газов и массу (в граммах) твердого остатка.

40. Некоторый металл массой 22,85 г прореагировал с концентрированной серной кислотой. Получены соль металла со степенью окисления (+II) и газ объемом 7,997 л (н. у.), в котором массовая доля серы равна 50% (остальное — кислород). О каком металле идет речь?

41. К раствору нитрата свинца(II) объемом 246 мл (плотность 1,016 г/мл) прилили избыток раствора сульфида калия. Выпало 47,8 г осадка. Вычислите массовое содержание (в %) и молярность исходного раствора соли свинца.

42. Установите, в каком случае получится большее количество газа (моль) — при термическом разложении 100 г хлората калия (в присутствии катализатора) или 100 г перманганата калия.

43. Смешаны 100 мл 20%-ной серной кислоты (плотность 1,14 г/мл) и 400 г 5,2%-ного раствора хлорида бария. Установите массу (в граммах) выпавшего осадка и массовую долю (в %) веществ в конечном растворе.

44. Рассчитайте объем (в литрах, н. у.) газа, выделившегося в реакции между перманганатом калия и соляной кислотой, если прореагировало 0,36 моль окислителя, а практический выход составил 78%.

45. При некоторой температуре образец *мрамора* массой 12,05 г обработан 50 мл 20,38%-ной соляной кислоты (плотность 1,1 г/мл). Мрамор перешел в раствор, инертные примеси осели на дно стакана (масса конечного раствора с осадком 62,65 г) и выделился газ (плотность 1,798 г/л). Определите:

а) объем (в литрах) газа;

б) степень чистоты (в %) мрамора;

в) массовую долю (в %) кислоты в конечном растворе.

46. К 40,8 г смеси сульфата, карбоната и нитрата натрия добавили избыток хлороводородной кислоты и собрали 2,24 л (н. у.) газа. При обработке оставшегося раствора хлоридом бария выпало 23,3 г осадка. Вычислите массу (в граммах) нитрата в исходной смеси.

47. Рассчитайте мольную долю (в %) *питьевой соды* в технической *кальцинированной соде*, если после прокаливания 10 г технического препарата при 250 °С получено 9,69 г сухого остатка.

48. Для перевода в раствор 6 г оксида металла IIA-группы потребовалось 83 мл 20%-ной хлороводородной кислоты (плотность 1,1 г/мл). О каком металле идет речь?

49. На чашках весов уравновешены стаканы. В стакан на левой чашке поместили 13,8 г поташа, в стакан на правой чашке — 13,8 г кальцинированной соды. В левый стакан прилили 50 г 10%-ной серной кислоты, в правый — 50 г 10%-ной азотной кислоты. Изменится ли (да, нет) положение чашек весов? Если ответ положительный, укажите направление изменения.

50. Вычислите массу (в граммах) соли и объем (в литрах, н. у.) газа, полученных после обработки 6,5 г цинка 10,56%-ной серной кислотой (объем 300 мл, плотность 1,07 г/мл).

51. Смесь карбоната и гидрокарбоната натрия растворяют в минимальном количестве воды, добавляют 5 мл 10М раствора гидроксида натрия (достаточного для нейтрализации гидрокарбонат-ионов), затем раствор выпаривают. Получают 71,5 г *кристаллической соды*. Найдите для исходной смеси:

а) количество кислой соли (моль);

б) массу (в граммах) средней соли;

в) мольную долю (в %) кислой соли;

г) массовую долю (в %) кислой соли.

52. Растворимость карбоната натрия при 20 °C равна 21,8 г в 100 г воды. Вычислите массу (в граммах) *кристаллической соды*, которую надо растворить в 400 г воды, взятой для приготовления насыщенного раствора, а также массовое содержание (в %) этого раствора.

53. Рассчитайте необходимые для реакции массу (в граммах) сульфида железа(II) и объем (мл, со 100%-ным избытком) 10%-ной хлороводородной кислоты (плотность 1050 г/л), чтобы при пропускании газообразного продукта через раствор нитрата свинца(II) получить 105,16 г осадка.

54. К смеси магния и его оксида общей массой 5 г добавили разбавленную серную кислоту. Смесь полностью перешла в раствор и выделилось 2,4 л (н. у.) газа. Определите массовую долю (в %) оксида в исходной смеси и молярную концентрацию (моль/л) соли в конечном растворе объемом 275 мл.

55. В два стакана внесли по 120 г 10%-ной серной кислоты. В первый стакан добавили 8,4 г карбоната магния. Вычислите (моль) количество сульфида железа(II), которое надо добавить во второй стакан, чтобы массы содержимого обоих стаканов оказались равными.

56. Образец минерала *сфалерит* массой 10,8 г обработан 50 мл 25%-ной серной кислоты (плотность 1,153 г/мл). Сфалерит перешел в раствор, примеси осели на дно реактора (масса раствора с осадком 65,1 г), и выделился газ (плотность 1,539 г/л при комнатной температуре). Определите объем (в литрах) этого газа, степень чистоты (в %) минерала и массовую долю (в %) кислоты в конечном растворе.

57. Установите, в каком объемном отношении надо смешать растворы, в равных объемах которых содержится соответственно 19,38 г хлорной кислоты и 21,6 г едкого кали, чтобы водородный показатель конечного раствора стал равным 7.

58. Рассчитайте массу (в граммах) выпавшего в осадок *гипса*, если смешано 3,7 г гидроксида кальция и 100 мл 10%-ной серной кислоты плотностью 1,066 г/мл.

59. Навеску 4,93 г кристаллогидрата $MgSO_4 \cdot nH_2O$ (состав: 9,76% Mg^{2+}, 39,02% SO_4^{2-}, остальное вода) вносят в воду и добавляют избыток хлорида бария. Найдите число n в формуле кристаллогидрата и массу (в граммах) осадка в конечном растворе.

60. Навеску 4,93 г кристаллогидрата $MgSO_4 \cdot nH_2O$, содержащего 51,22% (по массе) воды полностью обезвоживают при 300 °C. Рассчитайте число n в формуле кристаллогидрата, а также массу (в граммах) сухого остатка. Далее этот остаток прокаливают при 1200 °C. Какой объем (в литрах, н. у.) займет собранная после окончания опыта смесь двух газов?

61. Для производства *кальцинированной соды* аммиачным способом берут 58,5 т хлорида натрия. Рассчитайте массу (в тоннах) продукта, если практический выход составляет 80%. Какой общий объем ($м^3$, н. у.) двух начальных газов будет израсходован в этих условиях?

62. В раствор, содержащий по 0,01 моль нитратов серебра(I) и свинца(II), опущена железная пластина массой 6 г. Как изменится масса (в % от начальной) для пластины после окончания реакции?

63. При прокаливании с коксом минерала *хромит* образуется сплав железа с хромом (*феррохром*) с практическим выходом 55% и выделяется угарный газ. Феррохром при обработке горячей разбавленной азотной кислотой частично переходит в раствор, при этом собрано 55 $м^3$ (н. у.) газа. Рассчитайте:

а) массовую долю (в %) хрома в сплаве;

б) мольную долю (в %) железа в сплаве;

в) массу (кг) полученного сплава;

г) массу (т) хромита, взятого для прокаливания.

64. В 1,25 л 1М раствора хлорида железа(III) внесли избыток магния. Какой максимальный объем газа (в литрах, н. у.) можно собрать после реакции?

65. Рассчитайте тепловой эффект процесса

$$Fe + H_2O \longrightarrow (Fe^{II}Fe_2^{III})O_4 + H_2$$

по данным для частных реакций:

$$2H_2O = 2H_2 + O_2 - 484 \text{ кДж}$$

$$3Fe + 2O_2 = (Fe^{II}Fe_2^{III})O_4 + 1118 \text{ кДж}$$

66. Определите мольные доли (в %) веществ в 101,4 г смеси оксида железа(III) и оксида дижелеза(III)–железа(II), если при полном восстановлении водородом образовалось 32,44 мл воды. Рассчитайте также массу (в граммах) полученного металла.

67. Гексагидрат нитрата железа(III) массой 7 г прокалили, твердый остаток полностью перевели в раствор с помощью серной кислоты, объем раствора довели до 1 л. Рассчитайте молярную концентрацию (моль/л) соли в приготовленном растворе.

68. *Железный купорос* массой 33,36 г внесли в раствор, содержащий по 0,12 моль серной кислоты и перманганата калия, затем добавили избыток щелочи, осадок отфильтровали и прокалили. Определите массу (в граммах) сухого остатка.

69. Смесь сульфатов железа(II) и железа(III) общей массой 20 г прореагировала с 3,16 г перманганата калия в кислом растворе объемом 1 л. Определите:

а) массовую долю (в %) соли железа(II) в смеси;

б) молярную концентрацию (моль/л) железосодержащей соли в конечном растворе.

70. Определите массу (в граммах) бромной воды, расходуемой на реакцию с 15,2 г сульфата железа(II) в сернокислотной среде, если в 100 г воды растворяется 3,58 г брома.

71. Рассчитайте объем (мл) 2%-ного раствора перманганата калия (плотность раствора 1,013 г/мл), затраченного на реакцию с 7,6 г сульфата железа(II) в кислотной среде.

72. Определите объем (мл) 3%-ного раствора пероксида водорода с плотностью 1009,5 г/л, который потребуется для полной реакции в кислотной среде с сульфатом железа(II), содержащимся в 100 мл 0,1М раствора.

73. Навеска смеси цинка и железа содержит 30% (по массе) железа. Смесь обработали избытком хлороводородной кислоты и собрали 13,44 л (н. у.) газа. Определите массу (в граммах) навески.

74. После окончания реакции между железом массой 7 г и разбавленной серной кислотой объем раствора довели до 3,5 л. Определите молярную концентрацию (моль/л) соли железа в конечном растворе. Затем раствор выпарили (в инертной атмосфере), при этом образовался кристаллогидрат той же соли с массовой долей воды 45,32%. Установите формулу кристаллогидрата и его массу (в граммах).

75. На осаждение в инертной атмосфере катионов железа(II) из 100 мл раствора, приготовленного из гексагидрата сульфата диаммония-железа(II), расходуется 50 мл 1М раствора щелочи. Рассчитайте молярность исходного раствора и массу (в граммах) кристаллогидрата, затраченного на его приготовление.

76. К раствору, содержащему по 0,5 моль нитратов алюминия и железа(III), добавили 1,3 л 15%-ного раствора гидроксида калия (плотность раствора 1140 г/л). Выпавший осадок прокалили до постоянной массы. Рассчитайте массу (в граммах) сухого остатка. Фильтрат выпарили, кристаллы прокалили, твердый продукт взвесили. Каков результат взвешивания?

77. В 10%-ную хлороводородную кислоту объемом 400 мл (плотность 1,05 г/мл) добавили 6,5 г оксида дижелеза(III)–железа(II), а затем избыток железа. Вычислите массовую долю (в %) вещества в конечном растворе.

78. На осаждение катионов железа(II) из 44 г раствора, приготовленного из кристаллогидрата $FeSO_4 \cdot 7H_2O$, расходуется 27,8 г 10%-ного раствора едкого натра. Рассчитайте:

а) массу (в граммах) взятого кристаллогидрата;

б) массовую долю (в %) соли железа в исходном растворе;

в) количество (моль) и число осажденных катионов.

79. Масса твердого остатка после восстановления водородом 1,52 г смеси оксидов железа(II) и меди(II) составляет 1,2 г. Вычислите массовую долю (в %) оксида меди(II) в исходной смеси, а также объем (в литрах, н. у.) затраченного на весь процесс газа.

80. Газообразный продукт, полученный при полном восстановлении оксида железа(III) угарным газом, поглощен с помощью 240,35 мл 15%-ного раствора едкого натра (плотность раствора 1165 г/л). Определите расход (в литрах, н. у.) угарного газа, считая на 100%-ный избыток, и массу (в граммах) образовавшейся соли.

81. Проводят обжиг *пирита*, получают 1 т твердого продукта. Рассчитайте взятую массу (в тоннах) пирита (степень чистоты 56%, примеси инертны), а также объем (мл) 22%-ной хлороводородной кислоты с плотностью 1,11 г/мл, затраченной на перевод в раствор 28 г твердого продукта обжига.

82. В раствор *железного купороса* опущена цинковая пластинка массой 30 г. После окончания реакции масса пластинки стала равной 25,5 г. Вычислите, какую массу (в граммах) купороса первоначально растворили в воде.

83. В раствор, содержащий по 0,01 моль нитратов серебра(I) и магния, погружена железная пластинка массой 6 г. Определите массу (в граммах) пластинки после окончания реакции.

84. Железная пластинка опущена в раствор сульфата меди(II). Через некоторое время масса пластинки изменилась на 2,14 г. Рассчитайте массу (в граммах) и количество вещества (моль), выделившегося на пластинке.

85. Железо вступает в реакцию с анодным продуктом электролиза расплава 468 г хлорида натрия. Определите количество прореагировавшего железа (моль) и массу (в граммах) продукта его взаимодействия.

86. При обработке цинка горячей концентрированной серной кислотой выделяется газ, который пропускают через раствор хлорида меди(II). Выпадает черный осадок (масса 0,912 г), который переходит в раствор при пропускании кислорода. Рассчитайте массу (в граммах) затраченного цинка и объем (в литрах, н. у.) прореагировавшего кислорода.

87. При полном электролизе нитрата меди(II) из 2 л раствора (плотность 1,05 г/мл) выделилось 6,72 л (н. у.) газа. Рассчитайте процентное содержание начального раствора.

88. В 310 мл 0,03М раствора перманганата серебра(I), подкисленного хлорной кислотой, пропускают ток водорода до обесцвечивания раствора. На внутренней поверхности колбы образуется пленка («серебряное зеркало»). Определите минимально затраченный объем газа (мл, н. у.) и массу (в граммах) «зеркала».

89. Электролиз 10%-ного водного раствора сульфата меди(II) на инертных электродах проводился до тех пор, пока массовая доля растворенного вещества в конечном растворе не стала равной 12%. Вычислите расход воды (мл) в этом процессе, если было взято 100 г исходного раствора.

90. Растворяют 13,24 г *медного купороса* в 250 мл этанола (плотность 0,789 г/мл). Рассчитайте массовые доли (в %) сульфата меди(II) и воды в этом растворе.

91. Провели электролиз раствора 52 г нитрата металла в степени окисления (+II), на аноде выделилось 2,8 л газа (н. у.). Продукт на катоде — металл, который не вытесняет водород из разбавленных кислот, но может вытеснить ртуть из водных растворов ее солей. Масса раствора после электролиза 200 г. Установите, о каком металле идет речь, а также вычислите массовую долю (в %) нитрата в исходном и конечном растворах.

92. Смесь (масса 50 г) азотной и хлороводородной кислот химически растворяет не более 12 г оксида меди(II). После выпаривания раствора сухой остаток прокаливают при 400 °С до постоянной массы 14,75 г. Найдите массовый состав (в %) исходной смеси.

93. Прокалили 54,5 г смеси нитратов натрия и меди(II). Газообразные продукты пропустили через 178,4 мл горячей воды, на выходе собрали 2,24 л (н. у.) газа. Рассчитайте массовую долю (в %):

а) вещества в полученном растворе,

б) нитрата натрия в исходной смеси.

Все реакции протекают количественно.

94. При совместном прокаливании в инертной атмосфере минералов *куприт* и *халькозин* образуются медь и диоксид серы. Рассчитайте массу (в тоннах) меди, полученную в этом процессе из 1 т халькозина (степень чистоты 65%).

95. Взяты две порции по 10 мл смеси хлоро- и бромоводородной кислот. В первую порцию вносят карбонат калия до прекращения выделения газа, собранный объем газа составил 33,6 мл (н. у.). Во вторую порцию добавляют нитрат серебра(I) до прекращения выпадения осадка, масса осадка оказалась равной 0,474 г. Установите мольное отношение хлоро- и бромоводорода в исходной смеси кислот.

96. В раствор, приготовленный на 2,1 г смеси хлоридов калия и натрия, добавили 8,5 г нитрата серебра(I), а затем опустили медную пластину. В раствор перешла медь количеством 0,01 моль. Определите:

а) массовую долю (в %) хлорида калия в исходной смеси,

б) изменение массы (в граммах) пластины.

97. Смесь нитрата натрия и хлорида кальция массой 18,6 г обработали избытком нитрата серебра(I). Выпал осадок массой 6,4 г. Рассчитайте мольную долю (в %) нитрата натрия в исходной смеси.

98. Имеются два стакана с одинаковым раствором хлорида металла со степенью окисления (+II). В первый стакан опустили железную пластину, во второй — кадмиевую. Через некоторое время масса первой пластины увеличилась на 1 г, масса второй — уменьшилась на 6 г. О хлориде какого металла идет речь?

99. Газ, полученный при действии на воду смеси 3,45 г натрия и 1,05 г лития, собран (с практическим выходом 50%) и использован для термического восстановления 3,2 г оксида меди(II). Продукт восстановления обработан хлороводородной кислотой (непрерывно насыщаемой кислородом) до его полного перехода в раствор; объем раствора доведен до 1,6 л. Рассчитайте молярную концентрацию (моль/л) катиона металла в конечном растворе.

100. Имеется 5,974 г смеси алюминия, кремния, меди и оксида меди(II). После обработки смеси хлороводородной кислотой выделилось 2,016 л (н. у.) газа, а на фильтре осталось 1,65 г осадка веществ в равном мольном отношении. Вычислите мольную долю (в %) каждого вещества в исходной смеси.

101. Избыток водорода, полученного при разложении гидрида натрия водой, пропустили над раскаленным минералом *тенорит* массой 40 г. При этом собрали 6,07 мл воды. Рассчитайте степень чистоты (в %) минерала. Примеси с водородом не реагируют.

102. В первый стакан внесли 100 г 15,68 %-ной серной кислоты, во второй — 100 г 8,5 %-ного раствора нитрата серебра(I). В первый стакан добавили 29,55 г карбоната бария. Вычислите массу (в граммах) меди, которую следует добавить во второй стакан, чтобы массы содержимого обоих стаканов вновь стали равными. Определите также количества осадков (моль), полученных в обоих стаканах.

103. Приготовлены две одинаковые по массе порции смеси меди и хрома. Первая порция обработана концентрированной азотной кислотой, вторая — хлороводородной кислотой. В обоих опытах собрано по 2,24 л (н. у.) газа. Найдите массовую долю (в %) меди в смеси.

104. Определите молярную концентрацию (моль/л) и массовую долю (в %) нитрита калия в растворе, если 75 мл этого раствора (плотность 1002 г/л) израсходовано на реакцию с дихроматом калия, взятым в виде 90 мл 0,017М раствора, подкисленного серной кислотой.

105. Рассчитайте молярность раствора нитрита калия (объем раствора 75 мл), если на проведение реакции нитрита калия с дихроматом калия в среде серной кислоты израсходовано 90 мл 0,1М раствора окислителя.

106. Рассчитайте объемную долю (в %) сероводорода в техническом газе, если 5 л (н. у.) этого газа затрачено на реакцию с 0,048 моль дихромата калия в кислотной среде. Другие компоненты газа в реакцию не вступают.

107. Проведена реакция между иодидом калия и избытком дихромата калия в сернокислотной среде. Выделилось 1,9 г иода. Определите число электронов, которое было перенесено от восстановителя к окислителю.

108. Установите, какое количество дихромата аммония (моль) надо прокалить, чтобы собрать некоторый объем газа (при н. у.), равный объему того же газа, выделяющегося при прокаливании 19,2 г нитрита аммония.

109. Сплавляют 22,8 г оксида хрома(III) с гидроксидом и хлоратом калия, взятыми в избытке. Хром(III) переходит в хром(VI). Определите массу (в граммах) хромсодержащего продукта.

110. Через насыщенный раствор дихромата калия, содержащий серную кислоту, пропускают избыток сернистого газа. При охлаждении кристаллизуется додекагидрат сульфата хрома(III)-калия (*хромокалиевые квасцы*). Рассчитайте массу (в граммах) полученных квасцов, если объективные потери составляют 12%.

111. Для «вскрытия» минерала *хромит* массой 1 т (примеси отсутствуют) его сплавляют с содой на воздухе. Образующуюся хромсодержащую соль выщелачивают из плава водой, раствор фильтруют, подкисляют и выпаривают. Получают дигидрат соли. Определите его массу (кг), если практический выход процесса равен 42,5%.

112. Проведен электролиз раствора нитрата цинка(II), катодный и анодный продукты собраны (с практическим выходом 80%) и затрачены на синтез 405 г оксида. Рассчитайте израсходованную массу (в граммах) соли и собранный объем (в литрах, н. у.) анодного продукта.

113. Смесь цинка и оксида цинка(II) обработали очень разбавленной азотной кислотой, раствор выпарили досуха, сухой остаток прокалили, продукты прокаливания охладили до комнатной температуры. В результате получили 35,84 л (н. у.) газообразных продуктов и 48,6 г твердого остатка. Определите мольную долю (в %) цинка в исходной смеси.

114. При обработке 9,2 г смеси алюминия и цинка 48%-ным раствором гидроксида натрия (плотность 1,5 г/мл) выделилось 5,6 л (н. у.) газа. Определите объем (мл) раствора щелочи, которая пошла на то, чтобы перевести алюминий в раствор.

115. Проведено нагревание 40 г технического перманганата калия (содержит 21% инертных примесей). Получен сухой остаток массой 37,44 г. Найдите массу (в граммах) всех веществ в остатке и объем (в литрах, н. у.) выделившегося газа.

116. Рассчитайте массовую долю (в %) пероксида водорода, если 25,12 мл его раствора с плотностью 1015 г/л израсходовано на реакцию в нейтральной среде с перманганатом калия, содержащимся в 100 мл 0,225М раствора.

117. Рассчитайте объем (в литрах, н. у.) газа, собранного после окончания реакции в кислотной среде между 2,14 моль перманганата калия и щавелевой кислотой, если практический выход равен 88%.

118. Рассчитайте массу (в граммах) осадка, полученного при взаимодействии в растворе избытка перманганата калия с 4,48 л (н. у.) сероводорода.

119. Смесь перманганата калия и красного фосфора в мольном отношении 5:2 нагревают, добавляют избыток воды. Образуется 0,4 моль фосфорсодержащего продукта. Установите массу (в граммах) исходной смеси.

120. Смешивают 0,3 л 0,1М раствора сульфата марганца(II) и 0,3 л 0,1М раствора перманганата калия. Рассчитайте количество образовавшегося осадка (моль).

121. При электролизе расплава 21,6 г вещества на аноде выделяется 1,35 моль водорода. Равное количество водорода получается при обработке водой 10,8 г того же вещества. Установите химическую формулу вещества.

122. Литий массой 3,5 г полностью прореагировал с водой. Определите массовую долю (в %) вещества в конечном растворе, если начальная масса воды была 120 г.

123. При обработке горячей водой 22,71 г смеси пероксида натрия и надпероксида калия образовался 1 л щелочного раствора и выделилось 3,92 л (н. у.) газа. Определите массовую долю (в %) пероксида в исходной смеси и молярную концентрацию (моль/л) каждого вещества в конечном растворе.

124. Прокалили на воздухе смесь алюминия и нитрата алюминия. Масса твердого остатка оказалась равной массе исходной смеси. Найдите массовую долю (в %) соли в этой смеси.

125. Определите массовый состав (в %) смеси сульфидов железа(II) и алюминия, если на 238 г смеси при обработке избытком воды выделилось 67,2 л газа (при н. у.). Найдите также массу (в граммах) полученного осадка.

126. Рассчитайте суммарную массу (в граммах) осадков в реакции между сульфатом алюминия и гидроксидом бария, если взято по 100 мл 0,1М растворов обоих реагентов.

127. Смесь серебра и алюминия общей массой 2,12 г обработали раствором гидроксида калия. Твердый остаток отфильтровали, промыли водой и обработали разбавленной азотной кислотой. Полученный раствор выпарили и сухой остаток прокалили, масса остатка составила 0,84 г. Определите массовую долю (в %) алюминия в исходной смеси.

128. В 500 мл раствора, содержащего сульфаты магния, цинка(II) и никеля(II) с концентрацией по 0,1 моль/л, введен алюминий массой 0,8 г. Определите массу (в граммах) осадка после окончания реакции.

129. Кипятят в воде смесь алюминия, щелочи и нитрата калия, выделяется аммиак объемом 28 л (н. у.). Определите количество (моль) и массу (в граммах) прореагировавшего алюминия.

130. Проводят электролиз расплава 960 г смеси гидрида натрия, фторида алюминия и хлорида магния. На катоде собрано 67,5 г продукта, на аноде — 84 л газа (н. у.). Установите массовый состав (в %) исходной смеси.

131. Определите, какой объем (мл) 20%-ного раствора едкого натра (плотность раствора 1220 г/л) требуется для извлечения всего алюминия в раствор из 500 г его смеси с медью, если при действии хлороводородной кислоты на 5 г этой смеси выделилось 3,36 л газа (н. у.).

132. Рассчитайте молярную концентрацию (моль/л) катиона магния в жесткой воде (ионы кальция отсутствуют), если при обработке избытком соды 2,25 л такой воды выпало 1,278 г осадка гидроксокарбоната магния.

133. Смесь дигидроортофосфата натрия и ортофосфорной кислоты общей массой 35,1 г прокипятили с известковым молоком, в реакцию вступило 35,52 г гашеной извести. Определите:

а) массовую долю (в %) соли натрия в исходной смеси;

б) количество выпавшего осадка (моль).

134. При длительном кипячении смеси продуктов сгорания 5,28 г магния на воздухе собрано 2,69 л газа (н. у.). Рассчитайте мольные доли (в %) продуктов в смеси.

135. В 28 л (н. у.) углекислого газа «сожгли» 18 г магния. Образовалась смесь белого и черного порошков. Найдите массовую долю (в %) продуктов в смеси и массу (в граммах) избытка одного из реагентов.

136. Металл IIA-группы массой 60 г реагирует с азотом. Полученный нитрид полностью разлагается горячей водой с выделением газа, который при каталитическом окислении кислородом дает 11,2 л (при н. у.) NO. Практический выход NO равен 50%. Определите, какой металл был взят.

137. Проводится восстановление водяного пара угарным газом. Начальные концентрации реагентов были 8 и 5 моль/л соответственно, константа равновесия равна 10. Найдите равновесную концентрацию водорода (моль/л).

138. Рассчитайте объем (в литрах, н. у.) хлора, вступившего в реакцию с гидроксидом калия в горячем растворе, если после реакции в растворе обнаружено 0,46 моль Cl^-.

139. Разложение 15,38 г *бертоллетовой соли* на катализаторе привело к получению газа, который полностью затрачен на сжигание серы. Образовалось 3,89 л (н. у.) продукта. Установите практический выход (в %) газа в первой реакции.

140. В 1 объеме воды растворили 350 объемов (н. у.) хлороводорода. Рассчитайте:

а) массовую долю (в %) растворенного вещества;

б) молярность полученного раствора.

Объем раствора принять равным объему воды.

141. Газообразный продукт взаимодействия меди с концентрированной серной кислотой смешивают с кислородом, пропускают над нагретым катализатором и поглощают раствором хлорида бария (все реакции считаются протекающими полностью). Выпадает 139,8 г осадка. Какова масса (в граммах) прореагировавшей меди?

142. В многостадийном синтезе в качестве азотсодержащего вещества используется только аммиак. Определите, какой объем этого газа (в литрах, н. у.) потребуется для получения нитрата аммония.

143. К 214 г 20%-ного раствора хлорида аммония добавили 200 г 18%-ного раствора едкого натра; смесь прокипятили. Установите количество каждого из веществ (моль), оставшихся в растворе (кроме воды).

144. Требуется приготовить 17 г нитрата натрия. В распоряжении имеются сульфат аммония, перманганат калия и гидроксид натрия (а также вода и катализатор). Рассчитайте необходимые массы (в граммах) указанных реагентов.

145. Сжигают 1,56 г фосфора на воздухе, продукт вносят в 3,7 л 0,1%-ного раствора гидроксида кальция с плотностью, близкой к воде. Установите формулу образовавшейся соли.

146. Рассчитайте объем (в литрах) 60%-ного раствора ортофосфорной кислоты (плотность раствора 1426 г/л), который можно получить из 600 кг ортофосфата кальция, обработав последний избытком горячей концентрированной серной кислоты.

147. Песок массой 2 кг сплавили с гидроксидом калия и получили 3,82 кг метасиликата калия. Определите практический выход (в %) продукта, если массовое содержание кислотного оксида в песке составляет 90%. Рассчитайте также затрату (кг) щелочи.

148. Образец графита массой 0,4 г прокипятили с избытком концентрированной азотной кислоты. Полученную смесь газов пропустили через насыщенный раствор гидроксида кальция, выпавший осадок отфильтровали и высушили. Установите массу (в граммах) этого осадка.

149. Определите объемную долю (в %) каждого газа в смеси азота, кислорода и диоксида углерода (плотность смеси по воздуху равна 1,1448), если после пропускания 20 л (н. у.) смеси через раствор щелочи этот объем уменьшился до 15 л.

150. Найдите количество теплоты (кДж), сопровождающее получение 100 г кремния из *кварца* магнийтермическим способом. Тепловой эффект реакции равен +290 кДж.

151. Смесь аморфных кремния и диоксида кремния (содержит 5,8% химически инертных примесей) прокипятили в растворе едкого натра до полного перехода этих веществ в раствор, примеси отфильтровали. Собрали 36 л (н. у.) газа. Когда к фильтрату добавили избыток соляной кислоты, выпал студенистый осадок. После высушивания его масса составила 930 г. Найдите массу (в граммах) исходной смеси.

152. Какая суммарная масса (в тоннах) *кальцинированной соды*, *мела* и *песка* (степень чистоты соответственно 95%, 96% и 98% по массе) потребуется для производства 10 т стекла состава $Na_2O \cdot CaO \cdot 6SiO_2$?

153. Вычислите объемные доли (в %) монооксида и диоксида углерода в 1,68 л (н. у.) их смеси, если во всех молекулах этой смеси содержится $8{,}73 \cdot 10^{23}$ электронов.

154. Для получения фосфора прокаливают в электропечи 1 т фосфоритной руды, содержащей 64,5% (по массе) ортофосфата кальция, в смеси с избытком кварцевого песка и угля. Рассчитайте массу (кг) продукта, если его практический выход равен 85%.

155. Химически растворяют 236,7 г оксида фосфора(V) в воде, доводят объем раствора до 1 л (плотность 1167 г/л). Определите массовую долю (в %) вещества в конечном растворе.

156. Состояние гомогенного равновесия $N_2 + 3H_2 \rightleftarrows 2NH_3$ (установилось при концентрациях 0,5; 0,8 и 0,3 моль/л соответственно. Составьте выражение для константы равновесия, рассчитайте ее значение и укажите преимущественное направление реакции.

157. Газ, полученный сжиганием в кислороде 44,8 л (н. у.) сероводорода, поглощен с помощью 0,5 л 25%-ного раствора гидроксида натрия (плотность раствора 1,275 г/мл). Определите массовую долю (в %) соли в конечном растворе.

158. В 400 мл 60%-ной серной кислоты (плотность 1,5 г/мл) добавили 1 моль триоксида серы. Установите массовую долю (в %) вещества в конечном растворе.

159. Смешаны 61,25 г хлората калия и избыток соляной кислоты. Определите объем (в литрах, н. у.) полученного газа (практический выход 65%).

160. В 1 л воды растворили 75 л (н. у.) бромоводорода, раствор разделили пополам. В первую половину добавили 2,98 моль гидроксида калия и довели водой до объема 100 л. Во вторую половину внесли 1,74 моль гидроксида бария и разбавили водой до объема 200 л. Рассчитайте значения pH конечных растворов.

161. При некоторой температуре в гомогенной реакции разложения иодоводорода равновесная концентрация HI составила 0,96 моль/л. Вычислите константу равновесия, если степень разложения равна 20%.

162. Вычислите массовую долю (в %) гипохлорита кальция в растворе массой 5,34 г, если при добавлении избытка соляной кислоты образуется 0,3 л (н. у.) газа.

163. Через горячий 10M раствор гидроксида калия пропустили избыток хлора. Воду из раствора выпарили и получили сухой остаток, который после нагревания на катализаторе уменьшил свою массу на 40 г. Рассчитайте исходный объем (в литрах) щелочи.

164. Газовая смесь объемом 6,72 л (н. у.), содержащая эквимолярные количества диоксидов углерода, азота и серы, поглощается 175 г 22%-ного раствора едкого натра. Вычислите массовые доли (в %) всех электролитов в конечном растворе.

165. Через 200 мл 15%-ного раствора (плотность 1,12 г/мл) бромида натрия пропускают 4 л хлора (н. у.). Определите массу (в граммах) вытесненного галогена и молярность исходного раствора.

166. В специальном сосуде взорвали смесь трех газов, полученных:

а) при действии 24,24 г магния на разбавленную серную кислоту,

б) при термическом разложении 4,08 г *бертоллетовой соли* на катализаторе, в) при обработке 0,87 г оксида марганца(IV) соляной кислотой.

Вычислите массовую долю (в %) вещества в растворе, образовавшемся после взрыва.

167. Заполнили колбу бромоводородом (н.у.), затем водой. Найдите массовую долю (в %) растворенного вещества. К 20 мл раствора добавили избыток нитрата серебра(I). Какова масса (в граммах) выпавшего осадка?

168. Рассчитайте массовую долю (в %) иодида калия в растворе (объем 15,43 мл, плотность 1076 г/л), если для перевода иодид-иона в иодат-ион потребовалось 0,672 л (н. у.) хлора.

169. Рассчитайте мольную долю (в %) *бертоллетовой соли* в смеси с *калийной селитрой*, если при действии избытка соляной кислоты на 2,885 г смеси выделилось 336 мл (н. у.) газа.

170. Раствор иодноватой кислоты объемом 500 мл и молярностью 0,2 поглощает 5,6 л (н. у.) иодоводорода. Найдите массу (в граммах) осадка, выпавшего после полного протекания реакции.

171. При взаимодействии пероксида водорода, содержащегося в 100 мл раствора с плотностью 1054 г/л, с иодид-ионами в кислотной среде получено 119,38 г осадка. Установите массовую долю H_2O_2 в исходном растворе (в %).

172. Определите значение pH в исходном растворе хлороводорода, если после добавления избытка нитрата серебра(I) к 2,2 л этого раствора выпал осадок массой 0,0752 г.

173. Хлороводород растворен в 1 л воды. Определите:

а) молярность полученного раствора;

б) объем растворенного газа (в литрах, н. у.),

если на нейтрализацию 10 мл приготовленного раствора израсходовано 20 мл 0,1М раствора гидроксида калия.

174. В 860 мл смеси водорода и хлора после первоначального поджигания протекла необратимая реакция. Затем газовую смесь пропустили через раствор аммиака, при этом поглотилось 580 мл газа. Прошедший через раствор газ обладает восстановительными свойствами по отношению к оксидам металлов (например Fe_2O_3). Определите объемную долю (в %) каждого газа в исходной смеси.

175. Рассчитайте объем (мл) 0,09М раствора $AgNO_3$, необходимый для осаждения всех хлорид-ионов из раствора, содержащего 0,8325 г минерала *карналлит*.

176. При добавлении к хлороводородной кислоте смеси железа и магния общей массой 10,4 г выделилось 6,72 л (н. у.) газа. Определите массовую долю (в %) железа в смеси.

177. Рассчитайте объем (мл) воды, затраченной на приготовление насыщенного раствора газа, выделившегося после обработки 585 г хлорида натрия избытком серной кислоты при кипячении. Растворимость газа при 0 °C составляет 82 г на каждые 100 г воды.

178. Хлороводород объемом 5,6 л (н. у.) поглощен с помощью 5%-ной хлороводородной кислоты массой 75 г. Вычислите массовую долю (в %) вещества в конечном растворе.

179. Колбу с 80 г хлорной воды выдерживают длительное время на свету и собирают газ объемом 2 л (н. у.). Найдите массовую долю (в %) растворенного вещества в конечном растворе.

180. В 100 мл воды вносят сначала 1 г оксида натрия, затем 1 г триоксида серы. Рассчитайте значение pH конечного раствора.

181. Вычислите суммарный объем (в литрах, н. у.) газов, выделившихся после обработки соляной кислотой прокаленной смеси 16,8 г железа и 4,8 г серы.

182. Технический сульфид железа(II) массой 130 г обработан избытком хлороводородной кислоты. Выделившийся газ стехиометрически реагирует с хлоридом цинка(II), содержащимся в 400 мл 30%-ного раствора (плотность 1,293 г/мл). Определите степень чистоты (в %) технического препарата.

183. Проведена реакция полного сгорания 6,72 л (н. у.) сероводорода в избытке кислорода. Продукты поглощены 20,07%-ным раствором гидроксида натрия (объем раствора 76,8 мл, плотность 1,22 г/мл). Вычислите массовую долю (в %) веществ в конечном растворе.

184. Определите тепловой эффект реакции (кДж)

$$SO_2 + Br_2 + H_2O \longrightarrow H_2SO_4 + HBr$$

если в первом опыте наблюдали выделение 27 кДж теплоты в расчете на 19,44 г бромоводорода. Во втором опыте после проведения реакции раствор разбавлен до 40 л. Рассчитайте молярную концентрацию (моль/л) катиона водорода в этом растворе, если реакция (до разбавления раствора) сопровождалась выделением 22,5 кДж теплоты в расчете на серную кислоту. Взятые количества окислителя и восстановителя считать стехиометрическими.

185. Определите, какой объем (в литрах, н. у.) озонированного кислорода с объемной долей озона 9% необходимо израсходовать:

а) при комнатной температуре

б) при нагревании

для полной реакции со 100 г иодида калия в растворе.

186. Сульфид железа(II) обработали избытком хлороводородной кислоты. При этом образовалось 4,48 л (н. у.) газа, который поглотили с помощью 33 мл 20%-ного раствора гидроксида натрия (плотность раствора 1,22 г/мл). Определите массы (в граммах) затраченной соли железа и полученной соли натрия.

187. При 15 °С и нормальном давлении в 1 объеме воды растворяется 2,9 объема сероводорода. Рассчитайте молярность раствора и массовую долю (в %) растворенного вещества в нем. Объем раствора принять равным объему воды.

188. Газ, полученный из 7,03 г сульфида железа(II) действием соляной кислоты, пропустили через раствор, содержащий 5,38 г хлорида меди(II) и 5,07 г хлорида железа(II). Определите массу (в граммах) выпавшего осадка. Установите также, какой объем (мл) 10%-ного раствора нитрата свинца(II) плотностью 1,094 г/мл потребуется для поглощения непрореагировавшего газа.

189. На 4,4 г сульфида железа(II) действуют избытком хлороводородной кислоты. Выделившийся газ поглощают 10%-ным раствором сульфата цинка(II) массой 200 г. Вычислите массу (в граммах) осадка и массовую долю (в %) веществ в конечном растворе.

190. Раствор, полученный обработкой 18 г смеси железных и медных опилок 70%-ной серной кислотой при нагревании, выпарили и получили 153,53 г кристаллогидратов (соль железа содержит по массе 28,85% воды, соль меди 36,07%). Определите:

а) массовую долю (в %) железа в смеси;

б) количество затраченной кислоты (моль).

191. На смесь карбоната и сульфита натрия (общая масса 82,7 г) действуют избытком соляной кислоты. Выделившуюся смесь газов пропускают через склянку с избытком бромной воды. На выходе собрано 6,16 л газа (н. у.). Определите массы (в граммах) исходных солей, количество хлороводорода (моль) в израсходованной соляной кислоте и количества продуктов реакции (моль) в склянке с бромной водой.

192. Смесь меди и графита обработана горячей концентрированной серной кислотой. Собрано 15,68 л (н. у.) газа, лишь три четверти объема которого поглощаются подкисленным раствором перманганата калия. Найдите мольную и массовую доли (в %) графита в исходной смеси.

193. Олеум с плотностью 2 г/мл содержит 40% (по массе) растворенного триоксида серы и 20% дисерной кислоты. Рассчитайте массу (кг) безводной серной кислоты, которую можно приготовить из 1 л олеума при осторожном добавлении воды.

194. Рассчитайте массу (кг) пероксида натрия, затраченного на полную регенерацию 100 $м^3$ воздуха (20 °С, 1 атм), в котором содержится 2% (по объему) углекислого газа.

195. Через раствор щелочи пропускают 20 л (н. у.) смеси азота и диоксида азота, добавляют избыток сильной кислоты, а затем 1М раствор перманганат-ионов до неисчезновения фиолетовой окраски, на что тратится 40 мл этого раствора. Рассчитайте объемную долю (в %) азота в смеси.

196. При полном сгорании на воздухе 6,8 г некоторого вещества образовался продукт — ортофосфорная кислота массой 19,6 г. Продукт обработали 37 мл 32%-ного раствора (плотность 1,351 г/мл) гидроксида натрия. Установите формулу исходного вещества и массовую долю (в %) вещества в конечном растворе после добавления 400 мл воды.

197. Магний нагревают в атмосфере азота, спёк обрабатывают водой, осадок отфильтровывают, к фильтрату добавляют (по каплям) 110 мл 0,4М раствора перманганата калия до появления фиолетовой окраски. Найдите массу (в граммах) магния, вступившего в реакцию.

198. Фосфид кальция (количество вещества 0,14 моль) полностью гидролизуют водой, выделившийся газ сжигают в кислороде, продукт сжигания химически растворяют в воде, объем раствора доводят водой до 4 л. Найдите молярность конечного раствора.

199. Некоторое вещество с молярной массой 108 г/моль окрашивает пламя горелки в темно-красный цвет, реагирует с водой и соляной кислотой, выделяя газ с неприятным запахом и плотностью по воздуху 1,104. Газ самовоспламеняется на воздухе, образуя твердое тугоплавкое вещество с молярной массой 60 г/моль, и не реагирует с водой и кислотами (кроме плавиковой). О каком исходном веществе идет речь?

200. Элементы А и В, относящиеся к одному периоду, образуют между собой соединение A_aB_b, в котором массовая доля элемента В равна 83,47%. При взаимодействии с водой образуются два вещества, обладающие кислотными свойствами, одно из веществ содержит (по массе) 2,765% водорода (остальное — элемент В). Установите формулу соединения A_aB_b.

Ответы

1. 36 682 кДж.
2. 61% Fe.
3. 84 г CaH_2.
4. 50,27 г.
5. 51% CaC_2.
6. 123,1 мл раствора HNO_3.
7. 0,125 моль Zn.
8. 70,4 мл раствора KOH.
9. 0,56 л O_2.
10. 17,8 г (Zn + Mg).
11. 64% Cu.
12. 3,64 г $Ca_3(PO_4)_2$.
13. 265 г раствора Na_2CO_3.
14. 30,4% Mg.
15. 0,08 моль/л OH^-.
16. 17,4 г K_2HPO_4.
17. pH = 12,3.
18. а) 26% Ca,
    б) 0,019 моль/л $Ca(OH)_2$.
19. $3 \cdot 10^{-4}$ моль/л Ca^{2+}.
20. 6,5% K_2CO_3, 2,6% KOH.
21. 27,69% NaCl.
22. 76,6 л Cl_2.
23. 79,1 % Na_2O_2.
24. 1,67 мл 5M раствора KOH.
25. 0,6 г NaH, 3 г KH, 2,24 л H_2.
26. 94,89% .
27. 33,68% Zn.
28. 10,3% Cu.
29. В 10 раз меньше.
30. а) 19,5 л H_2, 25 % NaOH;
    б) 188 г Ag;
    в) 27,7 % NaOH, 33,6 л H_2.
31. 54 мл раствора KOH, 1,43 г FeO(OH).
32. 17,8 г FeO(OH), 0,16 моль/л $FeCl_2$.
33. 82,7 мл раствора Na_2CO_3.
34. Уменьшение на 28,05% .
35. 30,4 г Cr_2O_3, 4,48 л N_2.
36. 896 мл O_2.
37. 1,34 л Cl_2.
38. Проба 875-я.
39. 1,68 л ($NO_2 + O_2$), 6,69 г PbO.
40. Медь.
41. 2,65%-ный, 0,08M раствор $Pb(NO_3)_2$.
42. При разложении хлората калия; 1,22 моль O_2 (из $KClO_3$), 0,32 моль (из $KMnO_4$).
43. 23,3 г $BaSO_4$, 2,7% H_2SO_4, 1,5% HCl.
44. 15,7 л Cl_2.
45. а) 2,45 л CO_2,
    б) 83% $CaCO_3$,
    в) 6,45%-ный раствор HCl.
46. 16 г $NaNO_3$.
47. 10,4% $NaHCO_3$.
48. Магний.
49. Да, перевесит правая чашка.
50. 16,1 г $ZnSO_4$, 2,24 л H_2.
51. а) 0,05 моль $NaHCO_3$,
    б) 21,2 г Na_2CO_3 $NaHCO_3$.
    в) 20% (мольн.),
    г) 16,5% (по массе) $NaHCO_3$.
52. 373,6 г $Na_2CO_3 \cdot 10\ H_2O$, 17,9 %-ный раствор Na_2CO_3.
53. 38,7 г FeS, 712 мл кислоты.
54. 48,6% MgO, 0,61 моль/л $MgSO_4$.
55. 0,074 моль FeS.
56. 2,18 л H_2S, 88,5% ZnS в сфалерите, 7,4% H_2SO_4 в конечном растворе.
57. 2 (раствор $HClO_4$): 1 (раствор KOH).
58. 8,6 г $CaSO_4 . 2H_2O$.
59. $n = 7$, 4,67 г $BaSO_4$.

60. $n = 7$, 2,4 г $MgSO_4$, 0,67 л ($SO_2 + O_2$).
61. 42,4 т Na_2CO_3, 89,3 м^3 ($NH_3 + CO_2$).
62. Увеличится на 38,5%.
63. а) 65% Cr,
б) 33% Fe,
в) 393 кг сплава,
г) 1 т хромита.
64. 14 л H_2.
65. +150 кДж.
66. 40% Fe_2O_3 (остальное двойной оксид), 72,6 г Fe.
67. 0,01 моль/л $Fe_2(SO_4)_3$.
68. 9,6 г Fe_2O_3.
69. а) 24%,
б) 0,062 моль/л $Fe_2(SO_4)_3$.
70. 223,5 г бромной воды.
71. 78 мл раствора $KMnO_4$.
72. 5,67 мл раствора H_2O_2.
73. 37,2 г (Zn + Fe).
74. 0,036 моль/л $FeSO_4$, 34,75 г $FeSO_4 \cdot 7H_2O$.
75. 0,25М раствор соли, 9,8 г $Fe(NH_4)_2(SO_4)_2 \cdot 6H_2O$.
76. 40 г Fe_2O_3 (сухой остаток), 75,3 г (твердый продукт).
77. 16,1% $FeCl_2$.
78. а) 9,7 г кристаллогидрата,
б) 12 % $FeSO_4$,
в) 0,035 моль и $2{,}1 \cdot 10^{22}$ катионов Fe^{2+}.
79. 52,6% CuO, 0,448 л H_2.
80. 47,04 л CO, 88,2 г $NaHCO_3$.
81. 1,5 т FeS_2, 157 мл кислоты.
82. 139 г $FeSO_4 \cdot 7H_2O$.
83. 6,8 г.
84. 17,12 г и 0,2675 моль Cu.
85. 2,67 моль Fe, 433,3 г $FeCl_3$.
86. 2,47 г Zn, 0,43 л O_2.
87. 5,37%-ный раствор $Cu(NO_3)_2$.
88. 625 мл H_2, 1 г Ag.
89. 51,2 мл H_2O.
90. 4% $CuSO_4$, 2,3% H_2O.
91. Медь, 23,64%-ный (исходный) и 2,5%-ный (конечный) растворы.
92. 25,2%-ный раствор HNO_3, 7,3%-ный раствор HCl.
93. а) 12,5%-ный раствор HNO_3,
б) 31,2% $NaNO_3$.
94. 1,56 т Cu.
95. $n(HCl):n(HBr) = 2:1$.
96. а) 76,5% KCl,
б) увеличение на 1,52 г.
97. 89,5% (мольн.) $NaNO_3$.
98. Хлорид меди(II) $CuCl_2$.
99. 0,025 моль/л Cu^{2+}.
100. 46,15% Al, по 13,85% Si и Cu, остальное CuO.
101. 67,4% CuO.
102. 22,95 г Cu, 0,15 моль $BaSO_4$, 0,05 моль Ag.
103. 38,1% Cu.
104. 0,061 моль/л и 0,52% KNO_2.
105. 0,36М раствор KNO_2.
106. 64,5% H_2S.
107. $9 \cdot 10^{21}$ электронов.
108. 0,3 моль $(NH_4)_2Cr_2O_7$.
109. 58,2 г K_2CrO_4.
110. 325 г $KCr(SO_4)_2 \cdot 12\,H_2O$.
111. 565,4 кг $Na_2Cr_2O_7 \cdot 2H_2O$.
112. 2362,5 г $Zn(NO_3)_2$, 56 л O_2.
113. 66,67% (мольн.) Zn.
114. 5,56 мл раствора NaOH.
115. 8,4 г примесей, 6,32 г $KMnO_4$, 15,76 г K_2MnO_4 и 6,96 г MnO_2; 1,792 л O_2.
116. 4,5% H_2O_2.
117. 210,9 л CO_2.
118. 18 г (MnO_2 + S).
119. 170,4 г ($KMnO_4$ + P).

120. 0,05 моль MnO_2.
121. LiH.
122. 10% LiOH.
123. 68,7% Na_2O_2 (остальное KO_2), 0,4 моль/л NaOH, 0,1 моль/л KOH.
124. 53,9% $Al(NO_3)_3$.
125. 63% Al_2S_3 (остальное FeS), 244 г $[Al(OH)_3 + FeS]$.
126. 4,275 г $[BaSO_4 + Al(OH)_3]$.
127. 60,4% Al.
128. 2,62 г Ni.
129. 3,33 моль и 90 г Al.
130. 18,75% NaH, 21,88% AlF_3, остальное $MgCl_2$.
131. 1,64 л раствора NaOH.
132. 0,008 моль/л Mg^{2+}.
133. а) 58,1% NaH_2PO_4, б) 0,16 моль $Ca_3(PO_4)_2$.
134. 40% MgO, остальное Mg_3N_2.
135. 87% MgO(остальное графит), 38,5 г CO_2.
136. Кальций.
137. 4,44 моль/л H_2.
138. 6,2 л Cl_2.
139. 92%.
140. а) 36,3% HCl, б) 15,63М раствор HCl.
141. 38,4 г Cu.
142. 112 л NH_3.
143. 0,8 моль NaCl, 0,1 моль NaOH.
144. 12,2 г $(NH_4)_2SO_4$, 126,4 г $KMnO_4$, 8 г NaOH.
145. $CaHPO_4$.
146. 443 л раствора H_3PO_4.
147. 83,4% (выход K_2SiO_3), 2,81 кг KOH.
148. 3,3 г $CaCO_3$.
149. 25% CO_2, 45% N_2, остальное O_2.
150. +1036 кДж.
151. 732,5 г $(Si + SiO_2)$.
152. 12,2 т (сода + мел + песок).
153. 33,3% CO, остальное CO_2.
154. 109,5 кг фосфора.
155. 28%-ный раствор H_3PO_4.
156. 0,35 ($\longleftarrow$).
157. 32,9% Na_2SO_3.
158. 67,4% H_2SO_4.
159. 21,8 л Cl_2.
160. 1,43 (1-й раствор), 10,82 (2-й раствор).
161. 0,016.
162. 17,9% $Ca(ClO)_2$.
163. 0,5 л раствора KOH.
164. 5,6% Na_2CO_3, 1,8% $NaNO_2$, 2,2% $NaNO_3$, 6,6% Na_2SO_3.
165. 26,1 г Br_2, 1,63М раствор NaBr.
166. 29% HCl.
167. 0,36% HBr, 0,17 г AgBr.
168. 10%-ный раствор KI.
169. 18,2% $KClO_3$.
170. 38,1 г I_2.
171. 15,2%-ный раствор H_2O_2.
172. pH = 3,62.
173. а) 0,2М раствор HCl, б) 4,48 л HCl.
174. 66,3% H_2, остальное Cl_2.
175. 100 мл раствора $AgNO_3$.
176. 52,92% Fe.
177. 443,5 мл H_2O.
178. 15,3% HCl.
179. 16,9% HCl.
180. pH = 12,85.
181. 6,72 л $(H_2S + H_2)$.
182. 77% FeS.
183. 11,4% $NaHSO_3$, 18,1% Na_2SO_3.
184. + 225 кДж, 0,01 моль/л H^+.

185. а) 75 л,
б) 450 л.

186. 17,58 г FeS, 11,21 г $NaHS$.

187. 0,125М раствор H_2S,
0,42% H_2S.

188. 3,83 г CuS, 121,1 мл раствора $Pb(NO_3)_2$.

189. 4,85 г ZnS, 2,5% H_2SO_4 и 6,1% $ZnSO_4$.

190. а) 75% Fe,
б) 0,87 моль H_2SO_4.

191. 29,15 г Na_2CO_3 и 53,55 г Na_2SO_3, 1,4 моль HCl, 0,425 моль H_2SO_4 и 0,85 моль HBr.

192. 50% (мольн.) и 15,8% (по массе) графита.

193. 2,22 кг.

194. 6,49 кг.

195. 77,6% (по объему) N_2.

196. PH_3, 6% Na_2HPO_4.

197. 1,58 г Mg.

198. 0,07М раствор H_3PO_4.

199. Ca_2Si.

200. $SiCl_4$.

33. ЗАДАЧИ ПО ОРГАНИЧЕСКОЙ ХИМИИ

1. Какой объем (в литрах, н. у.) воздуха расходуется на сжигание смеси 0,65 моль метана и 18 г этана? Объемную долю кислорода в воздухе принять равной 20%.

2. Проводится каталитическое гидрирование этилена, исходный объем смеси равен 70 л (н. у.), объемное содержание водорода в смеси составляет 60%. Получено 37,5 г продукта. Какой объем (в литрах, н. у.) водорода затрачен на реакцию?

3. Проведено сжигание смеси, состоящей из 0,6 моль этана, 16,8 г этилена и 13,44 л (н. у.) ацетилена. Какой объем (в литрах, н. у.) воздуха потребуется? Объемная доля кислорода в воздухе равна 20 %.

4. Газ — продукт полного сгорания 30 л (н. у.) ацетилена — поглощен раствором избытка гидроксида кальция до образования осадка. Определите массу (в граммах) этого осадка.

5. Вычислите объем (в литрах) 96%-ного водного раствора продукта (плотность раствора 0,81 кг/л), полученного каталитической гидратацией 112 $м^3$ (н. у.) этилена, содержащего в качестве примеси этан (12,5% по объему).

6. После сжигания на воздухе некоторого органического соединения массой 9,6 г получили 6,72 л (н. у.) газа и 10,8 мл воды. Выведите молекулярную формулу соединения, если плотность его пара по кислороду равна 1.

7. Сожгли 0,46 г органического вещества (плотность его пара по метану 2,875) и получили 0,02 моль газа и 0,54 г воды. Выведите формулу этого вещества.

8. При взаимодействии 16,18 мл одноатомного спирта (плотность равна 0,791 г/мл) с натрием выделился газ, затраченный на превращение 4,48 л (н. у.) этилена в соответствующий алкан. Выведите формулу взятого спирта.

9. Каталитическое окисление метана, содержащегося в природном газе с объемной долей 97% привело к получению 16,1 кг метановой кислоты. Найдите объем ($м^3$, н. у.) затраченного природного газа.

10. Из технического дикарбида кальция (степень чистоты 74% по массе) синтезирована уксусная кислота, на нейтрализацию которой пошло 200 мл 5,5М раствора едкого кали (плотность раствора 1,2 г/мл). Какая масса (в граммах) технического реагента истрачена?

11. Порция смеси металлов массой 20 г, содержащая 40% меди (по массе, остальное магний), обработана избытком уксусной кислоты. Определите массовую долю (в %) соли в конечном растворе, после фильтрования которого его масса оказалась равной 355 г. Как называется полученная соль?

12. Порцию магния массой 5 г обработали 105 мл 10%-ной муравьиной кислоты (плотность раствора 1,03 г/мл). Найдите:

а) объем (в литрах, н. у.) выделившегося газа,

б) массовую долю (в %) соли в отфильтрованном (после окончания реакции) прозрачном растворе.

Назовите полученную соль.

13. После полного сжигания в кислороде 9 г углевода получено 13,2 г газа и 5,4 г воды. Выведите формулу углевода с относительной молекулярной массой 180.

14. При спиртовом брожении глюкозы образовалось 460 г органического продукта. Какова масса (в граммах) глюкозы, вступившей в реакцию? Рассчитайте также объем (в литрах, н. у.) выделившегося газа.

15. Из 500 кг картофеля, содержащего 22% (по массе) крахмала получают:

а) глюкозу,

б) этанол.

Найдите массу (кг) продуктов, если практический выход не превышает 76%.

16. Рассчитайте количество бромэтана (моль), которое вступило в реакцию с натрием, если образовалось 237 л (н. у.) органического продукта.

17. При хлорировании изобутана получена смесь органических продуктов с молекулами, содержащими по одному атому хлора. Приведите их формулы и названия. Установите массовые доли (в %) элементов в них.

18. Вычислите объем хлора (в литрах, н. у.), затраченный на полное превращение 27 г метана в хлороформ.

19. Смесь этана и пропана общим объемом 6,72 л (н. у.) сожгли в избытке кислорода, затем обработали избытком известковой воды. Выпал осадок массой 80 г. Найдите количественный состав (в литрах, н. у.) исходной смеси.

20. Газ, полученный при сжигании 3,2 л (н. у.) метана, поглощается 38,2 мл 32%-ного раствора едкого кали (плотность раствора 1,31 г/мл). Установите массу (в граммах) образовавшейся соли.

21. Газ, полученный при полном сгорании 4,48 л (н. у.) метана, поглощен 150 г 6 %-ного раствора гидроксида натрия. Определите массовую долю (в %) соли в конечном растворе.

22. Установите, какой объем (в литрах, н. у.) кислорода затратится на полное сгорание метана объемом 11,2 л (н. у.) и какой массе (в граммах) гидрокарбоната кальция отвечает полученный объем углекислого газа.

23. К 110 мл смеси метана, водорода и азота добавили 180 мл кислорода. После окончания реакции сгорания и охлаждения объем стал равным 104 мл. Пропускание полученной смеси через раствор избытка едкого натра снизило объем до 32 мл. Рассчитайте объем каждого компонента исходной смеси. Объемы газов измерены при одинаковых условиях.

24. Рассчитайте, какой объем (в литрах, н. у.) монооксида углерода следует смешать с 5,6 л (н. у.) метана, чтобы объем кислорода, необходимый для сжигания указанной смеси, равнялся ее объему.

25. Плотность пара по воздуху для некоторого алкана равна 3,448, в его молекуле присутствуют один четвертичный и один третичный атомы углерода. Назовите данный алкан.

26. Установите, какой объем водорода (в литрах, н. у.) может присоединиться на катализаторе к 20 г смеси, содержащей 21% пропена и 29% бутена-1 (остальное — бутан).

27. Относительная плотность пара по воздуху для продукта присоединения брома к некоторому алкену равна 6,97. Вычислите массу (в граммах) этого производного, полученного из 39,26 л (н. у.) углеводорода.

28. Рассчитайте массу (в граммах) брома, которая требуется для бромирования углеводорода класса алкенов, если такая же порция этого углеводорода каталитически присоединяет 2,24 л (н. у.) водорода.

29. Смесь пентана и пентена массой 1 г обесцветила 5 мл раствора брома в тетрахлорметане (1 л раствора содержит 160 г брома). Рассчитайте массовую долю (в %) пентана в исходной смеси.

30. Алкен массой 10,5 г, полученный при нагревании спирта с серной кислотой, вступает в реакцию с 40 г брома. Установите формулу спирта.

31. При окислении олефина перманганатом калия в растворе образуется симметричный двухатомный спирт, 1,4 г того же олефина полностью реагируют с 4 г брома. Каково точное название олефина?

32. Пропускание смеси этилена с воздухом через горячий водный раствор солей меди, железа и палладия приводит к образованию альдегида. Какой объем ($м^3$) этилена вступил в реакцию, если затрачено 20 $м^3$ воздуха с объемной долей кислорода в нем, равной 20,94% ? Объемы газов измерены при одинаковых условиях.

33. Пропанол пропустили над Al_2O_3 при нагревании, к продукту добавили избыток бромоводорода, затем — избыток натрия. Масса конечного продукта 64,5 г. Найдите количество затраченного спирта (моль), назовите конечный продукт.

34. При каталитическом гидрировании 42,4 л (н. у.) бутадиена-1,3 получена смесь бутана и изомерных бутенов. Рассчитайте объем (в литрах, н. у.) бутана в смеси, если она обесцветила 1598 г 10% -ного раствора брома в хлороформе.

35. Установите объем (мл) этанола с плотностью 0,789 г/мл, если из него получают дивинил (с выходом 75%), а выделяющийся газ затрачивается на реакцию с 8,064 л (н. у.) этилена.

36. Составили газовую смесь, взяв некоторые объемы этана и этилена. Для отделения последнего смесь пропустили через H_2SO_4 (конц.). В результате образования этилсерной кислоты масса поглотителя увеличилась на 1,4 г. Определите начальный объем (в литрах, н. у.) этилена. Образовавшуюся этилсерную кислоту подвергли необратимому гидролизу. Какое количество органического продукта (моль) получили? Найдите также значение pH конечного раствора, если для гидролиза взято 10 л воды (потерей воды на реакцию можно пренебречь).

37. При сгорании смеси метана и этина получено 14 л (н. у.) углекислого газа, а при обработке этой же смеси бромной водой масса реактора возросла на 1,3 г. Установите объем (в литрах, н. у.) исходной смеси.

38. При хлорировании 100 г пропина образуется 1,1,2,2-тетрахлорпропан, который при отщеплении HCl переходит в 1,1,2-трихлорпропен. Рассчитайте объем (в литрах, н. у.) хлора, необходимый для первой реакции, и массу (в граммах) воды, использованной для приготовления 12,5%-ной кислоты из HCl — продукта второй реакции.

39. При пропускании ацетилена через аммиачный раствор $[Ag(NH_3)_2]OH$ протекает обменная реакция замещения и образуется 48 г осадка взрывчатого вещества. Рассчитайте объем (в литрах, н. у.) пропущенного газа, если степень его участия в реакции равна 80%. Укажите формулу осадка.

40. В результате окисления 0,12 моль некоторого органического соединения перманганатом калия в водном растворе получено 19,92 г оксалата калия, 27,84 г оксида марганца(IV), 4,48 г гидроксида калия. О каком веществе идет речь?

41. Установите формулу органического вещества с плотностью пара по воздуху 2,69, если при сжигании 5,85 г этого вещества в избытке кислорода образовалось 19,8 г газа и 0,225 моль воды.

42. В реакции циклизации с одновременным дегидрированием гептана в толуол выделилось столько водорода, что его хватило на гидрирование 168 г смеси изомерных гексенов. Определите массу (в граммах) вступившего в первую реакцию алкана и объем (мл) полученного арена (плотность 0,867 г/мл).

43. Действием брома на 78 г бензола получена такая же масса бромбензола. Рассчитайте практический выход (в %) продукта.

44. Рассчитайте объем (мл) 10%-ного раствора гидроксида калия (плотность 1,09 г/мл), необходимый для нейтрализации газа, выделившегося при получении бромбензола из 31,2 г бензола.

45. Арен, в молекуле которого содержится 8 атомов углерода, при обработке бромной водой образует дибромпроизводное, плотность пара которого по воздуху равна 9,103. Выведите структурную формулу арена и назовите его.

46. Определите массу (в граммах) дихромата калия, необходимую для получения газа, который превратит 19,5 г бензола в гексахлоран.

47. Взаимодействием одноатомного спирта с 48%-ной бромоводородной кислотой (плотность 1,488 г/мл) получено 0,4 моль соответствующего бромалкана. Определите объем (мл) затраченной кислоты, если практический выход продукта 75%.

48. При взаимодействии одноатомного спирта массой 3,84 г с оксидом меди(II) образуется 7,68 г металла. О каком спирте идет речь?

49. Провели окисление этанола оксидом меди(II), к продуктам реакции добавили натрий. Выделилось 5,04 л (н. у.) газа. Найдите массу (в граммах) затраченного спирта.

50. Установите молекулярную формулу кислородсодержащего органического вещества, если при взаимодействии 11,1 г этого вещества с натрием выделяется 1,68 л (н. у.) газа, а при восстановлении им оксида меди(II) образуется соединение, дающее реакцию «серебряного зеркала».

51. Из некоторого алкана двумя стадиями получают соответствующий одноатомный спирт, плотность пара которого по воздуху равна 1,586. Рассчитайте объем (в литрах, н. у.) затраченного алкана для синтеза 583 мл спирта (плотность 0,789 г/мл), если практический выход на первой стадии 50%, на второй 80%.

52. В результате сгорания на воздухе 17,5 мл органического вещества (плотность 0,789 г/мл) собрали 13,44 л (н. у.) газа и 16,2 мл воды. Плотность пара вещества по этилену равна 1,643. Выведите формулу вещества и укажите, к каким классам оно может относиться.

53. Вносят избыток натрия в 0,5 л бензольного раствора предельного одноатомного спирта. После окончания реакции собрано 0,112 л (н. у.) водорода. Определите молярную концентрацию (моль/л) спирта в исходном растворе.

54. Смесь этанола и пропанола (общая масса 27,2 г) обработали избытком натрия и собрали 5,6 л (н.у) газа. Найдите массу (в граммах) этанола в исходной смеси.

55. Из одноатомного предельного спирта получен углеводород класса алкенов с симметричным строением. Выведите сокращенную структурную формулу спирта, если 14 г углеводорода полностью вступают в реакцию с 40 г брома.

56. Межмолекулярная дегидратация смеси двух одноатомных спиртов приводит к получению 27 г воды и 90 г смеси трех органических веществ одного класса с равными мольными долями. Установите, о каких спиртах идет речь.

57. Проведено полное сжигание на воздухе 5,24 кг смеси этанола и бензола (мольная доля последнего 20%). Найдите необходимый для этого объем ($м^3$, н. у.) воздуха. Объемную долю кислорода в воздухе принять равной 20,94%.

58. Определите объем водорода (в литрах, н. у.), который выделился при действии 9,2 г натрия на 100 мл 96%-ного водного этанола (плотность 0,8 г/мл). Рассчитайте также массовые доли (в %) веществ в этанольном растворе после окончания реакции (вода реагирует с натрием в первую очередь).

59. К смеси метанола и этанола добавлены (по отдельности): натрий (собрано 6,72 л газа при н. у.) и бромоводород (образуется

59,1 г смеси бромалканов). Найдите прореагировавшие массы (в граммах) обоих спиртов.

60. Вычислите объем (в литрах, н. у.) углеводорода, который после пропускания через раствор перманганата калия переходит в 23,25 г простейшего гликоля. Практический выход продукта 70%.

61. Какая масса (в граммах) этиленгликоля получится при окислении 8 г смеси этилена и ацетилена, если массовая доля алкина в смеси равна 65%?

62. Рассчитайте массу (в граммах) глицерилтриацетата — продукта реакции между уксусной кислотой и избытком глицерина, если при действии карбоната натрия на такое же количество уксусной кислоты выделяется 20,16 л (н. у.) газа.

63. К 14 г смеси фенола и гомолога бензола добавили избыток бромной воды и отфильтровали 33,1 г осадка. Выведите формулу гомолога бензола, если в исходной смеси его содержалось 0,05 моль.

64. При внесении избытка натрия в раствор фенола в этаноле выделилось 8,96 л (н. у.) газа, а при обработке такой же порции раствора бромной водой выпало 66,2 г осадка. Найдите массовую долю (в %) фенола в исходном растворе.

65. Рассчитайте объем (мл) 9,4%-ного раствора фенола в бензоле (плотность раствора 0,9 г/мл), при обработке которого натрием выделилось такое количество газа, что последнего хватило на полный перевод в алкан 1,12 л (н. у.) ацетилена.

66. При действии избытка натрия на раствор фенола в этаноле выделилось 5,6 л (н. у.) газа. На нейтрализацию раствора затрачено 100 г 10%-ного раствора гидроксида натрия. Рассчитайте массовую долю (в %) фенола в исходном растворе.

67. При каталитическом гидрировании 26 г смеси метаналя и этаналя расходуется 16,8 л (н. у.) газа. Установите мольный состав исходной смеси.

68. Смесь ацетилена и формальдегида, содержащая равные количества обоих веществ, прореагировала с избытком Ag_2O в аммиачном растворе. Масса органического продукта 9,8 г. Рассчитайте массовую долю (в %) ацетилена в исходной смеси.

69. Смесь массой 21 г (82,9% альдегид, остальное спирт) полностью реагирует с 69,6 г оксида серебра(I) в аммиачном растворе. Установите названия компонентов смеси, если их молекулы содержат одинаковое число атомов углерода и спирт можно получить из альдегида (и наоборот).

70. При окислении пропанола-1 с помощью оксида меди(II) получен продукт (выход 60%), при обработке которого аммиачным раствором Ag_2O выпадает 43,2 г осадка. Каковы масса (в граммах) исходного спирта и количество продукта (моль)?

71. При взаимодействии порции этанола с натрием собрано 7,84 л (н. у.) газа. Найдите массу (в граммах) альдегида, образующегося при окислении такой же порции спирта, если практический выход во второй реакции равен 72,6%.

72. Синтезирован в три стадии метилэтилкетон из 0,43 кг 2-хлорбутана. Найдите количество кетона (моль), если практический выход на каждой стадии равен 60%.

73. Некоторый кетон массой 1,856 г в виде пара при 27 °C и давлении 740 мм рт. ст. занимает объем 0,809 л. Определите относительную молекулярную массу кетона, выведите его формулу, назовите кетон.

74. Некоторое органическое соединение А — продукт обработки водой соединения Б (массовый состав: 37,7% С, 6,3% Н, остальное Cl; 12,7 г соединения в состоянии пара занимают объем 2,24 л при н. у.) — при восстановлении водородом переходит во вторичный спирт В. Выведите химические формулы соединений А, Б, В, назовите их.

75. При сплавлении натриевой соли одноосновной карбоновой кислоты с едким натром выделилось 13,44 л (н. у.) газа с плотностью 1,965 г/л. Выведите формулу и название газа.

76. Муравьиная кислота разлагается концентрированной серной кислотой на угарный газ и воду, а щавелевая кислота в подобных условиях — на угарный и углекислый газы и воду. Из некоторой смеси этих кислот получили 0,672 л (н. у.) смеси оксидов углерода, которую пропустили через известковую воду. Выпал 1 г осадка. Установите массовую долю (в %) щавелевой кислоты в смеси кислот.

77. Безводную муравьиную кислоту массой 69 кг с выходом 69% получают из формиата натрия действием H_2SO_4, а формиат — по реакции NaOH с угарным газом (при нагревании, под давлением). Определите необходимый объем ($м^3$, н. у.) газа.

78. В 1 л 0,05М водного раствора монохлоруксусной кислоты содержится 0,002 г катиона водорода. Рассчитайте степень диссоциации (в %) кислоты.

79. Водный 0,1М раствор монохлоруксусной кислоты имеет pH = 2,92. Определите степень диссоциации (в %) кислоты.

80. На нейтрализацию смеси уксусной кислоты и фенола, содержащихся в 20 г водного раствора, потребовалось 95,2 мл 6,4%-ного раствора едкого натра (плотность раствора 1,05 г/мл). При действии бромной воды на тот же раствор массой 20 г выпало 20 г осадка. Рассчитайте массовые доли (в %) растворенных веществ в исходном растворе.

81. На полную нейтрализацию 9,62 г смеси уксусной и муравьиной кислот и уксусного альдегида израсходовано 42,68 мл 16%-ного раствора едкого кали с плотностью 1,148 г/мл. При обработке исходной смеси аммиачным раствором оксида серебра(I) выпал осадок; на полный перевод в раствор этого осадка пошло 48 г 63%-ной азотной кислоты. Определите массовый состав (в %) исходной смеси кислот с альдегидом.

82. При полном окислении 3,84 г органического соединения получено 2,24 л (н. у.) углекислого газа, 1,8 мл воды и 0,02 моль карбоната натрия. Каковы формула и название соединения?

83. Имеются 96%-ный водный раствор этилового спирта и 85%-ный раствор уксусной кислоты. Определите массы (в граммах) этих растворов, необходимые для синтеза 35,2 г сложного эфира (практический выход 80%).

84. При взаимодействии 0,76 г бензилового спирта с 0,28 г муравьиной кислоты образуется продукт с запахом жасмина. Найдите массу (мг) продукта, если потери в синтезе составляют 20%.

85. Для полного омыления 22,2 г сложного эфира одноосновной карбоновой кислоты израсходован 10%-ный раствор едкого натра с плотностью 1,1 г/мл и объемом 136,5 мл (взят с 25%-ным избытком). Укажите эфир-реагент (два возможных варианта).

86. Трехстадийный синтез 33 л этилацетата (плотность 0,8 кг/л) из этилена протекал с практическим выходом 50% (I стадия), 80% (II стадия) и 75% (III стадия). Найдите затраченный объем ($м^3$, н. у.) исходного алкена.

87. При омылении 1,18 г сложного эфира этиленгликоля выделено 0,92 г предельной одноосновной карбоновой кислоты, на нейтрализацию которой потрачено 200 мл 0,1М раствора едкого кали. Выведите формулу исходного эфира.

88. При омылении 20,8 г неполного сложного эфира этиленгликоля получено 12 г предельной одноосновной карбоновой кислоты, которая полностью нейтрализуется с помощью 72,1 мл 10%-ного раствора едкого натра (плотность раствора 1,109 г/мл). Выведите формулу исходного эфира.

89. Рассчитайте массу (кг) глицерина, полученного при гидролизе 1 т технического жира, образованного глицерином и стеариновой кислотой, если степень чистоты жира равна 89% (по массе), а практический выход продукта составляет 76%.

90. На гидрирование (по двойной связи) порции олеиновой кислоты, полученной омылением жира, затрачено 14,56 $м^3$ (н. у.) газа. Вычислите массу (кг) взятого жира, если он содержит 8% инертных примесей.

91. В солнечный день за счет фотосинтеза зеленое растение поглощает из воздуха 5 г диоксида углерода на 1 $м^2$ площади своей листвы. Рассчитайте массу (в граммах) глюкозы, которую накопит за день подсолнечник, листовая поверхность которого составляет 1,4 $м^2$.

92. Некоторое органическое соединение массой 27 г, содержащее кислород, полностью реагирует с 34,8 г оксида серебра(I) в аммиачном растворе. При сжигании того же соединения объемы (в литрах, н. у.) затраченного кислорода и полученного углекислого газа совпадают. Установите название соединения.

93. При спиртовом брожении глюкозы выделился газ, объем которого равен полученному при сгорании на воздухе 32 г метанола. Какое количество моносахарида (моль) израсходовано?

94. Сахарозу подвергают гидролизу в кислотной среде, а образующуюся глюкозу — молочнокислому брожению. Получают 54 г кислоты с выходом 80%. Какая масса (в граммах) сахарозы затрачена?

95. При нитровании 100 г фенола получено 44 г *о*-нитрофенола и 14 г *п*-нитрофенола. Определите общий практический выход (в %) продуктов.

96. Конечная смесь (масса 13,18 г) после реакции частичного нитрования бензола сожжена в токе кислорода. Получено 336 мл (н. у.) азота. Найдите массовую долю (в %) нитропроизводного в смеси.

97. При нитровании 62,4 г бензола получено мононитропроизводное с выходом 90%. Восстановлением последнего выделен амин (плотность 1,022 г/мл) с выходом 75%. Определите объем (мл) конечного продукта.

98. В смесь анилина, бензола и фенола общей массой 50 г пропускают хлороводород. Выпадает осадок массой 26 г. Фильтрат, обработанный водным раствором NaOH, расслаивается; объем верхнего слоя оказался равным 17,7 мл (плотность 880 г/л). Рассчитайте массовые доли (в %) веществ в исходной смеси.

99. Определите объем (мл) 96%-ного этанола с плотностью 0,8 г/мл, необходимый для этерификации 3 г глицина, если спирт взят со 100%-ным избытком.

100. При сжигании 2,4 г органического соединения получено 1,44 г воды, 896 мл (н. у.) углекислого газа и 0,04 моль азота. Выведите формулу исходного соединения и назовите его.

Ответы

1. 380,8 л воздуха.
2. 28 л H_2.
3. 604,8 л воздуха.
4. 268 г $CaCO_3$.
5. 248,5 л раствора C_2H_5OH.
6. CH_3OH.
7. C_2H_5OH.
8. CH_3OH.
9. 8,08 $м^3$.
10. 95,1 г.
11. 20% $Mg(CH_3COO)_2$, ацетат магния.
12. а) 2,6 л H_2,
б) 12,1% $Mg(HCOO)_2$, формиат магния.
13. $C_6H_{12}O_6$.
14. 900 г $C_6H_{12}O_6$, 224 л CO_2.
15. а) 89,6 кг $C_6H_{12}O_6$,
б) 68,7 кг C_2H_5OH.
16. 21,2 моль C_2H_5Br.
17. $CH_3—C(CH_3)Cl—CH_3$ (2-метил-2-хлорпропан),
$CH_2Cl—CH(CH_3)—CH_3$ (2-метил-1-хлорпропан); 51,9% C, 9,7% H, остальное Cl.
18. 113,4 л Cl_2.
19. 2,24 л C_2H_6, остальное C_3H_8.
20. 19,7 г K_2CO_3.
21. 10,6% $NaHCO_3$.
22. 22,4 л O_2, 40,5 г $Ca(HCO_3)_2$.
23. 72 мл CH_4, 28 мл H_2,
10 мл N_2.
24. 11,2 л CO.
25. 2,2,3-триметилбутан.
26. 4,48 л H_2.
27. 354 г $C_nH_{2n}Br_2$.
28. 16 г Br_2.
29. 65% C_5H_{12}.
30. C_3H_7OH.
31. Бутен-2.
32. 8,4 л C_2H_4.
33. 1,5 моль C_3H_7OH, 2,3-диметилбутан.
34. 20 л C_4H_{10}.
35. 56 мл C_2H_5OH.
36. 1,12 л C_2H_4, 0,05 моль C_2H_5OH, pH = 2 (за счет H_2SO_4).
37. 12,88 л ($CH_4 + C_2H_2$).
38. 112 л Cl_2, 639 г H_2O.
39. 5,6 л C_2H_2, Ag_2C_2.
40. C_2H_2.
41. C_6H_6.
42. 50 г гептана, 53,1 мл толуола.
43. 49,7% (C_6H_5Br).
44. 206 мл раствора KOH.
45. $C_6H_5—CH{=}CH_2$, винилбензол (или стирол).
46. 73,5 г $K_2Cr_2O_7$.
47. 100,44 мл раствора HBr.
48. Метанол.
49. 20,7 г C_2H_5OH.

50. C_4H_9OH.

51. 560 л C_2H_6.

52. C_2H_6O — это этанол C_2H_5OH или диметиловый эфир $(CH_3)_2O$.

53. 0,02 моль/л $C_nH_{2n+1}OH$.

54. 9,2 г C_2H_5OH.

55. $CH_3CH_2CH(OH)CH_3$.

56. Метанол CH_3OH, этанол C_2H_5OH.

57. 35,5 $м^3$ воздуха.

58. 4,48 л H_2, 8% NaOH и 17% $Na(C_2H_5O)$.

59. 14,4 г CH_3OH, 6,9 г C_2H_5OH.

60. 12 л C_2H_4.

61. 6,2 г этиленгликоля.

62. 130,8 г.

63. $C_6H_5CH_3$.

64. 40,5% C_6H_5OH.

65. 222 мл раствора C_6H_5OH.

66. 67% C_6H_5OH.

67. 0,5 моль HC(H)O, 0,25 моль $CH_3C(H)O$.

68. 46,4% C_2H_2.

69. Пропанол-1, пропаналь.

70. 20 г C_3H_7OH, 0,2 моль $C_2H_5C(H)O$.

71. 5,59 г $CH_3C(H)O$.

72. 1 моль.

73. 58, $CH_3—C(O)—CH_3$, пропанон-2, или ацетон.

74. $C_2H_5C(O)CH_3$ (А, бутанон-2), $C_2H_5CCl_2CH_3$ (Б, 1,2-дихлорбутан), $C_2H_5CH(OH)CH_3$ (В, бутанол-2).

75. C_3H_8 — пропан.

76. 66,2% $H_2C_2O_4$.

77. 48,7 $м^3$ CO.

78. 4%.

79. 1,2%.

80. 30% CH_3COOH, 28,2% C_6H_5OH.

81. 43,7% CH_3COOH, 33,5% HCOOH, остальное $CH_3C(H)O$.

82. $Na(C_2H_5COO)$ — пропаноат натрия.

83. 23,96 г C_2H_5OH, 35,29 г CH_3COOH.

84. 653 мг $HCOOCH_2C_6H_5$.

85. Метилацетат или этилформиат.

86. 40,32 $м^3$ C_2H_4.

87. $-[CH_2OC(H)O_2$

88. $CH_2(OH)—CH_2(OCOCH_3)$.

89. 70 кг глицерина.

90. 208,2 кг жира.

91. 4,8 г глюкозы.

92. Глюкоза.

93. 0,5 моль глюкозы.

94. 256,5 г сахарозы.

95. 39,2%.

96. 28% $C_6H_5NO_2$ (остальное бензол).

97. 49,1 мл $C_6H_5NH_2$.

98. 37,3% $C_6H_5NH_2$, 31,2% C_6H_6, остальное C_6H_5OH.

99. 4,79 мл раствора этанола.

100. $C(NH_2)_2O$ — карбамид (мочевина).

Глава 5

ТЕСТОВЫЕ ЗАДАНИЯ

- Тесты по теоретическим основам химии
- Тесты по неорганическо химии
- Тесты по органической химии

34. ТЕСТЫ ПО ТЕОРЕТИЧЕСКИМ ОСНОВАМ ХИМИИ

1–2. Латинские названия
1. стибиум, силициум **2.** нитрогениум, никколум
соответствуют элементам
а) никель б) кремний в) азот г) сурьма д) олово

3–4. Вещества, анионы которых называются
3. станнат, силицид **4.** аурат, арсенит
обязательно содержат атомы элементов
а) золото б) кремний в) мышьяк г) олово д) медь

5–7. Электронная формула валентных подуровней
5. $3d^{3}4s^{2}$ **6.** $3d^{5}4s^{2}$ **7.** $[3d^{10}]4s^{2}4p^{3}$
отвечает атому элемента
а) Kr б) As в) Br г) V д) Mn

8–11. Укажите общее число электронов в частицах
8. Be^{2+}, Cl^{-} **9.** Na^{+}, S^{2-} **10.** Mg^{2+}, H– **11.** H^{+}, P^{3-}
а) 12 б) 18 в) 20 г) 28

12-15. Укажите число валентных электронов в
12. катионе марганца(III) **14.** катионе титана(III)
13. бромид-ионе **15.** катионе железа(III)
а) 1 б) 4 в) 5 г) 8

16–18. В указанном ряду элементов
16. O—S—Se—Te **17.** Sr—C—Mg—Be
18. P—Si—Al—Mg
размеры (радиусы) атомов
а) уменьшаются в) не изменяются
б) увеличиваются г) не знаю

19–23. Неметаллические свойства в ряду элементов
19. Cl—S—Sc—As **20.** Al—Si—C—N **21.** F—O—S—P
22. Te—Se—Br—Cl **23.** O—N—P— Si
а) увеличиваются в) не изменяются
б) уменьшаются г) не знаю

24–27. Металлические свойства в ряду элементов

24. K—Na—Mg—Al **26.** K—Ca—Mg—Al

25. Al—Mg—Ca—Sr **27.** Be—Mg—Na—K

а) увеличиваются в) не изменяются

б) уменьшаются г) не знаю

28–33. Для элемента с порядковым номером

28. 16. **29.** 6 **30.** 7 **31.** 5 **32.** 15 **33.** 13

высший оксид отвечает формуле

а) $Э_2O_3$ б) $Э_2O_5$ в) $ЭO_2$ г) $ЭO_3$

34–37. Для элемента с порядковым номером

34. 15 **35.** 16 **36.** 12 **37.** 6

высший фторид имеет формулу

а) $ЭF_2$ б) $ЭF_4$ в) $ЭF_5$ г) $ЭF_6$

38–41. Состав водородного соединения элемента

38. германий **39.** мышьяк **40.** селен **41.** бром

отвечает общей формуле

а) HЭ б) $H_2Э$ в) $ЭH_3$ г) $ЭH_4$

42. Низшая степень окисления азота проявляется в соединении

а) NF_3 б) NH_3 в) NO_2 г) N_2O

43–44. Укажите набор соединений, в которых все выделенные элементы имеют

43. низшую степень окисления

44. высшую степень окисления

а) $\mathbf{Cl}F_3$, $\mathbf{N}H_3$, $\mathbf{S}F_4$, $\mathbf{C}H_4$ в) $H_2\mathbf{Se}$, $H_3\mathbf{O}^+$, $\mathbf{Si}H_4$, $\mathbf{N}H_4^+$

б) $\mathbf{O}F_2$, $\mathbf{Na}H$, $\mathbf{B}F_4^-$, $\mathbf{N}F_4^+$ г) $\mathbf{Fe}F_2$, $\mathbf{P}F_3$, $H_2\mathbf{S}$, $\mathbf{N}H_3$

45–46. Только одинарные связи присутствуют в молекуле

45. а) CO_2 б) SO_2 в) $N(O)F_3$ г) H_2

46. а) O_2 б) H_2S в) N_2 г) CO

47. Число двойных связей одинаково в молекулах веществ наборов

а) C_2H_2, SO_3, HNO_2 в) N_2O_5, HClO, H_2O

б) H_2SO_4, CO_2, $H_2C_2O_4$ г) H_3PO_4, C_2H_4, HCOOH

48–49. Полярность связи уменьшается по ряду

48. а) H_2O—H_2S—HCl в) HF—HCl—H_2Se

б) H_2O—HF—HCl г) H_2O—H_2S—H_2Se

49. а) HI—HF—HBr в) H_2S—H_2O—NH_3
б) H_2O—NH_3—PH_3 г) H_2S—HCl—HF

50. Наиболее прочная связь — в молекуле
а) O_2 б) F_2 в) N_2 г) Cl_2

51. Наименее прочная связь —в молекуле
а) HBr б) PH_3 в) H_2 г) CH_4

52. Длина связи наибольшая в молекуле
а) N_2 б) F_2 в) I_2 г) O_2

53. Длина связи наименьшая в молекуле
а) HI б) HBr в) HF г) HCl

54–61. В молекуле
54. N_2 **55.** F_2 **56.** H_2O **57.** SiH_4
58. HCl **59.** CH_4 **60.** NH_3 **61.** CO_2
число общих электронных пар равно
а) 1 б) 2 в) 3 г) 4

62–63. Массовая доля элемента Э в оксиде с общей формулой $Э_2O$ будет
62. наибольшей **63.** наименьшей
в ряду Li_2O—N_2O—Na_2O—Cl_2O для соединения
а) натрия б) азота в) хлора г) лития

64. Массовая доля кислорода будет наибольшей для веществ
а) кислород б) квасцы в) опал г) озон

65. Все валентные орбитали атомов углерода имеют sp^3-гибридизацию в молекулах
а) пропана б) этилена в) ацетилена г) циклобутана

66. Соединения, в молекулах которых имеются атомы углерода с sp^3- и sp^2-гибридизацией атомных орбиталей, — это
а) пентадиен-1,3 в) 3-метилпентан
б) циклобутан г) 1,2-дихлорэтен

67–69. Углеводороды, в молекулах которых имеется атом углерода с гибридизацией орбиталей типа
67. sp
68. sp^2
69. sp^3
называются
а) пропан б) пропин в) пропен г) бутадиен-1,2

70–71. Протекание

70. прямой **71.** обратной

реакции в системе $N_2 + 3H_2 \longrightarrow 2NH_3$ можно ускорить

а) добавлением азота
б) добавлением аммиака
в) введением катализатора
г) охлаждением

72. Скорость гомогенной реакции $H_2 + I_2 \longrightarrow 2HI$ понижается в 16 раз при уменьшении содержания каждого реагента в

а) 2 раза б) 4 раза в) 8 раз г) 16 раз

73. Скорость гомогенной реакции $CO_2 + H_2 \longrightarrow CO + H_2O$ при увеличении содержания CO_2 в 3 раза и H_2 в 2 раза возрастает в

а) 2 раза б) 3 раза в) 5 раз г) 6 раз

74. Скорость реакции $C_{(т)} + Cl_{2(г)} \longrightarrow CCl_{4(г)}$ при увеличении содержания каждого реагента в 2 раза возрастает в

а) 2 раза б) 4 раза в) 6 раз г) 8 раз

75. Для повышения скорости некоторой реакции в 64 раза (температурный коэффициент равен 4) необходимо повысить температуру на

а) 10 °С б) 20 °С в) 30 °С г) 40 °С

76–79. Равновесие гомогенной реакции

76. $2CO + O_2 \rightleftharpoons 2CO_2 + Q$

77. $2H_2O \rightleftharpoons 2H_2 + O_2 - Q$

78. $PCl_5 \rightleftharpoons PCl_3 + Cl_2 - Q$

79. $N_2 + 3H_2 \rightleftharpoons 2NH_3 + Q$

сместится влево ($\longleftarrow$) при повышении

а) давления
б) температуры
в) содержания одного из реагентов
г) содержания одного из продуктов

80–81. Гетерогенные реакции, в которых повышение давления сместит равновесие вправо ($\longrightarrow$), — это

80. а) $SO_2 + KOH_{(т)} \rightleftharpoons KHSO_{3(т)}$
б) $CaCO_{3(т)} \rightleftharpoons CaO_{(т)} + CO_2$
в) $4Al_{(т)} + 3O_2 \rightleftharpoons 2Al_2O_{3(т)}$
г) $FeO_{(т)} + CO \rightleftharpoons Fe_{(т)} + CO_2$

81. а) $C_{(т)} + O_2 \rightleftharpoons CO_2$
б) $C_{(т)} + 2S_{(г)} \rightleftharpoons CS_{2(г)}$
в) $CO_2 + C_{(т)} \rightleftharpoons 2CO$
г) $CO_2 + MgO_{(т)} \rightleftharpoons MgCO_{3(т)}$

82–85. Равновесие в гетерогенной реакции

82. $ZnCO_{3(т)} \rightleftharpoons ZnO_{(т)} + CO_2 - Q$

83. $2SO_2 + O_2 \rightleftharpoons 2SO_{3(т)} + Q$

84. $CO_2 + C_{(т)} \rightleftharpoons 2CO - Q$

85. $2NO + O_2 \rightleftharpoons 2NO_{2(ж)} + Q$

сместится вправо ($\longrightarrow$) при уменьшении

а) давления
б) температуры
в) содержания газа-реагента
г) содержания газа-продукта

86. Реакции, в которых повышение давления смещает равновесие в том же направлении, что и повышение температуры, — это

а) $HBr \rightleftarrows H_2 + Br_{2(ж)} - Q$ б) $2SO_2 + O_2 \rightleftarrows 2SO_3 + Q$
б) $N_2 + 3H_2 \rightleftarrows 2NH_3 + Q$ г) $3O_2 \rightleftarrows 2O_3 - Q$

87. Реакции, в которых повышение давления увеличивает выход продукта (продуктов), — это

а) $PCl_{3(г)} + Cl_2 \rightleftarrows PCl_{5(г)}$ в) $2HBr \rightleftarrows H_2 + Br_{2(ж)}$
б) $H_2S + I_{2(г)} \rightleftarrows S_{(т)} + 2HI$ г) $CS_{2(г)} + 3O_2 \rightleftarrows CO_2 + 2SO_2$

88–91. Для увеличения выхода продуктов реакции

88. $C_{(т)} + 2N_2O \rightleftarrows CO_2 + 2N_2 + Q$

89. $I_{2(г)} + 5CO_2 = I_2O_{5(т)} + 5CO - Q$

90. $N_2 + 2C_{(т)} + H_2 \rightleftarrows 2HCN_{(г)} - Q$

91. $GeO_{2(т)} + 4HCl_{(г)} \rightleftarrows GeCl_{4(г)} + 2H_2O_{(г)} + Q$

можно воздействовать на равновесие

а) повышением температуры в) повышением давления
б) понижением температуры г) добавлением реагента-газа

92. Ионному уравнению $CO_3^{2-} + 2H^+ = CO_2\uparrow + H_2O$ соответствуют реагенты

а) Na_2CO_3 и H_3PO_4 в) K_2CO_3 и $HClO_4$
б) $CaCO_3$ и H_2SO_4 г) $KHCO_3$ и HNO_3

93. Реакции, которые проходят в растворе «до конца», — это

а) $MgS + H_2SO_4$ (разб.) $\longrightarrow$ … в) $Na_3PO_4 + H_2O \longrightarrow$ …
б) $CaC_2 + HCl$ (разб.) $\longrightarrow$ … г) $Pb(NO_3)_2 + H_2S \longrightarrow$ …

94–97. В растворах солей набора

94. $MnCl_2$, $NaHSeO_4$, NH_4BrO_4 **96.** AgF, SrS, $Ca(NO_2)_2$
95. $Ba(ClO_3)_2$, Na_2SeO_4, $RbNO_3$ **97.** $Ba(CN)_2$, Cs_2SiO_3, K_2CrO_4

химическая среда будет

а) щелочной б) нейтральной в) кислотной г) не знаю

98–101. Бесцветный раствор соли

98. нитрат бария **100.** карбонат цезия
99. бромид алюминия **101.** ортофосфат калия

окрасится лакмусом в … цвет

а) красный б) зеленый в) синий г) фиолетовый

102. В малиновый цвет окрасятся фенолфталеином бесцветные растворы солей

а) сульфат магния в) сульфид цезия
б) карбонат рубидия г) сульфат калия

103–106. Бесцветный раствор соли

103. иодид алюминия **105.** хлорид бария

104. сульфат хрома(III) **106.** фторид лития

окрасится метилоранжем в ... цвет:

а) оранжевый б) желтый в) синий г) розовый

107–108. В ряду растворимых солей

107. $FeSO_4$(А)—$AgNO_3$(Б)—$CsNO_2$(В)—$CsCl$(Г)—Rb_2S(Д)

108. $Zn(NO_3)_2$(А)—$CsBrO$(Б)—Cs_2SeO_3(В)—$NiSO_4$(Г)—MnI_2(Д)

подвергаются гидролизу по аниону только соли

а) Б, В б) Б, Г в) Б, Д г) В, Г

109–110. В ряду растворимых солей

109. $CuSO_4$(А)—Na_2S(Б)—AlI_3(В)—$CsCl$(Г)

110. K_2SiO_3(А)—$AlCl_3$(Б)—$NiBr_2$(В)—KBr(Г)

подвергаются гидролизу по катиону только соли

а) А, Б б) А, В в) Б, В г) Б, Г

Ответы

1. г, б.
2. в, а.
3. г, б.
4. а, в.
5. г.
6. д.
7. б.
8. в.
9. г.
10. а.
11. б.
12. б.
13. г.
14. а.
15. в.
16. б.
17. а.
18. б.
19. б.
20. а.
21. б.
22. а.
23. б.
24. б.
25. а.
26. б.
27. а.
28. г.
29. в.
30. б.
31. а.
32. б.
33. а.
34. в.
35. г.
36. а.
37. б.
38. г.
39. в.
40. в.
41. а.
42. б.
43. в.
44. б.
45. г.
46. б.
47. б, г.
48. г.
49. б.
50. в.
51. а.
52. в.
53. в.
54. в.
55. а.
56. б.
57. г.
58. а.
59. г.
60. в.
61. г.
62. в.
63. г.
64. а, г.
65. а, г.
66. а, в.
67. б, г.
68. в, г.
69. а–г.
70. а, в.
71. б, в.
72. б.
73. г.
74. а.
75. в.
76. б, г.
77. а, г.
78. а, г.
79. б, г.
80. а, в.
81. б, г.
82. а, г.
83. б.
84. а, г.
85. б.
86. а, г.
87. а, в, г.
88. б, г.
89. а, в, г.
90. а, г.
91. б–г.
92. в.
93. а, б, г.
94. в.
95. б.
96. а.
97. а
98. г.
99. а.
100. в.
101. в.
102. б, в.
103. г.
104. г.
105. а.
106. б.
107. г.
108. а.
109. б.
110. в.

35. ТЕСТЫ ПО НЕОРГАНИЧЕСКОЙ ХИМИИ

1. Реально существующие анионы — это

а) BCl_4^- б) $AlCl_4^-$ в) BF_6^{3-} г) AlF_6^{3-}

2–5. Сумма коэффициентов в уравнении реакции

2. $NaH + O_2 \longrightarrow \ldots$ **4.** $Na_2S + O_2 \longrightarrow \ldots$

3. $NaNO_3 \longrightarrow \ldots$ **5.** $Na_2O + NO + NO_2 \longrightarrow \ldots$

протекающей при нагревании, составляет

а) 3 б) 4 в) 5 г) 6

6. Реагируют друг с другом оксиды

а) CaO, Cl_2O б) CaO, NO в) BaO, SO_2 г) P_2O_5, SO_3

7. Общая сумма коэффициентов в уравнениях реакций

$BaO + N_2O_5 \longrightarrow \ldots$ $Cr_2O_3 + N_2O_5 \longrightarrow \ldots$

$SO_3 + Al_2O_3 \longrightarrow \ldots$ $Na_2O + Al_2O_3 \longrightarrow \ldots$

а) 8 б) 18 в) 28 г) 36

8. Основный и кислотный оксиды образуются при прокаливании на воздухе солей

а) NiS б) $Cu_2CO_3(OH)_2$ в) $AgNO_3$ г) NH_4NO_2

9–10. Общая сумма коэффициентов в уравнениях реакций

9. $Zn + HCl_{(р)} \longrightarrow \ldots$ $Na + H_2O \longrightarrow \ldots$

10. $FeO + H_2 \longrightarrow \ldots$ $CaH_2 + H_2O \longrightarrow \ldots$

а) 8 б) 10 в) 12 г) 14

11. Оксиду хрома(III) соответствуют гидроксиды

а) $Cr(OH)_2$ б) $CrO(OH)$ в) $Cr(OH)_3$ г) $CrO_2(OH)_2$

12–14. Полностью протекают реакции в растворе между

12. а) $ZnCl_2$, $NaOH$ в) NH_4Br, $AgNO_3$

б) $FeCl_3$, H_2SO_4 г) CaO, $Ba(OH)_2$

13. а) $Ba(NO_2)_2$, H_2O в) $KMnO_4$, H_2S

б) KIO_3, Br_2 г) Mg_2Si, HNO_3

14. а) $CaCl_2$, H_2S в) $FeCl_3$, KI
б) NF_3, KOH г) NaClO, H_2O

15. Соль M_2ZnO_2 может образоваться при сплавлении
а) Zn, $CaCO_3$ б) Zn, $Ca(OH)_2$ в) Zn, Na_2CO_3, г) Zn, NaOH

16–17. Не протекают реакции между веществами

16. а) $FeCl_2$ и $Ba(OH)_2$ в) ZnO и NaOH
б) $Mg(NO_3)_2$ и $CuSO_4$ г) MnS и H_2S

17. а) $MgCl_2$ и FeF_3 в) $Al(OH)_3$ и SO_3
б) $BaSO_4$ и HCl г) $Al(OH)_3$ и Na_2O

18–21. Сумма коэффициентов в уравнениях реакций

18. $MgO + HCl \longrightarrow ...$ $Mg_3N_2 + HCl \longrightarrow ...$

19. $CaO_2 + HCl \longrightarrow ...$ $Na_2C_2 + H_2O \longrightarrow ...$

20. $MgSO_4 + H_2O + Na_2CO_3 \longrightarrow Mg_2CO_3(OH)_2\downarrow + CO_2 + ...$
$CaCl_2 + Na_3PO_4 \longrightarrow ...$

21. $Ca(HCO_3)_2 + Ca(OH)_2 \longrightarrow ...$
$Mg(HCO_3)_2 + Ca(OH)_2 \longrightarrow CaMg(CO_3)_2\downarrow + ...$

а) 11 б) 17 в)19 г) 21

22. Со щелочами и сильными кислотами реагируют
а) MnO б) BeO в) $Mg(OH)_2$ г) AlO(OH)

23–26. Сумма коэффициентов в уравнении реакции

23. $CaC_2 + O_2 \longrightarrow ...$ [700 °C]

24. Al (амальгама) + $H_2O \longrightarrow ...$

25. $Mg(OH)_2 + NH_4Cl \longrightarrow NH_3\uparrow + ...$

26. $AlCl_3 + ... + Na_4SiO_4 \longrightarrow Al_2SiO_4(OH)_2\downarrow + SiO_2\downarrow + ...$

а) 24 б) 18 в) 13 г) 8

27–30. Число солей всех возможных типов, образующихся в реакциях между

27. FeO и H_2SO_4 **29.** BaO и HBr

28. $Al(OH)_3$ и H_2SO_4 **30.** $Cr(HSO_4)_3$ и NaOH

а) 1 б) 2 в) 3 г) 4

31. Протекают реакции
а) $H_2SO_4 + FeCO_3 \longrightarrow ...$ в) $K_2Cr_2O_{7(р)} + PbO_2 \longrightarrow ...$
б) $AgNO_3 + HI_{(р)} \longrightarrow ...$ г) $AgNO_{3(р)} + Au \longrightarrow ...$

32–36. Правильная формула продукта реакции в растворе между

32. избытком гидроксида натрия и оксидом хрома(VI)

а) Na_2CrO_2 б) Na_2CrO_3 в) Na_2CrO_4 г) $NaCrO_2$

33. гидроксидом бария и оксидом марганца(VII)

а) $BaMnO_4$ б) $HMnO_4$ в) $MnO(OH)$ г) $Ba(MnO_4)_2$

34. гидроксидом натрия и избытком оксида хрома(VI)

а) Na_2CrO_4 б) $NaCrO_2$ в) $Na_2Cr_2O_7$ г) $Cr(OH)_3$

35. избытком гидроксида калия и гидроксидом хрома(III)

а) $Cr(OH)_3$ б) $K_3[Cr(OH)_6]$ в) $KCrO_2$ г) K_2CrO_4

36. гидроксидом натрия и оксидом марганца(VII)

а) $NaMnO_4$ б) Na_2MnO_4 в) Na_3MnO_4 г) Na_4MnO_4

37–40. Сумма коэффициентов в уравнении реакции

37. $Al_2S_3 + H_2O \longrightarrow \ldots$ **39.** $Al_4C_3 + O_2 \longrightarrow \ldots$ [650 °C]

38. $Al_2S_3 + HCl \longrightarrow \ldots$ **40.** $Al(NO_3)_3 \longrightarrow \ldots$ [200 °C]

а) 10 б) 12 в) 17 г) 21

41. Взаимодействие $CaCl_2 + 2H_2 = CaH_2 + 2HCl$ следует назвать реакцией

а) разложения б) соединения в) конмутации г) дисмутации

42. Кальций реагирует (по отдельности) со всеми веществами набора

а) Mg, H_2O, Na_2CO_3, CO в) H_2, KOH (раствор), CO_2

б) Br_2, $CaCO_3$, Na_2O, NO г) O_2, HCl (разб.), N_2

43–46. Сумма коэффициентов в уравнении реакции

43. $AlCl_3 + NH_3 \cdot H_2O$ (изб.) $\longrightarrow \ldots$

44. $AlCl_3 + NaOH$ (изб.) $\longrightarrow \ldots$

45. $Na[Al(OH)_4] + AlCl_3$ (конц., нед.) $\longrightarrow \ldots$

46. $Na[Al(OH)_4] + H_2SO_4$ (изб.) $\longrightarrow \ldots$

а) 16 б) 11 в) 9 г) 8

47. Из концентрированного раствора карбоната натрия алюминий выделяет газ

а) CO_2 б) CO в) H_2 г) CH_4

48. Продукты прокаливания смеси $Ba(OH)_2$ и NH_4Br указаны в наборе

а) BaO, N_2, HBr в) Ba, HBr, NO

б) NH_3, $BaBr_2$, H_2O г) Ba_3N_2, H_2, Br_2, H_2O

49. Из раствора хлорида алюминия одновременно выделяется газ и выпадает осадок после добавления

а) ортофосфорной кислоты　　в) железа

б) гидроксида кальция　　г) сульфида натрия

50–53. Сумма коэффициентов в уравнении реакции

50. $K_2Cr_2O_7 + HCl$ (конц.) $\longrightarrow ...$

51. $KMnO_4 + H_2SO_4 + FeSO_4 \longrightarrow ...$

52. $K_2CrO_4 + H_2O + H_2S \longrightarrow S\downarrow + Cr(OH)_3\downarrow + ...$

53. $Cr(OH)_3 + KOH + KClO \longrightarrow K_2CrO_4 + KCl + ...$

а) 16　　б) 19　　в) 29　　г) 36

54. Продукты $FeSO_4 + H_2O$ соответствуют взаимодействию между

а) Fe и H_2SO_4 (разб.)　　в) FeO и H_2SO_4 (разб.)

б) Fe и H_2SO_4 (конц.)　　г) FeO и H_2SO_4 (конц.)

55–58. Сумма коэффициентов в уравнении реакции

55. $KMnO_4 + H^0 \longrightarrow ...$　　**57.** $FeSO_4 + HNO_3$ (конц.) $\longrightarrow ...$

56. $Fe_2(SO_4)_3 + H^0 \longrightarrow ...$　　**58.** $KMnO_4 + H_2O + MnSO_4 \longrightarrow ...$

а) 15　　б) 9　　в) 7　　г) 6

59–62. В правой части уравнения реакции

59. $MnO_4^- + H^+ + I^- \longrightarrow ...$　　**61.** $MnO_4^- + H_2O + SO_3^{2-} \longrightarrow ...$

60. $Cr_2O_7^{2-} + H^+ + NO_2^- \longrightarrow ...$　　**62.** $K_2Cr_2O_7 + HBr$ (конц.) $\longrightarrow ...$

сумма коэффициентов равна

а) 7　　б) 9　　в) 14　　г) 15

63–66. Продукты на электродах при электролизе

63. $NaNO_3$ (раствор)　　**65.** NaCl (раствор)

64. NaOH (расплав)　　**66.** NaOH + NaCl (расплав)

а) H_2, O_2　　б) Na, O_2　　в) H_2, Cl_2　　г) Na, Cl_2

67–69. После электролиза концентрация катионов водорода в водном растворе

67. увеличивается.　　**68.** уменьшается.　　**69.** не изменяется

при использовании соли

а) $NaNO_3$　　б) NaCl　　в) $Mn(NO_3)_2$　　г) $ZnCl_2$

70–71. В цепочке превращений

$$Al \xrightarrow{А} Al(OH)_3 \xrightarrow{Б} Al_2O_3 \xrightarrow{В} AlCl_3 \xrightarrow{Г} Al$$

требуется провести

70. электролиз расплава **71.** прокаливание

для осуществления реакции на этапе

а) А б) Б в) В г) Г

72–75. Сумма коэффициентов в уравнении реакции

72. $V_2O_5 + Ca \longrightarrow \ldots$ **74.** $TiO + C + Cl_2 \longrightarrow TiCl_4 + CO$

73. $VCl_3 + Mg \longrightarrow \ldots$ **75.** $TiCl_4 + Mg \longrightarrow Ti + \ldots$

а) 6 б) 8 в) 10 г) 13

76. Для обнаружения иодида бария в растворе нитрата алюминия следует добавить реактивы

а) Na_3PO_4 б) $Pb(NO_3)_2$ в) $FeSO_4$ г) $Ca(OH)_2$

77–78. В схеме реакций

$$Zn \xrightarrow{1} ZnO \xrightarrow{2} ZnCl_2 \xrightarrow{3} Zn(OH)_2 \xrightarrow{4} Na_2[Zn(OH)_4]$$

требуется добавление

77. избытка щелочи **78.** гидрата аммиака

при осуществлении этапа

а) 1 б) 2 в) 3 г) 4

79. Для удаления примеси $CuSO_4$ из раствора $FeSO_4$ следует добавить

а) NaOH б) Fe в) H_2S г) $BaCl_2$

80. Сумма коэффициентов в ионном уравнении реакции

$FeS + H_2SO_4 + HNO_3$ (конц.) $\longrightarrow Fe_2(SO_4)_3 + \ldots$

а) 6 б) 28 в) 50 г) 72

81. В цепочке превращений

$$Fe \xrightarrow[\text{А}]{HCl(\text{разб.})} \ldots \xrightarrow[\text{Б}]{Cl_2,\ H_2O} \ldots \xrightarrow[\text{В}]{Na_2SO_3} \ldots \xrightarrow[\text{Г}]{NH_3 \cdot H_2O} \ldots$$

хлорид железа(II) образуется на этапах

а) А, Б б) А, В в) Б, В г) В, Г

82–85. Сумма коэффициентов в уравнении реакции

82. $FeSO_4$ (конц.) $+ CuSO_4 \longrightarrow Cu\downarrow + \ldots$

83. $Fe(OH)_2 + NaNO_2$ (конц.) $\longrightarrow FeO(OH)\downarrow + NO\uparrow + \ldots$

84. $FeSO_4 + H_2SO_4 + H_2O_2$ (конц.) $\longrightarrow \ldots$

85. $Fe^{3+} + S^{2-} \longrightarrow FeS\downarrow + S\downarrow$

а) 8 б) 7 в) 6 г) 5

86–89. Сумма коэффициентов в уравнении реакции

86. $FeCO_3 + O_2 \longrightarrow Fe_2O_3 + \ldots$ [700 °C] **88.** $Fe(NO_3)_3 \longrightarrow$ [600 °C]

87. $(NiOH)_2SO_4 + H_2SO_4$ (разб.)$\longrightarrow \ldots$ **89.** $Cr(NO_3)_3 \longrightarrow \ldots$[250 °C]

а) 5 б)7 в) 11 г) 21

90. Натрий в промышленности получают

а) выплавкой в доменной печи

б) методом алюминотермии

в) электролизом расплава поваренной соли

г) прокаливанием соды

91. Калий можно получить электролизом

а) раствора KCl

б) раствора KNO_3

в) расплава KCl

г) расплава смеси KCl и $MgCl_2$

92. Чистый оксид магния получится при

а) прокаливании гексагидрата нитрата магния

б) сжигании порошка магния на воздухе

в) обработке магния горячей водой

г) выпаривании раствора гидрокарбоната магния и последующем прокаливании сухого остатка

93–94. Сумма коэффициентов перед формулами продуктов в уравнении «вскрытия» рудного минерала

93. *хромит*:

$$(Cr_2Fe)O_4 + O_2 + K_2CO_3 \longrightarrow K_2CrO_4 + Fe_2O_3 + CO_2$$

94. *халькопирит*:

$$(FeCu)S_2 + HNO_3 \longrightarrow Fe(NO_3)_3 + Cu(NO_3)_2 + H_2SO_4 + NO_2\uparrow + \ldots$$

а) 16 б) 23 в) 30 г) 37

95. Гашёную известь в промышленности получают

а) обработкой оксида кальция водой

б) прокаливанием известняка

в) обработкой хлорида магния водой

г) действием раствора щелочи на известняк

96–99. Сумма коэффициентов в уравнении получения металла при нагревании реагента (реагентов)

96. TiO_2, H_2 **97.** Fe_2O_3, CO **98.** $Hg(NO_3)_2$ **99.** Cr_2O_3, Al

а) 5 б) 6 в) 8 г) 9

100. Алюминий в промышленности получают

а) обезвоживанием алюмокалиевых квасцов

б) электролизом расплава боксита в криолите

в) методом алюминотермии

г) восстановлением глины кальцием

101–104. Сумма коэффициентов в уравнении реакции

101. HNO_3 (конц.) + CuS $\longrightarrow$ $CuSO_4$ + ...

102. $Fe + OH^- + NO_3^- \longrightarrow FeO_4^{2-} + NO_2^- + ...$

103. $CuCl_2 + ... + Na_2CO_3 \longrightarrow Cu_2CO_3(OH)_2\downarrow + CO_2\uparrow + ...$

104. $Cr_2(SO_4)_3 + ... + K_3PO_4 \longrightarrow (CrOH)_3(PO_4)_2\downarrow + KH_2PO_4 + ...$

а) 30 б) 22 в) 16 г) 11

105. Нельзя кипятить в алюминиевом сосуде растворы

а) $KHSO_4$ б) K_2SO_4 в) KOH г) $CuCl_2$

106. В железном сосуде можно хранить

а) бромоводородную кислоту

б) олеум

в) плавиковую кислоту

г) аммиачную воду

107–110. Сумма коэффициентов в лабораторном получении водорода из реактивов

107. Al, H_2SO_4 (разб.)

108. Mg, HCl (разб.)

109. Na, H_2O

110. CaH_2, H_2O

а) 5 б) 6 в) 7 г) 9

111–114. Коэффициент перед формулой H^0 в уравнении

111. $NO_3^- + H^0 \longrightarrow NO_2^- + ...$

112. $MnO_4^- + H^+ + H^0 \longrightarrow ...$

113. $NO_3^- + H^0 \longrightarrow NH_3\uparrow + ...$

114. $Cr_2O_7^{2-} + H^+ + H^0 \longrightarrow Cr^{2+} + ...$

а) 2 б) 5 в) 8 г) 10

115–118. Функция водородсодержащего вещества в реакции

115. $OH^- + Fe^{2+} \longrightarrow ...$

116. $H_3O^+ + SiO_3^{2-} \longrightarrow ...$

117. $NH_3 \cdot H_2O_{(р)} \rightleftarrows ...$

118. $HClO_{(р)} \rightleftarrows$

а) слабая кислота

б) слабое основание

в) сильная кислота

г) сильное основание

119–122. Сумма коэффициентов в уравнении реакции

119. $LiH + H_2O \longrightarrow ...$

120. $Ga + H_2O \longrightarrow ...$

121. $KOH_{(р)} \longrightarrow ...$ [электролиз]

122. $P_2O_5 + H_2O$ (избыток) $\longrightarrow ...$

а) 13 б) 11 в) 9 г) 7

123. Смесь водорода и хлора подвергли воздействию света. После этого давление в системе

а) увеличилось　　в) не изменилось

б) уменьшилось　　г) не знаю

124–127. В реакции

124. $HCl + CaH_2 \longrightarrow H_2 + \ldots$　　**126.** $HCl + Fe_2O_3 \longrightarrow FeCl_3 + \ldots$

125. $HCl + O_2 \longrightarrow Cl_2 + \ldots$　　**127.** $HCl + AgNO_3 \longrightarrow \ldots$

хлороводород используется как

а) сильная кислота　　в) окислитель

б) восстановитель　　г) осадитель

128. Среди галогеноводородов самый устойчивый к нагреванию

а) HI　　б) HCl　　в) HF　　г) HBr

129. Фтор реагирует с водой и образует

а) соляную кислоту　　в) атомарный кислород

б) атомарный водород　　г) плавиковую кислоту

130. Практически не взаимодействуют

а) Cl_2 и NaOH　　б) Cl_2 и H_2O　　в) I_2 и H_2O　　г) I_2 и KOH

131–132. Можно получить по реакции

Галогенид калия + Серная кислота (конц.) $\longrightarrow \ldots$

131. галогены

а) F_2　　б) Cl_2　　в) Br_2　　г) I_2

132. галогеноводороды

а) HF　　б) HCl　　в) HBr　　г) HI

133. Для разделения ионов F^- и Cl^- используются

а) NH_4^+　　б) Ag^+　　в) Mg^{2+}　　г) Cu^{2+}

134–135. Соль, реагирующая как наиболее

134. сильный окислитель　　**135.** слабый окислитель

а) $NaClO_3$　　б) NaClO　　в) $NaClO_4$　　г) $NaClO_2$

136. Реагируют между собой вещества

а) $KClO_3$, I_2　　б) $KBrO_3$, I_2　　в) KIO_3, Cl_2　　г) KIO_3, Br_2

137–138. Возможны реакции между

137. бромоводородной кислотой

138. иодидом калия

и (по отдельности) всеми веществами набора

а) I_2, Cl_2, $Pb(NO_3)_2$ в) SO_2, $KMnO_4$, H_2S

б) $AgCl$, $Ba(OH)_2$, CO г) Cl_2, KOH, $KBrO_3$

139–140. Растворяют смесь хлора и брома в

139. холодной **140.** горячей

воде и получают продукты

а) $HBrO_3$, HCl б) $HClO_3$, HBr в) $HBrO$, HCl г) $HClO$, HBr

141–142. Пропускают хлор через

141. холодный **142.** горячий

раствор гидроксида калия и получают продукты

а) $KClO_3$, KCl б) $KClO_3$, H_2 в) KCl, $KClO$ г) KCl, O_2

143–144. Растворяют смесь хлора и брома в

143. холодном **144.** горячем

растворе гидроксида калия и получают продукты

а) $KClO$, KBr б) $KBrO$, KCl в) $KClO_3$, KBr г) $KBrO_3$, KCl

145. Белильную известь получают из реагентов

а) $Ca(OH)_2$, HCl б) $Ca(OH)_2$. Cl_2 в) $CaCO_3$, HCl г) Ca, Cl_2

146–149. Концентрированный раствор реактива, который можно взять для перевода

146. $ClO_3^- \longrightarrow Cl_2$ **147.** $ClO^- \longrightarrow Cl_2$ **148.** $IO_3^- \longrightarrow I_2$ **149.** $I^- \longrightarrow I_3^-$

а) HI б) KI в) H_2SO_4 г) HCl

150–153. Для схемы $HCl \xrightarrow{А} Cl_2 \xrightarrow{Б} ClO^- \xrightarrow{В} Cl^- \xrightarrow{Г} HNO_3$

реактив: **150.** А **151.** Б **152.** В **153.** Г — это

а) $AgNO_3$ б) $KMnO_4$ в) HCl (конц.) г) $NaOH$

154–157. Для схемы

$$KBr \xrightarrow{Cl_2} А \xrightarrow{Ca} Б \xrightarrow{AgNO_3} В \xrightarrow{HI} Г$$

продукт: **154.** А **155.** Б **156.** В **157.** Г — это

а) $AgBr$ б) $CaBr_2$ в) AgI г) Br_2

158–161. Для схемы $KI \xrightarrow{А} I_2 \xrightarrow{Б} KIO_3 \xrightarrow{В} I_2 \xrightarrow{Г} AlI_3$

реагент: **158.** А **159.** Б **160.** В **161.** Г — это

а) HI (конц.) б) H_2SO_4 (конц.) в) Al г) $KClO_3$

162–164. Конечная среда полностью протекающей реакции после пропускания хлора через

162. раствор пероксида водорода **163.** сероводородную воду **164.** кипящий раствор сульфида натрия

а) щелочная б) нейтральная в) кислотная г) не знаю

165. Наборы только кислотных оксидов — это

а) Cl_2O, As_2O_3, SeO_2
б) CO, OF_2, Cl_2O_7
в) BeO, NO, N_2O_3
г) B_2O_3, NO_2, CrO_3

166–168. Набор соединений, в котором степень окисления кислорода

166. увеличивается **167.** уменьшается. **168.** одинакова

а) $NaOH$, BaO_2, O_3, OF_2
б) H_2O_2, O_3, $KAl(SO_4)_2$, CaO_2
в) Na_2O, H_2SO4, $Al(OH)_3$, $MgCl(OH)$
г) OF_2, O_2, HO_2^-, Al_2O_3

169–172. Сумма коэффициентов в уравнении реакции

169. $H_2O_2 + KI \longrightarrow \ldots$
170. $H_2O_2 + PbS \longrightarrow PbSO_4 + \ldots$
171. $H_2O_2 + Na_2SO_3 \longrightarrow \ldots$
172. $H_2O_2 + H^+ + I^- \longrightarrow \ldots$

а) 4 б) 6 в) 8 г) 10

173–174. Правильное изменение степени окисления кислорода при протекании реакции

173. $O_2 + 2H^0 = H_2O_2$ **174.** $2NaOH + 2F_2 = OF_2\uparrow + H_2O + 2NaF$

а) $-II \longrightarrow -I$ б) $-II \longrightarrow 0$ в) $-II \longrightarrow +II$ г) $0 \longrightarrow -I$

175–177. Набор соединений, в котором степень окисления серы

175. повышается **176.** понижается. **177.** одинакова

а) H_2S, HS^-, FeS, CS_2
б) SO_3^{2-}, SO_4^{2-}, SCl_2O, $NaHS$
в) FeS_2, SCl_2, SF_4, HSO_4^-
г) SCl_2O_2, SCl_4, S_2Cl_2, PbS

178–180. Во всех частицах набора

178. SBr_2O, SCl_3^+, SF_5^-

179. $SClF_5$, SF_5^+, HSO_4^-

180. HS^-, CS_2, H_3S^+

степень окисления серы равна

а) $-II$ б) $+II$ в) $+IV$ г) $+VI$

181–184 . Сумма коэффициентов в уравнении реакции

181. $H_2S + O_2 \longrightarrow S + \ldots$
182. $H_2S + O_2 \longrightarrow SO_2 + \ldots$
183. $H_2O_2 + H_2SO_4 + K_2S \longrightarrow S\downarrow + \ldots$
184. $H_2O_2 + MnO_4^- \longrightarrow \ldots$

а) 6 б) 7 в) 10 г) 14

185–187. Конечная среда полностью протекающей реакции после пропускания сероводорода через

185. раствор NaOH **186.** H_2SO_4 (конц., гор.) **187.** HNO_3 (конц.)

а) щелочная б) нейтральная в) кислотная г) не знаю

188. Осадок, не реагирующий с сильными кислотами в разбавленном растворе, образуется по реакции

а) $SO_2 + H_2O + Ba^{2+} \longrightarrow ...$ в) $SO_3^{2-} + O_2 + Ba^{2+} \longrightarrow ...$

б) $SO_2 + OH^- + Ba^{2+} \longrightarrow ...$ г) $SO_3^{2-} + Cl_2 + Ba^{2+} \longrightarrow ...$

189–192. Сумма коэффициентов в молекулярном уравнении

189. $Al + H_2SO_4$ (разб.) $\longrightarrow ...$

190. $Al + H_2SO_4$ (30%) $\longrightarrow SO_2 + ...$

191. $Al + H_2SO_4$ (45%) $\longrightarrow S\downarrow + ...$

192. $Al + H_2SO_4$ (>60%) $\longrightarrow H_2S + ...$

а) 42 б) 18 в) 12 г) 9

193–195. Соль, при прокаливании которой выделяется

193. оксид серы(VI) **194.** оксид серы(IV) **195.** сероводород

а) NH_4HS б) NH_4HSO_4 в) $K_2S_2O_7$ г) NH_4HSO_3

196. В раствор, содержащий сульфид-, сульфит- и сульфат-ионы, добавляют хлорид бария, осадок обрабатывают соляной кислотой при кипячении и в конечном растворе обнаруживают ионы

а) S^{2-}, SO_4^{2-}, Cl^- б) SO_3^{2-}, SO_4^{2-}, Cl^- в) S^{2-}, SO_3^{2-}, SO_4^{2-} г) Cl^-

197. Селенат аммония можно получить из реагентов

а) SeO_3, NH_3, H_2O в) H_2SeO_3, $(NH_4)_2CO_3$

б) SeO_2, N_2, H_2 г) H_2SeO_4, $NH_3 \cdot H_2O$

198–200. Соединение, в котором степень окисления азота иная, чем в других соединениях, — это

198. а) NH_3 б) Cl_3N в) NF_3 г) NH_4Cl

199. а) $CsNO_3$ б) N_2O_5 в) $N(O)F_3$ г) $(NH_4)_2SO_4$

200. а) $NaNO_2$ б) $NaNH_2$ в) Na_2O_3 г) NF_3

201–203. Среди продуктов реакции присутствует

201. азот **202.** аммиак **203.** оксид азота(I)

при термическом разложении

а) NH_4NO_2 б) NH_4HCO_3 в) $(NH_4)_2Cr_2O_7$ г) NH_4NO_3

204–207. Сумма коэффициентов в уравнении реакции при нагревании

204. $NH_4Cl + Ca(OH)_2 \longrightarrow ...$ **206.** $NH_4HSO_3 \longrightarrow ...$

205. $(NH_4)_2CO_3 \longrightarrow ...$ **207.** $(NH_4)_2Cr_2O_7 \longrightarrow ...$

а) 8 б) 7 в) 5 г) 4

208. К смеси газов $N_2O + NO + NO_2$ добавили избыток кислорода, пропустили через раствор щелочи и на выходе обнаружили

а) N_2O, NO б) N_2O, O_2 в) NO, NO_2 г) N_2O, NO_2

209–212. Для решения с участием концентрированной кислоты

209. $Hg + HNO_3 \longrightarrow Hg^{2+} + ...$ **211.** $P + HNO_3 \longrightarrow H_3PO_4 + ...$

210. $Ag + HNO_3 \longrightarrow ...$ **212.** $H_2S + HNO_3 \longrightarrow S\downarrow + ...$

сумма коэффициентов в молекулярном уравнении – это

а) 6 б) 8 в) 10 г) 13

213–216. Сумма коэффициентов в уравнении реакции с участием разбавленной кислоты

213. $Zn + HNO_3$ (хол.) $\longrightarrow NO\uparrow + ...$

214. $Zn + HNO_3$ (40 °C) $\longrightarrow N_2O\uparrow + ...$

215. $Zn + HNO_3$ (80 °C) $\longrightarrow N_2\uparrow + ...$

216. $Zn + HNO_3$(5%-ная) $\longrightarrow NH_4NO_3 + ...$

а) 20 б) 22 в) 24 г) 29

217. При зажигании спички используется реакция

а) KNO_3 + C (графит) + S $\longrightarrow ...$ в) $KClO_3$ + P(белый) $\longrightarrow ...$

б) $KMnO_4$ + C (графит) $\longrightarrow ...$ г) $KClO_3$ + P(красный) + S $\longrightarrow ...$

218–219. Сумма коэффициентов в уравнении реакции

218. $Ca_3P_2 + HCl \longrightarrow ...$ **219.** $PH_3 + O_2 \longrightarrow H_3PO_4$

а) 4 б) 8 в) 12 г) 16

220–222. В наборе соединений степень окисления углерода

220. повышается **221.** понижается **222.** одинаковая

а) $NaHCO_3$, CCl_2O, CO_3^{2-} в) C_2H_6, C_2F_2, $H_2C_2O_4$

б) HCO_3^-, HCN, Al_4C_3 г) CO_2, SiC, HCOOH

223–224. Простые вещества — это

223. а) малахит б) графит в) карбин г) этин

224. а) фуллерен б) этилен в) ацетон г) озон

225. Вещества SiC, ThC_2 и Be_2C имеют групповое название

а) карбаминаты б) карбонаты в) карбонилы г) карбиды

226. Реактивы, которые можно использовать для осушки углекислого газа, – это

а) NaOH б) H_2SO_4 (конц.) в) P_2O_5 г) $CaCl_2$

227. Углекислый газ реагирует (по отдельности) с веществами

а) Na_2CO_3, K_3PO_4 в) Na_2SiO_3, K_2CO_3
б)Na_2SO_4, KOH г) KNO_2, NH_4Cl

228–229. Пропускание через раствор гашёной извести

228. недостатка CO_2 **229.** избытка CO_2
может привести последовательно к получению

а) $CaCO_3$ б) $(CaOH)_2CO_3$ в) CaO г) $Ca(HCO_3)_2$

230. Сумма коэффициентов в уравнении реакции

$$(CaOH)_2CO_{3(т)} + H_3PO_4 = CaHPO_4\downarrow + \ldots$$

а) 5 б) 6 в) 8 г) 9

231. При взаимодействии смеси угарного и углекислого газов с пероксидом натрия при обычных условиях продуктами будут

а) Na_2CO_3 б) $Na_2C_2O_4$ в) Na_2CO_3 , O_2 г) $Na_2C_2O_4$, O_2

232. Цинк из концентрированного раствора карбоната натрия вытесняет

а) водород б) угарный газ в) углекислый газ г) метан

233. Белый дым, выделяющийся при открывании склянки с тетрахлоридом кремния на воздухе, — это

а) Si, HCl б) SiO_2, HCl в) SiO_2, Cl_2 г) Si_3N_4, Cl_2

234. При действии на карборунд SiC расплавленного едкого натра в присутствии кислорода образуются

а) CO_2 б) SiO_2 в) Na_2CO_3 г) Na_2SiO_3

235. В уравнении реакций по схеме

$$C \xrightarrow[-Si]{SiO_2, 1300\,°C} \ldots \xrightarrow{O_2} \ldots$$

общая сумма коэффициентов равна

а) 13 б) 11 в) 9 г) 7

236. Образование водорода происходит при обработке водяным паром

а) силана б) кремнезёма в) питьевой соды г) угля

237–239. Одинакова геометрическая форма частиц

237. а) SO_4^{2-} б) NH_4^+ в) BF_4^- г) PCl_5

238. а) SCl_2O_2 б) CS_2 в) NO_3^- г) NO_2^+

239. а) NO_3^- б) PO_4^{3-} в) SO_3 г) SCl_2O

240–243. Сумма коэффициентов в уравнении протекающей (при избытке второго реагента) реакции из набора

240. $HCl + Br_2 \longrightarrow \ldots$ $Na_3PO_4 + FeI_2 \longrightarrow \ldots$

241. $MnCl_2 + KI \longrightarrow \ldots$ $NaHCO_3 + NaOH \longrightarrow \ldots$

242. $CrCl_3 + NH_3 \cdot H_2O \longrightarrow \ldots$ $FeSO_4 + NH_4Cl \longrightarrow \ldots$

243. $ZnCl_2 + HNO_3 \longrightarrow \ldots$ $NO + O_2 \longrightarrow \ldots$

а) 4 б) 5 в) 8 г) 12

244–245. Осушить влажный газ

244. диоксид углерода **245.** сероводород

можно, пропуская его через

а) $CuSO_4$ б) $CaCl_2$ в) P_2O_5 г) CaO

246–249. Пропускание влажной смеси газов

246. NH_3, CO **247.** HI, CO_2 **248.** SO_2, HCl **249.** CF_4, HBr

через концентрированную серную кислоту приводит к

а) осушению обоих газов

б) поглощению обоих газов

в) осушению первого, поглощению второго газа

г) осушению второго, поглощению первого газа

250. Влажную смесь газов $SO_2 + O_2 + NH_3 + C_2H_2$ пропустили через склянку с H_2SO_4 (конц.), затем (через склянку с гранулами NaOH; при этом не поглотились газы

а) O_2, C_2H_2 б) SO_2, NH_3 в) NH_3, C_2H_2 г) SO_2, O_2

Ответы

1. а, б, г.
2. в.
3. в.
4. б.
5. в.
6. а, в.
7. б.
8. а, б.
9. в.
10. б.
11. б, в.
12. а, в.
13. в, г.
14. б, в.
15. в, г.
16. б, г.
17. а, б.
18. в.
19. б.
20. г.
21. а.
22. б, г.
23. в.
24. в.
25. г.
26. а.
27. в.
28. г.
29. б.
30. г.
31. а, б.
32. в.
33. г.
34. в.
35. б.
36. а.
37. б.
38. б.
39. б.
40. г.
41. г.
42. г.
43. г.
44. в.
45. б.
46. а.
47. в.
48. б.
49. г.
50. в.
51. г.
52. а.
53. б.
54. в.
55. в.
56. г.
57. б.
58. а.
59. г.
60. б.
61. а.
62. в.
63. а.
64. б.
65. в.
66. г.
67. в.
68. б.
69. а, г.
70. г.
71. б.
72. г.
73. в.
74. б.
75. а.
76. б, в.
77. г.
78. в.
79. б.
80. г.
81. б.
82. г.
83. г.
84. б.
85. а.
86. в.
87. а.
88. г.
89. г.
90. в.
91. в.
92. а, г.
93. а.
94. в.
95. а.
96. б.
97. г.
98. а.
99. б.
100. б.
101. б.
102. г.
103. г.
104. а.
105. а, в, г.
106. б, г.
107. г.
108. а.
109. в.
110. б.
111. а.
112. г.
113. в.
114. в.
115. г.
116. в.
117. б.
118. а.
119. г.
120. а.
121. в.
122. б.
123. в.
124. в.
125. б.
126. а.
127. г.
128. в.
129. в, г.
130. в.
131. в, г.
132. а, б.
133. б, в.
134. б.
135. в.
136. а, б.
137. г.
138. а.
139. в.
140. а.
141. в.
142. а.
143. б.
144. г.
145. б.
146. г.
147. г.
148. а.
149. б.
150. б.
151. г.
152. в.
153. а.
154. г.
155. б.
156. а.
157. в.
158. б.
159. г.
160. а.
161. в.
162. в.
163. в.
164. б.
165. а, г.
166. а.
167. г.
168. в.
169. б.
170. г.
171. а.
172. в.
173. г.
174. в.
175. в.
176. г.
177. а.
178. в.
179. г.
180. а.
181. а.
182. в.
183. б.
184. г.
185. а.
186. б.
187. а.
188. в, г.
189. г.
190. б.
191. в.
192. а.
193. б, в.
194. г.
195. а.
196. г.
197. а, г.
198. в.
199. г.
200. б.
201. а, в.
202. б.
203. г.
204. а.
205. в.
206. г.
207. б.
208. б.
209. в.
210. а.
211. г.
212. б.
213. а.
214. в.
215. г.
216. б.
217. г.
218. в.
219. а.
220. в.
221. б.
222. а.
223. б, в.
224. а, г.
225. г.
226. б–г.
227. в.
228. б, а.
229. б, а, г.
230. г.
231. в.
232. а.
233. б.
234. в, г.
235. б.
236. а, г.
237. а–в.
238. б, г.
239. а, в, г.
240. г.
241. а.
242. в.
243. б.
244. б, в.
245. б, в.
246. б.
247. в.
248. а.
249. в.
250. а.

36. ТЕСТЫ ПО ОРГАНИЧЕСКОЙ ХИМИИ

1–6. Общая формула гомологического ряда

1. алканов **2.** алкенов **3.** циклоалканов

4. алкадиенов **5.** адкинов **6.** аренов

а) C_nH_{2n+2} б) C_nH_{2n} в) C_nH_{2n-2} г) C_nH_{2n-6}

7–9. Название радикала

7. $CH_2{=}CH{-}$ **8.** $C_6H_5{-}$ **9.** $CH_2{=}CH{-}CH_2{-}$

а) аллил б) бензил в) винил г) фенил

10–14. Структурные изомеры

10. пентана

а) 2-метилбутан в) 2,2-диметилпропан

б) 2-метилпропан г) 2,2-диметилбутан

11. бутена-1

а) бутен-2 в) 2-метилпропен

б) 2,2-диметилбутан г) 3-метилбутен-1

12. пентадиена-1,3

а) 3-метилбутен-1 в) пентадиен-1,4

б) 2,3-диметилбутадиен-1,3 г) 2-метилбутадиен-1,3

13. состава C_5H_8

а) $CH{\equiv}CCH_2CH_2CH_3$ в) $CH_3C(CH_3)_2C{\equiv}CH$

б) $CH_3\ C{\equiv}CCH_2CH_3$ г) $CH_3CH(CH_3)C{\equiv}CH$

14. этилбензола

а) 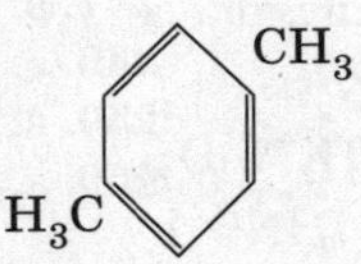

б) 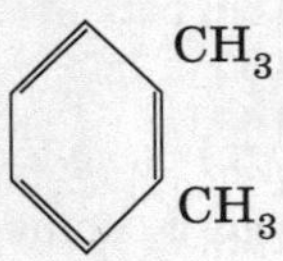

в) 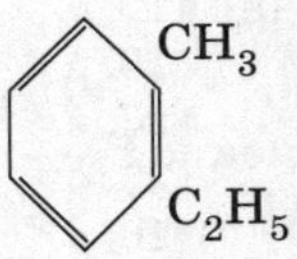

г) 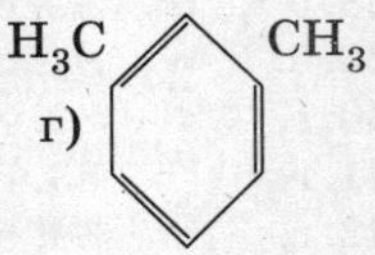

15–17. Соединение, в молекуле которого орбитали всех атомов углерода находятся в гибридизации

15. sp^3

а) пропилен б) бромэтан в) 2,2-диметилпропан г) бензол

16. sp^2

а) пропилен б) хлорвинил в) пентадиен-1,3 г) бензол

17. sp

а) бутадиен-1,3 б) пропин в) этин г) бутин-2

18. Способы получения этана — это

а) гидрирование этена в) дегидратация этанола
б) гидрирование бензола г) действие натрия на иодметан

19–21. Способы получения

19. циклогексана:

а) дегидрирование и циклизация гексана одновременно
б) гидрирование бензола
в) действие натрия на 1,6–$C_6H_{10}Cl_2$
г) циклизация ацетилена

20. ацетилена:

а) реакция CaC_2 с H_2O в) дегидрирование метана
б) реакция Na с CH_3I г) дегидрирование бутана

21. бензола::

а) дегидрирование циклогексана
б) дегидрирование и циклизация гексана одновременно
в) тримеризация ацетилена
г) действие натрия на 1,6-дихлорциклогенсан

22–24. Характерные реакции для

22. этилена:

а) присоединение брома в) полимеризация
б) «серебряного зеркала» г) окисление ($KMnO_4$)

23. ацетилена:

а) присоединение HCl в) замещение (Br_2)
б) изомеризация г) горение в кислороде

24. бензола:

а) присоединение H_2 в) окисление ($KMnO_4$)
б) полимеризация г) замещение (HNO_3)

25. В схеме $C_2H_6 \xrightarrow[-1H_2]{} A \xrightarrow{H_2O} C_2H_5OH \xrightarrow[-H_2O,\ H_2]{} Б$

вещества А и Б — это

а) C_2H_2 б) C_2H_4 в) $CH_3CH{=}CHCH_3$ г) $CH_2{=}CHCH{=}CH_2$

26. В схеме $C_2H_2 \xrightarrow{C\ (\text{активный})} A \xrightarrow{H_2} Б$
вещества А и Б – это

а) бутен-1-ин-3 б) бензол в) циклогенсен г) циклогенсан

27. В ряду превращений

$$K(CH_3COO) \xrightarrow{KOH\ (\text{тв.}),\, t} A \xrightarrow[-1HBr]{Br_2} \ldots \xrightarrow{Na} Б \xrightarrow{t,\ Ni} В$$

продукты А, Б и В – это соответственно

а) этилен б) метан в) ацетилен г) этан

28. В схеме $C_2H_6 \xrightarrow{1Br_2} A \xrightarrow{Na} C_4H_{10} \xrightarrow[-H_2]{} Б$

вещества А и Б — это

а) C_2H_5Br б) $C_2H_4Br_2$ в) $CH_2{=}CHCH_2CH_3$ г) C_2H_4

29–30. В цепочке превращений

$$\text{Метан} \xrightarrow[-1HCl]{Cl_2} A \xrightarrow{H_2O,\ KOH} Б \xrightarrow{HCl} В \xrightarrow{Na} Г$$

29. продукты А и Г **30.** продукты Б и В

а) CH_3OH б) CH_3Cl в) CH_4 г) C_2H_6

31. Продукту реакции замещения с участием метилбензола и брома можно дать названия

а) 1-бром-2-метилбензол в) 1,3,5-трибром-2-метилбензол

б) 1,3,5-трибромтолуол г) 1-бромтолуол

32–33. В цепочке превращений

$$\text{Хлорэтан} \xrightarrow{Na} A \xrightarrow{t,\ AlCl_3} Б \xrightarrow{t,\ Ni} В \xrightarrow{HCl} Г$$

32. продукты А и В **33.** продукты Б и Г
это соответственно

а) $CH_2{=}C(CH_3)_2$ в) $CH(CH_3)_3$

б) $CH_3CCl(CH_3)_2$ г) $CH_3{-}(CH_2)_2{-}CH_3$

34. Углеводород C_4H_6, который после бромирования образует 1,4-дибромбутен-2, относится к гомологическому ряду

а) алкенов б) алкинов в) алкадиенов г) аренов

35. Промежуточный и конечный продукты бромирования углеводорода бутадиен-1,3 — это

а) 3,4-дибромбутен-1 в) 3,3,4,4-тетрабромбутан

б) 1,4-дибромбутен-2 г) 1,2,3,4-тетрабромбутан

36–37. В схеме реакций

$$\text{Этен} \xrightarrow{Br_2} \text{А} \xrightarrow[-2KBr]{\text{KOH, спирт}} \text{Б} \xrightarrow{H_2O\text{ ,}HgSO_4} \text{В} \xrightarrow{H_2\text{ , Ni}} \text{Г}$$

36. продукты А и В **37.** продукты Б и Г

это соответственно

а) C_2H_5OH б) $CH_3C(H)O$ в) C_2H_2 г) $C_2H_4Br_2$

38. Бромной водой можно различить

а) этин и этен в) ацетилен и дивинил

б) этан и пропан г) гексен и циклогексан

39. В схеме $\text{Бутен -1} \xrightarrow{HBr} \text{А} \xrightarrow{\text{KOH, спирт}} \text{Б}$

вещества А и Б — это

а) 1-бромбутан б) 2-бромбутан в) бутен-2 г) бутен-1

40. В ряду превращений

$$\text{Пропен} \xrightarrow{HBr} \text{А} \xrightarrow{\text{KOH, спирт}} \text{Б} \xrightarrow{HBr} \text{В}$$

продукты А, Б и В — это соответственно

а) пропен б) пропан в) 2-бромпропен г) 2-бромпропан

41. В схеме $\text{Пропен} \xrightarrow{HI} \ldots \xrightarrow{H_2O\text{, NaOH}} \text{А} \xrightarrow{HI} \text{Б}$

продукты А и Б — это соответственно

а) $CH_3—CH_2—CH_2OH$ в) $CH_3—CHOH—CH_3$

б) $CH_3—CHI—CH_3$ г) $CH_3—CH_2—CH_2I$

42–43. В цепочке превращений

$$\text{Этен} \xrightarrow{HCl} \text{А} \xrightarrow{Na} \text{Б} \xrightarrow{t\text{, }AlCl_3} \text{В} \xrightarrow{t\text{, Ni}} \text{Г}$$

42. продукты А и В **43.** продукты Б и Г

имеют соответственно названия

а) 2-метилпропен в) бутан

б) 2-метилпропан г) хлорэтан

44. Промежуточный и конечный продукты присоединения бромоводорода к пропину называются

а) 2-бромпропен-1 в) 1-бромпропен-2

б) 2,2-дибромпропан г) 1,1-дибромпропан

45–46. Продукт присоединения к бутадиену-1,3

45. брома **46.** бромоводорода

а) 2-бромбутен-2 в) 1,4-дибромбутен-2

б) 1-бромбутен-2 г) 1,2-дибромбутен-2

47. Бромной водой можно распознать

а) этан и муравьиную кислоту в) бутадиен-1,3 и стирол

б) тетрахлорметан и циклогексан г) бензол и бромэтан

48. В цепочке превращений

$$\text{Этанол} \xrightarrow{HBr} \ldots \xrightarrow{KOH,\ \text{спирт}} A \xrightarrow{H_2,\ Ni} Б$$

продукты А и Б —это соответственно

а) этан б) 1,2-дибромэтан в) диэтиловый эфир г) этилен

49. В схеме $\text{Этанол} \xrightarrow{H_2SO_4,\ >140\ ^\circ C} A \xrightarrow{Br_2} Б \xrightarrow{Zn} В$

продукты А, Б и В — это соответственно

а) C_2H_2 б) $C_2H_4Br_2$ в) C_2H_4 г) C_2H_5Br

50. Продукт нитрирования толуола — это

а) нитробензол в) 1-метил-2,4-динитробензол

б) нитротолуол г) 1-метил-2,4,6-тринитробензол

51. Сумма коэффициентов перед формулами указанных продуктов в уравнениях реакций

$C_2H_4 + KMnO_4 + H_2O \longrightarrow CH_2OH\text{—}CH_2OH + \ldots$

$C_2H_2 + KMnO_4 + H_2O \longrightarrow COOH\text{—}COOH + \ldots$

$C_6H_5CH_3 + KMnO_4 \longrightarrow C_6H_5COOH + \ldots$

а) 3 б) 5 в) 7 г) 9

52. Этилен и ацетилен можно распознать

а) водным раствором $KMnO_4$ в) аммиачным раствором Ag_2O

б) спиртовым раствором KOH г) водным раствором NaOH

53. Бензол и стирол можно распознать

а) раствором NaOH
б) нитрующей смесью
в) раствором $AgNO_3$
г) раствором $KMnO_4$

54. В схеме $CaC_2 \xrightarrow{H_2O} A \xrightarrow{C\ (\text{активный})} Б$
вещества А и Б — это

а) этилен б) этин в) бензол г) метилбензол

55. В ряду превращений

$$Al_4C_3 \xrightarrow{H_2O} A \xrightarrow{1500\ ^\circ C} Б \xrightarrow{C\ (\text{активный})} \ldots \xrightarrow{CH_3Cl,\ AlCl_3} В$$

продукты А, Б и В — это соответственно

а) толуол б) хлорбензол в) ацетилен г) метан

56. Углеводород, который обесцвечивает бромную воду, легко полимеризуется, присоединяет водород и при взаимодействии с бромоводородом образует бромэтан, — это

а) этилен б) ацетилен в) этан г) пропилен

57. Вещество состава C_5H_{10}, дающее при каталитическом гидрировании 2-метилбутан и образующее с хлороводородом соединение, гидролиз которого приводит к вторичному спирту, — это

а) 3-метилбутен-1
б) 2-метилбутен-1
в) 2-метилбутен-2
г) пентен-1

58. Газ, немного легче воздуха, 1 моль которого присоединяет 2 моль водорода, после гидратации дает реакцию «серебряного зеркала», при тримеризации переходит в ароматическое вещество, — это

а) этин б) этен в) этан г) пропин

59–65. Указанные соединения

59. изопропанол и пропанол
60. метиловый спирт и этанол
61. *транс*-бутен-2 и *цис*-бутен-2
62. этановая и уксусная кислоты
63. гексан и пентан
64. циклобутан и бутен-2
65. циклогексан и 2-метилпентен-1

а) гомологи
б) структурные изомеры
в) геометрические изомеры
г) одно и то же вещество

66–71. Функциональная группа

66. спиртов и фенолов: а) OH б) NO_2 в) CO г) COOH

67. альдегидов **68.** кетонов **69.** карбоновых кислот

а) NO_2 б) C(H)O в) COOH г) CO

70. нитросоединений **71.** аминов

а) C═NH б) NH_2 в) NO_2 г) O—NO_2

72. Функциональные группы фруктозы — это

а) —OH б)—C(H)O в) —CO г) —COOH

73–75. Правильное название вещества

73. $(CH)_3C$—OH

а) 3-метилметанол-1 в) 2,2-диметилэтанол-1

б) 2-метилпропанол-2 г) 1,2,3-триметилбутанол-2

74. $CH(CH_3)_2$—C(H)O

а) изопропилэтаналь в) 2-метилпропаналь

б) диметилэтаналь г) 1,2-диметилбутаналь

75. $CH_3COOCH_2CH_3$

а) метилацетат в) метилформиат

б) этилацетат г) этилформиат

76. Правильное название кислоты с формулой

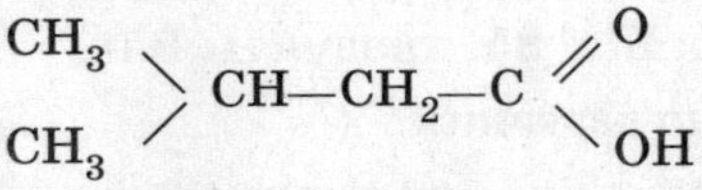

а) 3-метилбутановая в) 1,1-диметилпропановая

б) изобутановая г) изоэтановая

77. Для пентаналя структурными изомерами будут

а) 2-метилбутаналь в) 2,2-диметилпропаналь

б) 3-метилбутаналь г) 2-метилпентаналь

78. Для пентановой кислоты структурными изомерами будут кислоты

а) 2-метилбутановая в) 2-метилпропановая

б) 3-метилбутановая г) 2,2-диметилпропановая

79. Для состава $C_4H_8O_2$ названия структурных изомеров класса сложных эфиров — это

а) пропилформиат в) этилацетат

б) диэтиловый эфир г) метилпропионат

80–81. В схеме реакций

80. $C_2H_6 \xrightarrow[-1H_2]{} A \xrightarrow{H_2O} Б$

81. $A \xrightarrow{H_2O} Б \xrightarrow{HCl} C_2H_5Cl$

вещества А и Б — это

а) этилен б) ацетилен в) метанол г) этанол

82–83. В схеме превращений

$$\text{Метанол} \xrightarrow{HBr} A \xrightarrow{Na} Б \xrightarrow[-1HBr]{Br_2} В \xrightarrow{KOH,\ \text{спирт}} Г$$

82. продукты А и В **83.** продукты Б и Г

имеют соответственно названия

а) этилен б) этан в) бромэтан г) бромметан

84–85. В цепочке переходов

$$CO + 2H_2 \xrightarrow{\text{кат.}} A \xrightarrow{HCl} Б \xrightarrow{Na} В \xrightarrow[-1HCl]{Cl_2} Г$$

84. продукты А и Б **85.** продукты В и Г

имеют соответственно названия

а) хлорэтан б) этан в) хлорметан г) метанол

86. Жидкость, плохо смешивающаяся с водой и хорошо — с полярными органическими растворителями, выделяющая газ при внесении натрия и образующая бутен-2 при дегидратации, — это

а) бутанол-1 в) диэтиловый эфир

б) бутанол-2 г) 2-метилпропанол-2

87. Простой эфир в лаборатории получают

а) внутримолекулярной дегидратацией бутанола-2

б) межмолекулярной дегидратацией пропанола

в) этерификацией метановой кислоты этанолом

г) окислением бутаналя с помощью Ag_2O в растворе NH_3

88. Для распознавания фенола используют

а) индикатор и раствор щелочи
в) свежеосажденный $Cu(OH)_2$
б) бромную воду
г) аммиачный раствор Ag_2O

89. Твердое вещество с низкой температурой плавления, реагирующее со щелочами, обесцвечивающее бромную воду и синтезируемое в промышленности окислением 2-фенилпропана (кумола), — это

а) фенол б) глюкоза в) бензойная кислота г) ацетат калия

90–91. Вещества А и Б в схеме реакций

90. $C_6H_6 \xrightarrow{Cl_2} А \xrightarrow{NaOH} Б$

91. $А \xrightarrow[-NaBr]{NaOH} Б \xrightarrow{Br_2}$ 2,4,6-трибромфенол

а) бензол б) фенол в) хлорбензол г) бромбензол

92. Фенол и бензол можно распознать

а) раствором $KMnO_4$
в) этанолом
б) ацетальдегидом
г) бромной водой

93–96. В уравнении реакции

93. окисления этанола оксидом меди(II)

94. бромирования фенола

95. межмолекулярной дегидратации этанола

96. нитрования фенола

сумма коэффициентов равна

а) 4 б) 5 в) 7 г) 8

97. Способы получения этиленгликоля – это

а) окисление этилена
в) действие щелочи на 1,2-$C_2H_4Cl_2$
б) гидратация этилена
г) гидратация ацетилена

98. Этанол и глицерин можно различить взаимодействием с

а) водородом
в) соляной кислотой
б) гидроксидом меди(II)
г) бромной водой

99–100. Способы получения

99. метаналя:

а) нитрирование метана
в) окисление метанола
б) окисление метана
г) восстановление метанола

100. этаналя:

а) гидратация этина в) окисление этена

б) окисление этана г) окисление этанола

101. Вещества А и Б в схеме

$$CH_3Cl \xrightarrow{H_2O} А \xrightarrow{CuO} Б$$

а) этаналь б) этанол в) метаналь г) метанол

102–103. В цепочке превращений

$$\text{Этаналь} \xrightarrow{H_2,\ Ni} А \xrightarrow{H_2SO_4,\ >140\ °C} Б \xrightarrow{HCl} В \xrightarrow{Na} Г$$

102. продукты А и В **103.** продукты Б и Г

имеют соответственно названия

а) хлорэтан б) бутан в) этанол г) этилен

104. В схеме $\text{Этаналь} \xrightarrow{[O]} А \xrightarrow{NaOH,\ H_2O} Б \xrightarrow{NaOH(тв.),\ t} В$

продукты А, Б и В — это соответственно

а) метан б) метанол в) метановая кислота г) ацетат натрия

105. Органическое вещество — продукт гидратации ацетилена, которое вступает в реакцию «серебряного зеркала», а при восстановлении образует этанол, — это

а) ацетальдегид б) уксусная кислота в) пропан г) ацетон

106. В цепочке превращений

$$CH_3COOH \xrightarrow{NaOH,\ H_2O} \ldots \xrightarrow{NaOH(тв.),\ t} А \xrightarrow[-1HCl]{Cl_2} Б$$

продукты А и Б — это соответственно

а) хлорметан б) хлорэтан в) метан г) этан

107–109. Действием указанных реактивов можно различить

107. ацетальдегид и ацетон

а) бром в) соляная кислота

б) аммиачный раствор Ag_2O г) раствор щелочи

108. пропионовый альдегид и диметилкетон

а) лакмус в) аммиачный раствор Ag_2O

б) соляная кислота г) ацетат натрия

109. уксусный альдегид и метилэтилкетон

а) водород на катализаторе в) известковая вода

б) аммиачный раствор Ag_2O г) перманганат калия

110–111. В ряду переходов

$$\text{Хлорэтан} \xrightarrow{\text{KOH, спирт}} \text{А} \xrightarrow{H_2O\ ,H_2SO_4} \text{Б} \xrightarrow{CuO} \text{В} \xrightarrow{O_2,\ \text{кат.}} \text{Г}$$

110. продукты А и В **111.** продукты Б и Г

а) этаналь б) этановая кислота в) этанол г) этен

112. Органическое соединение с характерным запахом, которое изменяет окраску лакмуса, реагирует с цинком, выделяя водород, вступает в реакцию «серебряного зеркала», — это

а) уксусная кислота в) ацетальдегид

б) муравьиная кислота г) формальдегид

113. Общая сумма коэффициентов в уравнениях реакций

$C_2H_5OH + H_2O_2 \longrightarrow CH_3C(H)O + \ldots$

$CH_3C(H)O + Cu(OH)_2 \longrightarrow CH_3COOH + Cu_2O + \ldots$

$HCOOH + Ag_2O \longrightarrow CO_2 + \ldots$

а) 10 б) 14 в) 18 г) 22

114. Органическое соединение, которое в реакции с содой выделяет углекислый газ, изменяет окраску лакмуса и получается окислением продукта гидратации ацетилена, — это

а) ацетальдегид в) муравьиная кислота

б) уксусная кислота г) этилен

115–116. Можно использовать для распознавания

115. формальдегида **116.** муравьиной кислоты

а) индикатор и раствор щелочи в) свежеосажденный $Cu(OH)_2$

б) бромную воду г) аммиачный раствор Ag_2O

117. В реакционной схеме

$$\text{Бензол} \xrightarrow{CH_3Cl,\ AlCl_3} \text{А} \xrightarrow{[O]} \ldots \xrightarrow{NaOH,\ H_2O} \text{Б}$$

продукты А и Б — это соответственно

а) фенилметанол в) хлорбензол

б) бензоат натрия г) метилбензол

118. В схеме $HCOOH \xrightarrow{H_2SO_4} A \xrightarrow{C_2H_5OH} Б$

вещества А и Б — это соответственно

а) метилформиат в) метановая кислота

б) этилформиат г) этановая кислота

119. Жидкость, выделяющая газ при добавлении натрия, не дающая реакции «серебряного зеркала», образующая сложный эфир при нагревании с этановой кислотой, — это

а) $CH_3C(H)O$ в) CH_3CH_2OH

б) $CH_3C(O)CH_3$ г) $CH_3CH_2CH_3$

120–123. Сумма коэффициентов в уравнении реакции

120. пропаналь + хлор $\longrightarrow$...

121. этановая кислота + хлор $\longrightarrow$ ...

122. ацетальдегид + $Ag_2O \longrightarrow$ ...

123. метановая кислота + $Ag_2O \longrightarrow$ ...

а) 4 б) 5 в) 6 г) 7

124–125. Вещества А и Б в схеме реакций

124. Метанол $\xrightarrow{CuO} A \xrightarrow{Ag_2O,\ раствор\ NH_3} Б$

125. $A \xrightarrow{Ag_2O,\ раствор\ NH_3} Б \xrightarrow{CH_3OH}$ Метилформиат

а) ацетальдегид в) метановая кислота

б) формальдегид г) этановая кислота

126. В реакцию «серебряного зеркала» вступают (по отдельности) оба вещества набора

а) уксусная кислота, пропанол в) ацетилен, этиленгликоль

б) глюкоза, формальдегид г) глицерин, этилацетат

127. Вещество, выделяющее газ при добавлении натрия, образующее алкен при сильном нагревании с серной кислотой и получающееся при брожении глюкозы, — это

а) C_2H_5OH б) CH_3COOH в) $(C_2H_5)_2O$ г) $CH_3COOC_2H_5$

128. В схеме превращений

$$CO + H_2O \xrightarrow{фотосинтез} \ldots \xrightarrow[-CO_2]{брожение} A \xrightarrow{H_2SO_4,\ >140\ °C} Б$$

продукты А и Б — это соответственно

а) метилпропиловый эфир в) пропанол-1

б) диэтиловый эфир г) этанол

129. Продукты А, Б и В в схеме реакций

$$CO + H_2O \xrightarrow{\text{фотосинтез}} А \xrightarrow[-CO_2]{\text{брожение}} Б \xrightarrow{HCOOH} В$$

а) этанол в) пропановая кислота

б) глюкоза г) этилформиат

130. Для распознавания в растворе (по отдельности) глицерина, уксусной кислоты, ацетальдегида и глюкозы подходит один и тот же реактив, — это

а) NaOH в) H_2SO_4 (конц.)

б) $Cu(OH)_2$ г) Ag_2O в растворе NH_3

131. При гидролизе сахарозы образуются

а) глюкоза б) крахмал в) целлюлоза г) фруктоза

132. Гидролизу подвергаются все вещества в наборе

а) этилен, сахароза, метилацетат

б) этилацетат, сахароза, глюкоза

в) изопропилацетат, сахароза, тристеаринглицерид

г) пропионовая кислота, целлюлоза, метилацетат

133. Продукты А, Б и В в схеме реакций

$$\begin{matrix} CH_2Cl \\ | \\ CH_2Cl \end{matrix} \xrightarrow[-2KCl]{KOH,\ \text{спирт}} А \xrightarrow{C\ (\text{акт.})} Б \xrightarrow{HNO_3} В$$

а) бензол б) нитробензол в) хлорэтилен г) ацетилен

134. В цепочке превращений

$$\text{Бензол} \xrightarrow{HNO_3} \ldots \xrightarrow{H^0} \ldots \longrightarrow \begin{cases} \xrightarrow{HNO_3\ (\text{разб.})} А \\ \xrightarrow{HNO_3\ (\text{конц.})} Б \end{cases}$$

продукты А и Б — это соответственно

а) $(C_6H_5NH_3)NO_3$ в) $C_6H_5NO_2$

б) $NH_2C_6H_4NO_2$ г) $C_6H_5NH_2$

135–136. Вещества А и Б в схеме реакций

135. $C_6H_6 \xrightarrow{HNO_3} А \xrightarrow{H^0} Б$

136. $А \xrightarrow{H^0} Б \xrightarrow{HCl}$ Хлорид анилиния

а) нитробензол
б) нитротолуол
в) аминобензол
г) аминотолуол

137. Соединение, которое реагирует с хлороводородом, образуя соль, вступает в реакции замещения и получается восстановлением продукта нитрования бензола, — это

а) анилин б) нитробензол в) фенол г) метиламин

138–141. Конечные продукты гидролиза

138. жира
139. крахмала
140. сахарозы
141. белка

а) глюкоза
б) глюкоза и фруктоза
в) аминокислоты
г) глицерин и карбоновые кислоты

142. Вещество с низкой температурой плавления, дает цветную реакцию с хлоридом железа(III), обесцвечивает бромную воду, вступает в реакцию поликонденсации с формальдегидом и получается окислением изопропилбензола (кумола), — это

а) бензол б) фенол в) анилин г) этанол

143. Соединение, которое реагирует со щелочью, вступает в реакции замещения, образует осадок при добавлении бромной воды и получается гидролизом продукта хлорирования бензола,—это

а) хлорбензол
б) фенол
в) анилин
г) 2,4,6-тринитрофенол

144. Соединение с межмолекулярными водородными связями, которое в реакции с натрием выделяет водород и при сильном нагревании с серной кислотой переходит в алкен, — это

а) этанол
б) уксусная кислота
в) диэтиловый эфир
г) этилацетат

Беке́тов Николай Николаевич (1827–1911). Русский физикохимик.

Беккере́ль (Becquerel) Антуан-Анри (1852–1908). Французский физик и радиохимик. Нобелевская премия 1903 г.

Бе́ргман (Bergman) Турберн-Улаф (1735–1784). Шведский химик, физик и минералог.

Бертолле́ (Berthollet) Клод-Луи (1748–1822). Французский химик.

Берце́лиус (Berzelius) Йёнс-Якоб — (1779–1848). Шведский химик и минералог.

Бе́ссемер (Bessemer) Хенри (1813–1898). Английский металлург, изобретатель и инженер.

Бёттгер (Böttger) Иоганн-Фридрих (1682–1719). Немецкий алхимик, создатель саксонского фарфора.

Бирингу́ччо (Biringuccio) Ванноччо (1480–1539). Итальянский алхимик и металлург.

Бойль (Boyle) Роберт (1627–1691). Ирландский физик и химик.

Бо́льцман (Boltzmann) Людвиг (1844–1906). Австрийский физик-теоретик.

Бо́льштедт *см.* Альберт Великий

Бо́мбаст фон Хо́энхайм *см.* Парацельс

Бор (Bohr) Нильс-Хедрик-Давид (1885–1962). Датский физик-теоретик. Нобелевская премия 1922 г.

Бранд (Brand) Хенниг (1625–1692). Немецкий алхимик.

Брандт (Brandt) Георг (1694–1768). Шведский химик и минералог.

Брёнстед (Brønstedt) Йоханнес-Николаус (1879–1947). Датский физикохимик.

Бройль (Broglie) Луи-Виктор де- (1892–1987). Французский физик-теоретик. Нобелевская премия 1929 г.

Бу́нзен (Bunsen) Роберт-Вильгельм (1811–1899). Немецкий химик и физик.

Бу́тлеров Александр Михайлович (1828–1886). Русский химик.

Бэ́кон (Bacon) Роджер (1214–1292/94). Английский алхимик, математик, физик, астроном, философ и теолог; выдающийся ученый средневековья.

Бюсси́ (Bussy) Антуан (1794–1882). Французский химик.

Ва́аге *см.* Воге

Ван-ден-Брук (Van den Broek) Антониус (1870–1926). Голландский физик и юрист.

Ван-дер-Ва́альс (Van der Waals) Иоханнес-Дидерик (1837–1923). Голландский физик-теоретик. Нобелевская премия 1910 г.

Вант-Гофф (Van't Hoff) Якобус-Хенрикус (1852–1911). Голландский химик. Нобелевская премия 1901 г.

Васи́лий Валенти́н (Basilius Valentinus, XIV–XV вв.). Немецкий алхимик. Приписываемые ему сочинения опубликованы в 1599–1602 гг., возможно, написаны несколькими авторами не ранее 2-й половины XVI в.

Вёлер (Wöhler) Фридрих (1800–1882). Немецкий химик.

Ве́нцель (Wenzel) Карл-Фридрих (1740–1793). Немецкий химик.

Ве́рнер (Werner) Альфред (1866–1919). Швейцарский химик. Нобелевская премия 1913 г.

Ви́нклер (Winkler) Клеменс-Александер (1838–1904). Немецкий химик.

Виногра́дов Дмитрий Иванович (1720? –1758). Русский химик, создатель русского фарфора.

Во́ге (Waage) Петер (1833–1900). Норвежский физикохимик и минералог.

Вокле́н (Vauquelin) Никола-Луи (1763–1829). Французский химик.

Ву́лластон (Wollaston) Уилльям-Хайд (1766–1828). Английский химик, физик и врач.

Вюрц (Wurtz) Шарль-Адольф (1817–1884). Французский химик.

Гадоли́н (Gadolin) Юхан (1760–1852). Финский химик.

Ган (Gahn) Юхан-Готтлиб (1745–1818). Шведский химик и минералог.

Ге́бер (Geber), собств. Джаби́р ибн-Хайя́н (721–815). Арабский алхимик и медик. Приписываемые ему сочинения на латинском языке созданы, по-видимому, позднее разными авторами с условным именем «псевдо-Гебер» (XIII–XIV вв.).

Ге́йзенберг *см.* Хайзенберг

Гей-Люсса́к (Gay-Lussac) Луи-Жозеф (1778–1850). Французский физик и химик.

Ге́нкель (Henckel) Иоганн-Фридрих (1679–1744). Немецкий минералог, металлург и химик.

Гесс Герман Иванович (1802–1850). Русский термохимик.

Гиббс (Gibbs) Джосайя-Уиллард (1839–1903). Американский физикохимик.

Гла́убер (Glauber) Иоганн-Рудольф (1604–1670). Немецкий химик, врач и фармацевт.

Гме́лин (Gmelin) Кристиан-Готтлиб (1792–1860). Немецкий химик.

Гу́лльберг [Гу́льдберг] (Guldberg) Като-Максимилиан (1836–1902). Норвежский физикохимик и математик.

Гунд *см.* Хунд

Да́льтон (Dalton) Джон (1766–1844). Английский химик и физик.

Деба́й (Debye) Питер-Йозеф-Вилхелм (1884–1966). Голландский физик и химик. Нобелевская премия 1936 г.

Джаби́р ибн-Хайя́н *см.* Гебер

Дью́ар (Dewar) Джеймс (1842–1923). Шотландский физик и химик.

Дэ́ви (Davy) Хамфри (1778–1829). Английский химик и физик.

Дюаме́ль-де-Монсо (Duhamel de Monceau) Анри-Луи (1700–1781). Французский химик, физик, инженер, ботаник и врач.

Жансе́н (Janssen) Пьер-Жюль-Сезар (1824–1907). Французский астроном и физик-спектроскопист.

Жолио́ [Жолио́-Кюри́] (Joliot) Фредерик (1900–1958). Французский физик и радиохимик. Нобелевская премия 1935 г.

Жолио́-Кюри́ (Joliot-Curie) Ирен (1897–1956). Французский физик и радиохимик. Нобелевская премия 1935 г.

Зи́нин Николай Николаевич (1812–1880). Русский химик.

Каблуко́в Иван Алексеевич (1857–1942). Русский физикохимик.

Ка́вендиш (Cavendish) Хенри (1731–1810). Английский химик и физик.

Канницца́ро (Cannizzaro) Станислао (1826–1910). Итальянский химик.

Кваре́нья-и-Чере́тто *см.* Авогадро

Ке́куле (Kekule), собств. Фридрих-Август Кекуле-фон-Штрадониц (1829–1896). Немецкий химик.

Ке́львин (Kelvin) лорд, собств. Уилльям То́мсон (1824–1907). Английский физик и физикохимик.

Ке́сом [Ке́(е)зом] (Keesom) Виллем-Хендрик (1876–1956). Голландский физик.

Ки́рхгофф (Kirchhoff) Густав-Роберт (1824–1887). Немецкий физик и химик-спектроскопист.

Кистяко́вский Владимир Александрович (1865–1952). Русский физикохимик.

Кла́прот (Klaproth) Мартин-Генрих (1743–1817). Немецкий химик и минералог.

Кларк (Clark) Франк-Уиглсуорт (1847–1931). Американский геохимик.

Кла́узиус (Clausius) Рудольф-Юлиус-Эмануэль (1822–1888). Немецкий физик-теоретик.

Кла́ус Карл Карлович (1796–1864). Русский химик.

Ко́мптон (Compton) Артур-Холли (1892–1962). Американский физик. Нобелевская премия 1927 г.

Ко́стер (Koster) Дирк (1889–1950). Голландский физик-спектроскопист.

Кро́нстедт (Cronstedt) Аксель-Фредрик (1722–1765). Датский химик, минералог и геолог.

Кро́форд (Crawford) Адер (1748–1795). Английский химик.

Кру́икшенк *см.* Крукшанк

Крукс (Crookes) Уилльям (1832–1919). Английский физик-спектроскопист и химик.

Кру́кшанк (Cruikshank) Уилльям (1745–1810). Английский химик.

Ку́нкель (Kunkel) Иоганн (1630/38–1703). Немецкий алхимик.

Курнако́в Николай Семёнович (1860–1941). Русский химик.

Куртуа́ (Courtois) Бернар (1777–1838). Французский химик и фармацевт.

Курча́тов Игорь Васильевич (1903–1960). Русский физик-ядерщик.

Ку́черов Михаил Григорьевич (1850–1911). Русский химик.

Кюри́ И. *см.* Жолио-Кюри

Кюри́ М. *см.* Склодовская-Кюри

Кюри́ (Curie) Пьер (1859–1906). Французский физик и химик. Нобелевская премия 1903 г.

Лабарра́к (Labarraque) Антуан-Жермен (1777–1850). Французский фармацевт и химик.

Лавуазье́ (Lavoisier) Антуан-Лоран де- (1743–1794). Французский химик, основоположник классической химии.

Ла́ури (Lowry) Томас-Мартин (1874–1936). Английский химик.

Ле́бедев Сергей Васильевич (1874–1934). Русский химик.

Лебла́н (Leblanc) Никола (1742–1806). Французский химик-технолог.

Леко́к-де-Буабодра́н (Lecoq de Boisbaudran) Франсуа, собств. имя Поль-Эмиль (1838–1912). Французский химик.

Ле-Шателье́ (Le Chatelier) Анри-Луи (1850–1936). Французский физикохимик и металловед.

Либа́вий (Libavius) Андреас (1540/50–1616). Немецкий химик и врач.

Ли́бих (Liebig) Юстус фон- (1803–1873). Немецкий химик.

Ло́кьер (Lockyer) Джозеф-Норман (1836–1920). Английский астроном.

Ломоно́сов Михаил Васильевич (1711–1765). Русский ученый-энциклопедист — математик, физик, химик, минералог, геолог, металлург, инженер-технолог, астроном, экономист, филолог, поэт, художник и историк.

Ло́ндон (London) Фриц (1900–1954). Немецкий физик-теоретик.

Ло́уренс (Lawrence) Эрнест-Орландо (1901–1958). Американский физик. Нобелевская премия 1939 г.

Лью́ис (Lewis) Гилберт-Ньютон (1875–1946). Американский физикохимик.

Ма́йтнер (Meitner) Лизе (1878–1968). Австрийский физик и радиохимик.

Ма́рггpаф (Marggraf) Андреас-Зигисмунд (1709–1782). Немецкий химик и металлург.

Марко́вников Владимир Васильевич (1837–1904). Русский химик.

Марте́н (Martin) Пьер (1824–1915). Французский металлург и промышленник.

Ме́йер (Meyer) Лотар-Юлиус (1830–1895). Немецкий химик.

Ме́йтнер *см.* Майтнер

Менделе́ев Дмитрий Иванович (1834–1907). Русский ученый-энциклопедист — химик, физик, гидродинамик, минералог, геолог, инженер-технолог, астроном, метеоролог, агроном, метролог, экономист, педагог и просветитель.

Мо́зли (Moseley) Хенри-Гуин-Джеффрис (1887–1915). Английский физик.

Мо́ос (Moohs) Фридрих (1773–1839). Австрийский и немецкий минералог.

Мор (Mohr) Карл-Фридрих (1806–1879). Немецкий химик, фармацевт.

Мо́сандер (Mosander) Карл-Густав (1797–1858). Шведский химик.

Муасса́н (Moissan) Анри (1852–1907). Французский химик и фармацевт. Нобелевская премия 1906 г.

Мю́ллер-фон-Ра́йхенштайн (Müller von Reichenstein) Ференц-Йожеф (1740–1825). Венгерский минералог и горный инженер.

Нернст (Nernst) Вальтер-Фридрих-Герман (1864–1941). Немецкий физик и химик. Нобелевская премия 1920 г.

Ни́льсон (Nilson) Ларс-Фредрик (1840–1899). Шведский химик.

Но́бель (Nobel) Альфред-Бернхард (1833–1896). Шведский инженер, химик, изобретатель и промышленник. Основатель фонда международных Нобелевских премий по химии, физике, физиологии и медицине, литературе и за деятельность по укреплению мира, присуждаемых ежегодно с 1901 г.

Но́ддак (Noddack) Вальтер-Карл-Фридрих (1893–1960). Немецкий физикохимик.

Но́ддак И. *см.* Такке-Ноддак

О́ствальд (Ostwald) Вильгельм-Фридрих (1853–1932). Немецкий физикохимик и философ. Нобелевская премия 1909 г.

Параце́льс (Paracelsus), собств. Филипп-Ауреоль-Теофраст Бо́мбаст-фон-Хо́энхайм (1493–1541). Швейцарский алхимик и врач.

Па́ули (Pauli) Вольфганг (1900–1958). Швейцарский физик-теоретик. Нобелевская премия 1945 г.

Писаржéвский Лев Владимирович (1874–1938). Русский химик.

Планк (Planck) Макс-Карл-Эрнст-Людвиг (1858–1947). Немецкий физик-теоретик. Нобелевская премия 1918 г.

По́линг (Pauling) Лайнус-Карл (1901–1994). Американский химик, физик, биохимик, генетик, иммунолог, общественный деятель. Нобелевские премии 1954 и 1962 гг.

Потт (Pott) Иоганнес-Генрих (1692–1777). Немецкий химик.

При́стли (Priestley) Джозеф (1733–1804). Английский химик, филолог и богослов.

Пруст (Proust) Жозеф-Луи (1754–1826). Французский химик и фармацевт.

Райх (Reich) Фердинанд (1799–1882). Немецкий физик-спектроскопист и минералог.

Рамза́й (Ramsay) Уилльям (1852–1916). Английский химик и физик. Нобелевская премия 1904 г.

Ре́зерфорд (Rutherford) Даниел (1749–1819). Шотландский химик, ботаник и врач.

Ре́зерфорд (Rutherford) Эрнест (1871–1937). Английский физик и радиохимик. Нобелевская премия 1908 г.

Ри́хтер Виктор Юльевич (1842–1891). Русский химик.

Ри́хтер (Richter) Еремиас-Беньямин (1762–1807). Немецкий химик.

Ри́хтер (Richter) Хиронимус-Теодор (1824–1898). Немецкий химик.

Рэ́лей (Rayleigh) лорд, собств. Джон-Уилльям Стретт (1842–1919). Английский физик. Нобелевская премия 1904 г.

Сегре́ (Segrè) Эмилио-Джино (1905–1989). Итальянский физик-экспериментатор. Нобелевская премия 1959 г.

Семёнов Николай Николаевич (1896–1986). Русский физик и химик. Нобелевская премия 1956 г.

Сент-Клер-Девилль (Sainte-Claire Deville) Анри-Этьенн (1818–1881). Французский химик и инженер.

Сёренсен (Sørensen) Сёрен-Петер-Лауритс (1868–1939). Датский физикохимик и биохимик.

Се́фстрём (Sefström) Нильс-Габриель (1787–1845). Шведский химик и минералог.

Си́боргг (Seaborg) Гленн-Теодор (1912–1999). Американский радиохимик и физик. Нобелевская премия 1951 г.

Си́джвик (Sidgwick) Невил-Винсент (1873–1952). Английский химик.

Склодо́вская-Кюри́ (Sklodowska-Curie) Мария (1867–1934). Польский и французский радиохимик и физик. Нобелевские премии 1903 и 1911 гг.

Со́дди (Soddy) Фредерик (1877–1956). Английский радиохимик и физик. Нобелевская премия 1921 г.

Сольве́ (Solvay) Эрнест-Гастон (1838–1922). Бельгийский химик-технолог, промышленник и филантроп.

Стретт *см.* Рэлей

Та́кке-Но́ддак (Tacke-Noddack) Ида (1896–1978). Немецкий физикохимик.

Тена́р (Thenard) Луи-Жак (1777–1857). Французский химик.

Те́ннант (Tennant) Смитсон (1761–1815). Английский химик.

То́мас (Thomas) Сидни-Джилкрист (1850–1885). Английский металлург.

То́мсон (Thomson) Джозеф-Джон (1856–1940). Английский физик. Нобелевская премия 1906 г.

То́мсон У. *см.* Кельвин

Тра́верс (Travers) Моррис-Уилльям (1872–1961). Английский химик.

Ульо́а (Ulloa) Антонио де- (1716–1795). Испанский математик и путешественник.

Уо́лластон *см.* Вулластон

Фараде́й (Faraday) Майкл (1791–1867). Английский физик и химик.

Фе́рми (Fermi) Энрико (1901–1954). Итальянский физик. Нобелевская премия 1938 г.

Фе́рсман Александр Евгеньевич (1883–1945). Русский геохимик и минералог.

Флёров Георгий Николаевич (1913–1990). Русский физик-ядерщик и химик.

Фра́нкленд (Frankland) Эдуард (1825–1899). Английский химик.

Ха́йзенберг (Heisenberg) Вернер-Карл (1901–1976). Немецкий физик-теоретик. Нобелевская премия 1932 г.

Ха́тчетт (Hatchett) Чарлз (1765–1847). Английский химик.

Хе́веши (Hevesy) Йожеф-Дьёрдь (1885–1966). Венгерский радиохимик и физик. Нобелевская премия 1943 г.

Холл (Hall) Чарлз-Мартин (1863–1914). Американский химик и инженер.

Хунд (Hund) Фридрих (род. 1896). Немецкий физик-теоретик.

Че́двик (Chadwick) Джеймс (1891–1974). Английский физик. Нобелевская премия 1935 г.

Чуга́ев Лев Александрович (1873–1922). Русский химик.

Шапта́ль (Chaptal) Жан-Антуан-Клод, граф де-Шантелу́ (1756–1832). Французский химик, инженер-технолог, врач и политический деятель.

Ше́еле (Scheele) Карл-Вильхельм (1742–1786). Шведский химик и фармацевт.

Шрёдингер (Schrödinger) Эрвин (1887–1961). Австрийский физик-теоретик. Нобелевская премия 1933 г.

Шрёттер (Schrötter) Антон (1802–1875). Австрийский химик.

Штро́мейер (Stromeyer) Фридрих (1776–1835). Немецкий химик.

Эйнште́йн (Einstein) Альберт (1879–1955). Немецкий физик-теоретик, основатель современной физики. Нобелевская премия 1921 г.

Э́кеберг (Ekeberg) Андерс-Густав (1767–1813). Шведский химик и минералог.

Э́рленмейер (Erlenmeyer) Рихард-Аугуст-Карл-Эмиль (1825–1909). Немецкий химик.

Э́рстед (Oersted) Ханс-Кристиан (1777–1851). Датский физик.

Эру́ (Héroult) Поль-Луи-Туссен (1863–1914). Французский металлург.

2. РАСЧЕТНЫЕ УРАВНЕНИЯ

1. Для некоторого элемента:

$$A_r = \frac{m_a}{m_u} \qquad \text{(см. 1.1)}$$

2. Для многоэлементного вещества:

$$M_\text{r}(A_aB_bC_c) = aA_\text{r}(A) + bA_\text{r}(B) + cA_\text{r}(C) \qquad \text{(см. 4.2)}$$

3. Для вещества с общей формулой В:

$$n_\text{B} = \frac{N_\text{B}}{N_\text{A}} \ [\text{моль}] \qquad \text{(см. 4.3)}$$

4. Для вещества В:

$$M_\text{B} = \frac{m_\text{B}}{n_\text{B}} \left[\frac{\text{г}}{\text{моль}}\right] \qquad \text{(см. 4.3)}$$

5. Для некоторого газа В:

$$V_\text{M} = \frac{V_\text{B}}{n_\text{B}} \left[\frac{\text{л}}{\text{моль}}\right] \qquad \text{(см. 4.4)}$$

6. Для некоторого газа В:

а) $M_\text{B} = 2D(\text{H}_2) \left[\frac{\text{г}}{\text{моль}}\right]$ (см.4.5)

б) $M_\text{B} = 29D_\text{возд} \left[\frac{\text{г}}{\text{моль}}\right]$ (см. 4.5)

7. Для двухэлементного вещества A_aB_b:

а) $w_\text{A} = \frac{m_\text{A}}{m_\text{вещ}} = \frac{aM_\text{A}}{M_\text{вещ}}$ (см. 4.6)

б) $w_\text{B} = 1\ (100\%) - w_\text{A}$ (см. 4.6)

8. Для двухэлементного вещества A_aB_b:

$$m(A) : m(B) = aM(A) : bM(B) \qquad \text{(см. 4.6)}$$

9. Для двухэлементного вещества A_xB_y:

$$\frac{x}{y} = \frac{m_A M_B}{M_A m_B} \qquad \text{(см. 4.6)}$$

10. Для трехэлементного вещества $A_xB_yC_z$:

$$x : y : z = \frac{m_A}{M_A} : \frac{m_B}{M_B} : \frac{m_C}{M_C} \qquad \text{(см. 4.6)}$$

11. Для реакции $aA + bB = cC + dD$:

$$\frac{n_A}{a} = \frac{n_B}{b} = \frac{n_C}{c} = \frac{n_D}{d} \text{ [моль]} \qquad \text{(см. 6.2)}$$

12. Для реакции $aA + bB = cC + dD$:

$$\frac{m_A}{aM_A} = \frac{m_B}{bM_B} = \frac{m_C}{cM_C} = \frac{m_D}{dM_D} \text{ [моль]} \qquad \text{(см. 6.3)}$$

13. Для реакции $aA + bB_{(г)} = cC + dD_{(г)}$:

$$\frac{m_A}{aM_A} = \frac{V_B}{bV_M} = \frac{m_C}{cM_C} = \frac{V_D}{dV_M} \text{ [моль]} \qquad \text{(см. 6.4)}$$

14. Для реагента B, взятого в избытке (по сравнению с реагентом A), в реакции $aA + bB \longrightarrow \ldots$:

а) $$\frac{n_A}{a} < \frac{n_{общ.B}}{b} \text{ [моль]} \qquad \text{(см. 6.5)}$$

б) $$n_{общ.B} = n_B + n_{изб.B} \text{ [моль]} \qquad \text{(см. 6.4)}$$

15. Для продукта B некоторой реакции:

$$\eta_B = \frac{n_{пр.B}}{n_{теор.B}} \qquad \text{(см. 6.6)}$$

16. Для смеси веществ В + А:

а) $w_{\text{В}} = \dfrac{m_{\text{В}}}{m_{\text{см}}}$ (см. 6.7)

б) $w_{\text{А}} = 1(100\%) - w_{\text{В}}$ (см. 6.7)

17. Для водного раствора вещества В:

а) $w_{\text{В}} = \dfrac{m_{\text{В}}}{m_{(\text{р})}}$ (см. 7.2)

б) $m_{(\text{р})} = m_{\text{В}} + m(H_2O)$ [г] (см. 7.2)

18. Для водного раствора некоторого вещества:

$\rho_{(\text{р})} = \dfrac{m_{(\text{р})}}{V_{(\text{р})}} \left[\dfrac{\text{г}}{\text{мл}}, \dfrac{\text{г}}{\text{л}}\right]$ (см. 7.2)

19. Для разбавления водой концентрированного раствора (индекс″) вещества В в приготовлении разбавленного раствора (индекс ′) *или* для упаривания разбавленного раствора в приготовлении концентрированного раствора:

а) $m_{\text{В}} = w_{\text{В}}' m_{(\text{р})}' = w_{\text{В}}'' m_{(\text{р})}'' = \text{const}$ [г] (см. 7.2)

б) m (доб. H_2O) $= m_{(\text{р})}' - m_{(\text{р})}''$ [г] (см. 7.2)

20. Для концентрирования раствора путем добавления растворенного вещества В в разбавленный раствор (индексы *см.* 19):

а) $m_{(\text{р})}'' = m_{(\text{р})}' + m$(доб. В) [г] (см. 7.2)

б) $m_{\text{В}}'' = m_{\text{В}}' + m$(доб. В) [г] (см. 7.2)

21. Для приготовления раствора промежуточного состава (без индекса) путем смешивания разбавленного и концентрированного растворов вещества В (индексы *см.* 19):

а) $m_{(\text{р})} = m_{(\text{р})}' + m_{(\text{р})}''$ [г] (см. 7.2)

б) $m_{\text{В}} = m_{\text{В}}' + m_{\text{В}}''$ [г] (см. 7.2)

Варианты соотношений:

$n_{\text{В}} = n_{\text{В}}' + n_{\text{В}}''$ [моль]

$V_{(\text{р})} = V_{(\text{р})}' + V_{(\text{р})}''$ [мл, л]

22. Для приготовления водного раствора вещества В, взятого в форме кристаллогидрата (кр) $x\text{B} \cdot y\text{H}_2\text{O}$:

а) $$\frac{m_{\text{кр}}}{M_{\text{кр}}} = \frac{m_{\text{B}}}{xM_{\text{B}}} \quad [\text{моль}]$$ (см. 7.2)

б) $$m(\text{доб. H}_2\text{O}) = m_{(\text{р})} - m_{\text{кр}} \quad [\text{г}]$$ (см. 7.2)

в) $$\frac{m_{\text{кр}}}{M_{\text{кр}}} = \frac{m(\text{кр. H}_2\text{O})}{y\text{M}(\text{H}_2\text{O})} \quad [\text{моль}]$$ (см. 7.2)

г) $$m(\text{H}_2\text{O}) = m(\text{кр. H}_2\text{O}) + m(\text{доб. H}_2\text{O}) \quad [\text{г}]$$ (см. 7.2)

23. Для водного раствора вещества В:

$$c_{\text{B}} = \frac{n_{\text{B}}}{V_{(\text{р})}} \left[\frac{\text{моль}}{\text{л}}\right]$$ (см. 7.3)

24. Для водного раствора вещества В:

$$w_{\text{B}} = c_{\text{B}} \frac{M_{\text{B}}}{\rho_{(\text{р})}} \quad \textit{или} \quad c_{\text{B}} = w_{\text{B}} \frac{\rho_{(\text{р})}}{M_{\text{B}}} \left[\frac{\text{моль}}{\text{л}}\right]$$ (см. 7.3)

25. Для электролитической диссоциации с л а б о г о электролита В:

$$\alpha_{\text{B}} = \frac{c_{\text{дB}}}{c_{\text{B}}}$$ (см. 9.3)

26. Для водного раствора:

а) $\text{pH} = -\lg c(\text{H}^+)$ (см. 9.5)

б) $\text{pOH} = -\lg c(\text{OH}^-)$ (см. 9.5)

в) $\text{pH} + \text{pOH} = 14$ (см. 9.5)

27. Для реакции «Реагенты ⟶ Продукты»:

$$v = \frac{\Delta c_{\text{реаг}}}{\Delta\tau} = \frac{\Delta c_{\text{прод}}}{\Delta\tau} \left[\frac{\text{моль}}{\text{л} \cdot \text{с}}\right]$$ (см. 12.1)

где: $\Delta c_{\text{реаг}} = (c'_{\text{реаг}} - c''_{\text{реаг}})$ при $c'_{\text{реаг}} > c''_{\text{реаг}}$

$\Delta c_{\text{прод}} = (c''_{\text{прод}} - c'_{\text{прод}})$ при $c''_{\text{прод}} > c'_{\text{прод}}$

$\Delta\tau = (\tau_2 - \tau_1)$ при $\tau_2 > \tau_1$

Если $\tau = 0$ (начало реакции), то

$c_{\text{реаг}}$ — максимальна

$c_{\text{прод}} = 0$

28. Правило Вант-Гоффа для зависимости скорости реакции от температуры:

$$v_2 = v_1 \gamma^{0,1(t_2 - t_1)} \qquad \text{(см.12.2)}$$

29. Кинетический закон действующих масс:

а) для гомогенной реакции A + B ⟶ …

$$v = kc_A c_B \qquad \text{(см.12.3)}$$

б) для гетерогенной реакции $A + B_{(ж,\,т)}$ ⟶ …

$$v = kc_A \qquad \text{(см.12.3)}$$

3. ОТНОСИТЕЛЬНЫЕ АТОМНЫЕ МАССЫ ЭЛЕМЕНТОВ (ОКРУГЛЕННЫЕ ЗНАЧЕНИЯ)

Элемент	Символ	A_r	Элемент	Символ	A_r
Азот	N	14	Марганец	Mn	55
Алюминий	Al	27	Медь	Cu	64
Аргон	Ar	40	Мышьяк	As	75
Барий	Ba	137	Натрий	Na	23
Бериллий	Be	9	Неон	Ne	20
Бор	B	11	Никель	Ni	59
Бром	Br	80	Олово	Sn	119
Ванадий	V	51	Палладий	Pd	106
Висмут	Bi	209	Платина	Pt	195
Водород	H	1	Ртуть	Hg	201
Вольфрам	W	184	Рубидий	Rb	85,5
Галлий	Ga	70	Свинец	Pb	207
Гелий	He	4	Селен	Se	79
Германий	Ge	73	Сера	S	32
Железо	Fe	56	Серебро	Ag	108
Золото	Au	197	Скандий	Sc	45
Индий	In	115	Стронций	Sr	88
Иод	I	127	Сурьма	Sb	122
Иттрий	Y	89	Таллий	Tl	204
Кадмий	Cd	112	Теллур	Te	128
Калий	K	39	Титан	Ti	48
Кальций	Ca	40	Торий	Th	232
Кислород	O	16	Углерод	C	12
Кобальт	Co	59	Уран	U	238
Кремний	Si	28	Фосфор	P	31
Криптон	Kr	84	Фтор	F	19
Ксенон	Xe	131	Хлор	Cl	35,5
Лантан	La	139	Хром	Cr	52
Литий	Li	7	Цезий	Cs	133
Магний	Mg	24	Цинк	Zn	65

ОГЛАВЛЕНИЕ